可视化激波现象

Visualization of Shock Wave Phenomena

[日] 高山和喜(Kazuyoshi Takayama) 著

白菡尘 杨 波 译

国防工业出版社

·北京·

著作权合同登记　图字:01-2022-4918号

内 容 简 介

本书汇集了作者1973—2013年期间参与的激波研究的成果,介绍了作者在激波管实验中建立的单、双曝光全息干涉方法和微爆炸方法,以及采用这些方法获得的各种参数的激波在各种几何体上和介质中(包括气体、液体、亚克力、两种流体及其界面、流固体及其界面)的传播、反射、衍射、干扰、汇聚强化与干扰衰减等过程的动态流动显示结果,分析了这些现象的过程、成因,指出了遗留问题,展示了丰富多彩的激波研究成果的成功实际应用,包括汽车尾气减噪、消除高速列车隧道声爆、激光碎石技术、激波诱导成骨技术等。本书为读者呈现了精彩纷呈的各类激波现象实验图像,许多照片是首次发表,读者通过观察书中这些序列图像,很容易抓住激波运动的物理规律,而无须清晰的文字描述。本书将是从事相关研究人员的益友。

本书适用于研究生及以上层次的专业人员使用。

图书在版编目(CIP)数据

可视化激波现象/(日)高山和喜
(Kazuyoshi Takayama)著;白菡尘,杨波译. —北京:
国防工业出版社,2023.3
书名原文:Visualization of Shock Wave Phenomena
ISBN 978-7-118-12757-7

Ⅰ.①可… Ⅱ.①高… ②白… ③杨… Ⅲ.①激波—研究 Ⅳ.①O354.5

中国国家版本馆CIP数据核字(2023)第021596号

First published in English under the title
Visualization of Shock Wave Phenomena
by Kazuyoshi Takayama
Copyright © SPRINGER Nature Switzerland AG,2019
This edition has been translated and published under licence from
Springer Nature Switzerland AG.
本书简体中文版由Springer授权国防工业出版社独家出版。
版权所有,侵权必究

※

国防工业出版社出版发行
(北京市海淀区紫竹院南路23号　邮政编码100048)
北京龙世杰印刷有限公司印刷
新华书店经售

*

开本710×1000　1/16　插页14　印张43¼　字数902千字
2023年3月第1版第1次印刷　印数1—2000册　定价318.00元

(本书如有印装错误,我社负责调换)

国防书店:(010)88540777　　书店传真:(010)88540776
发行业务:(010)88540717　　发行传真:(010)88540762

译者序

按照原书英文名称"Visualization of Shock Wave Phenomena",本应译为"激波现象的可视化"。考虑到作者给出了大量激波现象的流动显示图像,而且作者在书中说道:"通过观察书中这些序列图像,很容易抓住激波运动的物理规律",译者完全赞同作者的这个观点。译者认为,对于国内读者来说,本书内容在帮助读者认识激波现象和运动规律、学习科学研究的方法方面的价值似乎更大,所以将书名译为"可视化激波现象"。

激波是超声速气流中的一个基本空气动力学现象,其运动、演化、干扰规律对于流体机械和运输工具设计工作非常重要,但很难获得直观、全面的认识,更不用说利用这种看不见、摸不着的流体现象的能力,或者试图消除其破坏力。对于理解激波及其与物质的相互作用,没有比流场演变图谱更好的教材了!

高山和喜教授是日本东北大学流体科学研究所激波研究中心关于激波研究的领导者,国际知名的激波研究领域专家。20世纪七八十年代,激波实验研究的中心从加拿大转移到了日本。在他的指导和领导下,该激波研究中心使流动可视化技术达到了一个新的高度,所以才能获得如此丰富的激波与物质作用过程的直观图像。

本书汇集了作者1973—2013年期间参与的激波研究的成果,介绍了作者在激波管实验中发展起来的单、双曝光全息干涉方法和微爆炸方法,以及采用这些方法获得的各种参数的激波在各种几何体上和介质中(包括气体、液体、亚克力、两种流体及其界面、流固体及其界面)的传播、反射、衍射、干扰、汇聚强化与干扰衰减等过程的动态流动显示结果,分析了这些现象的过程、成因,指出了遗留问题。这些素材将大大改善关于激波结构及其演化的教学效果,大大提高有关从业人员在设计之前的预想能力。

本书还展示了丰富多彩的激波研究成果的成功实际应用,包括汽车尾气减噪、消除高速列车隧道声爆、激光碎石技术、激波诱导成骨技术等。这些内容有助于年轻从业者理解基础研究与技术转化的关系与方法。在创新驱动、科技驱动的时代,有助于人们建立起基础研究的信心。

本书读者对象是具备流体力学与可压缩流基本知识的、从事流体机械和运输器相关领域研究和设计工作,从事爆炸力学、防灾减灾、医学以及生物学等领域研究、实验及教学的工业单位、研究机构、大学中的技术人员、研究与教学人员、高年级本科生及研究生。

感谢装备科技译著出版基金的资助,感谢国防工业出版社出版团队的辛勤工作和大力支持。

可能是作者语言习惯的问题,原书的部分内容不太利于读者理解。在翻译过程中,译者根据汉语语言习惯和理解逻辑,对文中内容做了调整和补遗,力求易懂,但仍有许多不尽人意之处,有些地方可能需要读者多加回味。由于书中内容涉及的领域比较多,译文中可能存在瑕疵或谬误,欢迎读者批评指正。

白菡尘
中国空气动力研究与发展中心
2022.08.30

前　言

本书主要呈现用双曝光全息干涉技术获得的激波现象发展过程的系列图像,涉及激波现象的各种基本问题及多种应用。通过观察这些系列图像,读者很容易抓住激波运动的物理规律,无须清晰的文字描述,例如,通过展示系列干涉图,就展示了对激波管流动以及边界层对激波管流动影响的全面理解。

第 1 章介绍全息干涉技术对于研究气体和液体中激波现象的重要性。

第 2 章详细介绍激波在楔及其他各种构型上的反射结构转换现象,即马赫反射与规则反射结构之间的相互转换,包括平直楔面、锥、凹形与凸形双楔以及凹形与凸形曲壁。

第 3 章讨论了 90°后向台阶及含台阶构型上的激波衍射问题,展示了采用漫反射全息照相获得的激波管开口端产生的独特三维激波衍射过程细节。

第 4 章讨论了激波与圆柱状物体的相互作用,以及球体非定常阻力的直接测量结果。

第 5 章描述了采用水平和垂直环形同轴激波管获得的气体中的环形激波汇聚。

第 6 章研究了不同壁面条件下的激波衰减。

第 7 章讨论了激波与异质气体交界面的相互作用。为验证 Richtmyer – Meshkov 不稳定性的固有三维特性,实验展示了界面上三维涡的形成过程。

第 8 章描述了 PbN_6 和 AgN_3 药丸在气体中点火产生的爆炸,讨论了恰当化学当量的氢气 – 氧气混合物中的三维爆炸波产生过程。

第 9 章是第 8 章的延续,介绍水下激波的产生,展示水下激波与单个气泡、气泡云、水 – 硅油界面的相互作用,以及水下激波在椭球冠凹腔反射器中的汇聚过程。

第 10 章是水下激波汇聚研究的拓展,介绍了水下激波在医学上的一些应用,例如体外激波碎石技术(体外激波碎石)以及其他应用。

第 11 章介绍了存在激波现象的多种其他问题。

本书提供的照片是作者与学生、同事合作拍摄的,许多照片尚未在公开刊物上发表过。如果其中某张照片对读者有益,作者的努力就是有价值的。

高山和喜
（Kazuyoshi Takayama）

日本仙台市

2018 年 10 月

缩　　写

DMR	双马赫反射
DMR$^+$	正双马赫反射
DMR$^-$	负双马赫反射
DiMR	直接马赫反射
GR	Guderley 反射
InMR	反向马赫反射
IS	入射激波
MR	马赫反射
MS	马赫激波
RR	规则反射
SbRR	亚声速规则反射
SL	滑移线
SMR	单马赫反射
SPRR	超声速规则反射
StMR	固定马赫反射
TMR	过渡马赫反射
vNMR	von Neumann 反射

目 录

第1章 激波现象的全息显示 ·· 1
  1.1 引言 ·· 1
  1.2 应用于激波研究的双曝光全息干涉技术 ·· 1
  1.3 全息干涉技术的分析基础 ·· 4
  参考文献 ·· 6

第2章 气体中的激波 ·· 8
  2.1 直楔上的激波反射 ·· 8
    2.1.1 引言 ·· 8
    2.1.2 激波极曲线 ·· 9
    2.1.3 斜楔模型 ·· 14
    2.1.4 粗糙斜楔上激波反射结构的演化 ·· 66
    2.1.5 多缝或多孔斜楔上激波反射结构的演化 ······································ 76
    2.1.6 液体楔面上的激波反射 ··· 89
    2.1.7 锥上的激波反射演化 ··· 96
    2.1.8 斜锥 ·· 109
  2.2 双楔上的激波反射 ·· 111
    2.2.1 凹形双楔 ··· 111
    2.2.2 凸形双楔 ··· 124
  2.3 曲壁面上的激波反射演化 ··· 127
    2.3.1 凹形曲壁面 ·· 127
    2.3.2 凸形曲壁面 ·· 133
  参考文献 ·· 140

第3章 激波衍射 ··· 143
  3.1 后向台阶的激波衍射 ··· 143
  3.2 从管口释放的激波 ··· 151
    3.2.1 圆形管口 ··· 151

  3.2.2 二维管口 ·································· 155
  3.2.3 衍射激波与一串液滴的干扰 ·················· 157
  3.2.4 衍射激波与氦气羽流的干扰 ·················· 161
 3.3 正方形管口的三维衍射 ······························ 162
  3.3.1 漫反射全息观察 ······························ 162
  3.3.2 二维全息观察 ································ 164
 3.4 轴向观测的管口激波衍射 ···························· 167
  3.4.1 方形管口 ···································· 167
  3.4.2 三角形管口 ·································· 168
  3.4.3 半圆形管口 ·································· 169
 3.5 涡环的演化 ·· 170
 3.6 激波沿 90°弯管的传播 ······························ 175
 3.7 非球面透镜 ·· 183
  3.7.1 运动活塞驱动的激波形成 ···················· 186
  3.7.2 过 90°弯头的圆截面激波管 ·················· 187
  3.7.3 面积变化时的同轴激波衍射 ·················· 188
 参考文献 ·· 192

第 4 章 激波与各种形状物体的干扰 ·························· 194
 4.1 圆柱 ·· 195
  4.1.1 空气中的圆柱 ································ 195
  4.1.2 CO_2 中的圆柱 ······························ 202
  4.1.3 气体 SF_6 中的圆柱 ·························· 204
  4.1.4 粉尘气体中的圆柱 ···························· 207
  4.1.5 旋转中的圆柱 ································ 210
  4.1.6 半边多缝隙圆柱体 ···························· 211
  4.1.7 倾斜圆柱 ···································· 215
  4.1.8 对 60°倾斜圆柱的漫反射全息观察 ············ 218
 4.2 球体的非稳态阻力 ·································· 221
 4.3 自由飞球体上的激波脱体距离 ························ 226
 4.4 椭圆柱体 ·· 232
  4.4.1 特征比 4∶3 椭圆柱体 ························ 233
  4.4.2 特征比 2∶1 椭圆柱体 ························ 235
  4.4.3 特征比 4∶1 椭圆柱体 ························ 237
  4.4.4 矩形平板 ···································· 246

  4.4.5 NACA 0012 翼型 ……………………………………………………… 254

4.5 喷管流动 ………………………………………………………………… 262

  4.5.1 扩张型喷管 …………………………………………………………… 262

  4.5.2 收缩/扩张型喷管 …………………………………………………… 263

4.6 边界层 …………………………………………………………………… 265

  4.6.1 激波管流动中的边界层 ……………………………………………… 266

  4.6.2 反射激波与边界层的干扰 …………………………………………… 266

4.7 管道中的伪激波 ………………………………………………………… 271

参考文献 ………………………………………………………………………… 272

第5章 气体中的激波汇聚 …………………………………………………… 274

5.1 引言 ……………………………………………………………………… 274

5.2 二维激波汇聚 …………………………………………………………… 274

  5.2.1 圆形壁面 ……………………………………………………………… 274

  5.2.2 封闭圆 ………………………………………………………………… 282

  5.2.3 入口角度对汇聚的影响 ……………………………………………… 285

5.3 凸凹组合壁面上的激波反射 …………………………………………… 294

  5.3.1 深 75mm ……………………………………………………………… 295

  5.3.2 深 57mm ……………………………………………………………… 296

  5.3.3 深 42mm ……………………………………………………………… 297

  5.3.4 深 31mm ……………………………………………………………… 298

5.4 对数螺旋形面积收缩过程中的激波汇聚 ……………………………… 300

5.5 面积收缩过程中的激波汇聚 …………………………………………… 307

  5.5.1 V形面积收缩管道 …………………………………………………… 308

5.6 圆锥形面积收缩过程中的激波汇聚 …………………………………… 315

5.7 同轴圆环激波汇聚 ……………………………………………………… 317

  5.7.1 水平环形同轴激波管实验 …………………………………………… 317

  5.7.2 第一代垂直环形同轴激波管实验 …………………………………… 323

  5.7.3 第二代垂直环形同轴激波管实验 …………………………………… 335

5.8 爆炸激波经半椭球壁面反射后的汇聚 ………………………………… 344

参考文献 ………………………………………………………………………… 346

第6章 激波的衰减 …………………………………………………………… 348

6.1 引言 ……………………………………………………………………… 348

6.2 汽车发动机尾气噪声的抑制 …………………………………………… 348

6.3	火车隧道的音爆	350
6.4	开有缝隙阵列壁面上的激波衰减	355
	6.4.1 沿工字梁阵列的激波衰减	356
	6.4.2 宽40mm的粗糙表面开口管道	358
	6.4.3 宽25mm的光滑表面开口管道	360
	6.4.4 宽10mm的光滑表面开口管道	361
6.5	通过小孔的激波衰减	362
	6.5.1 单孔	362
	6.5.2 两个斜孔	363
6.6	烧结的不锈钢壁面	366
	6.6.1 有背衬的烧结不锈钢壁面	366
	6.6.2 多孔壁面构成的管道	368
	6.6.3 多缝壁面上的激波衰减	371
	6.6.4 由多缝壁面构成的管道	372
6.7	铝合金海绵壁面之间的管道	373
6.8	通过多个隔断空间的激波衰减	375
	6.8.1 通过隔断空间的激波衰减	375
	6.8.2 入口与出口同轴的饼干切割器	376
	6.8.3 入口与出口交叉排列的饼干切割器	377
	6.8.4 交叉排列入口与出口的短距空间	379
	6.8.5 直入口与斜出口之间的短距空间	379
	6.8.6 直立挡板	380
	6.8.7 交错隔板	383
	6.8.8 直立与交错斜挡板的数值比较	385
6.9	沿着双弯头的激波传播	386
	6.9.1 光滑表面双弯头	386
	6.9.2 粗糙表面双弯头	387
6.10	圆柱阵列与球阵列	388
6.11	从尾缘释放的激波	395
	6.11.1 涡的形成	395
	6.11.2 二维分隔板尾缘的涡形成	395
	6.11.3 不对称二维隔板	398
6.12	传输激波的反射	399
	6.12.1 两道激波的干扰	399
	6.12.2 两个球形激波的迎头碰撞	401

	6.13 壁面条件对激波衰减的影响	402
	参考文献	406

第7章 激波与气体界面的干扰 … 408

- 7.1 引言 … 408
  - 7.1.1 空气-氦气界面 … 408
  - 7.1.2 空气-CO_2界面 … 412
  - 7.1.3 空气-SF_6界面 … 413
- 7.2 激波与氦柱的干扰 … 414
  - 7.2.1 激波与氦气干扰的俯视观测 … 414
  - 7.2.2 激波与氦气干扰的侧面观测 … 420
- 7.3 激波在空气-硅油界面的传播 … 421
- 7.4 高速射流诱导的激波 … 424
  - 7.4.1 小型喷枪发射的高速液体射流 … 424
  - 7.4.2 二级气炮发射的高速液体射流 … 427
- 7.5 激波与液滴的干扰 … 431
  - 7.5.1 一排液滴在激波作用下的破碎 … 431
  - 7.5.2 两排与三排液滴在激波作用下的破碎 … 438
- 7.6 激波与水柱的干扰 … 442
  - 7.6.1 激波与一个水柱的干扰 … 442
  - 7.6.2 激波与两个水柱的干扰 … 447
  - 7.6.3 反射激波与位于焦点处水柱的干扰 … 450
- 参考文献 … 453

第8章 气体中的爆炸 … 454

- 8.1 空气中的微爆炸 … 454
- 8.2 两个球形激波的反射 … 457
- 8.3 球形激波在球上的反射 … 458
- 8.4 球形激波与肥皂泡的干扰 … 459
  - 8.4.1 氦气气泡 … 461
  - 8.4.2 SF_6气泡 … 463
- 8.5 非球形球内部爆炸产生的球形激波 … 464
  - 8.5.1 通过非球面透镜观察球形舱室中的爆炸 … 465
  - 8.5.2 球形反射激波的汇聚 … 465
- 8.6 爆炸诱导的爆震波 … 469

8.6.1 惰性气体 $2H_2/N_2$（分压400hPa/200hPa）中的爆炸 …… 471
　　8.6.2 恰当当量比 $2H_2/O_2$（分压200hPa/100hPa）
　　　　气体中的爆炸 …………………………………………… 473
　　8.6.3 恰当当量比 $2H_2/O_2$（分压400hPa/200hPa）
　　　　气体中的爆炸 …………………………………………… 474
　　8.6.4 恰当当量比 $2H_2/O_2$（分压667hPa/333hPa）
　　　　气体中的爆炸 …………………………………………… 476
　　8.6.5 点火后30μs在 $2H_2/O_2$ 气体中 SiO_2 颗粒的影响 …… 479
　　8.6.6 点火后50μs在 $2H_2/O_2$ 气体中 SiO_2 颗粒的影响 …… 480
　　8.6.7 实验总结 …………………………………………………… 483
　8.7 激光束聚焦产生的激波 …………………………………………… 486
　参考文献 ………………………………………………………………… 489

第9章 水下激波 …………………………………………………… 490
　9.1 引言 ……………………………………………………………… 490
　9.2 水下微爆炸 ……………………………………………………… 491
　　9.2.1 微爆炸 ……………………………………………………… 491
　　9.2.2 水下激波 …………………………………………………… 493
　　9.2.3 水下激波的反射 …………………………………………… 494
　　9.2.4 引信爆炸产生的锥形激波反射 …………………………… 497
　9.3 液面上的激波 …………………………………………………… 499
　　9.3.1 硅油/水界面 ……………………………………………… 499
　　9.3.2 在硅油/水界面上方硅油中的爆炸 ……………………… 501
　　9.3.3 在硅油/水界面下方水中的爆炸 ………………………… 503
　　9.3.4 在硅油/水界面处的爆炸 ………………………………… 503
　9.4 水下激波的汇聚 ………………………………………………… 506
　　9.4.1 二维椭圆柱反射器内部爆炸波的反射 …………………… 506
　　9.4.2 球冠浅反射器的激波反射 ………………………………… 508
　　9.4.3 球冠浅反射器球外同轴偏心爆炸 ………………………… 516
　　9.4.4 椭球冠浅反射器外侧焦点爆炸 …………………………… 517
　　9.4.5 椭球冠深反射器 …………………………………………… 519
　　9.4.6 脉冲激光光束诱导水下激波的汇聚 ……………………… 526
　　9.4.7 压电陶瓷振荡单脉冲强声波的汇聚 ……………………… 527
　9.5 水下激波与气泡的干扰 ………………………………………… 530
　　9.5.1 单个球形空气泡 …………………………………………… 531

	9.5.2	水中的单个非球形空气泡	535
	9.5.3	发光	538
	9.5.4	硅油中激波与空气泡的干扰	540
	9.5.5	糖浆	544
	9.5.6	硅油中的氦气泡	545
	9.5.7	激波与气泡云的干扰	549
	9.5.8	泡沫水中的激波传播	551
	9.5.9	激波与亚克力板上气泡的干扰	555
	9.5.10	二维气泡(空气柱)	562
	9.5.11	感应爆炸	563
9.6	超声波振荡试验		565
9.7	水下激波与亚克力柱体阵列的干扰		572
9.8	超空泡		573
	9.8.1	细长体高速入水	573
	9.8.2	球体高速入水	576

参考文献 ······ 579

第10章 水下激波研究在医学上的应用 ······ 581

10.1	激波体外碎石		581
10.2	椭球冠反射器的医学应用		581
	10.2.1	椭球冠反射器样机	585
	10.2.2	预备实验	588
	10.2.3	体外实验	591
	10.2.4	临床实验	593
	10.2.5	体外激波诱导的骨形成	594
10.3	与激波体外碎石有关的组织损伤		595
	10.3.1	激波与凝胶表面气泡的干扰	595
	10.3.2	激波体外碎石过程中组织损坏的边界与范围	600
	10.3.3	激波诱导的神经细胞伤害	601
10.4	医学应用中的激光诱导激波		604
	10.4.1	脑血栓形成的血管再生	606
	10.4.2	软组织解剖导管	607
	10.4.3	激光辅助药物输送	613
	10.4.4	激波消融导管	617
10.5	应用于临床的数值模拟		619

参考文献 ·· 620

第 11 章　其他问题 ·· 623

11.1　高超声速流动 ·· 623
11.1.1　绕双楔与双锥的流动 ································· 623
11.2　弹道靶 ··· 627
11.2.1　空气中自由飞钝体的弓形激波 ······················ 628
11.2.2　可燃混合物中的自由飞 ······························· 630
11.2.3　空间碎片防护罩 ··· 632
11.2.4　低温下的空间碎片防护罩 ···························· 634
11.3　玻璃板内的激波 ·· 636
11.3.1　钢化玻璃板中的激波传播 ···························· 636
11.3.2　激光诱导的激波在亚克力板中的传播 ············ 639
11.3.3　泡沫材料中的激波传播 ······························· 640
11.3.4　砂层中的激波 ·· 642
11.4　火山喷发中的激波 ·· 650
11.4.1　火山喷发的现场观测 ··································· 651
11.4.2　数值模拟 ··· 652
11.4.3　水蒸气爆炸 ··· 653
11.4.4　岩浆的破碎 ··· 654
11.5　激波与字母 SWRC 的干扰 ·································· 656
11.6　日常生活中的激波 ·· 659
11.6.1　抽动鞭子 ··· 659
11.6.2　吹奏长号 ··· 660
11.6.3　绕箭的流动（日本箭术） ······························ 663
11.7　大规模生物灭绝 ·· 665
11.8　水波：类似激波的现象 ·· 667
参考文献 ·· 670

结束语 ·· 672

参考文献 ·· 673

参考书目 ·· 674

第1章 激波现象的全息显示

1.1 引言

Gabor 在1948年发表的文献中第一次提出了全息干涉的概念,在1971年,他因发明了全息干涉技术、开启了一个流动显示的新纪元而获得诺贝尔物理学奖。之后,又经历了很多年才发明了激光,激光光束的特征是振幅和相角。有了激光光源之后,Leith 与 Upatnieks(1962)发展了离轴全息干涉法(参考光束 *RB* 与物光束 *OB* 从非同轴的方向照射到同一个全息干涉胶片上),该方法成为现代全息干涉仪的基础。

阴影法和纹影法是显示可压缩流动的传统方法,其原理是在胶片上记录光线所经区域气流密度变化引起的振幅变化。而全息照相技术则只记录被关注区域流动变化引起的光束相位角变化。

Wortberg(1974)和 Russell 等(1974)在斯坦福大学召开的第九届国际激波管研讨会上,首次报道了全息干涉方法在激波管流动显示中的应用及结果;在该会议上,Russell 等(1974)还报告了采用全息干涉方法显示的路德维希管中的流动。Mandella 和 Bershader(1986)获得了机翼尾缘涡形成的流动显示结果。

1975年,我们配备了日本第一代红宝石激光器,用作激波管流动显示的光源。1980年,我们最终购买了一台双脉冲全息红宝石激光器,开始集中使用全息干涉法对激波管流动和水下激波进行大量的流动显示研究。1983年,Takayama 首次报道了第一批研究成果。

1.2 应用于激波研究的双曝光全息干涉技术

图1.1是日本东北大学(Tohoku University)流体科学研究所激波研究中心(SWRC)用于激波管流动显示的全息干涉仪系统光路布置图(Takayama,1983),其中的光源是调 Q 红宝石激光器(Apollo 激光有限公司)。我们有两个激光器,一个是双脉冲全息红宝石激光器,脉冲(pulse)宽度25ns,波长695.4nm,在 TEM_{00} 模式下单脉冲能量分别为 10J/pulse 和 2J/pulse。另一个是单脉冲红宝石激光器,脉冲宽度25ns,波长695.4nm,在 TEM_{00} 模式下单脉冲能量为 2J/pulse。

采用分光器 BS 将光束分为两束,光源的 60% 成为物光束 OB,40% 成为参考光束 RB。

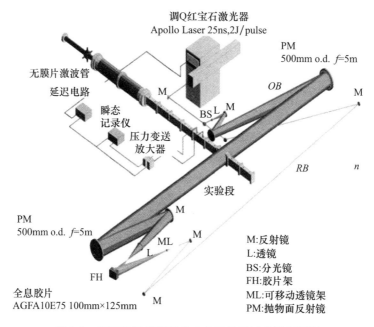

图 1.1　用于激波管研究的全息干涉系统光路布置图
(日本东北大学流体科学研究所激波研究中心)

物光束 OB 的光路布置与传统观测光路完全一样。但参考光束 RB 是独特的全息干涉光路,其光程长度与物光束 OB 相等,保持光源的相位角(即不受被测事件影响)。当 OB 与 RB 叠加在全息胶片上时,就可以确定因被测事件引起的相位角变化。

采用抛物面的纹影反射镜校准物光束 OB。反射镜有两种规格,一种是直径 300mm、焦距 3000mm,另一种是直径 500mm、焦距 5000mm,反射镜表面光洁度是光波波长的 1/4~1/10。为显示更大的视场,还采用了一对直径 1000mm、焦距 8000mm 的抛物面反射镜。每个反射镜及其钢制底座重约 300kg,将每套反射镜装置安装在一个钢制框架上,框架底部均布直径 1.5mm 孔,框架与反射镜可以自由移动,以实现精确校准。

用一个短焦距平凹透镜将激光的源光束转变为一个直径略大的物光束 OB,只有源光束的中心部分通过实验段。

调节物光束 OB 与参考光束 RB 的光程差,使之小于源激光的相干波长;物光束与参考光束同时照射到一个全息胶片上,两者夹角约为 20°,全息胶片被固定在胶片架 FH 上。为满足全息记录材料的线性传输条件,物光束 OB 与参考光束 RB 的强度比控制在 2∶1～3∶1。全息胶片是规格 100mm×125mm 的 AGFA 10E75 散页胶片,装夹在用厚铝片制成的黑色胶片架 FH 上,胶片夹表面均布直径 2mm 的孔,采用略低的压力使胶片穿过这些孔,就可将胶片放平(Takayama,1983)。

一般情况下,当全息图被一束相干光照射时,重构图像是三维虚像。尽管重建的图像是三维的,很容易用裸眼识别,却很难记录在胶片上,三维图像的获取是从各角度全方位记录图像。尽管重建图像的空间分辨率不像全息图那么清晰,但通过计算机辅助图像处理系统进行适当处理,分辨率可以得到改进。

在双曝光全息干涉技术中,第一次曝光发生在事件之前,第二次曝光与事件同步,这样,两次曝光之间的相位角变化就被记录在全息胶片上,而两次曝光的时间间隔应该很短,由源激光系统自动控制。我们常手动执行两次曝光,时间间隔达到数秒,这种情况下,在两次曝光的时间间隔内,试验条件必须精确地保持不变。试验之后,将记录在胶片上的相位差进行计算机辅助处理,即重构。

在采用双曝光全息干涉技术的流动显示中,由于折射率变化唯一对应相位角变化,所以与 Mach Zehnder 干涉法不同,全息干涉术是一种定量测量密度场的方法,而且在光路布置方面受约束少。在双曝光全息干涉技术中,来自光学部件的不均匀性(如试验段窗口、被研究的介质)会干扰背景对比,但很难使条纹分布发生畸变,所以在略有不均匀性的介质中(如液体)、在透明材料中(如商业玻璃板、亚克力板),甚至在有对流的水和空气中进行激波流动显示时,双曝光全息干涉技术非常有用。

在双曝光过程中,采用同一个光路布置获得的条纹称为无限条纹。在二维条件下(如激波管流动)条纹被表达为无限宽度,条纹对应于等密度线。这就是无限条纹干涉技术。

在图 1.1 中,无论是第一次曝光还是第二次曝光,保持物光束 OB 不变,使参考光束 RB 的中心在 FH 上移动、旋转,在重构图像上将出现等间距的平行条纹;RB 的旋转程度与偏离原始状态的量值决定条纹的间距与方位。在全息图像光路中,用直径 150mm 的凸透镜校准参考光束 RB,与物光束叠加在 FH 上。图 1.2(a)是直径 150mm 透镜和可移动透镜架 ML 安装在底座上的状态;图 1.2(b)描述的是透镜整体旋转角 θ 及其产生的偏移量 ε,通过调节 θ 和 ε,就可以获得所选择的条纹方位与间距。在双曝光过程中,条纹间距偏离其规则间距的量就表达了相位角变化,这就是有限条纹干涉法。测量条纹分布的畸变量是很困难的,但现在借助于计算机辅助图像处理系统,可以比较容易地确定条纹分布偏离其初始位置的量(Houwing,2005)。

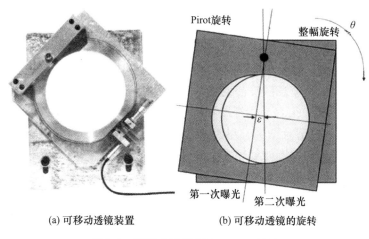

(a) 可移动透镜装置   (b) 可移动透镜的旋转

图 1.2　可移动透镜(Takayama,1983)

1.3　全息干涉技术的分析基础

将全息干涉技术用于激波管实验时,采用一个高相干的调 Q 激光(Q-switched laser)作为光源。在 1980 年,采用的是脉冲宽度 25ns、波长 694.3nm 的调 Q 红宝石激光器,光源的激光光束被分为物光束 OB 和参考光束 RB,分别称为 U_{ob}、U_{re},用下标 1、2 分别代表第一次曝光和第二次曝光,ω 是红宝石激光的频率,光速为 $c = 2\pi\omega\lambda$,其中 λ 是波长,$\lambda = 694.3\text{nm}$。所以,在第一次和第二次曝光中,物光束 OB 和参考光束 RB 表达为

$$U_{k,\text{ob}}(x,y) = a_{k,\text{ob}}(x,y)\exp[\mathrm{i}\omega t + \mathrm{i}\phi_{k,\text{ob}}(x,y)]$$
$$U_{k,\text{re}}(x,y) = a_{k,\text{re}}(x,y)\exp[\mathrm{i}\omega t + \mathrm{i}\phi_{k,\text{re}}(x,y)] \tag{1.1}$$

其中,第一次曝光 $k = 1$,第二次曝光 $k = 2$;$a_{k,\text{ob}}(x,y)$、$a_{k,\text{re}}(x,y)$ 分别是物光束和参考光束的幅值分布;$\phi_{k,\text{ob}}(x,y)$、$\phi_{k,\text{re}}(x,y)$ 分别是物光束和参考光束的相位分布。

在第一次曝光时,记录在全息胶片上的光波幅值 I_1 表达为 $U_{1,\text{ob}} + U_{1,\text{re}}$,即

$$I_1 = |U_{1,\text{ob}} + U_{1,\text{re}}|^2 = (U_{1,\text{ob}} + U_{1,\text{re}})(\overline{U_{1,\text{ob}} + U_{1,\text{re}}}) \tag{1.2}$$

式中:$\overline{U_{1,\text{ob}} + U_{1,\text{re}}}$ 为 $U_{1,\text{ob}} + U_{1,\text{re}}$ 的复共轭。

在第二次曝光时,物光束表达为 $U_{2,\text{ob}}(x,y)$,物光束不仅携带了幅值的变化,还携带了相位的变化,$a_{\text{re}}(x,y)$ 和 $\phi_{\text{re}}(x,y)$ 在空间上是均匀且恒定的。

为形成有限条纹干涉图(finite fringe interferogram),在参考光束路径的最后一段插入一个可动校准透镜,在双曝光期间其中心可移动(即图 1.1 中的 ML)。通过校准透镜的平移和旋转(参考图 1.2(b))的量,就可以控制第一次和第二次

曝光的相位角 $\Delta\phi$,即调整了有限条纹的间距和方位。

为形成无限条纹干涉图(infinite fringe interferogram),在两次曝光过程中可动校准透镜固定不动,两次曝光具有相同的相位角 $\Delta\phi$,条纹间隔就变成无限宽,获得无限条纹干涉图。

照射到胶片上的光束总强度仅反映光的幅值,由下式给出:

$$I(x,y) = (U_{1,ob} + U_{1,re})(\overline{U_{1,ob} + U_{1,re}})(U_{2,ob} + U_{2,re})(\overline{U_{2,ob} + U_{2,re}}) \quad (1.3)$$

尽管记录的光强 $I(x,y)$ 与胶片透光率 Ta 之间的关系一般是非线性的,但对于某些类型的记录材料和光强,如果物光束 OB 与参考光束 RB 的比值足够大,$I(x,y)$ 与 Ta 之间的线性假设关系就是有效的(Gabor,1949)。为获得这个条件,在实际条件下,根据经验将物光束 OB 与参考光束 RB 的比值选为 $2:1\sim3:1$,这时,胶片的振幅透射率可写为

$$Ta = k_0 + k_1 I(x,y) \quad (1.4)$$

式中:k_0、k_1 为常数。

如果全息图是用参考光束 RB 照射的,则 $U_{re} = a_{re}\exp(i\omega t + i\phi_{re})$。当胶片的振幅透射率为 Ta 时,出现在干涉图中的波场为

$$TaU_{re} = [k_0 + k_1 I(x,y)]U_{re} \quad (1.5)$$

重建图像的振幅分布 $T(x,y)$ 是有物理意义的,可写为

$$T_3 = k_1 a_{re}^2 a_{2ob}\exp(i\omega t + i\phi_{1ob}) + \exp(i\omega t + i\phi_{2ob}) \quad (1.6)$$

该项代表重建的、在双曝光过程中记录到的相位变化,由式(1.6)可推导出重建的双曝光全息干涉图的相位变化与条纹强度之间的关系:

$$I_{重建} = T_3^2 = (k_1 a_{re})^2 a_{ob}^2 [1 + \cos(\phi_1 - \phi_2)] \quad (1.7)$$

式(1.7)表明,干涉图中的重建条纹与双曝光过程中的相位角差相对应。当 $\phi_1 - \phi_2 = 2\pi N$ 时(N 是条纹数量,是整数),$I_{重建}$ 将给出黑度最大的干涉条纹;由于相位角变化代表着沿光程的折射率变化,所以在二维流动中,条纹分布就反映了折射率的变化,两者的关系可由式(1.8)表达:

$$\phi_1 - \phi_2 = 2\pi L(n_1 - n_2)/\lambda \quad (1.8)$$

式中:L 和 λ 分别为光程长度和光波长度;$n_1 - n_2$ 为折射率的变化。

在气体中,折射率 n 与密度 ρ 的关系为

$$n - 1 = K\rho \quad (1.9)$$

式中:K 为 Gladstone – Dale 常数,随 λ 而变化,只要实验采用红宝石激光,K 就是常数。

在液体中,折射率 n 与密度 ρ 之间的关系用 Lawrence – Lawrentz 关系式表达:

$$(n^2 - 1)(n^2 + 2) = C\rho \quad (1.10)$$

式中:C 为常数。

在气体中,折射率 n 写为 $n = 1 + \varepsilon (\varepsilon \ll 1)$,式(1.9)转化为
$$\Delta \rho = N\lambda / (KL) \tag{1.11}$$

所以,通过计算那些对应于相位角 $2N\pi$ 的黑色条纹的数量,密度分布就被确定了。类似地,最亮的条纹对应相位 $2(N+1)\pi$,测量相邻的黑色条纹与亮条纹之间的灰度,就能够正确评估与灰度对应的相位角,进而获得黑色条纹和亮条纹之间的密度分布。

例如,图 1.3 是一个激波反射结构的无限条纹干涉图,楔角为 25°,激波马赫数 $Ma_S = 1.5$。黑色条纹对应等密度线,代表相位角 $2N\pi$;与之类似,白色条纹对应相位角 $2(N+1)\pi$。知道了条纹数量,就可以确定等密度线。

在图 1.3 的图题中,8 位数字是照片的 ID 号,例如"#92090404"表示该干涉照片拍摄于 1992 年 9 月 4 日,是当日的第四次试验结果。

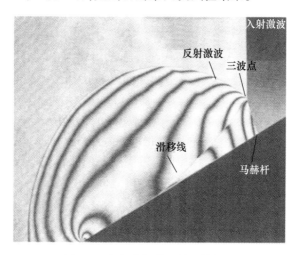

图 1.3 空气中的单马赫反射结构
(60mm×150mm 激波管,#92090404,楔角 25°,激波马赫数 $Ma_S = 1.50$)

参考文献

Gabor, D. (1948). A new microscopic principle. Nature, 161, 777 – 778.

Gabor, D. (1949). Microscopy by reconstructed wave fronts. Proceedings of the Royal Society of London, 197, 454 – 487.

Houwing, A. F. P., Takayama, K., Jiang, Z., Sun, M., Yada, K., & Mitobe, H. (2005). Interferometric measurement of density in nonstationary shock wave reflection flow and comparison with CFD. Shock Waves, 14, 11 – 19.

Leith, E. N., & Upatnieks, J. (1962). Reconstructed wave fronts and communication theory. Journal of the Optical Society of America A,52,1123 – 1130.

Mandella, M. , & Bershader, D. (1986) Quantitative study of shock – generated compressible vortexflows. In D. Bershader & R. Hanson (Eds.) , Proceeding 15th International Symposium on Shock Waves and Shock Tubes Shock Waves and Shock Tubes(pp. 471 – 477) Berkeley.

Russell, D. A. , Buonadonna, V. R. , Jones, T. G. (1974). Double expansion nozzle for shock tunnel and Ludwieg Tube. In D. Bershader & W. Griffith(Eds.) , Recent developments in shock tube research. In Proceeding of 9th International Shock Tube Symposium(pp. 238 – 249). Stanford.

Takayama, K. (1983). Application of holographic interferometry to shock wave research. In Proceeding SPIE 298 International Symposium of Industrial Application of Holographic Interferometry (pp. 174 – 181).

Wortberg, G. (1974). A holographic interferometer for gas dynamic measurement. In D. Bershader & W. Griffith(Eds.) , Proceedings of the International Symposium on Shock Waves Recent Developments in Shock Tube Research(pp. 267 – 276) Stanford.

第 2 章 气体中的激波

2.1 直楔上的激波反射

2.1.1 引言

当一道激波从一个大角度斜楔上反射时,入射激波(IS)的反射结构形成一个 V 字形,这种类型的激波反射叫作规则反射(RR),该反射结构类似于一道声波从一个平直壁面的反射。一道激波与一个平直壁面迎头相撞是规则反射的一个极端情况。

当一道入射激波遇到一个小角度斜楔时,激波不会从楔面反射,而是在固壁上方某处与反射激波相交,从交点发出的第三道激波垂直于壁面,从而形成一个 Y 字形激波结构,三道激波汇合处是三波点(TP),自三波点出发还形成一条滑移线(SL),这种反射结构称为马赫反射(MR),是典型的气体动力学非线性问题之一。一道激波垂直于一个平直壁面传播,是马赫反射的一个极端情况。

在激波反射研究的历史上,作为先驱之一,Ernst Mach 发现马赫反射现象中存在一个令人费解的特征(Reichenbach,1983)。他在涂覆炭黑的玻璃板上,同时触发两个火花放电,产生两个球形激波,观察了两个球形激波的相互作用,最终在玻璃板上发现一个 V 形的无炭黑区,这个区域被称为马赫 V 形区。马赫 V 形区是由三波点发展出的涡的运动而产生的,间接证明了 Teopler 曾观察到的一种不寻常激波反射结构的存在,这种不寻常的激波反射结构就是马赫反射结构,但当时没有称作马赫反射(Krehl 和 van der Geest,1991)。

那时尚未完全理解三波点结构,但已经将三波点至楔面的第三道激波称为马赫杆,或马赫激波(MS)。反射激波结构在规则反射结构和马赫反射结构之间的转换受楔角、激波马赫数 Ma_s、试验气体比热比 γ 的控制。

传统上认为,马赫激波是直的,且垂直于楔面。图 2.1 是一道弱激波(Ma_s = 1.158)在一个 7°斜楔上的反射结构,可以看到,在环境空气条件下,当弱激波从一个小角度斜楔反射时,马赫激波略有弯曲,没有观察到滑移线。这时的入射波、反射激波与马赫激波的交点不是一个三波点,而是位于扫掠入射角轨迹上的一个点(后面会讨论)。Birkhoff(1960)根据个人的理解提出一个术语,将这个不同于传统马赫反射结构中的马赫波结构称为冯·诺依曼悖论(von Neumann paradox)。今天人们理解了,这个术语并不意味着一个矛盾的现象,而是展示了一个弱激波反射结构的特征,在这个波系结构中,在弱激波反射之后的区域,流动的等熵特征增强了。在图2.1中,灰度变化显示出了该反射结构,其中只能看到黑色条纹,没有看到直的滑移线,这个马赫反射结构称为冯·诺依曼反射(vNMR)。

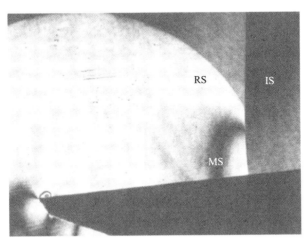

图2.1　在60mm×150mm激波管中获得的典型冯·诺依曼反射结构
(#87092210,$Ma_S=1.158$,楔角$\theta_W=7°$;空气,300K;没有观察到滑移线)

Ben-Dor(1979)定义了激波管流动中各类马赫反射结构出现的边界和条件域,按照这个定义,图1.3中的结构称为单马赫反射(SMR)。单马赫反射结构有一个清晰的三波点TP和发自三波点的滑移线SL;反射激波RS是弯曲的,说明反射激波后面的流动是当地亚声速的。随着楔角θ_W的增大,反射激波RS的形状逐渐变直,说明反射激波后面的流动是跨声速的。随着θ_W的继续增大,在反射激波的直段后面出现一束压缩波的合并现象,合并的压缩波束与反射激波的弯曲段相交形成一个拐点。当θ_W继续增大,单马赫反射结构终结,开始形成过渡马赫反射结构(TMR)。再继续增大θ_W,跨声速流动区域变为超声速,压缩波束合并为一道激波,该激波称为第二激波;之后,拐点演变为第二三波点,在第二三波点有三道激波汇合,并由第二三波点发出一条滑移线。这种出现了第二个马赫反射特征的反射结构称为双马赫反射结构(DMR)。这些激波反射结构的转换只存在于非稳态流动中。

2.1.2　激波极曲线

冯·诺依曼率先系统研究了固壁上的稳态斜激波反射,在激波管实验中对斜楔上的激波反射与传播进行了流动显示,激波管流动实际上是非稳态现象,但可以通过转换流动的参考系(将参考系固定于激波上)而变为稳态流动。在一道给定激波的前后,流动条件至少是当地均匀的,通过求解 Rankine – Hugoniot 关系式(R – H 关系式),可以确定激波后的流动状态。利用 R – H 关系式,冯·诺依曼推导出一系列代数方程,用这套方程推演出从规则反射结构向马赫反射结构的演变。分析表明,若给定一套参数 ξ、θ_W、γ,无论是马赫反射还是规则反射结构都可以求解,其中 ξ 是激波强度的倒数,激波强度以过激波的压比表达,所以也是过激波压比的倒数:

$$\xi = (\gamma + 1)/(2\gamma Ma_S^2 - \gamma + 1) \tag{2.1}$$

对于给定的比热比 γ,随着参数 ξ、θ_W 的连续变化,激波反射结构在马赫反射与规则反射之间演变。图 2.2 给出了反射结构中各区域、角度的定义(#92090404,$Ma_S = 1.497$),坐标系原点固定于三波点(即坐标系固定在激波结构上,坐标系原点随激波结构的运动而移动)。

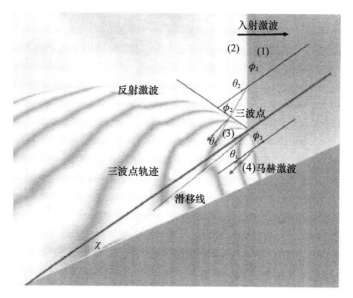

图 2.2 区域和角度的定义
(#92090404:$Ma_S = 1.497$,楔角 $\theta_W = 25°$;空气,300.1K)

区域(1)是入射激波前的状态,区域(2)是经过入射激波之后的状态;区域(3)是经过反射激波之后的状态,区域(4)是经过马赫激波之后的状态。在三波点附近,这些区域都是均匀的。区域(3)和区域(4)的气流分别经过反射激波和马赫激波而发生偏折,发现这两个区域中气流微团的速度不同,但方向相同,意味着分隔区域(3)和区域(4)的是接触间断(或滑移线),跨滑移线的压力相等,但密度变化是不连续的。

在固定于三波点的坐标系上,对于给定的激波,其质量守恒方程、能量守恒方程、运动方程简化为稳态斜激波方程组。沿斜激波的切向速度分量保持不变:

$$U_i \cos\phi_i = U_k \cos(\phi_j - \theta_k) \tag{2.2}$$

式中:下标 i、j、k 代表图 2.2 中的各流动区域,对于入射激波 $i=j=1$、$k=2$,对于反射激波 $i=j=2$、$k=3$,对于马赫激波 $i=k=1$、$j=4$。角度 ϕ 是入射角,定义为入射激波相对于三波点轨迹的角度,对于单马赫反射参考图 1.3,即 $\phi_1 = 90° - \theta_W - \chi$($\chi$ 为三波点轨迹角)。

该关系式在推导时假设马赫激波是直的,至少在三波点附近是直的,且垂直于楔面。对于规则反射结构,ϕ 就是相对于楔面的入射角,$\phi_1 = 90° - \theta_W$。

其他方程式如下:

质量守恒方程为

$$\rho_i U_i \sin\phi_i = \rho_k U_k \sin(\phi_j - \theta_k) \tag{2.3}$$

运动方程为

$$p_i + \rho_i U_i^2 \sin^2\phi_i = p_k + \rho_k U_k^2 \sin^2(\phi_j - \theta_k) \tag{2.4}$$

能量守恒方程为

$$2h_i + U_i^2 \sin^2\phi_i = 2h_k + U_k^2 \sin^2(\phi_j - \theta_k) \tag{2.5}$$

假设气体是理想完全气体,比焓定义为 $h = \gamma p / [(\gamma - 1)\rho]$。

理想气体状态方程为

$$p = \rho R T \tag{2.6}$$

式中:R 为气体常数,等于通用气体常数除以所研究气体的相对分子量;已知区域 (i, j) 内的条件,则 θ_k 由方程(2.3)~方程(2.6)确定,$\theta_k = F(\phi_j, \xi)$,$\xi$ 为过区域 (j) 和 (k) 的激波强度的倒数。

$$F(\phi, \xi) = \arctan\left\{\frac{(\xi - 1)[(\mu - 1)Ma^2 - \mu - \xi]^{1/2}}{(1 - \gamma Ma^2 - \xi)(\mu + \xi)^{1/2}}\right\} \tag{2.7}$$

式中:$\mu = (\gamma - 1)/(\gamma + 1)$;当 $k = 1$ 或 3 时,$Ma = Ma_S / \sin\phi$;当 $k = 2$ 时,$Ma = \left(\frac{2}{\gamma - 1} + Ma_S^2\right)\left(\sqrt{\frac{\mu\xi + 1}{\mu\xi + \xi^2}} - 1\right)$。

给定 $Ma_1 = Ma_S / \sin\phi_1$ 和 γ,就可以由压力 p、流向角 θ 表达出一族解,在 (p, θ) 图(图 2.3)上表达出的解曲线称为激波极曲线。激波极曲线分析是一种非常有用的激波干扰图解方法,可对复杂的激波干扰现象给出清晰的物理解释。Kawamura 和 Saito(1956)最先采用激波极曲线图分析了斜楔上的激波反射现象。解曲线 I 对应初始条件为区域(1),称为极曲线 I(或 I - 极曲线);在极曲线 I 上,初始条件为区域(2),叠加在极曲线 I 上的其他解曲线,称为极曲线 R(或 R - 极曲线),在给定 (ϕ_1, p_2, θ_2) 的条件下,由 R - 极曲线可以确定所有可能的解。

根据边界条件的变化,R-极曲线可以描述区域(3)和(4)所有可能的解。所以,为确定反射激波后的状态,必须首先确定边界条件。在马赫反射结构中,三波点附近的边界条件是区域(3)和(4)中的流动矢量相互平行、跨滑移线的压力相等,即

$$p_3 = p_4, \theta_2 \pm \theta_3 = \theta_4 \qquad (2.8)$$

在规则反射结构中,边界条件是区域(3)的流线平行于楔面,即

$$\theta_2 + \theta_3 = 0 \qquad (2.9)$$

R-极曲线与I-极曲线的第二个交点满足式(2.9)给出的边界条件(Takayama 和 Sasaki,1983)。

图 2.3 是 $Ma_S = 1.5$ 的入射激波在空气中的极曲线图,图中纵坐标是以初始压力 p_1 无量纲化的压比 p/p_1,横坐标 θ 是角度的绝对量。图中给出了楔角 $\theta_W = 30° \sim 60°$ 范围的 I-极曲线(每隔5°一条),以及给定初始楔角条件下 $Ma_S = 1.5$

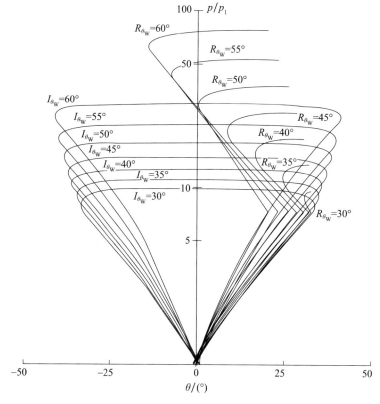

图 2.3　入射激波 $Ma_S = 1.5$ 从楔角 $\theta_W = 30° \sim 60°$ 楔面
反射的激波极曲线图(Numata 等,2009)

入射激波的 R - 极曲线。其中位于第一象限的 I - 极曲线与 R - 极曲线的交点，就是三波点附近区域(3)和区域(4)的压力 p 和气流方向角 θ。

理论上，当 R - 极曲线与 p 轴相切，或 R - 极曲线与 p 轴及 I - 极曲线相交于一个点时，发生从马赫反射结构到规则反射结构的相互转变。前者称为脱体准则，后者也称为冯·诺依曼准则（Ben - Dor，1979；vonNeumann，1963；Courant 和 Friedrichs，1948）。脱体准则满足式(2.8)的边界条件，且 $\theta_3 = \theta_{max}$、$\theta_4 = \theta_2 - \theta_3 = 0$（$\theta_{max}$ 为最大气流偏折角），该式表明，这时从三波点出发的滑移线与壁面平行。

冯·诺依曼准则也满足上述气流方向条件，所以（后面会看到）滑移线也平行于楔面。发生反射结构转变时的楔角称为临界转换楔角 θ_{crit}。所以，只要已知 θ_{crit} 和 ϕ，假设马赫激波是直线状且垂直于楔面，就可获得三波点轨迹 χ。

图 2.4 是 Takayama 和 Sasaki(1983)用实验获得的不同半径及初始角度的凸壁面与凹壁面上激波反射临界转换楔角 θ_{crit} 与激波强度倒数 ξ 的关系。实验采用 30mm×40mm 的传统激波管，图中还给出了之前 Smith(1948)的结果、脱体准则线和冯·诺依曼准则线。

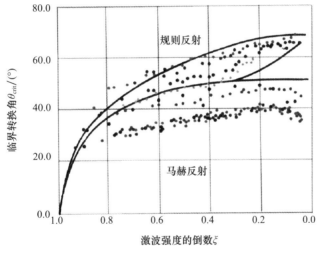

凸壁面
● 20mm 90 ● 40mm 90 ● 50mm 53.1 ● 56.5mm 45 ○ 160mm 6～70 ● 300mm 50
凹壁面　　　　　　　　　　　　　　　　　　　　　　　平板楔
● 20mm 0　● 50mm 0　● 60mm 40　○ 160mm 6～70 ● 300mm 40　● L.G.Smith (1948)

图 2.4　临界转换楔角 θ_{crit} 与激波强度倒数 ξ 的关系（Kawamura 和 Saito，1956）（见彩图）

冯·诺依曼的研究表明，反射激波结构的转换准则取决于入射激波强度，脱体准则适用于弱激波反射，冯·诺依曼准则适用于强激波反射，其中冯·诺依曼所指的弱激波和强激波定义基于激波极曲线图（Courant 和 Friedrichs，1948）。对于强激波反射，在脱体准则和冯·诺依曼准则之间的区域，可以产生马赫反射或规则反射结构。在激波管的斜楔激波反射实验中,激波反射结构的转换总是遵循脱体准则;而在曲面上(后面会讨论),随着激波的传播,壁面角度也在变化,气流实际上是非稳态的,在这种情况下,激波反射结构的转换可以遵循冯·诺依曼准则,也可以遵循脱体准则(Ben – Dor,1979;Takayama 和 Sasaki,1983;Courant 和 Friedrichs,1948)。

在定常气流中,也会发生既可以遵循冯·诺依曼准则也可以遵循脱体准则的情况。Hornung 等报告称,给定一道强激波,在脱体准则与冯·诺依曼准则之间的区域内,可以获得马赫反射/也可以获得规则反射结构,取决于风洞运行条件或斜楔模型系统的状态。人们相信风洞产生的是定常气流,但实际上并非总是如此。风洞中的启动气流或将模型送入风洞的气流中的过程,总会产生过渡性的气流,这些过渡性气流对定常气流会产生干扰。

强、弱激波的另一种定义是,在马赫反射结构中,如果入射激波后的气流是亚声速,这时 I – 极曲线和 R – 极曲线相交于 R – 极曲线的下半支(参考图 2.3),定义入射激波为弱激波。当反射激波后的气流为超声速,I – 极曲线和 R – 极曲线相交于 R – 极曲线的上半支,则入射激波是强激波。按照这个定义,弱激波与强激波的界限是声速条件。上述两种定义,只有微小的差异(Ben – Dor,1979)。

2.1.3 斜楔模型

1. 40×80 激波管中平直楔激波反射的实验结果

激波反射结构从规则反射到马赫反射的转变是激波研究的一个基本主题。在 20 世纪 70 年代后期,采用 40mm×80mm 的传统激波管做激波反射实验,这种激波管采用双膜片系统和可破裂 Mylar 膜片,当时实验的马赫数范围是 $Ma_s = 1.1 \sim 4.0$,实验介质是空气,实验的重复性(用激波马赫数的散布表征)是 $\Delta Ma_s = \pm 2\%$。图 2.5 是 40mm×80mm 传统激波管的实验段,该实验段用一整块碳钢制造,是研究所自行设计和制造的。激波管部分由日本东北大学高速机械研究所的加工厂制造,为避免金属材料的热变形,没有采用焊接工艺。斜楔模型置于可移动的平台上,楔角可精确控制,其变化范围为 0°~60°,参考图 2.5。从激波管设备的外部,用千分尺调节可移动平台立轴的高度,就可以实现楔角的精确变化(Takayama 和 Sasaki,1983)。最早的流动显示采用阴影和纹影法,光源采用日本第一台调 Q 红宝石激光器。1980 年,购置了 Apollo 激光器有限公司制造的调 Q 红宝石激光器,以前的阴影系统光路与双曝光全息干涉系统合并,从那时开始,所有激波管流动显示都采用双曝光全息干涉系统。

图 2.5　激波管实验段(Takayama,1983)

图 2.6(a)~(j)是斜楔激波反射结构的一套流动显示照片。其中,图 2.6(a)~(b)的入射激波马赫数为 $Ma_S = 2.00$,实验介质是压力 550hPa、温度 295.6K 的空气,楔角范围 $\theta_W = 0.0° \sim 3.0°$;图 2.6(c)~(j)的激波反射实验条件是 $Ma_S = 3.0$,实验介质是氮气,实验条件是 200hPa、295.6K。当楔角比较小时,入射激波在扫过斜楔的过程中只有轻微反射,这种比较小的斜楔角度称为扫掠入射角(glancing incidence angle, $\chi_{扫掠}$), $\chi_{扫掠}$ 定义为"拐角信号以气体微团速度 u 传播,以当地声速 a 靠近入射激波",所以 $\chi_{扫掠}$ 写作

$$\tan\chi_{扫掠} = \frac{\sqrt{a^2 - (Ma_S - u)^2}}{Ma_S} \tag{2.10}$$

式中:a 是用激波前声速 a_0 无量纲化的当地声速;u 是用 a_0 无量纲化的当地气体微团速度。

在图 2.6(a)中,没有看到反射激波与马赫激波的相交。在图 2.6(b)中,$\theta_W = 3.0°$,扫掠入射角轨迹、交点及形成的三波点与 $Ma_S = 2.0$ 的扫掠角 $\chi_{扫掠} = 27.6°$ 相符,三波点轨迹角约为 24.0°,在其中未观察到滑移线,所以该反射激波结构是冯·诺依曼反射(vNMR)。

在图 2.6(c)~(f)中,激波在斜楔上反射,形成单马赫反射结构(SMR);在图 2.6(g)、图 2.6(h)中看到,在反射激波上有一个拐点,所以该结构是过渡马赫反射结构(TMR);在图 2.6(i)中,随着楔角的增大($\theta_W = 50.0°$),反射激波上的拐点已经转变为第二三波点,所以该结构是双马赫反射结构(DMR);在图 2.6(j)中,$\theta_W = 60°$,规则反射结构在反射点是直线结构,表明反射激波后的流动是超声速的,所以该反射结构被定义为超声速规则反射(supersonic regular reflection, SPRR)。

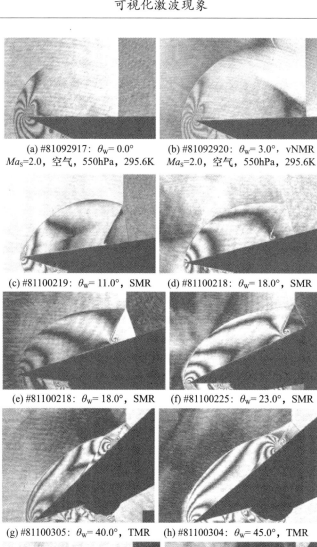

(a) #81092917: $\theta_w = 0.0°$
$Ma_S = 2.0$，空气，550hPa，295.6K

(b) #81092920: $\theta_w = 3.0°$，vNMR
$Ma_S = 2.0$，空气，550hPa，295.6K

(c) #81100219: $\theta_w = 11.0°$，SMR

(d) #81100218: $\theta_w = 18.0°$，SMR

(e) #81100218: $\theta_w = 18.0°$，SMR

(f) #81100225: $\theta_w = 23.0°$，SMR

(g) #81100305: $\theta_w = 40.0°$，TMR

(h) #81100304: $\theta_w = 45.0°$，TMR

(i) #81100505: $\theta_w = 50.0°$，DMR

(j) #81100307: $\theta_w = 60.0°$，SPRR

图 2.6 激波反射结构的演化

((a) ~ (b): $Ma_S = 2.00$，空气，$p = 550\text{hPa}$，$T = 295.6\text{K}$；
(c) ~ (j): $Ma_S = 3.00$，氮气，$p = 200\text{hPa}$，$T = 295.6\text{K}$)

第 2 章 气体中的激波

图 2.7 是 $Ma_S = 3.1 \sim 4.9$ 的激波扫过 $\theta_w = 45°$ 和 $50°$ 斜楔时的激波反射结构阴影照片,以及局部结构的放大图。三波点会发光,当初始压力较低、入射激波更强时,整个实验流场充满了强光,胶片过度曝光。在获取图 2.7 的激波管实验中,采用中等密度的滤光片覆盖胶片,入射激波的马赫数是 4.9,这是我们能够成功获取显示图像的最低马赫数。

(a) #80091005:$Ma_S = 4.9$,$p=15$hPa,$T=295.7$K,$\theta_w = 45°$

(b) #80091006:$Ma_S = 4.9$,$p=15$hPa,$T=295.7$K,$\theta_w = 50°$

(c) #80090926:$Ma_S = 4.1$,$p=25$hPa,$T=297$K,$\theta_w = 45°$

(d) #80090916: Ma_S= 3.1, p=40hPa, T=299.5K, θ_W= 50°

图 2.7　三波点光点的形成(空气)

2. 60 × 150 无膜片激波管中平直楔激波反射的实验结果

60mm × 150mm 传统激波管用高强度碳钢制造,由研究所自己的机械加工车间设计制造,为使钢板变形最小,没有采用重型构件。激波管及其试验段是精心制造的,虽然很耗时,但误差非常小,只有 10μm。

在这个激波管上,研发了无膜片运行系统(Yang,1995)。图 2.8(a)是设备组成示意图;图 2.8(b)是膜片段结构,其中的高压室和低压室是同轴结构,两者之间用橡胶膜片隔开,辅助高压室的高压氦气从后面顶住橡胶膜片,使其鼓起,进而密封住驱动气体和实验气体,鼓起的橡胶膜片由网 B 支撑。辅助高压室的另一侧用 Mylar(聚酯高分子材料)膜将高压氦气封住,当 Mylar 膜破开时,橡胶膜片迅速后退,驱动气体驱动一道激波进入实验段,参考图 2.8(c),橡胶膜片后退时由网 A 支撑。

利用这个简单装置,可以在空气介质中产生 Ma_S = 1.1 ~ 5.0 的激波,实验重复性误差为 ΔMa_S = ±0.2%。无膜片运行系统的优点不仅在于其高可重复性,而且不会产生金属膜片的碎片;由于无膜片激波管运行时不暴露在环境空气中,所以在采用空气以外的实验气体时,激波管壁面不会受到环境空气的污染,实验气体的纯净度很高。

在传统激波管中,往往存在金属膜片碎片的影响,所以目前使用了 Mylar 膜片;如果采用玻璃纸膜片,也产生碎片,碎片会在激波管中到处散布,激波运行后需要清理实验段。

采用本激波管,研究了中等强度激波(Ma_S = 2.585 ~ 2.654)在楔角 θ_W = 2° ~ 60°的平直楔上的反射结构演化,实验介质是100hPa、298K 的空气,图 2.9(a) ~ (z)是反射激波结构演化的干涉图像。在图 2.9(a)中,楔角为 2°,三道激波交汇,观察到三波点,但未见滑移线;三道激波的交点位于扫掠入射角 $\chi_{扫掠}$ 的轨迹上(该轨迹是拐角信号可到达的边界);马赫激波不是直线,在三波点附近是弯曲的,这是典型的冯·诺依曼反射结构。

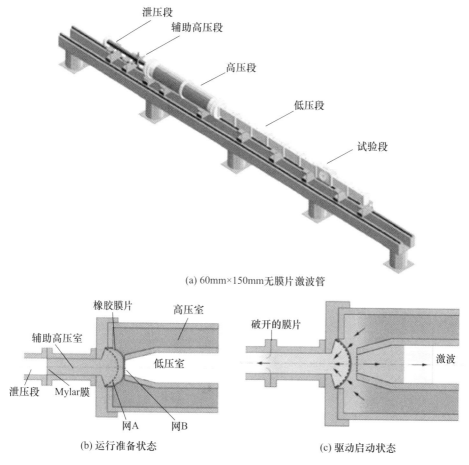

图 2.8　60mm×150mm 激波管(见彩图)

对于楔角 $\theta_W = 2°$ 的情况,从图 2.9(a)中测量的 $\chi_{扫掠} \approx 23°$。而由式(2.10)针对 $Ma_S = 2.61$ 条件预测的 $\chi_{扫掠} = 26°$,针对图 2.9(a)条件预测的 $\chi_{扫掠} = 21°$。图 2.9(a)、(b)表明,马赫激波略有弯曲,但其根部与斜楔壁面垂直。

斜楔前缘产生的弓形激波与三波点出发的弯曲的反射激波光滑地融合,意味着整个区域的流动是亚声速的。在三波点附近,区域(3)和区域(4)的气体微团速度是不连续的,但过滑移线的流动方向和压力一致,所以过滑移线的密度不连续。但在图 2.9(a)中,区域(3)和区域(4)的密度差异很小,不足以使滑移线显现出来。随着 θ_W 的增加,如在图 2.9(b)~(d)中,滑移线显现出来,可以看到,滑移线受到斜楔壁面的阻挡而终止。在图 2.9(b)~(d)中,斜楔的角度较小,滑移层具有光滑的层流结构,其尾迹终止于斜楔壁面;随着 θ_w 的增加,滑移线(层)将变宽,最终成为湍流结构。在三波点附近,区域(3)和区域(4)的压力一致;但在壁面附近,区域(3)的压力高于区域(4),所以在图2.9(e)和(f)中,滑移线向前方朝上卷起,图2.9(g)和(h)也一样。

(a) #83110516: Ma_S= 2.612, θ_w= 2°, vNMR

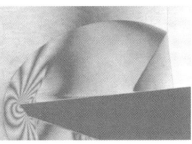
(b) #83110515: Ma_S= 2.642, θ_w= 5°, SMR

(c) #83110514: Ma_S= 2.653, θ_w= 11°, SMR

(d) #83110513: Ma_S= 2.632, θ_w= 17°, SMR

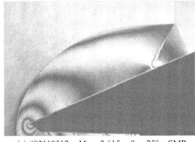
(e) #83110512: Ma_S= 2.615, θ_w= 25°, SMR

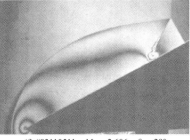
(f) #83110511: Ma_S= 2.606, θ_w= 29°
具有TMR迹象的SMR

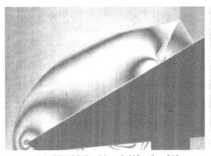
(g) #83110510: Ma_S= 2.602, θ_w= 31°
具有TMR迹象的SMR

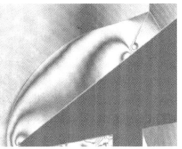
(h) #83110508: Ma_S= 2.631, θ_w= 33°
具有TMR迹象的SMR

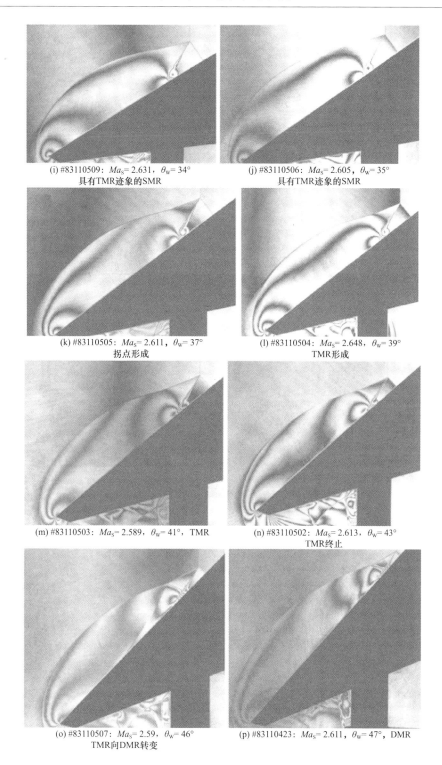

(i) #83110509：Ma_S= 2.631，θ_W= 34°
具有TMR迹象的SMR

(j) #83110506：Ma_S= 2.605，θ_W= 35°
具有TMR迹象的SMR

(k) #83110505：Ma_S= 2.611，θ_W= 37°
拐点形成

(l) #83110504：Ma_S= 2.648，θ_W= 39°
TMR形成

(m) #83110503：Ma_S= 2.589，θ_W= 41°，TMR

(n) #83110502：Ma_S= 2.613，θ_W= 43°
TMR终止

(o) #83110507：Ma_S= 2.59，θ_W= 46°
TMR向DMR转变

(p) #83110423：Ma_S= 2.611，θ_W= 47°，DMR

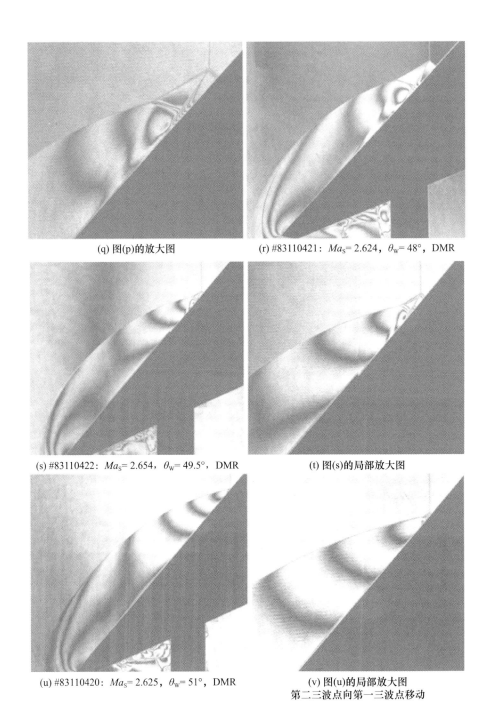

(q) 图(p)的放大图

(r) #83110421：Ma_S= 2.624，θ_W= 48°，DMR

(s) #83110422：Ma_S= 2.654，θ_W= 49.5°，DMR

(t) 图(s)的局部放大图

(u) #83110420：Ma_S= 2.625，θ_W= 51°，DMR

(v) 图(u)的局部放大图
第二三波点向第一三波点移动

(w) #83110424: Ma_S= 2.64, θ_W= 52°
DMR即将终结

(x) 图(w)的局部放大图
第二三波点向第一三波点合并

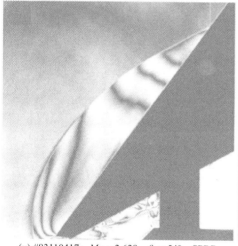
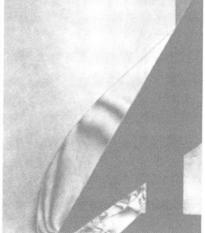

(y) #83110417: Ma_S= 2.628, θ_W= 54°, SPRR

(z) #83110415: Ma_S= 2.585, θ_W= 60°, SPRR

图 2.9　动楔上激波反射演化的干涉照片序列
（Ma_S = 2.6, 空气, p = 100hPa, T = 298K）

随着 θ_W 的继续增加,在三波点附近,从三波点出发的反射激波变直,参考图 2.9(g)和(h),直的反射激波意味着反射激波之后的流动是跨声速或超声速的。当楔角还不太大时,出现反射激波直线段与反射激波曲线段相交的现象,意味着亚声速流动区域与跨声速流动区域比邻存在,所以形成一个拐点。如果楔角进一步增大,沿着反射激波曲线段产生的压缩波系将发生合并。

黑色条纹的分布趋势表明,压缩波系是向拐点聚集的,然后形成过渡马赫反射。但是,正如图 2.9(k)~(m)中观察到的那样,过渡马赫反射不是突然形成的,而是有一个比较长的转变过程。继续增大 θ_W,拐点转变为一个三波点,压缩波束合并为第二道激波,最后,在最终形成的三波点处,形成三道激波的融合以及第二道滑移线。需要注意,双马赫反射结构的出现也需要一个转变过程,图 2.9(l)~(m)是过渡马赫反射结构形成的过程,但是,从图 2.9(n)并不能确定,在反射激波曲线段后面的区域内条纹结构的模糊变化是否意味着滑移线的出现,滑移线的出现意味着从过渡马赫反射到双马赫反射结构的转变。

Ben-Dor(1979)率先通过分析给出了单马赫反射结构、过渡马赫反射结构和双马赫反射结构之间的条件域及边界。实验发现,单马赫反射结构并不是在预测的临界转换角 θ_{crit} 条件下瞬间转变为过渡马赫反射结构的,过渡马赫反射结构向双马赫反射结构的演化也要经历一个转变的过程。预测与实验结果产生差别的主要原因是,在分析预测中,假设各区域的流动是均匀的,而实际情况是因为流动存在黏性,试验设备的尺寸也很有限,这些区域的流动是非均匀的。

图 2.9(p)~(x)展示了从双马赫反射到规则反射结构的变化过程。在 $\theta_W = \theta_{crit}$ 时,三波点消失并在直的规则反射结构后面出现超声速区,这时的规则反射结构定义为超声速规则反射(SPRR),见图 2.9(y)。在弯曲的规则反射结构中,反射点后面存在亚声速流动,这样的规则反射结构被定义为亚声速规则反射(SbRR)。

当楔角向临界转换角趋近时($\theta_W \rightarrow \theta_{crit}$),从双马赫反射结构的三波点延伸出来的马赫激波的长度变短,使马赫激波几乎难以分辨。例如,图 2.9(s)、(u)、(w)分别是 $\theta_W = 49.5°、50°、51°$ 的双马赫反射结构,图 2.9(t)、(v)、(x)分别是它们的放大图。在图 2.9(x)中,双马赫反射结构几乎看不到,能够看到在三波点后当地存在一道很短的滑移线,该滑移线在楔面上转变为一个涡。基于马赫激波特征长度的当地雷诺数只有几百的量级,所以在三波点处,流动受黏性效应影响很严重,意味着从马赫反射到规则反射的转变会受到初始压力的影响。但采用传统激波管,几乎无法探测到初始压力对斜楔上反射激波结构转变的影响。

当激波管具有很高的重复性精度时,在激波管上进行这种实验,就能够清楚地分辨出黏性效应对激波反射结构转换的影响。如果能够用数值分析的方法再现干涉图像,就能够更直接地看到这种影响。

3. 运动斜楔上激波反射结构的演化

在这个实验中,将斜楔安装在 60mm×150mm 激波管的可运动底座上,可动底座的结构与图 2.5 类似,斜楔角从 0°变化到 60°。用双曝光全息干涉仪显示激波反射结构,实验介质是环境大气压、301K 的空气,激波的名义马赫数为 1.2。将重构的全息图像编辑成动画,使编辑后的斜楔壁面平行于动画底面,并使反射点位于每帧图像的中心位置。这样一来,入射激波一开始垂直于水平楔的中心,然后持续倾斜,马赫激波也持续倾斜,三波点持续移动。动画仅展示了激波反射结构的一套独特演化过程。图 2.10 是选出制作这个动画的系列干涉图像。

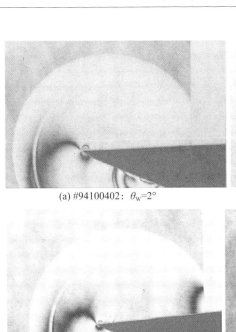

(a) #94100402：$\theta_w=2°$

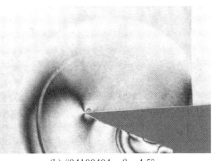

(b) #94100404：$\theta_w=4.5°$

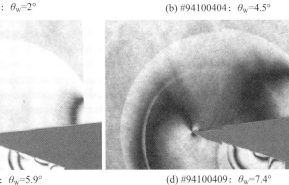

(c) #94100406：$\theta_w=5.9°$

(d) #94100409：$\theta_w=7.4°$

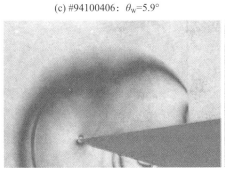

(e) #94100411：$\theta_w=8.9°$

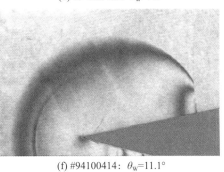

(f) #94100414：$\theta_w=11.1°$

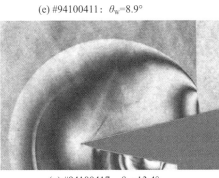

(g) #94100417：$\theta_w=13.4°$

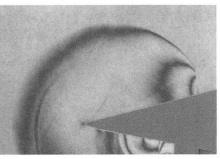

(h) #94100419：$\theta_w=14.8°$

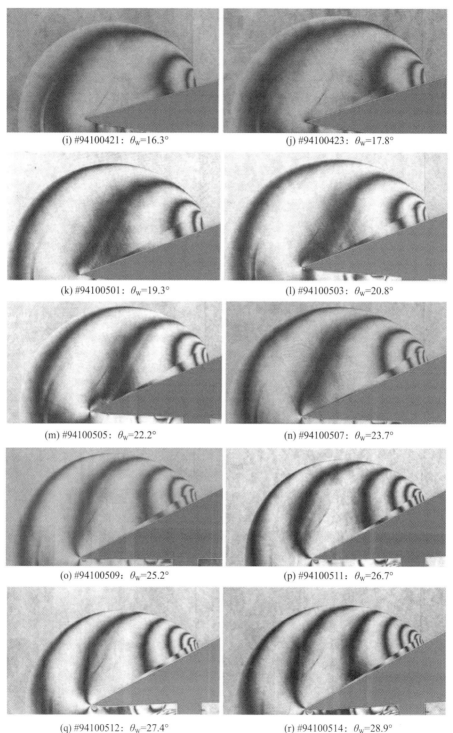

(i) #94100421: $\theta_w=16.3°$
(j) #94100423: $\theta_w=17.8°$
(k) #94100501: $\theta_w=19.3°$
(l) #94100503: $\theta_w=20.8°$
(m) #94100505: $\theta_w=22.2°$
(n) #94100507: $\theta_w=23.7°$
(o) #94100509: $\theta_w=25.2°$
(p) #94100511: $\theta_w=26.7°$
(q) #94100512: $\theta_w=27.4°$
(r) #94100514: $\theta_w=28.9°$

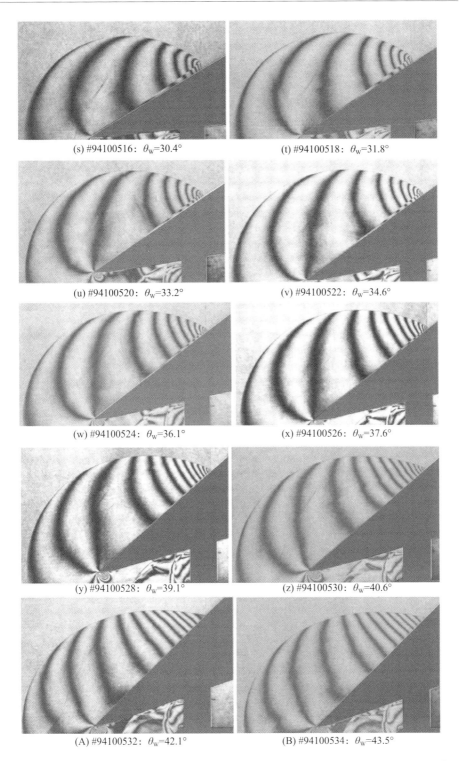

(s) #94100516：θ_w=30.4°   (t) #94100518：θ_w=31.8°

(u) #94100520：θ_w=33.2°   (v) #94100522：θ_w=34.6°

(w) #94100524：θ_w=36.1°   (x) #94100526：θ_w=37.6°

(y) #94100528：θ_w=39.1°   (z) #94100530：θ_w=40.6°

(A) #94100532：θ_w=42.1°   (B) #94100534：θ_w=43.5°

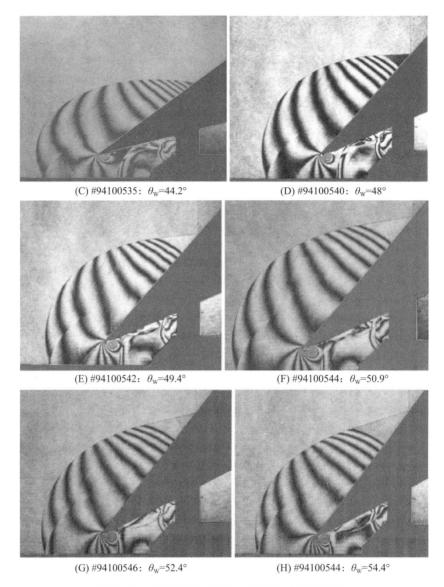

(C) #94100535: $\theta_W=44.2°$ (D) #94100540: $\theta_W=48°$

(E) #94100542: $\theta_W=49.4°$ (F) #94100544: $\theta_W=50.9°$

(G) #94100546: $\theta_W=52.4°$ (H) #94100544: $\theta_W=54.4°$

图 2.10　运动斜楔激波反射动画制作使用的照片
(60mm×150mm 无膜片激波管, $Ma_S=1.2$)

在动画中,通过条纹的变化可以观察到三波点周围的密度变化和马赫激波的增长。当入射激波垂直于斜楔表面时,三波点是不存在的;当有一定的较小斜楔角时,马赫激波开始出现,随着斜楔角 θ_W 的增加,马赫激波略微弯曲,三波点位于扫掠入射角的轨迹角上,马赫激波的弯曲也不均匀,而是三波点下方附近某个位置的曲率半径最小。进一步增大斜楔的角度 θ_W ,最小曲率半径位置逐渐向三波点靠近,同时,在马赫激波后面出现干涉条纹,干涉条纹的数量也逐渐增加,条纹明显地向三波点汇合。在图 2.10(h)中,可以模糊地看到条纹融合进滑移线,在图 2.10(i)中,可以略微清晰地观察到条纹融合进滑移线。在 $\theta_W = 39.1°$ 时发生马赫反射向规则反射结构的转换,如图 2.10(y)所示。

图 2.11 是 60mm×150mm 激波管实验获得的运动斜楔上弱激波反射的系列图像,实验介质为空气,实验条件为环境大气压、299.5K、$Ma_S = 1.032$。在图 2.11(a)~(h)中,反射结构是冯·诺依曼反射,没有滑移线。在图 2.11(i)中,发生向亚声速规则反射结构的转变。

4. 在 150mm×60mm 激波管上获得的弱激波反射结构

在双曝光全息干涉图中,激波后面的密度变化 $\Delta\rho$ 与条纹数量相关,参考式 (1.9),$N = \Delta\rho L / K\lambda$,意味着,如果光路中参考光束 OB 的路径较长,灵敏度会更高。将 60mm×150mm 激波管转 90°,获得一个横截面为 150mm×60mm 的激波管,这样,光路的灵敏度会提高到 2.5 倍。将一个 150mm 宽、前缘角 60°的斜楔模型装夹在两个直径 150mm、厚 20mm 的树脂平板之间,然后安装在激波管的实验段中。

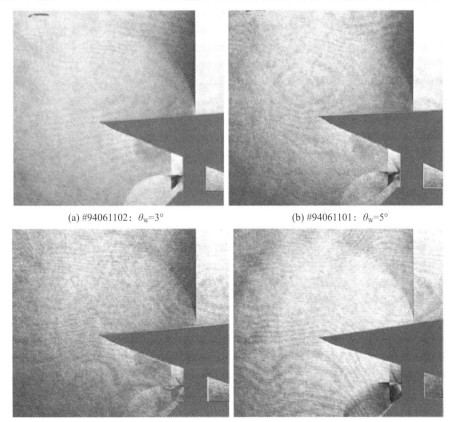

(a) #94061102:$\theta_W=3°$ (b) #94061101:$\theta_W=5°$

(c) #94061103:$\theta_W=6°$ (d) #94061105:$\theta_W=7.5°$

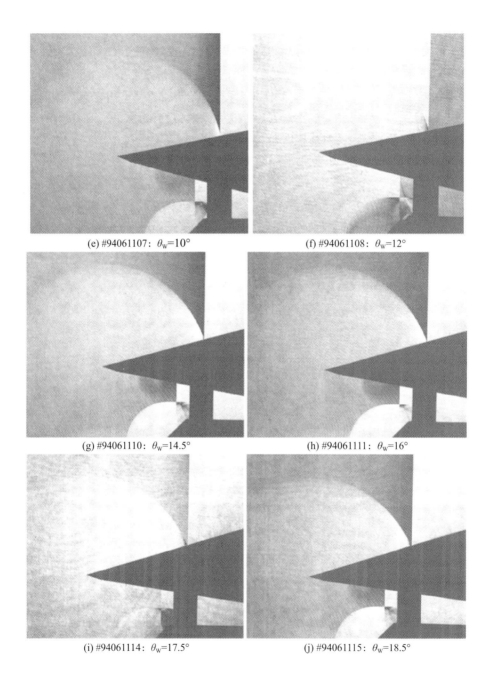

(k) #94061117: $\theta_W=20°$ (l) #94061120: $\theta_W=21.5°$

图 2.11 运动斜楔激波反射结构照片
(60mm×150mm 无膜片激波管, $Ma_S=1.032$)

通过旋转观察窗和整个模型,实现对楔角的调节。图 2.12(a)~(r)是入射激波通过斜楔前缘后 80μs 时的系列流场照片,实验介质为空气,入射激波马赫数 $Ma_S=1.2$,实验压力为 800hPa。在图 2.12(a)中,$\theta_W=2°$,在马赫激波后面没有观察到干涉条纹,在反射激波和入射激波后面出现一道黑色条纹。在图 2.12(b)中,$\theta_W=4°$,在图 2.12(c)中,$\theta_W=6°$,在马赫激波后面出现一道更宽的黑色条纹,马赫激波不均匀弯曲(其曲率是变化的)。两道黑色条纹与马赫激波相交于马赫激波曲率最小处。当斜楔角很小时,入射激波、反射激波、马赫激波汇合于一点形成三激波相交结构,或者三波点,但由三波点尚未生成滑移线,因为在马赫激波后面尚未出现密度的不连续性。沿着反射激波出现的黑色条纹向下方延伸并与马赫激波相交,从斜楔壁面生成的其他黑色条纹向上方发展与马赫激波相交。这些向下方和向上方发展的条纹与马赫激波相交,形成类似分区流线(dividing stream lines)的图像,这种条纹的分布是典型的冯·诺依曼结构,而马赫激波的最小曲率出现在马赫激波上条纹分布看起来像分区流线的位置上。然后,随楔角的继续增大,条纹逐渐汇聚到三波点,马赫激波变直、变短,激波反射结构最终变为单马赫反射结构。继续增大楔角,在图 2.12(s)中,$\theta_W=35°$,单马赫反射结构转变为规则反射结构。

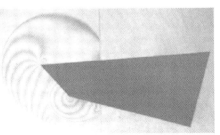

(a) #88031004: $Ma_S=1.204$, $\theta_W=2°$ (b) #88031006: $Ma_S=1.203$, $\theta_W=4°$

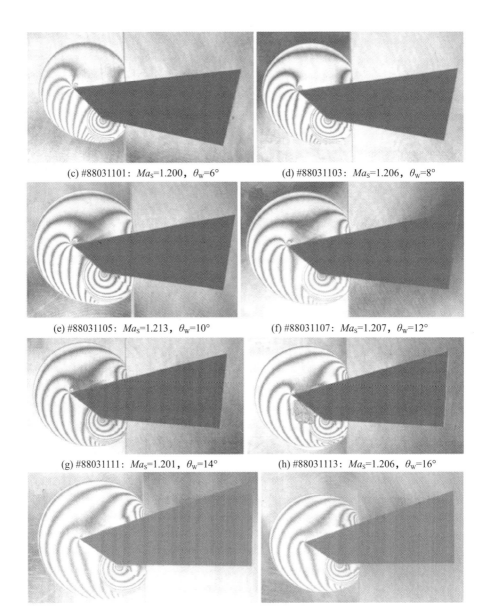

(c) #88031101: Ma_S=1.200, θ_W=6° (d) #88031103: Ma_S=1.206, θ_W=8°

(e) #88031105: Ma_S=1.213, θ_W=10° (f) #88031107: Ma_S=1.207, θ_W=12°

(g) #88031111: Ma_S=1.201, θ_W=14° (h) #88031113: Ma_S=1.206, θ_W=16°

(i) #88031115: Ma_S=1.198, θ_W=18° (j) #88031103: Ma_S=1.206, θ_W=20°

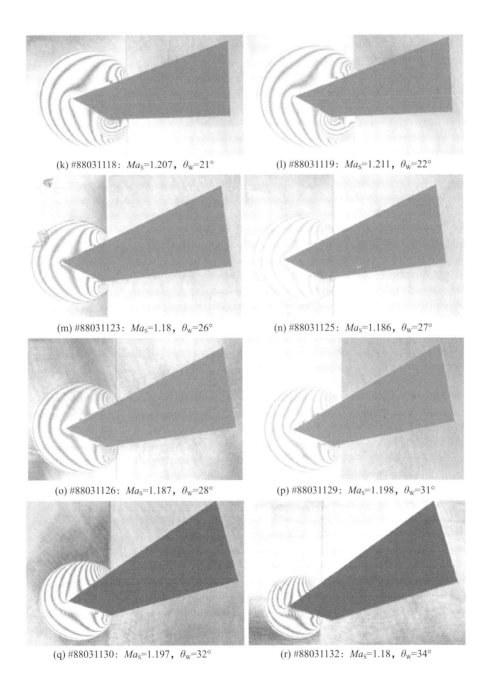

(k) #88031118: Ma_S=1.207, θ_W=21°   (l) #88031119: Ma_S=1.211, θ_W=22°

(m) #88031123: Ma_S=1.18, θ_W=26°   (n) #88031125: Ma_S=1.186, θ_W=27°

(o) #88031126: Ma_S=1.187, θ_W=28°   (p) #88031129: Ma_S=1.198, θ_W=31°

(q) #88031130: Ma_S=1.197, θ_W=32°   (r) #88031132: Ma_S=1.18, θ_W=34°

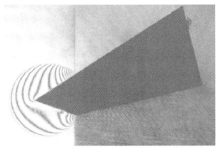

(s) #88031133: Ma_S=1.172, θ_W=35°

图 2.12　激波扫过斜楔前缘 80μs 后的反射激波结构随楔角的变化

(斜楔宽 150mm, Ma_S = 1.2, 空气, 800hPa, 290.4K)

图 2.13 总结了图 2.10、图 2.12 的 Ma_S = 1.2 条件下三波点轨迹角随楔角变化的情况。纵坐标反映三波点轨迹角 χ，横坐标是斜楔角 θ_W。在空气中，Ma_S = 1.2 激波的扫掠入射角是 25.5°。实心三角代表图 2.10 中的三波点，空心三角代表图 2.12 中的三波点。在比较小的楔角 θ_W 条件下，三波点位于 $\chi_{glance} - \theta_W$ 线上，这时，在三波点附近的马赫激波是弯曲的(而马赫激波根部在壁面处与楔面垂直相交)，马赫激波的曲率半径不是固定的，沿马赫激波有一个曲率半径最小的点，这个曲率半径最小点可以用实验评估出来。例如，在图 2.13 中，空心圆圈代表图 2.10 中的最小曲率半径点(或拐点)，实心圆圈代表图 2.12 中的最小曲率半径点。灰色与淡粉色圆圈都分布在 $\chi_{glance} - \theta_W$ 线以下，表明这些激波反射结构是典型的冯·诺依曼结构。随着 θ_W 的增大，马赫激波变直，激波反射结构变为单马赫反射结构；进一步增大 θ_W，导致从单马赫反射到规则反射结构的转变。

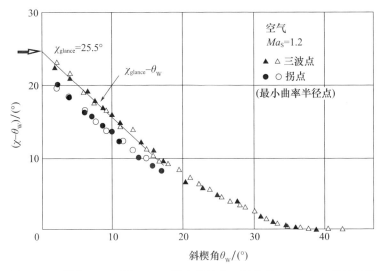

图 2.13　对图 2.10 和图 2.12 三波点轨迹角 χ 随楔角 θ_W 变化关系的汇总

第 2 章 气体中的激波

在前缘楔角很小和弱激波入射的情况下,入射激波与反射激波的汇合点总是位于 $\chi_{\text{glance}} - \theta_W$ 轨迹上,意味着压力变化 $\Delta p = \varepsilon$ 非常小,等熵条件 $\Delta s (\Delta p)^3 = \varepsilon^3$ 总是满足的。相反,根据 Whitham(1959),激波 - 激波相交结构被定义为间断的波阵面,其边界条件是马赫激波垂直于斜楔壁面,所以,当满足扫掠入射条件时,在满足等熵条件的区域形成拐点(或最小曲率点)。图 2.14 是空气中运动斜楔从 $2°$ 变化到 $30°$ 过程中,名义马赫数 $Ma_S = 1.05$ 激波的反射结构,可以看到,斜楔角到达临界转换角(约为 $29°$)之前,激波反射结构一直是冯·诺依曼结构;还可以注意到,最小曲率点一直位于三波点下方。

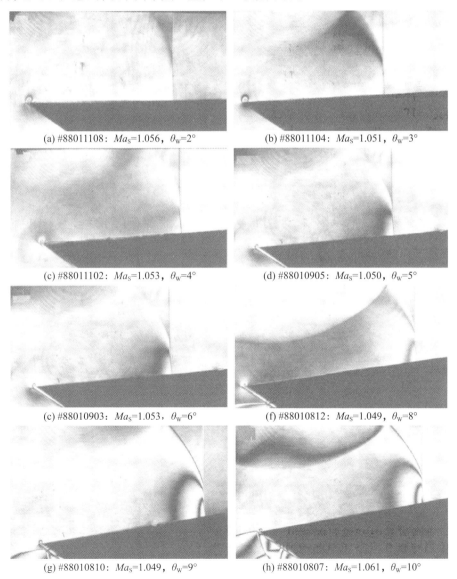

(a) #88011108: Ma_S=1.056,θ_W=2°   (b) #88011104: Ma_S=1.051,θ_W=3°

(c) #88011102: Ma_S=1.053,θ_W=4°   (d) #88010905: Ma_S=1.050,θ_W=5°

(c) #88010903: Ma_S=1.053,θ_W=6°   (f) #88010812: Ma_S=1.049,θ_W=8°

(g) #88010810: Ma_S=1.049,θ_W=9°   (h) #88010807: Ma_S=1.061,θ_W=10°

可视化激波现象

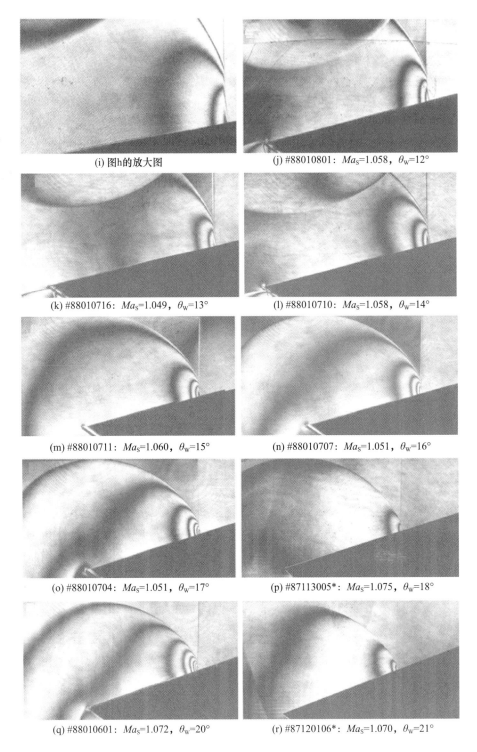

(i) 图h的放大图

(j) #88010801: Ma_S=1.058, θ_w=12°

(k) #88010716: Ma_S=1.049, θ_w=13°

(l) #88010710: Ma_S=1.058, θ_w=14°

(m) #88010711: Ma_S=1.060, θ_w=15°

(n) #88010707: Ma_S=1.051, θ_w=16°

(o) #88010704: Ma_S=1.051, θ_w=17°

(p) #87113005*: Ma_S=1.075, θ_w=18°

(q) #88010601: Ma_S=1.072, θ_w=20°

(r) #87120106*: Ma_S=1.070, θ_w=21°

(s) #87120110*: Ma_S=1.073, θ_W=23°

(t) #87120118*: Ma_S=1.068, θ_W=27°

(u) #87120201*: Ma_S=1.071, θ_W=29°

(v) #87120203*: Ma_S=1.062, θ_W=30°

图 2.14　运动斜楔激波反射结构演化

(* :L =60mm 的激波管)

(150mm ×60mm 激波管,名义 Ma_S =1.05,空气,1013hPa,290K)

5. 粉尘气体中的斜楔激波反射

图 2.15 是直径为 50mm 的传统激波管的设备组成示意图(Suguyama 等,1986),实验段尺寸为 30mm ×40mm。粉尘粒子是直径约 5μm、近似球形的煤灰粉,由位于膜片段的粉尘送进装置经气流夹带喷入;在激波管的末端连接一个直径 150mm、长 1.5m 的真空箱,气流中的粉尘由过滤器滤掉后进入真空箱,真空泵为真空箱提供所需的真空环境。粉尘粒子连续循环供应、回收使用,载荷比 0.02 的粉尘粒子可以相对均匀地分布到实验段中(载荷比定义为粉尘粒子质量与空气质量的比值)。利用该设备,可以提供激波名义马赫数为 Ma_S =1.5 ~ 2.20 的实验条件,基于激波管特征长度的雷诺数为 $Re_{L,char.}$ = 2.6 ×10^5 ~ 6.4 ×10^5。在实验段可以安装若干不同的斜楔模型,与前面几节情况不同的是,本实验只能获得激波反射的流场结构,不能确定临界转换角 θ_{crit},因为该设备上没有可动支座。

图 2.16 是名义激波马赫数 Ma_S =2.05 的激波反射结构系列图像。从图 2.16(a)看到的是单马赫反射结构,几乎与图 2.9(e)的单马赫反射结构相同。沿激波管上壁面发展起来的边界层似乎更厚,在下壁面则观察到粉尘粒子的沉积,一层粉尘粒子从前缘被吹起。在图 2.16(b)中看到,在斜楔后拐角处,传输激波发生衍射,形成一个旋涡。

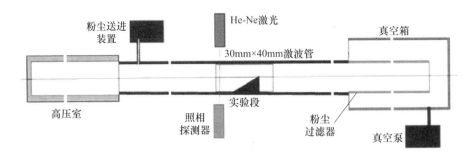

图 2.15　粉尘气体激波管实验装置示意图(Suguyama 等,1986)

(a) #87042305：Ma_S=2.022，θ_w=30°　　　(b) #87042210：Ma_S=2.044，θ_w=30°

(c) #87042215：Ma_S=2.053，θ_w=45°

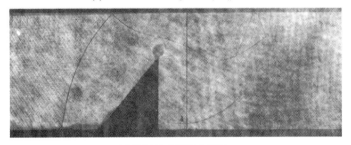

(d) 图(c)的非重建全息图

图 2.16　粉尘气体中的斜楔激波反射
(Ma_S = 2.05,粉尘空气,1013hPa,289.5K)

斜楔与观察窗贴合得不是非常紧密,存在一个约 0.05mm 的缝隙,所以入射激波通过这个缝隙产生泄漏,在图 2.16(b)中,斜楔后拐角处观察到的灰色图像就是泄漏的入射激波。对于粉尘气体激波反射研究,一个重要的问题是,需要搞清楚粉尘载荷比对斜楔激波反射临界转换角 θ_{crit} 的影响。本轮实验是最初的实验,设计了一个粉尘气体激波管,设备运行的重复性好,能够提供可靠的粉尘气流;同时能够提供可靠的干涉图像,用来验证一个研究粉尘载荷比对 θ_{crit} 影响的数值程序。图 2.16(c)和(d)是单马赫反射结构绕过 45°斜楔时的衍射情况,图 2.16(c)是重建的干涉图像,图 2.16(d)是未经重建的全息图像,流动结构类似于绕过一个后向台阶的激波衍射结构,但无法确定粉尘粒子对激波反射的影响。在图 2.16(d)的全息图中看到,斜楔前缘及附近,在分叉的反射激波后面有一个长条形灰色区域,斜楔的尖点处存在一个圆形灰色区域,在这些灰色区域中,当地流线急剧弯曲,气流诱导出的离心力将粉尘粒子甩出这些区域,使之成为无粉尘的区域,令人疑惑的是,无粉尘区域是灰色的。后来的分析推测,当准直后的物光束 OB 通过激波管粉尘气流时,均匀分布的粉尘使之产生米氏散射(Merzkirch,1974),而经过无粉尘区的物光束不受光散射的影响,于是经过无粉尘区的物光束出现灰度更深的现象。在图 2.16(d)中,光强的差别非常明显,但在双曝光方法中,光散射对相位角变化不产生影响,所以无粉尘区在条纹分布方面没有产生差别。

图 2.17 是名义激波马赫数 $Ma_S = 1.75$ 时粉尘气体中的斜楔反射激波结构,与图 2.9 的情况类似。在图 2.17(a)中,除了条纹分布以外,还能通过灰度噪声分辨出粉尘粒子在底板及斜楔壁面上的沉降。在图 2.17(a)和(b)中,从背景噪声上可以观察到粉尘粒子的阴影,这些粉尘粒子是从斜楔拐角吹出来的。图 2.17(c)和(d)分别是干涉图像及其未经重建的全息图像,尽管还不清楚粉尘气体载荷比与折射率之间的关系,但图 2.17(c)中反射激波后面的黑色条纹分布与图 2.17(d)中的灰度噪声分布是相符的,粉尘粒子在激波管实验段底板和斜楔壁面上的沉降模糊可见,反射激波结构在斜楔后拐角处发生衍射,传输激波形成一个涡,参考图 2.17(c)。图 2.17(d)的全息图像中,在与图 2.17(c)条纹密集区相对应的区域,观察到无粉尘区。

图 2.18(a)、(b)是粉尘气体中名义马赫数 $Ma_S = 1.4$ 的激波在楔角 $\theta_W = 20°$ 斜楔上的反射结构,这些激波反射结构与纯空气中小角度斜楔上的激波反射结构几乎相同。图 2.18(c)是楔角为 $\theta_W = 35°$ 斜楔上产生的马赫反射结构,图 2.18(d)是楔角为 $\theta_W = 45°$ 斜楔上产生的规则反射结构。到目前为止,在激波管实验获得的粉尘气流和纯空气气流斜楔激波反射结构之间,未观察到条纹分布方面的显著差别,这些图像有助于验证数值程序,使这些数值程序可准确复现粉尘气体的激波管流动。

(a) #87042108: Ma_S=1.755, θ_W=20°　　　(b) #87042111: Ma_S=1.718, θ_W=25°

(c) #87042110: Ma_S=1.718, θ_W=25°

(d) 图(c)的放大图

图 2.17　粉尘气体中的斜楔激波反射
(Ma_S = 1.75,粉尘空气,1013hPa,289.5K)

(a) #87042102: Ma_S=1.432, θ_W=20°　　　(b) #87042103: Ma_S=1.440, θ_W=20°

(c) #87042122: Ma_S=1.432, θ_W=35°　　　(d) #87042204: Ma_S=1.412, θ_W=45°

图 2.18　粉尘气体中的斜楔激波反射
(名义 Ma_S = 1.4,环境压力,290.2K,粉尘空气)

6. 100mm×180mm 激波管中的转换延迟

1996年，Dewey教授在维多利亚组织了第二次"马赫反射研讨会"，报告了一个令人迷惑的斜楔激波反射结果。当斜楔的角度略大于临界转换角时，激波反射结构本应该是马赫反射，但Dewey教授的实验结果表明，在激波扫过斜楔前缘时出现的是一个规则反射结构，当激波运动到离开前缘一定距离后又转变为马赫反射结构。对他的报告，听众大为震惊，发表了各自的评论，那时没人理解为什么会发生转换延迟。后来，Henderson的数值研究证明，是斜楔壁面上发展起来的边界层引起激波反射结构的转换延迟（Henderson等，1997）。1994年，多伦多大学空间科学研究所（UTIAS）的Glass教授将他的100mm×180mm高超声速激波管捐赠给日本东北大学流体科学研究所激波研究中心。在小尺寸激波管中进行实验时，由于激波管的尺寸影响，获得的结果总是与分析预测的结果存在偏差。1994年，UTIAS的激波管运达SWRC并重新安装起来，如图2.19(a)所示。

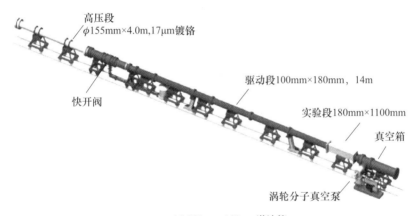

(a) 100mm×180mm激波管

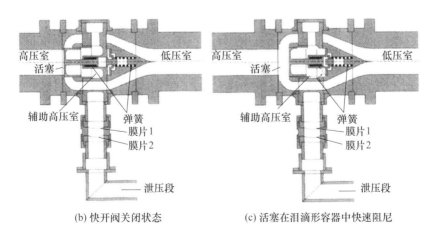

(b) 快开阀关闭状态　　　　(c) 活塞在泪滴形容器中快速阻尼

图2.19　在IFS激波研究中心重建的无膜片激波管（Itabashi，1998）

激波管的驱动段由日本 Muroran Nippon 钢铁有限公司制造,采用长 4m、内径 155mm、外径 355mm 整块高强度钢制造,驱动段的内表面镀铬,厚度 17μm,直径公差为 3μm。实验段被改造为视场范围 180mm×1100mm 的不锈钢实验段,其长度足够大,可以用直径 1000mm 的物光束显示激波管的流动。Glass(1975)在其著作中说,一个激波管就是一个现代空气动力学的实验管,的确,激波管为高速气体动力学的发展做出很大贡献,支撑了再入大气(飞行)技术,但该激波管运行的重复性不好。UTIAS 的激波管采用无膜片运行系统,用一个铝制活塞将高压驱动气体与下游部段分隔开,见图 2.19(b),高压氦气从后面将活塞顶住,采用双膜系统爆破 Mylar 膜片,然后活塞快速后退,准确进入泪滴形的容器,见图 2.19(c),同时一道激波围绕容器外边界运动。这样的系统获得了更高的重复性,但平面激波的形成距离略长。活塞能够快速完成从起始位置到恢复位置(距离 75mm)的运动,活塞的加速比较容易实现,但安全地阻尼活塞却比较困难。活塞必须以高度的重复性至少运行 300 次,所以在容器内采用了一个弹簧和一个阻尼机械装置,弹簧和阻尼器定期保养,运行约 300 次后,需对这些零件进行一次维修。

图 2.20 是空气和氮气中的激波马赫数 Ma_S 与压比关系的特性图,纵坐标是激波马赫数 Ma_S,横坐标是驱动段气体与实验气体的压比 p_4/p_1。在简单激波管理论中,驱动段气体压力 p_4 与实验气体压力 p_1 的比值由下式给出:

$$p_4/p_1 = (p_4/p_2)(p_2/p_1) \tag{2.11}$$

其中

$$p_2/p_1 = (2\gamma_1 Ma_S^2 - \gamma_1 + 1)/(\gamma_1 + 1)$$

$$p_4/p_2 = \left\{1 - (\gamma_4 - 1)a_{41}\left(Ma_S - \frac{1}{Ma_S}\right)/(\gamma_1 + 1)\right\}^{-m}$$

$$a_{41} = a_4/a_1, m = 2\gamma_4/(\gamma_4 - 1)$$

式中:a_4、a_1 分别是驱动段和实验气体的声速;γ_4、γ_1 分别是驱动段气体和实验气体的比热比。

图 2.20 比较了实验结果与式(2.11)简单激波管理论的预测结果(Gaydon 等,1963),包括高压氦气、高压氮气驱动器以及体积含量 80% 氦气与 20% 氮气混合气体驱动器的对比。实验结果和每一个预测结果都准确地落在一些曲线上,但在传统破膜系统中,实验结果的散布相对较大。氦气实验结果与体积配比 80% 氦气和 20% 氮气混合气体的预测结果(细虚线)相符很好。在 $Ma_S = 1.5 \sim 5.0$ 范围,对于每一个初始条件,得到的 Ma_S 散布均为 $\Delta Ma_S = \pm 0.3\%$,如果激波管实验是在一天之内完成的,ΔMa_S 可以降低到 $\pm 0.1\%$。而传统的破膜系统,最好的重复性也只能达到 $\Delta Ma_S = \pm 1.0\%$。

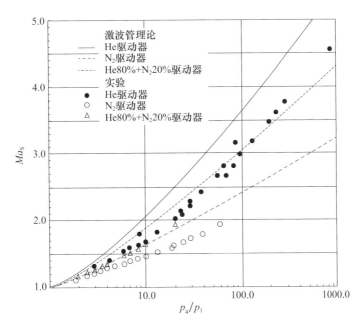

图 2.20 重建后的激波管特性(Itabashi,1998)

Dewey 教授的报告激励了研究数值分析的 Henderson 教授,他用数值方法模拟了氩气中的激波反射结构的转换延迟问题(Henderson 等,1997),为证实他们的数值结果,采用无膜片激波管开展了实验验证工作(Henderson 等,2001)。图 2.21 是用 100mm×180mm 激波管获得的斜楔激波反射结构的转换延迟现象,实验的楔角为 34.6°、38.6°、44.0°、52.0°,实验介质为氩气,压力条件是 37~282hPa,以激波管水力学直径为特征长度的激波管气流雷诺数条件是 $Re_D = 3 \times 10^5 \sim 5 \times 10^6$。为进行双曝光全息干涉观察,将第一次曝光时刻设置在入射激波到达斜楔前缘附近时,第二次曝光设置在第一次曝光后 $\Delta t = 120\mu s$,在第二次曝光时,入射激波到达楔面的中间位置。将两次曝光获得的照片叠加,就获得了反射激波结构的图像。在这些干涉图像中,所记录的密度等值线是相对于入射激波前空气密度的无量纲化结果,所以,初始压力越高,条纹分布越密。

图 2.21(a)、(b)是 34.6°斜楔反射的单马赫反射结构,初始压力 $p_0 = 144$hPa。图 2.21(c)、(d)是 38.6°斜楔反射的单马赫反射结构,初始压力 $p_0 = 288$hPa。在图 2.21(a)~(d)中,在三波点附近,从三波点出发的反射激波看上去是直的,没有可以清晰分辨的拐点。在图 2.9 中,空气中 $Ma_S = 2.6$ 的激波扫过楔角为 θ_W 的斜楔,楔角从 0°到 θ_W(比 θ_{crit} 大得多)的变化过程中,获得的反射结构演化图像支持自相似结论。但在图 2.21 的全息图中,两个激波结构未必自

相似,随着入射激波远离前缘,反射激波的结构略有变化,意味着沿斜楔壁面发展起来的边界层改变了当地的边界条件。图 2.21(e)、(f) 是 $p_0 = 144\text{hPa}$ 时在 44.0° 斜楔上反射出来的过渡激波反射结构。

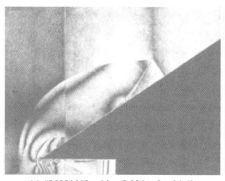

(a) #96091003：Ma_S=2.326，θ_w=34.6°
144hPa，295.9K，Δt=120μs

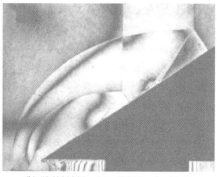

(b) #96090905：Ma_S=2.333，θ_w=34.6°
144hPa，296.4K，Δt=80μs

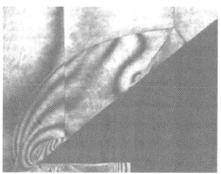

(c) #98112508：Ma_S=2.320，θ_w=38.6°
288hPa，291.6K，Δt=120μs

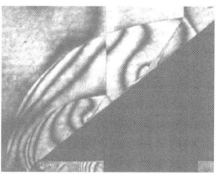

(d) #98112509：Ma_S=2.328，θ_w=38.6°
288hPa，291.5K，Δt=80μs

(e) #97040502：Ma_S=2.315，θ_w=44.0°
144hPa，290.3K，Δt=60μs

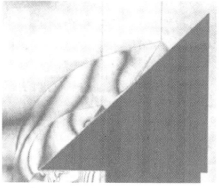

(f) #97041501：Ma_S=2.334，θ_w=44.0°
144hPa，289.0K，Δt=60μs

(g) #97040409：Ma_S=2.338，θ_W=52°
288hPa，291.3K，Δt=80μs

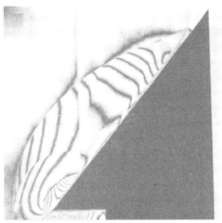

(h) #97040404：Ma_S=2.329，θ_W=52°
288hPa，290.9K，Δt=80μs

(i) #97031007：Ma_S=2.330，θ_W=52°
72hPa，289.4K，Δt=80μs

(j) #97031016：Ma_S=2.329，θ_W=52°
72hPa，289.0K，Δt=60μs

(k) #97031109：Ma_S=2.327，θ_W=52°
38hPa，291.3K，Δt=30μs

(l) #97031110：Ma_S=2.331，θ_W=52°
38hPa，291.2K，Δt=30μs

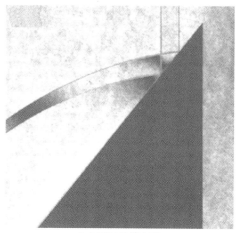

(m) 图(k)的放大图

图 2.21 在 100mm×180mm 激波管中获得的斜楔上的延迟反射
(Ma_S = 1.44,环境压力,粉尘空气,290.2K)

图 2.21(g)、(h)是 52°斜楔反射的双马赫反射结构,初始压力 p_0 = 288hPa。图 2.21(i)是初始压力 p_0 = 72hPa 时 52°斜楔反射的马赫反射结构,在斜楔的尾缘附近形成一个小的双马赫反射结构,在前缘附近形成一个规则反射结构。图 2.21(j)中,在尾缘附近的两个反射结构都是双马赫反射结构。保持楔角相同、降低初始压力至 38hPa,反射激波结构如图 2.21(k)、(l)所示,开始形成的是超声速规则反射,然后转变为双马赫反射,即马赫反射结构是延迟形成的。现在,通过实验证实,当初始压力降低时,马赫反射结构的形成出现了延迟,形成马赫反射结构所需的距离变长了。

在激波管流动中,入射激波后跟随着边界层的发展,在斜楔壁面上满足绝热、无滑移条件。若将坐标固定于激波上,边界层位移厚度使激波管壁面的外观型线发生改变,于是入射激波在其根部(在壁面处)会向前倾斜。在斜楔前缘附近,由于边界层位移厚度的作用,斜楔角 θ_W 超过了临界转换角 θ_{crit},所以反射激波结构应该是规则反射结构。当入射激波从前缘离开后,斜楔表面上的气流满足真实边界条件,$\theta_W < \theta_{crit}$,这个信息通过边界层传递到反射点,使反射结构转变为马赫反射。正是边界层位移厚度 δ 引起反射结构转换的延迟。在层流边界层中,边界层厚度 δ 反比于雷诺数($Re = \rho u L/\mu$,其中 ρ、μ、u、L 分别是入射激波后面的密度、黏度、气体微团速度、激波管的水力学半径),如果初始压力降低、激波管几何尺寸减小,边界层的厚度效应会被放大,用 40mm×80mm 激波管获得的图 2.6 的干涉图像就与 100mm×180mm 激波管获得的干涉图像有所差别。

图 2.22 是对这些流动显示结果的汇总(Itabashi,1998)。在图 2.22(a)中,

给出了初始压力 p_0 分别为 37hPa、60hPa、95hPa、141hPa 和 282hPa 时，激波反射结构沿 52°斜楔移动过程中三波点坐标的变化情况，纵坐标是三波点的高度，横坐标是沿斜楔移动的距离，评估的三波点轨迹在 $y=0$mm 时与横坐标的交点就是转换延迟现象的起始位置 x_{int}。图 2.22(b) 汇总了 52°斜楔上激波反射转换延迟起始位置 x_{int} 与雷诺数的关系(52°接近 θ_{crit} 条件)，纵坐标是 x_{int}，横坐标是雷诺数 Re，可以看到 x_{int} 反比于雷诺数 Re 的规律。在很低的初始压力和近 θ_{crit} 条件下，斜楔激波反射现象以规则反射结构为主，在激波管实验中(尽管激波管特征长度已经达到 100mm)没有观察到马赫反射现象。

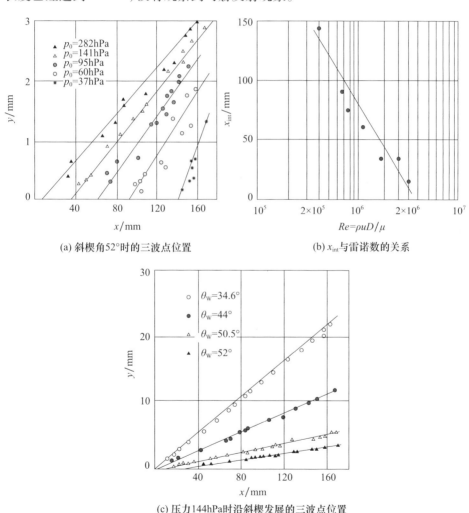

(a) 斜楔角52°时的三波点位置 (b) x_{int} 与雷诺数的关系

(c) 压力144hPa时沿斜楔发展的三波点位置

图 2.22 氩气中延迟转换数据与雷诺数关系
($Ma_S = 2.33$，部分数据来自图 2.20)

经常有报告称,在相同的入射激波马赫数 Ma_S 和斜楔角条件下,激波管实验从未获得一致的 θ_{crit}。在大型和小型激波管中获得的结果相差很大,例如在图 2.22(b)中,x_{int} 的变化超过 100mm,也就是说,在小激波管实验中采用较短的斜楔时,获得的反射结构总是规则反射,而在大激波管中对长楔进行实验时,可以得到马赫反射结构。用欧拉方程求解这类问题时,其激波管流动的无黏解对应于雷诺数无穷大的情况,所以获得的结果与实验结果不符。为使数值求解结果与干涉图像(图 2.22)符合较好,应该将相应雷诺数条件下采用分区精细网格的 Navier - Stokes 求解结果与干涉图像进行对比。边界层对转换延迟的影响不一定出现在斜楔角接近临界转换角 θ_{crit} 时。图 2.22(c)是初始压力 144hPa 时,在 34.6°、44°、50.5°、52°斜楔上,反射激波结构发展过程中产生的三波点轨迹,纵坐标是三波点高度 y(mm),横坐标是离开前缘的距离 x(mm),数值模拟结果引用的是 Henderson 等(1997)的工作,由于数值结果与实验结果相符很好,将轨迹线外推,轨迹线与 x 轴的交点就是转换延迟距离 x_{int},评估了每一个斜楔角的 x_{int},楔角为 34.6°、44°、50.5°斜楔的转换延迟距离 x_{int} 分别为 0mm、~5mm、~15mm、~30mm。

图 2.23 是在不同初始压力的氮气中,名义马赫数 Ma_S = 2.33 的入射激波在 49°斜楔上反射的结果。图 2.23(a)是初始压力 144hPa、Ma_S = 2.328、49°斜楔、双曝光间隔 Δt = 80μs 的结果,尽管第一次和第二次曝光获得的反射结构都是双马赫反射结构,这些双马赫反射结构却不是自相似的,与第二次曝光获得的双马赫反射结构相比,第一次曝光获得的双马赫反射结构小得多。在图 2.23(b)中,Δt = 120μs,第一次曝光在斜楔前缘附近,获得的是规则反射结构,第二次曝光在斜楔后边缘附近,获得的是双马赫反射结构,图 2.23(b)清晰地展示了转换延迟现象。在图 2.23 (c)~(f)中,初始压力降低到 72hPa,在两次曝光中也观察到不同的反射结构。在图 2.23(g)、(h)中初始压力降低到 29hPa,图 2.23(i)、(j)的初始压力是 15hPa,第一次曝光观察到的是规则反射结构,第二次曝光观察到的是双马赫反射结构。

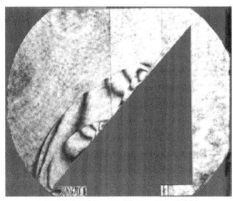 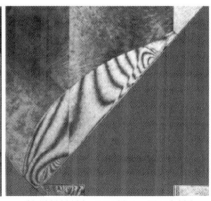

(a) #98090102:Δt=80μs,Ma_S=2.328
θ_W=49°,144hPa,295K

(b) #98090104:Δt=120μs,Ma_S=2.326
θ_W=49°,144hPa,295K

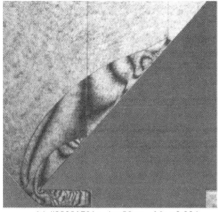

(c) #98091701: Δt=80μs, Ma_S=2.324
θ_W=49°, 72hPa, 295.2K

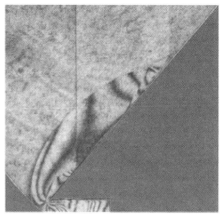

(d) #98091702: Δt=80μs, Ma_S=2.330
θ_W=49°, 72hPa, 296.2K

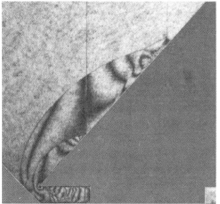

(e) #98091701: Δt=80μs, Ma_S=2.324
θ_W=49°, 72hPa, 295.2K

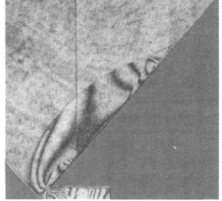

(f) #98091702: Δt=80μs, Ma_S=2.330
θ_W=49°, 72hPa, 290.2K

(g) #98091823: Δt=60μs, Ma_S=2.333
θ_W=49°, 29hPa, 301.2K

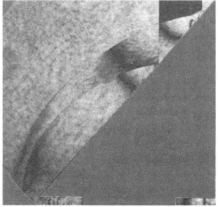

(h) #98091825: Δt=60μs, Ma_S=2.327
θ_W=49°, 28.2hPa, 296.3K

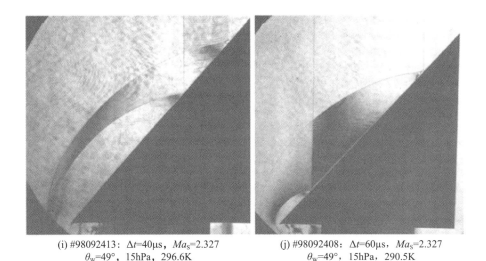

(i) #98092413：Δt=40μs，Ma_S=2.327
θ_W=49°，15hPa，296.6K

(j) #98092408：Δt=60μs，Ma_S=2.327
θ_W=49°，15hPa，290.5K

图 2.23 在 100mm×180mm 激波管氮气实验中获得的斜楔激波反射延迟
(Itabashi,1998;Henderson 等,2001)

图 2.24 是上述流动显示结果的汇总分析,图 2.24(a)是初始压力 14.1hPa、28.2hPa、70.5hPa、141hPa 条件下,在 49°斜楔上激波反射结构发展过程中三波点的轨迹($x-y$ 关系),图 2.24(b)是初始压力 144hPa 时,四个斜楔(楔角分别为 34.6°、38.6°、44°、49°)上激波反射结构发展过程中三波点的轨迹,并与 Muroran 技术学院 Hatanaka 教授的数值模拟结果进行了对比。与氩气的情况类似,x_{int} 随着初始压力的降低而增大。

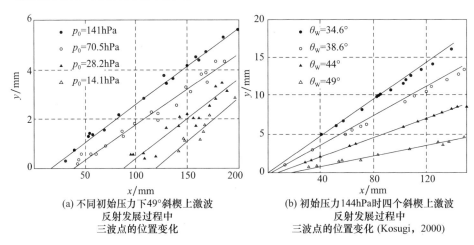

(a) 不同初始压力下49°斜楔上激波
反射发展过程中
三波点的位置变化

(b) 初始压力144hPa时四个斜楔上激波
反射发展过程中
三波点的位置变化 (Kosugi,2000)

图 2.24 氮气中延迟转换数据受雷诺数的影响
(Ma_S = 2.33,部分数据来自图 2.17)

7. CO_2 气体中的斜楔激波反射

图 2.25 是用 40mm×80mm 激波管在 CO_2 气体中获得的斜楔激波反射结构随楔角增加的演化情况,实验条件是 400hPa、296K、$Ma_S = 2.0$。图 2.25(a) 是楔角 $\theta_W = 0°$ 的斜楔激波反射结构,预测的扫掠入射角 $\theta_{glance} = 27.0°$,而实验获得的扫掠入射角 $\theta_{glance} = 28.0°$。在图 2.25(b) 中,反射激波结构是单马赫反射结构,可以模模糊糊地看到滑移线;在图 2.25(c) 中,已经清晰地观察到滑移线,但滑移线的出发点与入射激波与反射激波的交点并不相同;图 2.25(d) 是单马赫反射结构。图 2.25(e)~(h) 是过渡马赫反射的早期阶段,以及向双马赫反射的转变。在图 2.25(i) 中,$\theta_W = 48°$ 获得的是双马赫反射结构,图 2.25(j) 在 $\theta_W = 51°$ 时获得超声速规则反射结构。氩气是单原子分子,只有三个平动自由度;氮气和空气是双原子分子,有三个平动自由度、两个转动自由度和一个振动自由度。而 CO_2 气体,除了上述各自由度以外,还有另外两个振动自由度,所以,即使是中等强度激波的能量水平,CO_2 分子的能级也很容易被激发,于是冻结激波之后很短距离就出现振动松弛。应该注意到,CO_2 是多原子分子气体,更容易表现出真实气体效应,即使是 $Ma_S = 2.0$ 激波后的中等温度水平,也会出现振动激发。在图 2.25 中的入射激波表现出一个较宽的结构,即振动激发的表现,不只是入射激波出现振动激发现象,沿着马赫激波、反射激波都出现了振动激发现象。

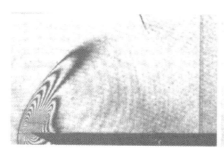

(a) #81100728: Ma_S=1.991,θ_W=0°

(b) #81100726: Ma_S=2.001,θ_W=4°

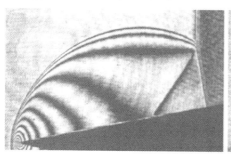

(c) #81100725: Ma_S=1.955,θ_W=10°

(d) #81100710: Ma_S=2.010,θ_W=27°

(e) #81100723: Ma_S=2.001, θ_W=32°　　　　(f) #81100722: Ma_S=1.946, θ_W=36°

(g) #81100717: Ma_S=1.982, θ_W=40°, TMR　　(h) #81100716: Ma_S=1.991, θ_W=44°, TMR

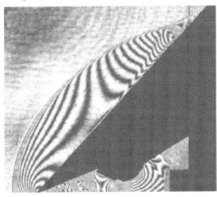
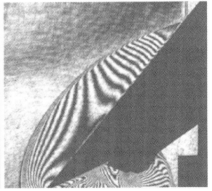

(i) #81100713: Ma_S=2.010, θ_W=48°, DMR　　(j) #81100711: Ma_S=1.973, θ_W=51°, SPRR

图 2.25　CO_2 中的斜楔激波反射结构演化

(名义 Ma_S = 2.0, 400hPa, 296K)

在理想气体中,气流通过一道较强的斜激波时,密度比 ρ_2/ρ_1 由式(2.12)给出:

$$\rho_2/\rho_1 = (\gamma+1)Ma_S^2\sin^2\phi / [(\gamma-1)Ma_S^2\sin^2\phi + 2] = \tan\phi/\tan(\phi-\theta)$$

(2.12)

式中:γ 为所研究气体的比热比;θ、ϕ 分别为气流过激波的偏折角和斜激波倾角;$Ma_S\sin\phi$ 为斜激波马赫数的法向分量。由于 $Ma_S\sin\phi \gg 1$,因此 $\rho_2/\rho_1 \approx (\gamma+$

$1)/(\gamma-1)$,说明对于比热比接近1的多原子分子气体,与单原子分子气体和双原子分子气体相比,可压缩更强,所以在相同的斜激波角条件下,多原子分子气体的 $\phi-\theta$ 更小。图 2.26 给出 50hPa CO_2 气体中的 $Ma_S=4.397$ 激波在 $\theta_W=35°$ 斜楔上的双马赫反射结构,将第一三波点和第二三波点的轨迹角分别记为 χ_1 和 χ_2,在 CO_2 气体中产生的激波反射更强,第二三波点位于更靠近斜楔表面的位置上,即 $\chi_2<\chi_1$,附着在反射激波上的灰色不规则区域是分叉反射激波的踪迹,由于向上游运动的反射激波的根部与侧壁面边界层相干扰,导致在侧壁附近发生反射激波分叉现象,反射激波与激波管端壁边界层相干扰时也产生类似的现象,后面还会讨论这个现象。

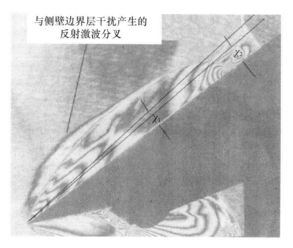

图 2.26　CO_2 中 $\theta_W=35°$ 斜楔上的激波反射结构
($Ma_S=4.397$,50hPa,290.2K)

与图 2.25 类似,图 2.27 也是楔角增大过程中的激波反射结构演化情况,其中,入射激波后面的密度分布展现了振动松弛的距离。在图 2.27(a)、(b)中,楔角分别是 $\theta_W=5°$ 和 $10°$,斜楔上出现的似乎是单马赫反射结构,反射激波在三波点附近是直的,但看上去像是过渡马赫反射的初始阶段;图 2.27(c)获得的是过渡马赫反射结构,而在图 2.27(d)中显示的是双马赫反射结构。在图 2.27(e)~(g)中,反射结构是双马赫反射,图 2.27(g)是图 2.27(f)在 $\theta_W=36°$ 时产生的双马赫反射结构的放大图,从图中看到,双马赫反射的第二道激波与滑移线相干扰,产生了一个向着马赫激波方向旋转的涡结构。在图 2.27(i)、(j)中,随着 θ_W 的增大,第二道激波向第一三波点靠近,马赫激波逐渐变短;在 $\theta_W=\theta_{crit}$ 时,双马赫反射结构终止,反射结构最终转换为超声速规则反射结构。沿着反射激波形成的不规则的灰色阴影是分叉的反射激波根部的投影,马赫激波、反射激波、第二道激波的结构都伴有振动松弛区;滑移线转变为一个向下游运动的漩涡;马赫激波有向下游运动的趋势,随着入射激波马赫数 Ma_S 的增加,这个趋势增大(后面还会介绍,SF_6 气体中的情况也是如此)。正如对图 2.26 的解释那样,第二三波点轨迹角 χ_2 小于第一三波点轨迹角 χ_1。

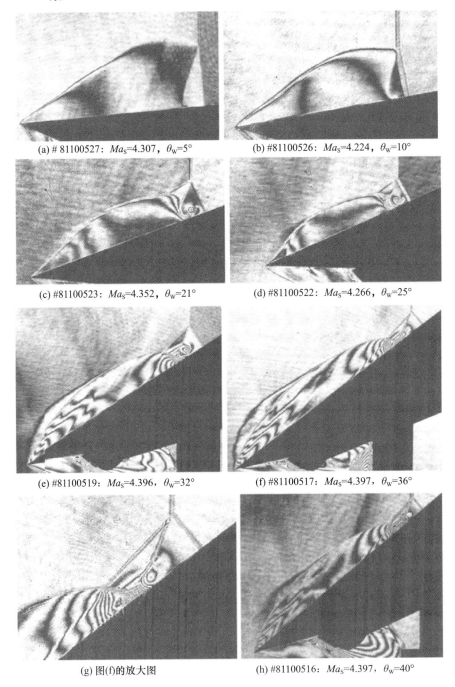

(a) #81100527: Ma_S=4.307, θ_W=5°

(b) #81100526: Ma_S=4.224, θ_W=10°

(c) #81100523: Ma_S=4.352, θ_W=21°

(d) #81100522: Ma_S=4.266, θ_W=25°

(e) #81100519: Ma_S=4.396, θ_W=32°

(f) #81100517: Ma_S=4.397, θ_W=36°

(g) 图(f)的放大图

(h) #81100516: Ma_S=4.397, θ_W=40°

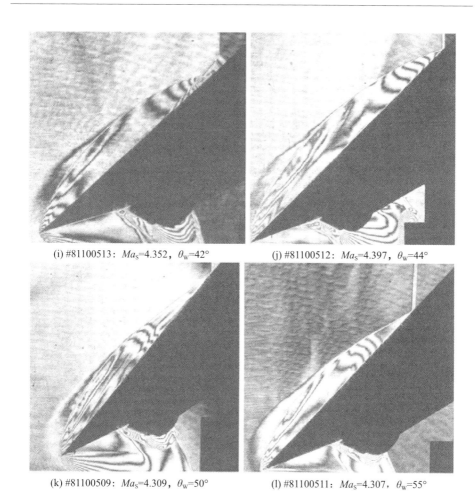

(i) #81100513: Ma_S=4.352, θ_W=42° (j) #81100512: Ma_S=4.397, θ_W=44°

(k) #81100509: Ma_S=4.309, θ_W=50° (l) #81100511: Ma_S=4.307, θ_W=55°

图 2.27 CO_2 气体中斜楔激波反射的演化

(名义 Ma_S = 4.3, CO_2, 50hPa, 294.4K)

8. SF_6 气体中的激波反射结构演化

SF_6 常用于各种工业用途,如电绝缘等。在同位素分离技术基础研究中,SF_6 常作为放射性 UF_6 的替代品。SF_6 的比热比是 1.08,具有独特的气体动力学特性。在激波管中,对 SF_6 气体中的激波反射现象进行了研究,按照工业安全规范,该气体属于无害气体,但在激波管实验后,实验室空气可能会受到 F_2 的污染,浓度约为十亿分之几。后来采用了无膜片激波管,激波管不暴露在空气中,于是解决了 F_2 污染的问题。图 2.28 是在 40mm × 80mm 传统激波管中获得的 SF_6 气体中的激波反射结构演化,图 2.28(a)~(d)是单马赫反射结构,图 2.28(e)、(f)是过渡马赫反射结构,图 2.28(g)、(h)是双马赫反射结构。

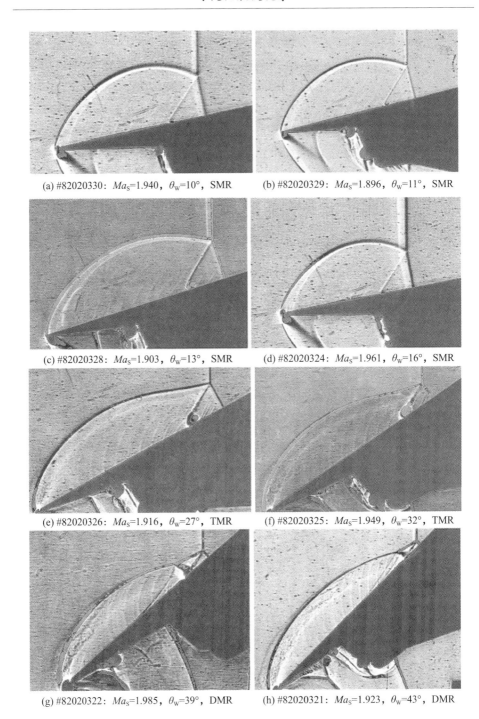

(a) #82020330: Ma_S=1.940, θ_W=10°, SMR (b) #82020329: Ma_S=1.896, θ_W=11°, SMR

(c) #82020328: Ma_S=1.903, θ_W=13°, SMR (d) #82020324: Ma_S=1.961, θ_W=16°, SMR

(e) #82020326: Ma_S=1.916, θ_W=27°, TMR (f) #82020325: Ma_S=1.949, θ_W=32°, TMR

(g) #82020322: Ma_S=1.985, θ_W=39°, DMR (h) #82020321: Ma_S=1.923, θ_W=43°, DMR

图 2.28 SF_6 气体中斜楔激波反射的演化

(名义 Ma_S = 2.0, SF_6, p_0 = 240hPa, 292.2K)

图 2.29 汇总了图 2.28 的 SF_6 气体中 $Ma_S=2$ 激波反射演化、图 2.27 的 CO_2 气体中 $Ma_S=4.3$ 激波反射演化过程中的三波点轨迹,纵坐标是三波点轨迹角 $\chi-\theta_W$,横坐标是斜楔角 θ_W。蓝色实心圆圈是 CO_2 气体中的第一三波点轨迹角 χ_1,空心圆圈是 CO_2 气体中的第二三波点轨迹角 χ_2;空心三角是 SF_6 气体中的第一三波点轨迹角 χ_1。在 SF_6 气体中,$Ma_S=2.0$ 时,扫掠入射角约为 $27°$;在 CO_2 气体中,$Ma_S=4.3$ 时,扫掠入射角约为 $22°$。在 CO_2 气体中,$Ma_S=4.3$ 时,χ_1 总是大于 χ_2;而在 SF_6 气体中,$Ma_S=2.0$ 时,χ_1 小于 χ_2(参考图 2.28),双原子分子和单原子分子气体的情况相同。

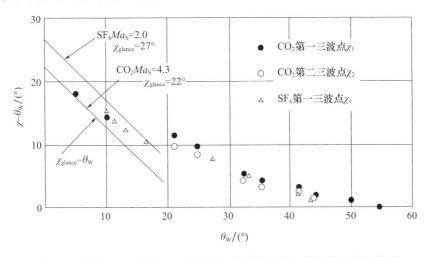

图 2.29　从图 2.27 和图 2.28 汇总的三波点轨迹角与斜楔角之间的关系

图 2.30 是在 60mm×150mm 无膜片激波管上获得的 SF_6 气体中不同角度斜楔上的激波反射情况。为了在 SF_6 气体中产生强激波,采用高压氦气驱动 SF_6 气体,在图 2.30(a)的左侧观察到锯齿形的干扰,这是 SF_6 与驱动气体的接触间断面;由于接触的不稳定性,He/SF_6 接触间断面是非稳态的,然后接触面产生出倾斜方向的运行干扰,图 2.30(a)展示的流动结构还处于 SF_6 有效实验气体团长度范围内;图 2.30(b)是图(a)的局部放大图。图 2.30(c)是图(a)的未重建全息图,等同于直接纹影,图 2.30(d)是图(c)的放大图。在激波管流动中,一般情况下,接触面是加速的,但由于在激波后面存在沿激波管侧壁面发展的边界层,激波是减速的。因此,随着激波的传播,实验气体团的长度、激波后的高压区是缩短的。

在图 2.30(o)中,标注了接触面干扰和激波畸变,图 2.30(p)是图(o)的放大图。在图 2.30(q)中,激波发生严重畸变,三维畸变的激波无法产生清晰的第一三波点。在大角度斜楔上,激波反射结构是双马赫反射,第二三波点轨迹角小于第一三波点轨迹角,即 $\chi_1 > \chi_2$;随着斜楔角的增大,χ_2 趋向于接近斜楔表面。在图 2.30(o) 中,χ_2 几乎位于斜楔表面上,但不会落在斜楔上。

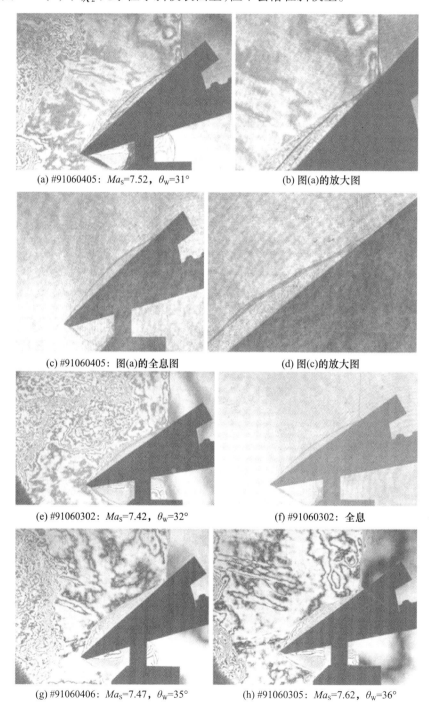

(a) #91060405:Ma_S=7.52,θ_W=31°   (b) 图(a)的放大图

(c) #91060405:图(a)的全息图   (d) 图(c)的放大图

(e) #91060302:Ma_S=7.42,θ_W=32°   (f) #91060302:全息

(g) #91060406:Ma_S=7.47,θ_W=35°   (h) #91060305:Ma_S=7.62,θ_W=36°

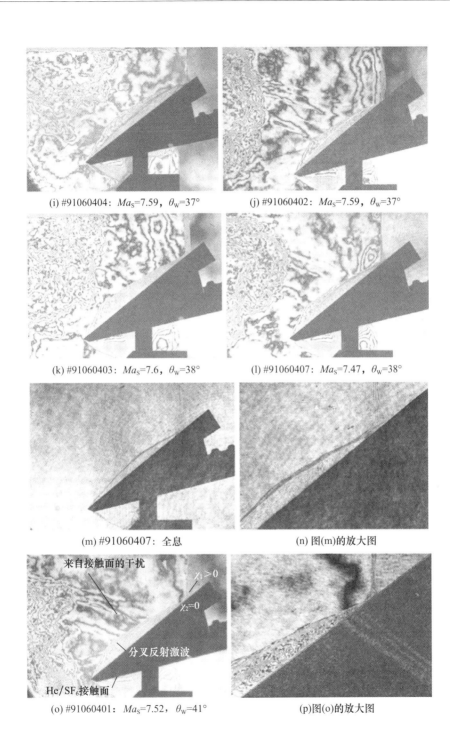

(q) #91053001：Ma_S=7.36，θ_w=45°

图 2.30　SF_6 中斜楔激波反射的演化

（名义 $Ma_S=7.5$，15hPa，295.5K）

9. 垂直交叉两楔中的反射激波干扰

为模拟矩形超声速进气道中激波的传播,观察了两个垂直相交的斜楔构型产生的三维激波干扰(Muguro,1998)。图 2.31(a)的示意图描述了两个垂直相交的斜楔产生的两个激波反射结构的相互干扰结构,图 2.31(b)是两垂直相交斜楔的实验模型照片,模型安装在 60mm×150mm 无膜片激波管实验段壁面上,斜楔的角度分别是 30°、43.5°、45°、55°。当斜楔角度比较小时,激波反射形式马赫反射结构,在大角度斜楔上则形成规则反射结构,所以,这个组合模型上可能产生的干扰结构包括 MR - MR、MR - RR、RR - RR。采用漫反射全息干涉法进行流场显示,斜楔和实验段都用黄色荧光漆喷涂,荧光漆对红宝石激光器有较高的反射率(Meguro 1998)。图 2.31(a)中 θ_V 是垂直斜楔的楔角,θ_h 是水平斜楔的楔角。

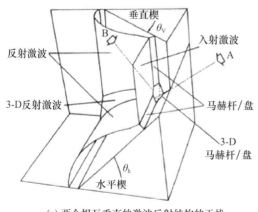

(a) 两个相互垂直的激波反射结构的干扰　　(b) 两垂直相交的斜楔组合模型

图 2.31　两个垂直相交斜楔构型产生的激波反射结构干扰

第 2 章 气体中的激波

调 Q 红宝石激光器(Apollo Laser Co. Ltd.)的脉冲宽度是 25ns,每个脉冲的能量是 1J,其双脉冲间隔可从 $1\mu s$ 变化到 1ms。为了显示这些激波的形状,双脉冲间隔设为 $1\mu s$,通过设定一定的延迟时间使激光器的出光与激波运动同步,将相位角在 $1\mu s$ 的双脉冲间隔内的变化记录在全息胶片上。在 $1\mu s$ 时间内,$Ma_S = 2$ 的激波运动约 0.7mm,垂直相交斜楔上的激波及其干扰被记录为三维分布的细线。准直的物光束 OB 照射在涂了荧光漆的斜楔上,并从涂了荧光漆的壁面反射,携带了全息信息的漫反射物光束 OB 再照射到全息胶片上,采用传统的反射式相机或数字相机记录重建的图像。图 2.32 汇总了交叉斜楔反射激波干扰的重建照片,实验气体是空气,激波马赫数分别约为 1.2、1.5、2.5、2.8,激波被描述为三维分布的细线,线的宽度为 0.5~1mm,这个宽度足够细,不仅可以解释规则反射结构与马赫反射结构的差异,还能够很好地分辨反射激波的结构。

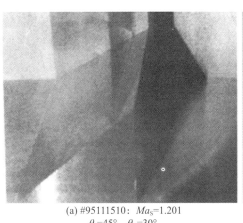
(a) #95111510: Ma_S=1.201
θ_h=45°, θ_V=30°

(b) #95111201: Ma_S=1.207
θ_h=45°, θ_V=45°

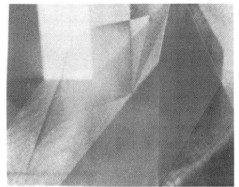
(c) #95111603: Ma_S=1.500
θ_h=55°, θ_V=30°

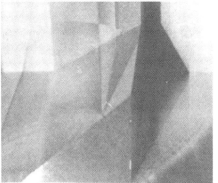
(d) #9111508: Ma_S=1.500
θ_h=43.5°, θ_V=45°

(e) #95111406: $Ma_S=1.505$
$\theta_h=45°$, $\theta_V=45°$

(f) #95111606: $Ma_S=2.00$
$\theta_h=55°$, $\theta_V=30°$

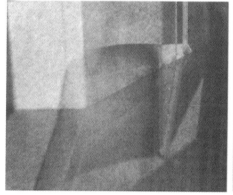
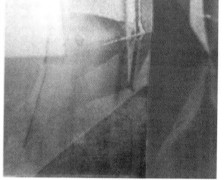

(g) #95111507: $Ma_S=2.000$
$\theta_h=43.5°$, $\theta_V=30°$

(h) #95111503: $Ma_S=2.501$
$\theta_h=43.5°$, $\theta_V=30°$

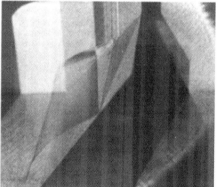

(i) #95111310: $Ma_S=2.501$
$\theta_h=45°$, $\theta_V=45°$

(j) #95111607: $Ma_S=2.500$
$\theta_h=55°$, $\theta_V=30°$

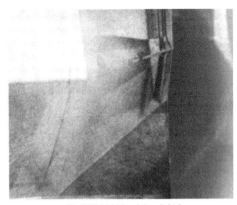 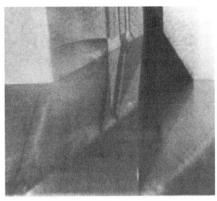

(k) #95111314：Ma_S=2.818 (l) #95111502：Ma_S=2.845
θ_h=45°，θ_V=45° θ_h=43.5°，θ_V=30°

图 2.32　全息图的重建

图 2.33(a)给出了 Ma_S = 1.2~3 的激波反射结构类型的条件域与边界,纵坐标是垂直楔的楔角,横坐标是水平楔的楔角。白色圆圈代表伴有三维马赫激波的 MR – MR 干扰,黑色实心圆圈代表 RR – RR 干扰,红色区域代表 MR – MR 干扰区,蓝色区域代表 RR – RR 干扰区,橘色区域代表 RR – MR 或 MR – MR 干扰区,绿色区域代表 MR – RR 临界转换角之外的区域。图 2.33(b)给出的是用欧拉方程求解获得的数值模拟结果,纵坐标与横坐标分别代表垂直和水平楔角,更详细的信息请参考 Meguro 等(1997)的报告。从两个具有不同楔角的斜楔(如 30°、45°)反射出的两个马赫反射结构相互干扰,形成的马赫激波具有不对称的三维结构,该马赫激波可以称为三维马赫激波,但从所提供的漫反射全息流场显示照片无法识别 RR – MR 反射结构。图 2.33(b)表明,采用适当的数值模拟方法,可以复现很大楔角范围的垂直 – 水平斜楔的激波反射结构。

10. 螺旋楔上的激波反射

螺旋楔是三维的,其楔角从 30°变化到 60°。当楔角为 30°时,斜楔上反射出的激波结构是马赫反射结构;当楔角为 60°时,从斜楔上反射出的激波结构是规则反射结构。在某个特定的楔角条件下,发生马赫反射结构向规则反射结构的转变。问题是,在螺旋楔上临界转换角还会与脱体准则预测的临界转换角 θ_{crit} 相同吗? 为弄清楚这个问题,在 100mm × 180mm 无膜片激波管中,安装一个螺旋楔(Numata,2009),螺旋楔表面的 x、y、z 三个方向的坐标关系是

$$z = \tan\{\pi(1+x)/6\}$$

式中:x、y、z 是以激波管宽度 w 无量纲化的坐标值。模型的构型很简单,很容易在自己的加工厂制造,图 2.34(a)就是安装在 180mm × 1100mm 实验段中的螺旋楔照片。

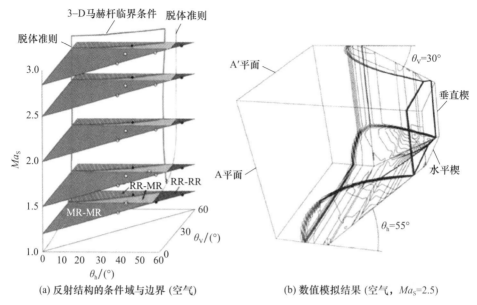

(a) 反射结构的条件域与边界(空气)　　(b) 数值模拟结果(空气，Ma_S=2.5)

图 2.33　两垂直交叉斜楔的激波反射(见彩图)

采用双曝光漫反射全息干涉技术，间隔时间为 $1\mu s$。实验段和螺旋楔表面均涂覆黄色荧光涂层，准直的物光束 OB 斜着照射到实验区域，用 $100\text{mm} \times 125\text{mm}$ 的全息胶片记录反射的物光束 OB。图 2.34(b) 是 x、y、z 坐标系中的螺旋楔，楔面坐标的数值是用激波管宽度(100mm)无量纲化后的结果。

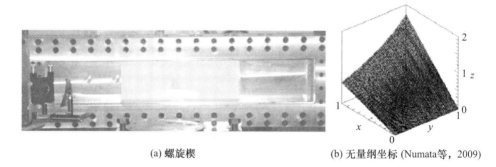

(a) 螺旋楔　　(b) 无量纲坐标(Numata等，2009)

图 2.34　楔角 30°~60°的螺旋楔(见彩图)

图 2.35 是 $Ma_S = 1.55$、2.0、2.55 的重建全息干涉图像，在迎着激波的正前方处，螺旋楔的楔角为 30°，当 $Ma_S = 1.55$、2.0 时，这里的激波反射结构是单马赫反射；当 $Ma_S = 2.55$ 时，这里的激波反射结构是过渡马赫反射。在螺旋楔的后侧，楔角为 60°，这里的激波反射结构是规则反射。通过绘制激波极曲线，很容易获得反射激波后面的压力，例如，参考图 2.3，对于 $Ma_S = 1.55$，对应每一个特定的楔角，I-极曲线与 R-极曲线的交点给出反射激波后的压力。斜楔角增

加，反射激波后的压力增大，所以螺旋楔后面的流线不总是平行于母线发展的，而是向着楔角小的方向移动。尽管激波反射结构的转换发生在一个特定的转换角 θ_{crit}，但该转换角是否与脱体准则预测的角度一致，就不一定了。

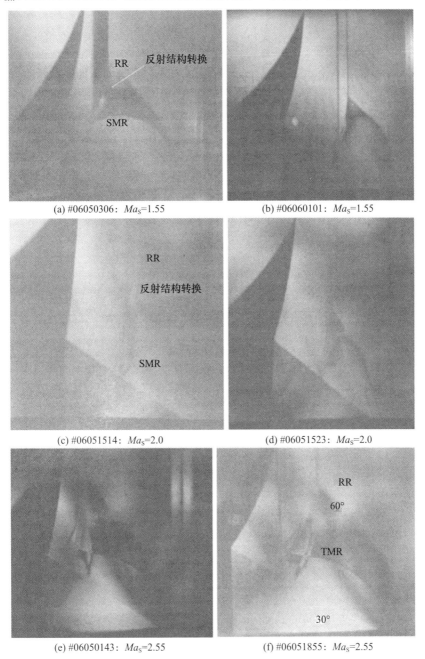

图 2.35　漫反射全息干涉的重建图谱（Numata 等，2009）（见彩图）

为评估螺旋楔上激波反射结构的转换角,在螺旋楔表面均匀涂覆炭黑,当激波经过炭黑覆盖的螺旋楔表面时,炭黑会被与滑移线相伴的涡卷走。图2.36(a)是暴露在$Ma_S=2.5$激波下的炭黑覆盖的螺旋楔表面,有炭黑覆盖的表面是涡未触及的区域;图中有一条有一定宽度的黑线,表明螺旋楔上反射激波结构的转换线不是二维的。在图2.36(b)中,纵坐标是螺旋楔表面的当地楔角,横坐标是60°楔面的无量纲距离;在无炭黑区域中存在一条斜的、终止于楔角约50°位置的黑线,从过渡马赫反射结构向规则反射结构的转换就发生在该黑线所在的角度。

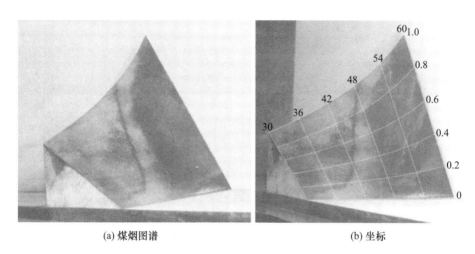

(a) 煤烟图谱　　　　　　　(b) 坐标

图2.36　斜楔表面的炭黑图谱(见彩图)

(名义$Ma_S=2.5$)

2.1.4　粗糙斜楔上激波反射结构的演化

过去,Takayama曾花大力气研究了粗糙斜楔上的激波反射,那时常采用锯齿形表面粗糙单元来评估表面粗糙度对激波反射结构的影响(Takayama等,1981)。一般来说,随着表面粗糙度的增加,临界转换角θ_{crit}会减小。如果粗糙度与边界层位移厚度δ相当,显然就增大了斜楔角度,那么,从马赫反射向规则反射结构转变将发生在更小的楔角条件下。当楔面非常粗糙时,粗糙单元高度远超边界层位移厚度,入射激波与粗糙单元会产生干扰,产生很多的小激波,进而促进向规则反射结构的转变。斜楔表面采用90°锯齿形粗糙单元,$k=0.1$、0.2、0.8、2mm,安装在40mm×80mm传统激波管的可移动底座上,实验获取了这些粗糙斜楔上激波反射结构的系列流场显示照片。

1. 0.1mm 锯齿形单元粗糙表面斜楔

图 2.37 是粗糙度 0.1mm 的斜楔上激波反射结构的演化,实验介质为空气,入射激波马赫数 $Ma_s=1.46$,在锯齿形粗糙单元上形成马赫反射结构,在反射激波和马赫激波后面产生一些涡,削弱了传输激波。在图 2.37(d)中,滑移线朝着离开斜楔表面的方向发展,这种结构称为反向马赫反射,简称 InMR(Courant 和 Friedrichs,1948),第 3 章将讨论这种结构。反向马赫反射是马赫反射结构的最终形状,如图 2.37(g)所示,然后转变为规则反射,如图 2.37(h)就已经展现出带有第二三波点的规则反射结构。这种转变不仅出现在小粗糙度壁面上,在大粗糙度壁面上也会出现。

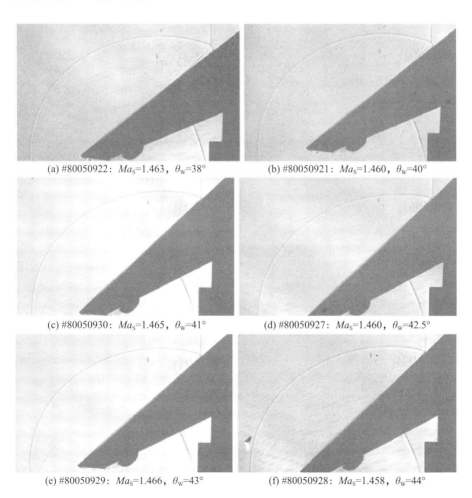

(a) #80050922: Ma_s=1.463, θ_w=38°   (b) #80050921: Ma_s=1.460, θ_w=40°

(c) #80050930: Ma_s=1.465, θ_w=41°   (d) #80050927: Ma_s=1.460, θ_w=42.5°

(e) #80050929: Ma_s=1.466, θ_w=43°   (f) #80050928: Ma_s=1.458, θ_w=44°

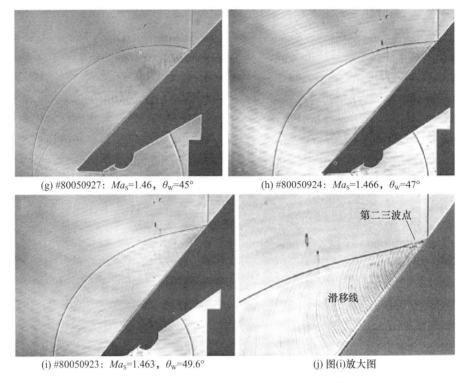

(g) #80050927：Ma_S=1.46，θ_W=45°

(h) #80050924：Ma_S=1.466，θ_W=47°

(i) #80050923：Ma_S=1.463，θ_W=49.6°

(j) 图(i)放大图

图 2.37 锯齿形单元粗糙斜楔上的激波反射
（$k=0.1$mm,名义 $Ma_S=1.46$,500hPa,282.6K）

2. 0.2mm 锯齿形单元粗糙表面斜楔

图 2.38 是 0.2mm 锯齿形单元粗糙表面斜楔上的激波反射结构演化，实验介质为空气，入射激波为弱激波，$Ma_S=1.09$。在图 2.38(a) 中，斜楔角为 0°，从每一个锯齿上反射出同轴的圆形激波，马赫激波略向前倾斜，Courant 和 Friedrichs(1948) 将这种结构定义为逆马赫反射。随着楔角的增加，这种结构很快就转变为规则反射，图 2.38(c)、(d) 展示了当三波点到达斜楔壁面时的情况。楔角继续增大，即在反射激波上形成第二三波点，如图 2.38(f) 所示。

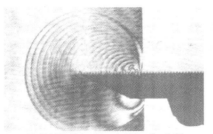

(a) #81101404：Ma_S=1.090，θ_W=0.0°

(b) #81101407：Ma_S=1.090，θ_W=5°

(c) #81101408: Ma_S=1.090, θ_W=17° (d) #81101412: Ma_S=1.086, θ_W=24°

(e) #81101409: Ma_S=1.093, θ_W=24° (f) #81101411: Ma_S=1.087, θ_W=39°

图 2.38　锯齿形单元粗糙斜楔上的激波反射
($k=0.2$mm, 名义 $Ma_S=1.09$, 600hPa, 293.6K)

图 2.39(a)~(j)是名义马赫数 $Ma_S=2.0$ 入射激波在 500hPa、293.6K 空气中的演化情况。在图 2.39(a)中，观察到向前倾斜的弯曲的马赫激波以及从三波点发出的微弱滑移线，马赫激波根部与滑移线分别与壁面有一个接触点，在这两个接触点之间的区域内，由于受到滑移线的影响，沿斜楔壁面发展起来的边界层变得比较模糊。随着楔角的增加(图 2.39(f)、(g))，激波反射结构从单马赫反射向过渡马赫反射转变，其拐点与三波点的间距逐渐拉开；图 2.39(g)显示存在很多小激波，这些小激波的包络边界与三波点出发的滑移线合并为另一条滑移线。若楔角略大于图 2.39(g)的 $\theta_W=36°$，三波点将触及斜楔壁面，应该出现规则反射结构，但三波点并不会消失，而是转变为反射激波上的另一个三波点，即滑移线会保持，在图 2.39(j)的规则反射结构中，反射激波上就伴有第二三波点，看上去与双马赫反射结构相似。图 2.39(k)~(p)给出的是角度更大的斜楔上激波反射结构的单曝光干涉图，激波马赫数为 $Ma_S=1.83$，实验介质为 400hPa、286.5K 的空气。图 2.39(k)展示的是刚刚完成转变的规则反射结构，斜楔角为 46.0°，斜楔角与图 2.39(j)的相同。图 2.39(l)是斜楔角为 47.0°时激波反射结构的放大图。

3. 0.8mm 锯齿形单元粗糙表面斜楔

图 2.40 的单曝光干涉照片是安装 0.8mm 锯齿粗糙单元的斜楔上的激波反射结构，实验条件是 $Ma_S=1.46$、500hPa、291K，实验介质是空气，产生的是单马

赫反射结构,在锯齿粗糙单元的尖角处产生涡结构,从图 2.40(c)~(g)可以清楚地观察到涡沿着粗糙楔面增长、耗散并融合到一串小激波之中,小激波串又演变为从三波点出发的滑移线,且平行于斜楔壁面。Courant 和 Friedrichs(1948)将这种反射结构定义为固定马赫反射(StMR)。激波管流动是准定常的,所以固定马赫反射结构只维持很短时间,在这段时间内,气流满足出现固定马赫反射结构的条件。图 2.40(j)是楔角 $\theta_W = 40.5°$ 斜楔上的规则反射结构,观察到从第二三波点及由该点出发的滑移线,第二三波点上游的气流信息被传递到该点。图 2.40(k)是楔角 $\theta_W = 41°$ 斜楔上的规则反射结构,图 2.40(l)是图(k)的局部放大图,入射激波与每个锯齿尖角的相互作用是各自独立的。

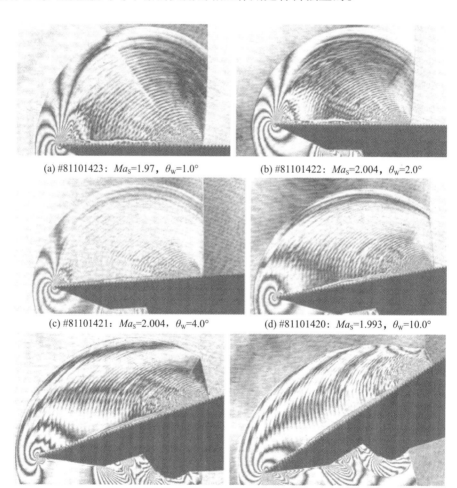

(a) #81101423: Ma_S=1.97, θ_W=1.0°　　(b) #81101422: Ma_S=2.004, θ_W=2.0°

(c) #81101421: Ma_S=2.004, θ_W=4.0°　　(d) #81101420: Ma_S=1.993, θ_W=10.0°

(e) #81101419: Ma_S=1.943, θ_W=17.0°　　(f) #81101416: Ma_S=2.016, θ_W=31.0°

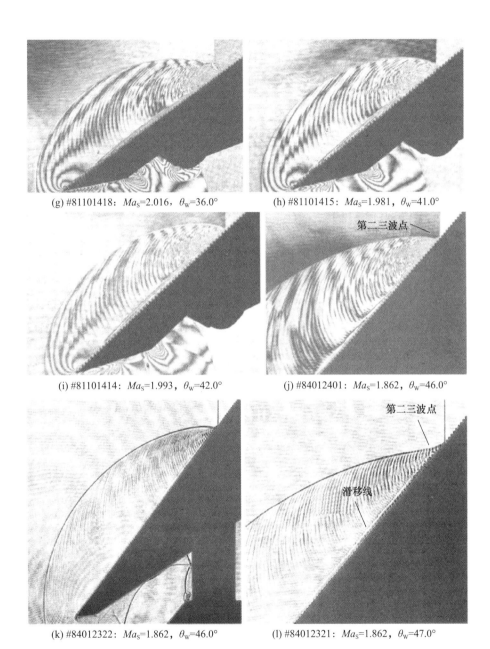

(g) #81101418: $Ma_S=2.016$, $\theta_w=36.0°$

(h) #81101415: $Ma_S=1.981$, $\theta_w=41.0°$

(i) #81101414: $Ma_S=1.993$, $\theta_w=42.0°$

(j) #84012401: $Ma_S=1.862$, $\theta_w=46.0°$

(k) #84012322: $Ma_S=1.862$, $\theta_w=46.0°$

(l) #84012321: $Ma_S=1.862$, $\theta_w=47.0°$

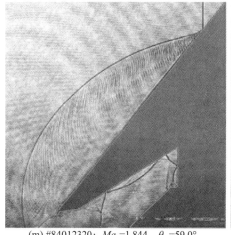

(m) #84012320: Ma_S=1.844, θ_W=59.0°

(n) #84012319: Ma_S=1.884, θ_W=59.0°

(o) #84012318: Ma_S=1.826, θ_W=56.0°

(p) #84012316: Ma_S=1.871, θ_W=59.0°

图2.39 锯齿形单元粗糙斜楔上的激波反射

(k=0.2mm;(a)~(j):Ma_S=2.0,500hPa,293.6K;(k)~(p):Ma_S=1.83,400hPa,286.5K)

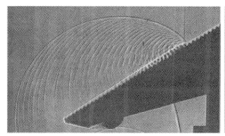

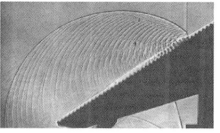

(a) #80050912: Ma_S=1.456, θ_W=32.0°

(b) #80050916: Ma_S=1.470, θ_W=33.0°

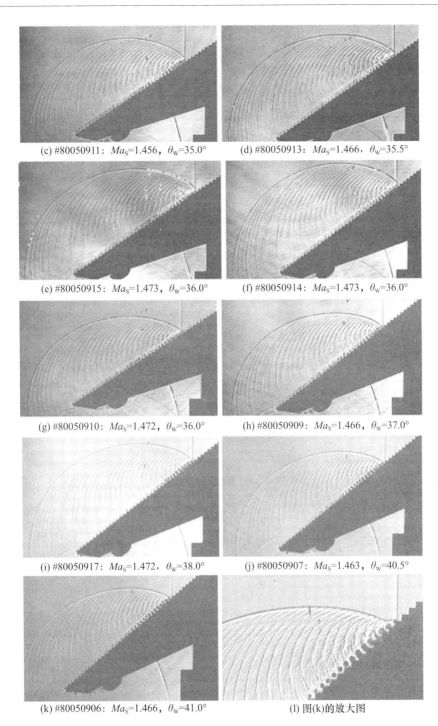

图 2.40 锯齿形单元粗糙斜楔上的激波反射

($k=0.8mm$,名义 $Ma_S = 1.46, 500hPa, 291.0K$)

4. 2.0mm 锯齿形单元粗糙表面斜楔

图 2.41 的单次曝光干涉照片展示的是安装 $k=2.0$mm 锯齿粗糙单元的斜楔上激波反射结构演化的后期阶段,实验条件是 $Ma_S=1.47$、500hPa、282.6K,实验介质是空气。由于壁面太粗糙,边界层位移厚度对反射激波结构的转变不再产生作用。由于入射激波与粗糙壁面的相互作用,能够更清楚地分辨出涡的生成、增长和消失过程。与图 2.40 的情况类似,在图 2.41 中,由涡诱发产生的小激波串的外轮廓形成一条与三波点相交的滑移线,滑移线似乎是与粗糙壁面平行的,或者指向粗糙壁面方向。正如对 $k=0.8$mm 锯齿形粗糙单元的讨论,图 2.41(a)、(b)中的反射激波结构是固定马赫反射;随着楔角的略微增加,反射结构变为反向马赫反射,并发生向规则反射结构的转变。在图 2.41(c)的反射激波上观察到对应第二三波点的拐点,所有上游信息都可以到达第二三波点,在下游区域入射激波与每一个锯齿尖角独立地发生干扰作用。图 2.41(j)是规则反射结构,图 2.41(k)是其局部放大图,可以看到,入射激波只在当地与锯齿尖角相互作用。

为确定临界转换角 θ_{crit},组织了一系列变换楔角和激波马赫数的实验,用双曝光和单次曝光干涉方法获得流动图像。图 2.37~图 2.41 汇总了这些结果,在不同激波马赫数与气流雷诺数条件下获得的临界转换角见表 2.1。

(a) #80050811:Ma_S=1.476,θ_W=31°

(b) #80050812:Ma_S=1.470,θ_W=33°

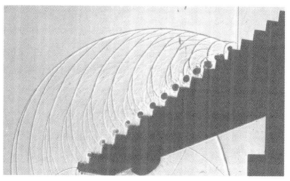
(c) #80050839:Ma_S=1.469,θ_W=34°

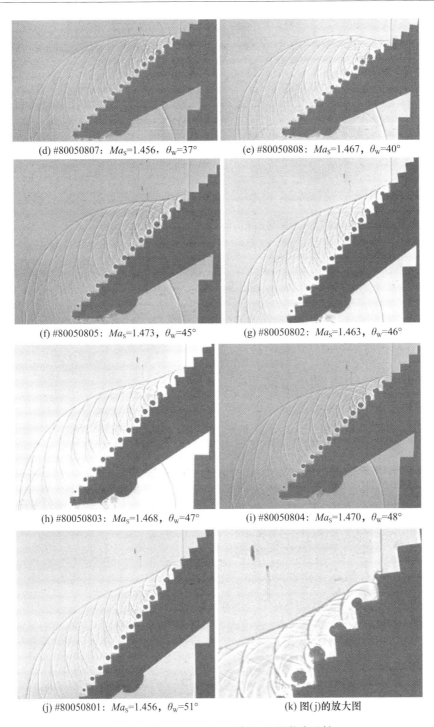

(d) #80050807: Ma_S=1.456, θ_W=37°

(e) #80050808: Ma_S=1.467, θ_W=40°

(f) #80050805: Ma_S=1.473, θ_W=45°

(g) #80050802: Ma_S=1.463, θ_W=46°

(h) #80050803: Ma_S=1.468, θ_W=47°

(i) #80050804: Ma_S=1.470, θ_W=48°

(j) #80050801: Ma_S=1.456, θ_W=51°

(k) 图(j)的放大图

图 2.41　锯齿形单元粗糙斜楔上的激波反射

($k=2.0$mm,名义 $Ma_S=1.47$,500hPa,282.6K)

表 2.1　实验条件与临界转换角

Ma_S	Re	$\theta_{\text{crit}}/(°)$
1.04	0.8×10^5	27.5
1.12	2.5×10^5	32.5
1.21	3.4×10^5	40.5
1.44	2.7×10^5	43.7
1.86	0.58×10^5	45.8
3.80	0.32×10^5	44.9

图 2.42 是这些实验结果的汇总,纵坐标是临界转换角 θ_{crit},横坐标是激波强度的倒数,即压比 $\xi = (\gamma+1)/(2\gamma Ma_S^2 - \gamma + 1)$ 的倒数。黑色实心圆圈是光滑楔面条件下的临界转换角(Smith,1948),其他符号是本试验的数据,分别对应 k = 0.1、0.2、0.8、2.0 的情况(Takayama 等,1981)。

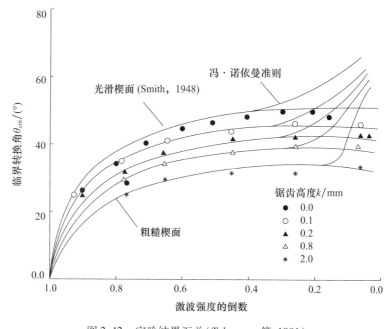

图 2.42　实验结果汇总(Takayama 等,1981)

2.1.5　多缝或多孔斜楔上激波反射结构的演化

从图 2.42 看到,激波沿着粗糙斜楔传播时,临界转换角是减小的。那么,如果斜楔是多缝的或多孔的,激波反射现象会怎样呢?

1. 多缝斜楔

多缝斜楔安装在 60mm×150mm 激波管的实验段内,斜楔装夹在两个直径 200mm、厚 20mm 的亚克力盘之间,通过旋转亚克力盘实现对斜楔角度的调节。在斜楔上,每条缝隙宽 1.5mm、深 7.0mm,相邻缝隙间的间距是 1.5mm,沿斜楔模型表面分布着 36 条缝隙,开孔率为 $\varepsilon=0.4$。

图 2.43 是多缝斜楔壁面的反射激波演化情况,激波马赫数 $Ma_S=1.36$,实验介质为空气,压力为环境大气压,温度 295K。在每一条缝隙开口处,入射激波发生衍射,沿着缝隙壁面传输,并从缝隙底部反射回来。同时,从每一条缝隙的拐角处产生膨胀波束,这些膨胀波汇聚产生一道膨胀波的包络(Onodera 和 Takayama,1990)。在使用锯齿粗糙单元的壁面上,产生的是一系列涡,涡使能量耗散,进而使入射激波的强度衰减。

(a) #86060612:Ma_S=1.36,θ_w=1.0°

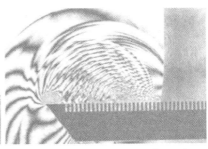
(b) #86060611:Ma_S=1.362,θ_w=2.0°

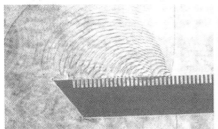
(c) #86060612:Ma_S=1.368,θ_w=3.0°,单曝光

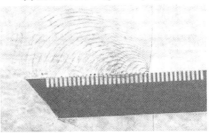
(d) #86060609:Ma_S=1.358,θ_w=4.0°,单曝光

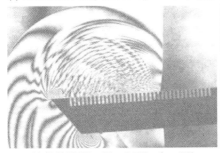
(e) #86060608:Ma_S=1.358,θ_w=5.0°

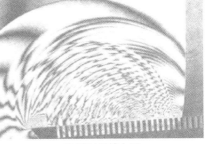
(f) 图(e)的放大图

(g) #86060607：Ma_S=1.367，θ_w=6.0°，单曝光　　(h) #86060605：Ma_S=1.370，θ_w=8.0°，单曝光

(i) #86060603：Ma_S=1.368，θ_w=10.0°　　(j) #86060601：Ma_S=1.358，θ_w=12.0°，单曝光

(k) #86060517：Ma_S=1.365，θ_w=14.0°，单曝光　　(l) #86060516：Ma_S=1.352，θ_w=15.0°

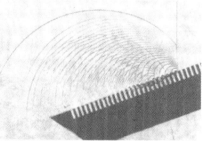

(m) #86060511：Ma_S=1.365，θ_w=20.0°　　(n) #86060510：Ma_S=1.365，θ_w=21.0°，单曝光

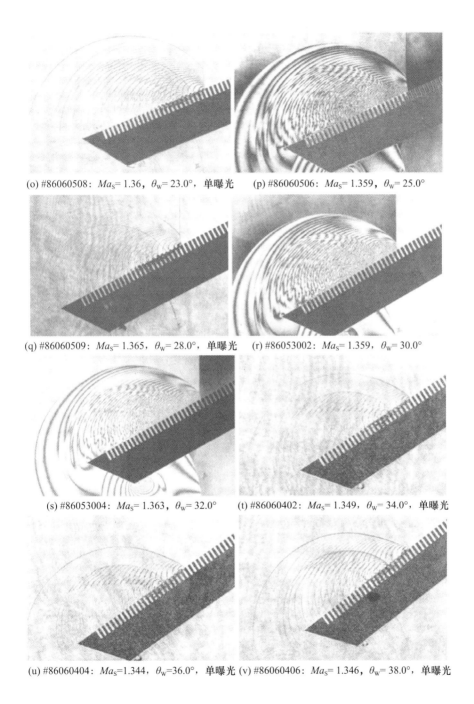

(o) #86060508：Ma_S= 1.36，θ_w= 23.0°，单曝光　(p) #86060506：Ma_S= 1.359，θ_w= 25.0°

(q) #86060509：Ma_S= 1.365，θ_w= 28.0°，单曝光　(r) #86053002：Ma_S= 1.359，θ_w= 30.0°

(s) #86053004：Ma_S= 1.363，θ_w= 32.0°　(t) #86060402：Ma_S= 1.349，θ_w= 34.0°，单曝光

(u) #86060404：Ma_S=1.344，θ_w=36.0°，单曝光 (v) #86060406：Ma_S= 1.346，θ_w= 38.0°，单曝光

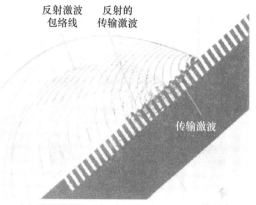

(w) #86060407: Ma_S=1.346, θ_W= 39.0°, 单曝光

图 2.43　多缝斜楔上的激波反射结构演化
(Ma_S = 1.36,环境大气压,空气,295K)

在图 2.37～图 2.41 中看到,从每一个锯齿粗糙单元反射的小激波形成滑移线包络,滑移线包络与三波点汇合,进而形成反向马赫反射结构(在最终的反射结构中,从三波点出发的滑移线指向远离壁面的方向,这是反向马赫反射结构的典型特征);当激波反射结构向规则反射结构转变,反射激波上出现第二三波点。而在多缝斜楔上,在每一条缝隙处气流发生偏斜,反射出的是膨胀波,正如在图 2.43(r)～(t)中所看到的,起源于三波点的滑移线指向斜楔壁面方向,所以反射激波结构是直接马赫反射结构(DiMR);随着楔角的增大,马赫反射转变为规则反射结构,没有产生任何复杂反射结构,参考图 2.43(v)、(w)。

图 2.43(w)是楔角 39°时规则反射结构的放大图,传输激波沿着每一条缝隙传播、反射,从缝隙底部反射回来的激波被释放到反射激波后面的区域,形成一系列小压缩波汇聚而成的包络线。

为确认在多缝斜楔上是否发生了反射激波结构转换(像光面实体斜楔上那样),采用接近临界转换角 θ_{crit} 的斜楔和更强的激波进行了实验。在图 2.44 中,名义马赫数 Ma_S = 3.0,当斜楔角度逐渐增大到临界转换角并且超过临界转换角过程中,激波反射结构转变为双马赫反射。在图 2.44(a)中观察到的是双马赫反射结构,随着楔角的增加,尽管反射结构还保持着,但逐渐变小,最终转换为规则反射结构。

2. 多孔斜楔

图 2.45 是多孔与多缝壁面的模型。模型 C 的尺寸为 L =110mm、d =7mm、i =1.5mm、s =1.5mm,开孔率 ε =0.4;模型 A 的尺寸为 s =0.5mm、i =1.0mm、开孔率 ε =0.34;模型 B 的尺寸为 s =1.5mm、i =1.5mm、L =100mm、t =5.0mm、r =3.0mm,开孔率 ε =0.4。

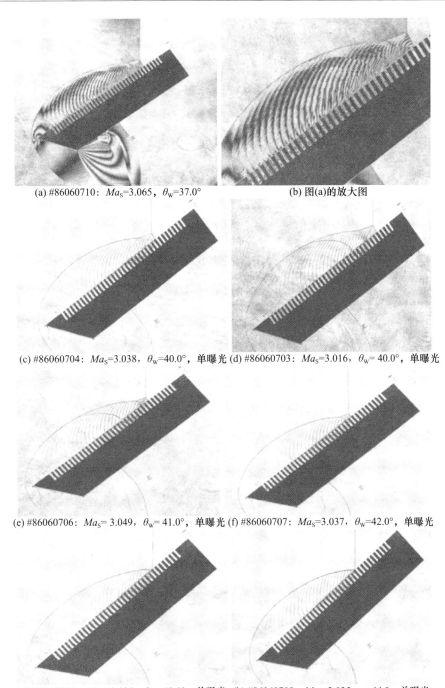

(a) #86060710: Ma_S=3.065, θ_w=37.0° (b) 图(a)的放大图

(c) #86060704: Ma_S=3.038, θ_w=40.0°, 单曝光 (d) #86060703: Ma_S=3.016, θ_w=40.0°, 单曝光

(e) #86060706: Ma_S=3.049, θ_w=41.0°, 单曝光 (f) #86060707: Ma_S=3.037, θ_w=42.0°, 单曝光

(g) #86060708: Ma_S=3.025, θ_w=43.0°, 单曝光 (h) #86060709: Ma_S=3.025, a=44.0, 单曝光

图 2.44 多缝斜楔上反射激波结构的演化

(触发后120μs, 名义 Ma_S = 3.065, 空气, 60hPa, 294.2K)

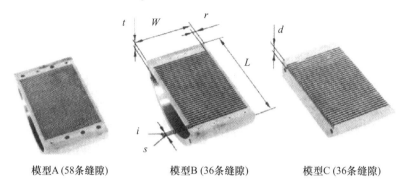

模型A(58条缝隙)　　　模型B(36条缝隙)　　　模型C(36条缝隙)

图 2.45　多孔与多缝壁面的模型(Onodera 与 Takayama,1990)

在 20 世纪 70 年代早期,许多从事激波研究的人员研究了多孔壁面上的激波传播问题,在第 8 届国际激波管研讨会上,有许多这方面的文章,那时研究人员尝试对流过斜楔孔板的质量流量进行建模。为正确测量通过孔板的质量流量设计加工了模型 A 和模型 B,采用这些模型可以监测流过孔板的质量流量,进而正确评估偏折速度,而偏折速度是绘制激波极曲线的边界条件。

从多孔斜楔或多缝斜楔上发生的激波反射是激波动力学研究的基本课题之一,有许多这方面的研究报告(如 Szumowski,1972)。在我们自己的加工车间制造了开孔率 0.4 的多孔板,将多孔板装夹在两个直径 200mm、厚 20mm 的 PMMA 板之间,再安装到 60mm × 150mm 无膜片激波管实验段中。通过旋转 PMMA 板,可以任意调节斜楔的角度。

图 2.46 是在模型 B 上观察到的系列激波反射图像,名义激波马赫数为 $Ma_s = 1.17$,实验介质是 930hPa、290.8K 的空气。多孔斜楔用一个空心半圆柱支撑,半圆柱固定在实验段的侧壁上,利用这个装置观察到,在入射激波后面,经多孔板泄漏的气流驱动产生了一道斜激波,该斜激波倾角的演化表明,传输激波沿着多孔壁面逐渐弱化。

图 2.46(a)是 $\theta_W = 0°$ 时,激波沿多孔楔的传播情况,三波点位于扫掠入射角的轨迹上。图 2.46(b) ~ (k)分别是 θ_W 从 $1.0° ~ 28°$时,激波沿多孔楔的传播情况,所有图像都是马赫反射结构,但三波点处未显示出滑移线,所以这些激波反射结构是冯·诺依曼反射结构。在图 2.46(m)中,楔角为 $\theta_W = 30.0°$,反射激波结构中缺失了马赫激波,这时已经转变为规则反射结构,表明临界转换角 θ_{crit} 大约是 30°。

在锯齿形单元粗糙壁面斜楔上,激波反射结构的临界转换角与激波强度倒数的关系已经由图 2.42 给出。对于 $k = 0.8$ 的锯齿形粗糙单元,临界转换角 θ_{crit} 大约是 30°,激波强度的倒数为 $\xi = 0.7$,对应激波马赫数 $Ma_s = 1.17$,这个结果与图 2.46 观察到的结果相符。

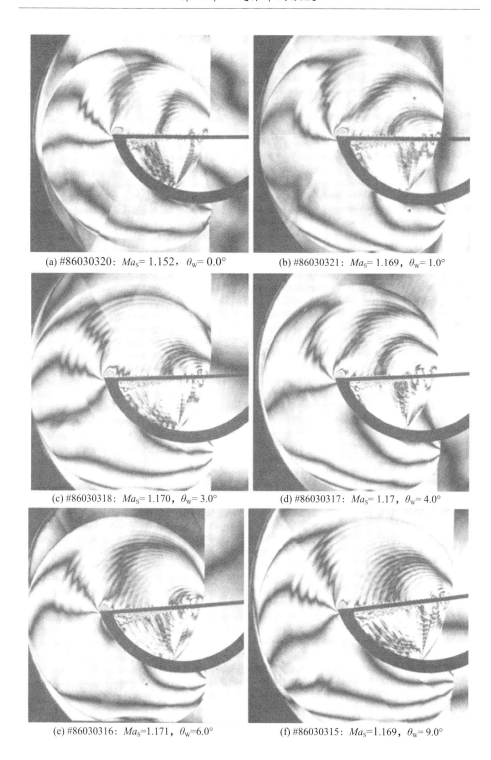

(a) #86030320: Ma_S= 1.152, θ_W= 0.0°
(b) #86030321: Ma_S= 1.169, θ_W= 1.0°
(c) #86030318: Ma_S= 1.170, θ_W= 3.0°
(d) #86030317: Ma_S= 1.17, θ_W= 4.0°
(e) #86030316: Ma_S=1.171, θ_W=6.0°
(f) #86030315: Ma_S=1.169, θ_W= 9.0°

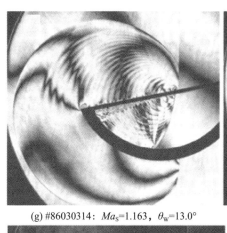
(g) #86030314: Ma_S=1.163, θ_w=13.0°

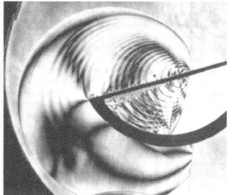
(h) #86030313: Ma_S=1.163, θ_w=17.0°

(i) #86030312: Ma_S=1.169, θ_w=21.0°

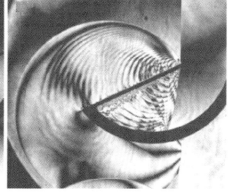
(j) #86030310: Ma_S=1.172, θ_w=27.0°

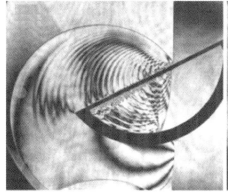
(k) #86030307: Ma_S=1.174, θ_w=28.0°

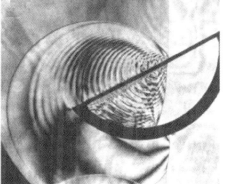
(l) #86030308: Ma_S=1.170, θ_w=29.0°

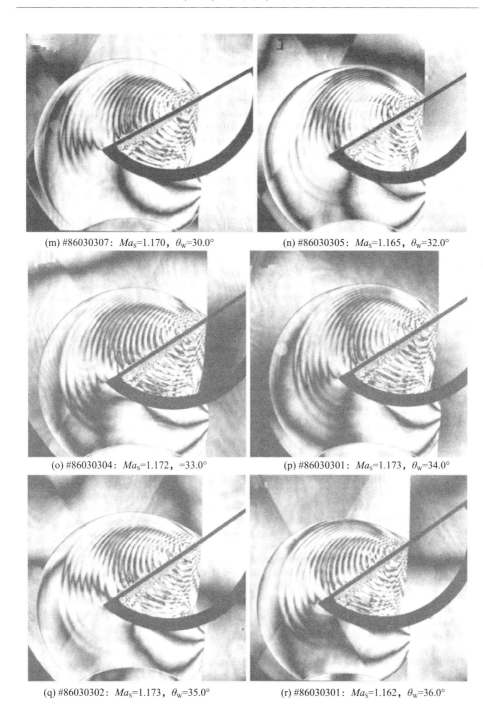

(m) #86030307: Ma_S=1.170, θ_W=30.0°   (n) #86030305: Ma_S=1.165, θ_W=32.0°

(o) #86030304: Ma_S=1.172, =33.0°   (p) #86030301: Ma_S=1.173, θ_W=34.0°

(q) #86030302: Ma_S=1.173, θ_W=35.0°   (r) #86030301: Ma_S=1.162, θ_W=36.0°

图 2.46 反射激波在多孔斜楔(模型 B)上的演化

(名义 Ma_S = 1.17,空气,930hPa,290.8K)

图 2.47 是多孔楔模型 B 上的反射激波演化情况,实验介质是 755hPa、301K 的空气,激波强度的倒数为 $\xi=0.375$,名义激波马赫数 $Ma_S=1.56$。实验中,θ_W 从 0°一直增加到 90°,每次实验使楔角 θ_W 增加 10°。图 2.47(a)是扫掠入射斜楔上的激波反射情况,图 2.47(b)~(j)中呈现出单马赫反射结构,刚刚能够看见从三波点生出的滑移线(而在图 4.26 中没有滑移线出现,是冯·诺依曼反射结构)。反射结构的转变发生在略大于 40°的楔角情况下,对于 $Ma_S=1.56$、$\xi=0.375$ 的情况,临界转换角与 $k=0.2$ 的锯齿形粗糙单元楔面的临界转换角相当(参考图 2.42)。在图 2.47(j)中,$\theta_W=90°$,呈现出对称激波反射结构。

(a) #94072801: Ma_S=1.560, θ_W=0°

(b) #94072702: Ma_S=1.558, θ_W=10°

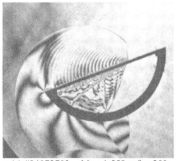
(c) #94072703: Ma_S=1.558, θ_W=20°

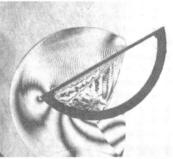
(d) #94072804: Ma_S=1.560, θ_W=30°

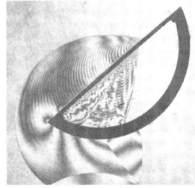
(e) #94072805: Ma_S=1.558, θ_W=40°

(f) #94072806: Ma_S=1.780, θ_W=50°

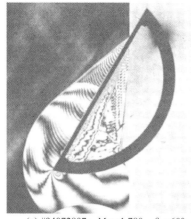 

(g) #94072807：Ma_S=1.780，θ_w=60°　　(h) #94072808：Ma_S=1.558，θ_w=70°

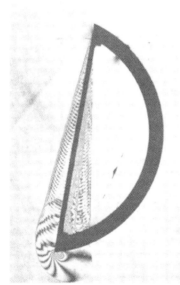 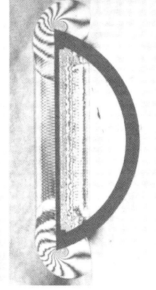

(i) #94072809：Ma_S=1.558，θ_w=80°　　(j) #94072810：Ma_S=1.556，θ_w=90°

图 2.47　反射激波在多孔斜楔(模型 B)上的演化

(名义 Ma_S = 1.56,空气,755hPa,301K)

图 2.48 是反射激波在多孔楔模型 B 上的演化,实验介质是 40hPa、297K 的空气,激波强度的倒数为 ξ = 0.104,名义激波马赫数 Ma_S = 2.9。在图 2.48(a)~(c)中,激波反射结构是单马赫反射;随着楔角的增大,在图 2.48(d)~(f)中,呈现为过渡马赫反射结构,然后转变为规则反射结构。如在图 2.45 中看到的那样,模型 B 的前缘部分是很宽的平坦壁面(r = 3mm),用来支撑多孔板。可以看到,激波同时从 54mm 宽的多孔楔壁面和 6mm 宽的平坦楔面上被反射。图 2.48 中的临界转换角略大于 60mm 宽多孔楔的临界转换角。

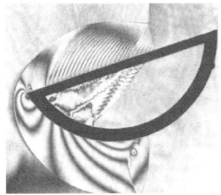
(a) #86032506: Ma_S=2.902, θ_w=21.0°

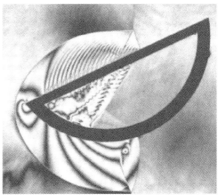
(b) #86032505: Ma_S=2.902, θ_w=26.5°

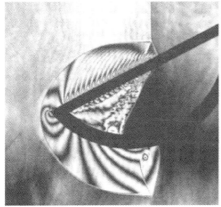
(c) #86012319: Ma_S=2.948, θ_w=28.0°

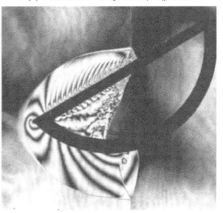
(d) #86012318: Ma_S=2.931, θ_w=31.0°

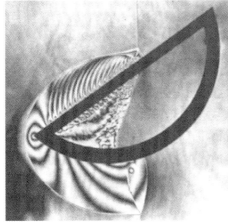
(e) #86012315: Ma_S=2.971, θ_w=38.0°

(f) #86012301: Ma_S=2.967, θ_w=40.0°

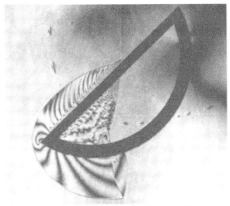
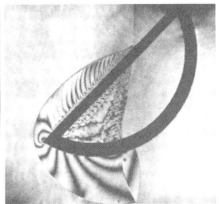

(g) #86012306: Ma_S=2.920, θ_w=45°   (h) #86012308: Ma_S=2.988, θ_w=47°

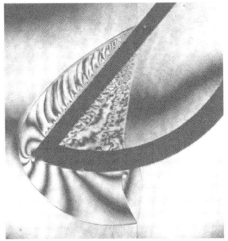

(i) #86012310: Ma_S=2.961, θ_w=52°

图 2.48 反射激波在多孔斜楔上的演化

(名义 Ma_S = 2.9,空气,40hPa,297K)

2.1.6 液体楔面上的激波反射

1. 水楔的激波反射

在研究楔的激波反射时,研究者们经常争论楔壁面粗糙度对临界转换角的影响问题,于是产生了在水楔上研究激波反射现象的想法。在一个倾斜的低压室中充满水就形成了水楔,参考图 2.49,用双曝光全息干涉法显示了水楔上的激波反射情况(Miyoshi,1987)。

为研究水楔上的激波反射现象,制造了一个直径 240mm、宽 30mm 的圆形不锈钢实验段,该实验段连接在 30mm×40mm 激波管上,整个激波管和圆形实验段可以旋转,角度可以从 0°旋转到 60°,旋转时保持实验段位于旋转中心。将水注入实验段,将激波管整体旋转到需要的角度 θ_W,使水楔的表面保持平坦,但由于水表面的张力作用,在与侧面窗玻璃相接触时存在一个张力角(wet angle),水面呈新月状。当地弯曲的水面发挥了透镜的作用,拓宽了水面的阴影。降低实验段内的压力,使之略高于水的蒸汽压,然后慢慢注入水,完成注水后再将实验段压力恢复到需要的水平,这样可以将新月效应降低到最小程度。

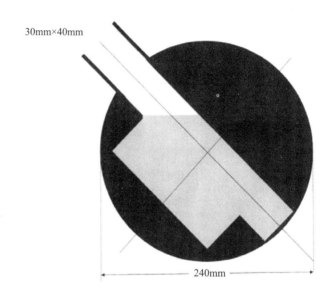

图 2.49　水楔实验段(Miyoshi,1987)

由于水中的声速比入射激波的速度快很多,所以在很宽的激波马赫数范围内,能够在入射激波前方观察到跑到入射角前面的压缩波,这里称之为"前位"压缩波。入射激波沿水楔表面的速度分量是 $u_S/\cos\theta_W$(其中 u_S 是激波速度),如果 $u_S/\cos\theta_W = a_{water}$($a_{water}$ 是水中的声速),前位压缩波就会与空气中的激波合并。图 2.50(a)是名义马赫数 $Ma_S = 1.67$ 的入射激波从楔角 $\theta_W = 37.5°$ 的水面反射的情况,图 2.50(b)是数值模拟的该实验条件下的结果,数值模拟采用基于 TVD 格式的自研程序(Itoh,1986),模拟获得了由于激波载荷作用产生的水楔畸变,可以看到,在水楔上的激波根部,畸变最大。由于接触点是一个奇点,数值预测的最大畸变量可能是非物理的,在接触点处,畸变量最多是 20μm 左右。

图 2.51 是在小角度水楔表面产生的弱激波反射的演化情况,水楔楔角 θ_W 的范围是 8°～22°。由于双曝光过程中相位角的变化,水中也产生了条纹,采用第 1 章给出的关系式,可以转换为密度变化。在定量光学流动显示方法中,双曝光全息干涉可以只记录双曝光过程中的相位角变化,对介质的不均一性或介质

中较慢的对流流动并不敏感,所以双曝光全息干涉方法非常适合水下激波实验。

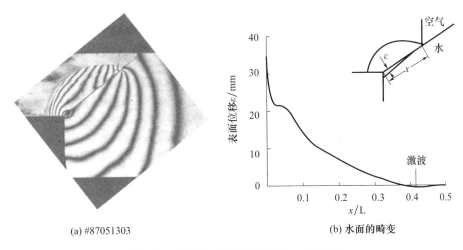

(a) #87051303　　　　　　　　　　(b) 水面的畸变

图 2.50　水楔上的激波反射(Miyoshi,1987)
($Ma_S=1.666$,$\theta_W=37.5°$,空气,650hPa,294.5K)

实验气体是环境大气压的空气,实验采用脱气的蒸馏水。在激波管实验之后,实验用水会溅射到激波管内,所以水楔实验可能令人不悦,因为需要浪费时间去清洁激波管内部,并需要检查阀口和压力变送器。

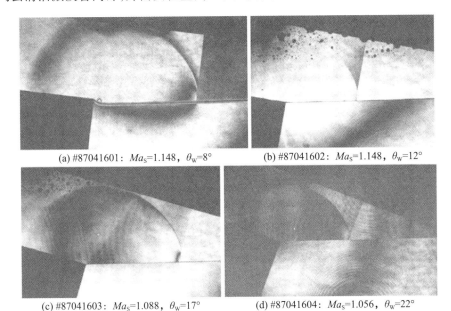

(a) #87041601：$Ma_S=1.148$,$\theta_W=8°$　　　(b) #87041602：$Ma_S=1.148$,$\theta_W=12°$

(c) #87041603：$Ma_S=1.088$,$\theta_W=17°$　　　(d) #87041604：$Ma_S=1.056$,$\theta_W=22°$

图 2.51　水楔上的激波反射
(名义 $Ma_S=1.1$,空气,1013hPa,287.2K)

图2.52是中等倾斜度和大倾斜度水楔上的弱激波反射情况,水楔的楔角范围是 $\theta_W = 30° \sim 60°$,激波反射结构的转换发生在图2.52(a)的 $\theta_W = 30°$ 到图2.52(c)的 $\theta_W = 37.5°$ 之间的某个角度。

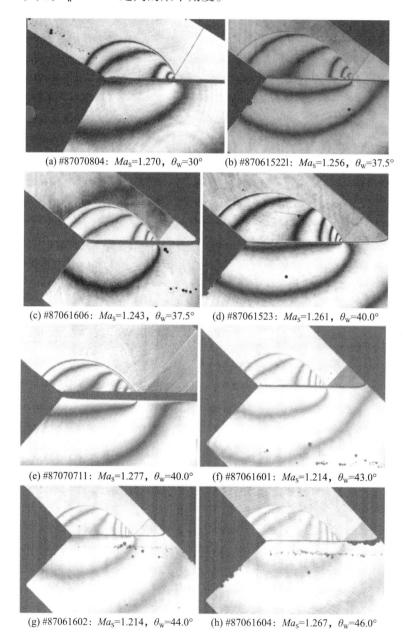

(a) #87070804：Ma_S=1.270, θ_W=30°   (b) #870615221：Ma_S=1.256, θ_W=37.5°

(c) #87061606：Ma_S=1.243, θ_W=37.5°   (d) #87061523：Ma_S=1.261, θ_W=40.0°

(e) #87070711：Ma_S=1.277, θ_W=40.0°   (f) #87061601：Ma_S=1.214, θ_W=43.0°

(g) #87061602：Ma_S=1.214, θ_W=44.0°   (h) #87061604：Ma_S=1.267, θ_W=46.0°

图2.52 水楔上的激波反射
(名义 Ma_S = 1.25,环境大气压,空气,298K)

图 2.53(a)~(h)是在楔角 $\theta_W = 30° \sim 52°$ 的水楔上发生的激波反射情况,名义激波马赫数 $Ma_S = 1.77$,实验介质是 650hPa、294.5K 的空气。入射激波以速度 $Ma_S/\cos\theta_W$ 沿水面传播时产生扰动,对于图 2.53(a)、(b)的小楔角情况,扰动在水中以亚声速到声速的速度传播,在入射激波的前方出现一道声波。

数值求解欧拉方程组,可以获得密度分布,也可以用数值方法呈现条纹分布。将数值求解获得的密度调整到与图 2.53(a)的实验结果一致,可以看到数值模拟获得的密度分布与实验相符。图 2.53(c)中呈现的是规则反射结构,入射激波根部的条纹密集,表明当地压力升高。增加楔角 θ_W 时,在水中产生诸多"前位"小压缩波,这些压缩波形成一个压缩波串,在水中,反映这些压缩波的部分条纹向入射激波根部聚集。

在图 2.53(d)~(g)中看到,一个间断性质的阴影以声速在水中传播,据推测,当 $\cos\theta_W = u_S/a_{water}$ 时(u_S 是激波速度,a_{water} 是水中的声速),这个间断性质的阴影会与入射激波根部融合。在图 2.53(h)中,将一个激波马赫数 1.787 的实验结果与数值模拟的结果进行对比,可以看到,干涉图相符得很好,水中的条纹在入射激波根部聚集。

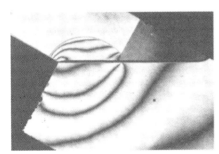
(a) #87050705:Ma_S=1.790,θ_W=30°

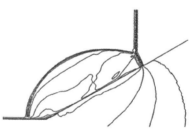
数值模拟结果

(b) #87050706:Ma_S=1.775,θ_W=35°

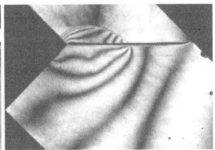
(c) #87050708:Ma_S=1.783,θ_W=45°

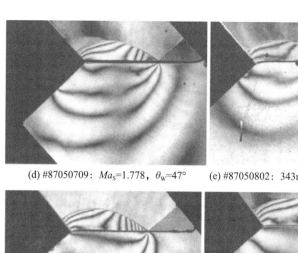
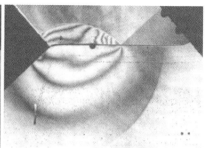

(d) #87050709: Ma_S=1.778, θ_w=47°   (e) #87050802: 343ms, Ma_S=1.778, θ_w=48°

(f) #87051203: Ma_S=1.665, θ_w=49°   (g) #87051204: Ma_S=1.791, θ_w=50°

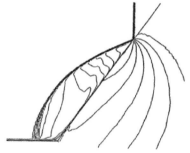

(h) #87050805: Ma_S=1.787, θ_w=52°   **数值模拟结果** (Miyoshi, 1987)

图 2.53 水楔上的激波反射演化
(名义 Ma_S = 1.77,空气,650hPa,294.5K)

图 2.54(a)是在 0°水楔上传播的激波的反射情况,激波马赫数为 2.25,依稀可见滑移线,入射激波完美地垂直于水面,激波反射结构是冯·诺依曼反射。在图 2.54(b)中,激波反射结构是单马赫反射;在图 2.54(c)中,水中的条纹在入射激波根部聚集,由于反射激波在三波点附近呈现直线,激波反射结构是过渡马赫反射;图 2.54(d)是图(c)的局部放大图。随着楔角的增大,在图 2.54(e)和(f)中,反射结构是超声速规则反射,在入射激波根部的前方,观察到许多前位压缩波。

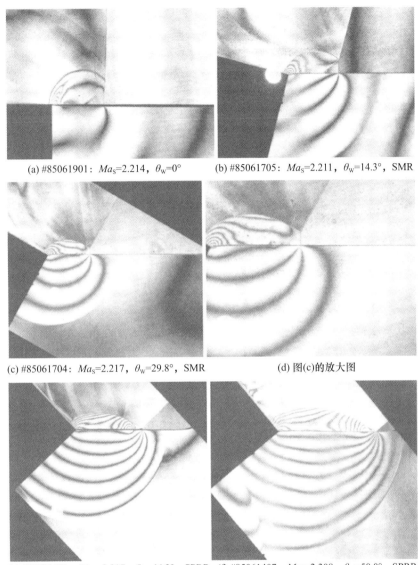

(a) #85061901：Ma_s=2.214，θ_w=0°　　　　(b) #85061705：Ma_s=2.211，θ_w=14.3°，SMR

(c) #85061704：Ma_s=2.217，θ_w=29.8°，SMR　　　　(d) 图(c)的放大图

(e) #85061701：Ma_s=2.217，θ_w=46.2°，SPRR　　(f) #85061407：Ma_s=2.308，θ_w=50.0°，SPRR

图 2.54　水楔上的激波反射

(空气，710hPa，294.7K)

2. 特种液体楔上的激波反射

用若干气体与安全无毒液体组合，可以形成不同成分的气-液接触面。采用一种特殊液体 Aflud E10 作为液体楔的介质，当这种介质暴露在膨胀波中时，具有独特的制造冷凝激波的特性。这种液体的蒸气压较高、稳定、无毒，用这种液体形成空气-Aflud E10 接触面做了一系列实验，这里只提供两张照片，作为

读者的参考。在图2.55(a)中，$Ma_S = 1.262$ 的入射激波从 $\theta_W = 35°$ 液体楔面上反射，形成单马赫反射结构，在马赫激波前面观察到一道前位压缩波。在图2.55(b)中，$Ma_S = 1.45$ 的入射激波从 $\theta_W = 44°$ 液体楔面上反射，形成超声速规则反射结构。

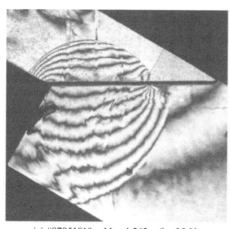 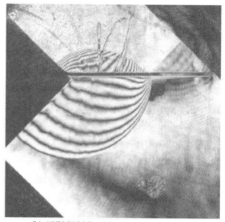

(a) #87051810：$Ma_S=1.262$，$\theta_W=35.0°$
（环境大气压，289.2 K）

(b) #87051907：$Ma_S=1.450$，$\theta_W=44.0°$
（环境大气压，294.0K）

图2.55　从空气 – Aflud E10 混合物楔上的激波反射
（空气，710hPa，294.7K）

2.1.7　锥上的激波反射演化

1. 圆锥

在斜楔和锥上，激波反射是自相似的现象，但激波在锥上的反射又是独特的现象，因为反射结构受锥角以及激波根部距前缘距离的影响。锥的尺寸在尚未达到激波管宽度之前，对反射过程不产生影响。图2.56是反射激波在锥角69.2°、底径60mm尖锥上传播的图像，入射激波马赫数 $Ma_S = 2.33$，实验介质是氩气。尖锥由黄铜制成，从底部做刚性支撑，安装在100mm×180mm激波管实验段内，该激波管可以容纳大尺寸锥模型。采用双曝光干涉法进行流场显示，两个脉冲的时间间隔为60μs，将两张激波反射结构的照片记录在一个全息图中。在100mm×180mm激波管中也做过斜楔的激波反射结构流动显示，激波沿楔面的运动受到楔面上发展起来的边界层的影响，例如在图2.21中入射激波根部的流动演化受到边界层位移厚度的控制，而边界层位移厚度又取决于距斜楔前缘的距离以及激波管侧壁的距离。流经尖锥的气流也要受锥面上发展起来的边界层的影响。

在图2.56中叠加后的反射激波结构图像略有不同，尖锥上的激波反射不一定是自相似的。

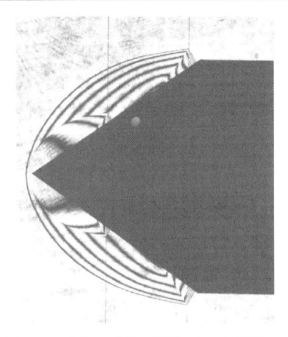

图 2.56　在锥角 69.2°尖锥上的激波反射结构双曝光干涉图像(Kosugi,2000)
(#98120304:Ma_S = 2.33,氩气,144hPa,292.9K)

于是决定用实验确定尖锥上激波反射结构的临界转换角,但不可能连续改变锥角。1975 年,实验显示了 50 个底径 25mm 锥模型的激波反射流场,锥角从 7.5°到 150°变化,模型之间的锥角间隔为 2.5°(Takayama 和 Sekiguchi,1977)。首先,在 40mm×80mm 激波管上进行实验;1989 年,为改进实验效果,新制做了 88 个底径 25mm 的尖锥模型,锥角范围 10°~120°,间隔 2°。图 2.57 是 1989 年实验采用的尖锥模型照片。

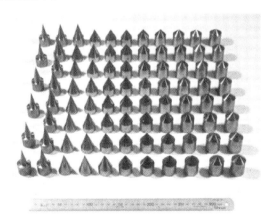

图 2.57　尖锥模型(Yang 等,1996)

在60mm×150mm传统激波管实验段内安装四个模型,同时观测这些模型上的激波反射结构,图2.58是选出的一些照片。在轴对称流动中,入射激波和马赫激波的图像是重叠的,但仍有可能确定三波点的位置。三波点轨迹角 χ 可以根据 $\chi = h/L$ 确定(其中 h 是滑移线高度,L 是锥尖到马赫激波根部的距离),外推轨迹角就可以评估临界转换角 θ_{crit},θ_{crit} 即 $\chi = 0$ 时的壁面角。

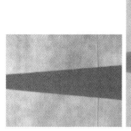
(a) #75120407:α=10°

(b) #75120406:α=20°

(c) #75120404:α=40°

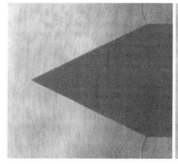
(d) #75120401:α=55°

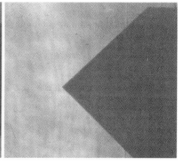
(e) #75120103:α=87.5°

图2.58　尖锥上的激波反射结构
(空气,$Ma_S = 1.20$)

图2.59是对1975年实验结果的汇总,给出了三波点位置与半锥角 θ_C 的关系(Takayama 和 Sekiguchi,1977)。尽管花了很多时间,实验也很费劲,但终究用直接阴影方法获得了全套流动显示结果。图中的纵坐标是三波点轨迹角 $\chi - \theta_C$,横坐标是半锥角 θ_C,各离散点代表实验测量的结果($Ma_S = 1.04 \sim 3.09$)。可以看到,Bryson 与 Gross(1965)的结果与本实验结果符合得很好。

1989年,采用图2.57的锥,在60mm×150mm传统激波管上开展了新一轮实验,实验重复四次。图2.60是激波马赫数 $Ma_S = 1.2$ 的结果,图2.60(a)所示的四个锥的半锥角 θ_C 是 19.5°~21°,激波反射结构是单马赫反射;图2.60(b)中四个锥的半锥角范围是 $\theta_C = 25.5° \sim 27°$,激波反射结构是规则反射。

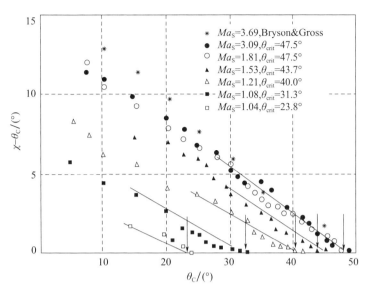

图 2.59　三波点轨迹角(对 1975 年实验结果的汇总)

图 2.61(a)~(d)是空气中马赫数 $Ma_S=1.17$ 的激波在锥面上反射的结果,锥的半锥角范围分别是 $\theta_C=12°\sim15°$、$\theta_C=21°\sim24°$、$\theta_C=25°\sim28°$、$\theta_C=35°\sim38°$,反射结构均为单马赫反射。在图 2.61(e)中,半锥角是 $\theta_C=43°\sim46°$,产生的是规则反射结构,激波反射结构转换发生在 $\theta_C\approx40°$。于是产生一个问题,锥面上的激波反射是否也会发生转换延迟现象(像平面斜楔上的激波反射那样)?

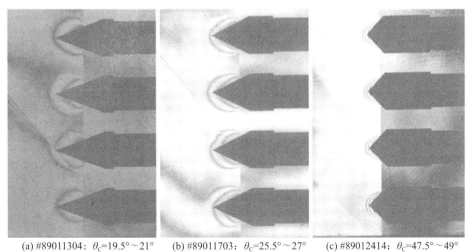

(a) #89011304: $\theta_C=19.5°\sim21°$　　(b) #89011703: $\theta_C=25.5°\sim27°$　　(c) #89012414: $\theta_C=47.5°\sim49°$

图 2.60　尖锥上的激波反射结构($Ma_S=1.20$,环境大气压,空气,291.8K)

为回答这个问题,1995 年,在 100mm×180mm 激波管上重复了上述实验。图 2.62(a)~(c)是观察到的半锥角 10°尖锥上的激波反射结构系列照片,实验介质是空气,激波马赫数 $Ma_S \approx 1.4$,反射结构是单马赫反射。图 2.62(d)~(f)是半锥角 15°尖锥上的激波反射结构演化情况,实验介质是空气,激波马赫数 $Ma_S \approx 1.4$,反射结构也是单马赫反射。

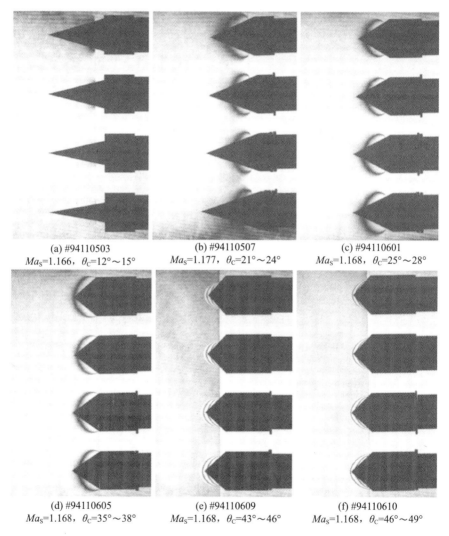

(a) #94110503
Ma_S=1.166,θ_C=12°~15°

(b) #94110507
Ma_S=1.177,θ_C=21°~24°

(c) #94110601
Ma_S=1.168,θ_C=25°~28°

(d) #94110605
Ma_S=1.168,θ_C=35°~38°

(e) #94110609
Ma_S=1.168,θ_C=43°~46°

(f) #94110610
Ma_S=1.168,θ_C=46°~49°

图 2.61　尖锥上的激波反射结构
(名义 Ma_S=1.17,环境大气压,空气,290K)

2. 空心圆柱 - 圆锥

在一个空心圆柱的后面连接一个锥角 10°的圆锥,构成空心圆柱 - 锥模型。

为研究前缘形状的影响,柱-锥组合体的空心圆柱直径为8mm,壁面厚度为1mm,长度为40mm,安装在100mm×180mm无膜片激波管实验段内。在图2.63中,展示了传输激波与反射激波的演化过程,激波马赫数 $Ma_S=1.40$。入射激波的中心部分在传输过程中通过了空心圆柱;反射激波很弱,沿着倾斜10°的锥面传播,反射结构是单马赫反射。图2.63(f)是1060μs时刻的图像,传输激波从空心圆柱底部反射,由空心圆柱的开口释放出来,且引射出一个射流。图2.64是反射激波与20°锥相互作用的演化情况,空心圆柱直径为13mm,激波马赫数 $Ma_S=1.40$,形成单马赫反射结构。

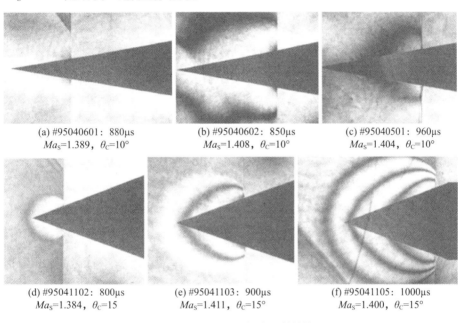

(a) #95040601: 880μs
Ma_S=1.389, θ_C=10°

(b) #95040602: 850μs
Ma_S=1.408, θ_C=10°

(c) #95040501: 960μs
Ma_S=1.404, θ_C=10°

(d) #95041102: 800μs
Ma_S=1.384, θ_C=15

(e) #95041103: 900μs
Ma_S=1.411, θ_C=15°

(f) #95041105: 1000μs
Ma_S=1.400, θ_C=15°

图2.62 尖锥上的激波反射结构
(名义 $Ma_S=1.4$,空气,700hPa,290.3K)

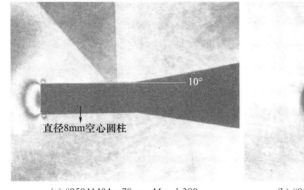

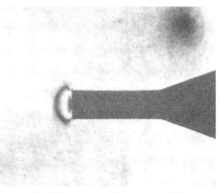

(a) #95041404: 70μs, Ma_S=1.380

(b) #95041409: 160μs, Ma_S=1.406

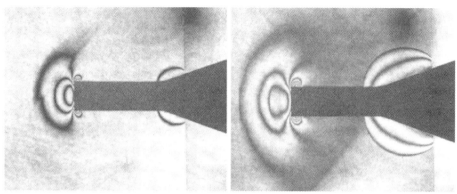

(c) #95041405: 200μs, Ma_S=1.409   (d) #95041406: 230μs, Ma_S=1.414

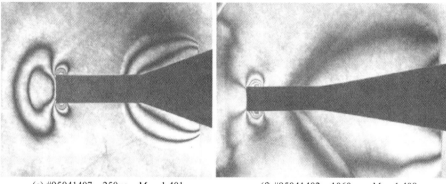

(e) #95041407: 250μs, Ma_S=1.401   (f) #95041402: 1060μs, Ma_S=1.408

图 2.63　内径 8mm 空心圆柱 – 10°尖锥组合体上的激波反射结构演化
($Ma_S = 1.4, 700\text{hPa}, 294.5\text{K}, 空气$)

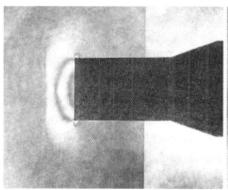 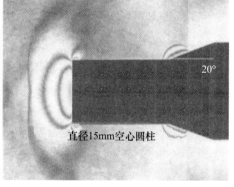

(a) #95040703: 60μs, Ma_S=1.404   (b) #95041003: 100μs, Ma_S=1.400

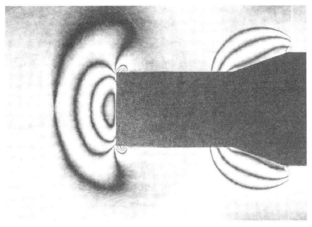

(c) #95040705: 180μs, Ma_S=1.416

图 2.64 内径 13mm 空心圆柱 − 20°尖锥组合体上的激波反射结构演化
(名义 Ma_S = 1.40,空气,700hPa,294.5K)

3. 圆锥上的热交换

Saito 等(2004)采用 16 片 1.5mm 宽、58μm 厚、90mm 长的铂膜热流计,测量了热流分布随时间的变化情况,铂膜热流计均匀分布于直径 40mm 圆柱的外周,实验设备是 100mm × 180mm 无膜片激波管。

用铂膜热流计测量锥表面的热流,研究了反射激波结构在锥上的转变。图 2.65(a)是一个锥模型,布置了 8 片 1.0mm 宽、58μm 厚、5mm 长的铂膜热流计。图 2.65(b)给出的是锥模型的几何尺寸以及传感器的安装位置,锥的底径是 50mm,锥角为 86°,材料是陶瓷,由 Photoveel(日本 Sumikin 陶瓷与石英有限公司)制造。锥模型安装在 100mm × 180mm 无膜片激波管的实验段内,实验介质为空气,激波马赫数 Ma_S = 2.38,单位特征长度雷诺数 $Re = 3 \times 10^4$(长度 10mm)。

图 2.66 是一套干涉照片,物光束 OB 的光程非常短,在干涉图上没有观察到暗条纹。在距离前缘 4mm 处几乎无法判断反射结构的类型,如图 2.66(a)所示;而在距离前缘 11.6mm、15.3mm 以及 23.5mm 处则能够判断反射结构的类型,在图 2.66(b) ~ (d)中,反射结构是过渡马赫反射。

图 2.67(a) ~ (f)是薄膜热流计测量的热流随时间的变化情况,薄膜热流计在锥面上的分布见图 2.65(b),分别位于 6.8mm、10.4mm、13.7mm、17.0mm、20.5mm、23.6mm 处。图中虚线是采用自研软件求解 Navier – Stokes 方程组获得的数值结果,纵坐标是热流(MW/m²),横坐标是时间(μs)。

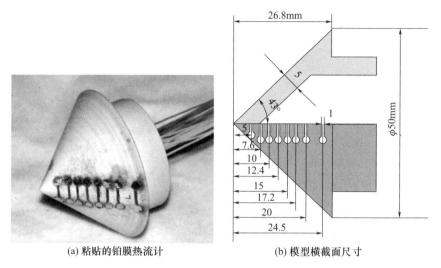

(a) 粘贴的铂膜热流计　　　　(b) 模型横截面尺寸

图 2.65　模型（Kuribayashi 等,2007）

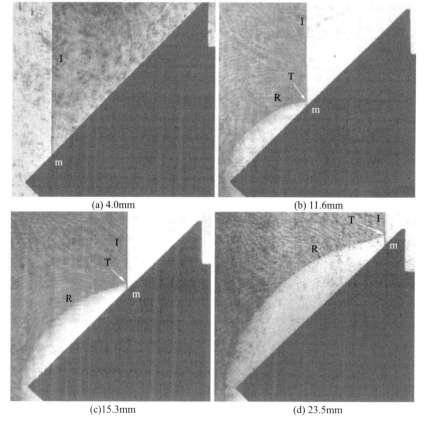

(a) 4.0mm　　　　(b) 11.6mm

(c) 15.3mm　　　　(d) 23.5mm

图 2.66　激波反射结构在锥面上的演化

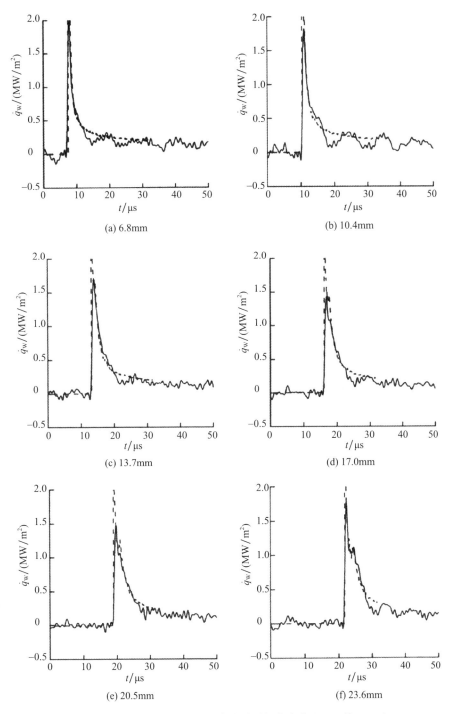

图 2.67 铂膜热流计获得的热流随时间的变化(Saito 等,2004)
(实线为测量数据,虚线是数值模拟结果)

采用了以下假设:$\gamma = 1.4$,采用 Sutherland 公式计算黏性和热传导系数,设置无滑移和等温壁面边界条件,网格为四边形非结构网格,围绕锥面的最小网格尺寸为 $1.5\mu m$。数值结果与实验观测相符得很好。

从图 2.67(a)清楚地看到,在激波到达的位置,热流达到最大值,之后热流单调下降,达到一个稳定值。热流随时间变化的这种特性是规则反射结构的典型特征。与之不同的是,在图 2.67(b)~(f)中看到,热流在单调下降段的中部,存在一个突然改变其变化单调性的现象,在图 2.67(e)、(f)中尤为明显,反射结构是单马赫反射,在马赫激波后面跟随着滑移层,意味着出现了反射结构变换的延迟。

4. 初始角度对转换现象的影响

为确认锥面是否会发生转换延迟现象,采用直径 50mm 的锥在 100mm × 180mm 无膜片激波管中进行了实验观察。图 2.68(a)~(d)是半顶角 θ_C = 34.6°锥面上的一个过渡马赫反射结构,由于高速图像的空间分辨率不够高,决定采用间隔 $120\mu s$ 的双曝光方法,将两张照片放在一张干涉图中直接比较。结果发现,两个反射结构从未展示出自相似性。在图 2.68(e)中,θ_C = 44.0°,在顶点附近形成激波的规则反射结构,在锥面末端附近转变为过渡马赫反射。图 2.68(f)中,θ_C = 49.0°在顶点附近形成规则反射结构,在锥面末端附近转变为双马赫反射结构。图 2.68(g)中,θ_C = 50.2°在整个锥面上的激波反射结构都是规则反射结构。

在锥面确实发生了反射结构的转换延迟。在顶点附近,边界层位移厚度的外边界横截面与锥横截面的比值是一个很大的数值,而在楔的前缘附近这个比值却不是很大,所以,与楔面的情况相比,激波反射偏离自相似特性的现象,在锥面上更显著。

图 2.69 汇总了半顶角 34.6°、38.6°、44.0°、49.0°、50.2°锥上的三波点轨迹,初始压力为 144hPa。纵坐标是三波点高度(mm);横坐标是从顶点算起的距离(mm)。方块、圆圈、三角、半圆及星号分别是半顶角 34.6°、38.6°、44.0°、49.0°、50.2°锥的数据,实线是精细网格求解 Navier – Stokes 方程组的数值模拟结果(Kosugi,2000),数值模拟结果与实验观测相符得很好。实线与 x 轴的交点给出的长度即发生反射结构转换的位置,转换延迟距离记为 x_{int},随着 θ_C 的增加,x_{int} 增大。当锥的半顶角 θ_C = 50.2°时,已经超出了临界转换角,所以总是出现规则反射结构。实心圆圈和空心圆圈分别代表沿锥的上下壁面产生的三波点轨迹。

图 2.70 是转换延迟距离与初始压力的关系,激波马赫数 Ma_S = 2.327,实验介质为空气。纵坐标是转换延迟距离 x_{int}(mm);横坐标是初始压力(kPa)。空心圆圈代表半顶角 θ_C = 49°的数据,实心圆圈代表楔角 θ_W = 49°楔的数据,转换延迟距离 x_{int} 随初始压力的升高而减小。在锥面上,初始压力对转换延迟距离 x_{int} 的影响更大。

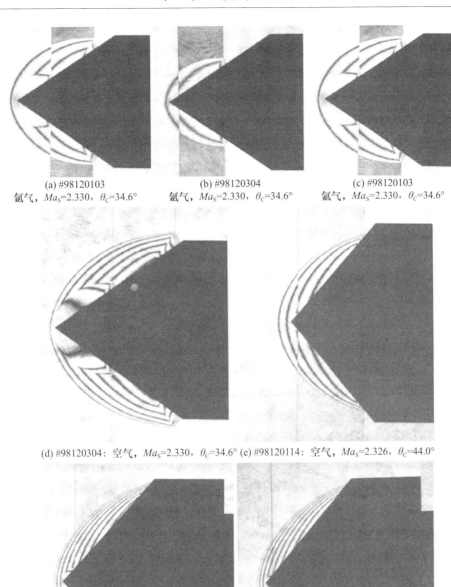

(a) #98120103
氩气，Ma_S=2.330，θ_C=34.6°

(b) #98120304
氩气，Ma_S=2.330，θ_C=34.6°

(c) #98120103
氩气，Ma_S=2.330，θ_C=34.6°

(d) #98120304：空气，Ma_S=2.330，θ_C=34.6° (e) #98120114：空气，Ma_S=2.326，θ_C=44.0°

(f) #98121102，空气：Ma_S=2.324，θ_C=49.0° (g) #98121006：空气，Ma_S=2.327，θ_C=50.2°

图 2.68　锥面上激波反射结构的转换延迟现象

(144hPa，293.9K)

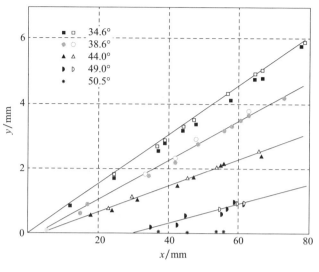

图 2.69 三波点位置
($Ma_S = 2.33, 144hPa$)

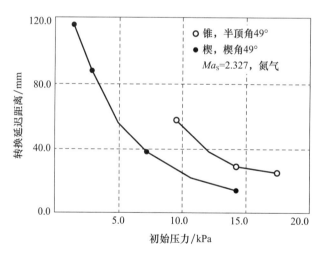

图 2.70 转换延迟距离 x_{int} 与初始压力的关系
($Ma_S = 2.327$, Kitade, 2001)

从事激波研究的人们常说,激波管实验不可靠,因为在同一个名义条件下,用实验获得的临界转换角因激波管几何尺寸而异,且变化很大。图 2.61 表明,即使在相同的 Ma_S 和 Re 条件下做实验,采用不同几何尺寸的激波管,尽管在大激波管中观察到一个马赫反射结构,但在小激波管中只能观察到规则反射结构。

2.1.8 斜锥

楔面上的激波反射是二维现象,而在锥面上的激波反射是轴对称现象。在扭曲楔面上的激波反射是三维现象,在扭曲锥面上的激波反射也是三维现象。定量重构三维激波反射现象是一个挑战性的工作,需要从不同视角收集很多的二维图形。

为定量观察三维激波干扰现象,采用了平面激波扫过斜锥的方法。图 2.71 是实验装置,锥的顶角为 70°、底径为 30mm,以直径 230mm 的激波管出口轴线为基准,将锥斜置 20°。激波管管口与锥顶点之间的间距为 19mm。激波马赫数 $Ma_s = 1.2$ 的激波从激波管管口边缘发生衍射,传输激波在撞击到斜锥时还是平面激波。在图 2.71 中,平面激波到达距离管口 13mm 处时,由于激波在激波管管口的衍射,传输激波的边缘部分变弱,其中心部分没有受到衍射的影响,因此当激波与斜锥相干扰时,激波马赫数没有发生变化。

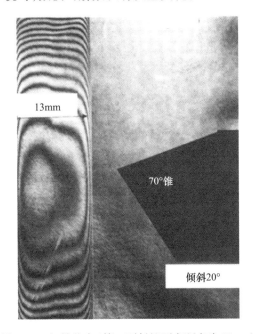

图 2.71 初始状态(管口到斜锥顶点距离为 19mm)

如果想重构激波与斜锥的三维干扰现象,应该如何重构出规则反射结构与马赫反射结构的起始状态和终止状态?请参考图 2.72。与前面的对称锥(图 2.68)实验不同,这一次的锥倾斜了 20°,相对于激波管轴线有旋转,所以锥面的倾斜角是从 10°连续变化到 45°的。

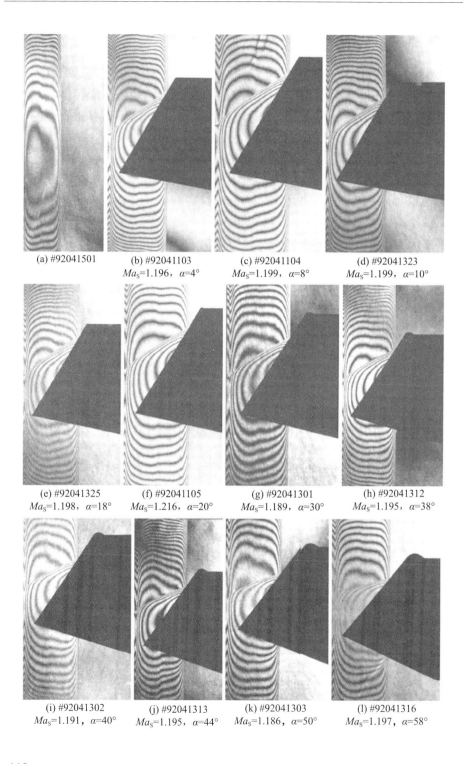

(a) #92041501

(b) #92041103
Ma_S=1.196, α=4°

(c) #92041104
Ma_S=1.199, α=8°

(d) #92041323
Ma_S=1.199, α=10°

(e) #92041325
Ma_S=1.198, α=18°

(f) #92041105
Ma_S=1.216, α=20°

(g) #92041301
Ma_S=1.189, α=30°

(h) #92041312
Ma_S=1.195, α=38°

(i) #92041302
Ma_S=1.191, α=40°

(j) #92041313
Ma_S=1.195, α=44°

(k) #92041303
Ma_S=1.186, α=50°

(l) #92041316
Ma_S=1.197, α=58°

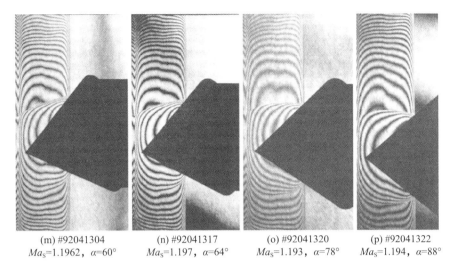

(m) #92041304
Ma_S=1.1962, $α$=60°

(n) #92041317
Ma_S=1.197, $α$=64°

(o) #92041320
Ma_S=1.193, $α$=78°

(p) #92041322
Ma_S=1.194, $α$=88°

(q) #92041307
Ma_S=1.153, $α$=100°

图 2.72　从直径 230mm 激波管释放出的激波在斜锥上的反射情况
(名义 Ma_S = 1.2,空气,1013hPa,291.8K)

2.2　双楔上的激波反射

2.2.1　凹形双楔

将一个楔角为 $θ_2$ 的楔以交错位形叠加到另一个楔角为 $θ_1$ 的楔面上时,若 $θ_1 < θ_2$,就构成一个凹形双楔组合;反之,若 $θ_1 > θ_2$,就构成一个凸形双楔组合。如果第一个楔的楔角 $θ_1$ 小于临界转换角,即 $θ_1 < θ_{crit}$,就会首先出现马赫反射,马赫激波从第二个楔的拐角处反射,马赫激波的轨迹角 $χ$ 趋向于远离第二楔面,$χ > θ_{2w}$,远离的情况取决于 $θ_2$。Courant 和 Friedrichs(1948)将这个反射结构定义为直接马赫反射,直接马赫反射结构在当地是自相似的。当 $\chi = \theta_{2W}$ 时,三波点平行于第二楔面移动,滑移线也平行于楔面,所以反射结构在当地是不随时间变化的,这种反射结构被定义为固定马赫反射,固定马赫反射总是出现在稳态流动中(如风洞中的流动),但在非稳态激波管流动中出现固定马赫反射结构是不寻常的。

在图 2.73 中的第二楔面上,马赫反射结构中的滑移线看起来像是平行于第二楔面的,在第二楔面的有限长度内,第二楔面末端也应该是平行于第二楔面的。图 2.73 并不能确定固定马赫反射会一直维持下去,如果第二楔面非常长,三波点可以远离楔面,也可能靠近楔面。

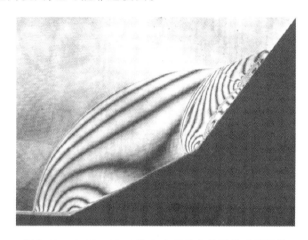

图 2.73　在 30°/55° 双楔上出现的直接马赫反射结构
(#87120719;$Ma_S = 1.927$,空气,500hPa,293.0K,第一楔面长 50mm)

当 $\chi < \theta_{2W}$ 时,三波点是朝向第二楔面运动的,Courant 和 Friedrichs(1948)把这种激波反射结构定义为反向马赫反射,属于真正的非稳态流动,一旦三波点触及第二楔面,马赫激波即终止。之后,三波点从楔面反射形成另一个三波点,反向马赫反射转变为超声速规则反射,但向超声速规则反射的转变不是一蹴而就的,在超声速规则反射结构的反射激波上有一个明显的第二三波点。这个转变过程有些类似于从过渡马赫反射到双马赫反射的转变过程,在过渡马赫反射到双马赫反射的转变过程中,第二三波点出现在前面的三波点之后。

图 2.74 是 $Ma_S = 1.5$ 的激波在 $\theta_1 = 15°$、$\theta_2 = 35°$ 双楔上演化的激波反射结构系列干涉照片,照片下面的时间数据代表第二次曝光距离触发时刻的间隔时间。图 2.74(b) 是图 (a) 的放大图,马赫激波在当地与第二楔面发生相互作用。在图 2.74(c)、(e)、(g) 中,两个滑移线逐渐靠近并发生干扰,最终形成一个直接马赫反射结构,参考图 2.74(h)。

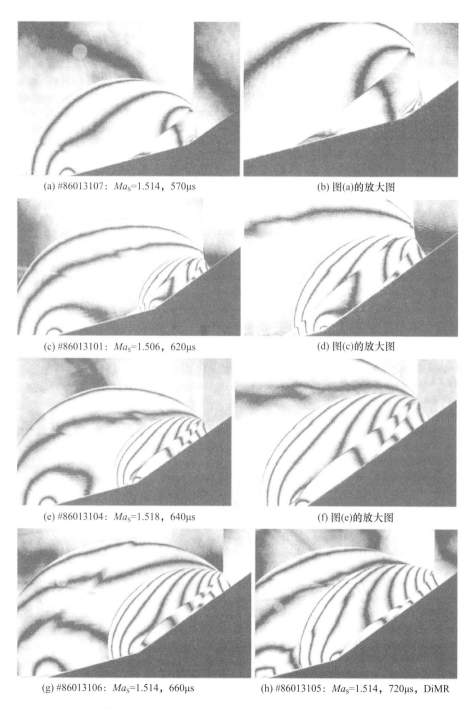

图 2.74 在 15°/35°双楔上出现的直接马赫反射结构

($Ma_S = 1.5$,空气,670hPa,290K)

激波在凹形双楔上的反射结构转换不仅受控于两个楔角的组合,还受第一楔面长度 L 的控制,马赫激波的高度近似地正比于第一楔面长度 L,所以反射结构在第二楔面上的演化就受到第一楔面长度 L 的影响,L 应该是一个长度标尺。

图 2.75 对比了几个双楔上最后形成的激波反射结构,入射激波马赫数 Ma_S = 1.6~1.9,楔角组合为 30°/55°、27°/52°,第一楔面长度分别为 L = 7、12、25、52mm。图 2.75(a)、(b) 是第一楔面长度为 L = 7mm 双楔上的最终反射结构,形成的是超声速规则反射结构;图 2.75(c)、(d) 是名义马赫数 Ma_S = 1.9 的激波分别在第一楔面长度为 L = 12mm 和 25mm 双楔上的最终反射结构,形成的是超声速规则反射结构;图 2.75(f) 是马赫数 Ma_S = 1.639 的激波在第一楔面长度为 L = 52mm 双楔上的最终反射结构,形成的是反向马赫反射结构;图 2.75(g) 是马赫数 Ma_S = 1.621 的激波在第一楔面长度为 L = 52mm 双楔上的最终反射结构,形成的是固定马赫反射结构。这些结果表明,最终反射结构受到第一楔面长度的影响。在图 2.75(e) 和 (g) 中,最初的滑移线似乎是平行于楔面的,但很快就转变为一排随时间发展的二维涡。

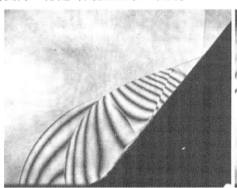

(a) #87120715: Ma_S=1.521, SPRR 30°/55°, L= 7mm; 800hPa, 293.0K

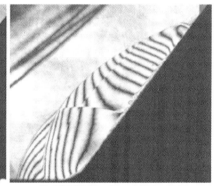

(b) #87120709: Ma_S=1.896, SPRR 30°/55°, L= 7mm; 500hPa, 293.0K

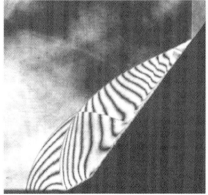

(c) #87120708: Ma_S=1.896, SPRR 30°/55°, L= 12 mm; 500 hPa, 293.0 K

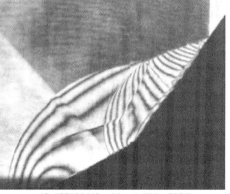

(d) #87120412: Ma_S=1.676, SPRR 30°/55°, L=25mm; 620 hPa, 293.0K

(e) 图(d)的放大图

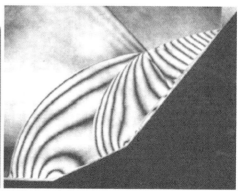
(f) #87120803：Ma_S=1.639，InMR
27°/52°，L=52mm；680hPa，294.1K

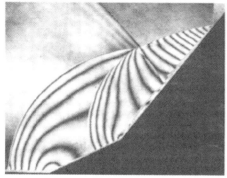
(g) #87120801：Ma_S=1.621，StMR
27°/52°，L=52mm；680hPa，294.1K

(h) 图(g)的放大图，StMR

图 2.75 第一楔面长度对激波反射结构的影响
(Ma_S = 1.6 ~ 1.9)

Komuro(1990)用求解欧拉方程组的数值方法模拟了反射激波结构在双楔27°/55°上的演化情况,图 2.76 是数值模拟结果的数据汇总,图中给出了第二楔面上马赫激波的演化情况。图中纵坐标是用双楔拐角处马赫激波的高度做无量纲化的马赫激波高度,横坐标是用第一楔面长度无量纲化的沿第二楔面的距离。对于 Ma_S = 2.2,马赫激波的高度随其传播而增长,意味着反射结构是直接马赫反射结构;对于 Ma_S = 2.1,马赫激波的高度一开始是减小的,出现短暂的固定马赫反射结构,之后其高度又趋向于增加,意味着形成直接马赫反射结构;对于 Ma_S = 2.0,马赫激波的高度保持不变,一直维持固定马赫反射结构;对于 Ma_S = 1.9 和 1.8,马赫激波的高度是单调下降的,意味着在一段距离上保持反向马赫反射结构,之后转变为超声速规则反射结构。已知在第二楔面上的激波反射结构转换强烈地受到第一楔面长度和楔面边界层的影响,所以欧拉解也许不能正确复现双楔的激波反射结构转换过程。但固定马赫反射可能只存在于特殊的参数组合条件下,在激波管流动中大概不会持续存在,因为固定马赫反射的概念与激波管流动的不稳定性不相容。

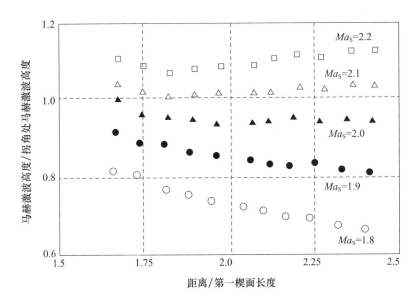

图 2.76　激波马赫数对反射结构的影响(Komuro,1990)

图 2.77 是 $\theta_W = 30°/55°$ 双楔上的反向马赫反射结构的演化情况,激波的名义马赫数范围 $Ma_S = 1.6 \sim 1.8$,实验介质是 $600 \sim 650 \mathrm{hPa}$、$293\mathrm{K}$ 的空气,第一楔面长度 $L = 25\mathrm{mm}$。当第二楔角 θ_2 大于临界转换角 θ_{crit} 时,在第二楔面上形成反向马赫反射,需要很长距离才能转变为超声速规则反射结构。图 2.77 展示了这些演化的系列照片,并与图 2.76 中深蓝色的数值模拟结果进行了对比。

(a) #87120404: $Ma_S=1.631$　　　　(b) #87120409: $Ma_S=1.669$

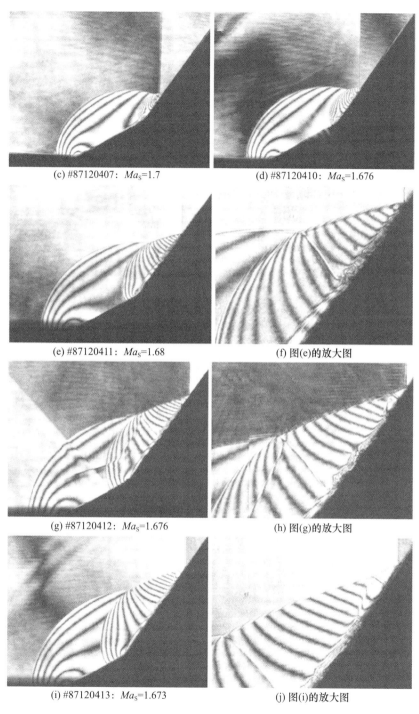

图 2.77 在 30°/55° 双楔上的反向马赫反射结构的演化
($Ma_S = 1.60 \sim 1.80$,空气,620hPa,293K,第一楔面长度 $L = 25$mm)

固定马赫反射结构的特点是其滑移线总是平行于第二楔面,意味着其三波点轨迹角 χ 应该为零($\chi=0$),在激波极曲线的(p,θ)图中,解只存在于 $\theta=0°$ 轴上。换言之,固定马赫反射的解由 R-极曲线与 I-极曲线的交点给出,所以,这个解只有在稳态流动中是有效的。图 2.76 的求解结果提示,固定马赫反射结构只存在于特定的马赫数和楔角组合。为了用实验验证对固定马赫反射结构存在条件的预测,采用图 2.78 所示的实验系统,将双楔安装在一个可移动的平台上,第一楔面的楔角为 $\theta_1=15°$,第二楔面的楔角为 $\theta_2=25°$,两个楔面用过渡圆弧光滑连接,过渡圆弧半径为 45.1mm。

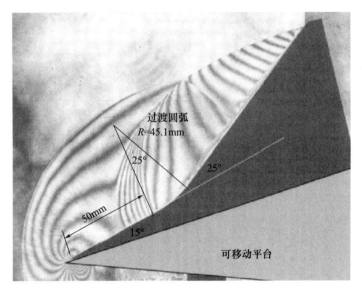

图 2.78　安装在可移动平台上的凹形双楔
(#88022308;15°/25°,$Ma_S=1.764$)

通过安装在可移动平台上的 15°/25°双楔实验,获得图 2.79 的激波反射结构演化。在 $\theta_2=48°$ 时得到固定马赫反射结构,如图 2.79(c)所示;而在 $\theta_2=53°$ 时得到反向马赫反射结构,如图 2.79(d)所示。在实验模型的弧形过渡区产生一束小激波,它们在弧形区到 θ_2 直楔区域连续反射,但入射激波的反射结构并没有受到弧形区的严重影响。

图 2.80 是马赫数 $Ma_S=2.35$ 的激波在空气介质中扫过可移动平台上双楔时的激波反射结构演化情况。在图 2.80(f)中,$\theta_2=55°$,反射结构是固定马赫反射,滑移线看上去是平行于第二楔面的,同时,滑移线的发展变得不稳定,沿着滑移线出现涡系。

(a) #88022402: 50μs, Ma_S=1.762, θ_2=37°

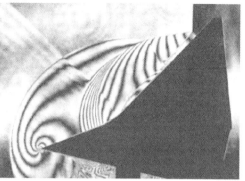

(b) #88022406: 75μs, Ma_S=1.749, θ_2=48°

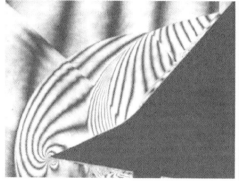

(c) #88022407: 25μs, Ma_S=1.751, θ_2=48°

(d) #88022408: 70μs, Ma_S=1.764, θ_2=53°

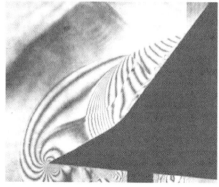

(e) #88022409: 50μs, Ma_S=1.773, θ_2=55°

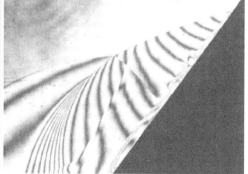

(f) 图(e)的放大图

图 2.79 可移动平台上双楔 15°/25° 上的激波反射结构演化

(名义 Ma_S = 1.76,空气,500hPa,288.8K,第一楔面长度 L = 25mm)

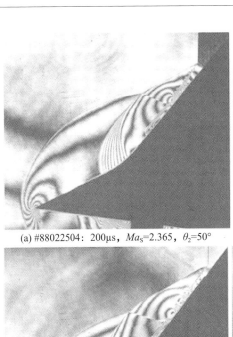
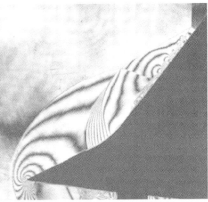

(a) #88022504: 200μs, Ma_S=2.365, θ_2=50°　　(b) #88022507: 200μs, Ma_S=2.357, θ_2=50°

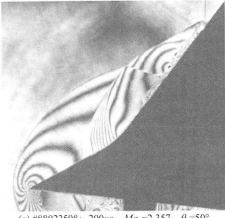

(c) #88022508: 200μs, Ma_S=2.357, θ_2=50°　　(d) #88022511: 185μs, Ma_S=2.349, θ_2=55°

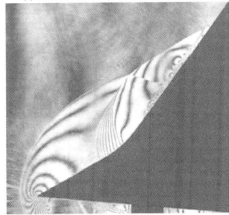

(e) #88022509: 200μs, Ma_S=2.357, θ_2=55°　　(f) #88022510: 185μs, Ma_S=2.412, θ_2=55°

图 2.80　可移动 15°/25° 双楔上的激波反射结构演化

(名义 Ma_S = 2.35, 空气, 200hPa, 288.8K, 第一楔面长度 L = 25mm)

为收集固定马赫反射结构的图像,在马赫数 $Ma_S = 2.50$ 条件下,用可移动斜楔做了改变楔角的实验,楔角范围使激波反射结构完成从直接马赫反射的后期到反向马赫反射初期的演化。图 2.81(a) 给出的是 $\theta_1 = 43.5°$、$\theta_2 - \theta_1 = 10°$、$Ma_S = 2.521$ 条件下的实验结果,最终的反射结构是直接马赫反射。在图 2.81(b) 中,$Ma_S = 2.462$、$\theta_1 = 42°$、$\theta_2 - \theta_1 = 15°$,马赫激波缩短但平行于楔面,反射结构是固定马赫反射。在图 2.81(c) 中,$Ma_S = 2.496$、$\theta_1 = 42.5°$、$\theta_2 - \theta_1 = 10°$,马赫激波非常短,但看上去还是平行于楔面的,图 2.81(d) 是图(c)的放大图。如此,图 2.81(e)、(g) 都是固定马赫反射结构,图 2.81(f)、(h) 分别是它们的放大图。继续略微增大楔角,反射结构就转变为反向马赫反射。

(a) #84041906:40μs,Ma_S=2.521
θ_1=43.5°,$\theta_2-\theta_1$=10°,DiMR

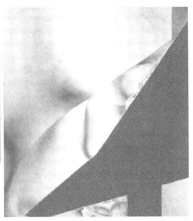

(b) #84041909:40μs,Ma_S=2.462
θ_1=42°,$\theta_2-\theta_1$=15°,StMR

(c) #84041904:40μs,Ma_S=2.496
θ_1=42.5°,$\theta_2-\theta_1$=10°,StMR

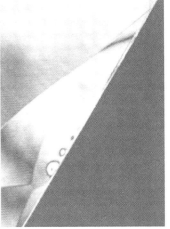

(d) 图(c)的放大图

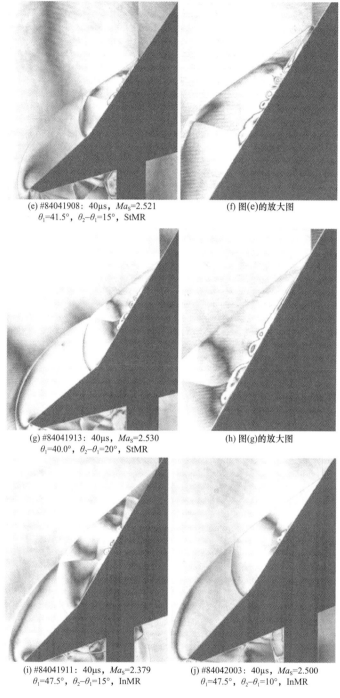

(e) #84041908: 40μs, Ma_S=2.521
θ_1=41.5°, $\theta_2-\theta_1$=15°, StMR

(f) 图(e)的放大图

(g) #84041913: 40μs, Ma_S=2.530
θ_1=40.0°, $\theta_2-\theta_1$=20°, StMR

(h) 图(g)的放大图

(i) #84041911: 40μs, Ma_S=2.379
θ_1=47.5°, $\theta_2-\theta_1$=15°, InMR

(j) #84042003: 40μs, Ma_S=2.500
θ_1=47.5°, $\theta_2-\theta_1$=10°, InMR

图 2.81　在临界转换角附近产生的反向马赫反射结构
（名义 Ma_S =2.50,空气,45hPa,284K）

最平凡的激波反射结构演化发生在双楔的 $\theta_1 > \theta_{crit}$ 时。图 2.82 是马赫数 $Ma_S = 2.0$ 的激波扫过 55°/75°凹形双楔上的反射结构演化情况,反射结构是超声速规则反射,在反射结构中没有三波点,激波反射结构及其干扰结构简单明了。

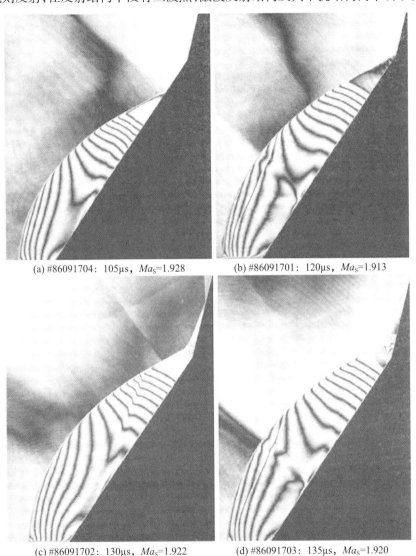

(a) #86091704: 105μs, Ma_S=1.928　　(b) #86091701: 120μs, Ma_S=1.913

(c) #86091702: 130μs, Ma_S=1.922　　(d) #86091703: 135μs, Ma_S=1.920

图 2.82　反向马赫反射结构的演化
(名义 $Ma_S = 2.0$,55°/75°凹形双楔,空气,500hPa,298K)

图 2.83 是马赫数 $Ma_S = 1.47$ 的激波扫过 55°/90°凹形双楔上的反射结构演化情况,在第一楔面上就形成了超声速规则反射结构,同时入射激波从垂直壁面反射,最终,传输激波和反射激波相交,导致产生一个简单明了的反射结构。

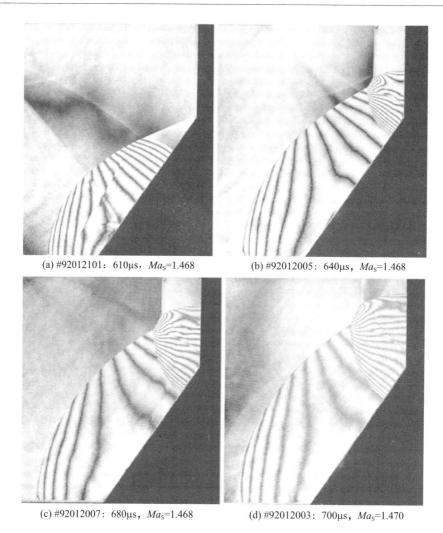

(a) #92012101: 610μs, Ma_S=1.468　　(b) #92012005: 640μs, Ma_S=1.468

(c) #92012007: 680μs, Ma_S=1.468　　(d) #92012003: 700μs, Ma_S=1.470

图 2.83　凹形双楔(55°/90°)上的激波反射结构演化
(名义 Ma_S = 1.47,空气,700hPa,289.5K,60mm×150mm 激波管实验)

2.2.2　凸形双楔

当第一楔面角大于第二楔面角时($\theta_1 > \theta_2$),称为凸形双楔,在凸形双楔上可以产生三种激波反射结构。第一种情况是,在第一楔面上产生直接马赫反射结构,其马赫杆记为 MS_1,在凸形拐角处激波开始发生衍射,同时第一楔面产生的直接马赫反射结构在第二楔面独立传播。第二种情况是,在第一楔面上产生规则反射结构,并与第二楔面相互作用,进而在第二楔面上产生马赫反射结构。第三种情况是最简单的情况,在第一楔面上产生规则反射结构,在第二楔面上也一直保持规则反射结构。

图 2.84 是一个 60°/30°凸形双楔,$Ma_S=1.498$ 的激波与两个楔相互作用,最终形成马赫反射结构。一串膨胀波向上游反向传播,到拍摄时为止,拐角处产生的马赫反射结构一直在与第一楔面上形成的规则反射结构中的反射激波相干扰,而且,在凸形壁面的拐角处产生了一个涡。

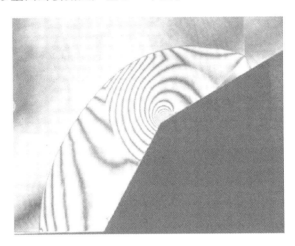

图 2.84 在 60°/30°凸形双楔上形成的马赫反射结构
(#86012709;630μs,$Ma_S=1.498$,空气,670hPa,288K)

图 2.85 是名义马赫数 $Ma_S=1.48$ 的激波扫过一个 35°/15°凸形双楔时的反射结构演化情况,实验介质是 660hPa、300K 的空气。其中,第一楔角 $\theta_1<\theta_{crit}$,在图 2.85(a)中出现马赫反射结构,该马赫反射结构与第二楔面相互作用而转变为第二个马赫反射结构。在图 2.85(b)中,第一个马赫反射结构的滑移线与拐角涡相干扰,其尾迹消失。在图 2.85(c)、(d)中,第二楔面上产生的滑移线终止于拐角涡处。

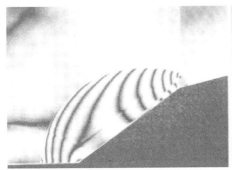 

(a) #86012803:570μs,$Ma_S=1.483$ (b) #86012804:600μs,$Ma_S=1.483$

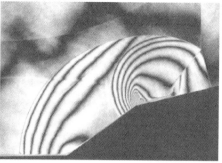

(c) #86012805：630μs，Ma_S=1.485　　(d) #86012806：640μs，Ma_S=1.489

图 2.85　在 35°/15°凸形双楔上形成的激波反射结构

（名义 Ma_S = 1.48,空气,660hPa,300K）

图 2.86 是名义马赫数 Ma_S = 1.50 的激波扫过一个 60°/30°凸形双楔时产生的激波反射结构演化情况。

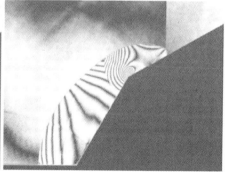

(a) #86012706：570μs，Ma_S=1.496　　(b) #86012707：590μs，Ma_S=1.500

(c) #86012709：630μs，Ma_S=1.498　　(d) #86012710：650μs，Ma_S=1.490

图 2.86　在 60°/30°凸形双楔上形成的激波反射结构

（名义 Ma_S = 1.50,空气,670hPa,288K）

2.3 曲壁面上的激波反射演化

当一道平面激波持续地在弯曲的凸形或凹形壁面上传播时,反射激波结构转换的主要特点与凸形或凹形双楔上的情况类似。从规则反射结构向马赫反射结构的转换发生在凸形双楔上,从马赫反射结构向规则反射结构的转换发生在凹形双楔上(Ben-Dor 等,1980)。而在弯曲壁面上,根据壁面的曲率半径变化,临界转换角的变化很大(Takayama 和 Sasaki,1983),本节汇总了以前用流动显示获得的曲率半径与反射激波转换条件之间的关系。

2.3.1 凹形曲壁面

与凹形双楔不同,在凹形曲壁面上壁面角是持续变化的(0°~90°)。图 2.87 是激波反射结构的系列照片,当入射激波沿弯曲壁面的小角度部分传播时,拐角信号沿扫掠入射角轨迹传播,如图 2.87(a)中所看到的那样。然后,入射激波与弯曲的马赫激波相干扰,马赫激波根部垂直于弯曲壁面,马赫激波后面的密度增大。在反射的早期阶段,尽管三波点已经形成,但不清晰,也找不到滑移线,这种反射结构是冯·诺依曼反射。在图 2.87(c)、(d)中,轨迹角 $\chi > 0$,激波反射类型是直接马赫反射。随着壁面角的进一步增大,三波点朝着壁面靠近,即 $\chi < 0$,反射类型转变为反向马赫反射,如图 2.87(e)、(f)所示。图 2.87(g)~(j)展示了反向马赫反射结构的终结和向超声速规则反射结构的转变,这时,临界转换角 θ_{crit} 定义为反向马赫反射结构转变为超声速规则反射时的壁面角,后面会讨论到,临界转换角 θ_{crit} 大于冯·诺依曼准则预测的角度。在图 2.87(d)、(e)中,滑移线几乎平行于壁面(或者说,与壁面同轴),在凹形双楔上,这种反射结构属于固定马赫反射,而在这个凹形曲壁面上,固定马赫反射只短暂出现,而后立刻转变为反向马赫反射。在凹形曲壁面上,根据圆形凹壁面直径的差异,临界转换角 θ_{crit} 是变化的。

图 2.88 是在直径 100mm 的圆形壁面上的激波反射结构演化情况,激波马赫数 $Ma_s = 1.42$,实验介质为空气,实验采用了 40mm×80mm 无膜片激波管,该激波管具有比较好的重复性。图 2.88(a)~(h)显示,在激波反射的早期阶段,条纹逐渐增加,逐渐形成清晰的三波点,沿着凹形曲壁面,随着壁面角的增大,条纹数量增多。在图 2.88(i)~(l)中,可以清晰地看到三波点的形成过程,激波反射结构是直接马赫反射。随着壁面角的进一步增大,弯曲的滑移线逐渐平行于圆形壁面,这种与圆形壁面同轴的滑移线只保持很短时间。在楔上这种反射结构是固定马赫反射,而沿着凹形曲壁面,类似于固定马赫反射的结构只短暂出

现,如图 2.88(k)~(l)所示,当三波点触及弯曲壁面时,马赫激波即终止,但因第二三波点的出现,跨滑移线的熵增是保持的。所以,当发生反向马赫反射结构向超声速规则反射结构的转变时,反向马赫反射结构中的三波点变为超声速规则反射结构中后面的第二三波点,次激波的结构很像在双马赫反射结构中出现的激波结构。

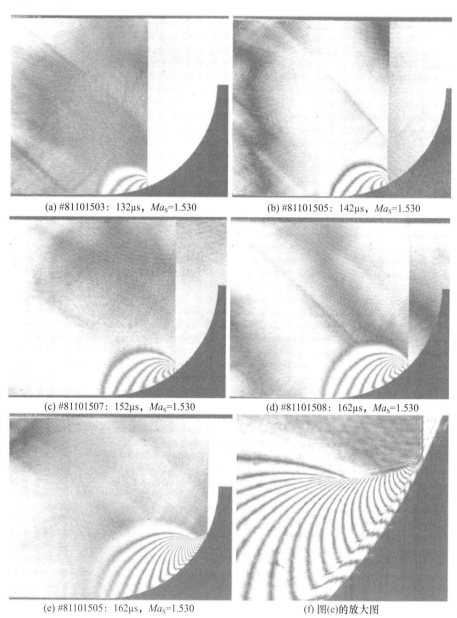

(a) #81101503: 132μs, Ma_S=1.530
(b) #81101505: 142μs, Ma_S=1.530
(c) #81101507: 152μs, Ma_S=1.530
(d) #81101508: 162μs, Ma_S=1.530
(e) #81101505: 162μs, Ma_S=1.530
(f) 图(e)的放大图

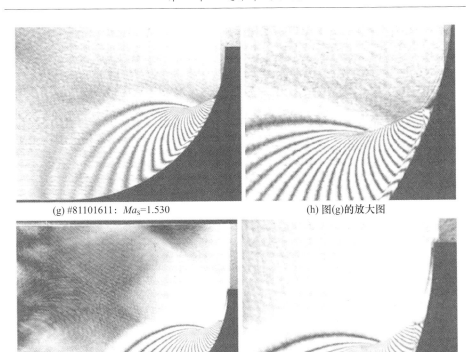

(g) #81101611：Ma_S=1.530
(h) 图(g)的放大图
(i) #81101606：177μs，Ma_S=1.575
(j) 图(i)的放大图

图 2.87　直径 100mm 的圆形壁面上的激波反射结构演化
（名义 Ma_S = 1.53，空气，800hPa，292K，40mm × 80mm 传统激波管）

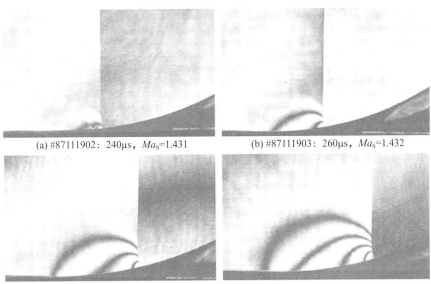

(a) #87111902：240μs，Ma_S=1.431
(b) #87111903：260μs，Ma_S=1.432
(c) #87111904：280μs，Ma_S=1.422
(d) #87111905：300μs，Ma_S=1.422

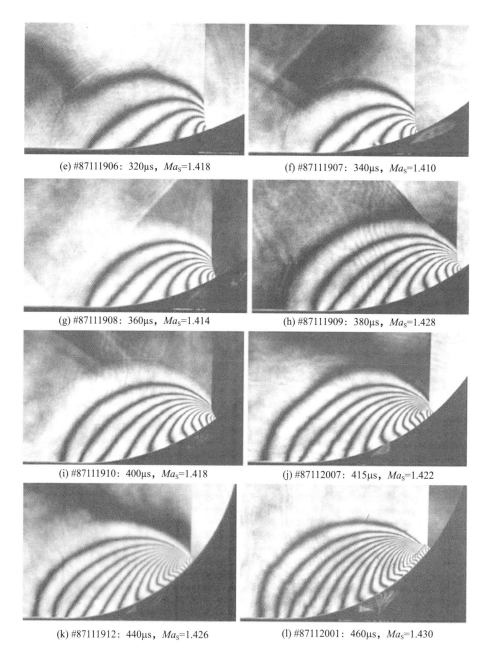

(e) #87111906: 320μs, Ma_S=1.418
(f) #87111907: 340μs, Ma_S=1.410
(g) #87111908: 360μs, Ma_S=1.414
(h) #87111909: 380μs, Ma_S=1.428
(i) #87111910: 400μs, Ma_S=1.418
(j) #87112007: 415μs, Ma_S=1.422
(k) #87111912: 440μs, Ma_S=1.426
(l) #87112001: 460μs, Ma_S=1.430

图 2.88 直径 100mm 的圆形壁面上的激波反射结构演化
(名义 Ma_S = 1.42,空气,800hPa,294.3K)

图 2.89 展示了反向马赫反射的产生和向超声速规则反射结构的转变过程，实验设备是 40mm×80mm 传统激波管，其中各图像对应的激波马赫数略有差别，但通过这些图像可以很好地观察到激波反射结构的演化情况。在图 2.89(a)、(b)中，壁面附近的条纹数量逐渐增加；在图 2.89(c)~(f)中，观察到三波点的形成以及从固定马赫反射结构向反向马赫反射结构的转变；图 2.89(g)~(i) 展示了反向马赫反射结构的终结过程，一旦反向马赫反射结构的三波点触及壁面，马赫激波即终止，即发生向超声速规则反射结构的转变，这个临界转换角 θ_{crit} 大于直楔冯·诺依曼准则预测的值。

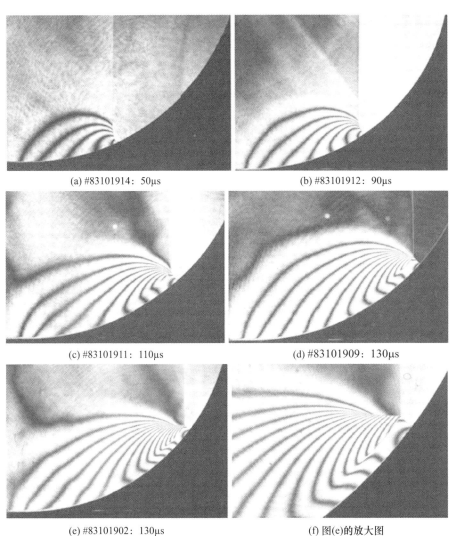

(a) #83101914：50μs

(b) #83101912：90μs

(c) #83101911：110μs

(d) #83101909：130μs

(e) #83101902：130μs

(f) 图(e)的放大图

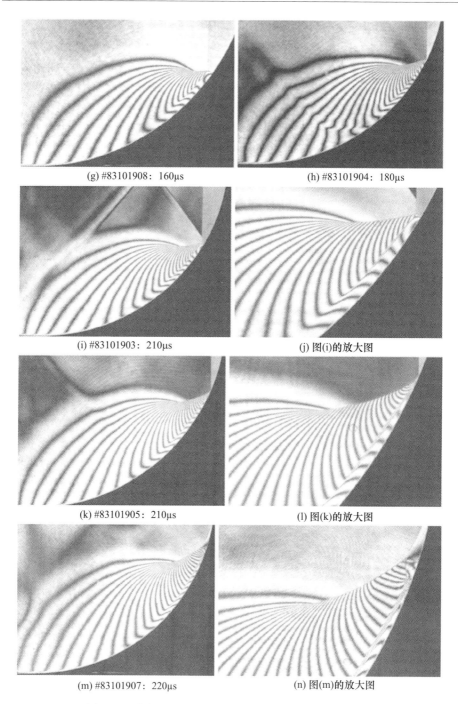

(g) #83101908: 160μs
(h) #83101904: 180μs
(i) #83101903: 210μs
(j) 图(i)的放大图
(k) #83101905: 210μs
(l) 图(k)的放大图
(m) #83101907: 220μs
(n) 图(m)的放大图

图 2.89　直径 100mm 的圆形壁面上的激波反射结构演化
(Ma_S = 1.60,空气,400hPa,291K)

在沿着圆柱形凹壁面传播的过程中,在给定激波马赫数的条件下,激波反射结构在临界转换角 θ_{crit} 发生马赫反射向规则反射的转变。而临界转换角的数值,不仅随激波马赫数变化,也随雷诺数变化,简单讲就是初始压力和凹壁面直径的影响。

已经观察到,当楔角小于临界转换角 θ_{crit} 时,在前缘出现规则反射结构,向马赫反射结构的转换发生延迟,随着初始压力的改变,转换延迟的距离发生很大变化。所以推测,初始压力不仅会影响凹形曲壁面上的激波反射结构转换过程,也会影响凸形曲壁面上的激波反射结构演化过程。在激波马赫数 $Ma_S = 2.33$ 条件下,用直径 100mm 的圆形凹壁面获得了反向马赫反射结构向规则反射结构转变的临界转换角。

图 2.90 是实验数据的汇总,纵坐标是马赫激波高度(mm),横坐标是凹形曲壁面的壁面角(单位为"°"),实心与空心圆圈分别代表初始压力 14.1kPa 和 1.41kPa 的数据。马赫激波消失时的角度定义为临界转换角 θ_{crit},在图中的横坐标上用箭头指示。其中脱体准则预测 $\theta_{crit} = 51.5°$,力学平衡准则预测 $\theta_{crit} = 63.5°$,而实验获得的初始压力 14.1kPa 时的临界转换角为 $\theta_{crit} = 71°$,实验获得的初始压力 1.41kPa 时的临界转换角为 $\theta_{crit} = 73°$,也就是说临界转换角 θ_{crit} 与初始压力有关,即与雷诺数有关。在以前的实验中,人们重点关注了激波马赫数,几乎没有注意到初始压力或雷诺数的影响。

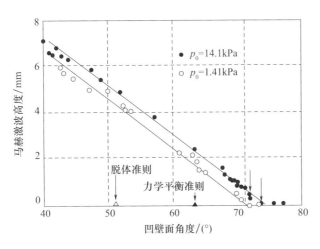

图 2.90 初始压力对 InMR ⇆ RR 临界转换角 θ_{crit} 的影响(Kitade,2001)

($Ma_S = 2.33$,空气,凹形壁面直径 100mm,100mm×180mm 激波管)

2.3.2 凸形曲壁面

激波在凸形双楔上反射时,若 $\theta_W > \theta_{crit}$,初始的反射结构是规则反射结构。

随着壁面角 θ_W 的减小,规则反射结构向马赫反射结构转变,可以理解为 2.3.1 节讨论的凹形曲壁面激波反射结构演化的反过程(Takayama 和 Sasaki,1983)。

Bryson 与 Gross 采用纹影和阴影的方法,显示了激波在柱体、球体上的反射与衍射过程。Takayama 和 Sasaki(1983)在 40mm×80mm 激波管中显示了柱体上的激波反射过程,圆柱体直径为 80mm,激波马赫数为 $Ma_S = 1.035$,实验介质是空气,在该实验中,激波是弱激波,物光束 OB 的光程长度只有 40mm,为提高干涉法的灵敏度,将初始压力增加到 1610hPa。

图 2.91 是获得的干涉图像。在柱体的前方,出现规则反射结构,参考图 2.91(a),图 2.91(b)是(a)的放大图;随着激波的传播,规则反射结构转换为单马赫反射结构,参考图 2.91(c),图 2.91(d)是(c)的放大图。

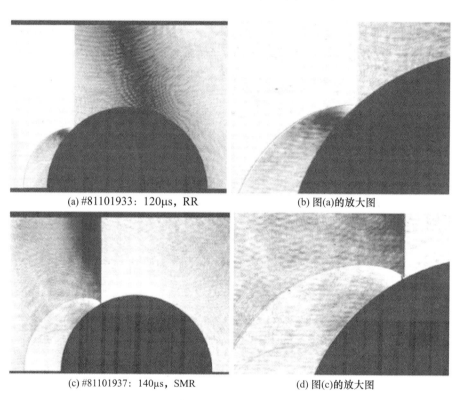

(a) #81101933: 120μs, RR (b) 图(a)的放大图

(c) #81101937: 140μs, SMR (d) 图(c)的放大图

图 2.91 直径 80mm 圆柱上的激波反射
($Ma_S = 1.035$,空气,1610hPa,293.8K)

图 2.92 是较强激波($Ma_S = 2.5$)的反射情况,刚开始获得的反射结构是超声速规则反射,在刚刚发生转换之后,规则反射结构上出现一个拐点,激波反射结构转变为过渡马赫反射,参考图 2.92(c)。

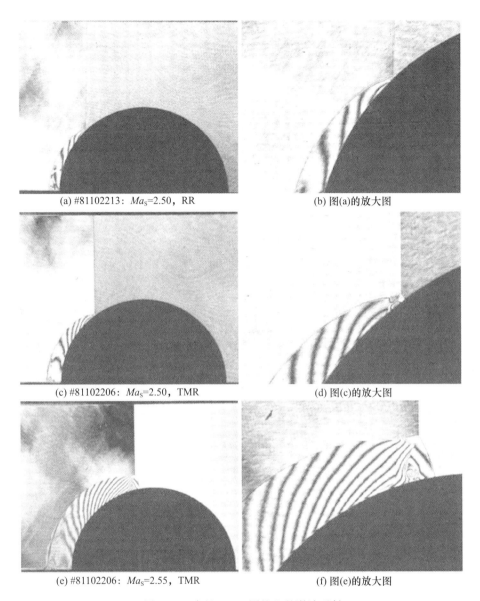

(a) #81102213：Ma_S=2.50，RR
(b) 图(a)的放大图
(c) #81102206：Ma_S=2.50，TMR
(d) 图(c)的放大图
(e) #81102206：Ma_S=2.55，TMR
(f) 图(e)的放大图

图 2.92 直径 80mm 圆柱上的激波反射
（名义 Ma_S = 2.50,空气,300hPa,291.7K）

图 2.93 是 Ma_S = 3.15 的激波在凸形曲壁面上反射演化的直接阴影照片，实验设备是 40mm×80mm 传统激波管，凸形曲壁面的直径为 300mm，凸形曲壁面模型安装在可移动的平台上，其初始倾斜角 θ_W = 50°。图 2.93(a)显示，在前缘产生规则反射结构；图 2.93(b)~(d)表明，当地产生双马赫反射结构。

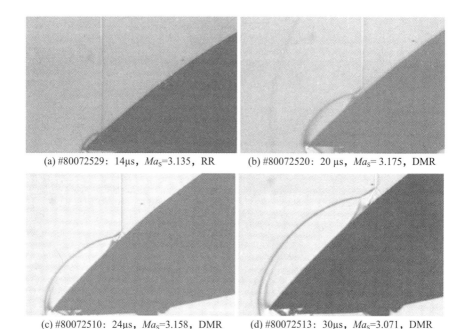

(a) #80072529: 14μs, Ma_S=3.135, RR (b) #80072520: 20μs, Ma_S=3.175, DMR

(c) #80072510: 24μs, Ma_S=3.158, DMR (d) #80072513: 30μs, Ma_S=3.071, DMR

图 2.93 安装在可移动平台上的直径 300mm 凸形曲壁面上的激波反射结构的演化
(Ma_S = 3.15,空气,40hPa,295.1K,θ_W = 50°,阴影)

图 2.94 是 Ma_S = 2.33 的激波在直径 100mm 圆柱上的反射情况,实验介质是 144hPa、290.2K 的空气,实验设备是 100mm × 180mm 无膜片激波管,采用双曝光干涉法进行流动显示,双脉冲间隔为 200μs。最初产生的激波反射结构是规则反射,随着激波的传播,激波反射结构转变为过渡马赫反射;激波进一步传播,激波反射结构转变为单马赫反射。

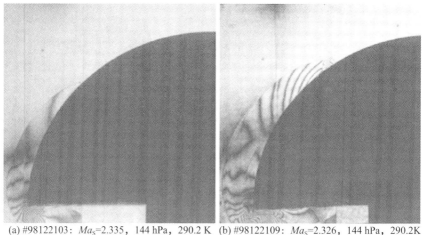

(a) #98122103: Ma_S=2.335, 144 hPa, 290.2 K (b) #98122109: Ma_S=2.326, 144 hPa, 290.2K

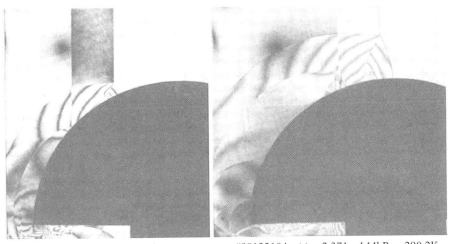

(c) #98122104: Ma_S=2.371, 144hPa, 290.2K   (d) #98122104: Ma_S=2.371, 144hPa, 290.2K

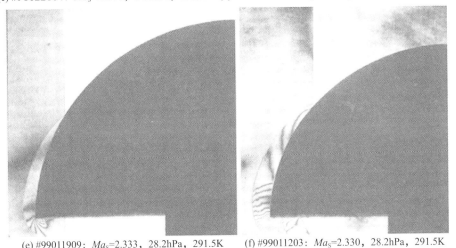

(e) #99011909: Ma_S=2.333, 28.2hPa, 291.5K   (f) #99011203: Ma_S=2.330, 28.2hPa, 291.5K

图 2.94 直径 100mm 圆柱上的激波反射结构的演化

(名义 Ma_S = 2.33,空气,100mm × 180mm 激波管)

从每一张照片中提取三波点位置,绘制成曲线,见图 2.95,纵坐标是马赫激波高度,横坐标是壁面角。实心与空心圆圈分别代表初始压力分别为 14.1hPa、1.41hPa 的数据;空心三角代表脱体准则预测的临界转换角 θ_{crit} = 51°,而实验获得的初始压力 14.1hPa、1.41hPa 条件下的临界转换角分别为 θ_{crit} = 43°和 θ_{crit} = 38°。

从这些数据发现,初始压力严重影响着临界转换角 θ_{crit},初始压力越高(即雷诺数越高),临界转换角 θ_{crit} 越接近脱体准则预测的值;初始压力越低,临界转换角 θ_{crit} 越偏离脱体准则预测的值。

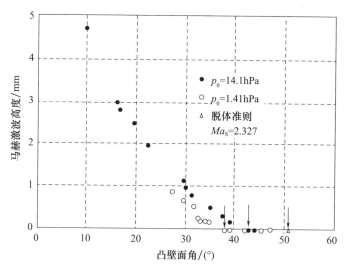

图 2.95 初始压力对临界转换角 θ_{crit} 的影响(Kitade,2001)
(Ma_S = 2.327,空气,直径 100mm 凸壁面,100mm×180mm 激波管)

图 2.96 是本系列实验数据的总结,是采用 Iam-Con 高速相机(John Hadland Photonics Model 675)的条纹模式,通过一个缝隙记录的流场图像。

图 2.96(a)是一幅条纹照片及激波在凸形曲壁面上运动的解释图。实验介质是环境大气压的空气,激波马赫数 Ma_S = 1.3,激波在直径 100mm 的凸形曲壁面(圆柱)上反射,在圆柱边缘安装一个宽度 0.5mm 的缝隙,用直接阴影方法显示通过缝隙观察到的激波图像,用 Ima-Con 高速相机的条纹模式记录图像。为获得更好分辨率的条纹图像,缝隙图像被旋转 49.5°(相对于激波传播方向)。图像旋转装置是自行设计和制造的。图 2.96(a)的图像就是旋转后的条纹图像,在圆柱的前面形成规则反射结构,图中显示了入射激波 I、反射激波 R 的轨迹。在转换点 T 之后,出现马赫杆 MS 和滑移线 SL 的轨迹。按照这些轨迹的梯度变化做内插值处理,可以评估出临界转换角 θ_{crit}。

图 2.96(b)是激波在凹形曲壁面上运动的解释图。激波马赫数 Ma_S = 1.4,激波在直径 100mm 的凹形曲壁面(圆柱)上的反射。在直径 100mm 的凹形圆柱边缘安装一个宽度 0.4mm 的缝隙,为获得高分辨率,将条纹图像旋转 52.6°。沿角度较小的凹形曲壁面部分形成含有马赫激波的马赫反射结构,通过缝隙观察的图像是一个马赫杆。在转换点之后,出现超声速规则反射结构,观察到入射激波 I 和反射激波 R 的轨迹;再向后,出现第二个马赫激波和滑移线的轨迹。将这些轨迹做内插处理,它们的交点就是转换点 T,转换点对应着临界转换角 θ_{crit}。

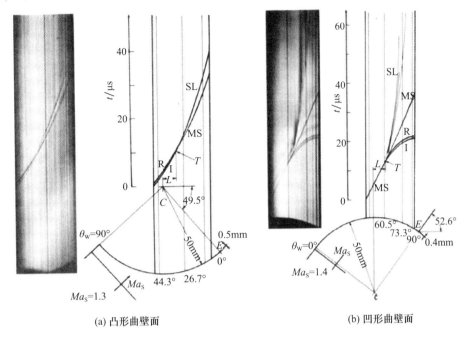

(a) 凸形曲壁面　　　　　　　　　　(b) 凹形曲壁面

图 2.96　凸形与凹形曲壁面的条纹照片

Takayama 和 Sasaki(1983)针对不同半径的凸形曲壁面和凹形曲壁面,重复了条纹记录实验,收集了 $\theta_{\rm crit}$ 的数据。图 2.97 是最近更新的结果(Takayama 等,2016)。

图 2.97 中汇总了凸形曲壁面、凹形曲壁面激波反射结构临界转换角 $\theta_{\rm crit}$ 与激波强度倒数 ξ 的数据,数据来源于上述条纹图像方法。粉色、黄色、浅蓝色、灰色实心圆圈,红色空心圆圈及橙色实心圆圈是凸形曲壁面的数据,凸形曲壁面模型的半径与初始角度分别为 20mm/90°、40mm/90°、50mm/53.1°、56.5mm/45°、160mm/(6°~70°)、300mm/50°;深蓝色、蓝色、红色实心圆圈,黑色空心圆圈,绿色实心圆圈表示凹形曲壁面数据,凹形曲壁面的半径与初始角度分别为 20mm/0°、50mm/0°、60mm/40°、160mm/(6°~70°)、300mm/40°。曲线 A 是脱体准则预测结果,曲线 B 是冯·诺依曼准则预测结果,黑色实心圆圈是 Smith(1948)测量的直楔上的临界转换角。激波管侧壁发展起来的是层流边界层,位移厚度 δ 正比于雷诺数平方根的倒数($Re = \sqrt{(ux/\nu)}$),其中 ν、u、x 分别是气体微团的速度、动力学黏度、距入射激波 I 的距离,所以边界层效应正比于 $x^{1/2}$。

在半径比较小的凸曲壁面上,临界转换角 $\theta_{\rm crit}$ 的数据与脱体准则预测值偏差很大;而在半径比较小的凹形曲壁面上,临界转换角 $\theta_{\rm crit}$ 的数据偏离冯·诺依曼准则预测值。对于半径比较大的凸形曲壁面和凹形曲壁面,临界转换角 θ_{crit} 分别趋向于与脱体准则预测值、冯·诺依曼准则预测值相符,意味着半径越大,边界层对激波反射结构转换的影响越小。

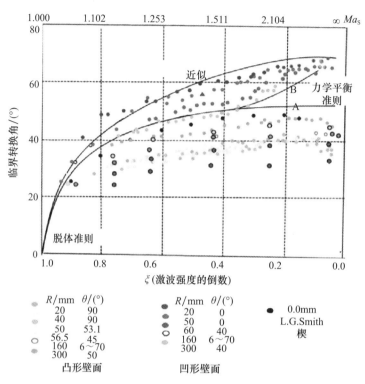

图 2.97　临界转换角 θ_{crit} 与激波强度倒数 ξ 的关系(Takayama 等,2016)(见彩图)

参考文献

Ben – Dor, G. (1979). Shock wave reflection phenomena. New York: Springer.

Ben – Dor, G., Takayama, K., & Kawa'uchi, T. (1980). The transition from regular to Mach reflection and from Mach to regular reflection in truly nonstationary flows. Journal of Fluid Mechanics, 100, 147 – 160.

Birkhoff, G. (1960). Hydrodynamics. A study in logic, fact, and similitude. Princeton: Princeton University Press.

Bryson, A. E., & Gross, R. W. F. (1961). Diffraction of strong shocks by cone, cylinder, and spheres. Journal of Fluid Mechanics, 10, 1 – 16.

Courant, R., & Friedrichs, K. O. (1948). Supersonic flows and shock waves. NY: Wiley Inter – Science.

Gaydon, A. G., & Hurle, I. R. (1963). The shock tube high - temperature chemical physics. London: Chapmam and Hall Ltd.

Glass, I. I. (1975). Shock wave and man. Toronto: Toronto University Press.

Henderson, L. F., Crutchfield, W. Y., & Virgona, R. J. (1997). The effect of heat conductivity and viscosity of argon on shock wave diffraction over rigid ramp. Journal of Fluid Mechanics, 331, 1 - 49.

Henderson, L. F., Takayama, K., Crutchfield, W. Y., & Itabashi, S. (2001). The persistence of regular reflection during strong shock diffraction over rigid ramps. Journal of Fluid Mechanics, 431, 273 - 296.

Hornung, H. G., & Kychakoff, G. (1978). Transition from regular to Mach reflection of shock waves in relaxing gases. In: A. B. Hertzberg & D. Russell(Eds.), Proceeding of 11th International Symposium on Shock Tubes and Waves, Shock Tube and Shock Wave Research(pp. 296 - 302). Seattle.

Itabashi, S. (1998). Effects of viscosity and heat transfer on reflected shock wave transition over wedges(Master thesis). Faculty of Engineering, Graduate School of Tohoku University.

Itoh, K. (1986). Study of transonic flow in a shock tube(Master thesis). Graduate School of Engineering, Faculty of Engineering Tohoku University.

Kawamura, R., & Saito, H. (1956). Reflection of shock waves. Journal Physics Society of Japan, 11, 584 - 592.

Kitade, M. (2001). Experimental and numerical study of effect of viscosity on reflected shock wave transition(Master thesis). Graduate School of Engineering, Faculty of Engineering Tohoku University.

Komuro, R. (1990). Study of shock wave reflection from concave double wedges(Master thesis). Graduate School of Engineering, Faculty of Engineering Tohoku University.

Kosugi, T. (2000). Experimental study of delayed transition of reflected shock wave over various bodies(Master thesis). Graduate School of Engineering, Faculty of Engineering, Tohoku University.

Krehl, P. O. K., & van der Geest, M. (1991). The discovery of the Mach reflection effect and its demonstration in an auditorium. Shock Waves, 1, 3 - 15.

Kuribayashi, T., Ohtani, K., Takayama, K., Menezes, V., Sun, M., & Saito, T. (2007). Heat flux measurement over a cone in a shock tube flow. Shock Wave, 16, 275 - 285.

Merzkirch, W. (1974). Flow visualization. New York: Academic Press.

Miyoshi, H. (1987). Study of reflection and propagation of shock wave over water surface(Master thesis). Graduate School of Engineering, Faculty of Engineering Tohoku University.

Meguro, T., Takayama, K., & Onodera, O. (1997). Three - dimensional shock wave reflection over a corner of two intersecting wedges. Shock Waves, 7, 107 - 121.

Muguro, T. (1998). Study of three - dimensional reflection of shock waves(Ph. D. thesis). Graduate School of Engineering, Faculty of Engineering, Tohoku University.

Numata, D. (2009). Experimental study of hypervelocity impact phenomena at low temperature in a ballistic range(Ph. D. thesis). Graduate School of Engineering, Faculty of Engineering Tohoku University.

Numata, D., Ohtani, K., & Takayama, K. (2009). Diffuse holographic interferometric observation of shock wave reflection from a skewed wedge. Shock Waves, 19, 103 – 112.

Onodera, H., & Takayama, K. (1990). Shock wave propagation over slitted wedge. Reports Institute of Fluid Science, Tohoku University, 1, 45 – 66.

Reichenbach, H. (1983). Contribution of Ernst mach to fluid mechanics. Annual Review Fluid Mechanics, 15, 1 – 28.

Saito, T., Menezes, V., Kuribayashi, T., Sun, M., Jagadeesh, G., & Takayama, K. (2004). Unsteady convective surface heat transfer measurements on cylinder for CFD code validation. Shock Waves, 13, 327 – 337.

Smith, L. G. (1948). Photographic investigation of the reflection of plane shocks in air. Off Sci Res Dev OSRD Rep 6271 Washington DC USA.

Suguyama, H., Takayama, K., Shirota, R., & Doi, H. (1986). An experimental study on shock waves propagating through a dusty gas in a horizontal channel. In: D. Bershader & R. Hanson (Eds.), Proceedings of 15th International Symposium on Shock Waves and Shock Tubes, Shock Waves and Shock Tubes(pp. 667 – 673). Berkeley.

Szumowski, A. P. (1972). Attenuation of a shock wave along a perforated tube. In: L. J. Stollery, A. G. Gaydon & P. R. Owen(Eds.), Proceedings of 8th International Shock Tube Symposium Shock Tube Research(pp. 14/1 – 14/14). London.

Takayama, K., Abe, A., & Chernyshoff, M. (2016). Scale effects on the transition of reflected shock waves. In: K. Kontis(Ed.) Proceedings of 22nd ISSI Glasgow Shock Wave Interactions(pp. 1 – 29).

Takayama, K., Gotoh, J., & Ben – Dor, G. (1981). Influence of surface roughness on the shock transition in quasi stationary and truly non – stationary flows. In C. E. Treanor & J. G. Hall(Eds.), Proceedings of 13th International Symposium on Shock Tubes and Waves Shock Tubes and Waves (pp. 326 – 334). Niagara Falls.

Takayama, K., & Sasaki, M. (1983). Effects of radius of curvature and initial angle on shock wave transition over a concave or convex wall. Reports of Institute High Speed Mechanics, Tohoku University, (Vol. 6, pp. 238 – 308)

Takayama, K., & Sekiguchi, H. (1977). An experiment on shock diffraction by cones. Reports of Institute High Speed Mechanics, Tohoku University, 36, 53 – 74.

Von Neumann, J. (1963). Collected works 6, pp. 238 – 308.

Whitham, G. B. (1959). A new approach to problems of shock dynamics. Part Ⅱ three dimensional problems. Journal of Fluid Mechanics, 5, 359 – 378.

Yamanaka, T. (1972). An investigation of secondary injection of thrust vector control(in Japanese). NAL TR – 286T. Chofu, Japan.

Yang, J. – M. (1995). Experimental and analytical study of behavior of weak shock waves(Doctoral thesis). Graduate School of Tohoku University, Faculty of Engineering.

Yang, J. M., Sasoh, A., & Takayama, K. (1996). Reflection of a shock wave over a cone. Shock Waves, 6, 267 – 273.

第 3 章　激波衍射

3.1　后向台阶的激波衍射

在第 18 届 ISSW 会议上,有一个关于 $Ma_S = 1.5$ 的激波在 90°尖锐拐角衍射的墙报主题,包括 16 份数值模拟研究和 3 份流动显示的工作(Takayama 和 Inoue,1991),该墙报主题围绕一个基准实验,展示了 1990 年最新的激波衍射研究成果。

日本东北大学流体科学研究所的激波研究中心为该墙报主题提供了干涉法流动显示的结果,图 3.1 是空气中 $Ma_S = 1.45$ 的激波在 90°后向台阶处的激波衍射双曝光全息干涉流动显示系列照片。为了提供最好的结果,将 60mm × 150mm 传统激波管的试验段旋转 90°,如图 2.12 和图 2.13 所示,于是实验段变为 150mm × 60mm,使物光束的光程延长,与原来的 60mm 光程相比,条纹数量增加 2.5 倍。

以拐角尖点为中心,出现弯曲的条纹,代表衍射激波后面产生的膨胀波,入射激波在拐角发生衍射,生成一道传输激波,该传输激波同时也以声速向相反方向传播,图 3.1 是传输激波的演化过程及放大图。传输激波与入射激波的相交是光滑连续的。

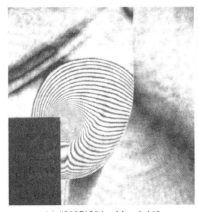
(a) #91071204:Ma_S=1.460
(提供给墙报主题的照片)

(b) #91071205:Ma_S=1.416

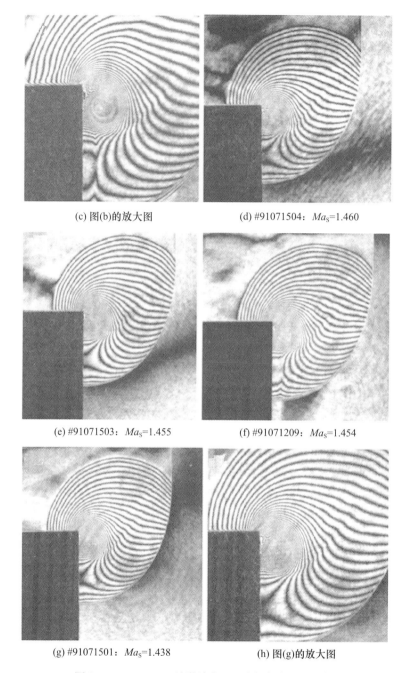

(c) 图(b)的放大图 (d) #91071504：Ma_S=1.460

(e) #91071503：Ma_S=1.455 (f) #91071209：Ma_S=1.454

(g) #91071501：Ma_S=1.438 (h) 图(g)的放大图

图 3.1　$Ma_S = 1.45$ 的激波在 90° 后向台阶处的衍射
（空气，800hPa，283.5K，物光束光程 150mm）

第3章 激波衍射

在拐角产生一个涡,这个涡随时间而发展。同时,气流在跨过膨胀波的过程中,其压力逐步下降,所以流动沿着涡是加速的,最终气流速度变为超声速。尽管普朗特-迈耶膨胀扇最初是在稳态超声速流中定义的,上述照片中在拐角的衍射流动中也出现了普朗特-迈耶膨胀扇。在普朗特-迈耶膨胀扇终止的位置形成一道正激波,如图3.1(b)、(c)所示,该激波的边缘因与涡流的剪切层融合而终止。

当地超声速气流沿着涡的外边界发展,在超声速气流与涡的外边界之间发展着一条剪切层,该剪切层是一个标志,可以检验各数值程序用于尖锐拐角衍射流动模拟的敏感性。在图3.1的系列干涉图中,激波管实验的雷诺数范围是$5\times10^4 \sim 5\times10^5$。在提供给墙报主题的照片中(Takayama 和 Inoue,1991),因与各数值模拟工作所采用的雷诺数不同,所以剪切层表现出不同的结构。在本实验中,剪切层随时间光滑地发展,沿着剪切层没有观察到不稳定性的迹象。

图3.2(a)~(m)是$Ma_S = 1.416$的激波在90°后向台阶处的衍射发展情况,实验条件是环境大气压、283.5K的空气,实验设备是在60mm×150mm无膜片激波管,每张照片的标记时间是从第二次曝光时刻算起的时间。为在制作动画展示时对这些照片进行编辑,每张照片需要一个时间标记,用于触发光源的压力变速器安装在实验段上游200mm处(Babinsky等,1995)。在拐角处,入射激波发生衍射,涡随着时间而增长;膨胀波以速度$u-a$逆向传播,参考图3.2(j),其中a、u分别是激波扫过后空气中的声速和气流微团的速度。在入射激波后面,气流是亚声速的,即$u < a$。

在早期阶段,如图3.2(a)~(d)所示,传输激波与入射激波光滑相交;后来,因涡而产生的滑移线与两道激波的交点相融合,参考图3.2(j)。在这样的衍射结构中,传输激波没有演化为简单的球形波,而是暂时呈现为一个非球形结构,但最终会演变为球形结构。

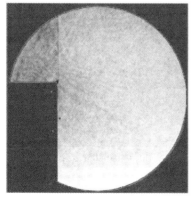
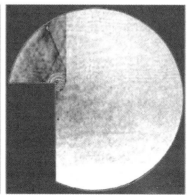

(a) #94040503: 11μs   (b) #94032912: 49μs

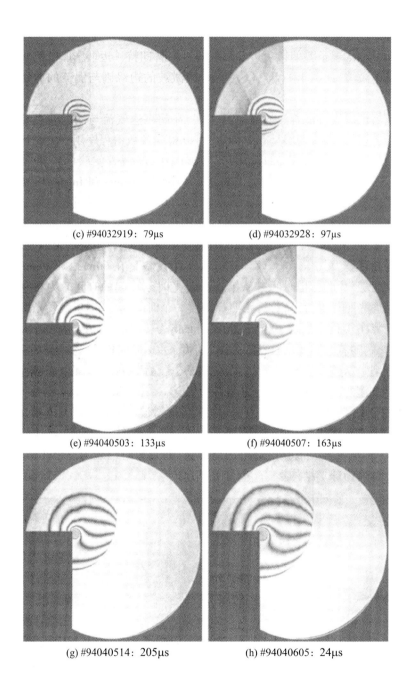

(c) #94032919：79μs　　　　(d) #94032928：97μs

(e) #94040503：133μs　　　　(f) #94040507：163μs

(g) #94040514：205μs　　　　(h) #94040605：24μs

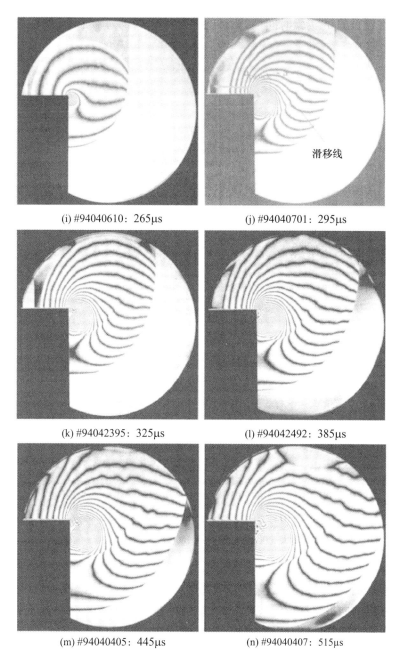

(i) #94040610: 265μs (j) #94040701: 295μs

滑移线

(k) #94042395: 325μs (l) #94042492: 385μs

(m) #94040405: 445μs (n) #94040407: 515μs

图 3.2　激波在 90°拐角处的激波衍射（Babinski 等,1995）

(Ma_S = 1.416,环境大气压,空气,283.5K)

在入射激波非常弱的情况下,衍射激波直接转变为一个球形激波,参考图3.3,在激波管的实验时间内,激波会有一个短时的过渡形状,但最终演化为一个球形激波。

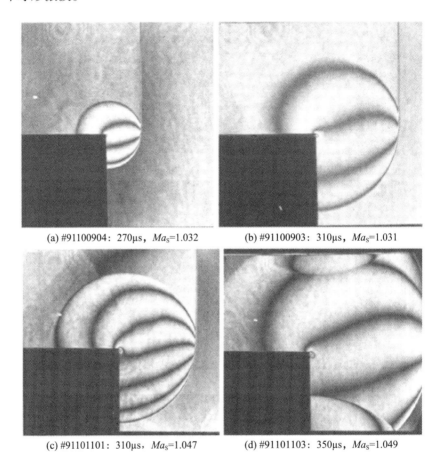

(a) #91100904: 270μs, Ma_S=1.032　　(b) #91100903: 310μs, Ma_S=1.031

(c) #91101101: 310μs, Ma_S=1.047　　(d) #91101103: 350μs, Ma_S=1.049

图 3.3　Ma_S = 1.04 的激波在 90°拐角处的激波传播
(环境大气压,空气,294.1K,150mm×60mm 激波管)

上述过渡激波的形状很大程度上取决于激波管管口的形状,当管口几何形状比较复杂时(如三角形或星形),由管口释放的涡是三维结构,很难用流动显示看到三维的向最终球形激波转变的过程;对于向球形激波转变的问题,或激波在后向台阶衍射的问题,高速射流产生的噪声也是研究课题之一。实验记录了复杂形状激波向球形结构转变的早期过渡过程的系列图像。

图 3.3 是弱激波(Ma_S = 1.04)在环境大气压、294.1K 的空气中的衍射过程。实验设备是 150mm×60mm 激波管,物光束的光程是被延长的。由于气流微团速度只有 22m/s 左右,在拐角只形成很小的涡。图 3.4 是在 60mm×150mm

激波管实验中获得的物光束为短光程条件(60mm)、$Ma_S = 1.015 \sim 1.036$弱激波衍射的情况。尽管黑色条纹变宽,但只观察到一个条纹的移动,在图3.4(b)中观察到拐角涡的迹象,双曝光的时间间隔是$200\mu s$,干涉照片是将两次曝光的激波照片叠加的结果。

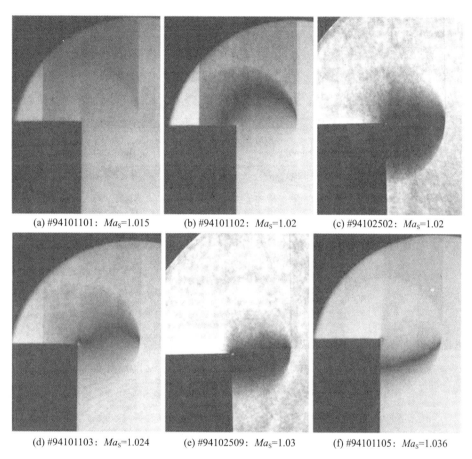

(a) #94101101:Ma_S=1.015　　(b) #94101102:Ma_S=1.02　　(c) #94102502:Ma_S=1.02

(d) #94101103:Ma_S=1.024　　(e) #94102509:Ma_S=1.03　　(f) #94101105:Ma_S=1.036

图3.4　空气中弱激波从拐角衍射的情况

($Ma_S = 1.015 \sim 1.036$,触发后$100\mu s$)

图3.5是在150mm×60mm激波管中观察到的激波衍射过程($Ma_S = 1.5$),每张照片的距离数据指传输激波离开拐角的位置,观察到涡和膨胀扇的演化。在图3.5(a)~(c)中,灰色区域是光束密集聚集的区域,条纹无法分辨。在获得的更精细条纹分布的照片中,清晰观察到涡的连续增长及其与膨胀扇的干扰。如果能够采用适当的数值程序复现图3.5中条纹分布的精细结构,将是一件很有意义的工作。

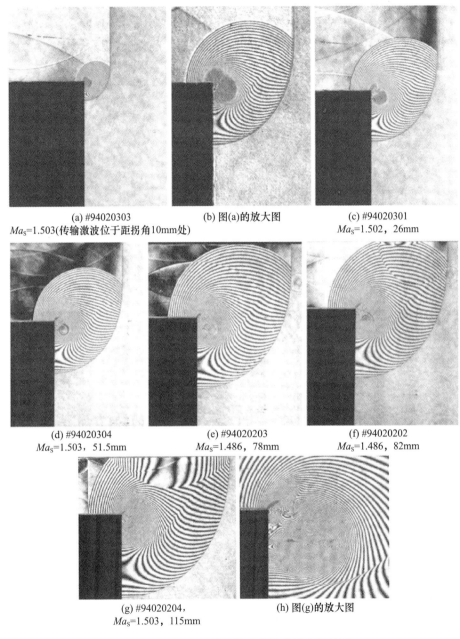

(a) #94020303
Ma_S=1.503(传输激波位于距拐角10mm处)

(b) 图(a)的放大图

(c) #94020301
Ma_S=1.502，26mm

(d) #94020304
Ma_S=1.503，51.5mm

(e) #94020203
Ma_S=1.486，78mm

(f) #94020202
Ma_S=1.486，82mm

(g) #94020204，
Ma_S=1.503，115mm

(h) 图(g)的放大图

图 3.5　Ma_S = 1.5 的激波在拐角处的衍射过程

(大气压力,空气,288.5K)

图 3.6 是 Ma_S = 2.20 的激波在 90°拐角处的衍射过程,实验介质是 250hPa、294.0K 的空气,实验设备是 60mm×150mm 激波管。入射激波后面的当地气流是

超声速的,所以 $u > a$,从拐角发散开的条纹是稳态超声速流绕拐角的普朗特 – 迈耶膨胀扇痕迹。

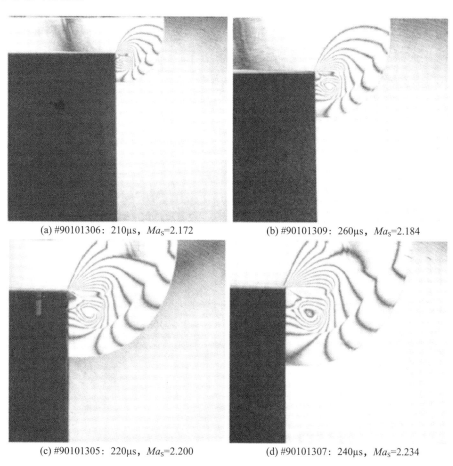

(a) #90101306：210μs，Ma_S=2.172   (b) #90101309：260μs，Ma_S=2.184

(c) #90101305：220μs，Ma_S=2.200   (d) #90101307：240μs，Ma_S=2.234

图 3.6 Ma_S = 2.20 的激波在 90°拐角处的衍射过程

（空气,250hPa,294.0K）

3.2 从管口释放的激波

本节研究从横截面为圆形和矩形的激波管管口处释放的二维激波。

3.2.1 圆形管口

图 3.7 是空气中的平面激波向球形激波转变过程的系列阴影照片。激波由一个直径 25mm 的传统激波管产生,释放到一个直径 250mm、长 250mm 的柱形

舱室内。图3.7(a)、(b)展示了激波从管口释放发生的衍射,在向最终激波形状转换的过程中,激波结构由一个平面激波持续地与一道弯曲激波相干扰的结构构成。在图3.7(c)中看到,从管口中释放出一个涡环,图3.7(d)是图(c)的放大图,可以看到从管口释放出的边界层,边界层内的扰动从管口处释放时卷起而形成涡。

平面激波与衍射的弯曲激波持续、光滑地相交,当相交激波中的平面部分在中心汇聚时,相交激波的形状不一定是完美的球形,如图3.7(e)所示,在一个很短时间内,汇聚中心的曲率半径保持最小,激波的形状像一个桃子。在图3.7(e)~(f)中也观察到这种激波结构的形状。

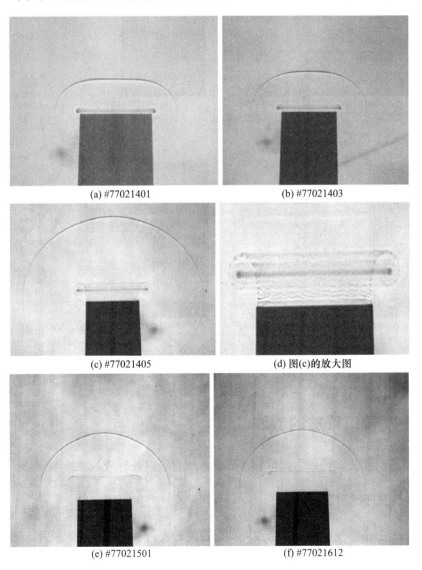

(a) #77021401　　　　　　　　(b) #77021403

(c) #77021405　　　　　　　　(d) 图(c)的放大图

(e) #77021501　　　　　　　　(f) #77021612

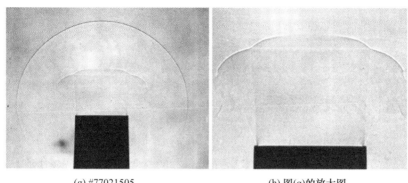

(g) #77021505　　　　　　　　　　(h) 图(g)的放大图

图 3.7　从直径 25mm 管口释放的激波的传播(直接阴影)
(a)~(d):$Ma_S=1.25$,500hPa;(e)~(h):管子直径 25mm,$Ma_S=1.895$,300hPa

不只在圆截面激波管管口处的激波衍射中观察到这种变化趋势,在矩形截面激波管出口的激波衍射中也观察到这种变化趋势。Abe(1989)用数值方法再现了这些衍射激波变化过程中的形状。

图 3.8 是 $Ma_S=1.55$ 的激波从直径 25mm 的传统激波管管口释放的衍射过程,实验介质是环境大气压、291K 的空气,图 3.8 展示了衍射激波从一道平面激波逐渐过渡到球形激波过程中的系列流动结构,每张照片下标注的时间指激波离开管口的时间。在图 3.8(a)~(g)中,平面激波与衍射的弯曲激波相交,最终形成几乎完美的球形激波,当两个相交的激波在中心汇聚,形成的激波呈现出桃子的形状。在图 3.8(h)~(j)中,在一个短时间段内,维持了这种激波结构的形状;从管口处释放出一个涡环,涡环的形状像是水平拉长的"∞"形状。在图 3.8(k)~(l)中,涡环的形状变为一个薄的水平环,传输激波变为一个完整的球形。

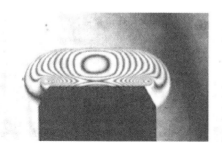　　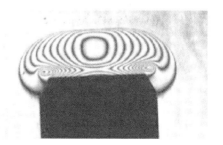

(a) #89050804: 20μs, $Ma_S=1.57$　　　(b) #89050805: 25μs, $Ma_S=1.566$

(c) #89050807: 35μs, Ma_S=1.577

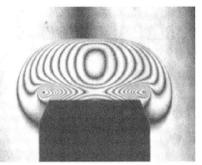
(d) #89050810: 40μs, Ma_S=1.562

(e) #89050808: 45μs, Ma_S=1.564

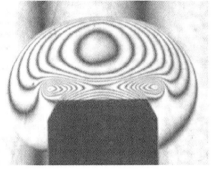
(f) #89050811: 50μs, Ma_S=1.576

(g) #89050813: 55μs, Ma_S=1.555

(h) #89050814: 60μs, Ma_S=1.535

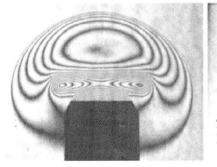
(i) #89050816: 70μs, Ma_S=1.579

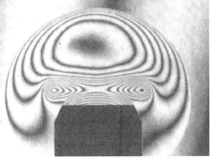
(j) #89050819: 80μs, Ma_S=1.529

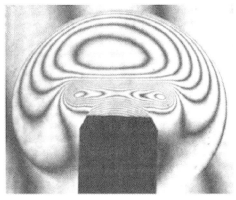 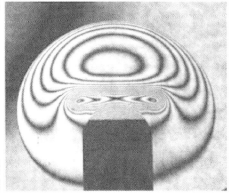

(k) #89050821：90μs，Ma_S=1.557　　　(l) #89050823：100μs，Ma_S=1.536

图 3.8　从直径 25mm 管口释放的激波衍射过程
（Ma_S = 1.55，环境大气压，空气，291K）

3.2.2　二维管口

图 3.9 是 Ma_S = 1.4 的激波从 20mm × 60mm 二维激波管管口衍射的过程，实验设备是截面 20mm × 60mm、长 50mm 的二维激波管，实验段尺寸为 60mm × 150mm，实验介质是环境大气压、296.8K 的空气。每张照片下方标注的时间指从触发到第二次曝光时刻所经历的时间。图 3.9(a) 标注了试验装置的尺寸，激波从管口的 90°拐角衍射，激波的传输过程与图 3.7、图 3.8 类似。

图 3.9(a)~(b) 展示了一道平面激波从管口的衍射；图 3.9(c)~(k) 展示了畸变的柱形激波向完美圆柱形激波转变的过程；在图 3.9(h)~(r) 中，还可以看到柱形激波从侧壁的反射。

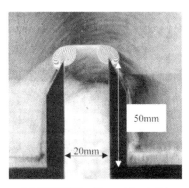

(a) #90100402：50μs，Ma_S=1.414

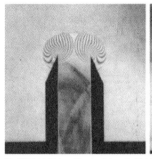 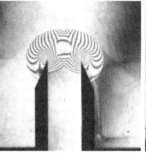 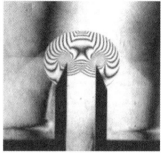

(b) #90100403: 60μs, Ma_S=1.414 (c) #90100404: 70μs, Ma_S=1.414 (d) #90100501: 80μs, Ma_S=1.409

(e) #90100502: 90μs, Ma_S=1.409 (f) #90100503: 100μs, Ma_S=1.406 (g) #90100504: 110μs, Ma_S=1.407

  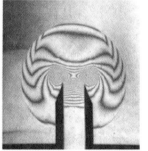

(h) #90100506: 130μs, Ma_S=1.406 (i) #90100508: 150μs, Ma_S=1.404 (j) #90100509: 160μs, Ma_S=1.391

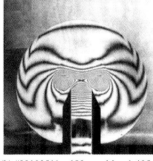  

(k) #90100511: 180μs, Ma_S=1.405 (l) #90100803: 230μs, Ma_S=1.41 (m) #90100805: 250μs, Ma_S=1.413

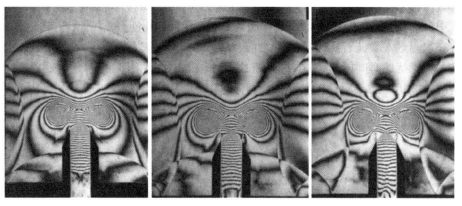

(n) #90100807: 270μs, Ma_S=1.417 (o) #90100808: 300μs, Ma_S=1.418 (p) #90100809: 330μs, Ma_S=1.417

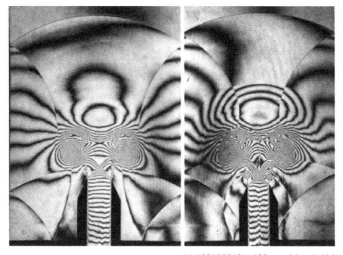

(q) #90100810: 360μs, Ma_S=1.402   (r) #90100813: 420μs, Ma_S=1.406

图 3.9 从二维激波管管口衍射的激波的演化
(Ma_S=1.4,环境大气压,空气,296.8K)

图 3.10 是激波从直径 25mm 激波管释放后期的演变过程,Ma_S 分别为 1.387 和 1.548,压力为环境大气压,实验介质为空气。接触面的一个封闭形状驱动产生一个发散的球形激波;在球形激波的后面,可清晰地分辨出一个相对均匀的流动区域和一个核心流区域。条纹结构图案很像一张人的脸。

3.2.3 衍射激波与一串液滴的干扰

图 3.11 展示了一串直径 0.75mm 的水滴与球形激波的干扰作用,球形激波是从直径 25mm 的激波管衍射出来的,激波马赫数 Ma_S=1.5,实验压力为环境

大气压,实验气体是空气。激波被释放到直径250mm、长度250mm的实验段舱室中,水滴下落排成一条线,水滴串距离激波管出口70mm。第一次曝光时刻设置在水滴进入激波管实验段舱室之前,第二次曝光时刻与水滴进入并与入射激波发生干扰的时间同步,图中每张照片下标注的时间均以触发时刻为起点。与衍射激波相撞的水滴没有变形,也没有显著移位。在这个阶段,这些水滴几乎不受衍射激波的影响。

(a) #83031003:200μs,Ma_S=1.387　　(b) #83031007:195μs,Ma_S=1.548

图 3.10　从直径 25mm 激波管释放的激波在演变后期的结构
(1013hPa,289.9K)

在图 3.11 中,通过对比干涉图和未重建的全息图,来观察水滴的破碎过程,尽管未重建的全息图的分辨率比单曝光全息图的差,但未重建全息照片对于解释水滴的破碎过程非常适用。

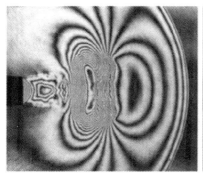 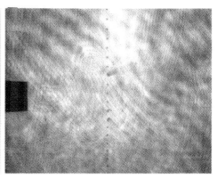

(a) #90100402:1.95ms,Ma_S=1.512　　(b) 图(a)的未重建全息图

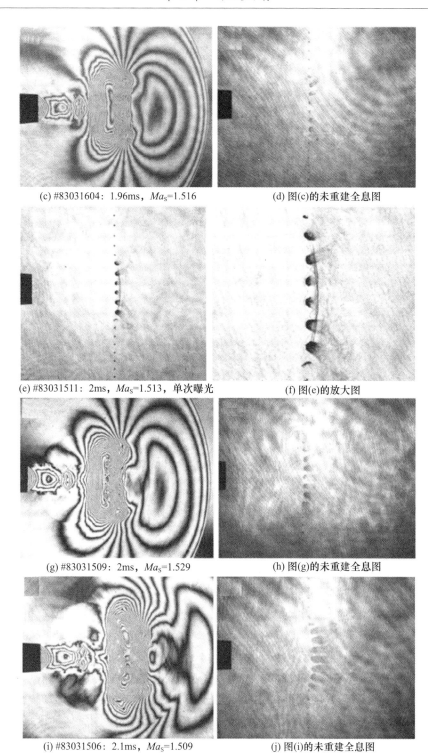

(c) #83031604: 1.96ms, Ma_S=1.516　　(d) 图(c)的未重建全息图

(e) #83031511: 2ms, Ma_S=1.513, 单次曝光　　(f) 图(e)的放大图

(g) #83031509: 2ms, Ma_S=1.529　　(h) 图(g)的未重建全息图

(i) #83031506: 2.1ms, Ma_S=1.509　　(j) 图(i)的未重建全息图

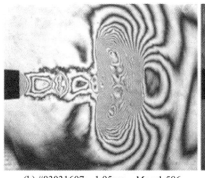 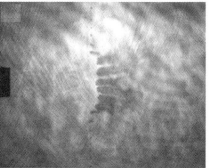

(k) #83031607: 1.95ms, Ma_S=1.586　　　(l) 图(k)的未重建全息图

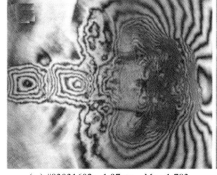 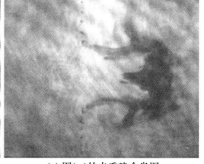

(m) #83031602: 1.97ms, Ma_S=1.783　　　(n) 图(m)的未重建全息图

图 3.11　从直径 25mm 激波管管口衍射的激波与一串水滴的干扰

(Ma_S = 1.5,环境大气压,空气,289K;用超声振荡法使水滴从上壁面垂直落下)

在图 3.11(a)和(b)中,排成一列的水滴一直保持着它们的原始分布。在图 3.11(c)、(d)中,位于中心部分的水滴发生变形,中心区域之外的水滴没有发生变形。因暴露在剪切气流和核心流内的射流中,变形的水滴发生破碎。图 3.11(e)是单次曝光获得的干涉照片,图 3.11(f)是图(e)局部的放大图,可以看到,气流是均匀的。在 Ma_S = 1.513 的激波后面,气流的马赫数 Ma = 0.56,衍射气流有一个持续加速的核心区,核心区之外的气流保持亚声速;从图 3.11(f)、(e)看到,核心区的气流被加速而变成超声速。可以看到,弓形激波出现在核心区水滴的前方,位于核心区的水滴发生非均匀变形,参考图 3.11(c)、(d);核心区之外的水滴处于亚声速气流中,因而保持其形状不变。图 3.11(g)、(h)的延迟时间几乎相同,但在未重建全息照片图 3.11(h)中,没有观察到弓形激波。流动结构的差异显著影响水滴的变形,在图 3.11(i)、(j)中,位于中心核心区气流中的水滴破碎得更严重,显然水滴破碎是随时间发展的;而位于核心区之外的水滴的变形却很小。

在图 3.11(m)、(n)中,入射激波马赫数是 1.783,其后的气流马赫数是 0.71。图 3.11(a)~(l)拍摄时间相对较早,气流速度相对较慢;图 3.11(m)的全息照片拍摄于较晚的时间,未重建全息照片图 3.11(n)表明,这些水滴发生了非常严重的变形,核心区气流中的水滴被彻底解体,在核心区气流与传输激波之间的区域中,解体的水滴发生延展,在未重建全息照片中清晰地观察到破碎水滴的阴影。

3.2.4　衍射激波与氦气羽流的干扰

图 3.12 是球形激波扫过氦气羽流时的演化过程(氦气中的声速为 a_{helium} = 1060m/s)。一道激波从直径 25mm 的激波管管口释放出来,进入直径 250mm、长度 250mm 的实验舱,形成一道球形激波,激波的名义马赫数 Ma_S = 2.2(u_S = 760m/s),实验介质是压力为 500hPa、温度为 290K 的空气。氦气从一个略加压的氦气高压室经实验舱上方喷口,通过一片过滤纸释放出来,形成膨胀的羽流。实验时,通过时序控制氦气羽流的喷出时间与激波运动位置之间的关系,满足流场显示的要求。图 3.12 是激波与氦气羽流干扰过程的直接阴影系列照片。在激波经过的实验舱空间范围内,有纯空气区、空气-氦气混合气体区以及纯氦气区域,氦气浓度越高、激波速度越慢,所以当球形激波进入氦气浓度很高的区域时,激波消失。

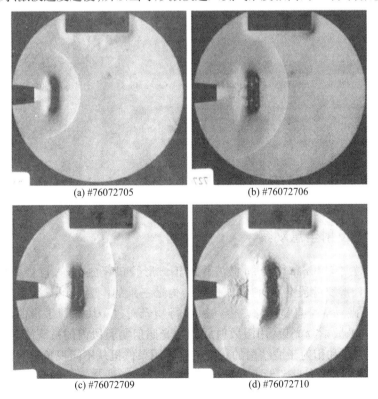

(a) #76072705　　　　　　　(b) #76072706

(c) #76072709　　　　　　　(d) #76072710

图 3.12　球形激波与氦气羽流的干扰

(Ma_S = 2.2,空气,500hPa,290K)

图 3.13 是激波马赫数 $Ma_S = 3.48$ ($u_S = 1190\text{m/s}$)的球形激波与氦气羽流干扰的情况。从图 3.13(b)看到,由于 $u_S > a_{helium}$,在氦气羽流中,球形激波是存在的。随着球形激波的快速减弱,如图 3.13(e)、(f)所示,激波最后消失了。

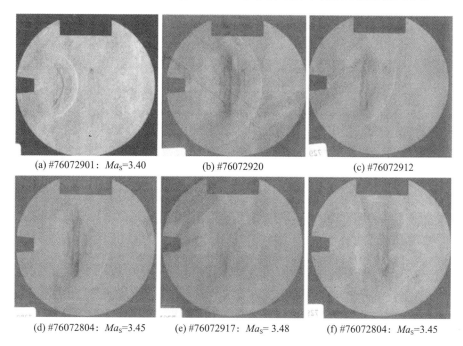

图 3.13 球形激波与氦气羽流的干扰
($Ma_S = 3.48$,空气,100hPa)

3.3　正方形管口的三维衍射

3.3.1　漫反射全息观察

一道激波从 40mm×40mm 激波管的正方形管口释放,进入直径 250mm、长 250mm 的柱形实验段空间时,激波衍射结构是三维的。为显示三维衍射激波结构,采用了漫反射全息显示法。令一束平行物光通过一块涂覆了很薄炭黑的玻璃板,形成漫散射物光束,用漫散射后的物光照射实验段内的被观测区域,使之携带上实验段和衍射激波结构的三维信息。用录像机从不同视角记录流动结构图像,之后对这些全息图做重构处理,就能够获得激波与流场的三维图像,给出三维衍射激波结构的流动显示照片(但是应该注意,重构图像的空间分辨率不会像全息图像那么清晰)。图 3.14 是从视角 $\beta \approx 20° \sim 30°$ 方向(角落处)获得的

$Ma_S = 1.5$ 传输激波衍射过程的重构全息图像,激波从激波管的正方形开口释放,重构全息图的条纹分布取决于视角 β(即视角 β 不同,获得的条纹分布不同)。图 3.15(a)、(b)是 $Ma_S = 2.95$ 时的重构全息图像,由于压力降低,条纹数量变少,但条纹分布与图 3.14 是类似的。

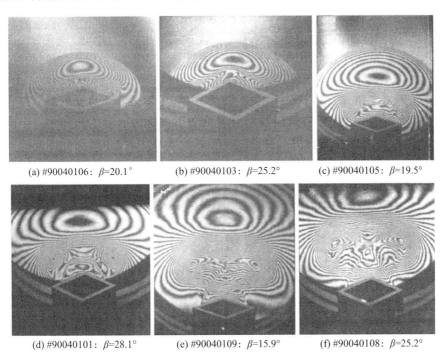

(a) #90040106：$\beta=20.1°$　　(b) #90040103：$\beta=25.2°$　　(c) #90040105：$\beta=19.5°$

(d) #90040101：$\beta=28.1°$　　(e) #90040109：$\beta=15.9°$　　(f) #90040108：$\beta=25.2°$

图 3.14　从 40mm×40mm 激波管方形开口释放的 $Ma_S = 1.5$ 的激波衍射重构全息图像

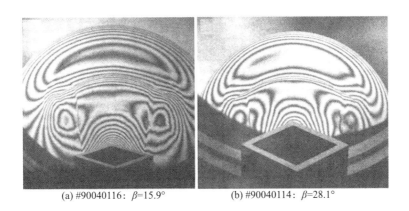

(a) #90040116：$\beta=15.9°$　　(b) #90040114：$\beta=28.1°$

图 3.15　从 40mm×40mm 激波管正方形开口释放的 $Ma_S = 2.95$ 的激波衍射重构全息图像

3.3.2 二维全息观察

图 3.16 是从 40mm×40mm 激波管释放的 $Ma_S=1.5$ 激波的衍射结构二维图像，从角落方向获得的这些图像展示了从平面激波向球形激波的演化。从方形开口的边缘处产生涡结构，从不同方向看，这些涡的图像是不同的。在图 3.16(e) 中已经出现球形激波；图 3.16(f) 是未重构的全息图像，与图 3.16(e) 的拍摄时间几乎相同。

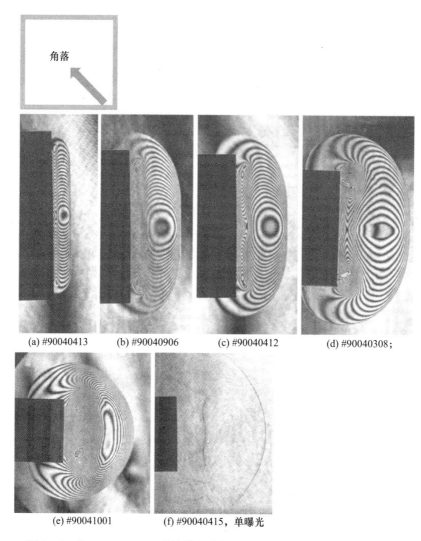

(a) #90040413　　(b) #90040906　　(c) #90040412　　(d) #90040308；

(e) #90041001　　(f) #90040415，单曝光

图 3.16　从 40mm×40mm 激波管释放的 $Ma_S=1.5$ 的激波衍射结构的演化

（从角落看过去，环境大气压，291K）

图 3.17 是从侧面观察获得的 40mm × 40mm 激波管释放的 $Ma_S = 1.5$ 激波的衍射结构演化情况,这些系列照片展示了从侧面看到的平面激波转化为球形激波的过程。图 3.17(a) 是直接阴影照片,粗略地看,从侧面获得的图像与二维观察获得的图像似乎是一样的。

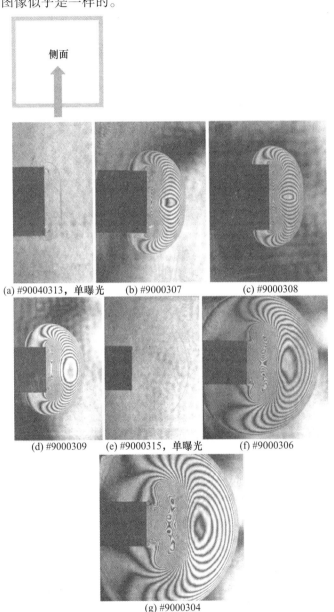

(a) #90040313,单曝光　　(b) #9000307　　(c) #9000308

(d) #9000309　　(e) #9000315,单曝光　　(f) #9000306

(g) #9000304

图 3.17　从 40mm × 40mm 激波管释放的 $Ma_S = 1.5$ 的激波衍射结构的演化
(从侧面看过去,环境大气压,291K)

图 3.18 对比了从侧面和从角落观察的激波衍射结构，其中图 3.18(a)、(c)、(e)是从侧面观察获得的图像，图 3.18(b)、(d)、(f)是从角落观察获得的图像，激波马赫数分别为 1.5、2.0 和 2.5，成对照片(即图(a)与图(b)、图(c)与图(d)、图(e)与图(f))的拍摄时刻几乎完全相同。比较这些成对的图像可以注意到，从角落和从侧面观察时，涡的结构图谱差别很大。

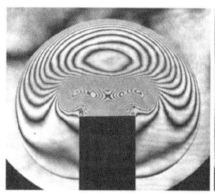

(a) #90041625：侧面，Ma_S=1.50，1013hPa　　(b) #90040911：角落，Ma_S=1.50，1013hPa

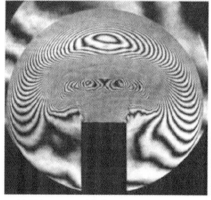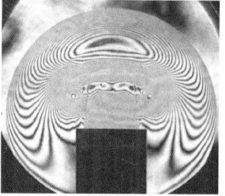

(c) #90041620：侧面，Ma_S=2.0，1013hPa　　(d) #90041006：角落，Ma_S=2.0，1013hPa

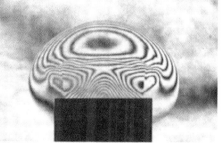

(e) #90041601：侧面，Ma_S=2.5，200hPa　　(f) #90041014：角落，Ma_S=2.5，200hPa

图 3.18　从侧面和从角落观察的激波衍射结构比较

3.4 轴向观测的管口激波衍射

全息干涉图像适用于对激波衍射结构进行三维观察,本节介绍从轴向观察到的激波管不同形状管口三维激波衍射的演化情况,采用了漫反射全息方法。

3.4.1 方形管口

图 3.19(a)是 40mm × 40mm 激波管及管口法兰。为观察管口释放出的衍射激波和涡环,用黄色荧光漆喷涂激波管管口及其法兰,波长 6943nm 的红宝石激光光束在该荧光漆上有较高的反射率。当一束平行物光略倾斜地照射在荧光漆喷涂区域时,被反射的物光束就携带了衍射激波与涡环的全息信息,这些信息被记录在全息胶片上(Onodera 等,1997)。图 3.19(b)是求解欧拉方程获得的环境大气压空气中的涡环(Ma_S = 1.29)。

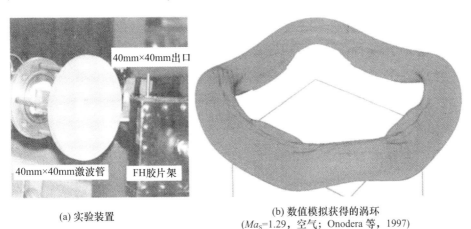

(a) 实验装置

(b) 数值模拟获得的涡环
(Ma_S=1.29,空气;Onodera 等,1997)

图 3.19 用漫反射全息法观察方形管口的激波衍射(见彩图)

图 3.20 是传输激波的演化和涡环的形成过程。采用平行物光束照射实验区域,被反射的物光束携带衍射激波与涡环的全息信息,将这些信息记录在全息胶片上,从略微倾斜的方向重构全息胶片,获得从这个方向上看去的激波和涡环图像。从图 3.20(a)~(d)可以看到,传输激波的形状从方形逐渐转变为圆形。如果将涡在轴向的运动速度定义为轴向速度,正如图 3.19(b)观察到的那样,从角落方向(即方管口的 90°拐角的方向,参考图 3.16)和从侧面观察(参考图 3.17)获得的轴向速度是不同的,从角落方向观察到的轴向速度比较快,从侧面方向观察到的轴向速度比较慢。在图 3.20(f)中,传输激波已经远离管口,位于观察窗的视野之外,涡环已经形成一个圆环形。

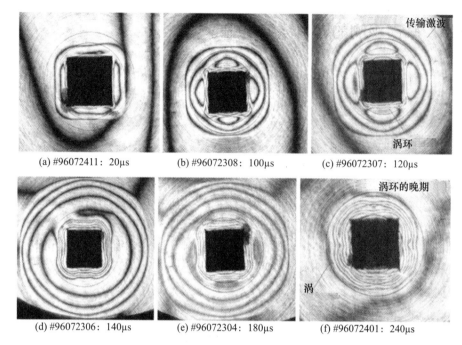

图 3.20 从底端壁面观察的激波衍射结构比较
(40mm×40mm 管口，$Ma_S=1.29$，环境大气压，空气，298K，
所标注的时刻以激波从管口出发时刻为起点)

3.4.2 三角形管口

在 40mm×40mm 管口组合一个开口 60°的方形插块，形成三角形管口。图 3.21 是该三角形管口释放的激波衍射结构，可以看到，尖角的角度影响着传输激波的运动和涡环的增长，传输激波结构的演变、涡环的增长呈现出复杂的过程。图 3.21(a)是早期阶段，激波离开管口 20μs，这时在 30°角落处没有观察到涡环；在图 3.21(b)中，在尖角处刚刚观察到一个微弱的涡环。这些现象意味着，在早期阶段，以轴向直线运动的涡是最快的，但难以向侧面扩展。在图 3.20(b)的 90°拐角处的激波衍射过程中，也观察到这种趋势。

在三角形管口的激波衍射演化过程中，从两个尖角传输出来的激波相交。图 3.21(c)表明，两个激波相交形成一个规则反射的结构；在图 3.21(d)中，随着时间的增加，激波反射结构转变为单马赫反射；在很长时间之后，从三角形管口释放的激波与从正方形管口释放的激波汇合，成为球形激波的一部分，参考图 3.21(f)。

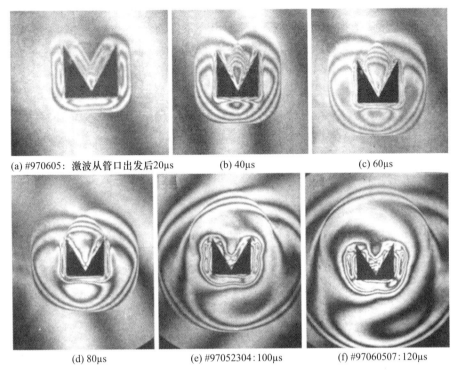

(a) #970605：激波从管口出发后20μs　　(b) 40μs　　(c) 60μs
(d) 80μs　　(e) #97052304：100μs　　(f) #97060507：120μs

图 3.21　三角形管口的激波衍射结构与涡的演化
(40mm×40mm 管口安装开口60°的插块，Ma_S = 1.29，环境大气压，空气，298K)

3.4.3　半圆形管口

在 40mm×40mm 管口组合一个开口半圆形的方形插块，半圆形开口的直边与法兰边线以 0°接触，形成半圆形管口。图 3.22 表明，从半圆形管口释放的激波衍射形成一个半圆形的传输激波。

图 3.22(a)是激波离开管口后 20μs 时刻的图像，从两个边缘释放出两道圆形的传输激波，这两个传输激波相交形成一个单马赫反射结构，没有发现涡环结构。图 3.22(b)是激波开始衍射后 40μs 的图像，沿着半圆形的边缘，观察到系列涡环产生。在图 3.22(e)中，从半圆形管口释放的传输激波与从正方形管口释放的激波相融合；在图 3.22(e)中看到的图像与第 5 章浅反射器形成的激波汇聚图像类似(第 5 章介绍激波汇聚现象，在激波管实验中，用一个浅反射器使一道激波汇聚，产生激波干扰结构)，在半圆形管口的直边(以 0°与正方形开口接触)，在流动显示的时间段内，很难出现清晰的涡环，这个现象说明，这些涡环确实是径直向前运动的，可能移动速度很快。可以推测，激波从一个接触角近乎

为0°的很窄的开口衍射,产生的涡将以非常高的速度释放出来;如果一道激波从一个唇形开口释放,会沿轴向高速释放出一系列的涡。

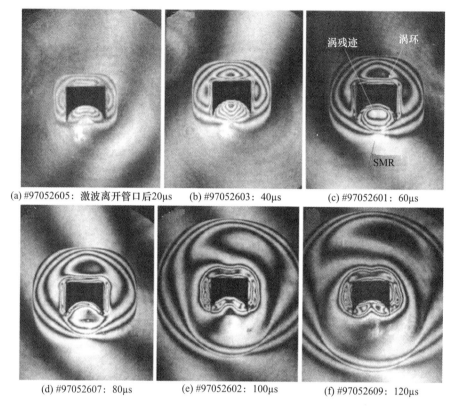

图3.22 半圆形管口的激波衍射结构与涡的演化
(40mm×40mm 管口安装插块;Ma_S =1.29,环境大气压,空气,298K)

3.5 涡环的演化

采用内径50mm、外径90mm的激波管(铝合金制造),用全息干涉法集中研究了涡环的演化现象。图3.23(a)是该激波管,同轴布置了两个直径1000mm、焦距8m的纹影反射镜,为特别关注从激波管管口释放出的激波的运动,激波管用细柱子支撑,可将激波管口移动到两个反射镜之间的任何位置(Kainuma,2004)。

高压室与低压室的长度分别为2.2m 和4.5m,两者之间是双膜段,图3.23(b)是双膜段结构示意图,在其中装夹两个不同厚度的 Mylar 膜片。在两膜之间的中间驱动段中,充入气体的压力约为驱动段气体压力的一半,当中间驱动段中的压力被突然释放时,两个膜片瞬间破开,产生重复性很好的激波。

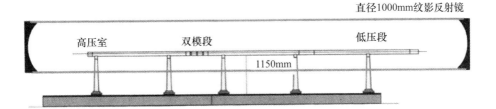

(a) 激波管组成

(b) 双膜段结构

图 3.23 为研究涡运动而特殊设计的激波管

图 3.24(a)、(b)是激波从 ϕ25mm 管口释放后的衍射过程系列图像,激波马赫数为 $Ma_s=1.24$,实验介质为环境大气压的空气。涡环是均匀的环形,以恒定速度传播,在一定时间之后,传输激波演化为一个球形激波,从管孔喷出的射流是层流结构。图 3.24(c)~(f)是在四角星形管口形成的激波衍射演化过程的图像,四角星形的特征尺寸分别为 6.7mm 和 13.4mm。与边缘平坦的管口相比,从尖角(尖锐管口)释放出的涡环的传播比较快,涡环是三维畸变的。在图 3.24(g)、(h)中的八角星形管口观察到类似的趋势,受这些涡环运动的影响,在图 3.24(h)中,射流在后期呈现出轻微的湍流结构。这些实验的编号是#040518~#040520。

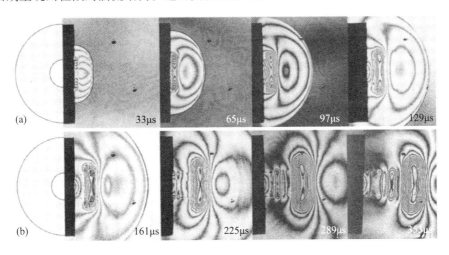

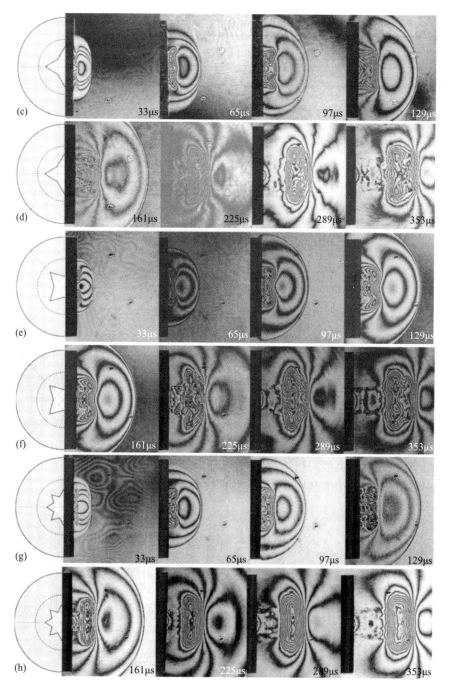

图 3.24　通过管口的衍射激波演化
($Ma_S = 1.24$, 环境大气压, 空气, 290K)
(a)、(b):圆孔；(c)、(d):四角星形孔；(e)、(f):四角星形孔；(g)、(h):八角星形孔。

图 3.25 展示的是管口形状对涡环发展的影响。纵坐标是用管口直径(a、b,单位为 mm)处理的无量纲距离,激波马赫数 $Ma_S = 1.24$;横坐标是时间(ms);空心和实心圆圈分别代表钝边缘管口和尖锐边缘管口。数据表明,管口直径较小时,涡环发展得更快,管口边缘的形状对涡环的发展不产生明显的影响。

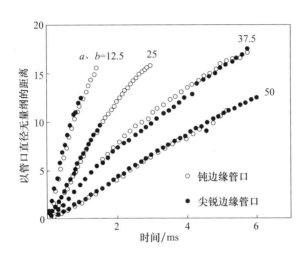

图 3.25 不同管口形状的涡环演化数据汇总

采用双曝光全息干涉方法显示从内径 50mm 激波管管口释放的涡环演变流动,图 3.26 是获得的涡环随时间的变化,给出了从侧面和轴向显示的系列图像,激波马赫数 $Ma_S = 1.24$。图 3.26(a)、(b)展示了 2ms 时的涡环结构,传输激波以 0.4m/ms 速度运动,涡环以 0.1m/ms 速度运动;传输激波位于距离管口约 0.4m 的位置,涡环位于距离管口约 0.1m 的位置。在图 3.26(b)中,左侧的黑色阴影是外径 90mm 的激波管,激波管被置于两个直径 1000mm 的纹影反射镜之间,并与两个反射镜同轴。涡环起初是同轴的条纹分布,表明是层流结构;随着时间达到 6ms,参考图 3.26(e)和(f),涡环位于距离管口 0.4m 处,条纹分布表明涡环转变为湍流结构;从图 3.26(h)看到,随着时间的增加,条纹分布变为略不规则的形状,是涡破碎的迹象;在图 3.26(i)和(j)中,条纹不再是同轴结构,代表涡环的破碎。

图 3.27 对这些图像的涡环位置随时间变化的数据进行了汇总,纵坐标是无量纲距离,横坐标是时间。空心与实心圆圈分别代表钝边缘管口和尖锐边缘管口的情况。观察到大约在 3ms 时,涡环结构发生从层流到湍流的转变;在 6~10ms 时,发生涡破碎。边缘形状对涡环的运动不产生影响。

可视化激波现象

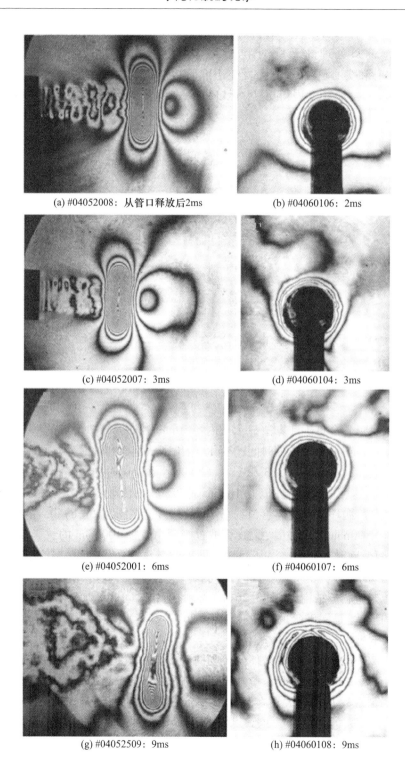

(a) #04052008：从管口释放后2ms (b) #04060106：2ms

(c) #04052007：3ms (d) #04060104：3ms

(e) #04052001：6ms (f) #04060107：6ms

(g) #04052509：9ms (h) #04060108：9ms

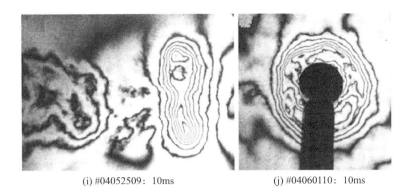

(i) #04052509：10ms　　　　　(j) #04060110：10ms

图 3.26　直径 50mm 激波管管口释放的涡结构变化（Kainuma,2004）

（侧向和轴向观察；$Ma_S = 1.24$，环境大气压，空气）

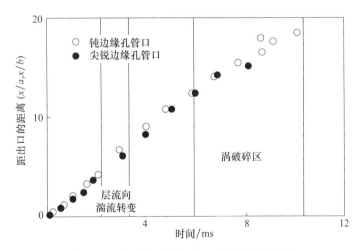

图 3.27　涡破碎过程与管口边缘形状的关系

3.6　激波沿 90°弯管的传播

沿一个 90°弯管的激波传输是激波研究的一个基本课题。在 1975 年,刚开始激波管实验时,第一个研究计划就是采用直接阴影方法,对沿弯管的激波传播进行流动显示。

首先,建设了 30mm×40mm 激波管,该激波管的材料是购买的挤压成型、壁厚 5mm、壁面光滑的正方形横截面的黄铜管,该激波管与圆形试验段相连接,90°弯管就安装在该试验段内,参考图 3.28。仍然通过破膜产生激波,破膜产生一些小的碎片,这些碎片在低压段沿途散落,清洁低压段变成了日常工作。那时,激波马赫数数据最好的离散度就是 ±2%,所以,没人相信激波管可以成为一个可靠的实验工具(Heilig,1969)。

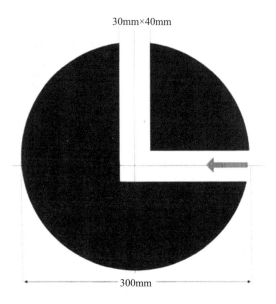

图 3.28　连接在 30mm×40mm 传统激波管中的 90°弯管段(Honda 等,1977)

图 3.29 是首轮实验中用直接阴影法获得的 $Ma_S = 1.3$ 的激波沿 90°弯管传输的系列照片。那时,采用美国宝来公司的胶片作为记录材料,观察到激波在内侧拐角的衍射以及传输激波从外侧壁面的反射。在内侧拐角处的激波衍射产生一个三波点,参考图 3.29(b)。

图 3.30 显示的是类似于收缩喷管的流动,弯管由一个半径 160mm 的圆形外侧壁面和一个 90°的内侧拐角构成,原指望用这个形状产生光滑的激波传输,抑制内侧拐角处涡的产生。

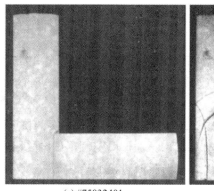

(a) #75032401　　　　　　　　　　(b) #75032402

 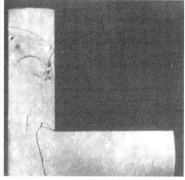

(c) #75032403　　　　　　　　(d) #75032404

图 3.29　沿 90°弯管的激波传输

($Ma_S = 1.3$,空气,400hPa,292K;Honda 等,1977)

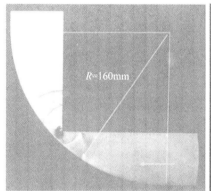 

(a) #76030201：Ma_S=1.106, 1013hPa　　(b) #76030203：Ma_S= 1.313, 666hPa

(c) #76030205：Ma_S=1.318, 400hPa　　(d) #76030211：Ma_S= 1.822, 133hPa

图 3.30　沿一个有喉道的弯管的激波传输(Honda 等,1977)

(外侧壁面为半径 160mm,内侧为 90°的尖锐拐角)

图 3.31 是激波沿一个带有光滑收 – 扩喉道的弯管传播的系列直接阴影图像,弯管拐角的内径是 20mm,外径是 160mm;实验的入射激波名义马赫数 Ma_S = 1.45。为使入射激波光滑地转过 90°(即在内侧拐角处不引发任何边界层分离),在内侧拐角"贴"了一个小"口袋",比较了有无小"口袋"构型的激波传播情况。图 3.31(a)、(b)是入射激波沿无"口袋"90°弯管的传播情况,图 3.31(c)~(l)是有"口袋"90°弯管的入射激波传播情况。在图 3.31(c)中内拐角处,激波发生衍射;图 3.31(d)中被激波压缩的空气流入"口袋"中;在图 3.31(e)~(g)中,一道反射激波发生分叉,沿内拐角壁面的边界层增长被抑制。在图 3.31(j)在远离内拐角的距离处,传输激波变成平面激波。

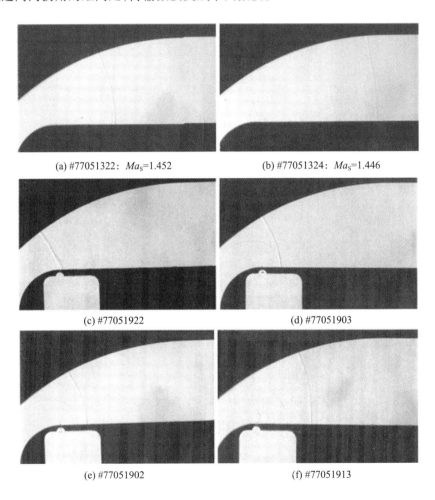

(a) #77051322: Ma_S=1.452   (b) #77051324: Ma_S=1.446

(c) #77051922   (d) #77051903

(e) #77051902   (f) #77051913

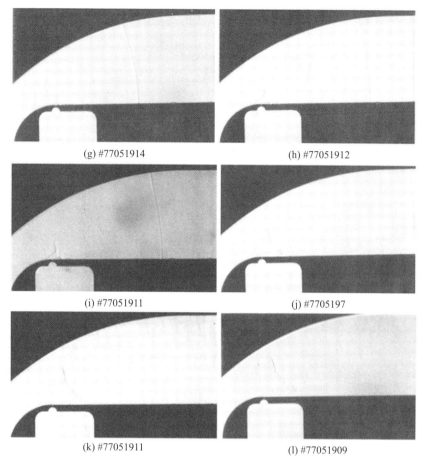

图 3.31　内壁面有小口袋的构型在 90°拐角处的激波传播
($Ma_S=1.45$,空气,800hPa)

图 3.32 是用 150mm×60mm 激波管获得的 90°弯管处激波传播的情况,实验的入射激波名义马赫数 $Ma_S=1.14\sim1.26$,实验介质为环境大气压、292K 的空气。在弯管的内侧和外侧覆盖了海绵板,这种壁面能够抑制边界层沿壁面的发展以及小激波从壁面的反射,进而获得不同于绕金属弯管的激波传输过程。比较图 3.32 和图 3.29 可以看到,涡的形成和激波的反射结构差别很大,在图 3.29 中存在很多小激波,但在图 3.32 中没有看到小激波。

图 3.33 汇总了图 3.29 绕 90°弯管的激波传播数据以及另一个弯管(外径为 100mm、内径为 60mm)的激波传播数据,纵坐标是传输激波的马赫数,横坐标是入射激波马赫数;实心和空心圆圈分别代表 90°尖锐弯管和曲线弯管。在 90°尖锐弯管中,入射激波通过弯管的衰减最大,弯管的曲率半径越大,入射激波衰减的程度越小。

可视化激波现象

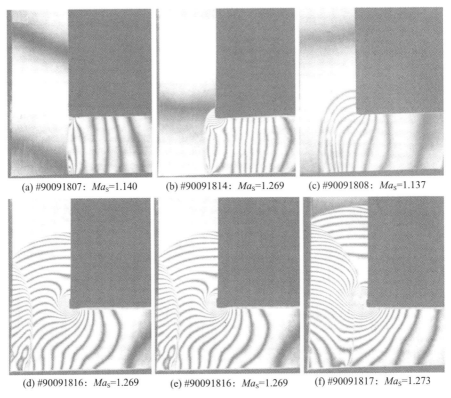

(a) #90091807：Ma_S=1.140　　(b) #90091814：Ma_S=1.269　　(c) #90091808：Ma_S=1.137

(d) #90091816：Ma_S=1.269　　(e) #90091816：Ma_S=1.269　　(f) #90091817：Ma_S=1.273

图 3.32　沿覆盖海绵板的 90°弯管的激波传播
（Ma_S = 1.14 ~ 1.26，环境大气压，空气，292K，物光束光程 150mm）

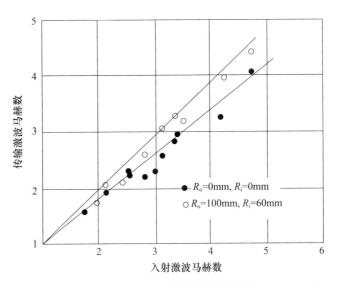

图 3.33　入射激波衰减与 90°弯管形状的关系（Honda，1977）

图 3.34 给出了空气中名义马赫数 $Ma_S = 2.30$ 的入射激波绕过内半径 80mm、外半径 120mm 的 90°弯管时的系列照片。沿着弯管的内侧壁面,激波逐渐发生衍射,沿着内侧壁面涡的形成受到抑制。同时,传输激波在外侧壁面发生反射,情况与在凹壁面的反射类似,反射结构是单马赫反射,参考图 3.34(c)、(d)。而入射激波的情况则与凹壁面的不同,入射激波垂直于外侧壁面,其三波点与衍射激波相交,得到的是双马赫反射结构;三波点在外侧壁面和内侧壁面之间移动,参考图 3.34(e)、(f);在曲率非常大的位置上,传输激波很快就变成了一道平面激波。

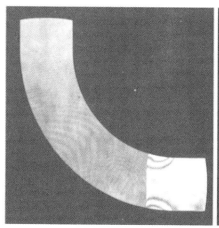
(a) #85082109:Ma_S=2.387,触发后60μs

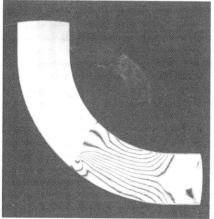
(b) #85082111:Ma_S=2.118,触发后120μs

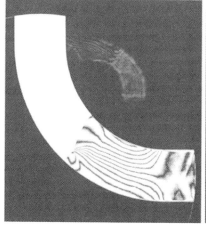
(c) #85082112:Ma_S=2.118,触发后150μs

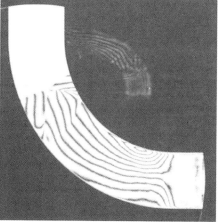
(d) #85082115:Ma_S=2.344,触发后210μs

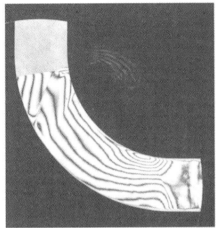
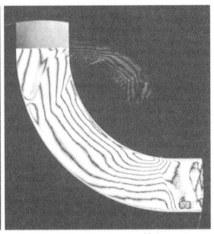

(e) #85082116: Ma_S=2.363,触发后240μs　　(f) #85082117: Ma_S=2.345,触发后270μs

图 3.34　激波在内半径 80mm 外半径 120mm 弯管中的传播
(Ma_S = 2.30,空气,810hPa,297.5K)

图 3.35 是激波在 CO_2 介质中,沿一个内径 80mm、外径 120mm 曲面弯管的传播情况,实验的入射激波名义马赫数 Ma_S = 4.0,压力为 405hPa,温度为 297.9K。沿着外侧壁面,激波的反射结构与激波在半径 120mm 壁面空气中的反射情况是一样的,外侧壁面半径与激波管壁面宽度的比值是 3;沿着内侧壁面,衍射激波的形状持续发生变化,没有发生涡生成现象。获得的传输激波与图 3.34 非常相似。

在图 3.35(e)、(f)中,随着传播过程的发展,传输激波很快变成平面激波,即在这个渐变的弯管内传输激波恢复为平面形状。由此实验得到一个重要结论,如果由于某种原因,激波管需要采用一个 90°的曲面弯管时,弯管的半径与激波管宽度的比值应该超过 3。

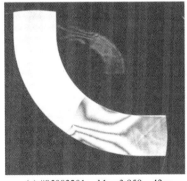
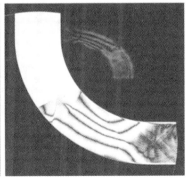

(a) #85082201: Ma_S=3.959,42μs　　(b) #85082203: Ma_S=3.955,460μs

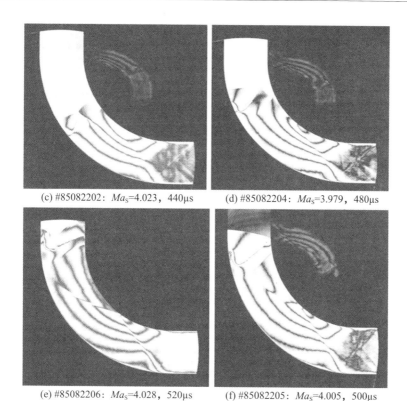

(c) #85082202: Ma_S=4.023, 440μs (d) #85082204: Ma_S=3.979, 480μs

(e) #85082206: Ma_S=4.028, 520μs (f) #85082205: Ma_S=4.005, 500μs

图 3.35　激波在内半径 80mm 外半径 120mm 弯管中的传播
(Ma_S = 4.0, CO_2, 405hPa, 297.9K, 时间数据为触发后时刻)

3.7　非球面透镜

矩形截面激波管配合矩形截面实验段适合做光学流动显示。但是,由于圆截面激波管结构简单,许多实验都采用圆截面的激波管,但圆截面激波管不一定是做光学流动显示的最佳设备。Yamanaka(1972)曾建议,可以采用一个(壁面横截面为)非球面透镜形状的扩张喷管(Takayama 和 Onodera,1983),用定量流动显示方法研究侧面射流对锥形喷管推力的影响,那时,尼康公司用高品质光学玻璃制造了这个喷管。根据 Yamanaka(1972)提出的思想,Takayama(1983)首先测量了亚克力材料对红宝石激光光束(波长6943nm)的折射率,然后设计了一个非球面透镜的形状,用从市场上采购的亚克力材料,自己制造了一个长100mm的横截面为非球面透镜的柱体。通过实验和试错,提高了制造和抛光试验材料的技能,最终制造出不同尺寸的实验段,并应用于激波研究。

图 3.36 描述了光线通过非球面透镜横截面时走过的路径。物光束 OB 平行入射到外壁面,通过非球面透镜壁面后平行地通过中空管的圆形横截面,再通过非球面透镜壁面平行地出来,依靠这个非球面透镜壁面对光路的调整,就可以用一束平行光束使圆截面激波管内的流动结构被定量显示出来。追踪每条通过非球面透镜的光线,就可以通过分析将壁面形状确定下来。

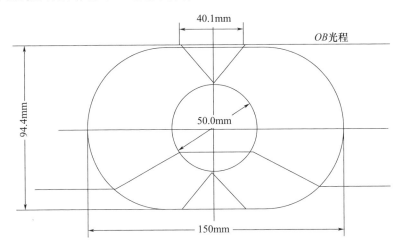

图 3.36 直径 50mm 横截面非球面透镜及光线轨迹(Takayama 和 Onodera,1983)

设 X 是内侧圆形壁面的位置矢量,X_n 是其法向矢量。那么

$$X = X(x = r_0\cos\theta, y = r_0\sin\theta)$$

$$X_n = X_n(x_n = \cos\theta, y_n = \sin\theta)$$

式中:r_0 为内侧壁面的半径;θ 为图 3.36 定义的角度。对于一条平行于 x 轴的入射光线,光线的单位向量表达为 $r'(1,0)$,位于壁面内部的反射光线的单位向量表达为 $r'(l,m)$,其中 l 和 m 是方向余弦。在壁面上,可以采用 Snell 定律 $\sin\theta_{11} = n\sin\theta_2$,其中 n 是壁面材料(本实验中是 PMMA)在给定的红宝石激光波长上相对于空气的折射率。

对于在亚克力柱壁面发生折射的平行入射光线,有

$$\cos\theta = X_n r' = \cos\theta_1 \tag{3.1}$$

对于从透镜与空气界面出来的光线,有

$$l\cos\theta + m\sin\theta = X_n r' = \cos\theta_2 \tag{3.2}$$

其中,$l^2 + m^2 = 1$。求解式(3.1)和式(3.2)就可以获得 l 和 m,于是,非球面透镜壁面的形状 $X(x,y)$ 就确定下来了。定义当地壁面厚度为 s,令光线平行进入非球面透镜壁面,再从壁面平行地出来,就可以确定壁面的厚度。用 $y=0$、$\theta=0$ 处的最大厚度 s_0 对壁面厚度做无量纲处理,壁面形状可以表达为式(3.3)。

$$\frac{s}{s_0} = \frac{(n-1)}{(n-l)} = \frac{n\cos\theta_2 + \cos\theta_1}{(n+1)\cos\theta_2}$$

$$X'(x,y) = X(X,Y) + sr'(l,m) \tag{3.3}$$

对于波长为 $\lambda = 694.3\text{nm}$ 的红宝石激光，亚克力的折射率为 $n = 1.4915 \pm 0.0005$，非球面透镜状壁面的形状就可以确定下来了。

自己制造一个内径 50mm、长 100mm 的柱状非球面透镜，在现在的技术条件下，采用 3D 打印技术也许可以毫不费力地制造出这种形状，壁面的抛光可能需要一些技术以及工匠的耐心。如果给定直径 $d_0 = 50\text{mm}$，最大的壁面厚度是 27.2mm，这个壁面厚度足够厚，可以使加工造成的畸变达到最小。参考图 3.36，存在一个三角形区域，入射的物光束 OB 不能通过该三角区，该区域在非球面透镜周长方向的长度是 40.1mm，这是一个很宽的空间，足够打一个孔，用来安装压力传感器（或其他传感器）。

为校准非球面透镜实验段，在实验段放置一个 50mm 宽、100mm 长的实验用网格图，网格尺寸为 1mm×1mm，该图的宽度刚好与实验段内径相符。第一次曝光拍摄无网格图时的照片，第二次曝光拍摄实验段中置入网格图的照片，图 3.37(a) 是非球面透镜实验段内的被试网格图的双曝光干涉图像。50mm 宽的实验图被均匀地铺在水平方向上，水平方向的宽度是 94.4mm，任何畸变都能够被观察到。在展向被试网格图没有畸变，由于加工精度不够，非球面的边缘是模糊的，可观测的最大宽度是 48.5mm，如果用视角来表述视场（可观测范围）大约是 75°。背景的对比度略显不均匀，是亚克力材质的不均匀性造成这种对比度的不均匀性。

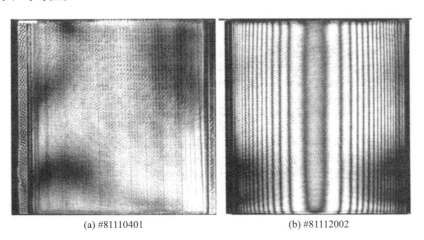

(a) #81110401 (b) #81112002

图 3.37 非球面透镜试验段在空气中的校准（Takayama 和 Onodera，1983）

（第一次曝光条件：670hPa，287K；第二次曝光条件：1013hPa，287K）

图 3.37(b)展示的是非球面透镜的精度,首先,实验段内充入 670hPa 的室温空气,获得第一次曝光的照片;然后,充入一个大气压的室温空气,获取第二次曝光的照片。两次曝光的照片记录了与实验段内气体密度增加 150% 相对应的相位角变化。

图 3.37(b)中的条纹分布表明,实验段内气体密度的分布是均匀的;条纹间隔对应于通过圆截面的物光束 OB 的光程长度分布。

黑色背景中的灰色图案是亚克力不均匀性造成的,尽管图 3.37(b)中图像的对比度略显不均匀,条纹分布却是直的,似乎有局部的扩大,但这是一种受到背景非均匀性影响的视错觉。

3.7.1 运动活塞驱动的激波形成

图 3.38 是实验装置的示意图。将非球面透镜实验段接到直径 50mm 的激波管上,将一个直径 50mm、长度 100mm 的尼龙活塞从实验段入口塞入,活塞前方的初始条件是 10hPa、284.3K 的空气。当激波撞击到活塞的后表面时,活塞受冲击瞬间进入非球面透镜实验段内,在实验段入口处,活塞速度是 69m/s,被活塞驱动而产生的激波马赫数可以写为 $Ma_S = 1 + \varepsilon (\varepsilon \ll 1), \varepsilon = (\gamma + 1)u/(4a)$。在本实验条件下,气流微团速度 $u = 69$m/s,声速 $a = 345$m/s,评估的激波马赫数 $Ma_S = 1.12$。

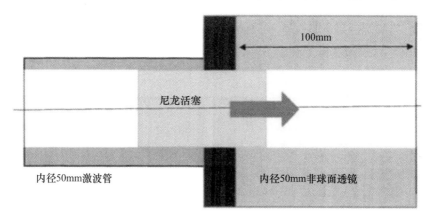

图 3.38　滑入非球形透镜实验段的尼龙活塞

图 3.39 是活塞驱动产生的弱激波的系列照片。在图 3.39(a)中,灰色均匀区域是活塞,不规则分布的条纹是活塞驱动获得的很多小压缩波。在图 3.39(b)~(d)中,不连续的条纹表明,形成了一道 $Ma_S = 1.12$ 的弱激波,应该注意到,在活塞前面约 20mm 处,已经形成了一道平面激波。图 3.39 中的条纹几乎是水平分布的,条纹之间是平行的,说明气体密度的分布几乎是均匀的。

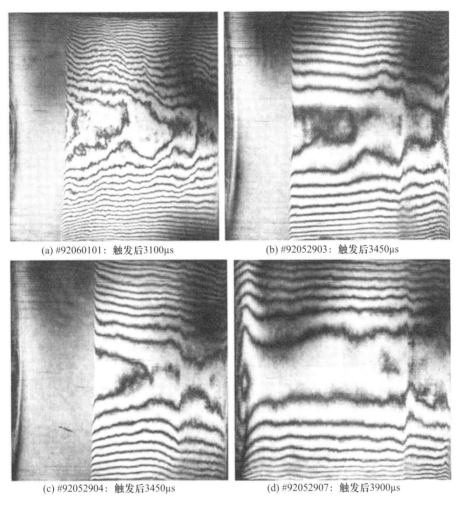

(a) #92060101：触发后3100μs (b) #92052903：触发后3450μs

(c) #92052904：触发后3450μs (d) #92052907：触发后3900μs

图 3.39　尼龙活塞驱动的激波形成过程
(Ma_S = 1.12, 空气, 10hPa, 294.3K)

3.7.2　过 90°弯头的圆截面激波管

在激波动力学研究中,一个重要的课题是研究激波沿圆截面 90°弯头的传播,圆截面的直径是 50mm。如今,3D 打印技术可以轻松制造一个横截面形状为非球面透镜、中间是圆截面空管的透明的 90°弯头;但在 20 世纪 80 年代早期,用黄铜制造了一个直径 50mm 的圆截面 90°弯头。为研究绕过圆截面 90°弯头后传输激波的特性,将弯头连接在直径 50mm 传统激波管上。图 3.40 是将 90°黄铜弯头段和一个 100mm 长的非球面透镜状实验段连接在激波管上的情况,实验段中心距离激波管中心可以是160mm,也可以是910mm。

通过二维的90°弯头后,衍射激波与反射激波相交,产生一系列涡,所以需要更长距离才能使畸变的二维激波恢复到平面形状。

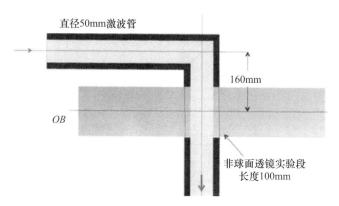

图 3.40　圆截面激波管以 90°连接

图 3.41(a)~(f)是传输激波在 90°弯头下游传播的系列流动显示照片,激波马赫数 $Ma_s=1.6$,实验介质是环境大气压、289K 的空气。经过内侧拐角时,产生激波衍射,诱发一个只存在于拐角尖点的局部角落涡。激波经过外侧拐角时从外侧壁面反射,激波反射结构仅在当地随当地入射角而发生变化,反射激波不再是二维的,而是弯曲的三维形状;很不容易想象这个三维激波结构以及其中各激波与三维的 90°弯头的干扰。随着时间的增加,传输激波逐渐变平坦,但其他各波也沿着激波管运动。图 3.41(d)是单曝光干涉图像,表明传输激波已经变平坦;可以清晰地观察到三维畸变的反射激波与传输激波。在采用圆截面的 90°弯头时,波与三维弯曲壁面相干扰,随着时间的增加,畸变的波前很快被抑制。将非球面透镜实验段的位置移动到圆截面管中心的下游 910mm 处,获得的全息干涉照片见图 3.41(g)、(h),在特征距离 18.2 处,传输激波已经很平坦了,平行的条纹图案代表着激波管横截面上具有均匀的密度分布,传输激波已经恢复为近乎平面的形状。综上得到结论,圆截面的 90°弯头可以在较短距离内使衍射激波恢复为平面形状。最近,先进的超算能力将复现激波在圆截面 90°弯头中的传输过程,届时,图 3.41 将成为数值模拟所依赖的实验依据。

3.7.3　面积变化时的同轴激波衍射

在直径 50mm 的激波管上连接一个直径 100mm、长 100mm 的非球面透镜实验段,参考图 3.42,利用该装置观察了激波经过圆截面膨胀区的情况,即从一个圆截面管道产生的激波衍射过程。

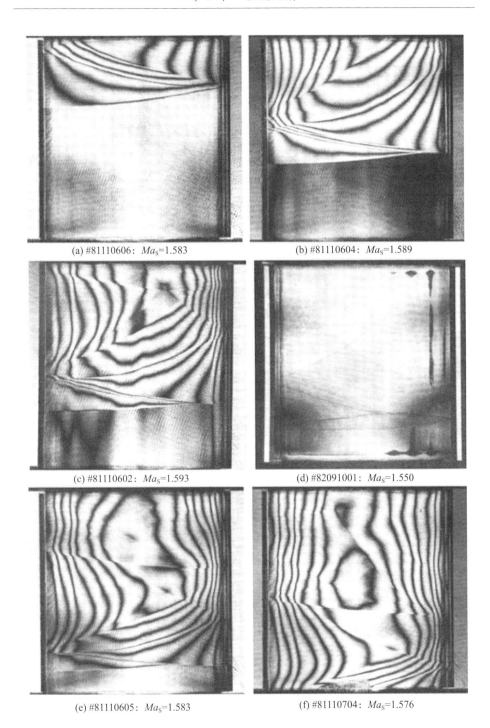

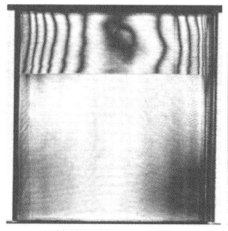 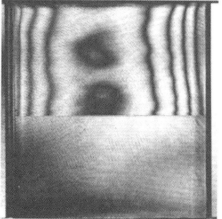

(g) #81111207: Ma_S=1.274
(1013hPa, 289.3K, 距90°弯头910mm)

(h) #81111213: Ma_S=1.165
(1016hPa, 289.3K, 距90°弯头910mm)

图 3.41 从 90°弯头转弯到 160mm 处的传输激波
(名义 $Ma_S=1.6$, 环境大气压, 空气, 289K)

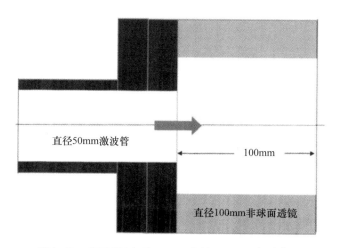

图 3.42 变面积(直径 50mm/直径 100mm)实验装置

图 3.43 是激波从直径 50mm 横截面膨胀到直径 100mm 横截面的衍射情况,激波马赫数 $Ma_S=1.50$,实验介质是环境大气压、287K 的空气。获得系列照片,观察到一道平面激波转变为一道球面激波以及涡环畸变的过程。在膨胀区域的拐角处,一道平面激波发生衍射,衍射激波的形状从平面转变为圆形;但膨胀区面积比只有 2,膨胀的圆形激波的波前又从直径 100mm 的管壁上反射回去。

(a) #95030313：触发后220μs，Ma_S=1.482

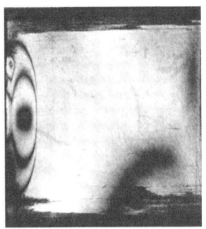
(b) #95032202：触发后230μs，Ma_S=1.500

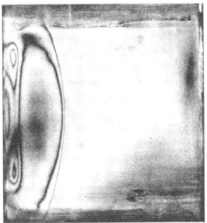
(c) #95030312：触发后240μs，Ma_S=1.508

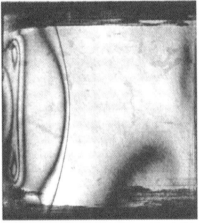
(d) #95032204：触发后270μs，Ma_S=1.500

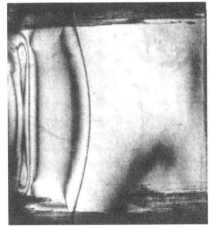
(e) #95032205：触发后290μs，Ma_S=1.500

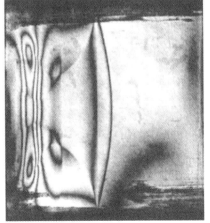
(f) #95032206：触发后310μs，Ma_S=1.500

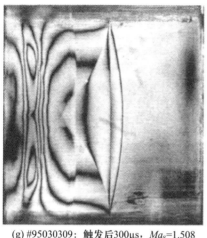

(g) #95030309：触发后300μs，Ma_S=1.508　　(h) #95030308：触发后320μs，Ma_S=1.504

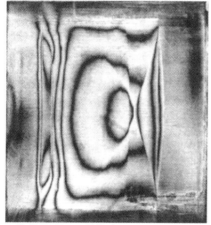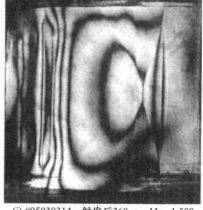

(i) #95030307：触发后340μs，Ma_S=1.501　　(j) #95030314：触发后360μs，Ma_S=1.508

图 3.43　变面积(直径 50mm/直径 100mm)时的同轴激波衍射
(名义 Ma_S =1.5,环境大气压,空气,287K)

参考文献

Abe, A. (1989). Study of diffraction of shock wave released from the open end of a shock tube (Ph. D. thesis). Graduate School of Engineering, Faculty of Engineering Tohoku University.

Babinsky, H., Yang, J. M., & Takayama, K. (1995). Animated visualization of shock wave flow field for dynamic comparison between experiment and numerical prediction. In Proceedings of SPIE (Vol. 2410, pp. 101 – 1).

Heilig, W. (1969). Diffraction of shock waves by a cylinder. Physics Fluids, 12, 154 – 157.

Honda, M., Takayama, K., & Onodera, O. (1977). Shock wave propagation over 90° bends. Reports of the Institute of High Speed Mechanics, Tohoku University, 35, 74 – 81.

Kainuma, M. (2004). Study of diffracting shock waves and vortex released from released from a circular shock tube(Ph. D. Thesis). Graduate School of Engineering, Faculty of Engineering Tohoku University.

Onodera, O., Jiang, Z. L., & Takayama, K. (1997). Holographic interferometric observation of shock waves discharged from the open end of square tubes. In A. P. F. Houwing, & A. Paul(Eds.), Proceedings of 21st ISSW(Vol. 2, pp. 1139 – 1444). The Great Keppel Island, Australia.

Takayama, K. (1983). Application of holographic interferometry to shock wave research. In International Symposium of Industrial Application of Holographic Interferometry, Proceedings of SPIE (Vol. 298, pp. 174 – 181).

Takayama, K., & Inoue, O. (1991). Shock wave diffraction over a 90° sharp corner – poster presented at 18th ISSW. Shock Wave, 1, 301 – 312.

Takayama, K., & Onodera, O. (1983). Shock wave propagation past circular cross sectional 90° bends. In D. Archer, & B. E. Milton(Eds.), Shock Tubes and Waves, Proceedings of 14th International Shock Tubes and Waves, Sydney(pp. 207 – 212).

Yamanaka. T. (1972). An investigation of secondary injection of thrust vector control(in Japanese). NAL TR – 286T, Chofu, Japan.

第4章 激波与各种形状物体的干扰

激波与圆柱或其他形状的物体之间的干扰是激波动力学研究的一个基本课题。本章提供激波与这些物体干扰的流动显示结果。

通过统计条纹就可以确定物体表面附近的密度分布,然后可以将密度分布转换为压力分布。定量的密度分布会展示出滑移线,所以对验证数值模拟程序非常有用。

由干涉图评估密度分布的步骤如下:首先,沿物光束 OB 的光程对密度积分,确定干涉条纹数量 N。

$$N\lambda/K = \int_0^L (\rho - \rho_0)\,\mathrm{d}z \tag{4.1}$$

式中:L 为光程长度,即激波管宽度;z 为在光程方向上的距离;λ 为红宝石激光的波长(694.3nm);ρ 为激波之后的密度;ρ_0 为激波之前的密度。如果,在边界层内,密度剖面是已知的,光程积分可写为:

$$N\lambda/K = \int_{\text{上壁面边界层}} (\rho - \rho_0)\,\mathrm{d}z + \int_{\text{核心流区}} (\rho - \rho_0)\,\mathrm{d}z + \int_{\text{下壁面边界层}} (\rho - \rho_0)\,\mathrm{d}z \tag{4.2}$$

假设激波管壁面的温度是室温,为简便起见,在边界层内采用 Karmann – Pohlhausen 速度分布,式(4.2)可以改写为

$$N\lambda/K = L(\rho_2 - \rho_\mathrm{W}) + 2\delta\Big(\rho_\mathrm{W}\int_0^1 f(\eta)\,\mathrm{d}\eta - \rho_2\Big)\mathrm{d}z \tag{4.3}*$$

式中:ρ_W 为壁面上的密度;$f(\eta)$ 是边界层的 Karmann – Pohlhausen 速度分布,$\eta = z/\delta$,$A = -\left(\gamma - \dfrac{1}{2}\right)Ma^2\dfrac{\rho_\mathrm{W}}{\rho_2}$,$B = -\left\{\left(\gamma - \dfrac{1}{2}\right)Ma^2 + 1 - \dfrac{T_\mathrm{W}}{T_2}\right\}\dfrac{\rho_\mathrm{W}}{\rho_2}$。

$$f(\eta) = \left[\dfrac{1}{A\,(2\eta - 2\eta^3 + \eta^4)^2 + B(2\eta - 2\eta^3 + \eta^4) + 1}\right] \tag{4.4}*$$

式中:T_W 为壁面温度;T_2 为激波后面均匀气流的温度;Ma 为激波后面均匀气流

---

* 原文如此,可能有误。

的马赫数。如果 $Ma_S=1.7$、壁面温度 $T_W=300\text{K}$、$Ma=0.77$、$\rho_W/\rho_2=1.458$、$T_W/T_2=\rho_W/\rho_2$、$A=0.1729$、$B=0.4327$,则 $\int_0^1 f(\eta)\text{d}\eta=0.836$。于是条纹数量确定为

$$N=(KL/\lambda)(\rho_2-\rho_0)(1+0.836\delta/L) \tag{4.5}$$

对应一个条纹移动的密度增量 $\Delta\rho$ 由式(4.6)给出:

$$\Delta\rho/\rho_0=\lambda/(KL\rho_0)/(1+0.836\delta/L) \tag{4.6}$$

如果 $L=60\text{mm}$,对于 $\lambda=694.3\text{nm}$,取该波长对应的 Gladstone-Dale 常数 K,$\Delta\rho/\rho_0$ 约为环境密度的 4.6%。考虑边界层位移厚度影响时,一个条纹移动对应的密度增量比写为

$$\Delta\rho/\rho_0=1+0.88\delta/L \tag{4.7}$$

该式意味着,边界层位移厚度 δ 在全部条纹位移中的贡献是 $0.88\delta/L$。对于层流边界层,按照边界层理论(Schlichting,1960),边界层位移厚度为

$$\delta/L=7.812\sqrt{x/Re} \tag{4.8}$$

式中:x 为从入射激波起算的距离。

对于本激波管流动,在 $x=1\text{m}$ 处,δ/L 约为 0.025,边界层对条纹数量的影响是 2%,影响非常小,需修正的量也非常小。如果实验介质的压力不是特别低,就可以忽略条纹数量的修正问题。

通过计算干涉图中的条纹数量,就可以确定柱体表面上气体的密度分布,然后在给定驻点密度条件下,采用等熵关系,即可将圆柱表面附近的密度分布转化为压力分布。确定柱体表面的气体压力分布后,就可以给出压力系数。这样,通过计算干涉图上的条纹数量,也可以获得阻力和升力。

4.1 圆柱

4.1.1 空气中的圆柱

将一个直径 40mm 的圆柱装夹于两个 15mm 厚的亚克力厚板之间,亚克力板则粘接在 60mm×150mm 实验段的框架上。在很宽的激波马赫数范围和初始压力范围条件下,采用双曝光全息干涉方法显示了空气绕圆柱的流动情况。亚克力板有一定的不均匀性,但还不至于使条纹分布发生畸变,仅影响图像的对比度。

图 4.1 是安装在实验段内的直径 20mm 的圆柱。

图 4.2 是名义马赫数 $Ma_S=1.5$ 的激波绕过直径 40mm 圆柱的系列流动显示照片。当激波撞击到圆柱的前驻点区域时,形成的反射激波结构是规则反射;当激波到达圆柱的赤道时,反射激波结构是单马赫反射。传输激波沿着圆柱的上、下侧,朝着后驻点方向传播,同时,三波点形成,出现弯曲的马赫激波和滑移线。

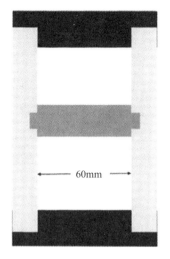 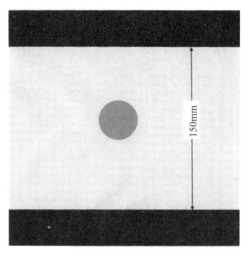

图 4.1　安装在实验段内的圆柱

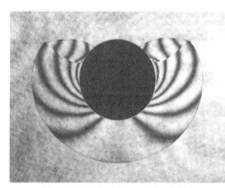 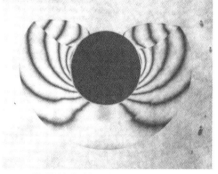

(a) #96053044：180μs，Ma_S=1.499　　　(b) #96053008：190μs，Ma_S=1.499

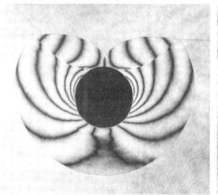 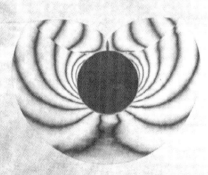

(c) #96053011：200μs，Ma_S=1.501　　　(d) #96053012：220μs，Ma_S=1.497

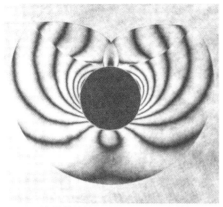
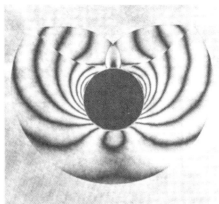

(e) #96053013: 230μs, Ma_S=1.503

(f) #96053014: 240μs, Ma_S=1.500

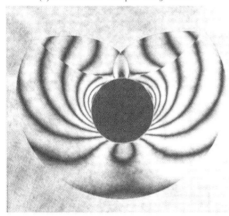
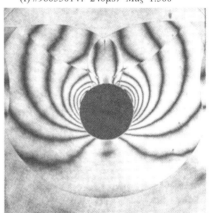

(g) #96053015: 250μs, Ma_S=1.499

(h) #96053016: 260μs, Ma_S=1.501

图 4.2 激波与直径 40mm 圆柱的相互作用

(名义 Ma_S = 1.5, 空气, 275hPa, 299.6K)

图 4.3 是在 60mm × 150mm 传统激波管实验段中获得的、空气中名义马赫数 Ma_S = 2.6 的激波绕过直径 40mm 圆柱的系列流动显示照片。在迎着激波的柱面部分，最初形成的反射激波结构是规则反射结构；在赤道圆处，参考图 4.3(a)，出现两个单马赫反射结构，可以看到其中的三波点和弯曲的马赫激波；在图 4.3(b)~(f)中观察到两个马赫杆分别沿着柱体壁面的上、下部分传播。之后两个马赫杆在后驻点相遇并反射，被反射马赫激波的运动方向反向，然后与柱体壁面上发展起来的边界层相干扰，这个干扰过程类似于激波管侧壁上的反射激波与侧壁边界层的干扰(Mark,1956)。还观察到另一个反射激波与边界层的干扰现象，即图 4.3(e)中箭头所指的反射激波分叉，是反射激波与激波管侧壁面上发展起来的边界层相干扰的结果。图 4.3(g)和(h)则是被反射的马赫激波

与边界层干扰的图谱,马赫激波还与一条发自三波点的滑移线相交。

图4.4是名义马赫数 $Ma_S = 1.7$ 的激波绕过直径20mm圆柱的系列流动显示照片,实验介质是900hPa的空气,实验装置是60mm×150mm传统激波管。

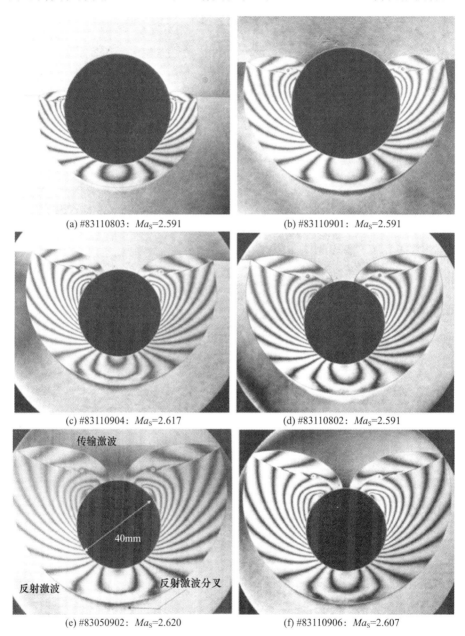

(a) #83110803: Ma_S=2.591   (b) #83110901: Ma_S=2.591

(c) #83110904: Ma_S=2.617   (d) #83110802: Ma_S=2.591

(e) #83050902: Ma_S=2.620   (f) #83110906: Ma_S=2.607

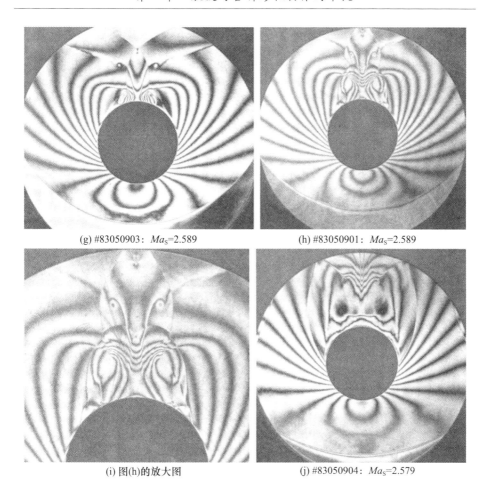

(g) #83050903：Ma_S=2.589 (h) #83050901：Ma_S=2.589

(i) 图(h)的放大图 (j) #83050904：Ma_S=2.579

图 4.3 激波与直径 40mm 圆柱的相互作用

(名义 Ma_S =2.6,空气,100hPa,291.1K)

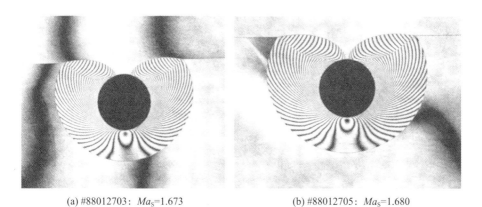

(a) #88012703：Ma_S=1.673 (b) #88012705：Ma_S=1.680

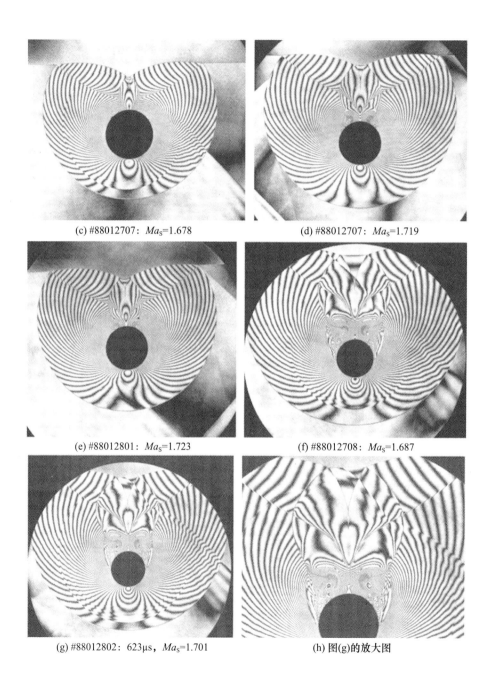

(c) #88012707：Ma_S=1.678
(d) #88012707：Ma_S=1.719
(e) #88012801：Ma_S=1.723
(f) #88012708：Ma_S=1.687
(g) #88012802：623μs，Ma_S=1.701
(h) 图(g)的放大图

第 4 章　激波与各种形状物体的干扰

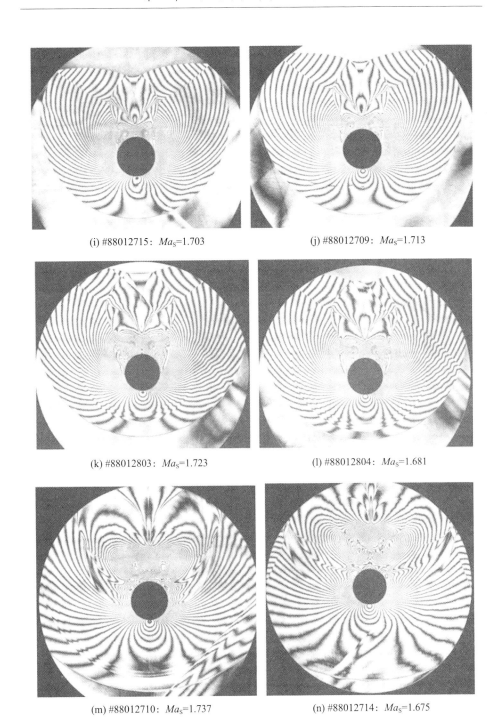

(i) #88012715：Ma_S=1.703

(j) #88012709：Ma_S=1.713

(k) #88012803：Ma_S=1.723

(l) #88012804：Ma_S=1.681

(m) #88012710：Ma_S=1.737

(n) #88012714：Ma_S=1.675

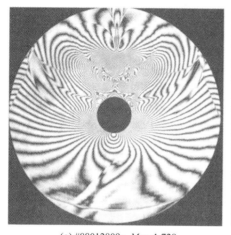 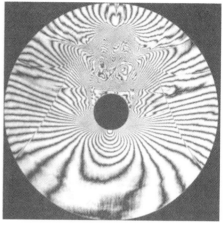

(o) #88012809: Ma_S=1.728　　　　　　(p) #88012807: Ma_S=1.672

图 4.4　激波与直径 20mm 圆柱的相互作用过程

（名义激波马赫数 $Ma_S = 1.7$, $Re = 0.3 \times 10^5$, 空气, 900hPa, 291.1K）

4.1.2　CO_2 中的圆柱

图 4.5 是在 CO_2 气体中激波与直径 20mm 的圆柱相干扰的过程，实验装置是 60mm × 150mm 传统激波管。直径 20mm 的圆柱被装夹在两块亚克力板之间，由于亚克力板曾经用于测量压力，所以亚克力板上开有安装压力传感器的测压孔。在图 4.5(c) 中，黑色圆形阴影是安装压力变速器的孔，在本实验中用堵头平齐地将孔堵住。

从干涉法流动显示的角度考虑，比较愿意采用多原子气体。CO_2 与空气的 Gladstone–Dale 常数分别是 0.00045 和 0.00027，条纹敏感度正比于 Gladstone–Dale 常数，所以，在 CO_2 气体中，干涉流动显示敏感度比空气中高 1.7 倍，在 SF_6 气体中这种影响更大。

另外，单原子气体的比热比 γ 是 1.667，空气的比热比是 1.4，CO_2 的比热比是 1.29，SF_6 的比热比是 1.08。由于与侧壁上边界层的相互作用，反射激波将分叉，随着比热比 γ 趋近于 1，发生分叉的激波马赫数的范围会更宽，激波与边界层干扰的影响会更大。随着比热比 γ 的减小，反射的马赫激波与圆柱表面边界层的相互作用会增强 (Mark, 1956)。因此，在单原子气体中，反射激波与边界层的相互干扰效应是最小的。

图 4.6 是名义马赫数 $Ma_S = 2.2$ 的激波在 CO_2 气体中与直径 20mm 的圆柱相干扰的过程，气体压力是 300hPa，温度是 289.1K。实验装置是 60mm × 150mm 传统激波管。在高密度区内的条纹无法分辨，但记录的密度分布是精确的。在

图 4.6(a)~(f)中,建立了近乎稳定的超声速激波管流动,在直径 20mm 的圆柱前方,激波的脱体距离在这段时间内保持不变。

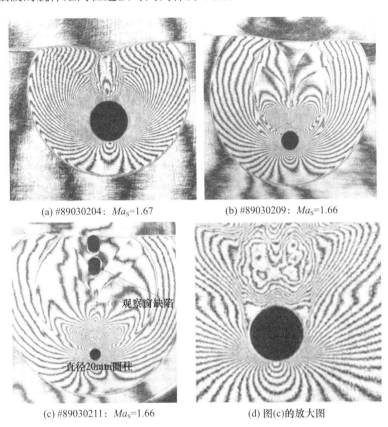

(a) #89030204: Ma_S=1.67   (b) #89030209: Ma_S=1.66

(c) #89030211: Ma_S=1.66   (d) 图(c)的放大图

图 4.5　在 CO_2 气体中激波与直径 20mm 圆柱的相互作用
(名义激波马赫数 $Ma_S = 1.66, 500\text{hPa}, 290.2\text{K}$)

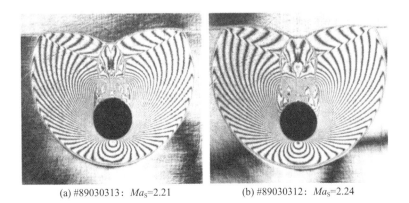

(a) #89030313: Ma_S=2.21   (b) #89030312: Ma_S=2.24

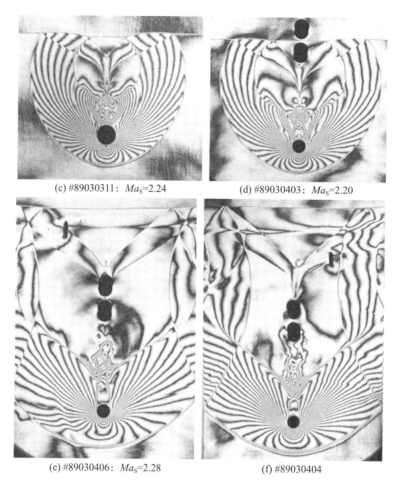

(c) #89030311：Ma_S=2.24　　(d) #89030403：Ma_S=2.20

(e) #89030406：Ma_S=2.28　　(f) #89030404

图 4.6　在 CO_2 气体中激波与直径 20mm 圆柱的相互作用
（名义激波马赫数 Ma_S = 2.2, CO_2, 300hPa, 289.1K）

4.1.3　气体 SF_6 中的圆柱

图 4.7 的系列照片反映的是激波在 SF_6 气体中绕过圆柱所形成波系的演化情况,气体压力是 100hPa。反射激波与侧壁上的边界层相互作用产生一个很大的分叉区域,而在图 4.6 中没有出现这个现象。

图 4.8 是名义马赫数 Ma_S = 4.2 的激波在 SF_6 气体中绕过直径 20mm 圆柱的后期阶段,气体压力是 20hPa,温度是 290.2K。沿圆柱前方壁面,反射激波与激波管侧壁发展起来的边界层相互作用,边界层严重分离,使干涉条纹在圆柱体前方一侧呈现出不规则形状的分布。

第4章 激波与各种形状物体的干扰

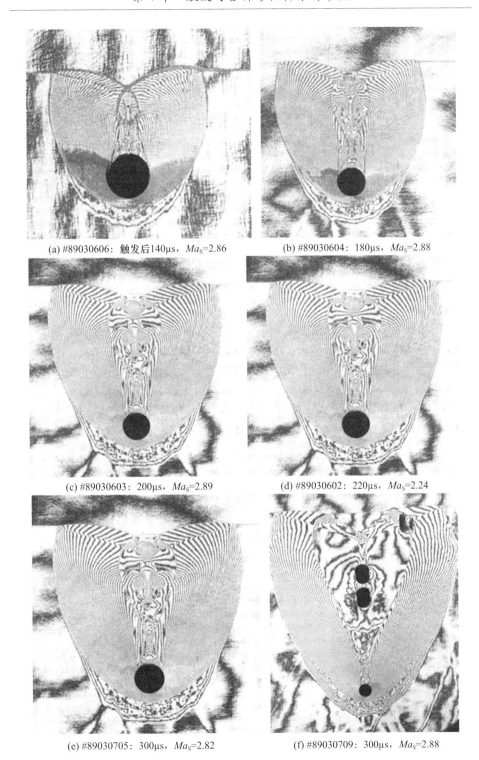

(a) #89030606：触发后140μs，Ma_S=2.86

(b) #89030604：180μs，Ma_S=2.88

(c) #89030603：200μs，Ma_S=2.89

(d) #89030602：220μs，Ma_S=2.24

(e) #89030705：300μs，Ma_S=2.82

(f) #89030709：300μs，Ma_S=2.88

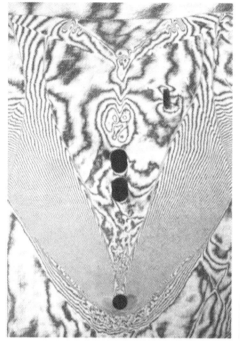 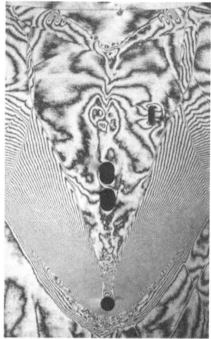

(g) #89030711：400μs，Ma_S=2.83   (h) #89030713：450μs，Ma_S=2.81

图 4.7　在 SF_6 中激波与直径 20mm 圆柱的相互作用

（名义激波马赫数 $Ma_S = 2.88$，100hPa，290.2K）

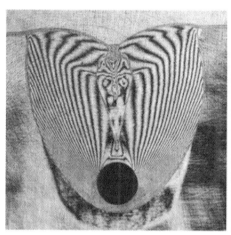 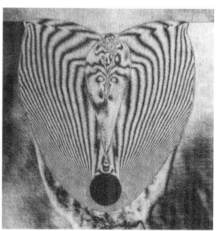

(a) #89030718：340μs，Ma_S=4.18   (b) #89030717：370μs，Ma_S=4.20

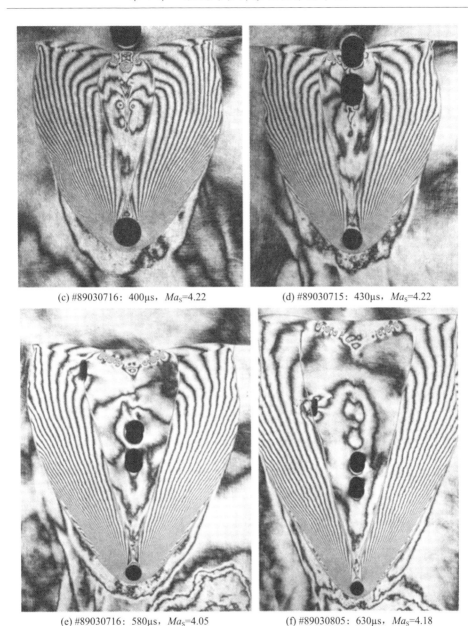

(c) #89030716: 400μs, Ma_S=4.22　　(d) #89030715: 430μs, Ma_S=4.22

(e) #89030716: 580μs, Ma_S=4.05　　(f) #89030805: 630μs, Ma_S=4.18

图 4.8　在 SF_6 中激波与直径 20mm 圆柱相干扰的后期阶段演化

(名义激波马赫数 Ma_S=4.20,20hPa,290.2K)

4.1.4　粉尘气体中的圆柱

图 2.15 研究了在激波管的粉尘气流中,激波与一个安装在实验段中的直径

10mm 圆柱的相互作用,实验装置是 $30mm \times 40mm$ 的传统激波管。所研究的粉尘粒子是直径约 $5\mu m$ 的炭灰,粉尘的负载系数约为 0.02(粉尘的负载系数定义为:在所研究的体积内,粉尘粒子质量与空气质量的比值;Sugiyama 等,1988)。图 2.15 解释了粉尘循环系统组成,粉尘粒子由粉尘储箱供应,通过一个过滤器由真空箱回收,过滤器将粉尘从空气中分离出来。本实验中激波马赫数的范围是 1.3~2.15,基于圆柱体直径的雷诺数范围是 $6.5 \times 10^4 \sim 1.6 \times 10^5$。

图 4.9 是粉尘空气中激波在圆柱上的反射情况。曝光过程如下:关闭室内灯光,将全息胶片安装到胶片架上,在粉尘循环系统启动之前进行第一次曝光,用厚布遮盖胶片;粉尘循环系统启动,打开室内灯光,持续监测粉尘浓度,几分钟后粉尘浓度达到预定值,关闭粉尘循环、关闭室内灯光,进行第二次曝光,同时,整个系统保持不动(除了粉尘循环系统)。

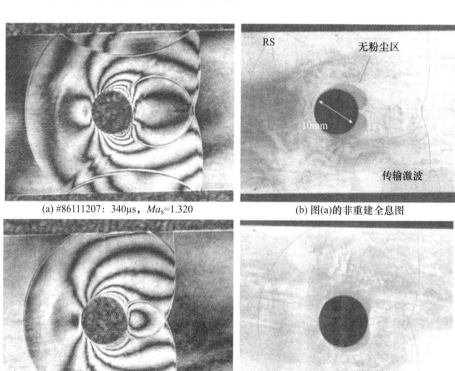

(a) #86111207:340μs,Ma_S=1.320
(b) 图(a)的非重建全息图
(c) #86111202:Ma_S=1.304
(d) 图(c)的非重建全息图

第4章 激波与各种形状物体的干扰

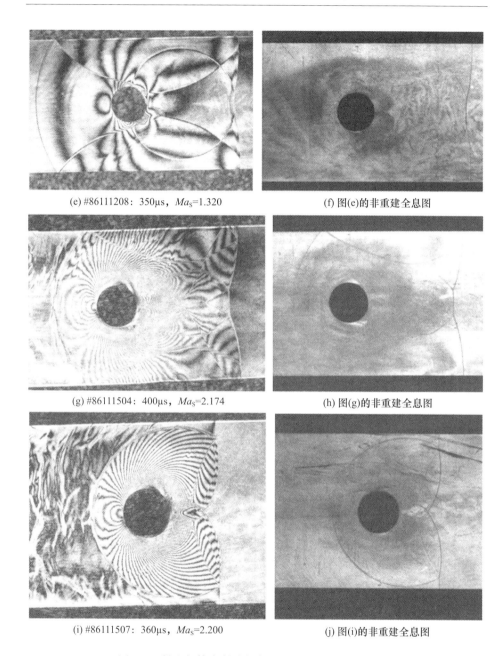

(e) #86111208: 350μs, Ma_S=1.320   (f) 图(e)的非重建全息图

(g) #86111504: 400μs, Ma_S=2.174   (h) 图(g)的非重建全息图

(i) #86111507: 360μs, Ma_S=2.200   (j) 图(i)的非重建全息图

图4.9 粉尘气体中激波与直径40mm圆柱的相互作用
(空气,1013hPa,186K)

本实验的光路布置与阴影光路类似,所以图4.9中的非重建全息图等效于阴影图。图4.9(a)是粉尘气体中激波管流动的干涉图,但其条纹分布与从无粉

尘气流获得的条纹分布没有什么区别。

在非重建全息图中,圆柱表面的灰色区域是无粉尘区,参考图4.9(b),由于离心力的作用,粉尘粒子被甩出去了。在第二次曝光时,物光束OB携带了所有的全息信息,包括粉尘粒子对光的吸收和由粉尘粒子造成的光的散射。尽管粉尘的负载系数只有0.02,但粉尘粒子分布存在不均匀性,这些不均匀分布的粉尘粒子使激光光束散射。由于粒子造成光的散射和衍射,背景的对比度比较亮,这就是米氏散射(大于光波长尺寸的粒子使光源产生的散射)。与粉尘粒子均匀分布的区域相比,在完全没有粉尘粒子的区域内,背景的对比度比较暗。天空中的各种分子也使太阳光发生散射,但那是Rayleigh散射,所以天空是蓝色的;在月球表面,既没有空气,也没有粉尘粒子,太阳光不发生散射,所以在月球上,天空看上去是黑色的。

无粉尘区域由涡的运动产生,而涡的运动由反射的马赫激波与柱体表面边界层的干扰引起。涡内的气流诱导出足够强的离心力,将粉尘粒子抛射出去。由于激波管尺寸小,涡的尺寸占比大(与大尺寸激波管相比,如图4.2)。Izumi(1988)用数值方法模拟了无粉尘区的存在,采用的是TVD格式,无粉尘区就是出现在上述黑色区域所在的大概位置。

4.1.5 旋转中的圆柱

当一道激波沿着一个旋转的圆柱传播时,圆柱旋转的方向不同,激波反射结构从规则反射向单马赫反射过渡的情况也会不同。为了观察这一效应,用铝合金制造了一个半径R的中空圆柱,使之在60mm×150mm无膜片激波管的实验段内旋转,采用一个逆变器,使圆柱呈逆时针旋转,旋转速度ω约为2000rad/s,角速度R_ω约为50m/s。在激波管实验段的壁面和圆柱体壁面上都喷涂了荧光漆,参考图4.10(a),采用漫反射全息观察法。

图4.10(b)是一个双曝光漫反射全息图,马赫数$Ma_S = 1.19$的激波沿着圆柱由左向右侧传播,在圆柱的上半部分,气流方向是逆时针的,规则反射向马赫反射结构的转换产生了迟滞;相反,在圆柱的下半部分,规则反射向马赫反射结构的转换是提前的。清晰地观察到上、下两个三波点的位置,在圆柱的上半部分,马赫激波的高度比较小,在圆柱的下半部分,马赫激波的高度比较大。在该图中,反射激波的图像被投影到侧壁面上(Sun等,2001)。图4.10(c)是后来又做的双曝光全息显示(Yada,2001),这一次是从实验段的外部支撑实验件,采用标准图像全息法做的流动显示,圆柱上半部分和下半部分的马赫杆略有不同,表明相反的气流带来了差异。这只是一次初步预备性的实验,未来还会改进实验系统,使旋转速度加倍。

(a) 喷涂荧光漆的实验件

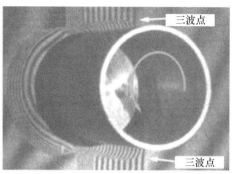
(b) 直径50mm圆柱 (2000rad/s)

(c) 直径70mm圆柱 (25000rad/min)

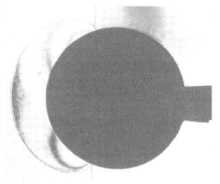
(d) 直径70mm圆柱 (25000rad/min)

图 4.10 空气中 $Ma_s = 1.19$ 的激波在逆时针旋转圆柱上的反射(Yada,2001)

4.1.6 半边多缝隙圆柱体

图 4.11 是激波在直径 100mm 的中空圆柱上产生衍射的系列照片。圆柱由黄铜制成,壁厚 10mm,装夹在实验段的两个亚克力板之间(亚克力板作为观察窗),实验设备是 60mm×150mm 传统激波管,激波马赫数 $Ma_s = 1.17$,实验气体是环境大气压的空气。正如图 4.11(a)所示,沿着圆柱的上面一侧开有很多宽度为 1.0mm 的细缝,这些细缝的间距是 1.5mm;在圆柱体的下面一侧,是 10mm 厚的黄铜管。在开缝隙的部分,其底部有一个宽 2.5mm 的边框,这个边框将缝隙部分支撑住,开孔率是 40%。这个结构很脆弱,所以只做了 50 次实验就坏了。

图 4.11(a)中给出了细缝的结构,以及与入射激波的初期干扰情况。在开缝的壁面上,反射激波结构是亚声速规则反射,而在固体壁面上是单马赫反射结构(在粗糙斜楔或开缝斜楔上,临界转换角 θ_{crit} 比固壁小)。在图 4.11(b)、(c)中,观测图中上半部分的反射激波结构和下半部分的反射激波结构发现,与固壁一侧相比,多缝壁面对激波反射结构的影响更明显。三波点位置的轨迹在开缝

一侧的壁面上比较低，而在固体壁面一侧则比较高。

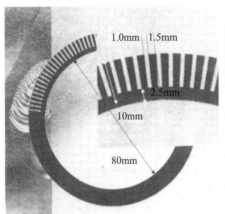
(a) #86121908：275μs，Ma_S=1.165

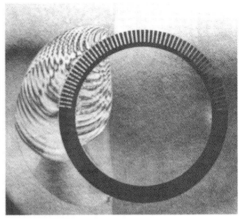
(b) #86121904：375μs，Ma_S=1.171

(c) #86121911：450μs，Ma_S=1.170

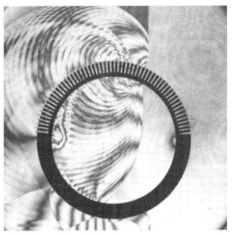
(d) #86121912：475μs，Ma_S=1.170

(e) #86121914：525μs，Ma_S=1.171

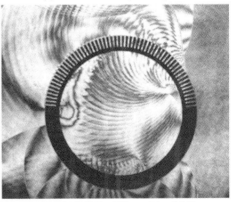
(f) #86121915：550μs，Ma_S=1.161

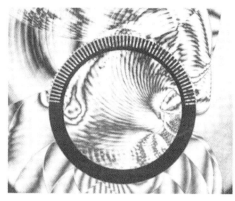 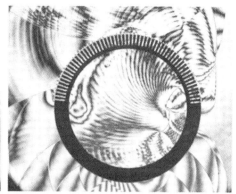

(g) #86121916: 575μs, Ma_S=1.174　　　(h) #86121917: 600μs, Ma_S=1.166

图 4.11　激波与多缝隙圆柱的干扰
（名义 Ma_S = 1.17，环境大气压，空气，288K）

由于实验件不是严丝合缝地装夹于两个观察窗之间，入射激波或传输激波从它们之间的缝隙泄漏出去，在中空圆柱里形成了激波泄漏的阴影。

传播到缝隙内部的激波，从缝隙底部的 2.5mm 宽的边框反射，观察这一系列照片很容易评估临界转换角 θ_{crit}，缝隙一侧的临界转换角比固壁一侧的小很多。

图 4.12 是 Ma_S = 1.52 的激波沿缝隙一侧圆柱表面传播过程中的演化情况。通过壁面缝隙的传输激波在圆柱内部斜着传播，凸起状的激波朝着凸壁面方向传播，其反射形成了激波的汇聚，参考图 4.12(j)。

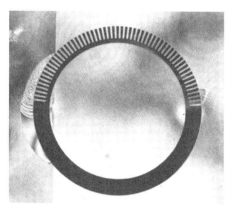 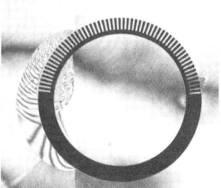

(a) #86121918: 135μs, Ma_S=1.512　　　(b) #86121919: 155μs, Ma_S=1.512

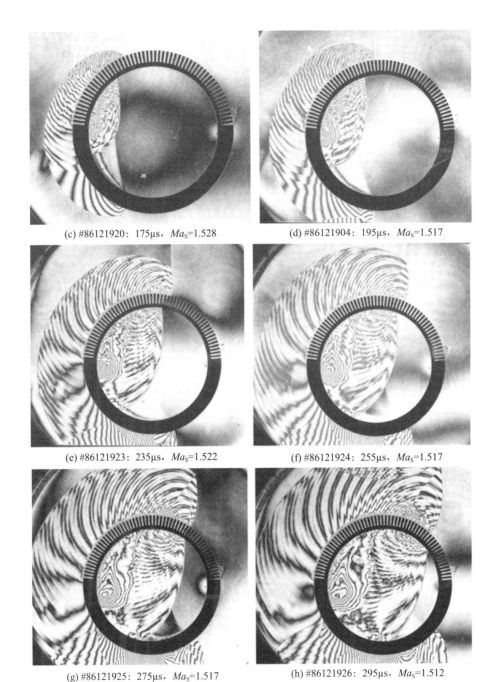

(c) #86121920：175μs，Ma_S=1.528
(d) #86121904：195μs，Ma_S=1.517
(e) #86121923：235μs，Ma_S=1.522
(f) #86121924：255μs，Ma_S=1.517
(g) #86121925：275μs，Ma_S=1.517
(h) #86121926：295μs，Ma_S=1.512

 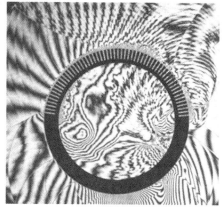

(i) #86121927：315μs，Ma_S=1.513　　　(j) #86121930：375μs，Ma_S=1.514

图 4.12　激波与多缝隙圆柱的干扰
(名义激波马赫数 Ma_S = 1.52,空气,866hPa,289.0K)

4.1.7　倾斜圆柱

激波与圆柱的干扰是激波研究的一个基本课题,反射激波结构在圆柱上的临界转换角是用实验确定的,所以自然产生了一个问题,即倾斜圆柱上的临界转换角与二维圆柱相差多少。于是,将倾斜圆柱安装在 60mm × 150mm 传统激波管的实验段内,进行了实验观察。

1. 30°倾斜圆柱

图 4.13 是激波在一个倾斜 30°的直径 30mm 圆柱上反射和衍射的系列照片,流动显示采用双曝光全息干涉法,空气中的激波马赫数范围为 1.7 ~ 3.05。所有的反射结构都是三维的,沿着前方一侧都是单马赫反射。如果能够显示沿着倾斜圆柱侧壁或其他方位的激波反射结构,应该会看到马赫激波被反射及其引起的复杂干扰现象。在这个倾斜角度情况下,可能以单马赫反射结构为主。复现倾斜圆柱上的激波反射情况是很重要的,与复现倾斜锥体上激波反射结构具有同等重要的意义(参考 2.1.8 节)。

2. 45°倾斜圆柱

图 4.14(a) ~ (c)是激波在倾斜 45°圆柱上的反射和衍射系列照片,空气中的激波名义马赫数 Ma_S = 1.26。图 4.14(d) ~ (f)是名义马赫数 Ma_S = 1.7 的激波在倾斜 45°圆柱上的反射和衍射系列照片。在图 4.14(a)中,反射结构是超声速规则反射,而在图 4.14(b) ~ (f)中是单马赫反射。当激波通过顶部拐角时,反射结构是单马赫反射,类似于凸形双楔的反射情况。在图 4.14(a)中靠近倾

斜圆柱处，清晰可见的第二条间断线是入射激波从侧壁反射的激波。

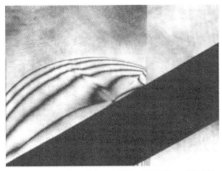
(a) #87121501：Ma_S=1.709, 500hPa, 292.7K

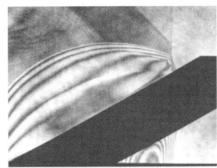
(b) #87121502：Ma_S=1.712, 500hPa, 292.7K

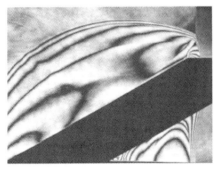
(c) #87121503：Ma_S=1.716, 500hPa, 291.8K

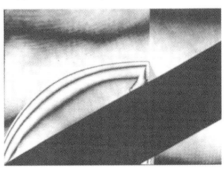
(d) #87121511：Ma_S=2.568, 130hPa, 294.3K

(e) #87121513：Ma_S=3.067, 50hPa, 294K

(f) #87121512：Ma_S=3.053, 50hPa, 294K

图4.13 激波在倾斜30°圆柱上的反射和衍射过程

3. 60°倾斜圆柱

图4.15是激波在倾斜60°圆柱上的反射和衍射情况的系列照片，在整个圆柱上，反射结构是超声速规则反射结构。在图4.15(d)中激波通过倾斜圆柱平顶的拐角时，反射结构变为单马赫反射，这个趋势类似于激波在凸壁面上的传播情况。此外，在侧面，当地倾斜角趋近于临界转换角θ_{crit}时，反射激波结构会转变为单马赫反射，但尚无方法定量显示反射激波结构在倾斜圆柱上的转换角。

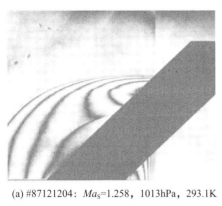 

(a) #87121204：Ma_S=1.258，1013hPa，293.1K   (b) #87121206：Ma_S=1.259，1013hPa，293.6K

(c) #87121207：Ma_S=1.263，1013hPa，293.6K   (d) #87121211：Ma_S=1.721，500hPa，293.0K

(e) #87121212：Ma_S=1.706，500hPa，291.0K   (f) #87121213：Ma_S=1.711，500hPa，292.6K

图 4.14　激波在倾斜 45°圆柱上的反射与衍射过程

4. 截断的垂直圆柱

这是一个非常平凡的实验，显示的是激波在一个截断的、直径 30mm 竖直圆柱上的反射与衍射情况，使用的设备是 60mm×150mm 激波管。图 4.16 是名义马赫数 $Ma_S=1.70$ 的激波在圆柱上反射的系列照片，在圆柱前方表面上的反射结构是规则反射，而在侧面和顶部形成的反射结构是单马赫反射。与激波在二维圆柱上的传播情况不同,在竖直圆柱的边缘处发生的三维衍射是一个复杂结构。

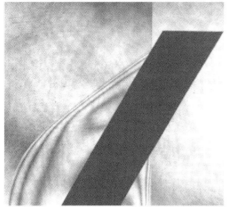
(a) #87121109：Ma_S=1.260，1013hPa，294.4K

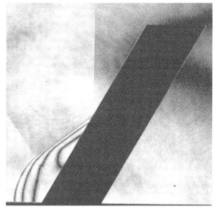
(b) #87121110：Ma_S=1.580，1013hPa，294.4K

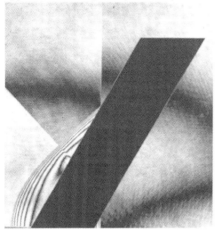
(c) #87121108：Ma_S=1.713，500hPa，294.5K

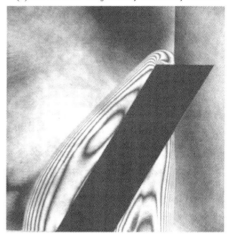
(d) #87121106：Ma_S=1.722，500hPa，294.5K

图 4.15　激波在倾斜 60°圆柱上的反射与衍射过程

4.1.8　对 60°倾斜圆柱的漫反射全息观察

本节是对前述实验的汇总。将 60°斜楔安装在 60mm × 150mm 传统激波管中,按照漫反射全息观察要求的方式,将圆柱和激波管的整个实验段涂覆荧光漆;设置激波运动时序;物光束从略倾斜的方向照射激波管实验段,物光束通过涂覆炭黑的玻璃时被漫反射,然后漫反射的物光束从涂覆荧光涂层的壁面反射,携带上事件的全息信息,全息信息被记录到全息胶片上。图 4.17(a) 是重建图像,清晰地展示了圆柱体上的反射激波,图中的激波名义马赫数 Ma_S = 1.5。在图 4.17(b) 中,重建角度与视场垂直(Timofeev,1997)。

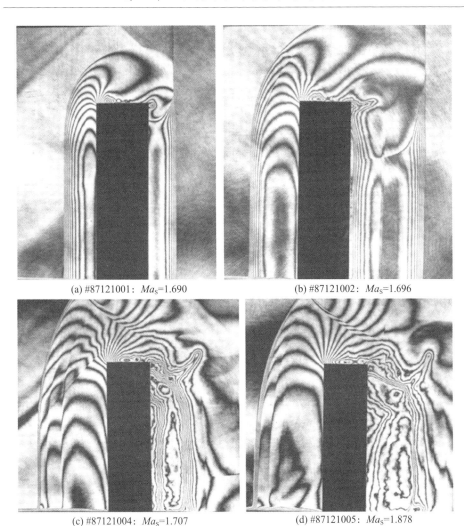

(a) #87121001: Ma_S=1.690
(b) #87121002: Ma_S=1.696
(c) #87121004: Ma_S=1.707
(d) #87121005: Ma_S=1.878

图 4.16 激波在截断的竖直圆柱上的反射与衍射
（名义 Ma_S=1.70,空气,500hPa,295.1K）

在圆柱前方(迎着入射激波)的表面上,观察到超声速规则反射,对比度持续变化的深灰色阴影间断区域是三波线,在图 4.13～图 4.16 中清晰地拍摄到这些三波线,从这些照片上可以相对准确地确定临界转换角 θ_{crit}。图 4.17(b)～(d)分别是激波马赫数 1.2、2.4 和 3 的激波反射结构,这些三维图像确定了侧壁三波线的位置。Timofeev 等(1997)用数值方法确定了激波反射结构的转换点,参考图 4.17(f)。图 4.17(d)发生了从规则反射向单马赫反射结构的转换,转换角度与椭圆柱体上的转换点相似。在图 4.13～图 4.16 中,无论在底部壁面还是在顶部的截断平面上都没有观察到边界层分离。

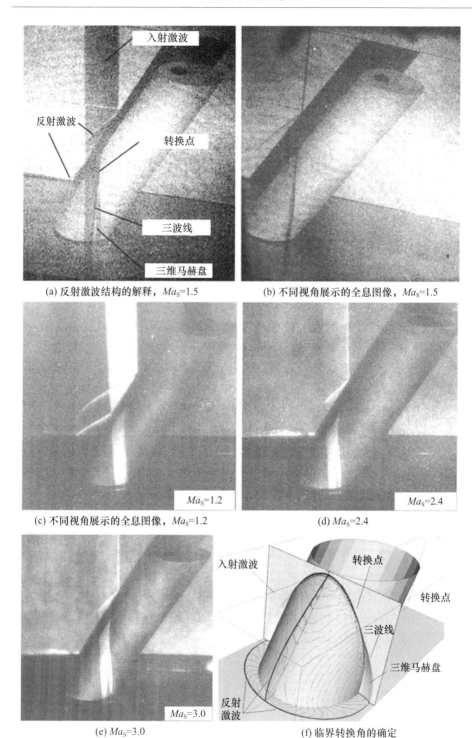

图 4.17　倾斜 60° 的圆柱上的激波反射

图 4.18 汇总了倾斜圆柱上激波反射结构的临界转换角 θ_{crit} 随激波强度 ξ 的变化关系,纵坐标是临界转换角,横坐标是激波强度的倒数 ξ,灰色实心圆圈是倾斜 60°圆柱体的临界转换角,实线是脱体准则预测值(Courant 和 Friedrichs,1948),空心圆圈是楔的实验数据(Smith,1948),实心圆圈是水楔的实验结果(参考 2.1.6 节),实心三角是锥的实验结果(Yang,1995)。在倾斜圆柱上的反射激波结构转换是三维现象,而临界转换角 θ_{crit} 的结果与楔的数据在合理的程度上相符,特别是在强激波情况下。对于弱激波情况,倾斜圆柱的数据偏离了楔、锥的实验结果。

本轮实验是对倾斜 60°圆柱所做的初步实验,还将与凹壁面实验数据进行比较,并与求解 Navier–Stokes 的数值结果进行对比分析。

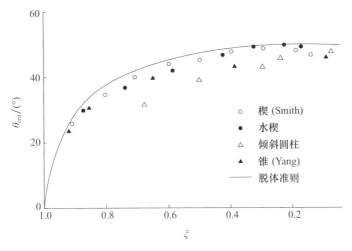

图 4.18 临界转换角 θ_{crit} 与激波强度倒数 ξ 的关系

4.2 球体的非稳态阻力

球体上的激波反射是激波动力学研究的一项基本课题。曾在激波扫过球体时测量了球的阻力,实验目的是直接测量直径 80mm 的球在激波载荷作用下的阻力(Tanno 等,2004)。

图 4.19(a)是总长度 7m 的垂直传统激波管。激波管由一个高压室、一个低压室和一个真空罐组成。高压室长 1.8m、直径 250mm,由不锈钢制成;低压室长 3m,横截面尺寸为 300mm × 300mm;真空罐长 1.5m,直径 1.0m。采用一个双膜系统,入射激波的重复性比较差。将一个直径 80mm 的铝制球体垂直悬挂在实验段内,置于真空罐之前的位置。图 4.19(b)是激波管的垂直实验段,图 4.19(c)是

悬挂的被试球体。为可靠测量阻力,在球模型内部安装了一个加速度计(Endevco 压电式加速度计,2250A – 10,80kHz)。

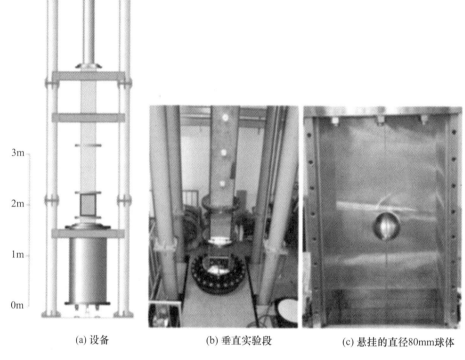

(a) 设备　　　　　　(b) 垂直实验段　　　　(c) 悬挂的直径80mm球体

图 4.19　非稳态阻力测量试验装置

Heilig(1969) 在激波管实验中,将压力变送器分布式地安装在一个直径 100mm 的圆柱上,在激波扫过圆柱时,直接获得了圆柱上的压力分布随时间的变化,进而测量了该圆柱的阻力,名义激波马赫数 $Ma_s = 1.25$,实验介质是空气。报告称,圆柱上的非稳态阻力有一个瞬时的峰值,之后单调下降到激波后稳态流动的阻力值。于是提出一个问题,球的非稳态阻力是否会以类似的方式变化?这个想法是促成本轮实验的动机之一。

将直径 80mm 的球用细线悬挂于双膜段下方的位置,球心位于激波管中心线上,当激波撞击到球时,应力波沿着悬线传播,再从悬挂点反射回去。将加速度计安装在球体内部,用于测量激波载荷作用下的球体的加速度,从悬挂点反射的应力波到达球体的时刻,即测量数据的截至时刻(终止测量)。而悬线很长,当反射的应力波达到球体时,球体已经受到从壁面反射的激波的撞击,所以,在这些实验中,来自壁面的反射激波的到达时刻是非稳态阻力测量的终止时刻。

第4章 激波与各种形状物体的干扰

加速度计的输出信号通过线缆传输到记录仪,信号传输线缆从球体底部的一个小孔穿出。在入射激波后面,均匀气流条件持续约 $600\mu s$,这段时间足以测得完整的阻力变化历程。将加速度计的卷积函数应用于输出信号,就获得了非稳态阻力随时间的变化。通过敲击加速度计测量加速度计的频率响应,就可以获得卷积函数。

图 4.20 是系列高速纹影照片与全息照片的对比,采用 Shimadze SH100 型高速相机,照相帧频为 10^6 帧/s。在图 4.20(e)~(n)中观察到一些入射激波之外的其他激波到达球体,这些激波在球表面产生压力的扰动,加速度计也探测到这些小激波到达的信号。在图 4.20(i)~(l)中,当传输激波的马赫激波在后驻点区聚集时,加速度计探测到的压力最大。在二维激波与柱体的干扰中,马赫激波在后驻点仅仅是汇合,届时后驻点区的压力只是增大。而在绕球体的流动中,反射的马赫激波在后驻点区发生汇聚,激波汇聚产生的压力非常高,峰值压力超过了阻力,于是阻力测量信号反向。在图 4.20(s)~(u)中,从壁面反射的激波到达球体,测量结束。测量的阻力数据与 Navier–Stokes 方程组的求解结果进行了对比。

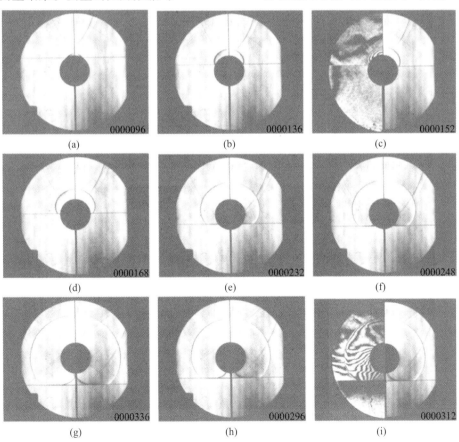

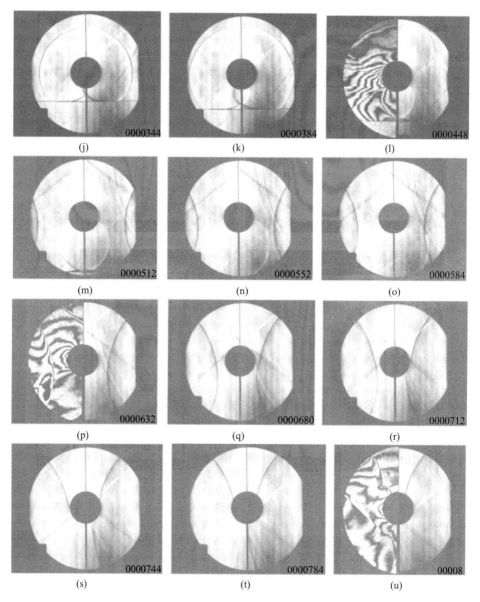

图 4.20 入射激波与直径 80mm 球的干扰过程——系列纹影照片与全息图像的对比
($Ma_S = 1.25$)

图 4.21 是测量的阻力与数值结果的对比(Tanno 等,2004),纵坐标是阻力(N),横坐标是时间(μs),点划线是直接记录的加速度计输出信号。用去卷积函数处理这些测量信号,获得非稳态阻力数据,图中以虚线给出。测量的阻力数据与求解 Navier–Stokes 方程组的数值模拟结果进行了对比,涉及的实验时间范

围为700μs,可以看到,数值模拟结果与测量数据相符得非常好。阻力曲线上有一个最大值,之后逐渐降低,最后达到稳态流动的阻力值。对应图4.20(s)~(u)所展示的马赫激波在后驻点汇聚的现象,在后驻点出现一个峰值压力,导致阻力信号的反向,负的阻力一直保持了150μs,这是激波载荷作用下球体(非稳态阻力)的独特特征。

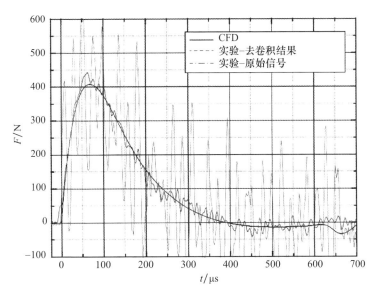

图4.21 直径80mm球体的非稳态阻力

但激波作用下的球体并非一定出现负的阻力。例如,在4.1.4节中讨论的气体中的粉尘粒子,直径约5μm,当这些粒子暴露在激波载荷中时,是否也会出现负的阻力?根据图4.21的数据对比,Sun等(2005)通过求解Navier-Stokes方程组,用数值模拟复现了激波与球体的干扰,球体直径从8μm到8mm,以球体直径为基准的雷诺数范围是$Re = 4.9 \times 10^5 \sim 4.9 \times 10^4$,克努森数范围是$Kn = 9.4 \times 10^{-2} \sim 9.4 \times 10^{-6}$。

以入射激波后面的气流条件对阻力数据做无量纲处理,定义为阻力系数。这样定义的阻力系数的变化曲线绘制于图4.22,其纵坐标是阻力系数$C_D = 2f/(\rho u^2 A)$,其中f、ρ、u、A分别是激波后的阻力、气体密度、气体微团速度以及粉尘粒子(球体)的横截面积。结论是,直径$8 \sim 80\mu m$球体的阻力总是正的,它们的克努森数Kn非常小,可以认为是连续介质;直径$0.8 \sim 8mm$球体的阻力曲线在分布上几乎完全一致,出现了负压区。应该注意,在激波管的粉尘气体实验中,激波扫过直径10mm柱体时,其中的干扰过程不存在稀薄气体动力学效应。

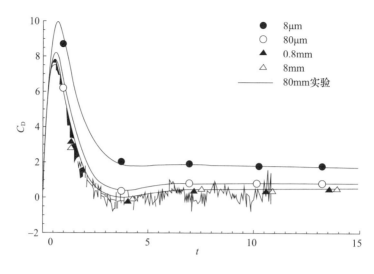

图 4.22　球的直径对阻力的影响(Sun,2005)

4.3　自由飞球体上的激波脱体距离

在超声速稳态流动中,钝体前方出现一道弓形激波,当气流速度接近声速时,这个弓形激波就会出现。从工程观点来看,风洞技术不可能产生稳态的声速流动,所以不可能获得声速气流条件下钝体前方的弓形激波。但从原理上来看,激波管是一个可以产生跨声速气流的工具。

为实现这样的实验,将一个直径 10mm 的轴承钢珠置于传统激波管 60mm × 150mm 的实验段内,该激波管可以产生很宽实验条件的跨声速气流,在空气介质中名义马赫数 $Ma_s = 2.35$ 的入射激波后面,当地的气流马赫数是 1.1。图 4.23展示了球与这些气流的干扰情况,分别是以激波入射为触发点,延迟 110μs 和 500μs 实施第二次曝光获得的流场图像。后来,又设法抑制了入射波与模型的干扰,建立了所需要的稳态跨声速气流,激波管成为替代跨声速风洞提供跨声速气流的一种实验模拟装置。由于沿激波管壁面发展起来的边界层(参考图 4.23(b))以及整个流场中气流的不稳定性,将 60mm × 150mm 激波管的流动转化为跨声速气流不是简单的事情,激波管并不是可靠的跨声速气流模拟器(Kikuchi 等,2016)。

之后,决定采用弹道靶,精确地以跨声速速度发射球体模型。图 4.24(a)是弹道靶发射器,图 4.24(b)是直径 40mm 的尼龙球和直径 50mm 的聚乙烯弹托(弹托包裹球发射,弹托在发射后分裂为四瓣),图 4.24(c)是实验系统布局(包括发射器、实验舱以及连接二者的中间装置)。直径40mm的尼龙球被包裹在直径50mm的聚乙烯弹托内,弹托与球的组件被发射到弹道靶中。图4.24(c)示意了实验系统与实验过程,球和弹托飞入弹托分离器,通过弹托分离器时弹托分裂为四瓣,球从弹托中分离出来;之后,球飞过一段多孔段,多孔段将冲击波吸除;最终,球单独飞进观察段,用直径600mm的干涉仪观察绕球的流场。

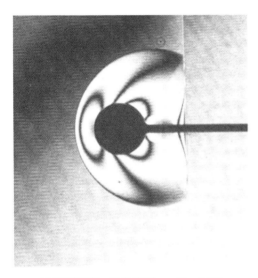
(a) #83112215:触发后110μs,Ma_S=2.350

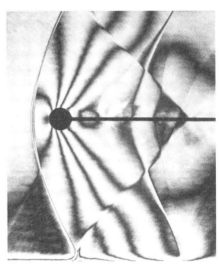
(b) #83112220:触发后500μs,Ma_S=2.350

图4.23 激波管实验产生的跨声速气流中的弓形激波
(Ma_S=2.350,空气,150hPa,290.2K;激波后气流马赫数1.1)

(a) 10mm气体炮

(b) 40mm尼龙球体与50mm聚乙烯弹托

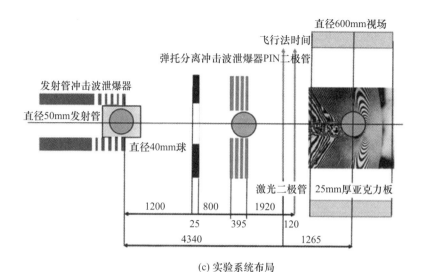

(c) 实验系统布局

图 4.24 观察 40mm 球激波脱体距离的实验装置(见彩图)

图 4.25 是直径 40mm 球在自由飞中的绕流流场全息图像,自由飞的马赫数范围是 0.986~1.104。在亚声速自由飞条件下,参考图 4.25(a)~(d),在球的前方就已经出现了明显的弓形冲击波,观察到的这些波是亚声速的($Ma_S < 1$),它们不一定是激波,但一定是以声速传播的一串压缩波。如果风洞运行能够提供一个稳定的高亚声速气流(如 $Ma_S = 0.99$),在钝体前方可能会观察到一道可见的弓形激波;如果风洞提供一个 $Ma_S = 1 + \varepsilon (0 < \varepsilon \ll 0.1)$ 的气流条件,弓形激波应该出现在脱离球体的一定距离上。但是没有哪个风洞可以提供马赫数 1 的气流条件,这样的风洞只能是想象的。这个临界条件,即使有可能出现,也永远是不稳定的。在激波管流动中,想创建一个入射激波后面的当地气流马赫数为 1 的流动,其实是在做无用功。

(a) Ma_S=0.9863,Re=0.901×10^5 (b) Ma_S=0.993,Re=0.906×10^5

第 4 章 激波与各种形状物体的干扰

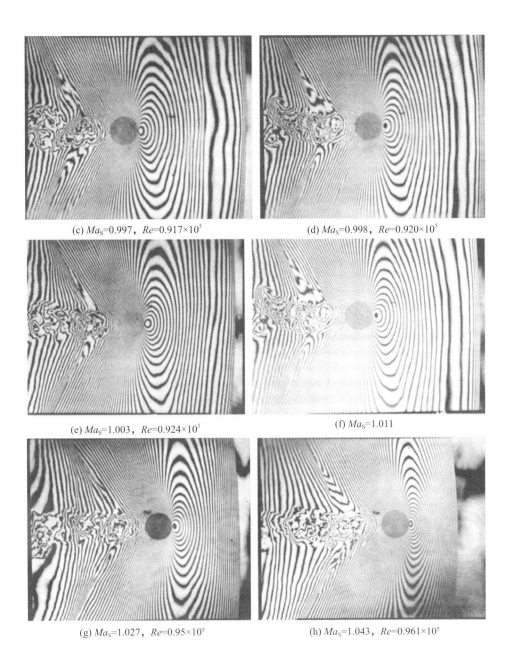

(c) Ma_S=0.997,Re=0.917×10^5

(d) Ma_S=0.998,Re=0.920×10^5

(e) Ma_S=1.003,Re=0.924×10^5

(f) Ma_S=1.011

(g) Ma_S=1.027,Re=0.95×10^5

(h) Ma_S=1.043,Re=0.961×10^5

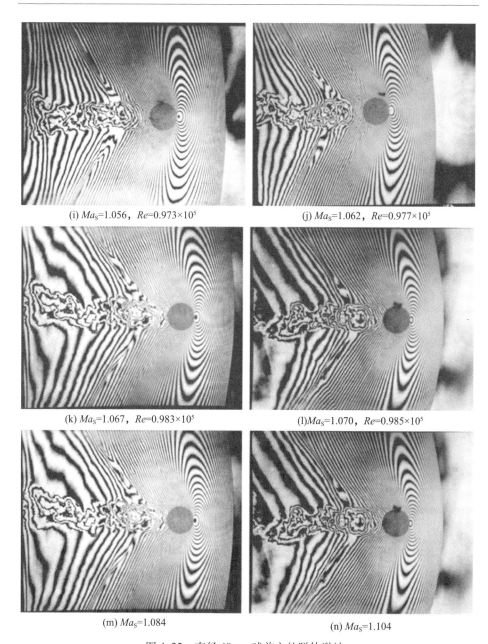

(i) $Ma_S=1.056$,$Re=0.973×10^5$ (j) $Ma_S=1.062$,$Re=0.977×10^5$

(k) $Ma_S=1.067$,$Re=0.983×10^5$ (l) $Ma_S=1.070$,$Re=0.985×10^5$

(m) $Ma_S=1.084$ (n) $Ma_S=1.104$

图 4.25　直径 40mm 球前方的脱体激波

图 4.26 是一个直径 10mm 的轴承球飞过直径 500mm 视场时的系列阴影照片,照片用高速摄像机(Shimadzu SH100)拍摄,记录帧频为 10^6 帧/s,每张照片中的左侧激波对应进入速度为 $Ma_S=0.949$,右侧激波的速度就变成了 $Ma_S=0.939$,在球的前方观察到一个脱体波。

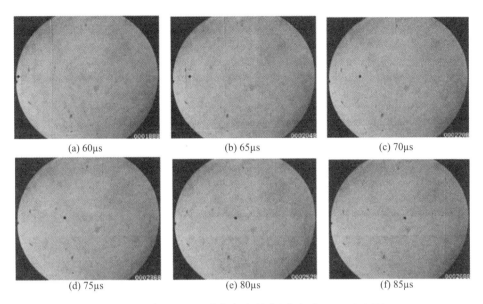

图 4.26　直径 10mm 球自由飞照片（进入时 $Ma_s = 0.949$）

图 4.27 总结了图 4.26 的激波和球的轨迹，纵坐标是飞行距离（mm），横坐标是时间（ms）。空心圆圈代表激波位置，"+"代表球的位置，实心圆圈是激波脱体距离 δ/d。在飞行距离 500mm 的范围内，无量纲脱体距离 δ/d 从 11 增加到 15，球的表观激波马赫数从 0.949 变化到 0.939，激波以声速传播。激波脱体距离 δ/d 随时间增加，上述弓形激波在物理上是一串以声速传播的压缩波。

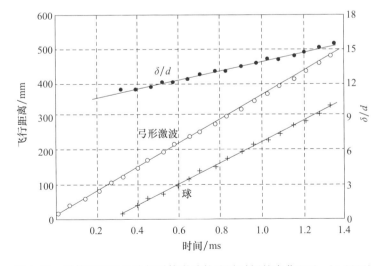

图 4.27　脱体距离以及球与脱体激波轨迹随时间的变化（Kikuchi，2016）

图 4.28 是对图 4.25 和图 4.26 流动显示结果的汇总,其纵坐标是无量纲脱体距离 δ/d,横坐标是球自由飞时的入射激波马赫数,空心圆圈是直径 40mm 球的干涉仪记录数据,实心圆圈是直径 10mm 球的高速相机记录数据。注意到,即使是在亚声速的入射激波马赫数($Ma_s < 1.0$)条件下也出现了弓形激波,来自 40mm 球和 10mm 球的数据趋势相符很好。令人惊讶的是弓形激波持续地跨越 $Ma_s = 1$ 的边界,就像弓形激波存在于亚声速运动的球前方一样。

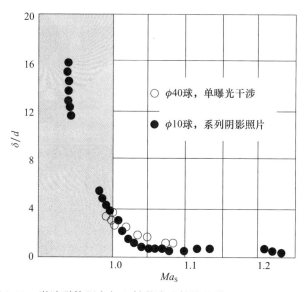

图 4.28　激波脱体距离与入射激波马赫数的关系(Kikuchi,2016)

Ben - Dor 教授曾经告诉作者他在前线的经验,当听到炮弹飞行产生的轰鸣时,战士们立刻能判断炮弹是否会落到他们附近,声爆由一串压缩波组成,这些压缩波是高亚声速运动的炮弹驱动出来的,而且声爆位于脱体于炮弹前方的一定距离上。图 4.28 说明,在非稳态气流中亚声速运动的钝体前方,生成的是声速波。

在流动显示中,一串压缩波和一道弱激波都可以显示为一条间断性质的线(在没有其他信息的条件下),很难区别这条间断是一道弱激波还是一串压缩波。

4.4　椭圆柱体

在传统激波管的 60mm × 150mm 实验段内安装椭圆柱体,安装方式与图 4.1 类似。椭圆的长轴为 40mm,短轴分别为 20mm 和 10mm,直径 40mm 的圆柱实际上是长短轴比例为 1:1 的椭圆柱体。在本系列实验中,名义马赫数 $Ma_s = 1.3$ 的激波特征比分别为 4:1、2:1、4:3、1:1 的椭圆柱体相互作用,实验介质是空气,基于椭圆柱体长轴长度的雷诺数 $Re = 5.0 \times 10^5$。

4.4.1 特征比 4∶3 椭圆柱体

图 4.29 是激波自特征比 4∶3 的椭圆柱体反射的演化过程,名义激波马赫数 $Ma_S = 1.30$,实验介质是环境大气压的空气,反射结构与图 4.2 的类似。图 4.30 是名义激波马赫数 $Ma_S = 2.60$、空气压强为 120hPa 条件下,该椭圆柱体反射的激波结构的演化,在椭圆的前方,反射结构是规则反射,在图 4.30(b) 中,激波结构在赤道上变为单马赫反射结构,注意到,在 $Ma_S = 2.60$ 的条件下,激波后的气流是超声速的,随着时间的增加,反射的激波逐渐远离椭圆的前侧,最终到达一个恒定的激波脱体距离 δ。从图 4.30(f)、(g) 可以很清楚地观察到这个趋势,另外,沿着反射激波看到的略显不规则的结构是反射激波的分叉,激波分叉的诱因是反射激波与激波管侧壁发展起来的边界层的干扰,在 4.6.2 节(Mark,1956)还会讨论反射激波的分叉问题。在图 4.30(e)~(g) 中,起自三波点的滑移线与椭圆体表面相交、与反射的马赫激波相互作用,形成复杂的波干扰现象,条纹图案使人想起一张狰狞的咆哮老虎的脸。

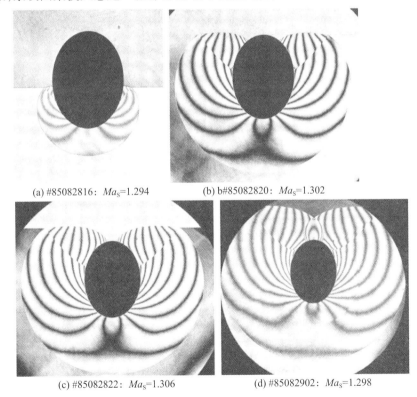

(a) #85082816:Ma_S=1.294　　(b) b#85082820:Ma_S=1.302

(c) #85082822:Ma_S=1.306　　(d) #85082902:Ma_S=1.298

图 4.29　激波与特征比 4∶3 的椭圆柱体干扰的演化
(名义马赫数 $Ma_S = 1.30$,环境大气压,空气,298.7K,攻角 $\alpha = 0°$)

可视化激波现象

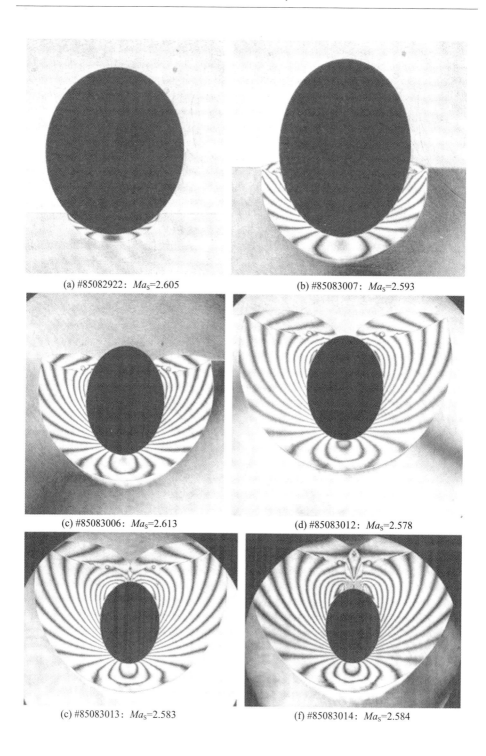

(a) #85082922: Ma_S=2.605

(b) #85083007: Ma_S=2.593

(c) #85083006: Ma_S=2.613

(d) #85083012: Ma_S=2.578

(e) #85083013: Ma_S=2.583

(f) #85083014: Ma_S=2.584

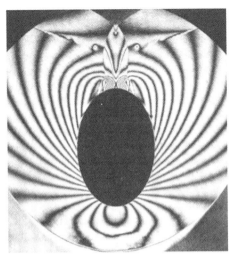

(g) 图(f)的放大图

图 4.30　激波与特征比 4∶3 的椭圆柱体干扰的演化
(名义马赫数 Ma_S = 2.60,空气,120hPa,298.7K,攻角 α = 0°)

4.4.2　特征比 2∶1 椭圆柱体

图 4.31 是激波从特征比 2∶1 的椭圆柱体上反射后的演化情况,名义激波马赫数 Ma_S = 1.30,实验介质是环境大气压的空气,反射结构与图 4.29 的类似。图 4.32 是名义激波马赫数 Ma_S = 2.60、空气压强为 120hPa 条件下该椭圆柱体反射的激波结构的演化,反射激波结构与图 4.30 类似。

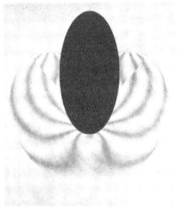

(a) #85083017：Ma_S=1.3　　(b) #85083020：Ma_S=1.295　　(c) #85083104：Ma_S=1.298

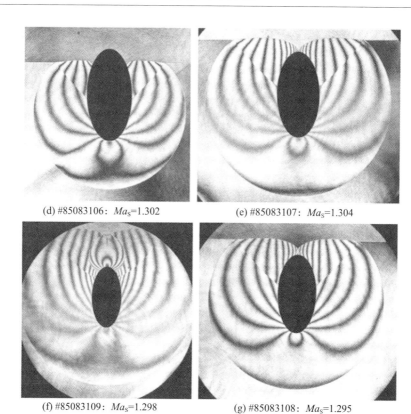

(d) #85083106：Ma_S=1.302
(e) #85083107：Ma_S=1.304
(f) #85083109：Ma_S=1.298
(g) #85083108：Ma_S=1.295

图 4.31　激波与特征比 2∶1 的椭圆柱体干扰的演化
(名义马赫数 Ma_S=1.30，环境大气压，空气，298.9K，攻角 $\alpha=0°$)

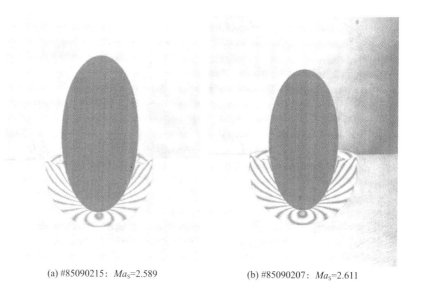

(a) #85090215：Ma_S=2.589
(b) #85090207：Ma_S=2.611

(c) #85090206: Ma_S=2.574　　　　　(d) #85090204: Ma_S=2.589

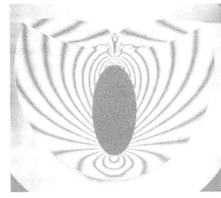
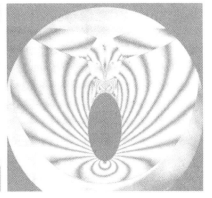

(e) #85090216: Ma_S=2.571　　　　　(f) #85090205: Ma_S=2.649

图 4.32　激波与特征比 2∶1 的椭圆柱体干扰的演化
(名义马赫数 Ma_S = 2.60,空气,120hPa,298.8K,攻角 $\alpha = 0°$)

图 4.33 和图 4.34 是空气中名义激波马赫数 Ma_S = 1.70、攻角分别为 α = 5°、10°条件下,该椭圆柱体反射的激波结构的演化。反射的马赫激波与椭圆柱体表面发展起来的边界层相干扰,干扰随着时间的增加而增强,也随攻角的增大而增强。图 4.33(c)、(d)展示了椭圆体后侧涡的发展情况,图 4.33(d)~(i)展示了从椭圆体后侧脱落的涡。

在图 4.34 中,虽然攻角翻倍(Ma_S = 1.70、α = 10°),但观察到与图 4.33 (Ma_S = 1.70、α = 5°)类似的趋势。

4.4.3　特征比 4∶1 椭圆柱体

图 4.35 和图 4.36 给出的是激波与特征比 4∶1 的椭圆柱体干扰的演化,Ma_S 分别为 1.30 和 2.60,攻角 α = 0°。

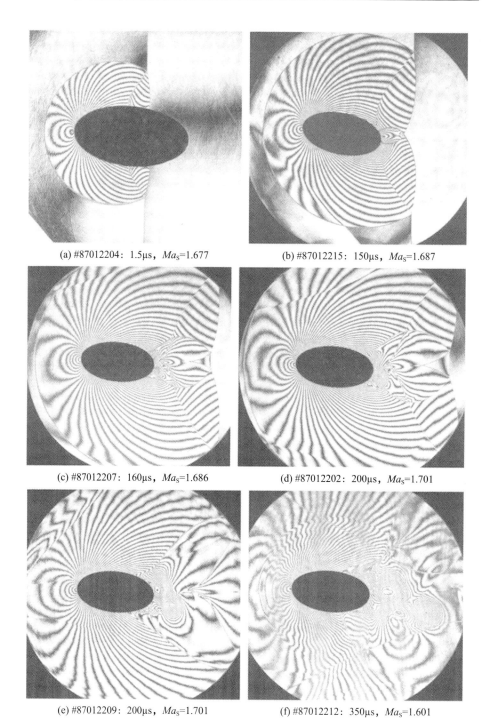

(a) #87012204: 1.5μs, Ma_S=1.677

(b) #87012215: 150μs, Ma_S=1.687

(c) #87012207: 160μs, Ma_S=1.686

(d) #87012202: 200μs, Ma_S=1.701

(e) #87012209: 200μs, Ma_S=1.701

(f) #87012212: 350μs, Ma_S=1.601

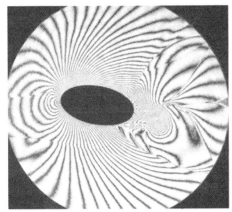 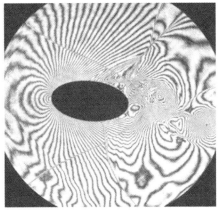

(g) #87012306：250μs，Ma_S=1.682　　　(h) #87012213：400μs，Ma_S=1.683

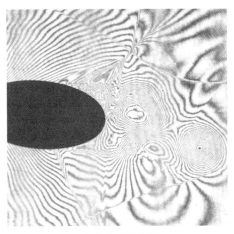

(i) 图(h)的放大图

图 4.33　激波与特征比 2∶1 的椭圆柱体干扰的演化
（名义马赫数 Ma_S = 1.70，空气，900hPa，288.1K，攻角 α = 5°）

椭圆柱体周围的干涉图像具有准确的空间分布，如图 4.29 和图 4.31 所示，足以求解椭圆柱表面的密度分布，通过系列干涉图像就可以用实验确定椭圆柱体上的密度随时间的变化。如果假设柱体表面是等温条件，那么柱体表面的压力 p 就可以通过密度分布评估出来，$p/\rho^\gamma = p_0/\rho_0^\gamma$，其中 p_0 是环境压力，ρ_0 是环境密度。沿着柱体表面对压力进行积分，就可以评估出柱体的阻力。Itoh (1986) 总结了长轴为 40mm，短轴分别为 30mm、20mm、10mm 椭圆柱体上的阻力系数 C_D 随时间的变化关系，名义激波马赫数 Ma_S = 1.3，图 4.37 是这些数据的汇总，其纵坐标是阻力系数 C_D，横坐标是无量纲时间 tU_S/D，其中 t 是时间（μs），U_S 是激波速度（m/s）、D 是柱体长轴尺寸。实心三角、空心三角、实心圆圈及空心圆圈分别是椭圆特征比为 1.0、4∶3、2∶1、4∶1 柱体的实验结果。图中的实线是基于 TVD 有限差分格式求解 Navier–Stokes 方程组的数值模拟结果(Itoh,1986),可以看到,实验与数值模拟结果相符。从中可以看到,C_D 存在最大值,然后单调下降到稳态流动的阻力值。Tanno 等(2004)用激波管实验测量了激波载荷作用下球体的非稳态阻力,参考 4.2 节,读者可以自己对柱体和球体的情况进行对比分析。

图 4.38 和图 4.39 是名义激波马赫数 $Ma_S = 1.70$、攻角分别为 $\alpha = 10°$ 和 $45°$ 时,激波与特征比 4∶1 椭圆柱体相互作用的演化情况。在图 4.38 中,观察到反射的马赫激波与边界层之间的干扰演化。攻角 $\alpha = 10°$ 时,在特征比为 4∶1 的细长椭圆柱体后缘形成一个涡,随着时间的推移,在这里形成的涡不断脱落,参考图 4.38(g)、(h),进而产生一个升力。而在攻角 $\alpha = 45°$ 时(图 4.39)前缘发生边界层分离,流动图像是典型的失速图谱。

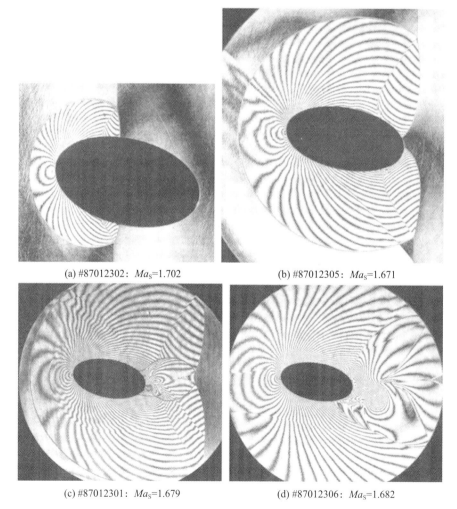

(a) #87012302: Ma_S=1.702　　(b) #87012305: Ma_S=1.671

(c) #87012301: Ma_S=1.679　　(d) #87012306: Ma_S=1.682

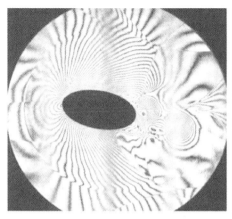
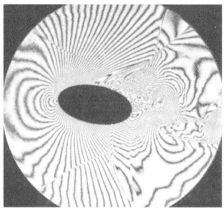

(e) #87012307：300μs，Ma_S=1.693　　　　(f) #87012602：400μs，Ma_S=1.691

图 4.34　激波与特征比 2∶1 的椭圆柱体干扰的演化
（名义马赫数 Ma_S = 1.70，空气，900hPa，288.1K，攻角 α = 10°）

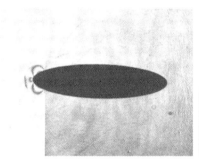
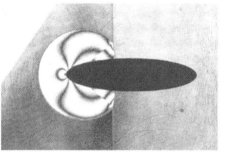

(a) #85090310：Ma_S=1.305　　　　(b) #85090312：Ma_S=1.310

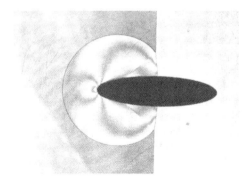
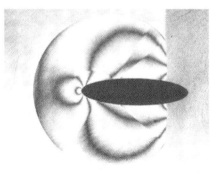

(c) #85090314：Ma_S=1.300　　　　(d) #85090315：Ma_S=1.308

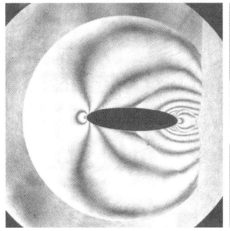

(e) #85090317：Ma_S=1.300

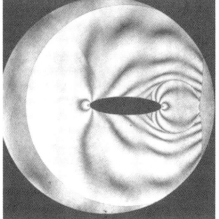

(f) #85090319：Ma_S=1.288

图 4.35　激波与特征比 4∶1 的椭圆柱体干扰的演化
（名义马赫数 Ma_S = 1.30,空气,900hPa,288.1K,攻角 α = 10°）

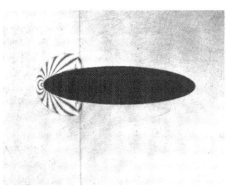

(a) #85090219：Ma_S=2.571

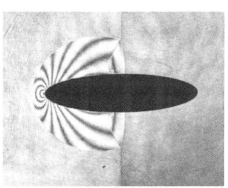

(b) #85090220：Ma_S=2.597

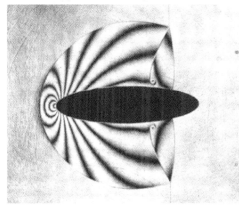

(c) #85090218：Ma_S=2.601

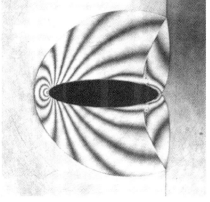

(d) #85090222：Ma_S=2.594

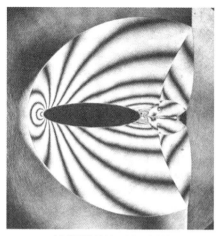

(e) #85090301：Ma_S=2.588

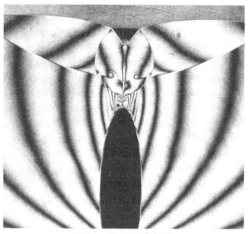

(f) 图(e)的局部放大图

图4.36 激波与特征比4∶1的椭圆柱体干扰的演化
（名义马赫数 Ma_S = 2.60，空气，120hPa，283.7K，攻角 $\alpha = 10°$）

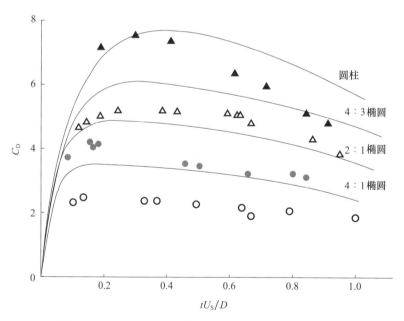

图4.37 圆柱与椭圆柱体阻力随时间的变化（Itoh,1986）
（名义马赫数 Ma_S = 1.30，空气，攻角 $\alpha = 10°$）

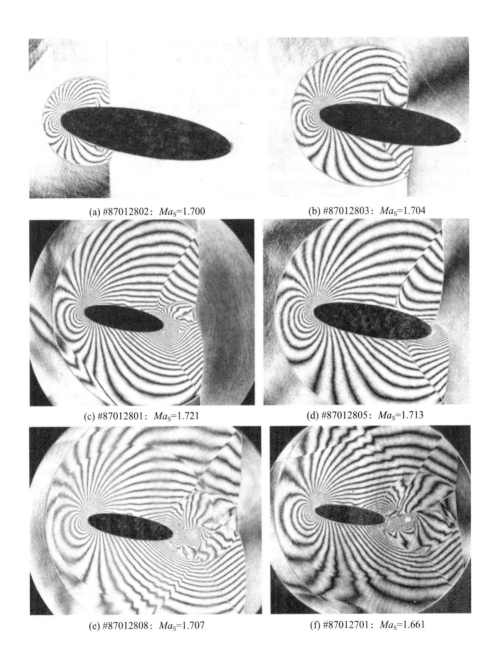

(a) #87012802: $Ma_S=1.700$

(b) #87012803: $Ma_S=1.704$

(c) #87012801: $Ma_S=1.721$

(d) #87012805: $Ma_S=1.713$

(e) #87012808: $Ma_S=1.707$

(f) #87012701: $Ma_S=1.661$

第4章　激波与各种形状物体的干扰

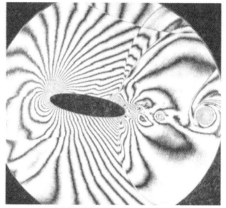

(g) #87012703：Ma_S=1.680

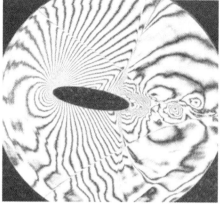

(h) #87012704：Ma_S=1.685

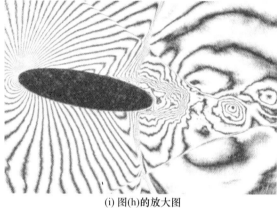

(i) 图(h)的放大图

图4.38　激波与特征比4∶1的椭圆柱体干扰的演化
（名义马赫数 Ma_S = 1.70,空气,900hPa,283.7K,攻角 α = 10°）

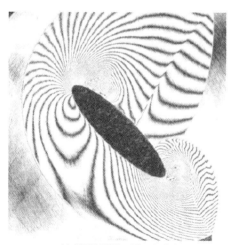

(a) #87012904：Ma_S=1.674

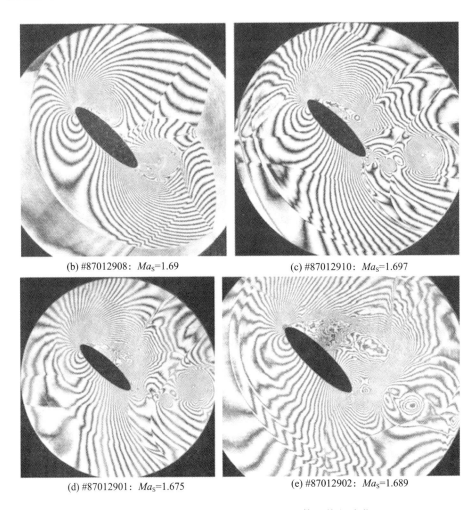

(b) #87012908：Ma_S=1.69
(c) #87012910：Ma_S=1.697
(d) #87012901：Ma_S=1.675
(e) #87012902：Ma_S=1.689

图 4.39　激波与特征比 4∶1 的椭圆柱体干扰的演化
(名义马赫数 Ma_S = 1.70,空气,900hPa,290.7K,攻角 α = 45°)

4.4.4　矩形平板

1. 攻角 α = 0° 的矩形平板

图 4.40 展示的是激波与厚 10mm、宽 40mm 矩形平板(特征比为 4∶1)干扰的演化情况,激波名义马赫数 Ma_S = 1.40,实验介质是环境大气压的空气,攻角 α = 0°,实验设备是 60mm × 150mm 传统激波管。实验条件的雷诺数 $Re \approx 5.0 \times 10^5$。传输激波在后方拐角处发生衍射,反射的膨胀波以反方向传播。

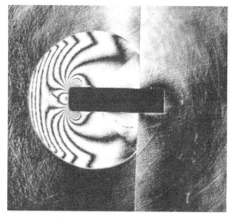

(a) #88021524：Ma_S=1.387

(b) #88021525：Ma_S=1.392

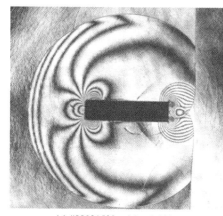

(c) #88021522：Ma_S=1.400

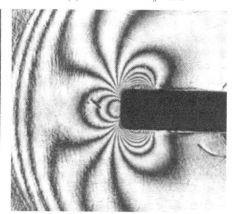

(d) 图(c) 的放大图

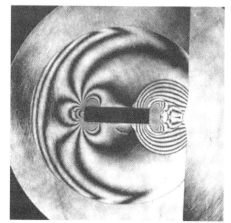

(e) #88021516：Ma_S=1.398

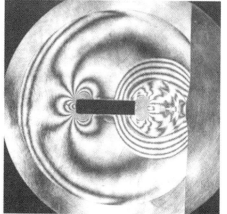

(f) #88021517：Ma_S=1.401

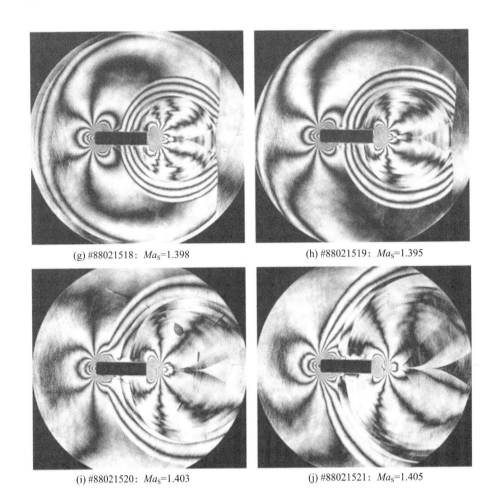

(g) #88021518：Ma_S=1.398　　　　　(h) #88021519：Ma_S=1.395

(i) #88021520：Ma_S=1.403　　　　　(j) #88021521：Ma_S=1.405

图 4.40　激波与特征比 4∶1 的矩形平板干扰的演化
(名义激波马赫数 Ma_S =1.40,环境大气压,空气,290.0K,攻角 $\alpha = 0°$)

图 4.41 是名义激波马赫数 2.20 的激波与特征比为 4∶1 的矩形平板干扰的演化情况。当入射激波撞击到矩形平板时,入射激波在平板的前方拐角处发生衍射,形成(两个)分离泡;传输激波在后方拐角处再次发生衍射。

2. 攻角 $\alpha = 5°$ 的矩形平板

图 4.42 是激波与攻角为 $\alpha = 5°$、特征比为 4∶1 的矩形平板的干扰演化情况,名义激波马赫数为 1.70,实验介质是环境大气压的空气。当入射激波撞击平板时,入射激波在平板前侧上面的拐角处发生衍射,形成一个随时间发展的分离泡;传输激波在矩形平板后侧的拐角处发生衍射。

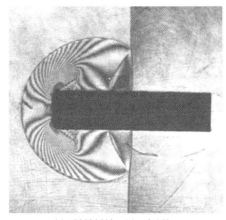

(a) #88021503: Ma_S=2.168

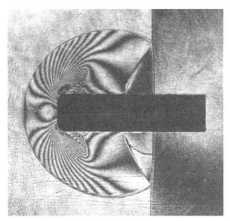

(b) #88021504: Ma_S=2.150

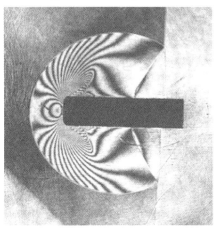

(c) #88021505: Ma_S=2.141

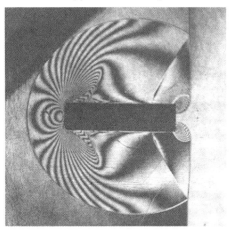

(d) #88021506: Ma_S=2.188

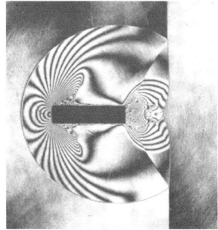

(e) #88021508: Ma_S=2.210

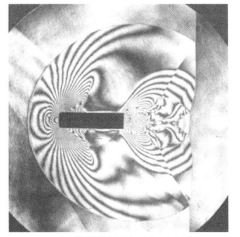

(f) #88021510: Ma_S=2.157

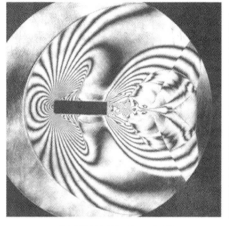
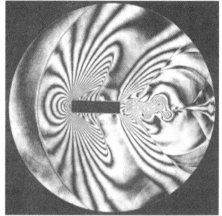

(g) #88021512：Ma_S=2.118　　　　　(h) #88021513：Ma_S=2.185

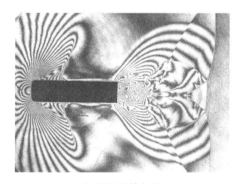

(i) 图(h)的放大图

图 4.41　激波与特征比 4∶1 的矩形平板干扰的演化
(名义激波马赫数 Ma_S = 2.20,空气,300hPa,291.2K,攻角 α = 0°)

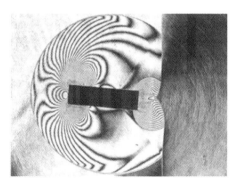
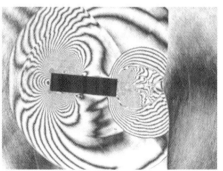

(a) #87012006：Ma_S=1.714　　　　　(b) #87012002：Ma_S=1.700

第4章 激波与各种形状物体的干扰

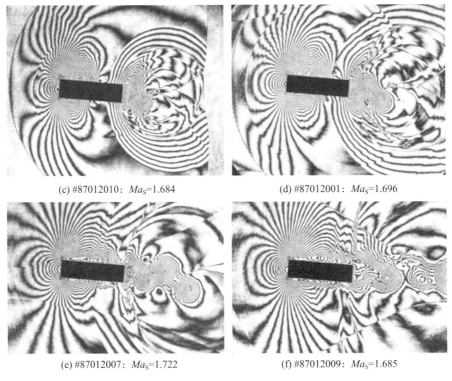

(c) #87012010：Ma_S=1.684　　　　　　(d) #87012001：Ma_S=1.696

(e) #87012007：Ma_S=1.722　　　　　　(f) #87012009：Ma_S=1.685

图4.42　激波与特征比4∶1的矩形平板干扰的演化
（名义激波马赫数Ma_S=1.70,环境大气压,空气,290.0K,攻角α=5°）

3. 攻角 $\alpha=10°$ 的矩形平板

图4.43是激波与攻角为$\alpha=10°$、特征比为4∶1矩形平板的干扰演化情况,名义激波马赫数为1.70,实验介质是环境大气压的空气。当入射激波撞击到平板时,入射激波在平板前侧上面的拐角处发生更显著的衍射,同时形成一个随时间发展的分离泡,从矩形平板后侧的拐角处间歇性地释放出涡而出现一个涡串。

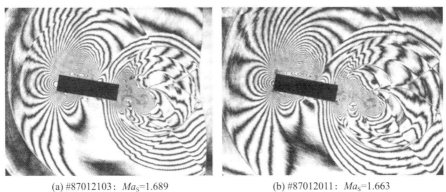

(a) #87012103：Ma_S=1.689　　　　　　(b) #87012011：Ma_S=1.663

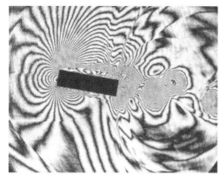 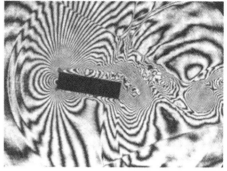

(c) #87012107：Ma_S=1.696   (d) #87012013：Ma_S=1.658

图 4.43　激波与特征比 4∶1 的矩形平板干扰的演化

（名义激波马赫数 Ma_S = 1.70，环境大气压，空气，290.0K，攻角 α = 10°）

4. 攻角 α = 45°的矩形平板

图 4.44 是激波与攻角为 α = 45°、特征比为 4∶1 矩形平板的干扰演化情况，名义激波马赫数为 1.70，实验介质是环境大气压的空气。在图 4.44(a)中，入射激波从平板的下面拐角处发生反射，在矩形平板前侧的上拐角处发生衍射。

5. 攻角 α = 90°的矩形平板

图 4.45 是激波与攻角为 α = 90°、特征比为 4∶1 矩形平板的干扰演化情况，名义激波马赫数为 1.70。

(a) #87013009：Ma_S=1.673   (b) #87013008：Ma_S=1.684

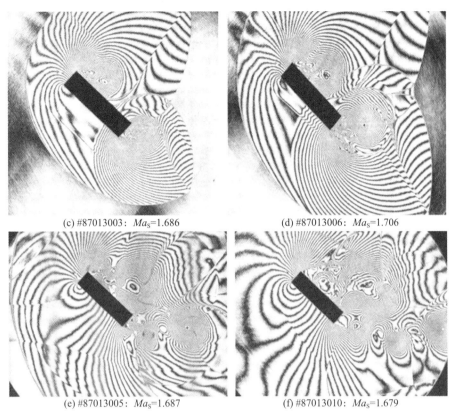

(c) #87013003：Ma_S=1.686   (d) #87013006：Ma_S=1.706

(e) #87013005：Ma_S=1.687   (f) #87013010：Ma_S=1.679

图4.44　激波与特征比4∶1的矩形平板干扰的演化

(名义激波马赫数 Ma_S = 1.70,空气,900hPa,284.6K,攻角 $\alpha=45°$)

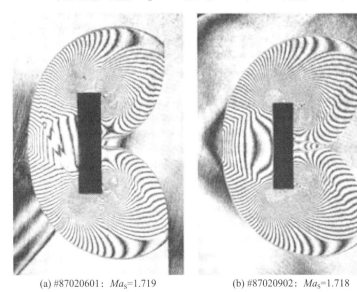

(a) #87020601：Ma_S=1.719   (b) #87020902：Ma_S=1.718

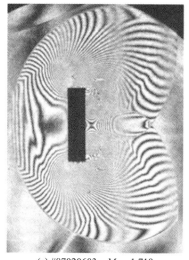 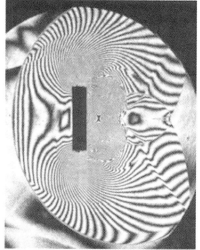

(c) #87020603：Ma_S=1.719　　　　(d) #87020702：Ma_S=1.703

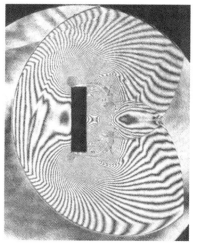

(e) #87020901：Ma_S=1.718

图 4.45　激波与特征比 4∶1 的矩形平板干扰的演化
（名义激波马赫数 Ma_S = 1.70，空气，900hPa，284.6K，攻角 α = 90°）

4.4.5　NACA 0012 翼型

将弦长为 60mm 的 NACA0012 翼型装夹在两个圆形的亚克力板中间，安装于 60mm×150mm 传统激波管的实验段内。激波管不一定能够产生马赫数 0.95～1.05 的跨声速气流，但能够比较容易地再现适当强度的跨声速流动。该翼型在风洞中的堵塞比约为 0.2，轻松地抑制了小激波，在 1.3ms 之后产生短时的跨声速气流,跨声速流动可保持约 1.5ms。

在 700hPa、293K 的空气中,用马赫数 $Ma_S = 1.74$ 的激波产生了当地气流马赫数 $Ma = 0.8$、雷诺数 $Re = 5 \times 10^5$ 的跨声速气流。通过整体旋转观察窗,就可以将(翼型的)攻角调整到某个特定攻角(Itoth,1986)。图 4.46 是在翼型上获得的跨声速流动系列图像,图 4.46(a)～(c)展示了名义激波马赫数 $Ma_S = 1.8$ 的入射激波撞击到翼型上的演化情况,跨声速气流马赫数 $Ma = 0.85$。在图 4.46(d)中,反射的马赫激波反向传播,随着时间的增加,从上下壁面反射的波通过机翼表面时受到抑制。

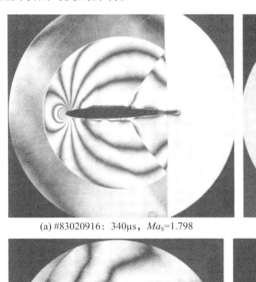

(a) #83020916: 340μs,Ma_S=1.798　　(b) #83020912: 360μs,Ma_S=1.799

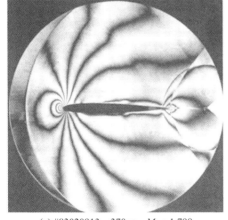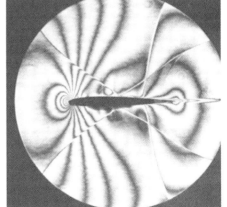

(c) #83020913: 370μs,Ma_S=1.798　　(d) #83020920: 800μs,Ma_S=1.804

图 4.46　在 NACA0012 翼型上形成的跨声速气流
(名义激波马赫数 $Ma_S = 1.8$,跨声速气流马赫数 $Ma = 0.85$,空气,500hPa,287.5K)

图 4.47 是跨声速气流中的 NACA0012 翼型,其攻角从 0°变化到 7.0°,跨声速气流的马赫数为 0.8,雷诺数 $Re = 5 \times 10^5$。

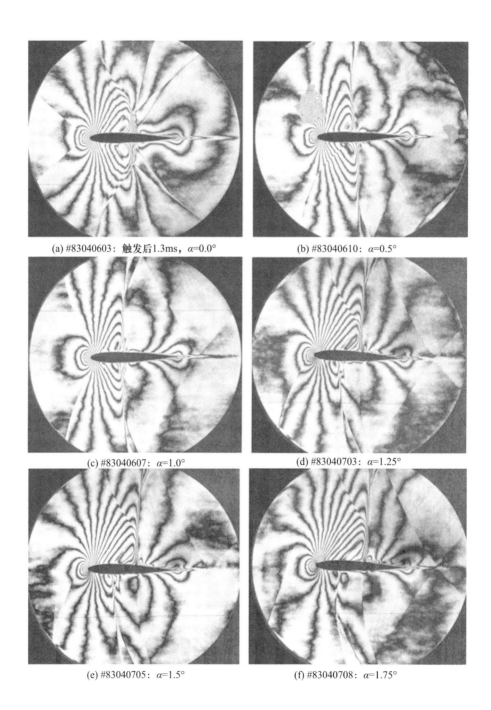

(a) #83040603：触发后1.3ms，$\alpha=0.0°$

(b) #83040610：$\alpha=0.5°$

(c) #83040607：$\alpha=1.0°$

(d) #83040703：$\alpha=1.25°$

(e) #83040705：$\alpha=1.5°$

(f) #83040708：$\alpha=1.75°$

第 4 章　激波与各种形状物体的干扰

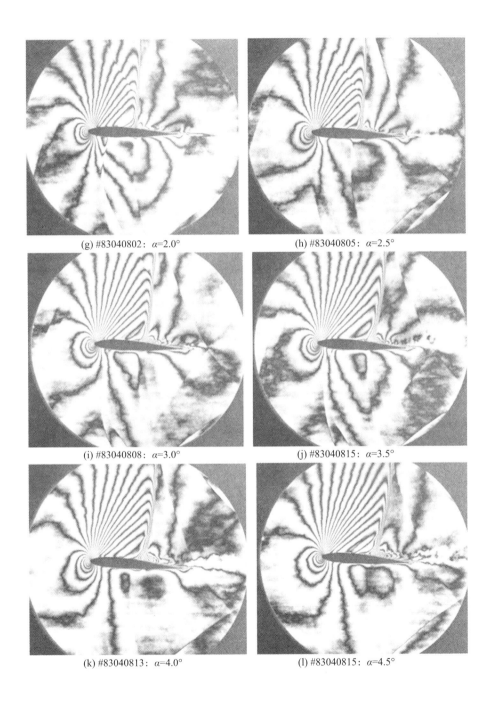

(g) #83040802：$\alpha=2.0°$
(h) #83040805：$\alpha=2.5°$
(i) #83040808：$\alpha=3.0°$
(j) #83040815：$\alpha=3.5°$
(k) #83040813：$\alpha=4.0°$
(l) #83040815：$\alpha=4.5°$

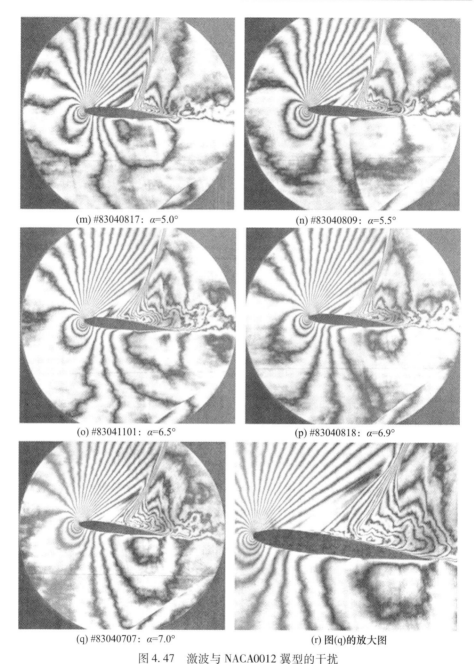

(m) #83040817: α=5.0° (n) #83040809: α=5.5°
(o) #83041101: α=6.5° (p) #83040818: α=6.9°
(q) #83040707: α=7.0° (r) 图(q)的放大图

图 4.47 激波与 NACA0012 翼型的干扰

(激波名义马赫数 Ma_S = 1.74, 当地跨声速气流 Ma = 0.80, $Re \sim 5 \times 10^5$, 空气, 700hPa, 293K)

图 4.48(c)、(d) 分别是有限条纹双曝光干涉与无限条纹双曝光干涉图像。当分析条纹时, 有限条纹干涉和无限条纹干涉有各自固有的优缺点, 所以, 如果

能够将两类干涉图像结合成一个干涉图,应该更适合于图像分析。图4.48(a)是一张典型的三曝光干涉图像,第一次曝光是在没有气流的条件下获得的,第二次曝光是在适当旋转并平移参考光束 *RB* 准直透镜(参考图1.2)条件下获得的,第三次曝光是在入射激波运动过程中的某个时刻获得的。图4.48(a)是最终获得的三曝光干涉图。

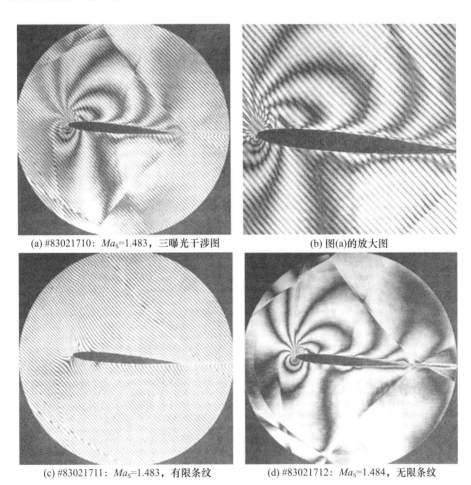

(a) #83021710:Ma_S=1.483,三曝光干涉图　　(b) 图(a)的放大图

(c) #83021711:Ma_S=1.483,有限条纹　　(d) #83021712:Ma_S=1.484,无限条纹

图4.48　有限条纹和无限条纹双曝光干涉及三曝光干涉图像

图4.49是NACA0012翼型上超声速气流随攻角而变化的情况,翼型攻角范围是 $\alpha=0.5°\sim6.5°$,入射激波的名义马赫数 $Ma_S=2.38$,当地跨声速气流马赫数 $Ma=1.15$。将超声速气流与亚声速气流中的翼型流场进行对比,就更容易分析。测量干涉图像上记录的条纹分布,就能获得翼型上的密度等值线图,假设壁面以等温条件为主,可将密度等值线转换为翼型表面的压力分布,进而用实验获

得了翼型的压力系数,然后就可以确定升力系数、阻力系数。在图 4.49 中,翼型前方的激波脱体距离在实验过程中没有发生变化,黑色圆是堵塞压力传感器测孔的堵头,堵头表面非常光滑,对流场不产生扰动。

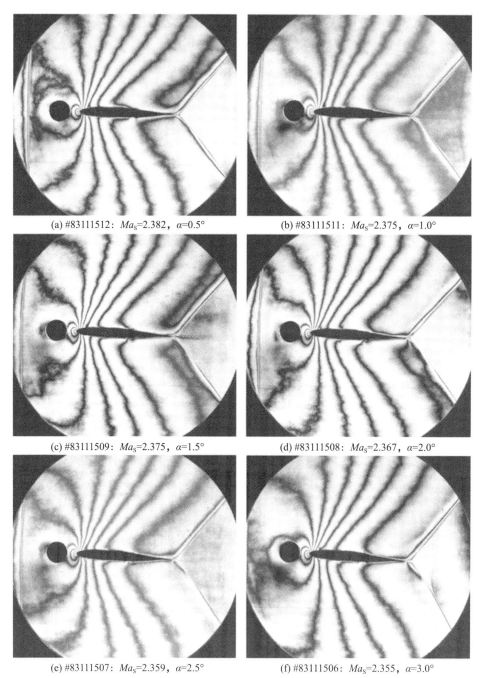

(a) #83111512: Ma_S=2.382,α=0.5° (b) #83111511: Ma_S=2.375,α=1.0°

(c) #83111509: Ma_S=2.375,α=1.5° (d) #83111508: Ma_S=2.367,α=2.0°

(e) #83111507: Ma_S=2.359,α=2.5° (f) #83111506: Ma_S=2.355,α=3.0°

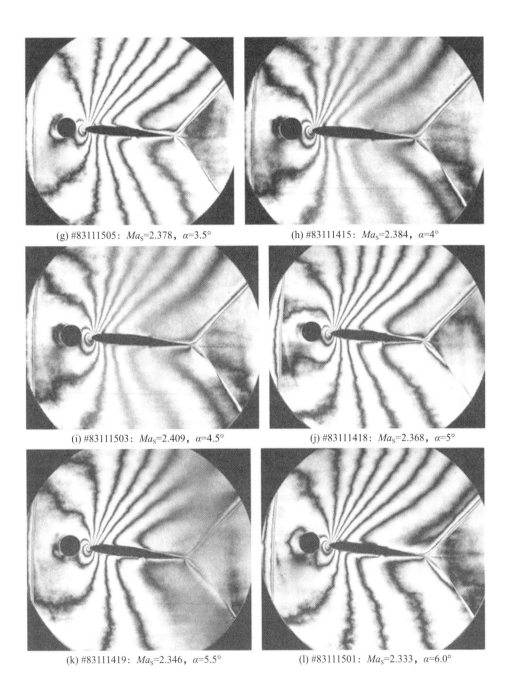

(g) #83111505：Ma_s=2.378，α=3.5°   (h) #83111415：Ma_s=2.384，α=4°

(i) #83111503：Ma_s=2.409，α=4.5°   (j) #83111418：Ma_s=2.368，α=5°

(k) #83111419：Ma_s=2.346，α=5.5°   (l) #83111501：Ma_s=2.333，α=6.0°

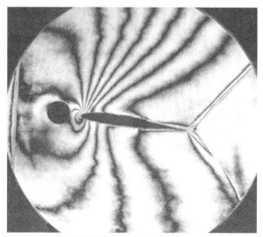

(m) #83111502：Ma_S=2.348，α=6.5°

图 4.49　激波与不同攻角的 NACA0012 翼型的干扰

（Ma_S = 2.38，跨声速气流 Ma = 1.15，$Re \sim 6 \times 10^4$，空气，150hPa，293K，自触发点延迟 1.5ms 拍摄）

4.5　喷管流动

4.5.1　扩张型喷管

图 4.50 是实验获得的顶角 25°扩张型喷管内的流动过程（Saito 等，2000），实验设备是 60mm×150mm 传统激波管，实验介质是 150hPa、292.1K 的空气，入射激波的名义马赫数 Ma_S = 2.4。当入射激波撞击在入口壁面上时，参考图 4.50(a)，激波在拐角发生衍射和干扰现象。随着时间的推移，发生了"喷管启动过程"。在图 4.50(i)中，出现一个非均匀的膨胀流动区域，通常情况下，在设计扩张段的形状时应尽量提高膨胀流区域的均匀性。

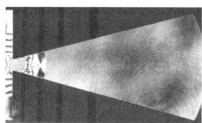 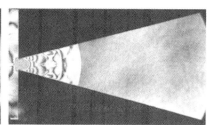

(a) #83090804：Ma_S=2.430 (298.4K)　　(b) #83090805：Ma_S=2.430

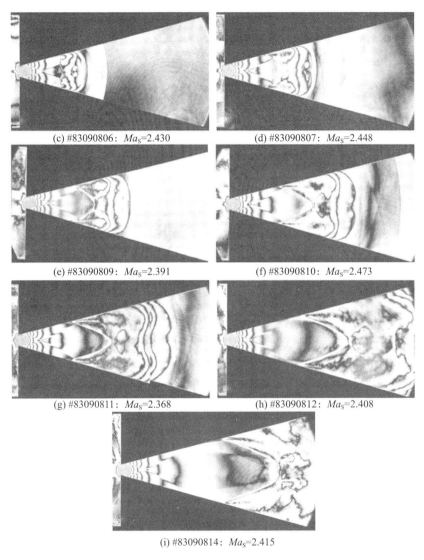

(i) #83090814: Ma_S=2.415

图 4.50 激波在扩张型喷管内的传播
(名义激波马赫数 $Ma_S = 2.4$,空气,150hPa,292.1K)

4.5.2 收缩/扩张型喷管

在激波管设备中,扩张型喷管(图 4.50)是建立超声速气流的最简单喷管形式。为抑制非稳态启动过程,进而获得更均匀的流动区域,会采用收扩型喷管,收扩型喷管有一个喉道。从现实的观点看,喷管启动过程非常适合验证数值程序(Saito 等,2000),也是一个具有挑战性的问题。人们发现,欧拉法求解结果只适用激波在喷管内传播的早期阶段；当假设壁面上是层流边界层时，Nabier - Stokes 方程组求解结果也适用喷管启动的早期阶段。为复现所记录的条纹分布，需要建立可靠的湍流模型。

图 4.51 的初始条件、马赫数和雷诺数条件与图 4.50 相同，只是喷管喉道构型是圆弧形。两者的比较揭示，喉道构型不同，喷管的启动过程完全不同。在图 4.50 中，喷管的喉道是直线型。

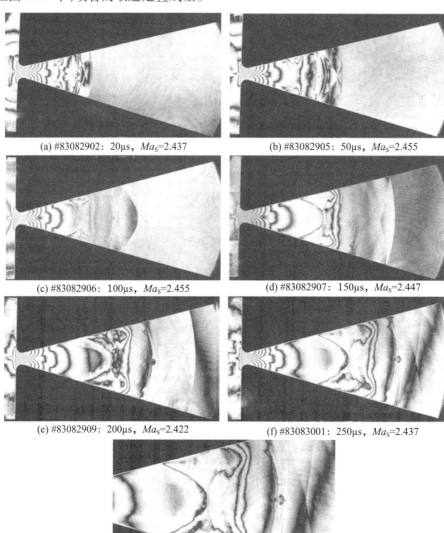

(a) #83082902：20μs，Ma_S=2.437　　(b) #83082905：50μs，Ma_S=2.455

(c) #83082906：100μs，Ma_S=2.455　　(d) #83082907：150μs，Ma_S=2.447

(e) #83082909：200μs，Ma_S=2.422　　(f) #83083001：250μs，Ma_S=2.437

(g) 图(f)的放大图

图 4.51　激波在收 - 扩喷管内的传播

(名义激波马赫数 Ma_S = 2.45，空气，150hPa，292.1K)

图 4.52 展示的是收扩型喷管内流动建立最早期的情况。在最早期阶段,壁面上主要是层流边界层,所以,黏性模拟能够很好地再现这时的流动。当流动完全建立时,壁面上发展出完全发展的湍流,对于这个阶段的流动模拟,选择合适的湍流模型就变得非常重要。这个时段的这些图像,对于验证数值程序非常有用。

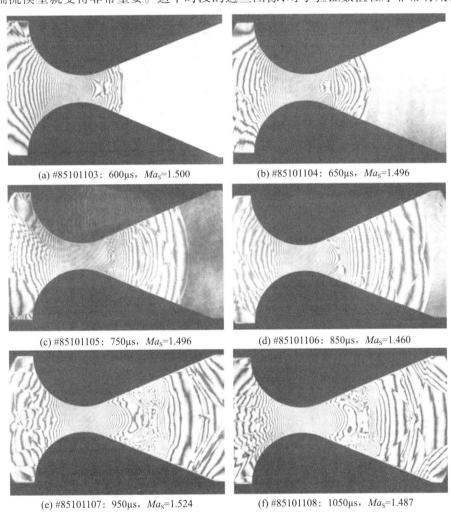

(a) #85101103: 600μs, Ma_S=1.500

(b) #85101104: 650μs, Ma_S=1.496

(c) #85101105: 750μs, Ma_S=1.496

(d) #85101106: 850μs, Ma_S=1.460

(e) #85101107: 950μs, Ma_S=1.524

(f) #85101108: 1050μs, Ma_S=1.487

图 4.52 收扩型(拉瓦尔)喷管内的激波传播过程
(名义激波马赫数 Ma_S =1.5,环境大气压,空气,294.4K)

4.6 边界层

一些研究激波的人非常相信分析模型,却不相信实验结果,有时他们竟然说

"实验有错误,也存在不确定性,而理论却有清晰的背景"。分析模型有一个清晰的背景吗?分析模型最清晰的问题是有时类似于虚构。从事气体动力学研究的实验人员一直与流动的非均匀性、非定常性或湍流进行斗争,壁面上存在的边界层就是要克服的一个问题。而在激波管实验中,边界层扮演着重要角色(Schlichting,1960)。

4.6.1 激波管流动中的边界层

图4.53(a)、(b)展示了60mm×150mm传统激波管的激波管流动和沿激波管侧壁发展起来的边界层。激波从左向右传播,气体分子自左向右流动。图4.53是俯视图像,将直径3.2mm的塑料珠分布于壁面上,用于干扰边界层的发展,图4.53(c)、(d)展示了这些珠子及其与边界层干扰产生的小激波,这是一个瞬态的流动图像,密度呈均匀分布,所以能够用于评估边界层剖面。但应该注意,这些条纹分布不是严格的二维图像。

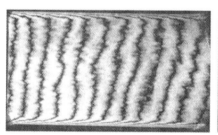
(a) #90020606:触发后2.0ms,Ma_S=1.514
环境大气压,空气,289.9K

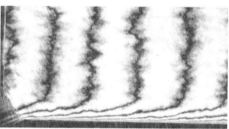
(b) 图(a)的放大图

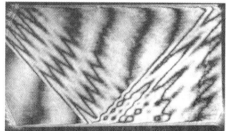
(c) #90020604:触发后1.0ms,Ma_S=1.498
环境大气压,空气,289.4K

(d) #90020904:170μs,Ma_S=1.814
空气,700hPa,290.2K

图4.53 在入射激波后面发展的边界层
(直径3.2mm塑料珠分布于上壁面)

4.6.2 反射激波与边界层的干扰

本节研究从激波管末端壁面反射的激波与入射激波后面发展的边界层发生

的干扰。在高超声速气流实验中,激波管末端连接一个喉道和一个扩张型喷管,这样的激波管设备称为激波风洞,反射激波后面是高焓的驻点条件,具有该条件的气体被用作高超声速气流的驻室气体。过去,在激波管技术中,一个热点课题是研究反射激波后面产生的高压和高温气流,激波管运行的重要任务是调试激波管参数,延长末端壁面附近反射激波后的驻点条件时间,这种运行方法称为"缝合"(Tailoring、Gaydon 和 Hurle,1963),这个有趣的名字来自服装缝制行业。在 20 世纪 60 年代,这个课题吸引了大量激波研究人员,据报道,根据条件的差异,反射激波与侧壁边界层发生不同程度的严重干扰,进而使反射激波发生分叉。

Mark(1956)为建立分叉准则而提议了一个分析模型,当边界层内的驻点压力高于主流反射激波的压力时,反射激波径直向上游方向传播;如果边界层内的驻点压力低于反射激波前的压力,则边界层发生分离,分离泡随时间而发展,所以反射激波的根部分叉,最终形成一个斜激波。

分叉的程度取决于工质气体的比热比,随着比热比的值趋近于 1,分叉变得非常严重。在单原子分子气体中,$\gamma = 1.667$,只在很有限的激波马赫数范围内发生激波分叉现象,激波分叉也不严重。Honda 等(1975)用实验研究了比热比对分叉程度的影响,图 4.54 是反射激波与边界层干扰的系列流动显示照片,名义激波马赫数 $Ma_S = 2.5$,实验介质是 200hPa、290.4K 的空气。在 40mm × 80mm 传统激波管上做了一系列实验,在这个实验条件下($Ma_S = 2.5$)没有观察到反射激波的分叉现象。

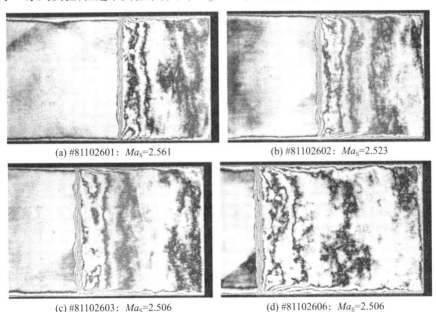

(a) #81102601: Ma_S=2.561 (b) #81102602: Ma_S=2.523
(c) #81102603: Ma_S=2.506 (d) #81102606: Ma_S=2.506

图 4.54 反射激波与边界层的干扰
($Ma_S = 2.5$;空气,200hPa,290.4K)

图 4.55 是图 4.56(a)的放大图,入射激波马赫数 $Ma_S = 3.6$,实验介质是 50hPa、290.3K 的 CO_2 气体。可以看到,反射激波的根部分叉,从边界层分离点处形成一道斜激波,边界层分离产生一个分离泡,分叉的激波与反射激波相交,形成一个三波点,第三道激波和一条模糊可见的滑移线汇合于该三波点。从图 4.56 的系列流动显示可以看出,三波点朝着激波管中心运动,意味着三波点及其三激波交汇形成反向马赫反射结构,斜激波等效于入射激波,反射激波等效于马赫激波,第三道激波等效于反射激波。

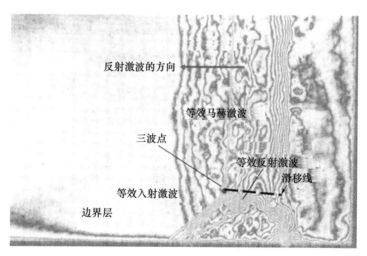

图 4.55 反射激波的分叉
(图 4.56(a)的放大图,#81102710;$Ma_S = 3.6$,CO_2,50hPa,290.3K)

安装在小轿车中的一些气囊的结构类似于一个激波管,当气囊被激活时,激波在管子中传播,管中是超过 20MPa 的高压氩气。最近,弄清楚了为什么采用氩气,因为氩气是单原子气体,其比热比 $\gamma = 1.667$,造成的激波分叉最小,反射激波后面的压力不会下降。

在类似于激波管的气囊结构中,依靠爆炸启动气囊运行,爆炸的传输激波通过氩气传输,向着管子末端壁面运动,当末端壁面破裂,气体流入充气装置,届时底端面的激波分叉被抑制,被激波扫过的氩气、爆炸物爆炸反应后的气体都流入充气装置。在这个阶段,氩气的作用非常重要。

图 4.56 展示了反射激波与侧壁边界层干扰的系列照片,激波分叉是随着时间发展的,三波点朝着激波管中心运动,参考图 4.56(d)。

图 4.57 是图 4.58(a)的放大图,实验介质是 10hPa 的 CO_2 气体,名义激波马赫数 $Ma_S = 5.2$。在比较低的初始压力下,与图 4.55 相比,图 4.57 的图像对比度更清晰。

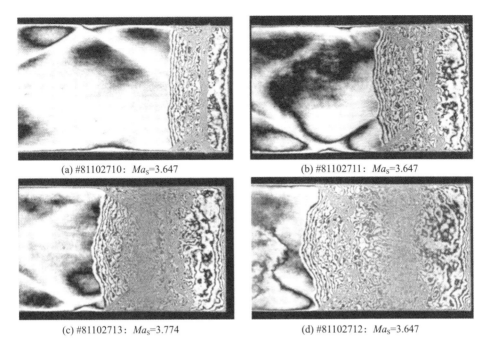

(a) #81102710: Ma_S=3.647　　　　　(b) #81102711: Ma_S=3.647

(c) #81102713: Ma_S=3.774　　　　　(d) #81102712: Ma_S=3.647

图 4.56　反射激波与边界层的干扰
($Ma_S = 3.6, CO_2, 50hPa, 290.3K, \gamma = 1.29$)

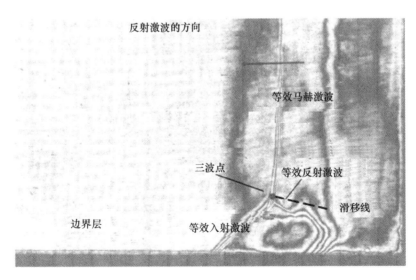

图 4.57　反射激波的分叉
(图 4.58(a)的放大图, #81102718: $Ma_S = 5.2, CO_2, 10hPa, 290.3K$)

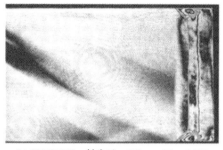
(a) #81102718：触发后，100μs，Ma_S=5.225

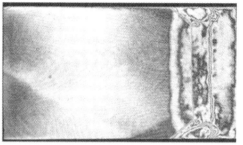
(b) #81102717：150μs，Ma_S=5.043

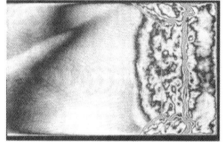
(c) #81102801：120μs，Ma_S=5.120

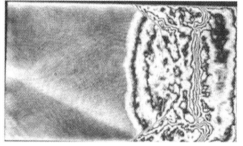
(d) #81102716：200μs，Ma_S=5.102

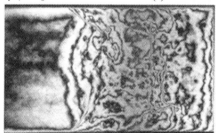
(e) #81102715：250μs，Ma_S=5.237

图 4.58　反射激波与边界层干扰
（$Ma_S=5.2, CO_2, 10hPa, 290.3K, \gamma=1.29$）

根据图 4.56 和图 4.58，将各图中上下壁面三波点的位置做内插处理，发现它们的轨迹相交于激波管中心，意味着激波反射形成的是反向马赫反射结构。没有获得足够的图像数据，无法推测该反射结构如何转化为规则反射结构。

侧壁边界层的发展与激波管尺寸无关，所以在小激波管中，两个三波点将在距离底端面比较近的距离上汇合，产生很大的压力衰减。反射激波与侧壁边界层干扰产生的影响程度受控于激波管横截面的形状，在圆形横截面的激波管中，三波点轨迹的相交等效于激波汇聚。

4.7 管道中的伪激波

当超声速气流在直管中减速到亚声速时,将产生一个激波串,激波串中的激波依次与侧壁边界层发生干扰,这些激波称为伪激波。这种现象常出现在管流和风力机械中。伪激波往往在管路上诱导出振荡,或产生噪声。Muroran 技术研究所的 Sugiyama 教授采用传统纹影方法,对伪激波现象进行了流动显示(Sugiyama, 1987),我们曾受邀前往他的研究所,用双曝光全息干涉方法做流动显示。设备是一个 50mm×50mm 的直管,长径比 L/D = 20.6～23.6,其中 L 是管子的长度, D = 50mm,气流马赫数范围是 1.72～1.88。图 4.59 展示了系列全息照片。注意到,管子的截面是正方形的,其流场却不一定是二维的,边界层沿着正方形管道的壁面发展,伪激波看起来有点儿模糊。当主流的驻点压力高于边界层的驻点压力时,反射激波分叉,伪激波分叉的区域都满足这个条件(Inoue 等,1995)。

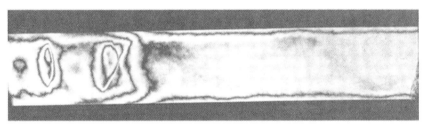

(a) #87101304

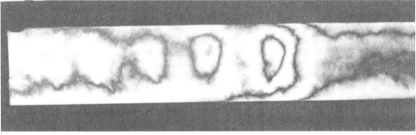

(b) #87101202

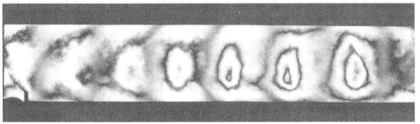

(c) #87101302

图 4.59　管道中产生的伪激波(Sugiyama,1987)

参考文献

Courant, R. , & Friedrichs, K. O. (1948). Supersonic flows and shock waves. New York, NY: Wiley-InterScience.

Gaydon, A. G. , & Hurle, I. R. (1963). The shock tube high – temperature chemical physics. London: Chapman and Hall Ltd.

Heilig, W. (1969). Diffraction of shock waves by a cylinder. Physics Fluids, 12, 154 – 157.

Honda, M. , Takayama, K. , Onodera, O. , & Kohama, Y. (1975). Motion of reflected shock wave in shock tube. In G. Kamimoto (Ed.), Modern Developments in Shock Tube Research, Proceedings 10th International Shock Tube Symposium, Kyoto (pp. 320 – 327).

Inoue, O. , Imuta, G. , Milton, B. E. , & Takayama, K. (1995). Computational study of shock wave focusing in a log – spiral duct. Shock Waves, 5, 183 – 188.

Itoh, K. (1986). Study of transonic flow in a shock tube (Master thesis). Graduate School of Engineering, Faculty of Engineering Tohoku University.

Izumi, M. (1988). Study of particle – gas two phase shock tube flows (Master thesis). Graduate School of Engineering, Faculty of Engineering Tohoku University.

Kikuchi, T. , Takayama, K. , Igra, D. , & Falcovitz, J. (2016). Shock stand – off distance over spheres in unsteady flows. In G. Ben – Dor, O. Sadat, & O. Igra (Eds.), Proceedings of 30th ISSW, Tel Aviv (Vol. 1, pp. 275 – 278).

Mark, H. (1956). The interaction of a reflected shock wave with the boundary layer in a shock tube. NACA TM 1418.

Saito, T. , Timofeev, E. V. , Sun, M. , & Takayama, K. (2000). Numerical and experimental study of 2 – D nozzle starting processes. In G. J. Ball, R. Hillier, & G. T. Roberts (Eds.), Proceedings of 2nd ISSW, London (Vol. 2, pp. 1071 – 1076).

Schlichting, H. (1960). Boundary layer theory. New York, NY: McGraw Hill Book Company Ltd. Smith, L. G. (1948). Photographic investigation of the reflection of plane shocks in air (Office of Scientific Research and Development OSRD Report 6271), Washington DC, USA.

Sugiyama, H. , Takeda, H. , Zhang, J. , & Abe, F. (1987). Multiple shock wave and turbulent boundary layer interaction in a rectangular duct. In G. Groenig (Ed.), Shock Tube and Waves, Proceedings of 16th International Symposium on Shock Tubes and Waves, Aachen (pp. 185 – 191).

Sugiyama, H. , Doi, H. , Nagumi, H. , & Takayama, K. (1988). Experimental study of high – speed gas particle unsteady flow past blunt bodies. Proceedings of the 16th International Symposium on Space Technology and Science, Sapporo (pp. 781 – 786).

Sun, M. , Saito, T. , Takayama, K. , & Tanno, H. (2005). Unsteady drag on a sphere by shock wave loading. Shock Waves, 14, 3 – 9.

Sun, M. , Yada, K. , Ojima, H. , Ogawa, H, & Takayama, K. (2001). Study of shock wave interaction with a rotating cylinder. In K. Takayama (Ed.), Proceedings of SPIE 24th International Congress of High Speed Photography and Photonics, Sendai (pp. 682 – 687).

Tanno, H., Komuro, T., Sato, K., Itoh, K., Ueda, S., Takayama, K., & Ojima, H. (2004). Unsteady drag force measurement in shock tube. In Z. L. Jiang (Ed.), Proceedings of 24th ISSW, Beijing (Vol. 1, pp. 371 – 376).

Timofeev, E. V., Takayama, K., Voinovich, P. V., Sislian, J., & Saito, T. (1997). Numerical and experimental study of three – dimensional unsteady shock wave interaction with an oblique cylinder. In A. P. F. Houwing, & A. Paul (Eds.), Proceedings of 21st ISSW, The Great Keppel Island (Vol. 2, pp. 1487 – 1492).

Yada, K. (2001). Unsteady transition of reflected shock wave over bodies in shock tube flows (Ph. D. thesis). Graduate School of Engineering, Faculty of Engineering Tohoku University.

Yang, J. – M. (1995). Experimental and analytical study of behavior of weak shock waves (Ph. D. thesis). Graduate School of Tohoku University, Faculty of Engineering.

第5章 气体中的激波汇聚

5.1 引言

二维激波汇聚包括两类,从凹壁面的反射和曲面入射激波的汇聚(也称为聚爆,是爆炸的反向过程)。

三维激波汇聚也定义为从凹壁面反射的平面激波的汇聚,从工程观点看,很难实现球形激波的汇聚(聚爆)。1989 年,召开了一次关于激波汇聚的研讨会,当时的著名研究人员受邀参会,10 位专家报告了他们的研究工作(Takayama,1990)。

5.2 二维激波汇聚

5.2.1 圆形壁面

图 5.1 是激波从直径 60mm 的圆形壁面反射产生汇聚的过程,这些流动显示照片是在 40mm×80mm 传统激波管实验中获得的,实验介质是环境大气压、297K 的空气,名义激波马赫数 $Ma_s = 1.25$。这些流动显示是在 1980 年做的,采用的是直接纹影法,从照片中看到,汇聚过程与壁面形状、激波马赫数以及实验介质的比热比 γ 有强烈的依赖关系。

随着激波汇聚过程的发展,呈现了所有类型的激波反射结构。首先展现出的是直接马赫反射,包括一个冯·诺依曼反射和一个单马赫反射,然后转变为固定马赫反射,最后变为反向马赫反射(Courant 与 Friedrichs,1948)。随着壁面角度 θ_W 的增大,反向马赫反射终结,形成超声速规则反射,在图 5.1(c)、(d)中看到,超声速规则反射结构中存在第二三波点、弯曲的第二马赫激波与第二滑移线,其中图 5.1(d)是图(c)的放大图。在图 5.1 中,从凹壁面边缘反射的激波非常弱,在照片中看不到,但在干涉图像中,可以看到这些弱反射激波。在图 5.1(e)、(f)中看到,两个第二三波点逐渐靠近向中心汇合,最后固定下来。从第二三波点汇合处产生系列涡,同时开始耗散过程,将积聚的能量消耗掉,在图 5.1(i)~(m)中发现,从三波点发出的滑移线的对比度变弱,表明跨滑移线密度梯度下降。每张图下标注的时间是指第二次曝光的时刻,触发点在实验段上游某处压力变速器所在的位置。

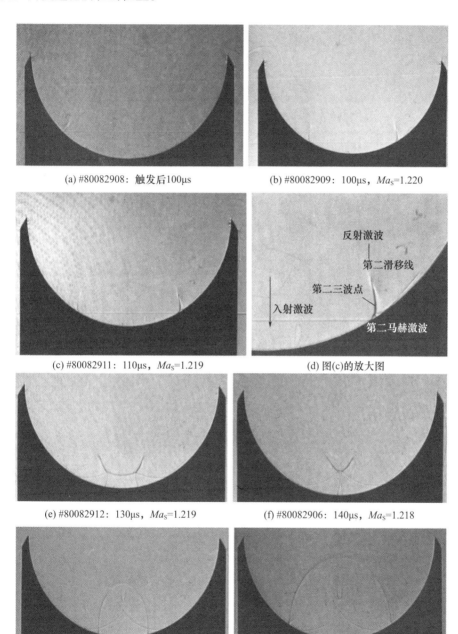

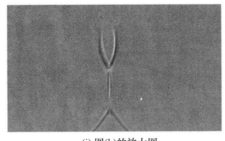

(i) 图(h)的放大图

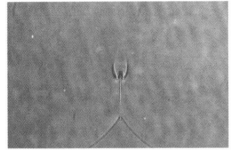

(k) 图(j)的放大图

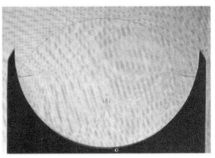

(j) #80082901：200μs，Ma_S=1.218

(l) #80082902：220μs，Ma_S=1.218

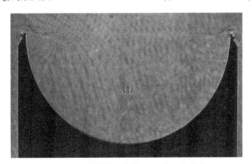

(m) #80082903：240μs，Ma_S=1.218

图 5.1 从直径 60mm 圆形壁面产生的激波汇聚过程
（直接纹影法，Ma_S = 1.25，环境大气压，空气，297K）

  图 5.2 是直径 120mm 圆形反射器产生的激波汇聚过程，实验设备是 60mm × 150mm 传统激波管，激波名义马赫数为 Ma_S = 1.07，实验介质是环境大气压的空气。在图 5.2(a) ~ (c)中呈现的是超声速规则反射结构及其反射，图 5.2(d) ~ (f)中呈现的是两个第二三波点的汇合过程及其与第二马赫杆的融合过程。在图 5.2(g)中，向前急剧倾斜的反射结构是超声速规则反射结构。在图 5.2(h)、(i)中，尚可见滑移线的残留痕迹，过滑移线的密度突增现象逐渐消失；在条纹集中的区域，压力、密度升高，温度却不一定高。

第 5 章　气体中的激波汇聚

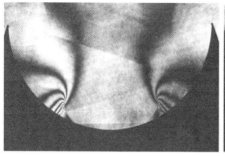

(a) #86030516：370μs，Ma_S=1.072

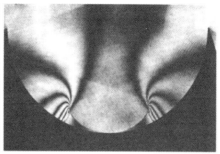

(b) #86030515：380μs，Ma_S=1.074

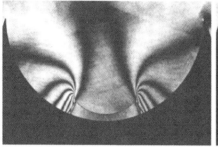

(c) #86030514：300μs，Ma_S=1.077

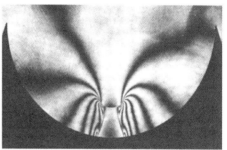

(d) #86030510：430μs，Ma_S=1.070

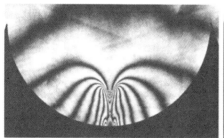

(e) #86030511：440μs，Ma_S=1.073

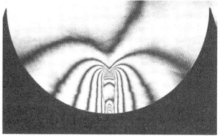

(f) #86030602：450μs，Ma_S=1.071

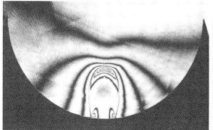

(g) #86030604：470μs，Ma_S=1.072

(h) #86030605：480μs，Ma_S=1.072

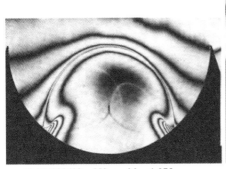
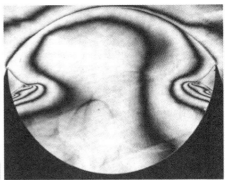

(i) #86030609: 550μs, Ma_S=1.075　　(j) #86030611: 650μs, Ma_S=1.068

图 5.2　从直径 120mm 圆形壁面产生的激波汇聚过程
(直接纹影法, Ma_S = 1.07; 空气, 环境大气压, 287.0K)

图 5.3 是空气中名义马赫数 Ma_S = 1.47 的激波在圆形反射器中反射汇聚的系列照片,实验设备是 60mm × 150mm 传统激波管。在图 5.3(a) 中,激波从圆形壁面反射,产生了超声速规则反射结构;在图 5.3(b) 中,两个三波点刚刚在中心反射,弯曲的第二马赫杆正在向外移动,第二三波点与第二马赫杆融合,产生滑移线的交叉。从图 5.3(c)~(f) 中看到,波系逐渐向外运动,滑移线汇合,在汇合点当地形成涡的聚集。从图 5.3(g)~(j) 中看到,涡的聚集与波的运动脱离,涡停留在当地区域,条纹分布变松散(与前面的图像相比,原来的条纹分布呈急剧聚集状态),条纹数量随时间的延长而减少。在这些波的相互作用过程中,压力几乎是恒定的,只发生一些波动,条纹数量也没有发生变化,所以温度也没有升高。

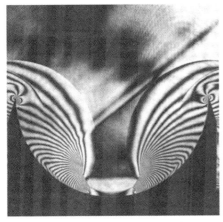
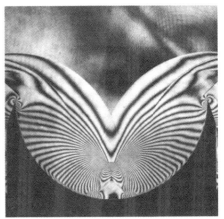

(a) #84042628: 20μs, Ma_S=1.468　　(b) #84042624: 70μs, Ma_S=1.480

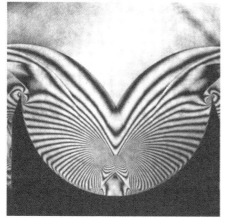

(c) #84042623: 80μs, Ma_S=1.471

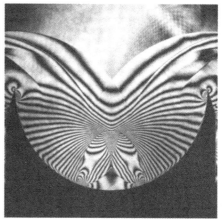

(d) #84042620: 100μs, Ma_S=1.465

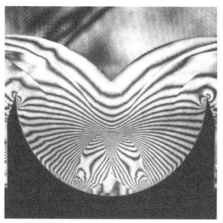

(e) #84042619: 110μs, Ma_S=1.454

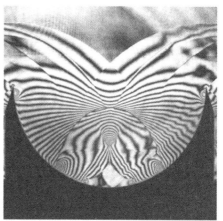

(f) #84042618: 130μs, Ma_S=1.468

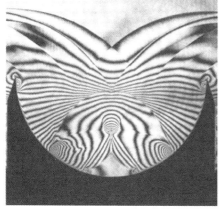

(g) #84042615: 160μs, Ma_S=1.468

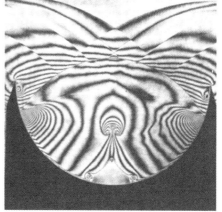

(h) #84050209: 200μs, Ma_S=1.475

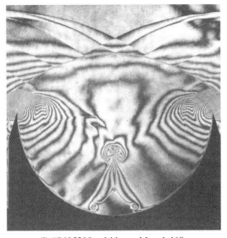
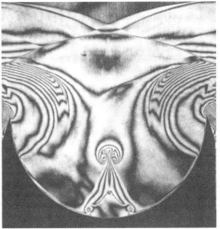

(i) #8405210: 144μs, Ma_S=1.468   (j) #84050211: Ma_S=1.481

图 5.3 激波在直径 120mm 圆形壁面的汇聚过程
（名义激波马赫数 Ma_S = 1.47, 空气, 800hPa, 289.5K）

图 5.4 是名义马赫数 Ma_S = 2.02 的激波在直径 120mm 反射器上反射汇聚过程的系列照片,实验设备是 60mm × 150mm 传统激波管,实验介质是 450hPa、290K 的空气。激波汇聚过程及波系结构与图 5.3 类似。

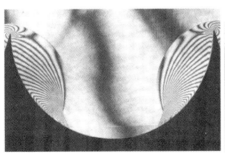
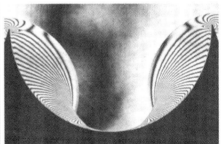

(a) #86030615: 265μs, Ma_S=2.033   (b) #86030618: 280μs, Ma_S=2.030

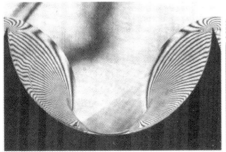

(c) #86030701: 300μs, Ma_S=2.020   (d) #86030617: 275μs, Ma_S=2.030

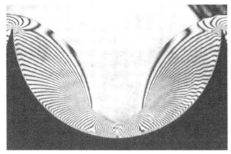

(e) #86030704: 315μs, Ma_S=2.010

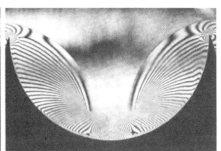

(f) #86030619: 290μs, Ma_S=2.015

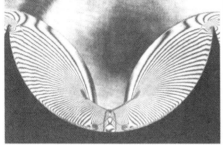

(g) #86030707: 330μs, Ma_S=2.002

(h) 图(g)的放大图

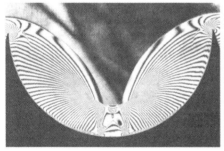

(i) #86030706: 325μs, Ma_S=2.025

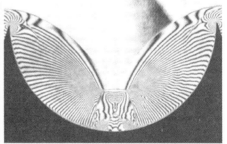

(j) #86030708: 335μs, Ma_S=2.030

(k) #86030711: 350μs, Ma_S=2.019

(l) #86030713: 360μs, Ma_S=2.011

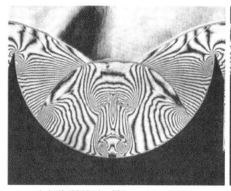
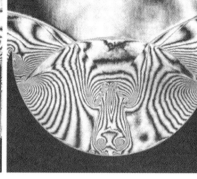

(m) #86030716: 395μs, Ma_S=2.035　　　　(n) #86030718: 430μs, Ma_S=2.026

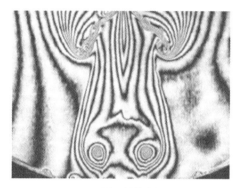

(o) 图(n)的放大图

图5.4　激波在直径120mm圆形壁面的汇聚过程
（名义激波马赫数 Ma_S = 2.02,空气,450hPa,290K）

图5.5是在直径120mm反射器上名义马赫数 Ma_S = 3.0 的反射激波的汇聚过程系列照片,实验设备是60mm×150mm传统激波管,实验介质是60hPa、291K的空气。图5.5(a)表明当地形成过渡马赫反射结构,随着壁面角的增大,激波反射结构转变为双马赫反射,接着转变为反向马赫反射结构。图5.5(b)是形成的超声速规则反射结构,两侧激波结构中的两个第二马赫杆都朝着中心运动,最后在中心相交。在图5.5(c)、(d)中,观察到滑移线的对称相交;随着压力下降,观察到图5.5(d)的图谱像一张怪异的人脸。在图5.5(g)中,由于激波与侧壁边界层的干扰,产生分叉的反射激波,图谱像一张戴了王冠的人脸。

5.2.2　封闭圆

在30mm×40mm传统激波管后面连接一个长30mm、直径300mm的实验段,就形成一个封闭的圆形实验段。与前面讨论的半圆柱不同,这个封闭的圆形实验段不是一个单一几何形状。图 5.6 是激波在封闭的圆形实验段内反射与传播的演化过程,名义激波马赫数 Ma_S =1.5,实验介质是 290K、环境大气压的空气。在图 5.6(a)、(b)中,入射激波在入口拐角处发生衍射,产生一副对涡,传输激波的反射结构持续发生变化,如 5.1.1 节所讨论的那样;在图 5.6(c)中,反射激波结构最终变为反向马赫反射。从图 5.6(d)~(f)的演化过程判断,存在两个第二马赫杆相交的现象。同时在入口拐角处产生的涡随时间发展,在图 5.6(g)~(l)中,这些涡与反射回来的激波发生干扰。

激波汇聚的早期现象与凹形壁面上看到的情况类似,但后期出现反射激波与入口拐角涡的干扰现象(Sun,2005)。

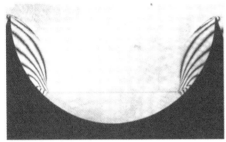

(a) #86031303:100μs,Ma_S=2.966

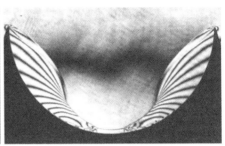

(b) #86031305:120μs,Ma_S=2.954

(c) #86031407:105μs,Ma_S=3.015

(d) #86031408:110μs,Ma_S=3.054

(e) 图(d)的局部放大图

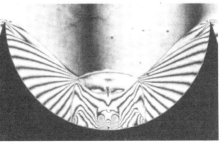

(f) #86031001:50μs,Ma_S=3.013

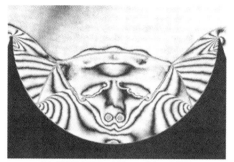

(g) #86031505：180μs，Ma_S=3.027

图 5.5　激波在直径 120mm 圆形壁面的汇聚过程
（名义激波马赫数 Ma_S =3.0，空气，60hPa，291K）

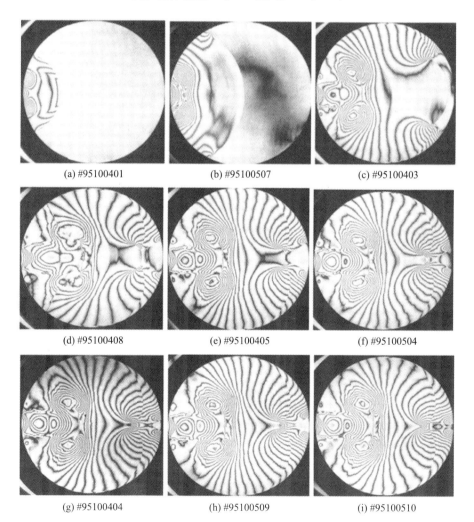

(a) #95100401　　　　(b) #95100507　　　　(c) #95100403

(d) #95100408　　　　(e) #95100405　　　　(f) #95100504

(g) #95100404　　　　(h) #95100509　　　　(i) #95100510

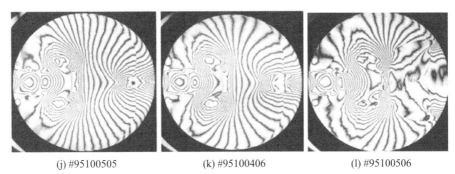

(j) #95100505　　　　　　　(k) #95100406　　　　　　　(l) #95100506

图5.6　直径300mm封闭圆形壁面产生的激波汇聚现象(Sun等,2005)

($Ma_S=1.5$,环境大气压,空气,290K)

5.2.3　入口角度对汇聚的影响

激波在凹形壁面上发生的汇聚现象受到曲面初始角度的影响。图5.7是安装在40mm×80mm传统激波管中的反射器,其初始角度可以是$\theta=75°$、$45°$、$30°$或$15°$。

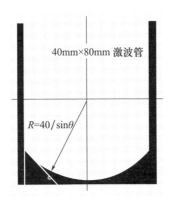

图5.7　安装在40mm×80mm传统激波管中的
半径$R=40/\sin\theta$的反射器(θ是壁面角)

1. 75°壁面角

图5.8是壁面角为75°圆形反射器产生的弱激波反射结构演化情况,圆形反射器的半径为154.6mm,名义激波马赫数$Ma_S=1.13$,实验介质是环境大气压、295K的空气。初始产生的激波反射结构是超声速规则反射,之后,两个超声速规则反射结构沿着上下壁面传播、整体相交,最终的反射激波是冯·诺依曼马赫反射结构,参考图5.8(e)~(f)。

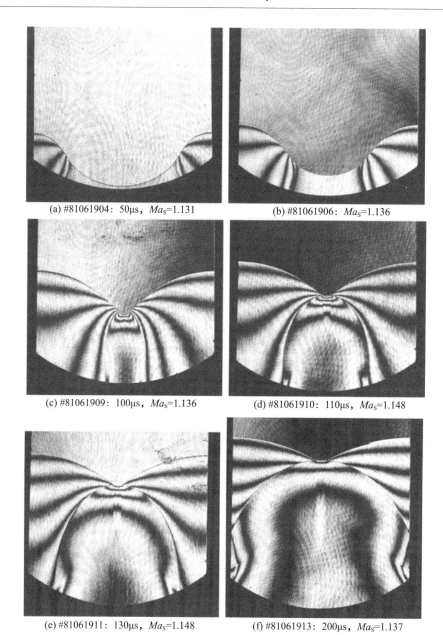

(a) #81061904: 50μs, Ma_S=1.131
(b) #81061906: Ma_S=1.136
(c) #81061909: 100μs, Ma_S=1.136
(d) #81061910: 110μs, Ma_S=1.148
(e) #81061911: 130μs, Ma_S=1.148
(f) #81061913: 200μs, Ma_S=1.137

图5.8　壁面角75°凹形壁面的激波汇聚演化情况
(名义激波马赫数 Ma_S = 1.13,环境大气压,空气,295K)

2. 45°壁面角

图5.9是壁面角45°的凹形壁面产生的激波汇聚演化情况,名义激波马赫数 Ma_S = 1.13,实验介质是环境大气压、295K的空气。反向马赫反射转换为具有第

二三波点的超声速规则反射结构,第二三波点是最终反射结构的特征。一系列涡被留存在底面上,参考图 5.9(d)~(f)。初始壁面角 45°对反射结构的影响与 75°时观察到的情况类似。

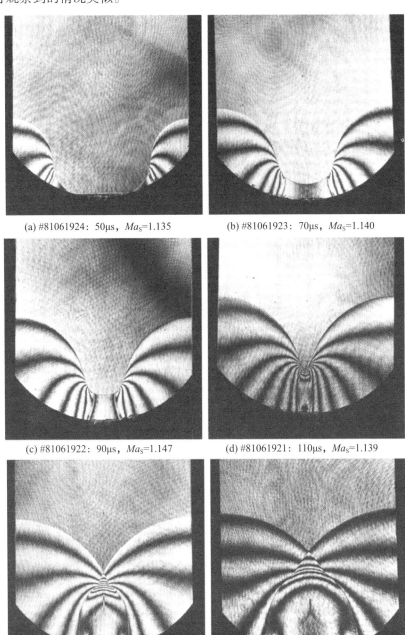

(a) #81061924: 50μs, Ma_S=1.135   (b) #81061923: 70μs, Ma_S=1.140

(c) #81061922: 90μs, Ma_S=1.147   (d) #81061921: 110μs, Ma_S=1.139

(e) #81061920: 130μs, Ma_S=1.133   (f) #81061919: 150μs, Ma_S=1.137

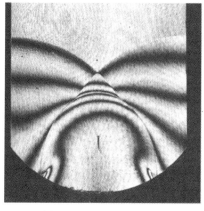 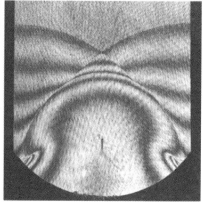

(g) #81061918: Ma_S=1.109　　　　　(h) #81061917: Ma_S=1.137

图 5.9　壁面角 45°凹形壁面的激波汇聚演化情况
（名义激波马赫数 Ma_S = 1.13,环境大气压,空气,295K）

3. 30°壁面角

图 5.10 是壁面角 30°的凹形壁面产生的激波汇聚演化情况,名义激波马赫数 Ma_S = 1.13,实验介质是环境大气压、295K 的空气。反射结构几乎与 45°壁面角的情况一致,反射结构从反向马赫反射结构转变为超声速规则反射结构。

4. 15°壁面角

图 5.11 是壁面角为 15°的凹形壁面产生的激波汇聚演化情况,名义激波马赫数 Ma_S = 1.07,实验介质是环境大气压、295K 的空气。两个反向马赫反射结构在中心汇合,参考图 5.11(a)、(b),从边角反射的激波非常弱,几乎看不到这些波,参考图 5.11(e)~(g)。

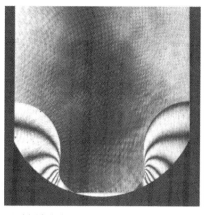 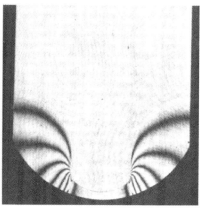

(a) #81062002: 50μs, Ma_S=1.139　　　(b) #81062004: 70μs, Ma_S=1.136

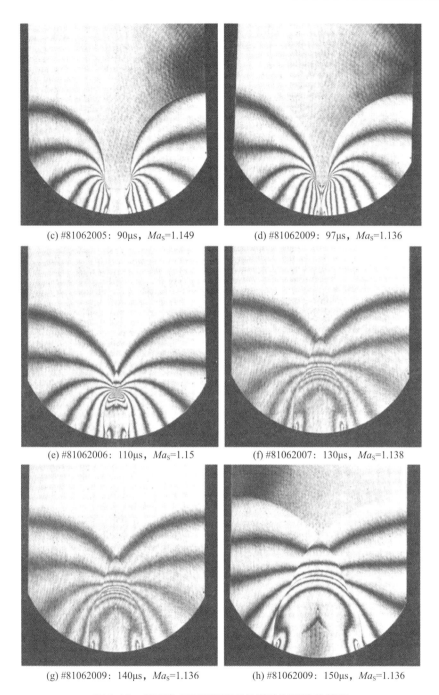

(c) #81062005: 90μs, Ma_S=1.149
(d) #81062009: 97μs, Ma_S=1.136
(e) #81062006: 110μs, Ma_S=1.15
(f) #81062007: 130μs, Ma_S=1.138
(g) #81062009: 140μs, Ma_S=1.136
(h) #81062009: 150μs, Ma_S=1.136

图 5.10　壁面角 30°凹形壁面的激波汇聚演化情况
（名义激波马赫数 Ma_S = 1.13,环境大气压,空气,295K）

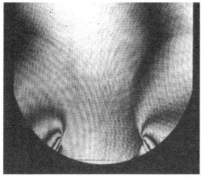
(a) #81062307: 140μs, Ma_S=1.062

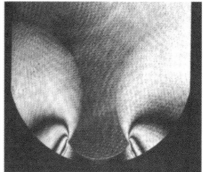
(b) #81062306: 80μs, Ma_S=1.081

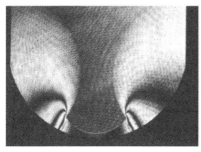
(c) #81062305: 100μs, Ma_S=1.069

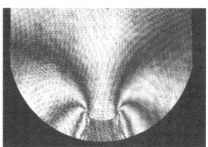
(d) #81062304: 120μs, Ma_S=1.060

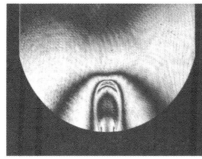
(e) #81062303: 150μs, Ma_S=1.060

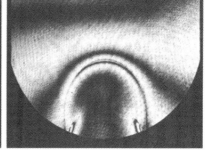
(f) #81062309: 180μs, Ma_S=1.063

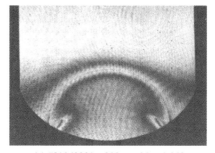
(g) #81062301: 200μs, Ma_S=1.048

图 5.11 壁面角 15°凹形壁面的激波汇聚演化情况
（名义激波马赫数 Ma_S = 1.07,环境大气压,空气,295K）

5. 入口角度 40°

将可以改变壁面角的圆形反射器(壁面角为 40°、50°、60° 和 70°)安装在 60mm×150mm 激波管实验段内,对名义马赫数 $Ma_S = 1.3$ 的激波反射结构的演化进行流动显示,参考图 5.12。

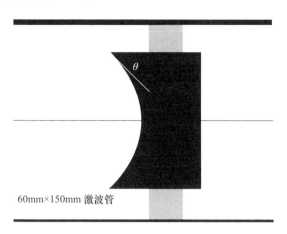

图 5.12　安装在 60mm×150mm 激波管内的壁面角为 θ 的圆形反射器

图 5.13 是壁面角 $\theta = 40°$、$Ma_S = 1.3$ 的激波反射结构,圆形壁面的半径 $R = 30/\sin\theta$(mm)。初始反射结构是单马赫反射,最终转化为反向马赫反射结构。图 5.13(a)是产生的超声速规则反射结构,在图 5.13(b)、(c)中,两个第二三波点、两个弯曲的马赫杆相互汇合,图 5.13(d)~(f)是演化后期的反射结构。

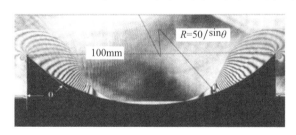

(a) #84042515:120μs,Ma_S=1.304

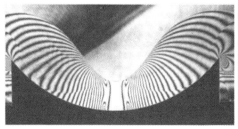

(b) #84042521:170μs,Ma_S=1.306

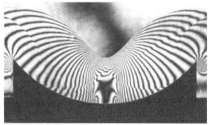

(c) #84042513:240μs,Ma_S=1.304

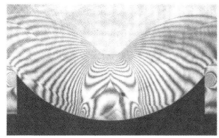
(d) #84042519: 320μs, Ma_S=1.315

(e) #84042513: 240μs, Ma_S=1.304

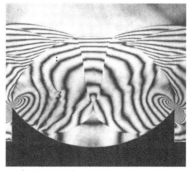
(f) #84042519: 320μs, Ma_S=1.315

图 5.13 壁面角 40°反射器的激波汇聚演化情况
(名义激波马赫数 Ma_S =1.30,环境大气压,空气,286.4K)

6. 入口角度 50°

图 5.14 是壁面角 50°圆形壁面形成的激波反射结构演化情况。反射结构是超声速规则反射,在图 5.14(c)、(d)中,三波点在中心汇合并反射,同时一个高压区连接着一道激波,这是小角度反射器产生的激波汇聚演化结果。在图 5.14(c)中,反射激波的平坦部分逐渐放大,进而产生单马赫反射结构。

(a) #84042509: 110μs, Ma_S=1.306

(b) #84042507: 130μs, Ma_S=1.301

(c) #84042504: 160μs, Ma_S=1.306

(d) #84042501: 200μs, Ma_S=1.306

第 5 章 气体中的激波汇聚

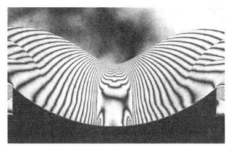

(e) #84042506：220μs，Ma_S=1.308

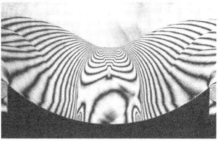

(f) #84042508：240μs，Ma_S=1.311

图 5.14　壁面角 50° 反射器的激波汇聚演化情况
（名义激波马赫数 Ma_S = 1.30,环境大气压,空气,286.4K）

7. 入口角度 60°

参考图 5.15,这时产生超声速规则反射结构,激波汇聚的演化过程与图 5.14 类似。

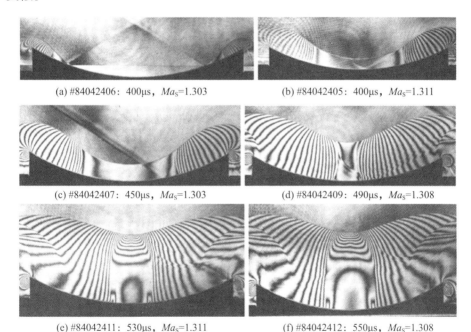

图 5.15　壁面角 60° 反射器的激波汇聚演化情况
（名义激波马赫数 Ma_S = 1.30,环境大气压,空气,286.4K）

8. 入口角度 70°

参考图 5.16,这时产生超声速规则反射结构,激波汇聚的演化过程与图 5.15 类似。一般的趋势是,在这种大入口角度条件下,反射结构趋向于受小扰动平板的激波反射结构。

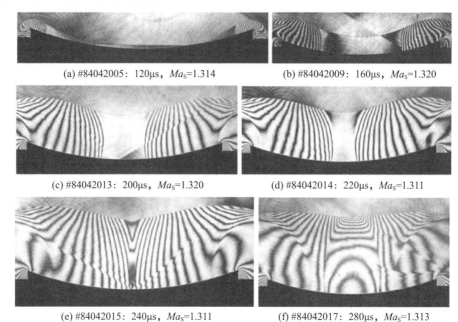

(a) #84042005：120μs，Ma_S=1.314 (b) #84042009：160μs，Ma_S=1.320

(c) #84042013：200μs，Ma_S=1.320 (d) #84042014：220μs，Ma_S=1.311

(e) #84042015：240μs，Ma_S=1.311 (f) #84042017：280μs，Ma_S=1.313

图 5.16　壁面角 70°反射器的激波汇聚演化情况
（名义激波马赫数 Ma_S = 1.30，环境大气压，空气，286.4K）

5.3　凸凹组合壁面上的激波反射

图 5.17 是 60mm×150mm 传统激波管中的凸凹组合壁面反射器，观察了不同曲率半径 R 条件下的激波汇聚演化过程。给定反射器深度 H，曲率半径 $2R = (L^2 + H^2)/(4H)$，其中 L 是实验段宽度，$L = 150$mm。

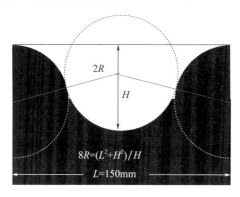

图 5.17　凸凹组合壁面反射器

5.3.1 深 75mm

给定深度为75mm,半径 R 为37.5mm。图5.18是名义马赫数 $Ma_S = 1.4$ 的激波反射情况,实验介质是环境大气压、297K 的空气。圆形的入口形状决定性地影响着传输激波的传播与汇聚过程。图5.18(a)~(h)是激波汇聚的系列图像,从上下壁面反射的激波结构影响着汇聚的过程。在图5.18(g)、(h)中,滑移线的汇聚与图5.3的图形类似;同时,在激波与涡的干扰期间,出现奇异形状的激波结构。将本实验观测作为适当数值模拟结果的对照样本来验证数值程序,将是一个具有挑战性的任务。

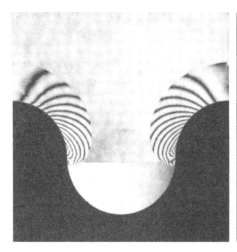

(a) #86091816: Ma_S=1.427

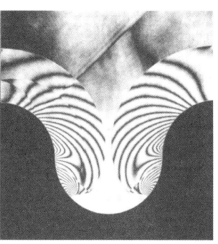

(b) #86091810: Ma_S=1.435

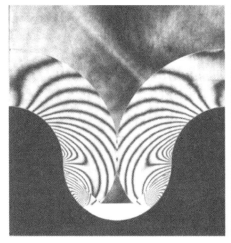

(c) #86091803: Ma_S=1.411

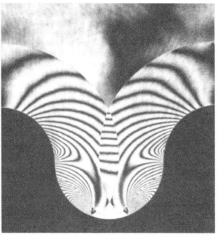

(d) #86091806: Ma_S=1.416

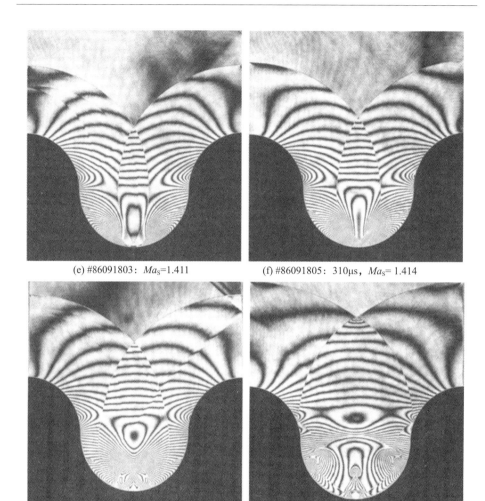

(e) #86091803: Ma_S=1.411　　(f) #86091805: 310μs, Ma_S=1.414

(g) #86091811: Ma_S=1.433　　(h) #86091801: Ma_S=1.407

图 5.18　深度 75mm 凸凹组合壁面反射器的激波汇聚演化情况

(名义激波马赫数 Ma_S = 1.4,环境大气压,空气,297K)

5.3.2　深 57mm

图 5.19 是深度 H = 57mm、半径 R = 56.5mm 的凸凹反射器激波反射,名义激波马赫数 Ma_S = 1.43。最初,反射结构是规则反射,在图 5.19(a)中,沿着凹壁面部分转变为单马赫反射,最终在图 5.19(b)中转变为超声速规则反射结构。之后,开始两个超声速规则反射结构的相互干扰过程,在图 5.19(d)中,汇聚过程结束。

第 5 章 气体中的激波汇聚

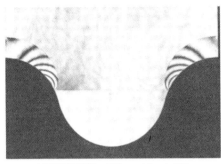

(a) #86093006：340μs，Ma_S=1.439

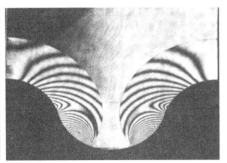

(b) #86093002：Ma_S=1.432

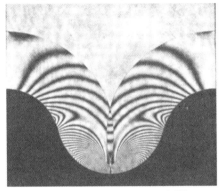

(c) #86092908：385μs，Ma_S=1.432

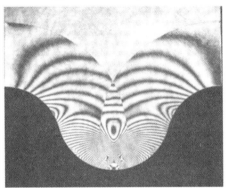

(d) #86093001：395μs，Ma_S=1.415

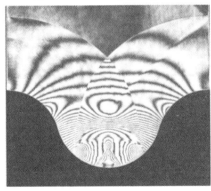

(e) #86093008：415μs，Ma_S=1.438

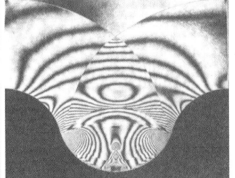

(f) #86092905：420μs，Ma_S=1.439

图 5.19　深度 57mm 凸凹组合壁面反射器的激波汇聚演化情况
（名义激波马赫数 Ma_S = 1.43，环境大气压，空气，293K）

5.3.3　深 42mm

图 5.20 是深度 H = 42mm、半径 R = 72.2mm 的凸凹组合反射器上的激波反射情况，名义激波马赫数 Ma_S = 1.43，实验介质是环境大气压、297.6K 的空气。

在图 5.20(a)中,反射结构是超声速规则反射结构,含有第二道激波;从浅反射器部分(即小角度部分)产生的激波反射系列图像与小入口角度情况下观察到的图像类似。图 5.20(f)的反射结构与图 5.19(f)的类似。

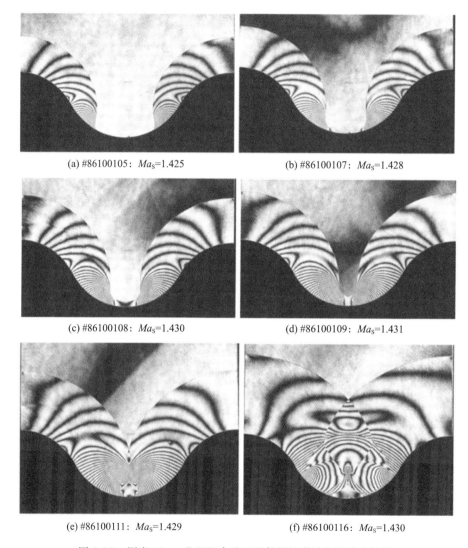

(a) #86100105：Ma_S=1.425

(b) #86100107：Ma_S=1.428

(c) #86100108：Ma_S=1.430

(d) #86100109：Ma_S=1.431

(e) #86100111：Ma_S=1.429

(f) #86100116：Ma_S=1.430

图 5.20　深度 42mm 凸凹组合壁面反射器的激波汇聚演化情况

(名义激波马赫数 Ma_S=1.43,环境大气压,空气,297.6K)

5.3.4　深 31mm

图 5.21 是深度 $H=31\text{mm}$、半径 $R=94.6\text{mm}$ 的浅反射器上的激波反射情

况,名义激波马赫数 Ma_S = 1.42,实验介质是环境大气压、293K 的空气。在图 5.21中的浅反射器上的激波反射演化过程类似于图 5.8、图 5.25 观察到的浅反射器上发生的反向马赫反射汇聚。

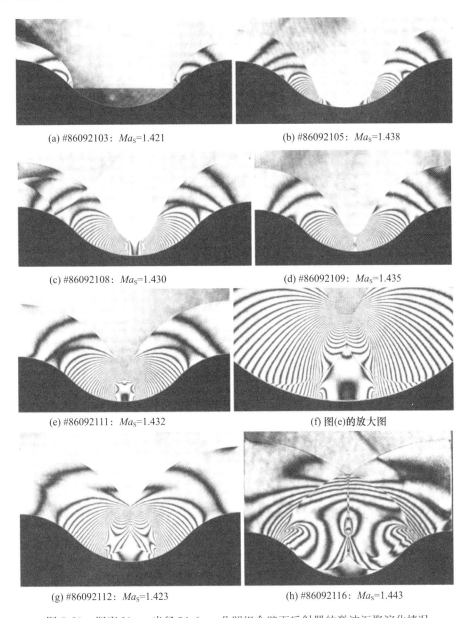

(a) #86092103: Ma_S=1.421

(b) #86092105: Ma_S=1.438

(c) #86092108: Ma_S=1.430

(d) #86092109: Ma_S=1.435

(e) #86092111: Ma_S=1.432

(f) 图(e)的放大图

(g) #86092112: Ma_S=1.423

(h) #86092116: Ma_S=1.443

图 5.21 深度 31mm 半径 94.6mm 凸凹组合壁面反射器的激波汇聚演化情况
(名义激波马赫数 Ma_S = 1.42,环境大气压,空气,293K)

5.4　对数螺旋形面积收缩过程中的激波汇聚

激波通过面积收缩的管道或从凹形壁面反射时会产生汇聚,并且这样的激波汇聚总是与波的干扰相联系。如果令一道平面激波沿一个特殊形状的激波管传播,在某个当地截面面积条件下会发生奇妙的激波汇聚图像。Milton 等(1975)提议了一个对数螺旋型管道,一道平面激波可以在其中汇聚成一个点,进而产生很高的压力和温度。这个理论以 Whitham 射线激波理论(ray shock theory,Whitham,1959)为基础。

该对数螺旋构型以(r,θ)坐标系定义:

$$r = R\exp[(\chi-\theta)/\tan\chi]$$

式中:R 和 χ 是给定的,与 Ma_S 和 γ 的数值有关(Milton 等,1975),分别是原点到对数螺旋形状起始点之间的半径和初始角度(侧壁与原点到起始点连线的夹角),参考图 5.22。

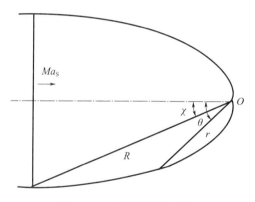

图 5.22　对数螺旋的形状

对于特定的 Ma_S 和 γ,有一个确定的对数螺旋构型,也就是说有一对给定的 R 和 χ。

对于给定的 Ma_S 和 γ,制造了一个对数螺旋截面模型,模型长 129mm、宽 30mm,安装在 60mm×150mm 传统激波管中,模型的直入口段长 30mm、对数螺旋截面段长 99mm。实验介质是 294.8K、环境大气压的空气,激波马赫数范围 $Ma_S=1.4\sim2.7$(Milton,1989)。图 5.23 是激波在一个对数螺旋型管道内汇聚的演化情况,该对数螺旋构型是为 $Ma_S=1.4$、空气介质设计的。

图 5.23(a)是激波汇聚的早期阶段,入射激波根部总是垂直于对数螺旋型管道的壁面,所以在激波汇聚的早期阶段,沿对数螺旋型壁面传播的入射激波根部附近,激波光滑地实现其弯曲。前面讨论过,当入射激波沿凹陷壁面传播时

(图5.3)也观察到这种趋势。激波光滑地收缩,保持三波点位于其初始扫掠入射角的位置上,激波根部总是垂直于壁面,传输激波的中心部分垂直于激波管的中心平面。

在图5.23(a)中,传输激波的光滑弯曲状态一直保持到其根部,期间的条纹数量在增长;在图5.23(b)中,这个趋势更显著,在光滑弯曲的传输激波附近,条纹密度最大。在图5.23(c)中观察到,出现了两个清晰的三波点,两个反射激波结构的图谱很快转变为反向马赫反射结构,并在中心相互融合。在图5.23(d)中,当地的汇聚结构是涡融合的结果。对数螺旋构型的优点是能够高效地使平面激波汇聚到一点,不期望的波干扰现象最少。在激波汇聚的后期阶段,反射结构与凹形反射器产生的激波汇聚类似,在汇的后期阶段,涡的累积发挥着重要作用。在图5.23(d)中,稠密条纹区已经是涡结构,在涡干扰之后,流场或多或少变得与圆形反射器激波汇聚结构类似,当涡在对数螺旋反射器末端汇聚时,正如在图5.23(d)、(h)中所看到的那样,温度升高,从涡的汇聚点发射出辉光。在全息干涉图上,没有观察到发光,因为全息胶片的灵敏度原因不能探测到汇聚点的发光,但Milton等(1975)采用直接纹影法观察到了汇聚点的发光。

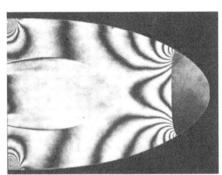 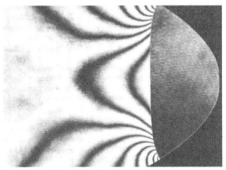

(a) #86100909: 370μs, Ma_S=1.396

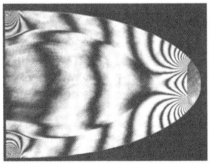 

(b) #86100803: 390μs, Ma_S=1.396

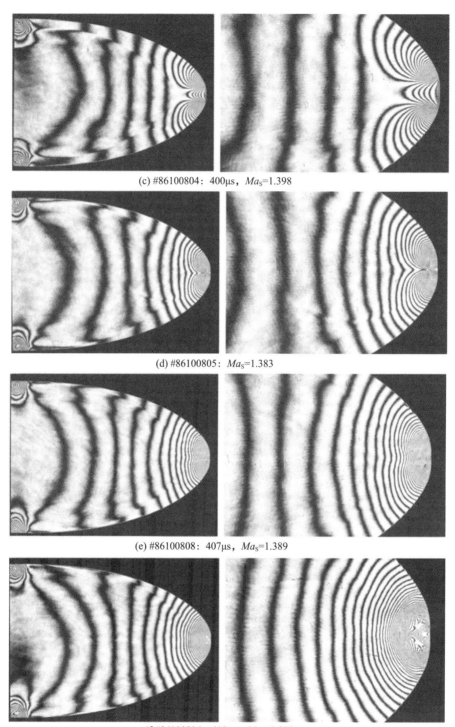

(c) #86100804: 400μs, Ma_S=1.398

(d) #86100805: Ma_S=1.383

(e) #86100808: 407μs, Ma_S=1.389

(f) #86100806: 410μs, Ma_S=1.398

第 5 章　气体中的激波汇聚

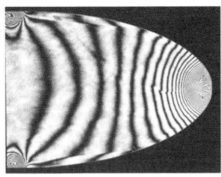
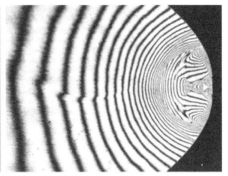

(g) #86100809：415μs，Ma_S=1.390

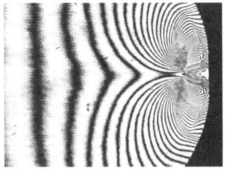

(h) 图(d)的放大图

图 5.23　对数螺旋通道反射器的激波汇聚情况
(名义激波马赫数 Ma_S = 1.40，环境大气压，空气，294.8K)

图 5.24 是实验获得的名义马赫数 Ma_S = 1.48 的激波在对数螺旋通道内的汇聚演化过程，实验介质是 900hPa、287.1K 的空气。每张图片都给出了局部放大图，该对数螺旋通道使入射激波逐渐弯曲，最终使之汇聚到对数螺旋构型的尖点。

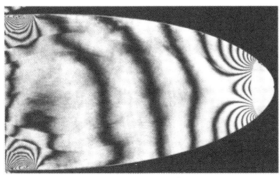
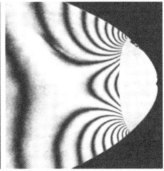

(a) #86112713：495μs，Ma_S=1.479

303

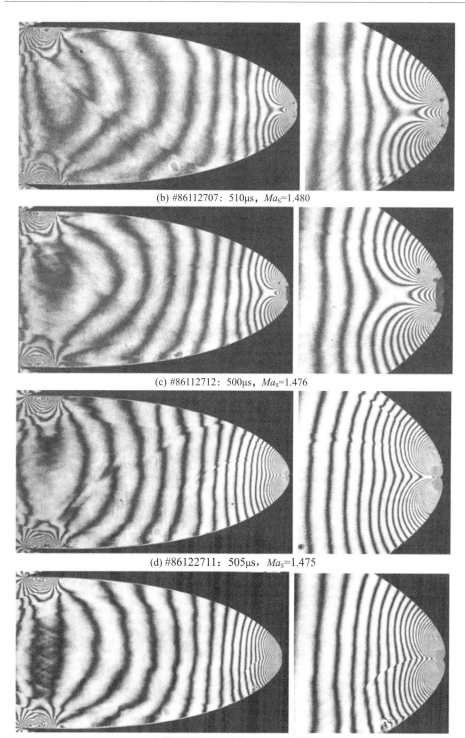

(b) #86112707: 510μs, Ma_S=1.480

(c) #86112712: 500μs, Ma_S=1.476

(d) #86122711: 505μs, Ma_S=1.475

(e) #86122708: 515μs, Ma_S=1.480

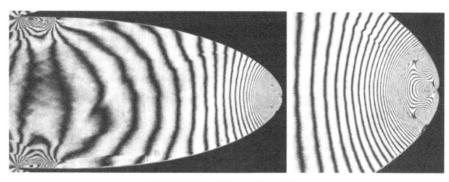

(f) #86122709: 517μs, Ma_S=1.276

图 5.24　对数螺旋通道反射器的激波汇聚情况
（名义激波马赫数 Ma_S = 1.48,空气,900hPa,287.1K）

图 5.25 是实验获得的名义马赫数 Ma_S = 2.7 的激波在对数螺旋通道内的汇聚演化过程,实验介质是 110hPa、287K 的空气。图 5.25(a)、(c)、(e)、(f)给出了不同实验时刻的观测图谱与对应条件数值模拟结果(Inoue 等,1995)的比较,图 5.25(g)是图 5.25(f)的局部放大图。在图 5.25(d)、(e)中,对数螺旋通道的尖点,观察到条纹累积表达的涡汇聚,涡汇聚导致温度升高。Milton 在报告(1975)中称,观察到尖点高温导致的自发光。

(a) #86112812: 510μs, Ma_S=2.722

(b) #86112808: 500μs, Ma_S=2.739

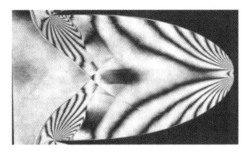

(c) #86112811: 507μs, Ma_S=2.722

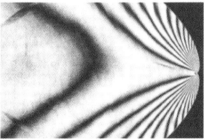

(d) #86112809: 505μs, Ma_S=2.698

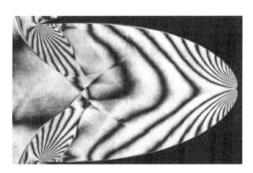

(e) #86112813: 510μs, Ma_S=2.723

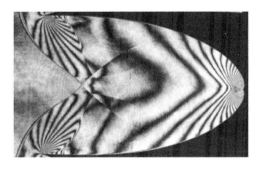

(f) #86112814: 510μs, Ma_S=2.723

(g) 图(f)的放大图

图 5.25　对数螺旋通道反射器的激波汇聚情况
(名义激波马赫数 $Ma_S = 2.70$,空气,110hPa,287.0K)

正如在图 5.25 中所看到的,数值模拟结果与实验记录的图像符合得很好,采用很细的自适应网格,数值模拟成功地复现了对数螺旋通道内的激波汇聚过程。

5.5　面积收缩过程中的激波汇聚

激波在收缩型的管道中传播时,在传播过程中激波得到增强,广义上讲,这也是一种激波汇聚现象。当激波沿一个 V 形截面收缩管道传播时,压力升高,增压量取决于横截面的收缩角度。图 5.26 是安装在 60mm×150mm 传统激波管中的一个 V 形截面收缩管道,管道倾斜角为 θ_W,当 θ_W 小于临界转换角 θ_{crit} 时,

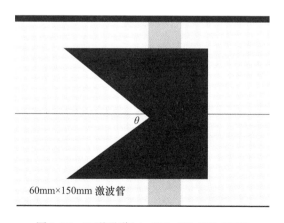

图 5.26　V 形通道($\theta = 30°、60°、90°、120°$)

反射结构总是单马赫反射,所以沿上、下壁面产生的反射激波结构中的两个三波点轨迹会相交,两个三波点最终在收缩截面的末端合并。同时,激波结构中的反射激波、滑移线反复发生干扰,且向着V形收缩截面的末端运动。

5.5.1 V形面积收缩管道

1985年8月,日本航空公司的123航班B747飞机撞击到一座山上,500多名旅客丧生。撞击时,波音747飞机的耐压舱壁破裂,导致垂直方向舵被吹掉,飞机失去控制而坠毁。机舱压力高于撞击高度上的压力,耐压舱壁就像激波管的膜片,承载着内外压差,一旦破裂就产生激波,而且不是一道平面激波,而是在垂尾内部的空间中传播的激波,由于垂尾内部的空间是收缩型的,于是压力升高,当压力足够高时就会将垂直方向舵吹掉。

激波在收缩型管道中传播时,其强度被放大。为研究面积收缩与压力升高之间的关系,在60mm×150mm传统激波管中,采用不同强度的入射激波,对30°、60°、90°、120°的V形截面管道进行了实验。在图5.27中看到,在这些V形收缩管道中,形成的是单马赫反射结构。

1. 30°角

图5.27是激波在30°V形面积收缩管道中产生的反射与汇聚过程,激波马赫数$Ma_S=1.3$,实验介质是289.3K、环境大气压的空气。在图5.27(f)中(包括图5.28、图5.29),可以看到三波点与涡的多次反射,这些反射使压力逐步增强。

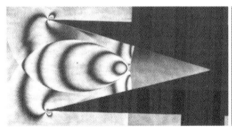

(a) #88020220: 260μs, Ma_S=1.301

(b) #88020218: 280μs, Ma_S=1.299

(c) #88020216: 310μs, Ma_S=1.301

(d) #88020224: 330μs, Ma_S=1.303

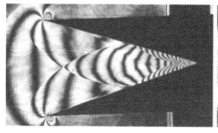
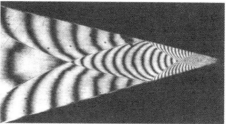

(e) #88020227: 360μs, Ma_S=1.299 (f) #88020228: 370μs, Ma_S=1.301

图 5.27 激波在 30°V 形面积收缩管道中的汇聚演化情况

($Ma_S = 1.30$, 环境大气压, 空气, 289.3K)

(a) #88020301: 80μs, Ma_S=1.685 (b) #88020303: 90μs, Ma_S=1.682

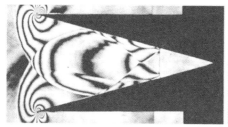

(c) #88020305: 110μs, Ma_S=1.686 (d) #88020307: 120μs, Ma_S=1.685

(e) #88020308: 130μs, Ma_S=1.674 (f) #88020309: 140μs, Ma_S=1.607

图 5.28 激波在 30°V 形面积收缩管道中的汇聚演化情况

($Ma_S = 1.60$, 空气, 600hPa, 289.5K)

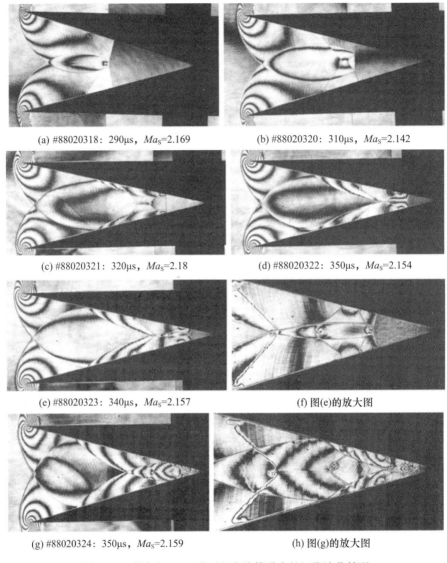

(a) #88020318：290μs，Ma_S=2.169
(b) #88020320：310μs，Ma_S=2.142
(c) #88020321：320μs，Ma_S=2.18
(d) #88020322：350μs，Ma_S=2.154
(e) #88020323：340μs，Ma_S=2.157
(f) 图(e)的放大图
(g) #88020324：350μs，Ma_S=2.159
(h) 图(g)的放大图

图 5.29　激波在 30°V 形面积收缩管道中的汇聚演化情况
（Ma_S = 2.10，空气，300hPa，291.5K）

2. 60°角

图 5.30 是激波在 60°V 形面积收缩管道中的反射与汇聚过程，激波马赫数 Ma_S = 1.27，实验介质是 290.3K、环境大气压的空气。在向尖点传播的过程中，传输激波沿着上、下壁面发生反复干扰，使干扰激波后面的压力持续升高，尽管激波干扰的过程很简单，但包含了复杂的激波动力学效应。

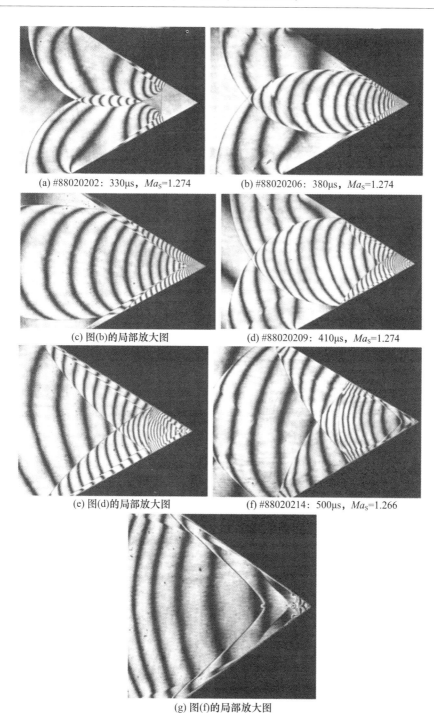

(a) #88020202: 330μs, Ma_S=1.274 (b) #88020206: 380μs, Ma_S=1.274

(c) 图(b)的局部放大图 (d) #88020209: 410μs, Ma_S=1.274

(e) 图(d)的局部放大图 (f) #88020214: 500μs, Ma_S=1.266

(g) 图(f)的局部放大图

图 5.30　激波在 60°V 形面积收缩管道中的汇聚演化情况

(Ma_S=1.27,环境大气压,空气,290.3K)

图 5.31 也是 60°V 形管道内的激波汇聚情况,但激波马赫数更高(Ma_S = 2.17),来自上、下壁面两个反射结构的三波点相交,伴随产生滑移线,在图 5.31(i)中观察到滑移线的汇聚及其干扰。

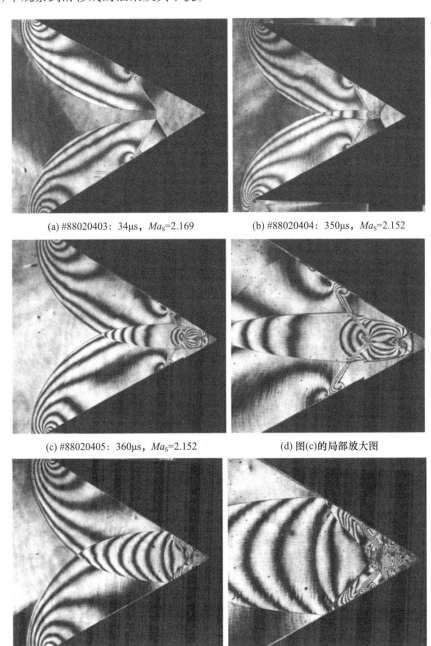

(a) #88020403: 34μs, Ma_S=2.169

(b) #88020404: 350μs, Ma_S=2.152

(c) #88020405: 360μs, Ma_S=2.152

(d) 图(c)的局部放大图

(e) #88020406: 370μs, Ma_S= 2.140

(f) 图(e)的局部放大图

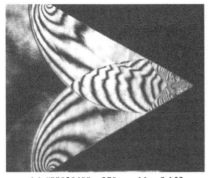
(g) #88020409: 370μs, Ma_S=2.152

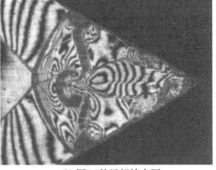
(h) 图(g)的局部放大图

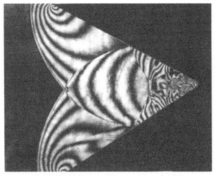
(i) #88020411: 400μs, Ma_S=2.129

图 5.31 激波在 60°V 形面积收缩管道中的汇聚演化情况
(名义激波马赫数 Ma_S = 2.17,空气,300hPa,288.6K)

3. 90°角

图 5.32 是在 90°V 形面积收缩条件下的激波反射与汇聚的演化情况,激波马赫数 Ma_S = 1.27,实验介质是 287.4K、环境大气压的空气。反射结构是亚声速规则反射结构,压升是反复出现的斜激波反射引起的。

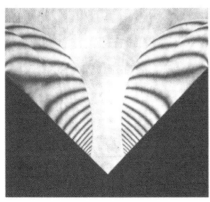
(a) #88020114: 370μs, Ma_S= 1.282

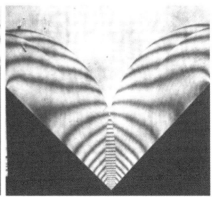
(b) #88020114: 370μs, Ma_S= 1.282

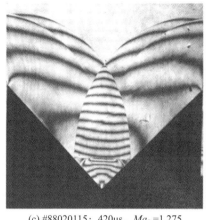
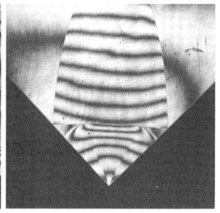

(c) #88020115：420μs，Ma_S =1.275   (d) 图(c)的局部放大图

图 5.32　激波在 90°V 形面积收缩管道中的汇聚演化情况

（名义激波马赫数 Ma_S =2.17,环境大气压,空气,287.4K）

4. 120°角

图 5.33 是在 120°V 形面积收缩条件下的激波反射与汇聚的演化情况,在斜楔表面产生超声速规则反射,激波反射结构导致壁面压力产生阶梯状逐级上升的现象。

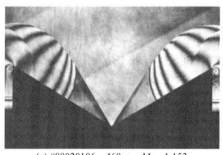

(a) #88020106：460μs，Ma_S=1.153   (b) #88020107：470μs，Ma_S=1.162

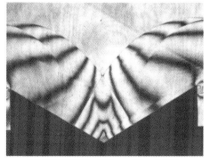
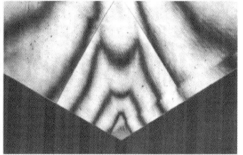

(c) #88020109：520μs，Ma_S=1.164   (d) 图(c)的局部放大图

图 5.33　激波在 120°V 形面积收缩管道中的汇聚演化情况

（名义 Ma_S =1.16,环境大气压,空气,287.0K）

5.6 圆锥形面积收缩过程中的激波汇聚

图 5.34 是一个半顶角 10°的锥形面积收缩实验段,用亚克力制作。为定量显示激波在实验段内的传播过程,采用非球面透镜的截面形状,这种截面构型可以定量显示圆形横截面试验管道内的流动。其直径为 50mm,与直径 50mm 的激波管相连接。

图 5.34　半顶角 10°的锥形面积收缩实验段

采用双曝光全息干涉方法和漫反射全息方法,显示了激波在半顶角 10°的锥形实验段内传播的过程。传输激波的图谱与浅 V 形管道内的图谱大致相同,激波反射结构是单马赫反射。但与二维情况不同的是,没有看到清晰的反射激波和滑移线,却在激波波前处,清晰地看到因三波点与马赫杆干扰而形成的环,在图 5.35(a)、(b)中,能够正确辨识三波点轨迹;图 5.35(b)是单曝光干涉图 (Milton,1989)。图 5.35(c)、(d)展示的是激波反射的第二阶段。

图 5.36 是三波点轨迹的汇总。三波点相交、汇聚,然后激波开始扩张,图 5.35(c)、(d)就对应激波的扩张阶段,但目前观察到的结构并不清晰。图 5.37 是激波在半顶角 10°与 20°两锥组合的面积收缩管道内传播的情况,激波马赫数 $Ma_s = 1.46$,实验介质为 750hPa、289.7K 的空气。图 5.37(a)是单曝光干涉图,图 5.37(b)是对马赫数 $Ma_s = 1.46$ 的激波反射过程三波点轨迹的汇总。

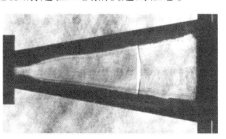

(a) #84122701：60μs,入射激波自右向左运动　　(b) #84122704：62μs,单曝光干涉

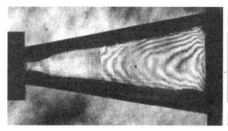 

(c) #84122605：120μs，Ma_S=1.742　　　　(d) #84122610：150μs，Ma_S=1.742

图 5.35　在半顶角 10°的锥形面积收缩实验段内的激波传播情况
（名义 $Ma_S = 1.74$,空气,500hPa,288K）

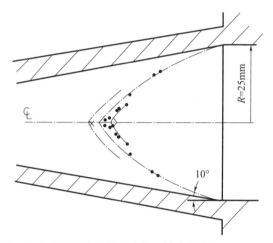

图 5.36　半顶角 10°锥形面积收缩管道内的三波点轨迹（$Ma_S = 1.73$, Milton, 1989）

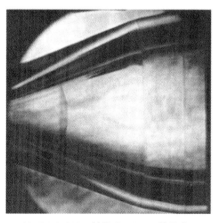

(a) #84121228：触发后560μs，单曝光　　　　(b) 三波点轨迹

图 5.37　激波在半顶角 10°与 20°两锥组合的面积收缩管道内传播（Milton, 1989）
（$Ma_S = 1.46$,空气,750hPa,289.7K）

5.7　同轴圆环激波汇聚

5.7.1　水平环形同轴激波管实验

柱形激波或球形激波汇聚到一个点称为"向内压缩"或"聚爆",而激波从一个点源扩张称为向外压缩或爆炸。Cuderley(1942)用分析法研究了激波的聚爆,推导出一个自相似的解;Perry 和 Kantrowitz(1951)用实验研究了环形同轴激波的汇聚,在实验中,将一个轴对称的泪滴形内核置于水平激波管末端,使环形同轴平面激波绕过该泪滴形内核,环形同轴平面激波光滑地发生衍射,采用阴影系统显示了柱形激波的汇聚过程,讨论了汇聚激波的稳定性问题。

针对环形激波汇聚做了很多实验研究,如 Wu 等(1978)、Hoshizawa(1987)、Neemeh 与 Less(1990)、Watanabe(1993)以及 Apazidis 等(2011)。Knystautus 与 Lee(1971)研究了环形爆震管内的爆震波汇聚,环形爆震管的结构与 Perry 和 Kantrowitz(1951)的实验装置类似,在爆炸波汇聚的平面上观察到螺旋形的油流图谱。Fujiwara 等(1979)采用与 Knystautus 和 Lee(1971)类似的设备,观察到爆炸波汇聚中心的发光现象。Terao(1973)采用直径 800mm 的大尺寸爆震室研究爆震波汇聚,观察到爆炸波在汇聚过程中的传播速度超过 Chapman – Jouget 爆震速度,在汇聚中心产生了非常高的压力。

图 5.38 是一个长 500mm、内径 210mm、外径 230mm 的环形同轴实验段(Hoshizawa,1987),通过一个 45°的锥段连接在一个直径 50mm 的传统激波管上。内圆柱在 S_1、S_2 位置分别由两个直径 18mm 的圆柱形支柱支撑,这些圆柱形支柱会使传输激波发生衍射,并在传输激波后面的气流中产生波系,为抑制这些流动干扰,实验段长度取 500mm。在 P_1、P_2 位置安装了两个压力变送器。

内、外两个管子之间的间距是 10.0 ± 0.02mm,圆柱形支柱相对于环形激波管横截面的堵塞比是 0.12。在实验段末端,连接了一个环形同轴的 90°弯管,弯管内径和外径分别为 2.5mm 和 12.5mm。以前获得的二维弯管实验结果(Honda 等,1977)被用于确定本实验弯管的最佳形状,在实验段末端的外壁面上安装了一个直径 130mm 的玻璃板,在实验段末端的内壁面上安装了一个直径 130mm 的镀铝的玻璃镜。实验中,环形激波转过 90°和直实验段的末端,最终变成一个环形同轴的汇聚激波,与 Perry 和 Kantrowitz(1951)描述的情形类似。这个实验装置将一个环形激波光滑地引导成一个同轴的汇聚激波,而且抑制了由支柱引起的流场非均匀性。但通过同轴弯管时,管道使传输激波发生衍射和反射,诱导出很多小波系结构,小波系结构在汇聚激波后面传播。实验气体是空气,初始压力 50hPa~100kPa,采用双曝光 Twyman–Green 干涉仪进行流动显示(Takayama,1983)。

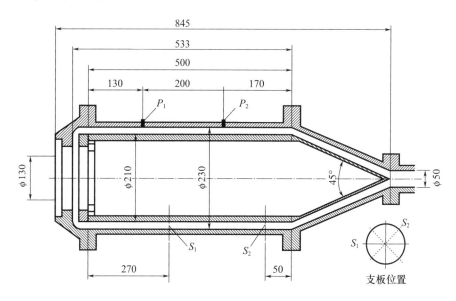

图 5.38 实验段

Perry 和 Kantrowitz(1951)根据流动显示推测,弱的环形同轴激波的汇聚是稳定的。但在双曝光全息干涉实验中,激波汇聚并非总是稳定的,从支柱反射的激波引起的初始扰动,以及与之有关的波系,很难从流动中消失,这些流动扰动影响了环形激波,阻止激波的汇聚。四个支柱的存在导致了流动的不稳定性,使环形激波不能产生正常的汇聚过程。

图 5.39 是环形同轴激波的汇聚过程,名义激波马赫数 $Ma_S = 1.38$,实验介质是 CO_2,压力为 400hPa,温度为 295K。由图 5.39(a)可以看到,入射激波的形状看起来接近圆柱形,但存在四个扰动的迹象。从图 5.39(b)~(d)可以看到四个扰动的发展,以及圆形激波向方形激波的转变过程(尽管在这些干涉图中没有最终看到方形激波)。四组圆形的条纹附着于汇聚激波,条纹数量随着时间增长,意味着初始扰动被放大。在激波汇聚的最后阶段,产生了四对三波点,在图 5.39(e)中,传输激波汇聚于中心,但由于条纹分布的密度非常大,无法将它们分辨出来。传输激波汇聚后,转变为柱形的扩张激波,图 5.39(f)展示了柱形激波的扩张,在扩张激波后面的中心处可以看到涡残留的痕迹。图 5.39(g)是放大图,在扩张激波的远后方,可以看到十字形的四对涡的残迹。

第 5 章 气体中的激波汇聚

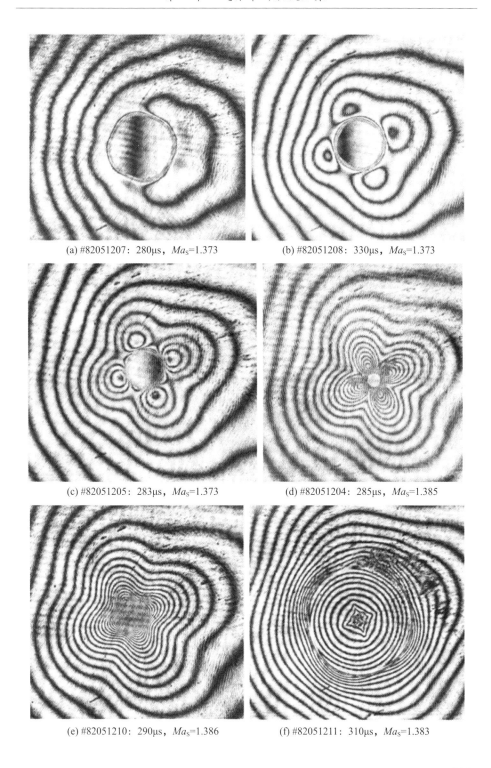

(a) #82051207：280μs，Ma_S=1.373 (b) #82051208：330μs，Ma_S=1.373

(c) #82051205：283μs，Ma_S=1.373 (d) #82051204：285μs，Ma_S=1.385

(e) #82051210：290μs，Ma_S=1.386 (f) #82051211：310μs，Ma_S=1.383

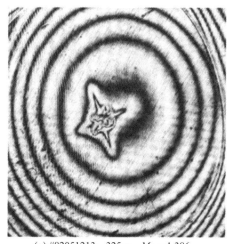

(g) #82051213: 325μs, Ma_S= 1.386

图 5.39 在图 5.37 实验段内的激波汇聚过程

(名义激波马赫数 Ma_S =1.38,CO_2,400hPa,295K)

图 5.40 是名义马赫数 2.00 的激波在 100hPa、298.5K 的空气介质中发生汇聚的演化过程。在图 5.40(a)中,受四个拐角扰动的影响,激波的形状略有变形。在图 5.40(b)、(d)中,激波成为正方形,该正方形有四对三波点(四个拐角各一对),它们都是单马赫反射结构的组成部分。图 5.40(c)是图(b)的放大图,在放大图中可以清楚地观察到各三波点及其滑移线,四对三波点分别是三道激波的交点。图 5.40(e)是在图(d)之后几微秒后拍摄的,是激波汇聚后又刚刚开始扩张的情况,正在扩张的激波总是稳定的。在图 5.40(e)中可以看到柱形扩张激波后面中心处的四对涡(这些涡是由三波点的相互作用导致的),每对涡的图形相同,正如在凹柱形反射器上看到的激波汇聚那样(图 5.3(g))。

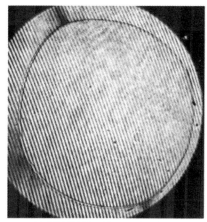

(a) #89060903: 42μs, Ma_S=2.007

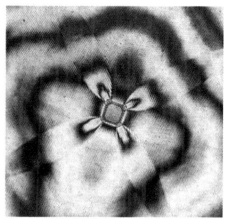

(b) #89060718: 43μs, Ma_S=2.043

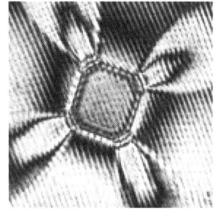
(c) 图(b)的放大图

(d) #89060716: 45μs, Ma_S=2.043

(e) #89060708: 46μs, Ma_S= 2.050

图 5.40 激波汇聚过程
(名义激波马赫数 Ma_S =2.00,空气,100hPa,298.5K)

Guderley(1942)推导出一个理想气体聚爆激波的自相似解:
$$r/r_0 = (1 - t/t_0)^n$$
式中:r、t 分别为平均径向距离和流逝的时间;r_0、t_0 分别为参考半径和参考时间;n 为自相似指数。采用条纹法记录激波汇聚过程,激波马赫数 Ma_S =1.1、1.5 和 2.1,实验介质为空气。图 5.41(a)是空气中马赫数 Ma_S =1.5 激波汇聚的结果,在观察窗上开一个宽度 1.0mm 的缝隙,缝隙横跨观察窗;光源是氩离子激光器,采用机械快门,开关时间约 100μs;采用一台 Ima Con 高速相机的条纹模式(John Hadland Ima Con 675)记录通过缝隙看到的激波阴影图像,记录速度是 1mm/μs,记录的时间方向是从底部向上方依次记录。当激波向着汇聚点收缩汇聚时,激波直径迅速减小,在加速汇聚的激波后面逐渐产生略暗的阴影,这些阴影代表涡的形成与积聚，在图 5.40 中可以观察到涡的形成与汇聚。在发生聚爆后，激波即刻转变为一个扩张的激波，图 5.41(a)是在 $x-t$ 平面图上表达的柱形激波汇聚过程的径向-时间关系，半径与时间的关系也可绘制为对数图，即图 5.41(b)。

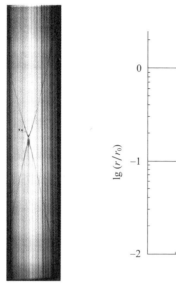
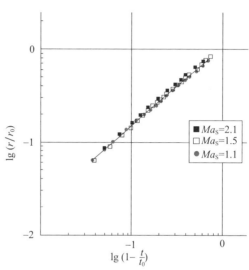

(a) #82061414：Ma_S= 1.5　　(b) 来自实验#82061112~#82061622的三波点轨迹数据汇总

图 5.41　激波汇聚条纹图像与数据汇总(Hoshizawa,1987)
(自相似指数 n = 0.828 ~ 0.833)

图 5.41(b)汇总了实验#82061112 ~ #82061622 获得的条纹记录数据，其纵坐标是无量纲半径的对数$\lg_e(r/r_0)$，横坐标是无量纲时间的对数$\lg_e(t/t_0)$，实验的激波马赫数范围为 Ma_S = 1.1、1.5、2.1。从这些数据推导出自相似指数，对于 Ma_S = 1.1，n = 0.828；对于 Ma_S = 1.5，n = 0.830；对于 Ma_S = 2.1，n = 0.833。而 Guderley 在 1942 年用分析方法推导出的自相似指数 n = 0.835(γ = 1.4)，Terao(1973)基于其爆炸波汇聚实验设备获得 n = 0.82，本实验结果(Hoshizawa,1987)获得的自相似指数与以前这些研究结果相符。

在实际情况下，汇聚的柱形激波会因其后方的扰动而畸变，如图 5.40 所展示的那样，所以激波形状不是理想的圆。从系列干涉图像上可以获得当地半径与平均半径 R 的偏差 Δr，图 5.42 汇总了激波汇聚过程中的无量纲直径偏差 $\Delta r/R$ 数据，纵坐标是无量纲半径偏差 $\Delta r/R$，横坐标是平均半径 R(mm)。正如在图 5.30 和图 5.40 中所看到的那样，$\Delta r/R$ 随 R 的增大而增大，变化趋势几乎与激波马赫数无关。

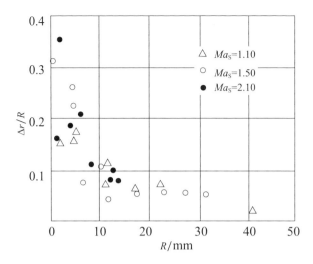

图 5.42　空气中激波汇聚过程中的无量纲半径变形量(Hoshizawa,1987)

5.7.2　第一代垂直环形同轴激波管实验

图 5.40 中的四个不稳定性结构是因为四个支柱的扰动而产生的,这四个支柱用于支撑水平的内芯,参考图 5.38。为构造一个无支柱的环形激波管,Watanabe(1993)建成一个垂直环形同轴激波管,管子的内径为 210mm、外径为 230mm,见图 5.43。激波管的结构粗壮,质量很大,能够支撑其维持垂直的位置状态,激波管有一个高压驱动段、一个低压室,采用一个活塞驱动机构将激波管的两段隔开。

在驱动段填充高压氦气,高压氦气来自与主设备相连接的外部气源;采用一个轻质的环形聚碳酸酯活塞将激波管的高压驱动段与低压室隔开,参考图 5.43,以活塞的快速运动替代破膜机构。轻质活塞被后方的高压辅助氦气退回,活塞的快速运动将高压氦气推进低压室,进而形成一个环形同轴的激波。于是,这个无膜片激波管就以最小的扰动产生了环形同轴激波。

该激波管不会产生固有数量的扰动源(n mode),甚至不产生无源扰动(0 模态,即 $m=0$ 的模式)。只是在激波管 90°弯头的角落产生激波衍射与反射,激波衍射与反射过程伴随产生一些小波结构,与这些小波结构相关的扰动会在下游流动中被继承下来,形成与这些小波相关的继承扰动。

为控制扰动源的数量,插入一定数量(如 2、3、4、6、8、12、24)的 φ10×10 的圆柱,并研究它们的扰动情况。这些小圆柱被安置于 90°弯头上游 20mm 处,所产生的扰动导致圆柱形激波的变形。

Watanabe(1993)用图 5.43 的垂直激波管观察了设置四个扰动圆柱时的激

波汇聚过程,测量了当地半径相对于平均半径 R 的偏差量 Δr,如图 5.42 所讨论的那样,在激波马赫数 $Ma_S = 2$ 条件下,获得了空气介质中受扰波形随平均半径减小(12.0mm、5.7mm、3.0mm)而增长的数据。图 5.44 汇总了 $Ma_S = 2$ 激波在空气中的数据,纵坐标是 $\Delta r/R$,横坐标是圆形激波的周向角($0 \sim 2\pi$,单位为 rad)。

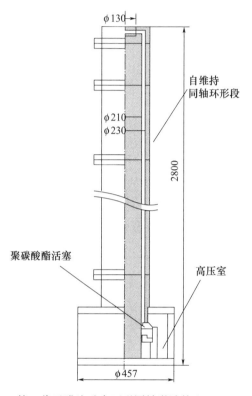

图 5.43　第一代无膜片垂直环形同轴激波管(Watanabe,1993)

图 5.44(a)展示的是 $R = 12$mm 时受扰激波的分布情况,四个固有的最大峰值分布表明,汇聚激波受到四个扰动源的扰动。在图 5.44(b)中,四个扰动源被放大,但这四个扰动的振幅并未达到灾难性的状态,由于三波点的形成,这些扰动的振幅放大受到了抑制,之前非常密集的条纹分布不能持续保持下去,而是形成三波点,意味着形成单马赫反射结构。在图 5.44(c)中,$\Delta r/R$ 的增大导致形成三波点,曲线中的平台代表出现马赫杆。

图 5.45 给出的是沿实验段(参考图 5.43)的压力测量结果,采用 Kistler 模型 603B 压力变送器,沿试验段分布于半径 0、15mm、30mm、45mm 处,初始实验条件与图 5.44 的相同,激波马赫数 $Ma_S = 1.5$。纵坐标是无量纲压力 p/p_0,p_0 是大气压力;横坐标是时间(μs)。空心圆圈是测量的实验数据,实线是求解 Navier-Stokes 方程组的数值模拟结果(Watanabe,1993),数值模拟结果与测量数据在合

理范围内相符。在中心处($R=0$),压力随时间的变化曲线表明,当激波汇聚时,压力呈指数级增长而达到峰值;在 $R=15\text{mm}$、30mm、45mm 处测量到的跨过汇聚激波的压力跃升呈指数级增长,在中心处达到最大。

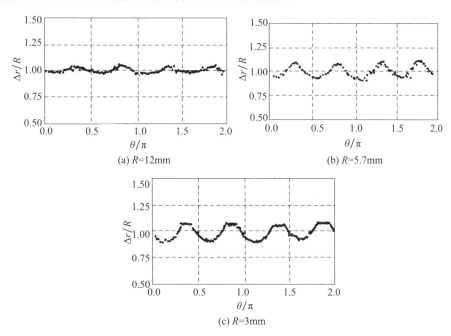

图 5.44　激波汇聚过程中马赫反射的形成(Watanabe,1993)
($Ma_S=2.0$,空气,参考图 5.40)

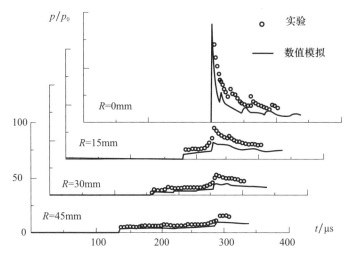

图 5.45　在 $R=0$、15mm、30mm、45mm 测量的压力时间历程(Watanabe,1993)
($Ma_S=1.5$,空气,环境大气压,289.0K,参考图 5.43)

激波发生汇聚后，汇聚的激波即刻转变为扩张型激波，峰值压力开始下降，然后，扩张型激波在90°弯头处反射，其反射激波向相反方向传播，于中心处再次汇聚，这些汇聚激波导致在激波管中心处再次出现压力峰值。

1. 0扰动源模式（$m=0$）

图 5.46 是 $m=0$ 时的激波汇聚演化过程，名义激波马赫数 $Ma_S=1.5$，实验介质是环境大气压、289.0K的空气。从图 5.46(a)~(c) 看到，没有施加扰动的激波朝着中心汇聚。当激波汇聚时，出现同心条纹，且同心条纹的数量逐渐增加。该垂直激波管的实验段与水平激波管的实验段相似，其间距很准确，为 10 ± 0.01mm，但实验段的外壁与激波管主结构之间的固定不是非常牢固，当汇聚激波聚焦于实验段时，会维持一段时间的高压，大约为 100μs。这时，实验段间隔会略微扩宽一些，大约是激光波长的宽度。第一次曝光是在激波远未到达实验段之前的某个时刻，第二次曝光是在激波汇聚于实验段内时，相位角的变化导致了不希望产生的同轴条纹。

这个效应是该垂直激波管的一个缺陷，为克服这个缺陷，外壁应该制成大质量的框架，用一个独立机构支撑垂直管道。但由于条纹数量随时间的变化是可测量的，未来的实验会引入计算机辅助图像处理系统设计，可以消除外壁变形产生的条纹。

在图 5.46(d)、(e)中，汇聚激波是在假设没有任何初始扰动条件下产生的，已经是激波汇聚的非常后期的阶段，条纹图案看上去是对称的。而图 5.46(f)显示，位于扩张型激波后面的条纹呈现出非对称性，图 5.46(g)是图 5.46(f)的放大图。尽管观察到了对称的条纹分布，但获得 $m=0$ 的激波汇聚不是一件容易的事情。

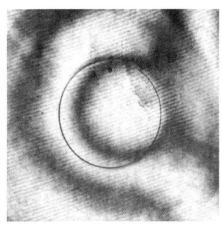 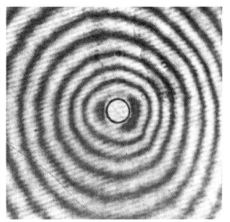

(a) #92112908：Ma_S= 1.53　　　　(b) #92112902：Ma_S= 1.52

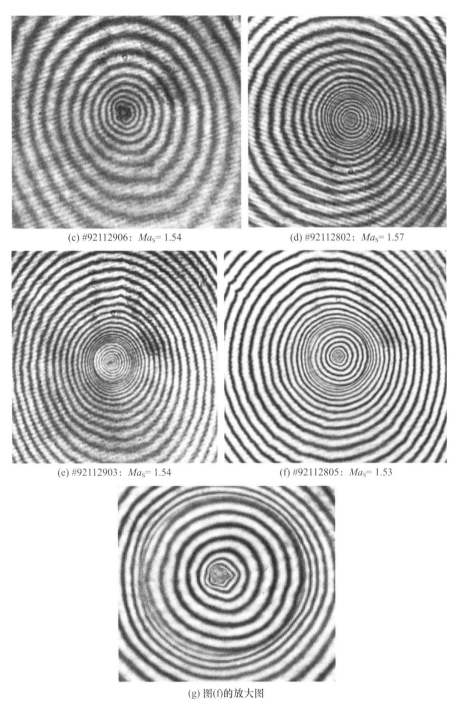

(c) #92112906：Ma_S= 1.54　　(d) #92112802：Ma_S= 1.57

(e) #92112903：Ma_S= 1.54　　(f) #92112805：Ma_S= 1.53

(g) 图(f)的放大图

图 5.46　垂直激波管中的环形同轴激波演化
(名义激波马赫数 Ma_S = 1.5,环境大气压,空气,289.0K,m = 0)

2. 2 个扰动源的模式 ($m=2$)

图 5.47 是具有两个扰动源($m=2$)时的激波汇聚情况,名义激波马赫数 $Ma_S=1.5$,实验介质是环境大气压、290K 的空气。图 5.47(e)是图(d)的放大图。

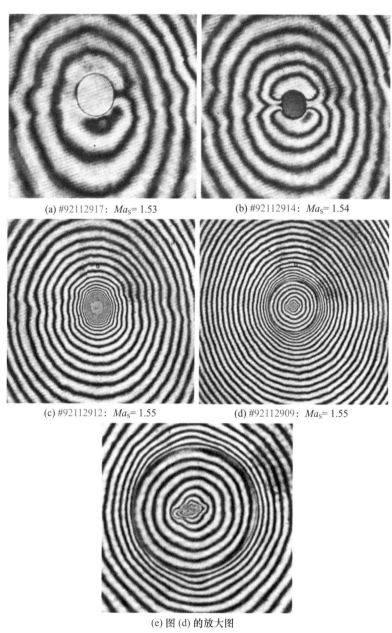

(a) #92112917: Ma_S= 1.53   (b) #92112914: Ma_S= 1.54

(c) #92112912: Ma_S= 1.55   (d) #92112909: Ma_S= 1.55

(e) 图(d)的放大图

图 5.47 $m=2$ 时的激波汇聚演化
(名义 $Ma_S=1.5$,环境大气压,空气,290K)

3. 3个扰动源的模式($m=3$)

图5.48是$m=3$时的激波汇聚演化,激波马赫数$Ma_S=1.5$,实验介质是环境大气压、290K的空气。

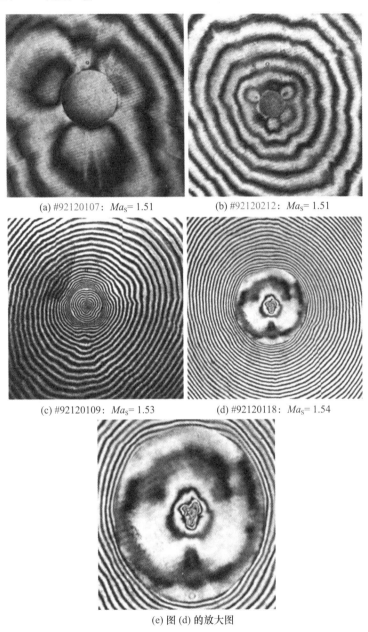

(a) #92120107: $Ma_S=1.51$ (b) #92120212: $Ma_S=1.51$

(c) #92120109: $Ma_S=1.53$ (d) #92120118: $Ma_S=1.54$

(e) 图(d)的放大图

图5.48 $m=3$时的激波汇聚演化
(名义$Ma_S=1.5$,环境大气压,空气,290K)

4. 4 个扰动源的模式($m=4$)

图 5.49 是 $m=4$ 时的激波汇聚演化,激波马赫数 $Ma_S=1.5$,实验介质是环境大气压、290K 的空气。图 5.49(e)是图(d)的放大图,在扩张型激波后面,观察到四对涡。

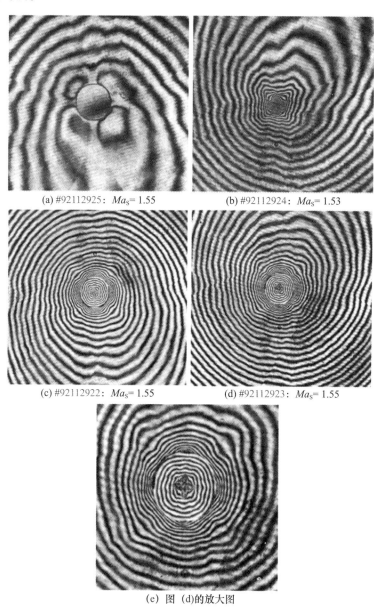

(a) #92112925：Ma_S= 1.55　　　(b) #92112924：Ma_S= 1.53

(c) #92112922：Ma_S= 1.55　　　(d) #92112923：Ma_S= 1.55

(e) 图 (d)的放大图

图 5.49　$m=4$ 时的激波汇聚演化
(名义 $Ma_S=1.5$,环境大气压,空气,290K)

5. 6个扰动源的模式($m=6$)

图 5.50 是 $m=6$ 时的激波汇聚演化,激波马赫数 $Ma_S=1.5$,实验介质是环境大气压、290.0K 的空气。图 5.50(e)是图(d)的放大图,在扩张型激波后面,观察到形状不规则的涡的残迹。

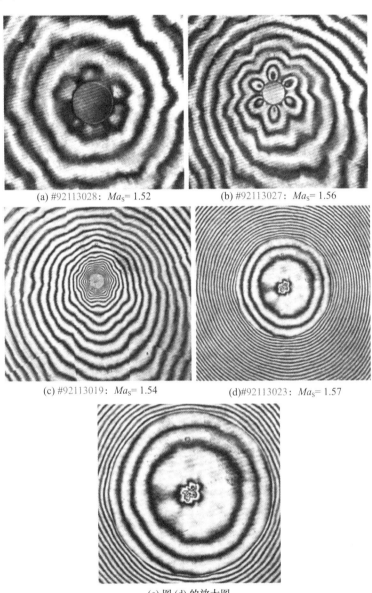

(a) #92113028: $Ma_S=1.52$　　　　(b) #92113027: $Ma_S=1.56$

(c) #92113019: $Ma_S=1.54$　　　　(d) #92113023: $Ma_S=1.57$

(e) 图(d)的放大图

图 5.50　$m=6$ 时的激波汇聚演化
(名义 $Ma_S=1.5$,环境大气压,空气,290.0K)

6. 8 个扰动源的模式（$m=8$）

图 5.51 是 $m=8$ 时的激波汇聚演化，激波马赫数 $Ma_S=1.5$，实验介质是环境大气压、290K 的空气。可以看到，激波波前扰动的速度与扰动源数量有关，其关系将汇总于图 5.54。

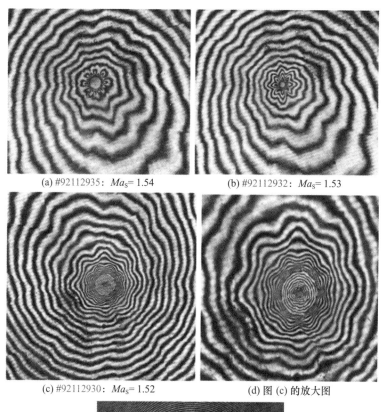

(a) #92112935：$Ma_S=1.54$ (b) #92112932：$Ma_S=1.53$

(c) #92112930：$Ma_S=1.52$ (d) 图 (c) 的放大图

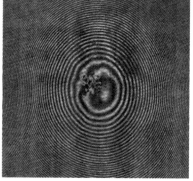

(e) #92112929：$Ma_S=1.67$

图 5.51 $m=8$ 时的激波汇聚演化
（名义 $Ma_S=1.5$，环境大气压，空气，290K）

7. 12 个扰动源的模式($m=12$)

图 5.52 是 $m=12$ 时的激波汇聚演化,激波马赫数 $Ma_S=1.5$,实验介质是环境大气压、290K 的空气。

(a) #92113010：Ma_S= 1.52   (b) #92113009：Ma_S= 1.60

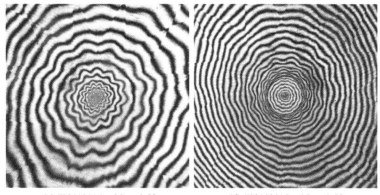

(c) #92113016：Ma_S= 1.53   (d) #92113015：Ma_S= 1.53

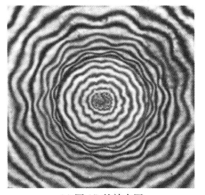

(e) 图 (d) 的放大图

图 5.52 $m=12$ 时的激波汇聚演化
(名义 $Ma_S=1.5$,环境大气压,空气,290K)

8. 24 个扰动源的模式（$m=24$）

图 5.53 是 $m=24$ 时的激波汇聚演化，激波马赫数 $Ma_S=1.5$，实验介质是环境大气压、290K 的空气。

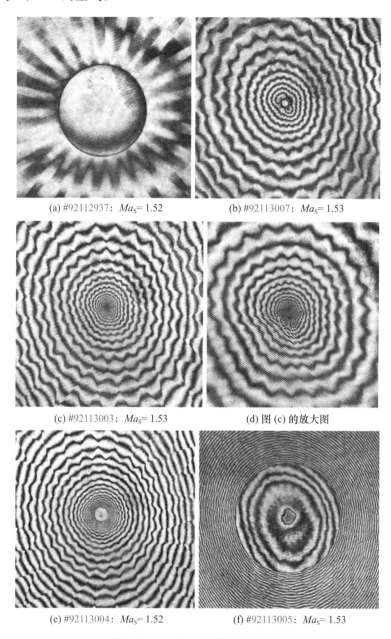

(a) #92112937：$Ma_S=1.52$ (b) #92113007：$Ma_S=1.53$

(c) #92113003：$Ma_S=1.53$ (d) 图 (c) 的放大图

(e) #92113004：$Ma_S=1.52$ (f) #92113005：$Ma_S=1.53$

图 5.53　$m=24$ 时的激波汇聚演化
（名义 $Ma_S=1.5$，空气，1013hPa，290K）

由图 5.46～图 5.53,将扰动源数量 2、4、8、12、24 的干涉图像观察结果汇总于图 5.54,激波汇聚半径与平均半径 R 的偏差 Δr 以无量纲形式 $\Delta r/R$ 给出,实心圆圈是 $m=2$ 的数据,空心圆圈是 $m=4$ 的数据,实心三角是 $m=8$ 的数据,空心三角是 $m=12$ 的数据,星号是 $m=24$ 的数据。总的趋势是,扰动源数量越少,靠近汇聚中心的 $\Delta r/R$ 越大。从图 5.53(e)、图 5.50(e)可以看到,$m=6$ 与 $m=24$ 的情况相比,当 $m=24$ 时,中心处涡的残迹比较小。图 5.54 还表明,每一种扰动源数量条件下得到的 $\Delta r/R$ 增长规律都是不同的,扰动源数量大时畸变的发展较慢,这个结果在经验上与 Terao(1973)的结果一致,Terao 观察的是稳态的爆震波汇聚,爆震波有许多分布于其表面的胞格,说明扰动源的数量非常多。

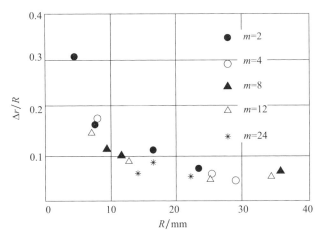

图 5.54　激波汇聚沿径向变形的增长
(名义 $Ma_S=1.50$;Watanabe,1993)

5.7.3　第二代垂直环形同轴激波管实验

图 5.55 是第二代环形同轴垂直激波管,建造于 20 世纪 90 年代。图 5.43 所示的第一代垂直激波管成功消除了水平激波管结构固有的四个干扰源,但如此巧妙的垂直方案设计却因高压下管子的微变形产生了意想不到的同轴条纹。所以,第二代垂直激波管的底座很大,支撑非常牢固,高压驱动段与低压室均采用环形橡胶隔膜密封,橡胶隔膜替代了聚碳酸酯环形活塞(参考图 5.43)。从另一侧用辅助高压氦气给橡胶隔膜加载,使橡胶隔膜鼓起来;当突然释放掉辅助高压氦气时,橡胶隔膜收缩,瞬间将驱动气体释放到管道内。当激波沿管道传播、转过 90°弯头时,建立起环形同轴激波,并转变成汇聚中的激波。因上壁面运动而诱导出的条纹数量的增加被限制到最小。

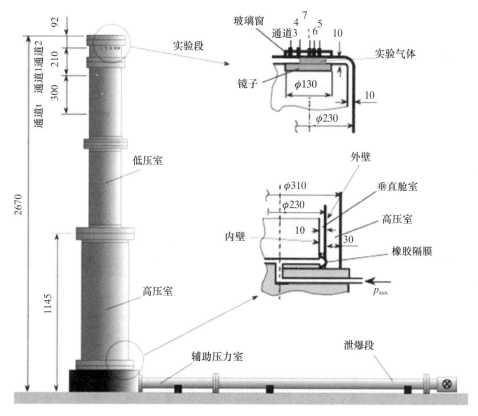

图 5.55 采用橡胶隔膜作为运动膜片的第二代垂直激波管
(Hosseini 等,1997)

但在高压条件下运行时,该激波管略有振动。采用空气介质时,可获得的最大激波马赫数 $Ma_S = 2.5$。光路布置与 Twyman – Greene 干涉法类似,在图 5.43 的垂直激波管中已经得到应用。

图 5.56 是采用本垂直激波管获得的汇聚激波演化情况,扰动源数量为 0,实验介质为空气,激波马赫数 $Ma_S = 1.5$。图 5.56(a)、(b)展示了完美的柱形激波汇聚,没有观察到任何非对称波。在后期阶段,参考图 5.56(c)、(d),在激波汇聚和反射过程中,在扩张激波后面观察到一个小的暗斑(图 5.56(c)),这是高密度的残迹,此时是触发后 $342\mu s$;在拍摄图 5.56(d)时,从图 5.56(c)又过了 $21\mu s$,图中表示高密度残迹变淡,可以确认高密度区的直径。最终,激波完美地汇聚于中心(图 5.56)。

1. 同心氦柱

图 5.57 是汇聚激波与一个直径 50mm 的同心氦柱相干扰的情形,空气中的激波马赫数 $Ma_S = 1.21$,空气的压力是环境大气压。氦气压力略高于环境大气

压,为 1017.8hPa,用氦气吹起一个柱状肥皂泡,形成氦柱。

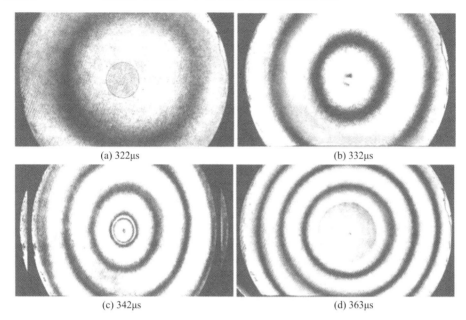

(a) 322μs   (b) 332μs

(c) 342μs   (d) 363μs

图 5.56 $m=0$ 时的激波汇聚演化
(名义 $Ma_S=1.5$,环境大气压,空气;Hosseini 等,1997)

当汇聚激波入射到氦柱时,一道激波透射到氦气中,从氦柱界面反射出一道膨胀波,参考图 5.57(a)、(b)。在图 5.57(c)、(d)中,透射激波发生汇聚,然后变成一道扩张型激波,随着时间的增长,氦气界面逐渐扩展。在汇聚过程的晚期阶段,仍然观察到密度峰值的残迹,参考图 5.57(e)。图 5.57(f)是晚期阶段的一个放大图,扩展的界面不是二维锯齿形表面,而是三维的畸变表面。这个实验激发了研究 Richtmyer–Meshkov 不稳定性的愿望,每张图片标注的时间是从激波撞击到氦柱时起算的时间。

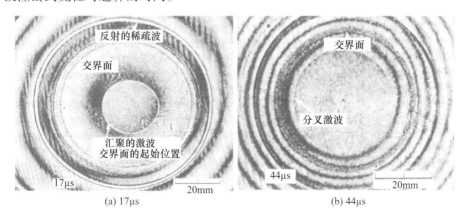

(a) 17μs   (b) 44μs

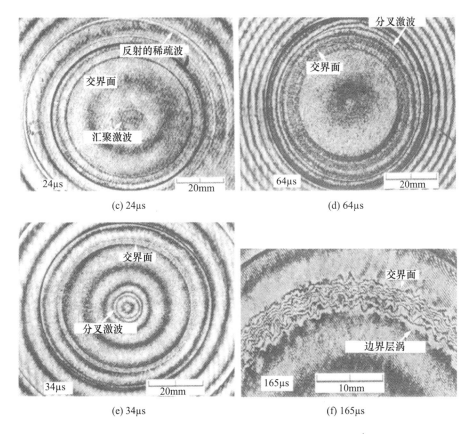

图 5.57　汇聚激波与氦柱的干扰（Hosseini 等,1997）
（Ma_S =1.21,环境大气压,空气,氦气/1017.8hPa）

2. 偏轴氦柱

为研究 Richtmyer-Meshkov 不稳定性,用垂直激波管做了系列实验（Hosseini 等,1997）。图 5.58 是汇聚激波与氦柱干扰的实验装置,氦柱置于一个偏轴的位置上,氦柱的生成方法与图 5.57 相同。

图 5.59 是直径 50mm 的氦柱被一道汇聚激波入射时的情况,激波马赫数 Ma_S =1.18,空气压力为环境大气压,空气中的声阻抗是纯氦气中的 2.5 倍。尽管氦柱被空气污染,按照体积计算的污染量大约为 20%,空气中的弱激波从空气-氦气交界面反射为一道膨胀波,透射到氦气中的激波发生汇聚。图 5.59(a)是汇聚激波入射氦柱后 30μs 时刻的图像,图 5.59(b)是图(a)的放大图。图 5.59(e)是汇聚激波入射氦柱后 75μs 时刻的图像,氦柱的下游一侧向汇聚中心移动,同时氦气界面收缩,其中心缓慢向汇聚中心移动。氦气中

的透射传输激波最后到达交界面之外并继续汇聚,在 177μs 时复杂的波干扰同时生成。

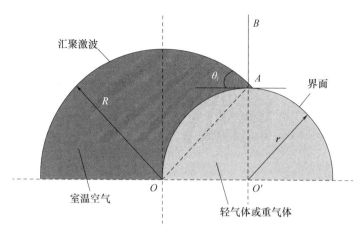

图 5.58　激波与氦柱干扰示意图

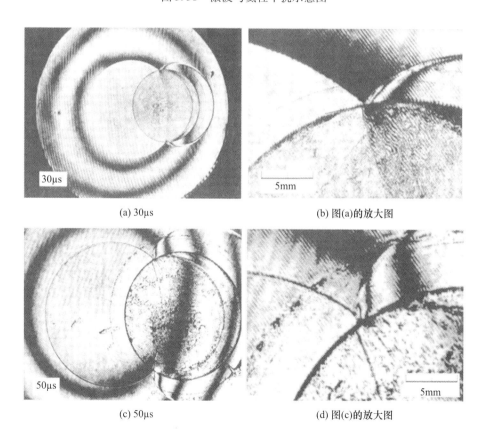

(a) 30μs

(b) 图(a)的放大图

(c) 50μs

(d) 图(c)的放大图

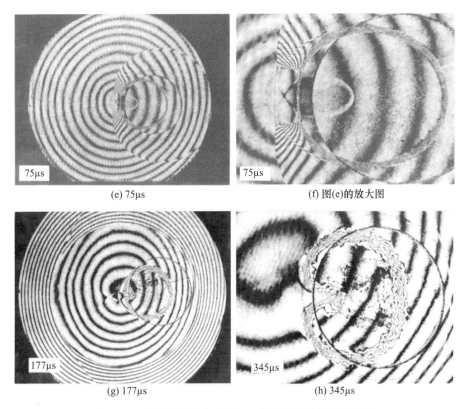

图 5.59　汇聚激波与直径 50mm 氦气肥皂泡干扰的演化
(Ma_S = 1.18,环境大气压,空气)

3. 在后向壁面衍射的传输激波的汇聚

为获得稳定的激波汇聚,建造了另一个小型的同轴环形无膜片垂直激波管。图 5.60 是该激波管结构组成及其照片,采用橡胶隔膜密封驱动气体和实验段。在该激波管中,橡胶隔膜只在两个弯曲的网栅之间做上下运动,参考图 5.60(a)。高压辅助氦气挤压橡胶隔膜,使橡胶隔膜鼓起并紧贴住上侧网栅,这样,就实现了对实验气体与驱动气体的完美密封。当辅助气体快速减少时,隔膜脱离上侧网栅,向下侧网栅方向运动,同时高压驱动气体垂直冲进低压室。两个网栅之间的空间足够大,气流经过时造成的压力损失非常小,而在传统激波管的膜片段往往存在较大的压力损失。图 5.60(b) 是该激波管的照片,为做漫反射全息观察,将激波管出口涂覆荧光漆。低压室的高度为 1m。

图 5.61 是该小型垂直激波管的特性曲线,纵坐标是高压驱动段的无量纲压力,横坐标是在低压段底部测量的激波马赫数,虚线是由简单激波管理论(Gaydon 和 Hurle,1963)获得的数值模拟结果,实心圆圈是测量的激波马赫数。

图 5.61 表明,在相对有限的激波马赫数范围,两者相符得非常好(Hosseini 等,1999)。

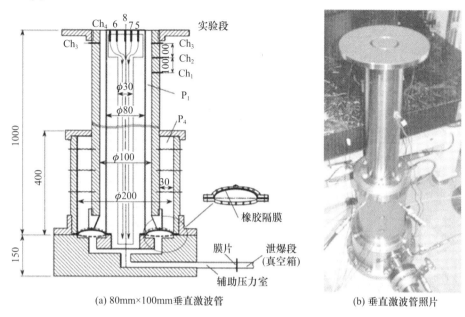

(a) 80mm×100mm垂直激波管　　(b) 垂直激波管照片

图 5.60　紧凑型垂直环形激波管与实验段(Hosseini 等,1999)

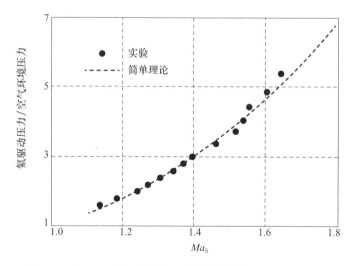

图 5.61　图 5.60 垂直紧凑激波管的特性曲线(Hosseini,1999)

图 5.62 是从宽 10mm 的环中释放到直径 100mm 柱状管道中的激波的传播情况。图 5.62(a)是实验装置结构尺寸示意图,图 5.62(b)是横截面为非球面镜形状的实验段。

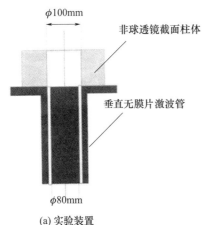
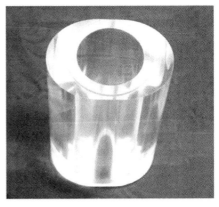

(a) 实验装置　　　　　　　　(b) 直径100mm的非球面透镜

图 5.62　从宽 10mm 的环中释放到直径 100mm 柱状管道中的激波释放装置
（参考图 5.60；Hosseini 等，1999）

在第 3 章中讨论了二维激波在后向台阶产生的衍射。图 5.63 是轴对称激波在后向台阶衍射的演化情况，激波马赫数 $Ma_s = 1.5$，实验介质是环境大气压的空气。在图 5.63(a)中，传输激波的图像相互叠加，导致复杂的条纹分布，但能够清楚地分辨出衍射激波的形状以及形成的角落涡。从图 5.63(c)、(d)看到，圆形的衍射激波向中心处收缩，最后在中心汇合，但汇合时的角度很小，于是形成规则反射结构；随着时间的流逝，反射激波汇合的角度逐渐增大，激波反射结构转变为马赫反射（图 5.63(f)）。

在第 3 章中，由各种形状的管道开口处衍射的激波是用漫反射全息干涉方法显示的。本实验采用图 5.60(b) 的装置，管口是宽度为 10mm 的环形（管口外径 100mm、内径 80mm），也采用漫反射全息干涉方法显示流动结构。激波从该环形开口衍射，首先形成螺旋管形激波，随着时间的流逝，激波就变成了第 3 章讨论过的、从圆形横截面管衍射的激波，而螺旋管形激波的内侧部分则朝着实验段中心汇聚。

三维激波的定量显示很困难，所以决定采用如图 3.19 的漫反射全息干涉方法。激波管及其法兰均涂覆粉色荧光漆（图 5.60），实验介质是环境大气压的空气，激波马赫数 $Ma_s = 1.5$，采用漫反射全息方法观察，物光束 OB 倾斜地照射在被荧光漆涂覆的区域，反射的物光束 OB 照射到全息胶片上，实验段被漫反射后的物光束 OB 以合适的时间间隔倾斜照射两次，就完成了双曝光漫反射全息干涉流动显示。

图 5.64 的重建图像展示了传输激波的运动情况。图 5.64(a) 是触发后 30μs 时刻的流动结构，是第二次曝光时刻的流动结构，图中标记的外扩激波表

明衍射激波是向外传播的;图中标记的聚爆激波是位于内拐角的衍射激波,该衍射激波正朝着实验段中心汇聚。在图 5.64(a)后 $50\mu s$ 时刻获得图 5.64(b)的流动结构,原来的外扩激波进一步向外传播,第二道激波紧跟其后;汇聚激波刚刚要在中心汇聚,在汇聚激波后面也出现第二道(汇聚)激波;这些第二道激波分别是传输激波从内外壁面反射产生的。在图 5.64(b)后 $16\mu s$ 时刻拍摄获得图 5.64(c)的流动结构,外扩激波又进一步向外传播,第二道汇聚激波发生聚爆,在中心观察到涡的痕迹。图 5.64(d)是很长时间后的状态,放大的图像尽管非常模糊,但可以看到条纹的堆积。

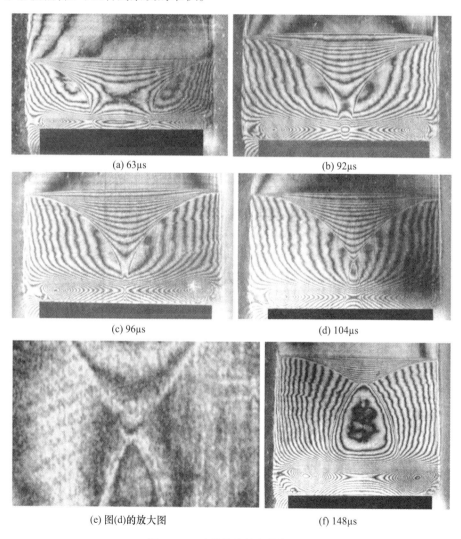

(a) 63μs (b) 92μs

(c) 96μs (d) 104μs

(e) 图(d)的放大图 (f) 148μs

图 5.63 环形激波的衍射与汇聚

($Ma_S = 1.50$,环境大气压,空气)

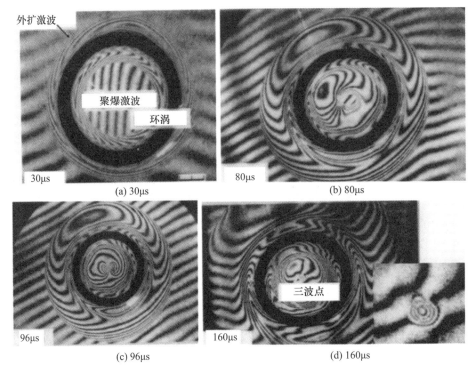

图 5.64 从 10mm 环形开口释放的半球激波的演化
($Ma_S = 1.20$,环境大气压,空气)

5.8 爆炸激波经半椭球壁面反射后的汇聚

实验装置是一个半椭球反射器(图 5.65),椭球腔体有两个焦点,其内径为 135mm,外径为 190mm,特征比为 $\sqrt{2}$。使一颗重 10mg 的 AgN_3 药丸在半椭球内腔的焦点(第一焦点)发生爆炸,爆炸产生一个球形激波,激波从半椭球凹腔的壁面反射,在反射器外部的焦点(第二焦点)汇聚。如果是在水下,该激波将以声速传播并在第二焦点汇聚;如果是在空气中,该激波以 $Ma_S > 1$ 的高速传播,但不会精准地汇聚于第二焦点。

图 5.66 是空气中反射激波在半椭球凹腔之外区域的演化过程,激波从右侧向左侧传播。在图 5.66(a)中,原激波(即爆炸激波)比反射激波快得多,在空气中和在水中,激波从椭球凹腔的反射情况差异很大,在空气中,中等强度的球形入射激波不能从椭球壁面反射后汇聚,而在水中就可以。在图 5.66 中,能够清晰地观察到原激波的衰变,在第二焦点区域附近条纹是离散的(而发生汇聚时条纹非常密集,可与 9.4 节水下激波的汇聚图谱进行比较)。

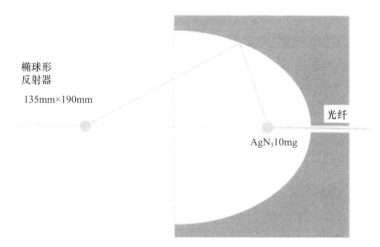

图 5.65　半椭球凹腔(反射器)实验装置示意图

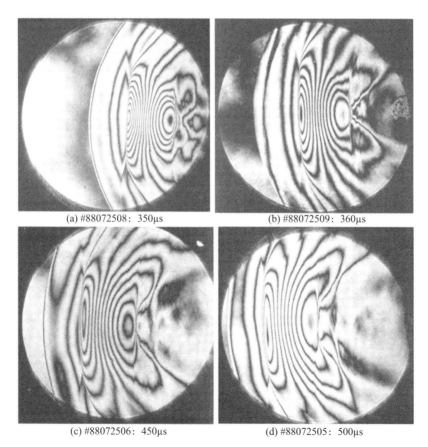

图 5.66　球形激波经半椭球凹腔反射后的汇聚过程
(10mg AgN_3 药丸爆炸,空气,294.0K)

参考文献

Apazidis, N., Kjellander, M., & Tillmark, N. (2011). High energy concentration by symmetric shock focusing. In: K. Kontis, (Ed.), Proceeding of 28th International Symposium on Shock Waves (vol. 1, pp. 99 – 110). Glasgow.

Courant, R., & Friedrichs, K. O. (1948). Supersonic flows and shock waves. NY: Wieley Inter – Science.

Fujiwara, T., Sugiyama, T., Mizoguchi, K., & Taki, S. (1979). Stability of converging cylindrical detonation. Journal of the Japan Society for Aeronautical and Space Sciences, 21, 8 – 14.

Gaydon, A. G., & Hurle, I. R. (1963). The shock tube high – temperature chemical physics. London: Chapmam and Hall Ltd.

Guderley, G. (1942). Starke kugelige und zylindrische Verdichtungs Stoesse inder Naehe des kugelmittelpunktes bzw. der Zylinderachse. *Luftfahrtforschung*, 19, 302 – 312.

Honda, M., Takayama, K., & Onodera, O. (1977). Shock wave propagation over 90° bends, Rept Inst High Speed Mech. Tohoku University 35, 74 – 81.

Hoshizawa, Y. (1987). Study of converging shock wave (Master thesis). Graduate School of Engineering, Faculty of Engineering Tohoku University.

Hosseini, S. H. R., Takayama, K., & Onodera, O. (1999). Formation and focusing of toroidal shock waves in a vertical co – axial annular diaphragm – less shock tube. In: G. J. Ball, R. Hillier, & G. T. Robertz (Eds.), Proceeding 22nd ISSW, Shock Waves (vol. 2, pp. 1065 – 1070). London.

Hosseini, S. H. R., Onodera, O., Falcovitz, J., & Takayama, K. (1997). Converging cylindrical shock wave in an annular strut free diaphragm – lee shock tube. In: A. F. P. Houwing & A. Paul (Eds.), Proceeding 21st ISSW, Shock Waves (vol. 2, pp. 1511 – 1516). The Great Kepple Island.

Inoue, O., Imuta, G., Milton, B. E., & Takayama, K. (1995). Computational study of shock wave focusing in a log – spiral duct. Shock Waves, 5, 183 – 188.

Knystautus, R., & Lee, J. H. (1971). Experiments on the stability of converging and cylindrical detonation. Combustion and Flame. ,16, 61 – 73.

Milton, B. E. (1989). Focusing of shock waves in two – dimensional and axi – symmetric ducts. In: K. Takayama (Ed.), Proceeding International Workshop on Shock Wave Focusing (pp. 155 – 192). Sendai.

Milton, B. E., Archer, D., & Fussey, D. E. (1975). Plane shock amplification using focusing profiles. In: G. Kamimoto (Ed.), Proceeding 10th International Shock Tube Symposium, Modern Developments in Shock Tube Research (pp. 348 – 355). Kyoto.

Neemeh, B. A., & Less, D. T. (1990). Stability analysis of initially weak converging cylindrical shock waves, In: Y. W. Kim (Ed.), Proceedings of the 17th International Symposium on Shock Wave, Current Topics in Shock Waves (pp. 957 – 962). Bethlehem.

Perry, R. W., & Kantrowitz, A. (1951). Production and stability of converging shock waves. Journal of Applied Physics, 22, 878 – 886.

Sun, M. (2005). Numerical and experimental study of shock wave interaction with bodies. (Ph. D. thesis). Graduate School of Engineering, Faculty of. Engineering Tohoku University.

Sun, M., Saito, T., Takayama, K., & Tanno, H. (2005). Unsteady drag on a sphere by shock wave loading. Shock Waves, 14, 3 – 9.

Takayama, K. (1983). Application of holographic interferometry to shock wave research. In Internation Symposium of Industrial Application of Holographic Interferometry, Proceeding SPIE 298 (pp. 174 – 181).

Takayama, K. (1990). Proceedings of the international workshop on shock wave focusing, Inst High Speed Mechanics, Sendai.

Terao, K., & Sato, T. (1973). A study of a radially divergent – convergent detonation wave. In D. Bershader, & W. Griffice (Eds.), Proceedings of the International Symposium on Shock Tube, Recent Developments in Shock Tube Research (pp. 646 – 651).

Watanabe, M. (1993). Numerical and experimental study of converging shock wave (Ph. D. thesis). Graduate School of Engineering, Faculty of Engineering Tohoku University.

Whitham, G. B. (1959). A new approach to problems of shock dynamics. Part II Three dimensional problems. JFM, 5, 359 – 378.

Wu, J. H. T., Neemeh, R. A., Ostrowski, P. P., & Elabdin, M. N. (1978). Production of converging cylindrical shock waves by finite element conical contractions, In: Ahlborn, B., Hertzberg, A., Russell, D. (Eds.), Proceeding of the 11th International Symposium on Shock Tubes and Waves, Shock Tube and Shock Wave Research (pp. 107 – 114). Seattle.

Yamanaka, T. (1972). An investigation of secondary injection of thrust vector control (in Japanese). NAL TR – 286T. Chofu, Japan.

第6章 激波的衰减

6.1 引言

激波在空气中的衰减是激波研究的一个重要课题。强激波或中等强度激波可以直接衰减,而弱激波则需要更长的过程才能衰减到声波。本章介绍激波衰减的实验结果。

6.2 汽车发动机尾气噪声的抑制

汽车发动机尾气噪声的抑制(Sekine 等,1989)、火车隧道声爆的抑制(Sasoh 等,1998)是激波研究的重要应用。

Matsumura 对尾气管沿程形成的压力波进行了流动显示。尾气管连接在一个容积 500cc、以 2000r/min 工作的斯巴鲁汽车发动机上,尾气从一个高压、高温的柱体空间中释放,形成一串弱激波,进入集气管。尾气是空气、燃烧产物与碎片的混合物,尾气的比热比为 1.35,记录到尾气中的压力很高,约为 20kPa,所以,在尾气管气流中,激波马赫数应该是 $Ma_S = 1.1$。在此条件下形成的是弱激波,而不是声波,汽车消音器的设置就是为了抑制这些波。传统的消音器设计基于声学理论,但对于弱激波在消音器中的衰减问题,声学理论已经不再适用。

在抑制尾气压力的实验中,将 0.5L 斯巴鲁发动机的直径 28mm 排气管连接到 30mm×30mm 激波管的 40mm×80mm 实验段上,使发动机在多种转速下运行,拍摄了系列流动显示照片。为获得实验段中激波运动的流动显示照片,在发动机转速与一个调 Q 红宝石激光器的出光之间设置了特别的时序控制。

图 6.1 是进入 40mm×80mm 实验段后的激波发展过程全息照片。从图 6.1(a)看到,由拐角产生两个涡;在图 6.1(b)~(d)中可以看到,当传输激波在实验段内传播时,发生从上下壁面的反射,观察窗玻璃上粘附了一些水蒸气凝结的水珠和尾气中的碎片。图 6.1 系列照片所对应的实验条件大致模拟了真实汽车发动机排气管中的条件,实验段的壁面形状、壁面条件以及实验分区有助于获得实际消音器的设计数据(Matsumura,1995)。

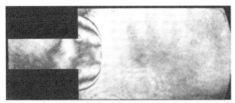
(a) #87042808：发动机转速6800r/min

(b) #87042809：发动机转速6800r/min

(c) #87042806：发动机转速5900r/min

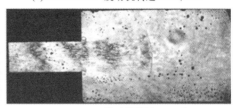
(d) #87042807：发动机转速5899r/min

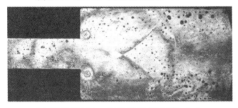
(e) #87042810：发动机转速6500r/min

(f) #87042812：发动机转速7500r/min

图6.1 斯巴鲁发动机排气管中产生的激波（Sekine 等，1989）

尾气中的压缩波在排气管中积聚，汇合为激波。为模拟两个半升的柱体方案，采用了两种二维管道构型，如图6.2所示，二维排气管夹在两块厚亚克力板之间，对激波在排气管内的传播情况进行流动显示。在这个模拟实验中，用10mg 的 AgN_3 颗粒点火（AgN_3 被封闭于一个入口处的空间内，用一个厚度 $9\mu m$ 的 Mylar 膜片密封），模拟产生发动机内强度约 $Ma_S = 1.1$ 的激波；以间隔 13ms 的频率爆炸，以模拟发动机 2200r/min 的转速。

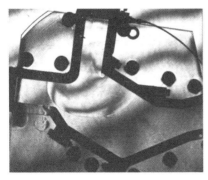
(a) #94110903

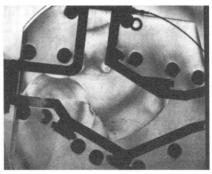
(b) #94110905

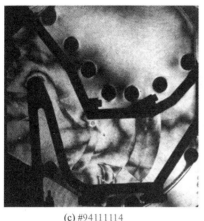 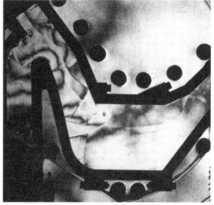

(c) #94111114　　　　　　　　　　　　(d) #94111110

图 6.2　激波在二维排气管中的衰减（Sekine 等，1989）
（$Ma_S = 1.1$，采用 10mg AgN_3 颗粒点火）

基于实验数据，设计了 1993 年版的斯巴鲁力狮消音器，这是第一次将激波管实验成功地用于实际汽车部件设计。如今，采用高保真的模拟程序，用数值方法设计消音器样机，而这些模拟程序都曾与激波管干涉图像比照，做了定量验证。

6.3　火车隧道的音爆

日本是一个多山的国家，在日本的高速列车网络系统中有很多长短不一的隧道。当高速列车进入一条长隧道中时，在列车前方就会形成压缩波，若列车的横截面在隧道横截面中所占的比例（称为堵塞比）达到约 25% 时，列车就成了一个堵塞比 25% 的高速活塞，其运动将诱导出一串压缩波，这串压缩波以声速在隧道内传播。当压缩波从隧道出口释放时，隧道声爆会使居住在长隧道附近的人们受到惊吓，声爆现象不满足有关列车加速的国家要求。为解决列车隧道声爆问题，激波研究中心与东日本铁路公司一道，启动了衰减列车隧道声爆的精细研究工作。

图 6.3(a) 是一个缩尺 1∶250 的隧道声爆模拟器，安装在日本东北大学流体科学研究所的激波研究中心。声爆模拟器包括一个 ϕ40mm、长 20m、倾斜 8° 的钢管，一个活塞发射器和位于管子末端的回收系统。活塞是一个平头聚碳酸酯圆柱（直径 20mm、长 200mm），在模拟器横截面中的堵塞比是 26%，几乎与真实列车在隧道中的堵塞比相同。

第6章 激波的衰减

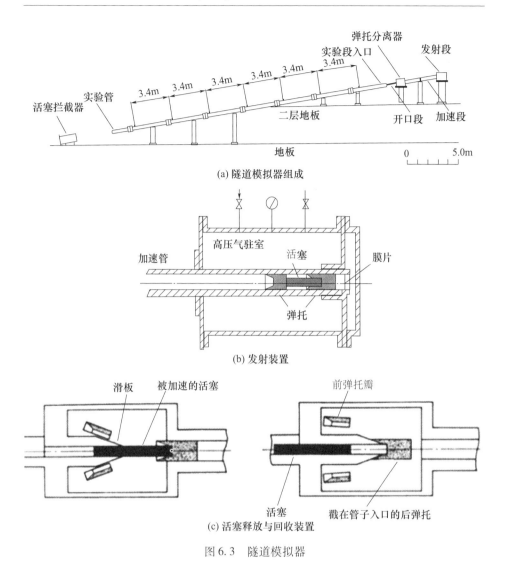

图 6.3 隧道模拟器

活塞用弹托保护发射,弹托分为前半部分(前弹托)和后半部分(后弹托),如图6.3(b)所示,采用高压氮气驱动弹托使活塞加速。当弹托-活塞组件撞击到锥形的入口时,分为四瓣的前弹托沿滑板滑行,四瓣前弹托在滑行过程中分离,活塞则通过中间的孔进入隧道模拟器;而后弹托在运动中被截留在模拟器管道入口,也使高压氮气不能进入隧道模拟器。调整驱动室的压力,就能够精确控制活塞速度,实验中使活塞速度处于 50~120m/s 范围,相当于列车速度 189~430km/h。活塞在长度 1m 左右的开口段内运动,在活塞前方建立起系列压缩波,压缩波在进入实验段之前发生衰减。

沿实验段布置压力变送器,测量沿程的压力。图6.4(a)和(b)分别是活塞以60m/s或100m/s进入时,在运动活塞前方形成的压力的时间历程。在图6.4(a)中看到,随着活塞的移动,活塞前方的压力峰值(增压量)逐渐下降。

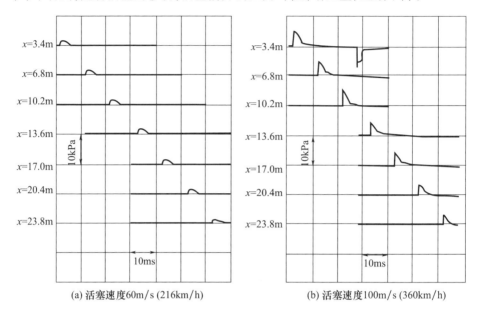

图6.4 平头活塞驱动的激波形成

为检验多孔壁面在列车隧道声爆衰减方面的作用,在模拟的隧道壁面上覆盖了厚度5mm的铝制多孔板,形成由多孔铝板构成粗糙壁面的实验段,在多孔壁面段上每隔0.2m布置一个压力变送器。若实验中没有覆盖多孔板,实验标记为$b=0$;当16%的表面覆盖两块宽10mm、厚5mm的多孔铝板时,实验标记为$b=0.16$;当100%的表面覆盖多孔铝板时,实验标记为$b=1.0$。图6.5(b)给出了光滑壁面($b=0$)、$b=0.16$和$b=1$时的压力数据,说明多孔板在使激波衰减方面是有作用的。

假设声爆的马赫数为$Ma_S = 1 + \varepsilon (\varepsilon \ll 1)$,$\varepsilon$与声爆产生的无量纲增压量$\Delta p$相关:

$$\Delta p \sim (\gamma + 1)\varepsilon/(4\gamma)$$

式中:γ为比热比,对于空气$\gamma=1.4$。图6.4(b)中,在$x=23.8$m处,$\Delta p = 0.05$,于是$\varepsilon = 0.02$。图6.4(b)中,高速进入的平头活塞产生一道弱激波,在$x=10.2$m处,激波马赫数为$Ma_S = 1.02$;在$x=3.4$m处观察到一段负压曲线,表明存在一道由活塞尾部引发的膨胀波,随着运动活塞的远离,该位置处的压力恢复到环境压力。这些实验获得的最大增压与活塞速度的关系汇总于图6.5(b),纵坐标是最大压力Δp_{max}(kPa),横坐标是活塞的进入速度u_p(m/s),实心圆圈是光滑壁面的数据(即没有覆盖多孔粗糙壁,$b=0$),空心圆圈代表16%的面积覆盖多孔粗糙壁的数据($b=0.16$),实心方块代表100%的面积覆盖多孔粗糙壁的数据($b=1.0$)。图中数据表明,多孔粗糙壁有效减弱了列车隧道的声爆,而且列车进入隧道的速度越高,多孔粗糙壁衰减声爆的效果越好,当$u_p=70$m/s时,在只有部分壁面是粗糙壁的实验段($b=0.16$)中,获得的峰值压力是光滑壁面实验段的85%(即降低15%);而实验段全部为粗糙壁时($b=1.0$),获得的峰值压力仅为光滑壁面实验段的50%。

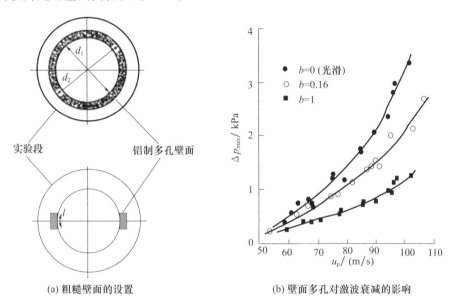

(a) 粗糙壁面的设置　　(b) 壁面多孔对激波衰减的影响

图 6.5　活塞运动诱导的激波在多孔板作用下的衰减

图6.6(a)、(b)是用分布式压力变送器测量获得的$b=1.0$粗糙实验段中压力时间历程,活塞速度分别为98m/s和65m/s。其纵坐标是压力变化,每个格子的标尺为5kPa,从入口开始,压力变送器每隔0.2m布置一个;横坐标是时间,每个格子标尺为10ms。在$x'=-0.67$m处壁面还是光滑的,此处的压力曲线是光滑实验段($b=0$)的初始压力变化。随着活塞的运动,在隧道深处各位置上,初始的陡峭压升消失,由于粗糙壁诱导的膨胀波赶上了活塞前方压缩波的波前,逐渐削弱了其陡峭程度。由于实验段入口的膨胀波赶上了负压区,原来在活塞尾部观察到的负压也逐渐恢复。两个速度的实验获得类似的趋势,证明粗糙壁面有效减弱了声爆。

在30mm×40mm激波管实验段上连接一个直径40mm的光滑实验段,对进入矩形实验段的弱激波进行流场显示。图6.7(a)和(b)分别是活塞进入速度为75m/s和60m/s时的弱激波,激波自右向左传播,活塞速度诱导的峰值压升约为1.3kPa和0.5kPa,分别对应激波马赫数1.06和1.02。尽管采用了双路全息干涉方法,图 6.7 显示的这些波前的对比度还是很弱,因为物光束 OB 的光程只有 60mm。

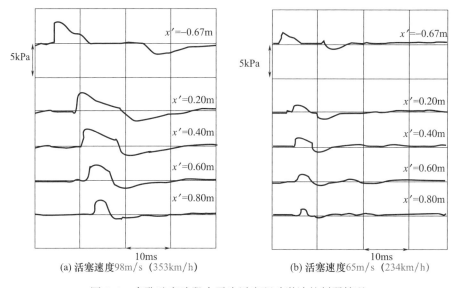

(a) 活塞速度98m/s (353km/h)　　(b) 活塞速度65m/s (234km/h)

图 6.6　多孔壁实验段内平头活塞驱动激波的削弱情况

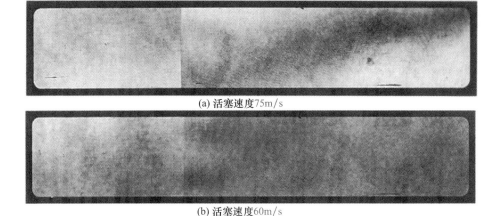

(a) 活塞速度75m/s

(b) 活塞速度60m/s

图 6.7　在 30mm×40mm 实验段内观察到的弱激波

为在真实列车经过隧道时检验壁面粗糙度对列车隧道声爆的衰减作用,在 Ichinoseki 隧道中,于距离北侧入口 50m 处开始,在西侧墙壁安装了铝制泡沫板(Alporous[TM]),铝制泡沫板每块宽度 500mm、长 1000mm、厚 50mm,参考图 6.8,采用一个自制的直径 100mm 的 PVDF 压力变送器测量由北侧入口进入的列车产生的声爆。自行设计制造的压力变送器采用压电晶体膜作为敏感元件,在

60mm×150mm 无膜片激波管中,以 Kistler 压力变送器(Model 603B)的信号为基准,通过信号对比,对自制压力传感器进行了校准。

图 6.9(a)是未安装铝制泡沫板时测量到的隧道声爆压升变化,列车速度 245km/h(68m/s);图 6.9(b)是安装了铝制泡沫板时测量到的隧道声爆压升变化,列车速度 240km/h(64m/s)。图中纵坐标是压升(kPa),横坐标是时间(ms)。在图 6.9(a)中有一个陡峭的压升,意味着声爆没有减弱。压力变送器是一个厚约 40mm 的盘状结构,反射激波后面的高压在盘状压力变送器的边缘被衍射,之后膨胀波于中心汇聚,所以记录到一个显著的压力下降过程。

当安装了一排铝制多孔板时,信号中的压力尖峰消失,如图 6.9(b)所示。与图 6.9(a)曲线进行对比发现,图 6.9(a)中的压力更高,所以,尽管只在隧道局部安装了多孔壁面,这些多孔壁面确实削弱了隧道的声爆。虽然安装铝制泡沫板可以削弱隧道声爆,但这种铝板不便宜,在高速列车的长隧道内全部铺设铝制泡沫板,费用还是很高的。

图 6.8　从北侧入口看去 Ichinoseki 隧道西侧的铝制泡沫板结构

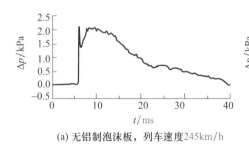
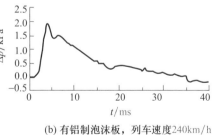

(a) 无铝制泡沫板,列车速度245km/h　　　(b) 有铝制泡沫板,列车速度240km/h

图 6.9　在 Ichinoseki 隧道监测到的声爆压力时间历程(Sasoh 等,1998)

6.4　开有缝隙阵列壁面上的激波衰减

之所以要研究激波与开有缝隙阵列壁面的相互作用,是因为这是使管道内激波发生衰减的最简单方法。

6.4.1 沿工字梁阵列的激波衰减

将商业铝制工字梁(规格为 30mm × 100mm、厚度 5mm)以不同参数(高度 h、间隔 d)进行组合,布置于 60mm × 150mm 无膜片激波管实验段内(Matsuoka, 1997)。图 6.10(a)和(b)显示的是名义激波马赫数 1.05 和 1.12 的弱激波与宽 100mm、高 100mm、间隔 60mm 的工字梁之间的相互干扰。由于工字梁之间的间隔很大,激波与每一个工字梁的干扰几乎是独立的,在相邻的工字梁之间,流动干扰非常小,可以忽略。图 6.10(c)和(d)给出的是激波马赫数为 1.13 的激波与间隔 2mm 布置的工字梁(宽 100mm)之间的干扰情况,这种壁面形状类似于在壁面上开 2mm 宽缝隙的情况,将这种小间隔结构中的流动图谱与图 6.10(b)相比较,可以发现,在激波传播过程中形成的流场结构差别很大。

(a) #96050210:Ma_S=1.048,d=60mm

(b) #96050204:Ma_S=1.123,d=60mm

(c) #96043002:Ma_S=1.13,d=2mm

(d) #96042542: Ma_S=1.13, d=2mm

图 6.10　沿布有工字梁阵列的多缝壁面的激波衰减(Matsuoka,1997)

(h = 100mm,空气,环境大气压,292K)

　　图 6.11 是激波扫过另一组高度、间隔组合的工字梁时获得的流动显示图谱。其中,在图 6.11(a)～(c)中,激波马赫数为 1.02,激波与 h = 8mm、d = 4mm 的工字梁阵列相干扰;图 6.11(d)是马赫数 1.12 的激波与该工字梁阵列的干扰情况。

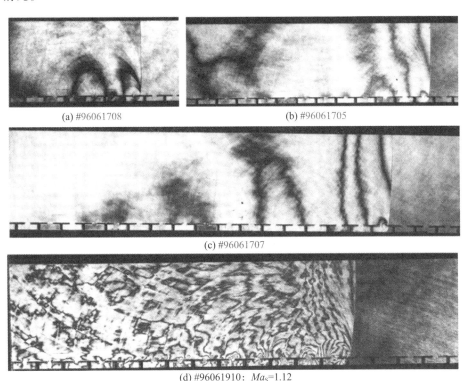

(a) #96061708　　　　　　　　　(b) #96061705

(c) #96061707

(d) #96061910: Ma_S=1.12

图 6.11　沿布有工字梁阵列壁面的激波衰减

(h = 8mm,d = 4mm,Ma_S = 1.02,环境大气压,空气,292K)

图 6.12 是马赫数 1.12 的激波沿 $h=8\text{mm}$、$d=7\text{mm}$ 工字梁阵列的衰减情况,实验条件是空气、环境大气压、292K。激波在与每一个工字梁段相互作用时,在传输激波的后面积聚了很多小的激波结构,增强了衰减效果。

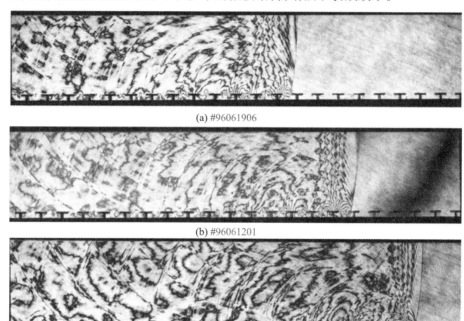

(a) #96061906

(b) #96061201

(c) #96061205

图 6.12 沿布有截短工字梁阵列壁面的激波衰减
($h=8\text{mm}, d=7\text{mm}, Ma_S=1.12$;环境大气压,空气,292K)

6.4.2 宽 40mm 的粗糙表面开口管道

在 $60\text{mm} \times 150\text{mm}$ 无膜片激波管实验段内,安装一个两侧布有缝隙阵列的、宽 40mm 的管道实验模型,使马赫数为 1.22 的激波沿该管道传播,获得流动显示图谱(图 6.13),实验条件是空气、环境大气压、294K。入射激波首先在入口拐角发生衍射,如图 6.13(a) 所示;之后产生的传输激波与每一个缝隙发生相互作用,导致复杂的干扰波系结构,如图 6.13(b) 所示,进而提升了衰减效果。图 6.13(c) 是图(b)的放大图,这是激波沿缝隙阵列传播的早期阶段,从缝隙开口处产生膨胀波系,在缝隙底部产生压缩波系,这些小的波系与传输激波相干扰,使传输激波发生衰减。在图 6.13(e)、(f)中看到,传输激波越过了出口,并在出口的拐角处发生衍射、产生一对涡结构;该对涡的演化表明,当激波从出口释放时,其强度发生了衰减。

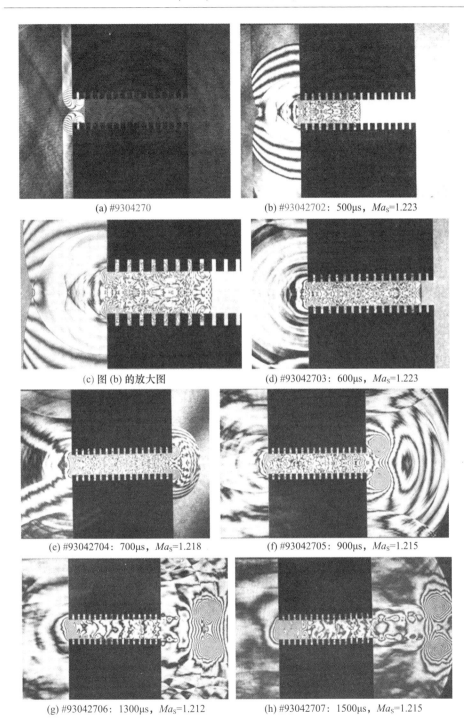

图 6.13 沿壁面开有缝隙阵列的管道的激波传播

($Ma_s = 1.22$,环境大气压,空气,294K)

6.4.3 宽 25mm 的光滑表面开口管道

图 6.14 是激波沿宽度 25mm 的光滑壁面管道传播时的演化情况,激波的名义马赫数为 1.20,实验介质是环境大气压、296.8K 的空气。与采用缝隙阵列的壁面相比,参考图 6.13,当激波在光滑壁面管道中运动时,传输激波受到的干扰不那么强,条纹是均匀分布的,在出口处,当边界层中的剪切流被释放出去时,形成一系列的涡结构,参考图 6.14(f) 和 (g)。

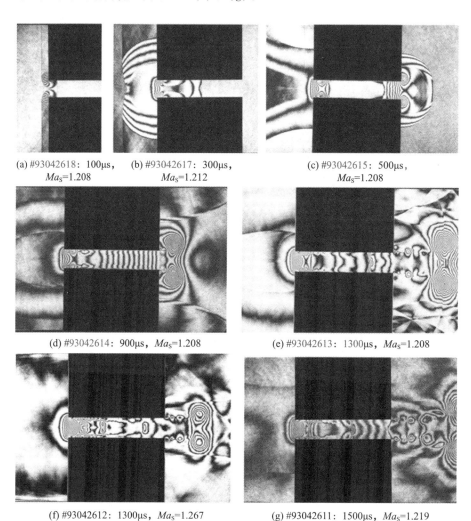

(a) #93042618: 100μs, Ma_S=1.208
(b) #93042617: 300μs, Ma_S=1.212
(c) #93042615: 500μs, Ma_S=1.208
(d) #93042614: 900μs, Ma_S=1.208
(e) #93042613: 1300μs, Ma_S=1.208
(f) #93042612: 1300μs, Ma_S=1.267
(g) #93042611: 1500μs, Ma_S=1.219

图 6.14 沿开缝光滑壁面管道的激波衰减的演化
(Ma_S=1.20;环境大气压,空气,296.8K)

6.4.4 宽10mm 的光滑表面开口管道

图 6.15 是激波沿宽度 10mm 的光滑壁面开口管道传播的演化情况,激波的名义马赫数为 2.7,实验介质是空气(100hPa、285.8K)。由图 6.15(a)和(b)看到,在入口拐角处的激波衍射产生了传输激波,传输激波诱导出一系列小波结构,图中平行于壁面的条纹部分是沿光滑壁面发展起来的边界层,边界层的发展与开口管道的宽度无关。在本实验的光滑壁面条件下,边界层主导着激波的衰减,所以,开口管道的宽度越小,激波衰减的效果越好。

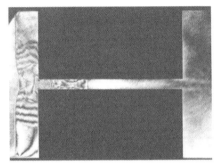

(a) #85041502:70μs,Ma_S=2.215

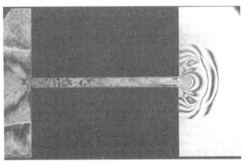

(b) #85041504:90μs,Ma_S=2.702

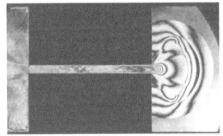

(c) #85041507:130μs,Ma_S=2.711

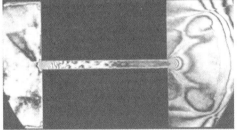

(d) #85041508:200μs,Ma_S=2.741

图 6.15 沿宽度 10mm 开口管道的激波传播演化
(名义 Ma_S = 2.7,空气,100hPa,285.8K)

还观察了激波沿着宽度 6.0mm 的开口管道传播的情况,该模型用于产生窄的激波,而窄的激波用于与高度 6mm 的圆柱形肥皂泡相干扰。为在窄的激波管内制造出不受干扰的激波管流动,采用了一种称为饼干切割器(cookie cutter)的结构,饼干切割器被安装在 60mm×100mm 激波管中。

图 6.16 是激波沿宽度 6mm 开口管道传播过程的系列流动显示图谱,激波的名义马赫数为 1.4,实验介质为 100hPa、285.8K 的空气。在图 6.16(a)和(b)中,由于前缘是尖锐的,几乎看不到激波在入口处的衍射,传输激波不是分布式的,传输激波后的流动是均匀的。如果将这个宽度为 6mm 的"饼干切割器"置于

距前缘合适的位置上,就形成一个高效的实验段。

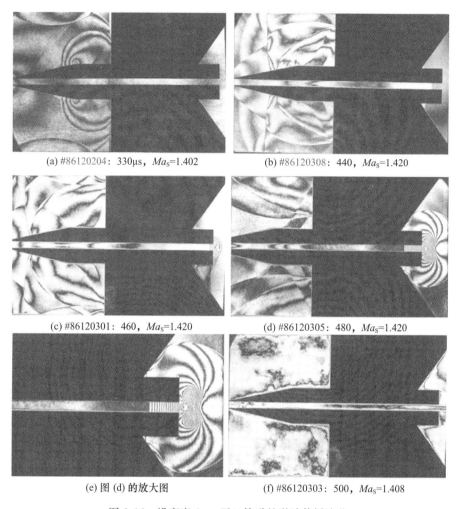

图 6.16 沿宽度 6mm 开口管道的激波传播演化
($Ma_S=1.4$,空气,100hPa,285.8K)

6.5 通过小孔的激波衰减

6.5.1 单孔

将一个厚度 30mm 的不锈钢壁面安装于 60mm×150mm 无膜片激波管内,在这个不锈钢壁面上开一个直径 5mm 的小孔,图 6.17 是激波通过该小孔的传播演化情况,激波的名义马赫数为 1.27,实验介质是环境大气压、292K 的空气。入射激波从钢板上反射,部分入射激波通过小孔传播,从小孔释放出一道传输激波。

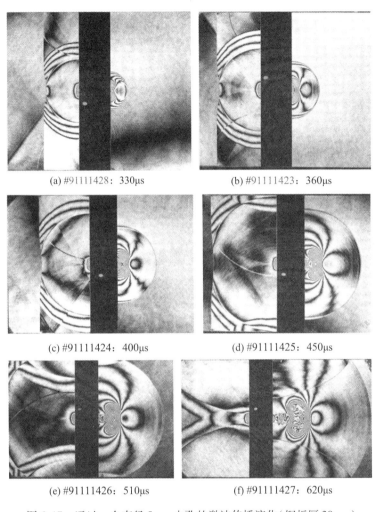

(a) #91111428：330μs (b) #91111423：360μs

(c) #91111424：400μs (d) #91111425：450μs

(e) #91111426：510μs (f) #91111427：620μs

图 6.17 通过一个直径 5mm 小孔的激波传播演化(钢板厚 30mm)
(Ma_S = 1.27,环境大气压,空气,292K)

6.5.2 两个斜孔

在厚度 30mm 的不锈钢板上开两个直径 5mm 的斜孔,两孔间距为 10mm,孔的斜度为 30°,实验设备仍是 60mm × 150mm 无膜片激波管。图 6.18 是激波通过这 2 个斜孔的衰减演化情况,名义激波马赫数为 2.26,实验介质是 250hPa、

290K 的空气。这是抑制汽车尾气噪声研究的基础实验之一。采用流动显示方法获得了两个传输激波合并为一道激波的系列照片,图 6.18(a)展示了从两个斜孔释放出来的两个球形激波;图 6.18(d)~(f)展示了这两个球形激波逐渐合并为一道激波的过程。

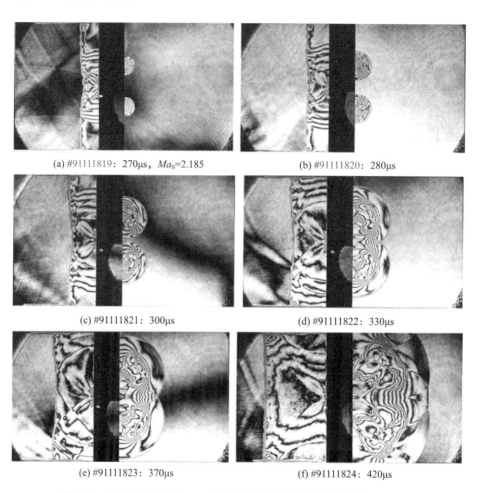

(a) #91111819:270μs,Ma_S=2.185

(b) #91111820:280μs

(c) #91111821:300μs

(d) #91111822:330μs

(e) #91111823:370μs

(f) #91111824:420μs

图 6.18 通过两个直径 5mm 斜孔的激波衰减演化情况(钢板厚 30mm)
(两孔间隔 10mm,倾斜 30°;Ma_S = 2.26,空气,250hPa,290K)

在厚度 30mm 的不锈钢板上,钻两个直径 5mm 的斜孔,两孔间隔 7.5mm,两孔出口的中心在平板的另一面重合,在图 6.19(a)中画出了这两个斜孔的位置关系。图 6.19(a)展示了激波通过斜孔后传播的早期阶段流动结构,可以看到,进入斜孔的激波在出口处汇合。图 6.19(b)~(e)展示了激波通过斜孔后的流动结构演化情况。

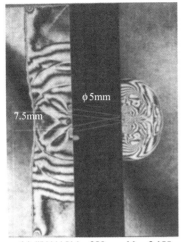
(a) #91111514: 280μs, Ma_S=2.188

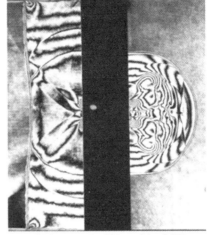
(b) #91111515: 300μs, Ma_S=2.235

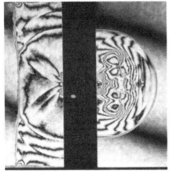
(c) #91111516: 330μs, Ma_S=2.188

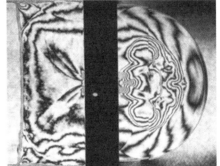
(d) #91111517: 370μs, Ma_S=2.239

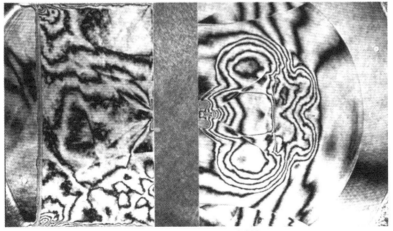
(e) #91111518: 420μs, Ma_S=2.239

图6.19 通过两个直径5mm斜孔的激波衰减情况(钢板厚30mm)

(两孔间隔7.5mm,倾斜30°;名义 Ma_S = 2.20;空气,250hPa,290.5K)

6.6 烧结的不锈钢壁面

6.6.1 有背衬的烧结不锈钢壁面

1. 无背衬和固体背衬

在100mm×200mm的实验段内,将厚度1mm的烧结不锈钢板分别安装在上下壁面,形成一个管道(图6.20),该管道又被安装在60mm×150mm传统激波管的150mm×250mm实验段内。在环境大气压、290.8K的空气中,使名义马赫数为1.06的激波通过这两块1mm厚的烧结不锈钢板构成的管道,获得激波衰减过程的系列流动显示图谱。

(a) #92011702: 800μs, Ma_S=1.069 (b) #92011703: 950μs, Ma_S=1.067

(c) #92011705: 1250μs, Ma_S=1.067 (d) #92011706: 1400μs, Ma_S=1.080

图6.20 背衬固壁的两块烧结不锈钢板之间的激波衰减情况
(Ma_S = 1.06,环境大气压,空气,290.8K)

在烧结不锈钢板表面均匀分布着许多微孔,所以这是衰减激波的理想材料,但钢板的表面却非常光滑,用这种材料制造汽车尾气管可衰减尾气管系统中的激波。烧结不锈钢板具有很高的强度,可以承受比较高的压力,尽管其物理特性非常好,但特定目的(如衰减激波)的实际应用却存在困难。在初期的系列实验中,烧结不锈钢板背面的空间是开敞的,传输激波只是从实验段壁面反射。为了有效衰减传输激波,后续实验都在烧结不锈钢板背后填入了适当的材料。

在烧结不锈钢板的背面垫衬固体壁面,使名义马赫数为1.38的激波通过两块不锈钢板之间的通道,图 6.21 是激波的衰减情况,实验介质是 600hPa、290.8K 的空气。与图 6.21 对比可以发现,两者的流动图像差异很大。

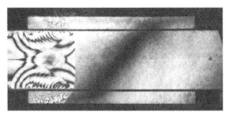
(a) #92011711: 600μs, Ma_S=1.392

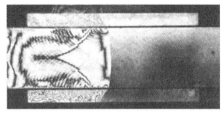
(b) #92011712: 900μs, Ma_S=1.380

(c) #92011713: 800μs, Ma_S=1.390

(d) #92011714: 940μs, Ma_S=1.393

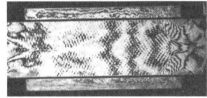
(e) #92011715: 1060μs, Ma_S=1.384

图 6.21 背衬固壁的两块烧结不锈钢板之间的激波衰减情况
(名义 Ma_S = 1.38,空气,600hPa,290.8K)

2. 铝合金海绵 Alporous^{TR} 背衬

在抑制声爆的实验中,频繁使用了铝合金海绵体(商业名称为 Alporous^{TR})作为烧结不锈钢板的背衬。图 6.22 是激波沿烧结不锈钢板衰减的系列流动显示照片。

(a) #92011808: 600μs, Ma_S=1.399

(b) #92011809: 700μs, Ma_S=1.396

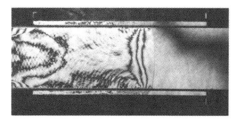
(c) #92011810: 800μs, Ma_S=1.396

(d) #92011811: 940μs, Ma_S=1.401

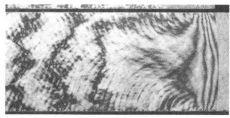
(e) 图(d)的放大图

图 6.22 背衬 Alporous^{TR} 壁面的两块烧结不锈钢板之间的激波衰减情况
(名义 Ma_S=1.40,环境大气压,空气,290.8K)

6.6.2 多孔壁面构成的管道

图 6.23 是激波沿多孔壁面之间通道传播时的系列流动显示照片。多孔壁的开孔尺寸参考图 2.23,直径 1mm 的孔均匀分布于厚 2mm 的黄铜板上,开孔率为 0.5,管道的开口宽度为 30mm,支撑用的侧壁宽度为 40mm。

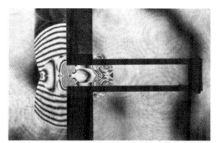
(a) #87030415: Ma_S=1.302

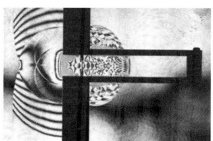
(b) #87030409: Ma_S=1.260

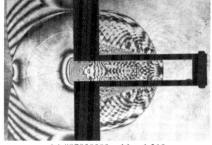
(c) #87030303: Ma_S=1.219

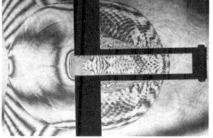
(d) #87030401: Ma_S=1.217

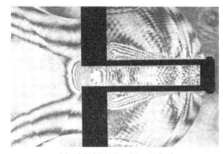
(e) #87030405：Ma_S=1.259

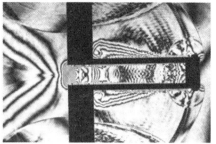
(f) #87030407：Ma_S=1.257

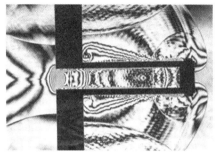
(g) #87030413：700μs，Ma_S=1.254

图 6.23　开孔率 0.5 的多孔壁上的激波衰减传播情况
（名义 Ma_S=1.30，空气，900hPa，292.7K）

图 6.24 是激波沿开孔率为 0.2 的多孔壁面的衰减情况，激波名义马赫数为 2.50，实验介质为 333hPa、290K 的空气。传输激波与上下壁面之间成角度 θ，近似地 $\sin\theta = a/u_S$，其中 a 是空气中的声速，u_S 是传输激波的速度。所以，通过测量 θ，就可以评估传输激波的衰减。

(a) #91111408：Ma_S=2.560

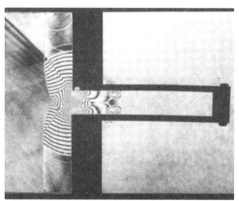
(b) #91111416：Ma_S=2.429

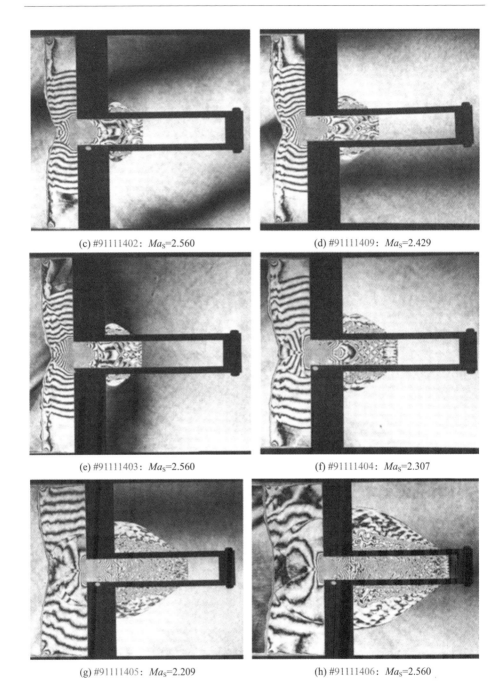

(c) #91111402: Ma_S=2.560   (d) #91111409: Ma_S=2.429

(e) #91111403: Ma_S=2.560   (f) #91111404: Ma_S=2.307

(g) #91111405: Ma_S=2.209   (h) #91111406: Ma_S=2.560

图 6.24　开孔率 0.2 的多孔壁面的激波传播演化
（名义 Ma_S=2.50,空气,333hPa,290K）

6.6.3 多缝壁面上的激波衰减

第 2 章讨论了反射激波结构在多缝斜楔上的转换与演变情况,图 2.44 描述了缝隙的几何尺寸。图 6.25 是激波在多缝壁面上的传播和衰减的情况,壁面长度为 100mm,缝隙深度为 7mm,实验设备是 60mm×150mm 传统激波管。

在实验中,多缝壁面被安装在激波管实验段的下壁面,名义激波马赫数为 1.40,实验介质是环境大气压、293.7K 的空气。图 6.25 是激波沿该多缝壁面传播的系列流动显示图像,激波在传播过程中,分别与每条缝隙相干扰,产生一系列小波系结构,这些小波系结构有效地衰减了激波的强度,图 6.25 的激波结构演化系列图谱解释了这些小波系的产生过程(Onodera 和 Takayama,1990)。

(a) #87052520:Ma_S=1.431

(b) #87052503:Ma_S=1.415

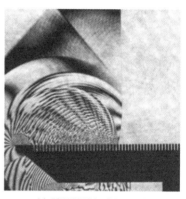
(c) #87052506:Ma_S=1.431

(d) #87052509:Ma_S=1.418

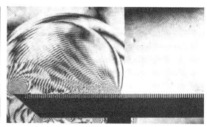
(e) #87052510:Ma_S=1.418

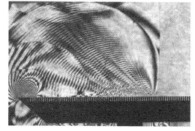
(f) #87052512:Ma_S=1.422

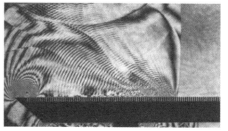
(g) #87052514:Ma_S=1.426

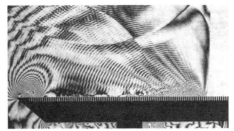

(h) #87052516：Ma_S=1.426

图 6.25　沿多缝壁面的激波传播

（名义 Ma_S = 1.40，环境大气压，空气，293.7K）

6.6.4　由多缝壁面构成的管道

在 60mm × 150mm 激波管的 150mm × 250mm 实验段内，将两块 150mm × 230mm 的多缝平板分别安装于上下壁面，构成多缝壁面管道。在实验中，激波名义马赫数为 1.40，实验介质是环境大气压、294.3K 的空气，图 6.26 是激波沿这个多缝壁面管道传播的情况。在图 6.26(a) 中观察到不规则的深灰度图案，反映的是从多缝壁面与激波管侧壁之间的窄缝泄漏的压缩波；这些压缩波会与传输激波合并，所以，在传输激波扫过之后的区域，代表这些压缩波的不规则图案就不再出现，参考图 6.26(b)。

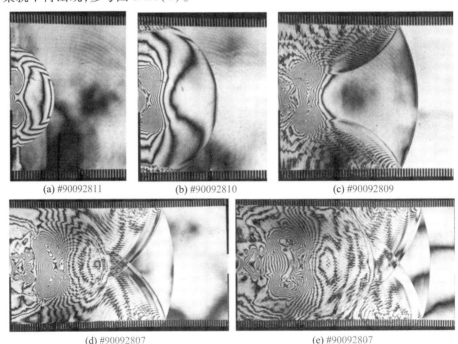

(a) #90092811　　　　　(b) #90092810　　　　　(c) #90092809

(d) #90092807　　　　　(e) #90092807

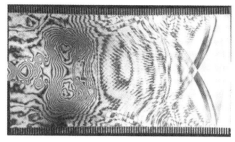
(f) #90092808

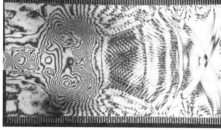
(g) #90092808，(f)图的放大图

图 6.26　沿多缝壁面的激波传播

(名义 Ma_S = 1.40,环境大气压,空气,294.3K)

6.7　铝合金海绵壁面之间的管道

在 60mm×150mm 激波管的 150mm×250mm 实验段的上下壁面,安装两块厚 10mm 的铝合金海绵 Alporous^{TR} 板,已经证明,将这种材料作为内衬,能够抑制发动机尾气管中的激波。在实验中,激波名义马赫数为 1.15,实验介质是环境大气压、282.0K 的空气。激波在这个实验管道内的传播情况见图 6.27。图 6.27(a)表明,在实验段内安装铝合金海绵内衬,并不能消除实验段入口产生的两个涡结构。

在铝合金海绵内衬上,激波不发生反射,而是从铝合金海绵内衬的底部产生传输激波,该实验再次证明,铝合金海绵内衬是一种使激波衰减的好材料。

(a) #88011907: 350μs, Ma_S=1.145

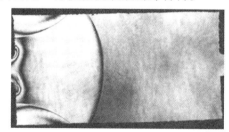
(b) #88011908: 430μs, Ma_S=1.153

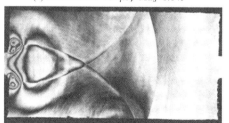
(c) #88011910: 590μs, Ma_S=1.153

(d) #88011911: 670μs, Ma_S=1.147

(e) #88011913: 900μs, Ma_S=1.151

(f) #88011914: 1100μs, Ma_S=1.157

图 6.27 沿铝制海绵体壁面的激波传播演化
(名义 Ma_S = 1.15,空气,环境大气压,282.0K)

当激波很弱时(图 6.28),传输激波非常模糊,在图 6.28(f)中,没有观察到明显的反射,所以,铝合金海绵非常适合作为消音器的内衬。

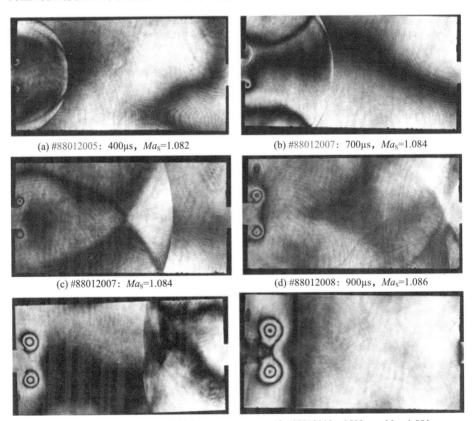

(a) #88012005: 400μs, Ma_S=1.082　　(b) #88012007: 700μs, Ma_S=1.084

(c) #88012007: Ma_S=1.084　　(d) #88012008: 900μs, Ma_S=1.086

(e) #88012009: 1100μs, Ma_S=1.086　　(f) #88012010: 1500μs, Ma_S=1.081

图 6.28 沿铝制海绵体壁面的激波传播演化
(Ma_S = 1.08,环境大气压,空气,282.0K)

6.8 通过多个隔断空间的激波衰减

当进入多个隔断之间的空间时,激波在障碍物之间反复地向后、向前反射,这种多次的衍射和反射行为,会促进激波的衰减。传输激波与每一个侧壁也发生相互作用,入口处的激波干扰导致复杂的流场结构,流场中包括许多三波点、滑移线和涡,这些复杂结构可以有效促进传输激波的衰减。激波的衰减取决于每个障碍物的特殊几何结构,本节就讨论障碍物几何形状对激波衰减效果的影响,通过数值模拟结果和干涉图像的对比,描述激波通过不同障碍物时的情况,这是很重要的基准实验。

6.8.1 通过隔断空间的激波衰减

图 6.29 是最简单的实验,将 150mm×250mm 实验段分割成宽度 50mm 的几个部分,在入口处,传输激波诱导出两个涡,这对涡与反射激波相干扰,产生复杂的干扰波系结构,导致传输激波的衰减。

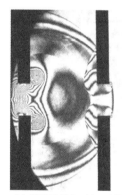

(a) #97122505: Ma_S=1.201   (b) #97122510: Ma_S=1.194

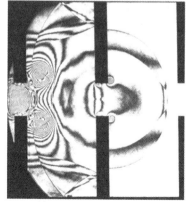
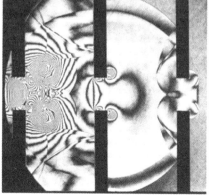

(c) #97122503: Ma_S=1.198   (d) #97122201: Ma_S=1.193

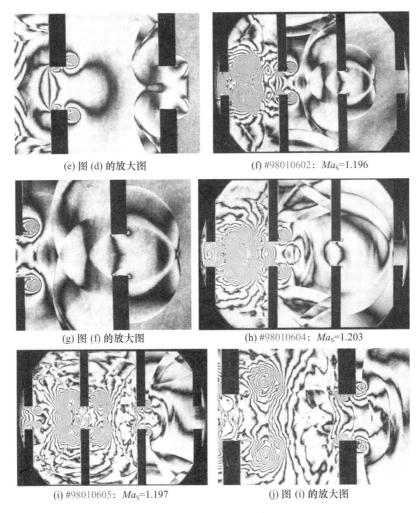

(e) 图(d)的放大图　　(f) #98010602：Ma_S=1.196

(g) 图(f)的放大图　　(h) #98010604：Ma_S=1.203

(i) #98010605：Ma_S=1.197　　(j) 图(i)的放大图

图 6.29　激波通过隔板的传播情况
（名义 Ma_S =1.20，空气）

6.8.2　入口与出口同轴的饼干切割器

汽车尾气管消音器设计的主要理论基础是声学理论，但汽车尾气管内产生的流动噪声未必是声学噪声，可能是弱激波引发的噪声，所以声学理论会失效。在 150mm×250mm 实验段内安装多障碍物实验件，观察激波在其中的传播情况，隔断类的障碍物可以交错分布其入口和出口，也可以使其入口与出口同轴。

图 6.30 就是传输激波经过入口与出口同轴的饼干切割器时的衰减历程。

从图 6.30(e)可以看到,饼干切割器对激波衰减的作用没有被增强,原因是切割器入口的形状是尖锐的,不能对传输激波产生有效的干扰。

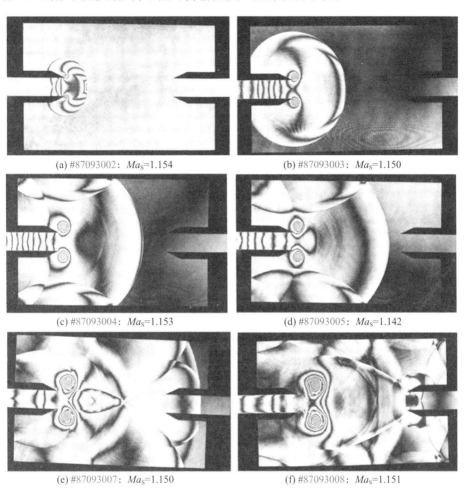

(a) #87093002：Ma_S=1.154

(b) #87093003：Ma_S=1.150

(c) #87093004：Ma_S=1.153

(d) #87093005：Ma_S=1.142

(e) #87093007：Ma_S=1.150

(f) #87093008：Ma_S=1.151

图 6.30 激波在 2 个同轴饼干切割器之间传播的情况
(名义 Ma_S = 1.15,环境大气压,空气,296.7K)

6.8.3 入口与出口交叉排列的饼干切割器

将饼干切割器的入口与出口交错排列,进行了实验,激波名义马赫数为 1.15,实验介质是环境大气压、296.7K 的空气。标准饼干切割器的入口与出口是同轴的,不能有效衰减激波的强度,但交错排列入口和出口时却能够促进激波的衰减。图 6.31 展示了激波经过整个切割器长度范围时的传播与衰减情况。

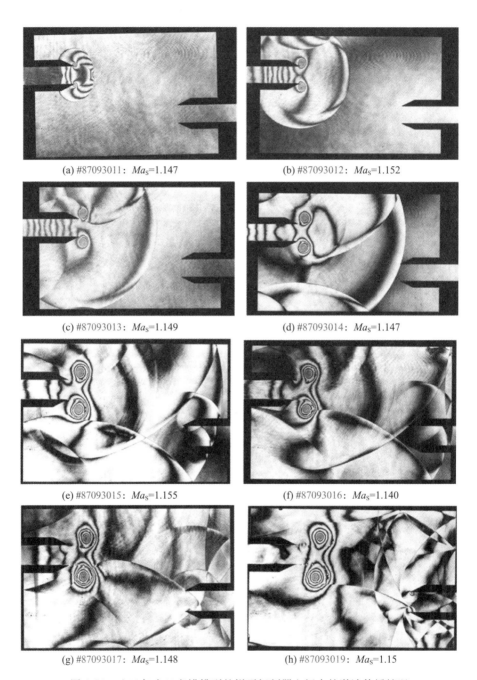

图 6.31　入口与出口交错排列的饼干切割器空间内的激波传播情况
（名义 Ma_S = 1.15,环境大气压,空气,296.7K）

6.8.4 交叉排列入口与出口的短距空间

将上述交错排列入口和出口的实验件的内部空间距离减半,再进行实验,激波名义马赫数为1.13,实验介质是环境大气压的空气,图6.32是获得的系列流动显示图像,可以看到,在这个实验件内,与全长度实验件相比,激波衰减更有效。

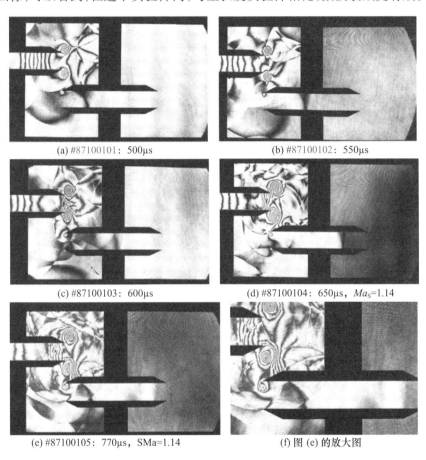

(a) #87100101: 500μs
(b) #87100102: 550μs
(c) #87100103: 600μs
(d) #87100104: 650μs, Ma_S=1.14
(e) #87100105: 770μs, SMa=1.14
(f) 图(e)的放大图

图6.32 入口与出口交错排列的饼干切割器短距空间内的激波传播情况
(Ma_S=1.13,环境大气压,空气,296.7K)

6.8.5 直入口与斜出口之间的短距空间

将钝端面入口与钝端面出口交错布置进行实验,激波的名义马赫数为1.38,实验介质为环境大气压、294.2K的空气,设备是60mm×150mm无膜片激波管。图6.33展示了激波与这个短距空间结构的相互作用情况。采用钝端面的出入口,促进了传输激波的衍射与反射,进而有效地衰减了传输激波。从图 6.33 可以清楚地看到,通过斜出口的传输激波强度显著减弱了。

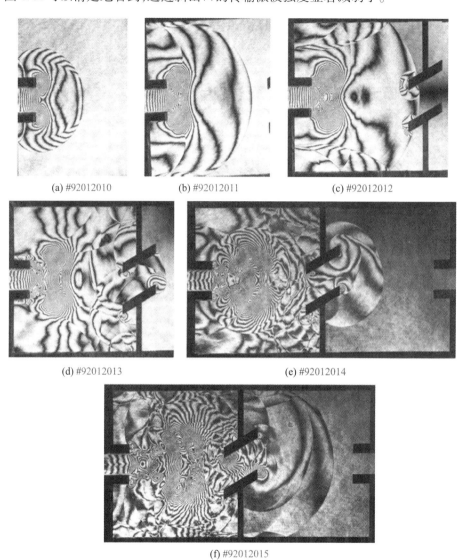

图 6.33 钝入口与出口交错排列的短距空间内的激波传播情况
(Ma_S =1.38,环境大气压,空气,294.2K)

6.8.6 直立挡板

在同步辐射设备中,高能光束照射到一片薄的氧化铍板上产生强烈的同步辐射,而氧化铍板将一个超高真空的环状空间与环境空气分割开。当氧化铍板因为某种原因破裂,环境大气就会冲入真空环中,空气不仅破坏高真空,还会污染高真空环结构的内壁面(Ohtomo,1998)。

环境空气与超高真空环内的压力之比非常大,这种情况与高压比的激波管类似,所以,氧化铍板破裂、空气进入超高真空环时产生的高速气流,等效于等面积激波管流动及其驱动的一道强激波的情况。在高能光束路径上安装一个阀门,光束路径实际上是一个管子,这个管子连接着一个环状结构和一块氧化铍板。在阀门关闭前阻滞激波和接触面非常重要,所以在氧化铍板破裂时需要一个装置瞬间挡住激波和接触面,一般会沿光束路径布置一排分割挡板。

从记录的干涉图中发现,与直线进入相比,激波斜着进入时的衰减要快得多,尽管是二维实验,还是证明了斜挡板的有效性。实验设备是$100mm \times 180mm$无膜片激波管,实验段尺寸为$180mm \times 1100mm$。图6.34(a)是UTIAS新改造的高速激波管实验段,图6.34(b)是实验段内安装的4片$250mm \times 250mm$平面镜,这4块平面镜构成一个尺寸为$250mm \times 1100mm$的平面镜(Ohtomo,1998)。

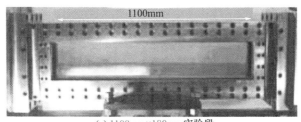

(a) 1100mm×180mm实验段

(b) 置入4块250mm×250mm平面镜的实验段

图6.34 与$100mm \times 180mm$激波管相连的$1100mm \times 180mm$实验段(Ohtomo,1998)

图6.35是激波经过系列垂直挡板的传播情况,激波名义马赫数为3,激波由右向左传播,垂直顶板的顶部是尖锐的。流动显示的视场高度为180mm,宽度为20mm,在图6.34中所标示的$a \sim h$点安装了 Kistler 603B 压力变送器。图6.35表明,衍射激波与系列挡板之间发生连续干扰,当激波离开最后一个挡板时,如图6.35(g)所示,传输激波的强度已经大大减弱。图6.35(h)是在点f

测量到的压力时间历程,纵坐标是以环境压力为基准的无量纲压力,横坐标是时间(μs),实线是入射激波从 $t=0$ 开始记录的压力,虚线和点划线分别是数值模拟(Voinovich 等,1998)和实验测量的压力曲线,两者相符得非常好。

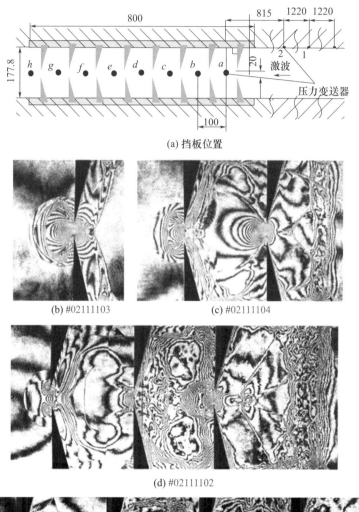

(a) 挡板位置

(b) #02111103　　　(c) #02111104

(d) #02111102

(e) #02111101

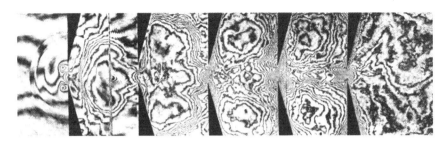

(f) #0211010

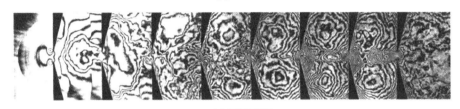

(g) #02111106

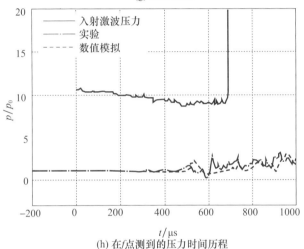

(h) 在f点测到的压力时间历程

图 6.35　经过若干直立挡板的激波衰减演化(Ohtomo,1998)

($Ma_S=3.0$,空气)

6.8.7　交错隔板

图 6.36 是激波经过系列交错布置的斜挡板时的传播情况,激波的名义马赫数为 3,实验介质是空气。传输激波及跟随其后的接触面区的传播轨迹呈"之"字形,图 6.36(a)是交错布置的挡板及压力变送器(Kistler 603B)的分布情况。

图 6.36(g)是压力变送器在 d 点记录到的压力时间历程,纵坐标是无量纲压力,横坐标是时间(μs),实线是记录的入射激波自 $t=0$ 开始的压力,虚线和点

383

划线分别是数值模拟和实验测量的压力曲线,两者符合得很好。

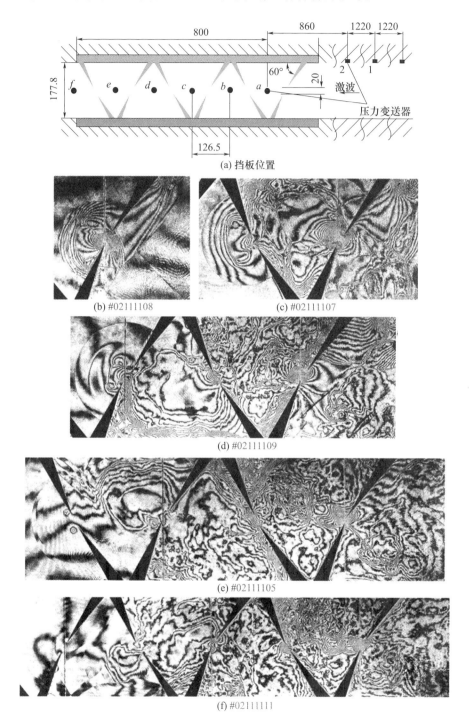

(a) 挡板位置

(b) #02111108

(c) #02111107

(d) #02111109

(e) #02111105

(f) #02111111

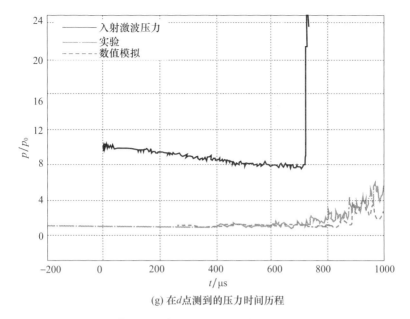

(g) 在d点测到的压力时间历程

图 6.36　经过若干交错直立挡板的激波衰减演化(Ohtomo,1998)

($Ma_S = 3.0$,空气)

与图 6.35(h)的曲线相比较,在图 6.36(g)中看到,斜置挡板更有效地使传输激波衰减。实验的结论是,经过斜置的挡板,气流轨迹呈"之"字形,接触面被阻滞,进而更有效地使经过的激波发生衰减。

6.8.8　直立与交错斜挡板的数值比较

Voinovich 等(1998)用求解欧拉方程组的数值模拟方法研究了系列挡板对传输激波的影响,入射激波马赫数为 1.5,假设双原子气体为理想气体。获得的结果揭示,交错布置的斜置挡板使传输激波发生衰减,大大阻滞了接触面区域的运动,效果好于类似分布的直立挡板系列。图 6.37 是数值模拟获得的激波传播干涉图像,左侧一列是直立挡板系列的情况,右侧一列是交错斜置挡板系列的情况,挡板的端面都是钝的。

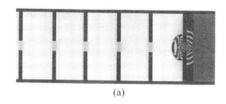

(a)

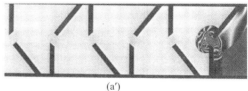

(a′)

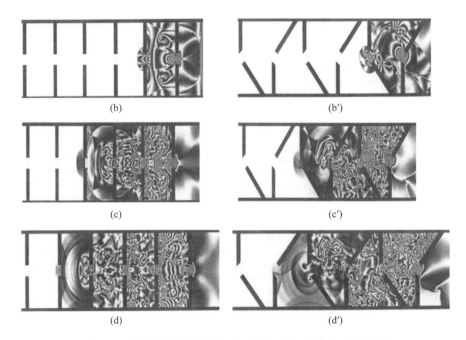

图 6.37 数值模拟获得的激波经过系列直立挡板与斜挡板的
衰减过程(Voinovich 等,1998)

($Ma_S = 1.5$,空气)

6.9 沿着双弯头的激波传播

在研究了单个弯头的激波传播之后(Takayama,1993),为了用实验研究激波通过相对复杂的管道时的传播,选择了双弯头作为研究对象。

6.9.1 光滑表面双弯头

图 6.38 是激波通过光滑壁面双弯头管道传播时的情况,激波的名义马赫数为 1.21,实验介质是环境大气压、294K 的空气。其实,这个实验件就是两个弯头的组合,入射激波在第一个入口拐角发生衍射,在第二和第三个拐角重复这种衍射;传输激波从第一个拐角的外侧反射,然后在第二个拐角的内侧反射;反射激波与衍射激波相干扰,激波传播最终演化成非常复杂的波系结构,使实验变得非常有趣。采用数值模拟方法再现了主要流动结构。从图 6.38(e)看到,当传输激波从管道出来时,其强度已经减弱。

(a) #93042001: 400μs, Ma_S=1.221

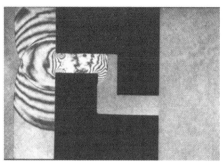
(b) #93042110: 500μs, Ma_S=1.214

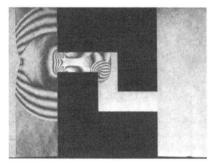
(c) #93042002: 500μs, Ma_S=1.220

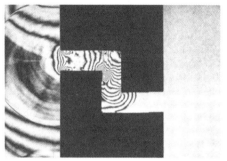
(d) #93042111: 600μs, Ma_S=1.221

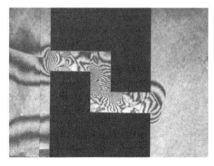
(e) #93042004: 700μs, Ma_S=1.219

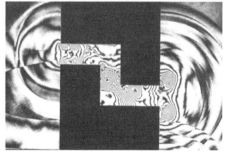
(f) #93042006: 900μs, Ma_S=1.225

图 6.38　激波通过光滑壁面双弯头管道的传播过程

(名义 Ma_S=1.21,环境大气压,空气,294K)

6.9.2　粗糙表面双弯头

从图 6.13 看到,粗糙壁面有效促进了激波的衰减。图 6.39 是激波沿粗糙壁面双弯头管道传播的过程,壁面与图 6.13 的相同。与光滑壁面的双弯头管道相比,当双弯头管道采用了粗糙壁面时,大大促进了传输激波的衰减。

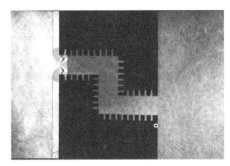
(a) #93042108: 400μs, Ma_S=1.219

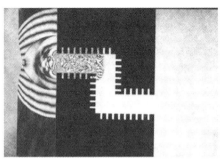
(b) #93042107: 500μs, Ma_S=1.211

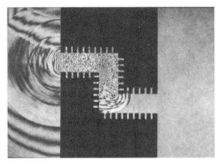
(c) #93042106: 600μs, Ma_S=1.215

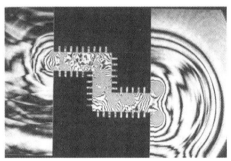
(d) #93042103: 900μs, Ma_S=1.217

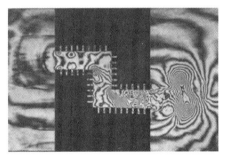
(e) #93042102: 1300μs, Ma_S=1.217

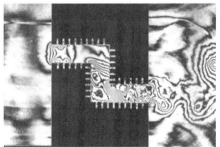
(f) #93042101: 1800μs, Ma_S=1.218

图 6.39 激波通过粗糙壁面双弯头管道的传播过程
(名义 Ma_S = 1.22, 空气, 1013hPa, 294K)

6.10 圆柱阵列与球阵列

我们知道, 与采用混凝土路基的隧道相比, 当声爆从具有沙砾路基的列车隧道释放出去时, 声音要小得多。从物理原理上理解, 是沙砾层造成了这种差别, 与混凝土层相比, 沙砾层更有效地使声爆发生衰减。

第6章 激波的衰减

日本的第一个高速列车网在运行过程中没有出现列车隧道的声爆问题。但当高速列车网扩展到日本南部时,列车速度增加,人们开始抱怨列车隧道的声爆问题。所有第一代列车隧道都采用了沙砾轨道路基,而后来升级的第二代列车隧道则采用了混凝土路基,声爆就来自路基材料的差异。这个问题的出现,是本系列研究的动力。

规划了沿圆柱阵列或球阵列的系列激波传播实验,第一轮实验的目的是流动显示,研究激波通过三维球阵列的传播情况。但排成重复性好的三维球阵是非常困难的事情,所以实验采用了一个简单方法,如图 6.40 所示,将三个直径 22mm 球的端面切平、同轴地排成一串,球串的总长度为 56mm,再将一个个球串安装在 60mm×150mm 激波管内。

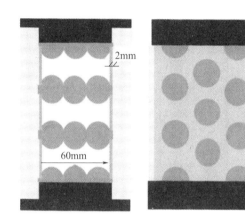

图 6.40　安装在 60mm×150mm 激波管内的球阵列

采用直径 30mm 的圆柱阵列进行对比研究(Abe,2002),比较了激波经过两种障碍物阵列时的传播情况。

图 6.41 是激波经过直径 30mm 圆柱阵列的传播情况,激波的名义马赫数为 1.10,实验介质是环境大气压、293.5K 的空气。由于实验的重复性好,采用短延迟时间的系列干涉照片就可以做成动画展示。

 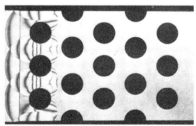

(a) #98010910: 87μs, Ma_S=1.11　　(b) #98010913: 116μs, Ma_S=1.104

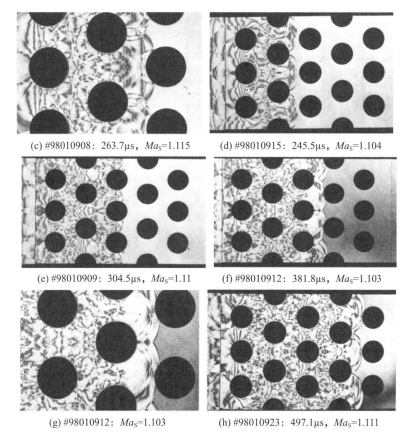

(c) #98010908: 263.7μs, Ma_S=1.115 (d) #98010915: 245.5μs, Ma_S=1.104

(e) #98010909: 304.5μs, Ma_S=1.11 (f) #98010912: 381.8μs, Ma_S=1.103

(g) #98010912: Ma_S=1.103 (h) #98010923: 497.1μs, Ma_S=1.111

图 6.41　激波通过直径 30mm 圆柱阵列的衰减
（名义 Ma_S = 1.1, 环境大气压, 空气, 293.5K）

图 6.42 是名义马赫数为 1.3 的激波经过直径 30mm 圆柱阵列的传播和演化情况, 实验介质是 560hPa、289.5K 的空气。在第 4 章中讨论了激波经过单个圆柱的衍射情况(图 4.2), 在图 6.42(b) 中则观察到反复出现的衍射和反射, 图 6.42(c) 是图(b)的局部放大图, 可以看到, 传输激波之间的干扰变得非常复杂。每当传输激波经过一列圆柱时, 传输激波前锋之后的条纹分布就变得复杂起来, 最后的结果如图 6.42(f) 所示。

图 6.43 是激波经过直径 22mm 球阵列的传播情况, 激波的名义马赫数为 1.10, 实验介质是环境大气压、295.5K 的空气。球阵列的总投影面积占激波管横截面的比值（称为堵塞比）为 54%, 如图 6.43 所示；而图 6.42 的圆柱阵列的堵塞比为 63%。平面激波与单个球相互作用所产生的传输激波的特征不同于平面激波与单个圆柱的作用情况, 尽管球阵列的排列与圆柱阵列有一些相似, 但在图 6.43(f) 中观察到的条纹分布比图 6.42(f) 的条纹分布要复杂得多。

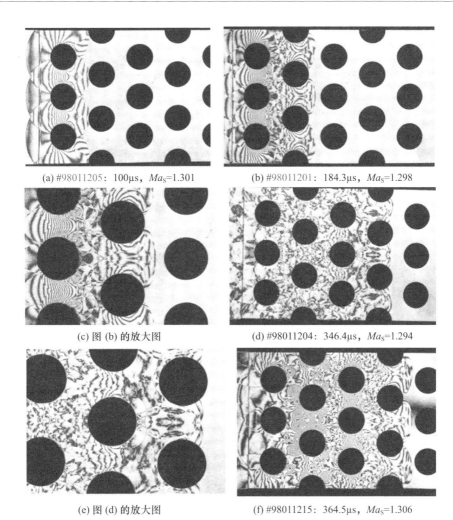

(a) #98011205: 100μs, Ma_S=1.301
(b) #98011201: 184.3μs, Ma_S=1.298
(c) 图 (b) 的放大图
(d) #98011204: 346.4μs, Ma_S=1.294
(e) 图 (d) 的放大图
(f) #98011215: 364.5μs, Ma_S=1.306

图 6.42 激波通过直径 30mm 圆柱阵列的衰减
(名义 Ma_S = 1.30, 空气, 560hPa, 289.5K)

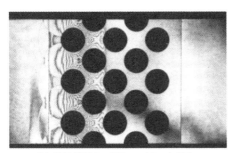

(a) #99102916: 575μs, Ma_S=1.099

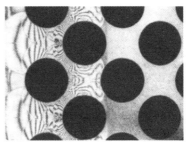

(b) 图 (a) 的放大图

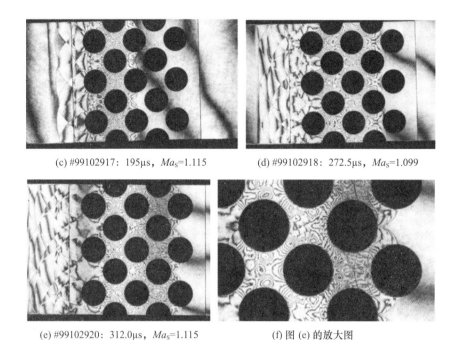

(c) #99102917: 195μs, Ma_S=1.115　　　　(d) #99102918: 272.5μs, Ma_S=1.099

(e) #99102920: 312.0μs, Ma_S=1.115　　　　(f) 图 (e) 的放大图

图 6.43　激波通过直径 22mm 圆柱阵列的衰减
(Ma_S =1.10;环境大气压,空气,295.5K)

图 6.44 是激波经过直径 22mm 球阵列传播演化的动画展示(将系列干涉照片编辑来制作成动画),激波的名义马赫数为 1.10,球阵列的堵塞比为 75%。在这个实验中,采用 5 个球穿成一串,安装在实验段内(而图 6.43 是 4 个球为一串,堵塞比 54%)。随着时间的增长,激波前锋之后的条纹分布变得更简单,如图 6.44(r)所示。

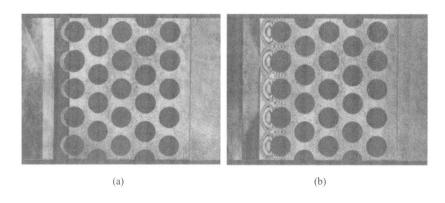

(a)　　　　　　　　　　　　　(b)

第 6 章 激波的衰减

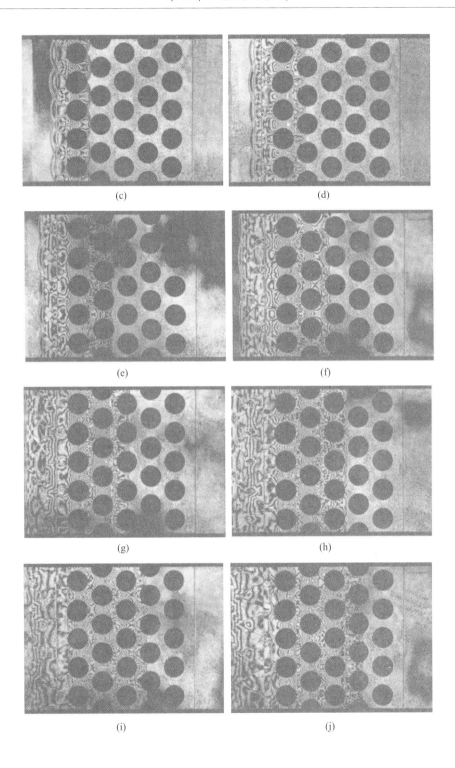

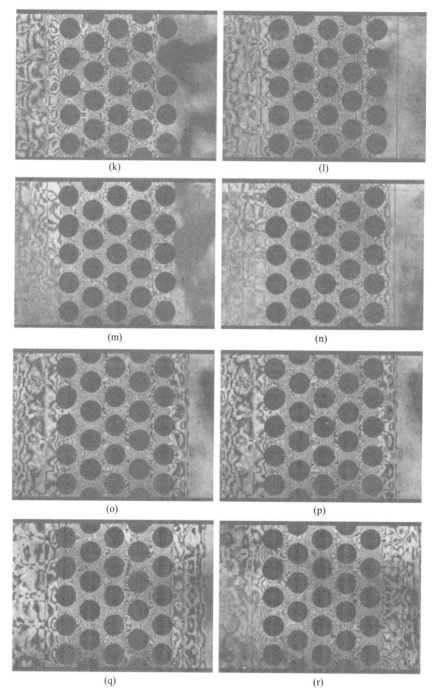

图 6.44 激波通过直径 22mm 球阵列的动画展示
($Ma_S = 1.10$; Abe, 2002)

6.11 从尾缘释放的激波

当激波经过一个细长体,而细长体的上壁面和下壁面具有不同的几何形状时,经过上壁面和下壁面之后的激波强度就会有差异,如果这些激波从尾缘释放,如图 6.38 所示,一定时间之后就会形成一个涡。

6.11.1 涡的形成

将一个长度为 500mm 的隔板安装在 60mm×150mm 激波管的中心线上,隔板的尾缘位于实验段入口,如图 6.45 所示。为促进激波在上壁面衰减,在隔板的上半部分嵌入一块长度为 200mm 的铝制海绵板;而下壁面的设计初衷则是使激波经过时保持原有速度。隔板的作用是使传输激波的后方产生一股剪切流,一定时间之后就会在尾缘处出现一个涡。图 6.45 是该实验装置的示意图。

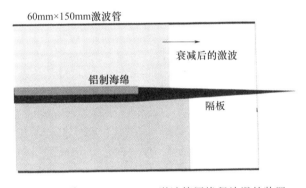

图 6.45　从 60mm×150mm 激波管尾缘释放涡的装置

图 6.46 展示了尾缘涡的形成过程,入射激波名义马赫数为 2.2,实验介质为 300hPa、288.5K 的空气。在传输激波之后,气体微团的速度是超声速的,沿下壁面的气流速度比上壁面高 10%。从图 6.46(b) 看到,首先,在尾缘处产生复杂的衍射,衍射激波诱发一个明显的涡结构,图 6.46(b)~(d) 展示了涡随时间的演化过程。图 6.46(e)~(j) 展示了涡逐渐离开尾缘的过程。

6.11.2 二维分隔板尾缘的涡形成

图 6.46 的隔板尾缘是尖锐的,这里采用一个宽度为 50mm、尾部端面为二维后向台阶的隔板,产生另一种涡的结构。图 6.47 展示了在后向台阶拐角处发生的激波衍射过程,入射激波名义马赫数是 1.24,实验介质是环境大气压、292.8K 的空气。当 $Ma_s = 1.24$ 时,即使气流在拐角处是加速的,拐角气流还是保持亚声

速状态,拐角将沿隔板上、下表面发展起来的边界层分隔开,如图6.47(c)~(g)所示。

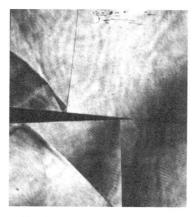

(a) #88021003: 635μs, Ma_S=2.176

(b) #88021002: 670μs, Ma_S=2.183

(c) #88020909: 715μs, Ma_S=2.152

(d) #88020908: 730μs, Ma_S=2.159

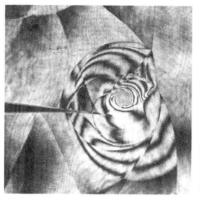

(e) #88020907: 745μs, Ma_S=2.193

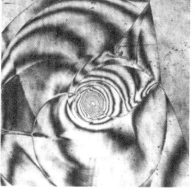

(f) #88020907: 745μs, Ma_S=2.193

(g) #88020904: 800μs, Ma_S=2.263

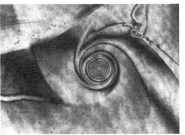
(h) #88020904: 800μs, Ma_S=2.263

(i) #88020903: 840μs, Ma_S=2.177

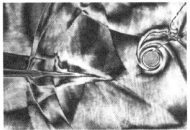
(j) #88020902: 1900μs, Ma_S=2.193

图 6.46 在隔板尾缘处形成的涡

(为使上侧壁面传播的激波衰减,在隔板的上侧安装了金属结构)

(名义 Ma_S=2.2,空气,300hPa,288.5K)

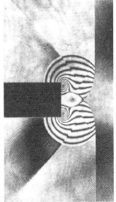

(a) #87111702: Ma_S=1.249 (b) #87111701: Ma_S=1.244 (c) #87111703: Ma_S=1.244

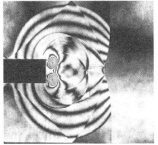

(d) #87111704: Ma_S=1.236 (e) #87111705: Ma_S=1.250

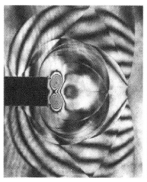 

(f) #87111706: Ma_S=1.243　　(g) #87111707: Ma_S=1.252

图 6.47　传输激波在隔板后向台阶拐角处的衍射过程

（名义 Ma_S = 1.24，环境大气压，空气，292.8K）

6.11.3　不对称二维隔板

图 6.48 是由宽度 50mm 隔板释放的传输激波的非对称干扰的演化过程，激波马赫数为 1.50，实验介质是环境大气压、294.2K 的空气。在该马赫数条件下，拐角处的气流加速到超声速，由于下壁面分布着粗糙颗粒，激波在下壁面传播时发生衰减，导致尾部的两个涡不对称。条纹图案是当地超声速气流与涡结构的综合作用结果。

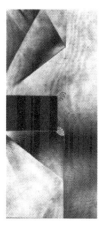  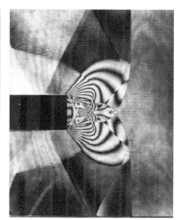

(a) #87111713　　　　(b) #87111714　　　　(c) #87111715
390μs，Ma_S=1.496　　400μs，Ma_S=1.471　　450μs，Ma_S=1.494

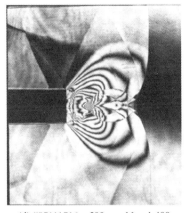
(d) #87111716: 500μs, Ma_S=1.498

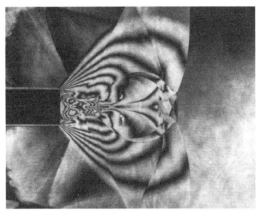
(e) #87111717: 520μs, Ma_S=1.501

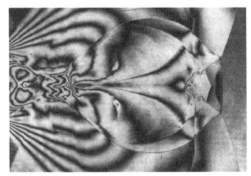
(f) 图(e)的放大图

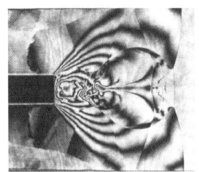
(g) #87111718: 540μs, Ma_S=1.501

图6.48 宽度50mm隔板造成的传输激波非对称干扰演化过程
(名义 Ma_S = 1.50,环境大气压,空气,294.2K)

6.12 传输激波的反射

6.12.1 两道激波的干扰

在60mm×150mm无膜片激波管中安装一个对称隔板,激波在隔板尾缘发生衍射,激波的名义马赫数为1.335,实验介质是271hPa、290.0K的空气。隔板在安装时很仔细,目的是使激波在尾缘拐角处能够精确地产生对称衍射,该实验的目的是在排除可见干扰的条件下获得两个相同强度激波的干扰情况。由图6.49看到,两个激波的干扰首先产生规则反射结构,随着相交角度的增大,流动结构转变为马赫反射结构。

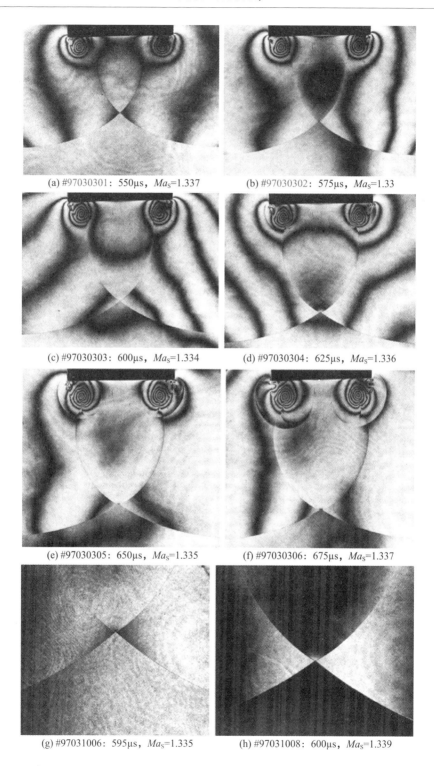

(a) #97030301: 550μs, Ma_S=1.337
(b) #97030302: 575μs, Ma_S=1.33
(c) #97030303: 600μs, Ma_S=1.334
(d) #97030304: 625μs, Ma_S=1.336
(e) #97030305: 650μs, Ma_S=1.335
(f) #97030306: 675μs, Ma_S=1.337
(g) #97031006: 595μs, Ma_S=1.335
(h) #97031008: 600μs, Ma_S=1.339

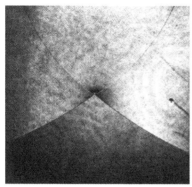
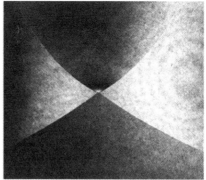

(i) #97031009：605μs，Ma_S=1.336 (j) #97031010：610μs，Ma_S=1.335

图 6.49　两道传输激波的干扰

（名义 Ma_S = 1.33，空气，271hPa，290.0K）

6.12.2　两个球形激波的迎头碰撞

将两个铝合金制成的直径25mm的激波管相距80mm布置，以相同的初始条件运行，通过点燃微型爆炸装置，使两激波管同时破膜，实现两个激波管的时序同步。

图6.50是两个球形激波迎头相撞的过程，激波马赫数是1.22，实验介质是环境大气压、298K的空气。两个激波管产生的激波强度几乎完全相同，该实验只观察到两个球形激波相撞产生规则反射的激波结构。

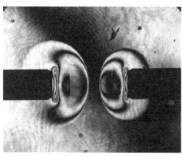
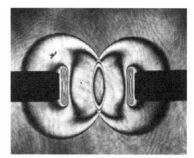

(a) #87100911：3.45ms，Ma_S=1.233 (b) #87100912：3.47ms，Ma_S=1.233

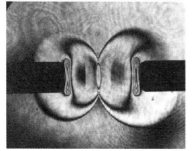
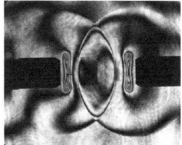

(c) #87100907：3.50ms，Ma_S=1.232 (d) #87100909：3.52ms，Ma_S=1.245

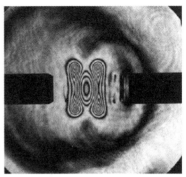
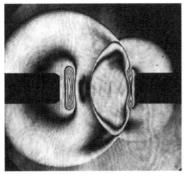

(e) #87100908: 3.53ms, Ma_S=1.221   (f) #87100905: Ma_S=1.233

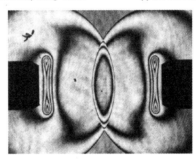

(g) 图(b)的放大图

图 6.50　从相距 80mm 的两个直径 25mm 激波管释放的两个球形激波的反射
（名义 Ma_S = 1.22,环境大气压,空气,298K）

6.13　壁面条件对激波衰减的影响

　　尽管是在实验室尺度条件下,视野也不够宽,还是研究了壁面条件对激波衰减的影响(Abe,2002)。图 6.51(a)是安装在 60mm × 150mm 激波管实验段内的草地模型,获得了系列流动显示照片,如图 6.51(b)~(e)所示,激波马赫数为 1.5,实验介质是环境大气压的空气。草地模型是塑料材料制成的人造草皮,设计之初希望"草"模型能够在激波的作用下自由摆动。从图 6.51 看出,塑料草皮模型的确产生了摆动,但没有达到期望的灵活摆动效果,所以草地模型对激波的衰减作用并不明显。如果能够制造出柔软且可灵活摆动的塑料草皮模型,激波将显著衰减。

　　图 6.52 是黄铜制成的栅栏模型,栅栏模型的底面积为 60mm × 300mm,激波经过栅栏阻碍后衰减,衰减的程度或多或少与激波扫过紧凑分布的工字梁阵列或金属海绵壁面的情况类似。

第6章 激波的衰减

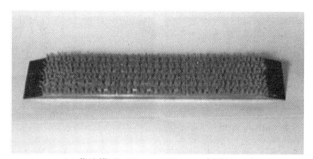

(a) 草地模型（60mm×300mm，高度10mm）

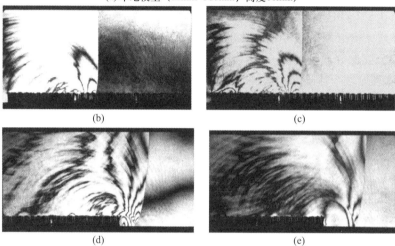

图 6.51 激波扫过草地模型的模拟实验（Abe,2002）

(a) 二维栅栏模型（60mm×300mm，高度20mm，宽度5mm，间距5mm）

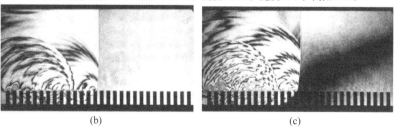

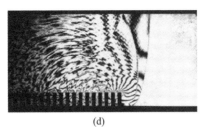 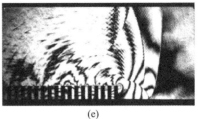

图 6.52 激波扫过二维栅栏模型的模拟实验(Abe,2002)

图 6.53(a)是安装在 60mm×300mm 黄铜底座上的底径 15mm、高度 30mm 的锥阵列,图 6.53(b)~(e)是激波扫过该锥阵列时的流动显示照片,激波马赫数为 1.5,实验介质是环境大气压的空气。锥的三维阵列有效减弱了传输激波强度,物理原理与球阵列比柱阵列更有效是一个道理。

(a) 底径15mm、高度30mm的锥阵列

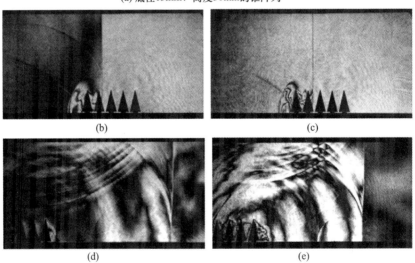

图 6.53 激波扫过底径 15mm 高度 30mm 锥阵列的过程(Abe,2002)
(Ma_S =1.5,环境大气压,空气)

第 6 章 激波的衰减

图 6.54(a)是直径 15mm、高度 30mm 的圆柱阵列,图 6.54(b)~(e)是马赫数 1.5 的激波扫过该柱阵列时的流动显示照片,实验介质是环境大气压的空气。与二维的多缝壁面相比,该模型在使激波衰减方面效果要好得多。关于激波与三维柱阵列、锥阵列的相互作用,研究工作并不深入,数值模拟的工作才刚刚开始。

(a) 底径15mm、高度30mm圆柱阵列

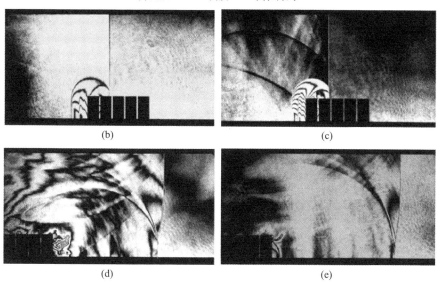

图 6.54 激波扫过底径 15mm、高度 30mm 圆柱阵列的过程(Abe,2002)
($Ma_s = 1.5$,环境大气压,空气)

在强爆炸的外场实验中,爆炸波会从森林上方扫过,并产生很大的爆炸噪声,此时的爆炸噪声不是很大的"砰""砰""砰"的声音,而是一种类似于数百人同时低声嘀咕的声音。激波从可移动的边界反射时,会大大衰减,变成一串压缩波。模拟这个过程是非常困难的工作,图 6.55 的实验采用直径 15mm、高度 37mm 的橡胶管阵列,用马赫数 1.5 的激波扫过,试图模拟激波从可移动边界上的反射情况,实验介质是环境大气压的空气。

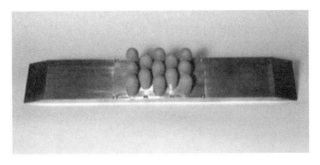

(a) 橡胶管阵列模型（直径15mm，高度37mm）

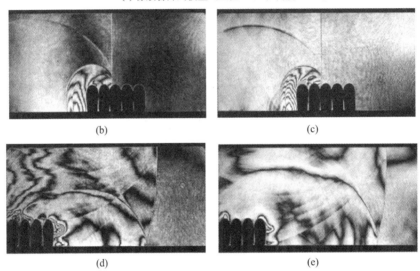

图 6.55　激波扫过底径 15mm、高度 37mm 橡胶管阵列的过程（Abe，2002）

（$Ma_S = 1.5$，环境大气压，空气）

参考文献

Abe, A. (2002). Experimental and analytical studies of shock wave attenuation over bodies of complex configurations. (Ph. D. thesis), Graduate School of Engineering, Faculty of Engineering, Tohoku University.

Matsuoka, K. (1997). Study of mitigation of high speed train tunnel sonic boom. (Master thesis). Graduate School of Engineering, Faculty of Engineering, Tohoku University.

Matsumura, S. (1995). Study of automobile exhaust gas induced shock waves and noises. (Ph. D. thesis), Graduate School of Engineering, Faculty of Engineering, Tohoku University.

Ohtomo, T. (1998). Study of shock wave attenuation along ducts of complex geometry. (Master thesis), Graduate School of Engineering, Faculty of Engineering, Tohoku University.

Onodera, H. , & Takayama, K. (1990). Shock wave propagation over slitted wedge. Institute of Fluid Science, Tohoku University, 1, 45 – 46.

Sasoh, A. , Matsuoka, K. , Nakashio, K. , Timfeev, E. V. , Takayama, K. , Voinovich, P. A. , et al. (1998). Attenuation of weak shock waves along partially perforated walls. Shock Waves, 8, 149 – 159.

Sekine, N. , Matsumura, S. , Aoki, K. , & Takayama, K. (1989). Generation and propagation of shock waves in the exhaust pipe of a four cycle automobile engine. In Y. W. Kim(Ed.) , Current Topics in Shock Waves, Proceedings of 17th International Symposium on Shock Tubes and Shock Waves, Bethlehem(pp. 671 – 676).

Takayama, K. (1993). Opticalflow visualization of shock wave phenomena In R. Brun & L. Z. Dumitrescu(Eds.) , Proceedings of 19th ISSW(Vol. 4, pp. 7 – 17). Marseille.

Voinovich, P. A. , Timofeev, E. V. , Saito, T. , & Takayama, K. (1998). Supercomputer simulation of 3 – D unsteady gas flows using a locally adoptive unstructured grid techniques. In Proceedings of 16th International Conference on Numerical Method in Fluid Dynamics(pp. 51 – 52).

第7章 激波与气体界面的干扰

7.1 引言

激波与气体界面的干扰是激波研究的一个基本课题(Abd–el–Fattah 等,1978)。图 7.1 的实验件是安装在 60mm×150mm 传统激波管中的一个三角形容器,三角形容器的一个面是一张厚度 30μm 的 Mylar 膜,该膜将某种外来气体密封在容器内,所以这个 Mylar 膜就是一个气体界面。外来气体通过其供应系统(图 7.1)以略高于实验压力的状态循环,持续时间为几分钟,最后将外来气体的压力调节到与实验气体压力相等。通过延长外来气体的循环时间,使外来气体的污染达到最小,实验中的平均污染度不超过百分之几。

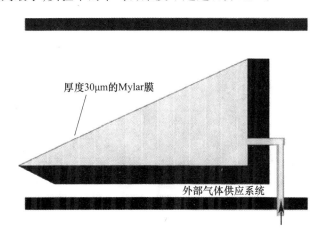

图 7.1 安装在 60mm×150mm 激波管中的外来气体界面试验段

图 7.2 展示的是 Mylar 膜对激波反射的影响。激波在一个 45°的空气–空气界面上传播,名义激波马赫数为 1.20,入射激波经过界面时没有引起任何干扰,Mylar 膜向内弯曲,在界面上产生规则激波反射结构。

7.1.1 空气–氦气界面

激波在空气–氦气界面的反射称为慢–快干扰,激波在空气–CO_2界面上的干扰称为快-慢干扰。图7.3展示的是激波在空气-氦气界面的反射结构演化,名义激波马赫数为1.2。慢-快干扰与激波在水楔上的反射类似。

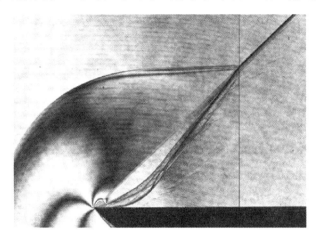

图 7.2　激波在空气-空气界面上的传播
(#93070101;楔角45°,Ma_S = 1.2,环境大气压,空气,297.3K)

在氦气层内,波以声速传播,在氦气中观察到微弱的对比度变化。气体界面倾斜角为θ_W,激波沿气体界面的传播速度为$u_{inter} = u_S/\cos\theta_W$,其中$u_S$为入射激波速度,于是,如果气体界面角满足$\theta_W < \arccos(u_S/a_{helium})$条件,其中$a_{helium}$是氦气中的声速,那么入射激波在氦气中诱导出的压缩波系将位于入射激波的前方。

对于图7.3(a)的条件,如果界面是固体楔表面,激波的反射应该产生冯·诺依曼反射结构,三波点轨迹应该位于扫掠入角上,且$\theta_{glance} = 25.5°$。而在图7.3(a)的慢-快干扰界面上,扫掠入射角大于该数值。此外,在图7.3(a)中观察到的马赫激波也不垂直于界面,而是略向后倾斜。明显地观察到界面上的反射激波不同于固壁楔上的冯·诺依曼反射结构。当扰动以声速a_{helium}在氦气中传播时,扰动传播的速度大于入射激波根部的运动速度,所以界面略向上抬起,在入射激波前方出现一些终止于马赫激波的斜条纹,这些先于入射激波出现的斜条纹是气体慢-快干扰界面上特有的。在水楔上没有观察到类似现象,当水下激波在黄铜壁面上传播时,也是激波与慢-快界面的一种干扰,但产生的应力波是从黄铜壁面向水中释放的。

在图7.3(a)中,反射激波上的三波点并不伴有滑移线,这种反射结构与冯·诺依曼结构相似,当界面角θ_W接近临界转换角θ_{crit}时,三波点向界面靠近,最后导致马赫激波的终止,见图7.3(c)、(d)。在空气中观察到入射激波前方生成斜条纹,但这些条纹终止于反射激波。当$\theta_W \geq \theta_{crit}$时,激波反射转变为马赫反射结构。

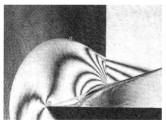
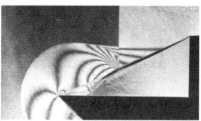

(a) #93053108：Ma_S=1.199，θ_W=15°　　(b) #93052807：Ma_S=1.203，θ_W=25°

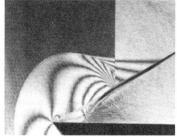
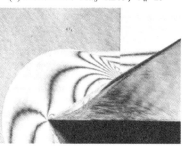

(c) #93052801：Ma_S=1.200，θ_W=30°　　(d) #93053102：Ma_S=1.200，θ_W=35°

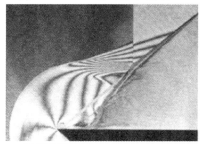
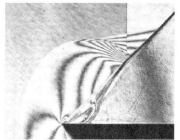

(e) #93053103：Ma_S=1.203，θ_W=40°　　(f) #93052603：Ma_S=1.207，θ_W=44.6°

图 7.3　激波与空气 – 氦气界面的干扰
（交换时间 10min，名义 Ma_S = 1.20，环境大气压，空气，297K）

随着 θ_W 的继续增大，当 u_{inter} 超过 a_{helium} 时，入射激波在氦气中诱导出的压缩波系汇聚为一道弱的斜激波，这种情况是否出现与氦气层中被诱导出的压缩波的强度有关，或者说与 Mylar 膜的变形程度相关。在 1993 年 5 月的系列实验中，如图 7.3 所示，膜片在受控条件下慢慢变形，氦气层内产生系列压缩波，没有观察到清晰的压缩波串的前锋。但在 1990 年 12 月的系列实验中，Mylar 膜在非受控条件下变形严重甚至破裂，观察到清晰的压缩波串前锋，如图 7.4 所示。

在气体界面实验中，将实验段与 Mylar 膜密封时，膜拉得不够紧，所以，当入射激波入射时，Mylar 膜变形严重。

图 7.4(a) 是激波从空气 – 氦气界面反射的情况，界面倾斜角为 25°，激波名义马赫数为 1.40，激波反射结构是单马赫反射，三波点上伴有滑移线，但马赫激波不垂直于界面，而是略向后倾斜。当入射激波入射到界面时，氦气中产生的压

缩波会跑到入射激波的前面,这个先于入射激波出现的压缩波(简称前位激波)将气体界面向上抬起,导致在界面的空气一侧产生先于入射激波的条纹。

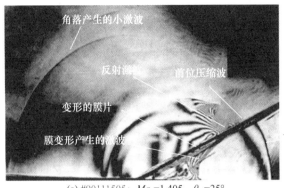

(a) #90111505：Ma_S=1.405，θ_W=25°

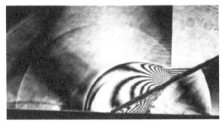

(b) #90110901：Ma_S=1.418，θ_W=30°

(c) #90111402：Ma_S=1.391，θ_W=30°

(d) #90110903：Ma_S=1.401，θ_W=37°

(e) #90110904：Ma_S=1.399，θ_W=45°

(f) #90111503：140μs，Ma_S=1.405，θ_W=47°

图7.4　激波与空气-氦气界面的干扰

(氦气循环时间10min，Ma_S=1.40，环境大气压,空气,290.9K)

图 7.4(a)中的标注解释了氦气层内波的传播。在图 7.3 中,Mylar 膜支撑着入射激波后面的压力,略微向内变形。而在图 7.4 中,Mylar 膜一旦发生变形,后续变形就非常严重,进而(在氦气中)产生一道斜激波,该斜激波从马赫激波根部出现,一直延伸到界面的前缘,并从底部壁面反射。随着 θ_W 的增大,入射激波根部逐渐接近氦气中的前位激波,参考图 7.4(e)、(f),最后入射激波根部与氦气中的前位激波汇合。空气 - 氦气界面的临界转换角 θ_{crit} 取决于氦气的纯度,当 $\cos\theta_W = u_S/a_{helium}$ 时,参考图 7.4(f),激波反射发生向规则反射结构的转变。

7.1.2 空气 - CO_2 界面

图 7.5 是激波与空气 - CO_2 界面干扰的演化情况,激波马赫数为 1.20,界面角范围为 15°~55°。这是一个快 - 慢干扰,在 293K 的 CO_2 气体中声速为 280m/s,在 290K 的空气中声速为 345m/s,斜激波产生于慢气体中。在比较小的界面角条件下,如图 7.5(a)、(b)所示,三波点上不伴随滑移线,激波反射结构是冯·诺依曼结构,且马赫激波略向前倾斜。当 $\theta_W = 30°$ 时,如图 7.5(d)所示,激波反射结构是超声速规则反射结构。

在 CO_2 气体中形成一道斜激波,该斜激波从底部壁面反射。激波反射结构是单马赫反射,如图 7.5(a)~(d)所示,随着 θ_W 的增大,三波点逐渐模糊,滑移线也趋向于消失,激波反射转变为冯·诺依曼结构,如图 7.5(e)~(h)所示。

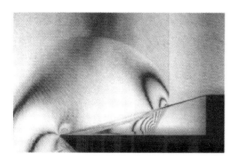

(a) #9306102: Ma_S = 1.198, θ_W = 15°

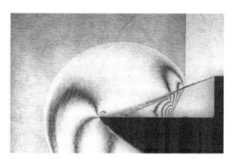

(b) #9306101: Ma_S = 1.201, θ_W = 20°

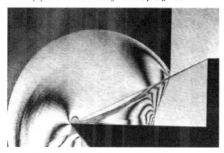

(c) #9306103: Ma_S = 1.197, θ_W = 25°

(d) #9306104: Ma_S = 1.200, θ_W = 30°

(e) #9306105: Ma_S= 1.200, θ_W= 35°

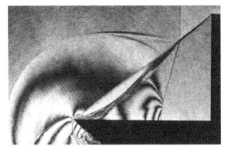
(f) #9306106: Ma_S= 1.198, θ_W= 40°

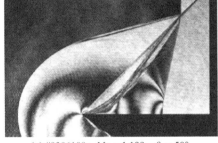
(g) #9306108: Ma_S= 1.199, θ_W= 50°

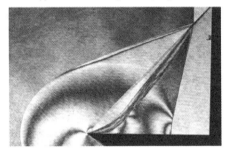
(h) #9306109: Ma_S= 1.199, θ_W= 55°

图 7.5　激波与空气 – CO_2 界面的干扰

(CO_2 循环时间 10min，名义 Ma_S =1.20，环境大气压，空气，296.6K)

7.1.3　空气 – SF_6 界面

图 7.6 是空气 – SF_6 界面干扰的实验装置，空气 – SF_6 界面干扰也是一个快 – 慢干扰，在 293K 的 SF_6 气体中声速为 138m/s。在 60mm × 150mm 传统激波管内安装一个环形实验段，界面用厚度 30μm 的 Mylar 膜密封，界面可以在 0°~90°范

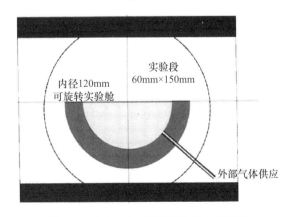

图 7.6　空气 – SF_6 界面干扰的实验装置

围旋转任意角度。改变界面的倾斜角度,使马赫数 1.40 的激波扫过,图 7.7 是激波沿界面传播的情况,环境温度为 286.7K。在图 7.7(b)~(d)中,初始产生的激波反射结构是单马赫反射,在临界转换角 34°时发生向规则反射结构的转变,在图 7.7(e)、(f)中观察到超声速规则反射结构。

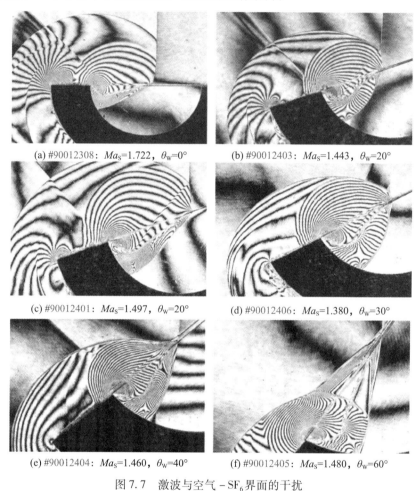

(a) #90012308: Ma_S=1.722, θ_w=0°
(b) #90012403: Ma_S=1.443, θ_w=20°
(c) #90012401: Ma_S=1.497, θ_w=20°
(d) #90012406: Ma_S=1.380, θ_w=30°
(e) #90012404: Ma_S=1.460, θ_w=40°
(f) #90012405: Ma_S=1.480, θ_w=60°

图 7.7 激波与空气 – SF_6 界面的干扰

(SF_6 循环时间 10min,名义 Ma_S = 1.40,环境大气压,空气,286.7K)

7.2 激波与氦柱的干扰

7.2.1 激波与氦气干扰的俯视观测

图 7.8 是激波与肥皂泡内氦气干扰的实验装置,为安装垂直的氦气肥皂泡

柱体,将 60mm×150mm 无膜片激波管旋转 90°,形成 150mm×60mm 激波管。肥皂泡柱体的高度为 60mm、直径为 50mm,在实验段的上下壁面之间,用薄壁黄铜环(厚度 4mm、宽度 4mm)牵拉住肥皂泡柱体,黄铜环粘在上下壁面上。这样,肥皂泡柱体可以在充入氦气压力 1015.2hPa 的条件下保持几分钟的垂直状态(Nagoya,1995)。

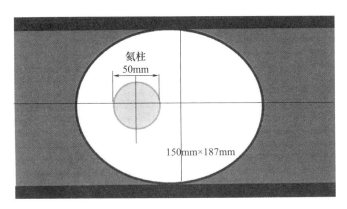

图 7.8　水平安装在 150mm×60mm 激波管中的肥皂泡柱(Nagoya,1995)
(肥皂泡尺寸:直径 50mm、高度 60mm;椭圆形视场尺寸:150mm×187mm)

为显示氦气柱中的激波,使物光束 OB 自顶部到底部通过实验段,再由位于实验段底部的平面镜反射,反射的物光束 OB 再次通过实验段,由位于光路中部的一个半透镜反射,照射到全息胶片上。物光束 OB 两次通过实验段,采用这种双光路布置,即使在 60mm 的实验段长度条件下,光程翻倍后灵敏度也满足要求。光路布置与图 7.30(b)相同。

图 7.9 是激波与氦柱干扰过程的系列全息照片,名义激波马赫数为 1.20,实验介质是环境大气压、295.7K 的空气。一道弱的透射激波与一道反射激波在氦柱内传播,观察到的干扰演化过程完全不同于激波与固体柱的干扰。在图 7.9(c)中,氦气柱开始收缩,透射激波在氦气中的传播速度比空气中入射激波的速度快,所以透射激波从氦气柱释放到空气中时已经位于入射激波的前面。同时,透射激波从氦柱的凹形界面反射并汇聚,如图 7.9(d)~(i)所示,激波汇聚结构与凹固壁产生的汇聚结构类似,之所以产生这种效果,是因为激波反射来自粘在上下壁面的薄黄铜固壁。氦柱迎着激波的一面发生变形,如图 7.9(e)所示,且变形不断加剧。

入射激波沿着界面的后半部分衍射,同时透射激波通过界面进入空气中,如图 7.9(d)所示;衍射激波与透射激波在界面的后侧相干扰,如图 7.9(g)所示。在固体柱上从未产生过这种激波干扰结构。

可视化激波现象

(a) #93120801: 360μs, Ma_S=1.200

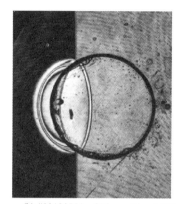

(b) #93120701: 375μs, Ma_S=1.200

(c) #93120811: 415μs, Ma_S=1.215

(d) #93120604: 430μs, Ma_S=1.197

(e) #93120602: 440μs, Ma_S=1.196

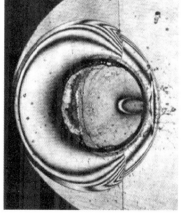

(f) #93120606: 410μs, Ma_S=1.196

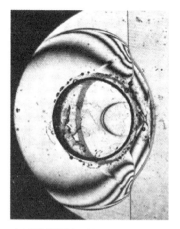

(g) #93120806: 445μs, Ma_S=1.212

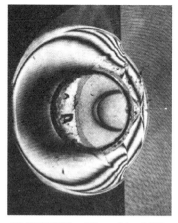

(h) #93120509: 450μs, Ma_S=1.209

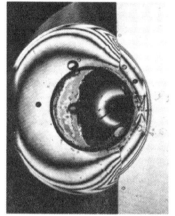

(i) #93120607: 460μs, Ma_S=1.195

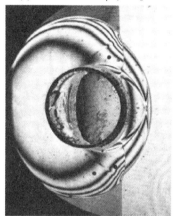

(j) #93120608: 470μs, Ma_S=1.204

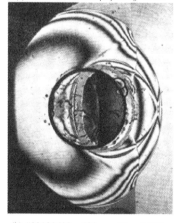

(k) #93120609: 480μs, Ma_S=1.208

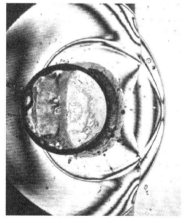

(l) #93120802: 500μs, Ma_S=1.206

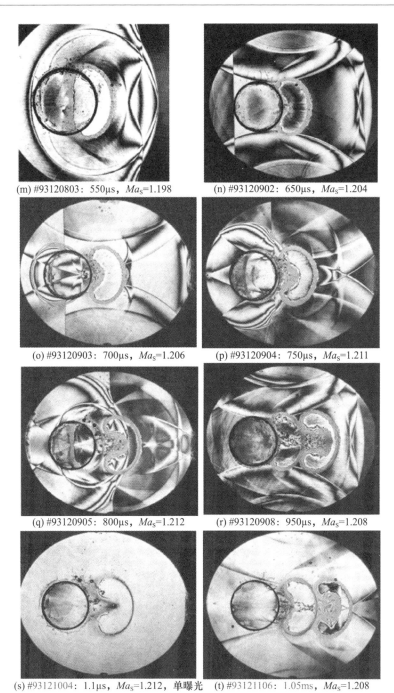

(m) #93120803: 550μs, Ma_S=1.198　　(n) #93120902: 650μs, Ma_S=1.204

(o) #93120903: 700μs, Ma_S=1.206　　(p) #93120904: 750μs, Ma_S=1.211

(q) #93120905: 800μs, Ma_S=1.212　　(r) #93120908: 950μs, Ma_S=1.208

(s) #93121004: 1.1μs, Ma_S=1.212, 单曝光　　(t) #93121106: 1.05ms, Ma_S=1.208

图7.9　激波与氦柱干扰的系列照片

(名义 Ma_S = 1.20, 环境大气压, 空气, 295.7K; 氦气泡压力 1015.2hPa)

图中时间从激波到达氦柱前驻点时开始计算

同时,变形的氦柱向下游运动,速度几乎与入射激波后面的气体速度相等。氦柱的迎风侧逐渐变平坦,如图 7.9(m)所示;之后氦柱的变形加速,最终变成凹形,如图 7.9(m)和(n)所示。在这个阶段,双曝光间隔设置为 600μs,在图 7.9(n)中,第一次曝光发生在入射激波到达氦柱的时刻,第二次曝光发生在透射激波到达视场右侧的时刻,这样可以使干涉图中的条纹与这个时间间隔的相位角差相对应,图 7.9(s)是氦柱变形的一张单曝光全息照片,代表界面的条纹表明界面的局部变成了锯齿形,因为条纹是采用二维物光束 OB 获得的三维观察结果。

图 7.10 是氦柱在后期阶段的变形演化系列照片。随着时间的推移,变形的氦柱呈现出蘑菇样的横截面形状,氦柱的运动速度几乎等于激波后面气体的速度。要注意,锯齿形的条纹不代表二维变形的情况,而是三维密度分布沿 z 方向的积分结果。Nagoya(1995)用 Richtmyer-Meshkov 不稳定性(RMI)分析模型描述了界面的不稳定性,RMI 分析以密度梯度与压力梯度之间的三维干扰理论为基础,通过描述过激波的压力突跃与过气体界面的密度突跃之间的干扰而推导出该分析模型。RMI 分析的结果是,三维干扰逐渐发展,最终导致涡的形成。

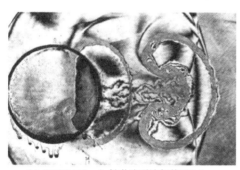
(a) #93061106:入射激波到达氦柱后1.0ms

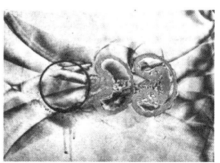
(b) #93061108:1.2ms

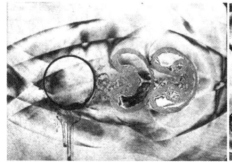
(c) #93061109:1.3ms

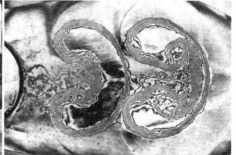
(d) 图(c) 的局部放大图

图 7.10 激波与氦柱干扰的后期阶段
(Ma_S = 1.21,环境大气压,空气,295.0K;氦气泡压力 1015.2hPa;双曝光间隔 600μs)

图 7.11 是对图 7.9 和图 7.10 氦柱位置数据的汇总(Nagoya,1995),纵坐标是时间(μs),横坐标是氦柱变形的位置(mm),图中氦柱迎风侧到背风侧的距离几乎是不变的,以接近入射激波后方气体速度的速度运动,氦柱的迎风侧加速,最终形成蘑菇状。

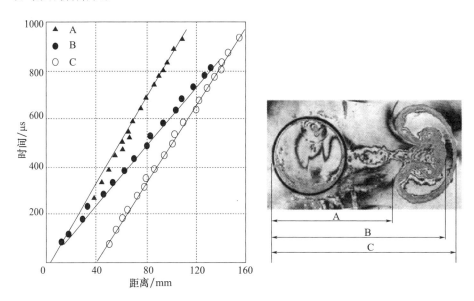

图 7.11　图 7.9 和图 7.10 氦柱运动数据的汇总(Nagoya,1995)

7.2.2　激波与氦气干扰的侧面观测

从顶部观测激波入射氦气柱过程时,如图 7.10 所示,观察到的锯齿形条纹并不代表二维界面的不稳定性,而是沿界面三维密度脉动的简单积分结果,所以,为加深物理理解,还需要从侧面观测干扰过程。图 7.12 是从侧面观测氦柱的实验装置,采用薄壁黄铜环从上下壁面将氦气肥皂泡柱体支撑住,入射激波从左侧进入。

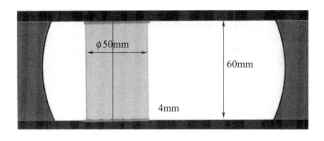

图 7.12　侧面观测氦柱的实验装置

图 7.13(a)是激波到达之前的氦气柱,图 7.13(b)是与图 7.9(o)对应的状态,沿着氦柱的后侧分布着一些小的凸起与凹陷,是 Richtmyer – Meshkov 不稳定性诱导出的涡;左侧的平行直条纹代表受扰动的氦柱,是第一次曝光获得的图像;右侧的平行直条纹是第二次曝光获得的透射激波。再次强调,界面不稳定性是三维的,这种三维不稳定性导致涡的产生。图 7.13(c)对应图 7.9(1),是界面变形的早期阶段。图 7.13(d)拍摄于激波到达氦柱前缘后 1.0ms 时(Nagoya,1995)。

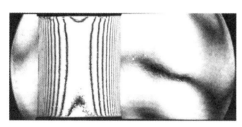
(a) #93112302：激波到达之前

(b) #93111813：激波达到氦柱后500μs
Ma_S=1.20, 1015.2hPa

(c) #93112211：900μs, Ma_S=1.19

(d) #93112310：1.0ms, Ma_S=1.21

图 7.13 从侧面观测的激波与氦柱的干扰
(名义 Ma_S = 1.20;空气,1013hPa,295K;氦气泡压力 1015.2hPa)

7.3 激波在空气 – 硅油界面的传播

采用黄铜材料、挤压工艺制造了一个横截面 30mm × 40mm、长 4m 的传统激波管,该激波管连接一个 Φ240mm × 30mm 的圆形不锈钢实验段,已经在这个设备上做过水楔实验(2.1.6 节),参考图 2.49。图 7.14 是空气 – 硅油界面实验的一张直接纹影照片,将硅油(牌号为 Toshiba Silicone 10cSt)充入位于实验段底部的一个半圆形空间内,激波在空气中以超声速传播(Takayama 等,1982)。图 7.14 表明,入射激波在入口处发生衍射,之后的传输激波从硅油表面反射,传输激波的反射在空气中形成双马赫反射结构,清晰地观察到第二三波点与马赫杆。获得这张照片时,还不理解这些波系结构,激波的传播速度是 1.112km/s (Ma_S = 3.225),这个速度在硅油中也是超声速的,以硅油中的声速计算,相当于 Ma_S = 1.13,激波在硅油中似乎是直的。

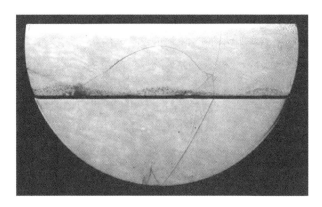

图 7.14　激波沿空气－硅油界面的传播
（直接纹影，#75050510；$Ma_S = 3.225$，空气，150hPa）

图 7.15 是安装在 $\Phi 240\text{mm} \times 30\text{mm}$ 圆形实验段内的一个半圆形实验件示意图，实验件凹腔的深度为 40mm、长度为 50mm，实验时将硅油充入凹腔内。

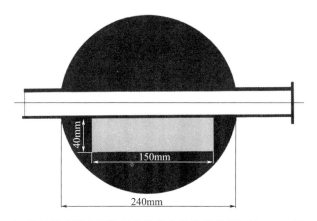

图 7.15　激波沿硅油表面传播实验的实验段示意图（Takayama 等，1982）

本轮实验的激波速度覆盖 900～1100m/s 范围，在空气中相当于激波马赫数 2.9～3.3 范围。图 7.16 是激波以硅油中的声速（$u_S = a_{\text{silicon}}$）在硅油中传播的系列照片，空气中的激波与硅油中的传输激波都垂直于界面。

图 7.17 给出了各马赫数条件下激波在空气－硅油界面上的传播情况。当入射激波速度低于硅油中的声速时，即 $u_S < a_{\text{silicon}}$，由于声波在硅油中的传播而产生很多小的压缩波，这些压缩波以声速 a_{silicon} 传播，压缩波前锋位置超越了空气中激波的位置。当 $u_S \approx a_{\text{silicon}}$ 时，压缩波汇聚为一道弱激波（两者恰好相等时，产生图 7.16 的波系图像）。当 $u_S > a_{\text{silicon}}$ 时，出现一个倾角为 θ 的斜激波，$\sin\theta = a_{\text{silicon}}/u_S$。

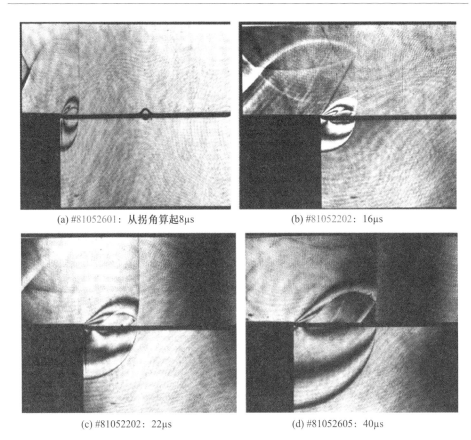

(a) #81052601：从拐角算起8μs　　　　(b) #81052202：16μs

(c) #81052202：22μs　　　　(d) #81052605：40μs

图 7.16　激波以硅油中的声速 $u_S = a_{silicon}$ 在硅油表面传播的系列流动显示照片
($Ma_S = 2.80 \pm 0.05$, 空气, 125hPa, 295K)

在 290K 条件下，$a_{silicon} = 985 \text{m/s}$，在硅油内，传输激波的形态随其速度而改变，图 7.17 就展示了这种变化。在图 7.17(a)~(c) 中，激波的速度相对于硅油中的声速是亚声速的，观察到硅油内的压缩波前锋位于空气中激波的前面。在图 7.17(d) 中，空气中激波以接近硅油声速的速度传播，$u_S \approx a_{silicon}$，激波垂直于硅油表面。在图 7.17(e)~(g) 中，空气中的激波以超过硅油声速的速度传播，$u_S > a_{silicon}$，在硅油内产生的激波相对于硅油表面呈倾斜状态。

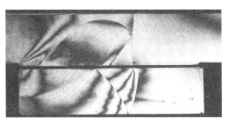

(a) #81020602：$Ma_S=3.222$，$u_S<a_{silicon}$　　　　(b) #81020613：$Ma_S=3.016$，$u_S<a_{silicon}$

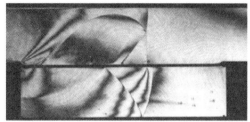

(c) #81012901：Ma_S=2.946，$u_S<a_{silicon}$　　　(d) #81012202：Ma_S=3.061，$u_S≈a_{silicon}$

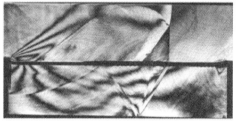

(e) #81020605：Ma_S=3.229，$u_S>a_{silicon}$　　　(f) #81012301：Ma_S=3.350，$u_S>a_{silicon}$

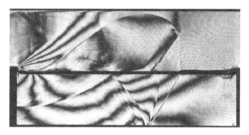

(g) #81012302：Ma_S=3.367，$u_S>a_{silicon}$

图 7.17　激波在硅油表面的传播
（空气，125hPa，295K）

7.4　高速射流诱导的激波

7.4.1　小型喷枪发射的高速液体射流

当水射流的速度超过空气中的声速时，空气中的高速水射流往往产生高频噪声。为在实验中模拟柴油机的燃料喷射，设计制造了一个 7mm 口径小型喷枪，其工作模式根据能源方式而变化，采用高压气体作为能源时就是气体驱动模式，采用无烟煤粉末作为能源时就是粉末驱动模式。该小型喷枪的枪管口径为 7mm、长 10mm，还可以发射质量为 1.0g 的高密度聚乙烯活塞，活塞的出口速度覆盖0.1~1km/s范围。采用双曝光全息干涉方法获得流动显示图像(Shi, 1995)。

图7.18展示了高速液体射流与射流前方产生的激波。图7.18(a)、(b)分别是通过直径0.5mm喷嘴喷射煤油和水形成的射流流场结构(喷嘴与气枪的储气室连接),灰色阴影是液体射流的不规则边界,在射流前方形成光滑的弓形激波。图7.18(c)~(e)是通过两个直径0.5mm喷嘴以夹角90°喷射柴油时形成的射流流场结构,在脉冲式喷射的柴油射流前方形成弓形激波。

图7.18表明,在射流前方形成弓形激波,沿着锯齿形的射流边界断断续续地产生一些斜激波,不规则的边界形状不仅与射流边界上的湍流混合有关,还与射流中的继承性间歇性应力有关。当射弹(活塞)撞击枪膛时产生间歇性应力,这种间歇性应力在钛合金容器内部传播,射流继承了这些间歇性应力,钛合金容器不是刚体,受到活塞冲击时,纵向与横向应力波在容器中传播造成容器的变形。制造了一个直径15mm的火药枪,发射一个直径15mm、长25mm、重4g的高密度聚乙烯弹丸,弹丸出口速度1.8km/s;将燃料或水装在容积为几立方厘米的钛合金容器内,容器位于发射管的末端,柴油和水可获得4GPa的应力。当实验液体通过直径0.5mm喷嘴喷出时,射流速度约为3.0km/s。在图7.18(f)~(h)中,射流前方形成弓形激波,沿着锯齿形射流边界形成一些斜激波,尽管射流边界非常不规则,激波看上去却是光滑的,因为激波是不规则扰动积累的结果,不规则的射流边界则与湍流混合及间歇性应力有关。在图7.18(h)中,射流前缘不是一个光滑的钝体形状,而是锯齿形的,所以该射流前方的激波形状也不规则。

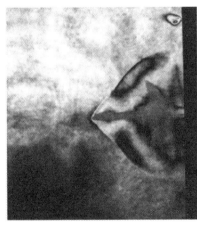

(a) #92040603:煤油,喷嘴直径0.5mm
喷射压力12.3atm,射流速度480m/s

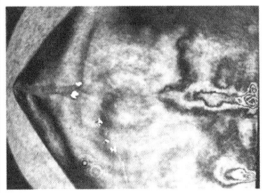

(b) #92040802:水,喷嘴直径0.5mm
喷射压力14.4atm

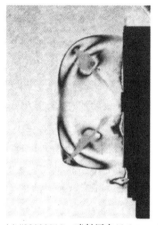 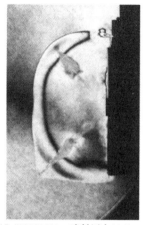 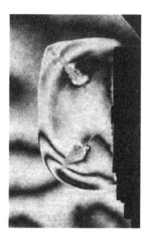

(c) #93032010：喷射压力13.5atm　　(d) #93032011：喷射压力13.5atm　　(e) #93032201：12.6atm
柴油燃料，2孔，$\theta=90°$，喷嘴直径0.5mm

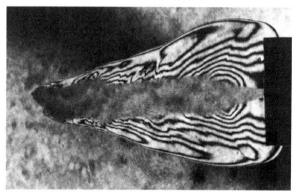

(f) #94060303：喷嘴直径2.5mm，2g无烟煤粉末驱动的水射流

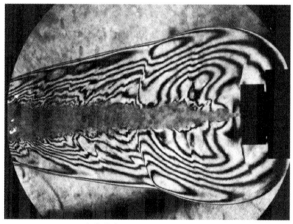

(g) #94060304：喷嘴直径2.5mm，2g无烟煤粉末驱动的水射流

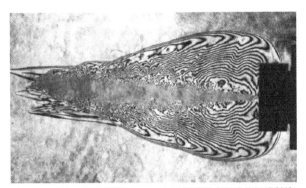

(h) #9406080：喷嘴直径0.6mm，4g无烟煤粉末驱动的轻油射流

图7.18　高速射流诱导的激波

7.4.2　二级气炮发射的高速液体射流

Pianthong(2002)采用小型火炮(Shi,1995)研究了高速射流的形成,测量了应力波在火炮内的传播对射流形成的影响。Matthujack(2000)设计制造了一个垂直的二级气炮,研究揭示,不规则射流形状是应力波在喷嘴内的传播造成的。图7.19(a)是这个二级气炮,整个气炮装置由两个支柱支撑,在支柱上固定一套导轨,悬吊的气炮可以沿导轨自由地上下移动,以确保获得良好的测量效果。

气炮由同轴布置的直径230mm、长度1.5m的高压室(储罐)与直径50mm、长度2.0m的泵管组成,(从高压室)充入泵管内的(一级)高压氦气驱动一个直径50mm、长度75mm、重130g的高密度聚乙烯活塞,活塞之后的(二级)高压氦气将一个直径15mm、长度20mm、重4.2g的聚乙烯弹丸发射到下游的一个加速管内(参考图7.19(b)中的爆炸释放段),在加速管侧壁的几条母线上开有很多直径3mm的孔,这些孔的功能是消除弹丸头部产生的脱体激波,同时使弹丸与弹托分离,弹丸撞击到充满液体的喷嘴区域,使液体喷射到实验段形成射流,再用流动显示设备获得流场图像。图7.19(b)中还画出了采用光纤探头水下测声仪测量压力的装置。

图7.20(a)是用高强度碳钢制造的喷嘴,在其中填充实验液体,液体被弹丸撞击时获得增压,从而喷射出去。整个发射管和加速管是一个直径305mm、长850mm的柱体,安装在矩形的观察舱中,如图7.19(b)所示。光纤压力变送器(FOPH2000 RP Acoustic Co. Ltd)被安置在喷嘴出口,迎着液体射流;压力变送器不采用压电效应敏感元件,而是用光学方法直接测量水中光斑的相位角变化,测量原理与双曝光全息干涉方法相同。通过一个直径0.7mm的光纤,使一束相干激光光束照射到实验射流上,持续监测这束激光随时间的变化。这束激光等效

于全息干涉法中的物光束 OB,将该物光束随时间的变化与未受扰光源光束(等效于参考光束 RB)进行比较,由两者的相位角随时间的变化获得密度随时间的持续变化。根据 Tait 方程(Tait,1888),就可以将密度变化转化为压力变化。如果已知状态方程以及某种液体的折射率与密度的关系,这种光学压力传感器就可用于测量液体的压力变化。

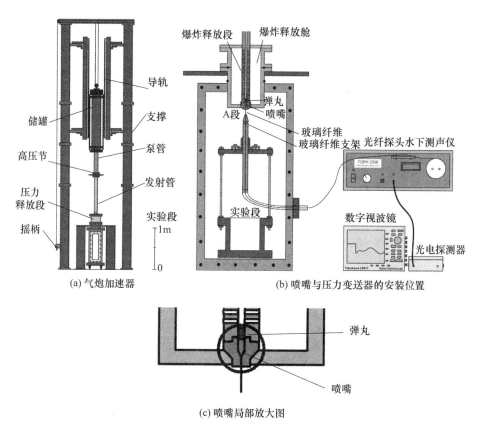

图 7.19 实验装置(Matthujak,2007)

光纤直径为 0.7mm、响应频率为 10MHz,所以这种压力变送器非常适合研究压力低于 25GPa 的水下激波。图 7.20(b)是测量到的射流驻点压力,纵坐标是驻点压力(MPa),横坐标是时间(μs)。压力峰值点 A 和 B 分别对应从喷嘴释放到水中的纵向应力与横向应力,可以看到,A 和 B 点的压力峰值非常高,但持续时间非常短,所以这些应力的冲量只是中等水平。其余间歇性应力峰值 D、E 及 F 点分别是第一次、第二次和第三次冲击的压力脉冲。

图 7.21 展示了水、煤油、柴油燃料和汽油射流的形成过程。流动显示采用直接纹影方法,用一台 Shimadzu SH100 高速摄像机记录图像,帧频为 10^6 帧/s。

射流从直径0.5mm的喷嘴喷出,射流速度在刚刚喷出时最快,所以在第一帧照片中射流前方出现脱体激波。在其余照片中,从射流各节点产生斜激波,从这些照片中大致评估出的斜激波倾斜角为7°~10°,射流速度约为2.0~3.0km/s。随着射流的发展,射流的倾斜角增大,意味着射流速度的减小。在图7.20(b)中看到,液体储罐中的驻室压力峰值呈现间歇性下降的现象,间歇性的加速使射流产生沿途的射流节点结构,进而在各节点产生激波。这种间歇性的系列过程促进了射流的变形,进而促进燃料射流的雾化。不同液体高速射流的形成与变形过程差别很大,意味着液体的物理特性决定着射流的形成过程。例如,当射流速度为2.0km/s时,激波层内的驻点温度会超过3000K,如果该条件能够持续一段时间,就会促进燃料的雾化,也可能会诱发自点火现象。但在本实验中并未发生这种现象,例如图7.21的情况,射流形成后最长持续了600μs,这个时间远远小于自点火所需的点火感应时间。

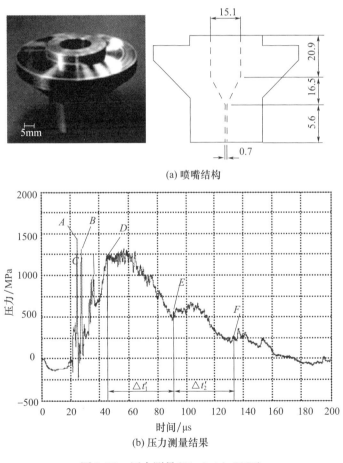

图7.20 压力测量(Matthujak,2007)

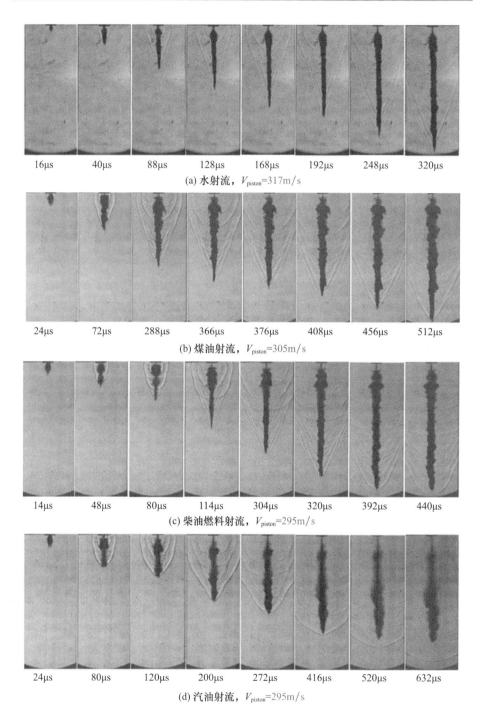

图 7.21 高速液体射流的流动结构演化

7.5 激波与液滴的干扰

全息干涉流动显示方法是最适合激波管实验的测量方法之一。1980 年,我们与日本东北大学工程学系的 T. Yoshida 博士开始合作,对激波作用下的液体破碎开展研究(Yoshida 和 Takayama,1985),后来,华沙航空研究所的 A. Wierzba 博士也参与了本项目,合作工作取得很好进展(Wierzba 和 Takayama,1987)。

7.5.1 一排液滴在激波作用下的破碎

当一排液滴突然暴露在高速气流中时,液滴会破碎,这是激波研究的基本课题之一。液滴破碎现象的类型取决于一个无量纲相似参数,称为韦伯数(We)。

$$We = \rho u^2 d / \sigma$$

式中:u、d、ρ、σ 分别为气流速度、液滴直径、液体密度和表面张力,韦伯数的物理含义是动力学能量与表面张力的比值。

图 7.22 是液滴破碎实验示意图。对于比较小的韦伯数($We < 14$),发生振动型破碎;在比较大的韦伯数条件下,液滴鼓包变成一个袋子的形状,最终发生破裂,称为袋型破碎;当 $We \approx 2000$ 时,破碎图谱上呈现出大量剥落的碎片,称为剥落型破碎;进一步增大韦伯数,液滴瞬间破碎为雾状,称为崩溃型破碎。如果想深入了解这方面的内容,读者可以参考 Wierzba 和 Takayama(1987)以及 Gelfant 等(2008)的研究工作。液滴破碎研究成果被应用于科学、技术、工业方面,例如,用于两相流系统的化学过程、超声速飞行的雨侵蚀、燃烧中的雾化等许多应用背景。

实验采用 60mm × 150mm 传统激波管,利用双曝光或单曝光全息干涉方法观察破碎过程。被实验研究的液体包括水和酒精,采用超声振荡器使液体通过激波管上壁面的一个小孔间歇性地滴下。Yoshida 和 Takayama(1985)设计了一个振荡器,将液体充入一个与直径 0.7mm 喷嘴相连接的毛细管,振荡频率为 100 ~ 200Hz,通过振荡器频率可以调节被实验的液滴直径及液滴间隔。图 7.23 是向实验段供应液滴的液滴制备系统结构组成示意图,这个系统能够很好地控制进入实验段的液滴。选择喷嘴形状以及运行条件,也可以将包着气体的直径 4mm 的液泡送入实验段。

在高速风洞中也能做高速液滴破碎实验。人们经常争论一个问题,在高速风洞实验中获得的是稳态气流中的液滴破碎,而在激波管实验中获得的是非稳态气流中的液滴破碎,这就出现一个问题,在两种设备实验中获得的液滴破碎过程可能存在差异。而实际上,在高速风洞的气流实验时,获得的液滴破碎过程也不是稳态过程,因为向风洞气流中送入液滴的过程是非稳态的,正是这个非稳定性主控着后面的破碎过程。在激波管气流中,液滴的送入过程也呈现了不稳定性,这种不稳定性一直保持到液滴周围出现的早期波干扰消失,之后,出现一段时间的稳态流动;在后期阶段,液滴破碎的过程与风洞气流中出现的破碎过程是相同的。

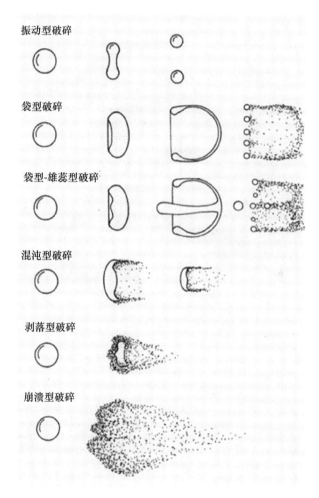

图 7.22　液滴破碎的各种类型(Wierzba 和 Takayama,1987)

图 7.24 是直径 0.76mm 酒精液滴破碎过程的系列照片,在进入激波管实验段时,液滴间隔为 6~8mm。液滴间歇性地暴露在名义马赫数为 1.60 的激波作用下,激波后的气流条件是环境大气压、289.6K,气流介质为空气。液体射流以 144Hz 的频率振荡,变成一排液滴,滴入激波管实验段。在激波入射的早期阶段,发生的物理过程类似于激波与固体球相互作用的情况;在图 7.24(f)中,边

界层的分离促进了液滴的变形与波的发展;图 7.24(k)表明,液滴体积随时间单调增大,尽管没有观察到液滴内部的波运动,但透射激波及其在液滴内部的反射加速了液滴的变形过程。Reinecke 与 Waldmann(1975)曾尝试用 X 光照相术观察液滴变形,我们则用全息干涉法评估了液滴内部的波运动,获得的图像分辨率比传统流动显示方法更好。如今,数值模拟技术取得很大进步,未来也许可以用来复现变形液滴内部的波运动过程,甚至是一排液滴中波的运动及相互作用。

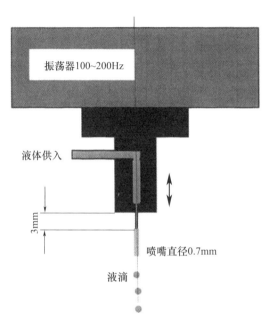

图 7.23　液滴制备系统(Yoshida 和 Takayama,1985)

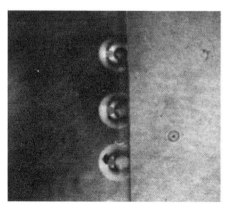

(a) #83110707：450μs

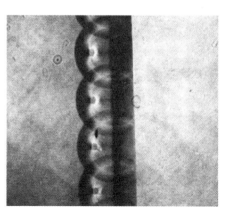

(b) #83111709：485μs

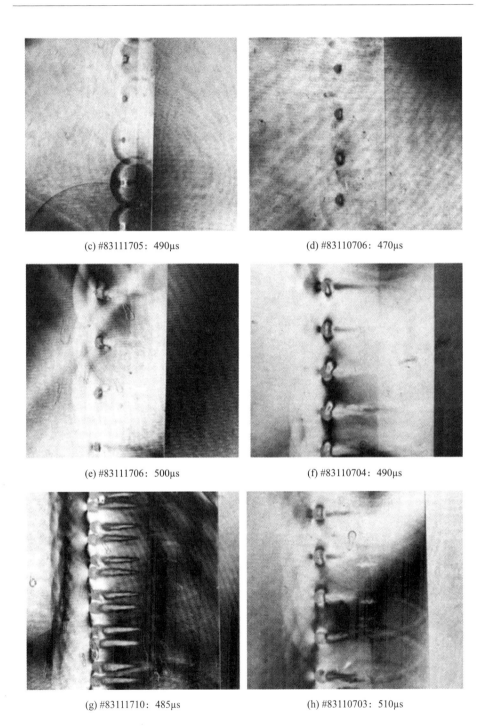

(c) #83111705: 490μs   (d) #83110706: 470μs

(e) #83111706: 500μs   (f) #83110704: 490μs

(g) #83111710: 485μs   (h) #83110703: 510μs

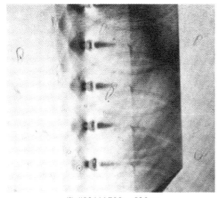
(i) #83111708: 520μs

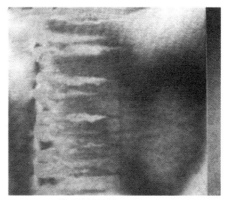
(j) #83110702: 530μs

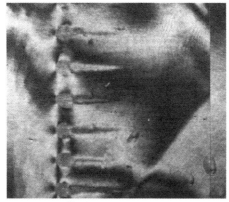
(k) #83110701: 550μs

图 7.24　酒精液滴的破碎

(液滴直径 $d=0.76mm$，$Ma_S=1.601$，环境大气压，空气，289.6K，频率 $f=144Hz$)

通过与图 7.25 水滴的背景对比度进行比较可以发现，在酒精液滴与水滴之间存在轻微的灰度变化，也许对比度差异意味着蒸发速率的变化，而蒸发速率决定着液滴周围混气的折射率。在图 7.25 中，水滴直径为 1.0mm，各水滴之间的空间间隔为 5~7mm，激波马赫数为 1.58，频率为 150Hz，气体环境是环境大气压的空气。图 7.25(d)是单曝光干涉图，观察到液滴赤道上的边界层分离迹象。

大直径液滴可以不是球形的。采用振荡频率 144Hz，由同轴喷嘴将水吹入压力略高的空气中，获得直径 4mm 的含空气的液泡(Yoshida 和 Takayama，1985)。图 7.26 是直径 4mm 的含空气液泡破碎过程的单曝光干涉系列图像，激波马赫数为 1.68，传输激波诱导液滴表面的边界层发生分离，在水滴的后侧形成一道尾迹，尾迹因涡的卷携而加速，破碎过程中的水滴形成蝌蚪的形状。水滴的迎风侧受到压迫，逐渐被吹向下游，大约需要 1ms 液滴才能破碎为液雾。名义马赫数 1.68 的激波速度约为 310m/s，液雾粒子的速度约为 50~100m/s。

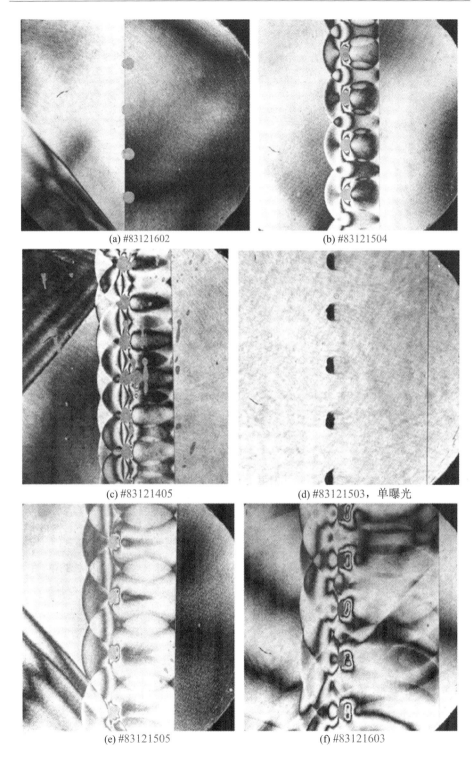

(a) #83121602   (b) #83121504

(c) #83121405   (d) #83121503，单曝光

(e) #83121505   (f) #83121603

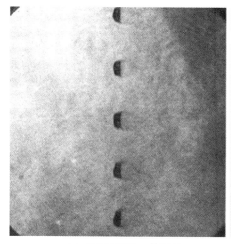

(g) #83121903, 单曝光

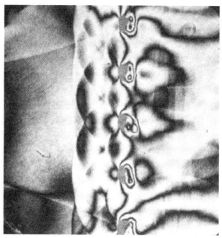

(h) #83121509

图 7.25 水滴的破碎过程

（水滴直径 $d=1.0$ mm, $Ma_S=1.58$, 空气, 1013hPa, 288K, 频率 $f=150$ Hz）

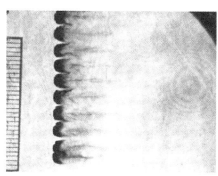

(a) #86102809: 触发后200μs, Ma_S=1.680

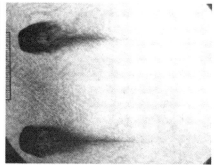

(b) #86102511: 300μs, Ma_S=1.644

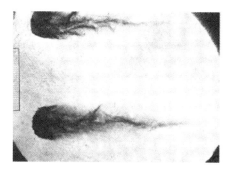

(c) #86102504: 400μs, Ma_S=1.660

(d) #86102503: 500μs, Ma_S=1.670

(e) #86102420: 600μs, Ma_S=1.656　　　(f) #86102507: 700μs, Ma_S=1.673

(g) #86102418: 800μs, Ma_S=1.671　　　(h) #86102505: 1150μs, Ma_S=1.644

图 7.26　水滴的破碎过程单曝光系列图像
(水滴直径 d = 4.0mm, Ma_S = 1.68, 环境大气压, 空气, 289.6K, 频率 f = 144Hz)

图 7.27 是在不同马赫数激波的作用下(Ma_S = 1.3~1.5)、不同直径(d = 1.03mm、4mm)液滴破碎的时间(Wierzba 和 Takayama,1987),纵坐标是液滴直径(用初始直径无量纲化),横坐标是无量纲时间 $t^* = tu\sqrt{\rho/\rho_1}/\mu$,其中 t、u、ρ、ρ_1、μ 分别是时间、气体速度、空气密度、液体密度、黏度。各离散点是本全息干涉法获得的结果,实线是这些结果的拟合线;虚线和点画线是以前用传统流动显示手段获得的结果。当激波入射到液滴时,液滴首先鼓起,几乎达到最大尺寸之后又开始收缩。与 Reinecke 和 Waldmann(1975)的结果相比,本全息干涉方法获得的液滴破碎时间更短。

7.5.2　两排与三排液滴在激波作用下的破碎

图 7.28 是两排间隔 10mm 的直径 1.0mm 水滴的破碎过程系列显示照片,液滴的滴入频率为 240Hz,名义激波马赫数为 1.40,实验气体是环境大气压的空气。图 7.28(b)是双曝光干涉图像,其他各图均为单曝光干涉图像。当激波作用在液滴上时,第二排的液滴暴露在第一排液滴的尾迹中,而且第二排液滴向下

游运动的相对速度较小。图7.28(c)~(f)表明,前排液滴逐渐侵占后排液滴的位置;后期,两排液滴合并在一起,如图7.28(e)所示;最后,第一排与第二排液滴合并为一团云雾,如图7.28(f)所示。在传统的阴影或纹影照片中,液滴破碎显示为灰度均匀的展开的云雾,而在单曝光干涉图像中,可以清晰分辨出破碎液滴的结构。所以,在图7.26中,各显示方法固有的分辨率造成了所提供数据之间的偏差。

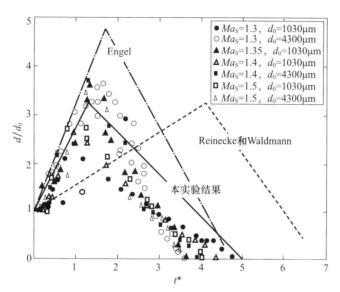

图7.27　液滴直径随时间的变化(Wierzba和Takayama,1987)

图7.29是间隔4mm的三排直径0.7mm的酒精液滴在激波作用下的破碎过程。名义激波马赫数为1.25,实验气体是环境大气压的空气。图7.29(a)与图7.29(c)是双曝光干涉图,酒精在液滴表面的蒸发造成图像的模糊。在图7.29(e)~(g)中,三排破碎中的液滴合并为一排。

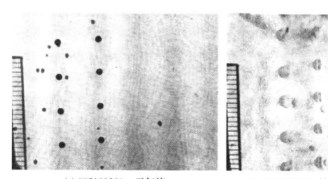
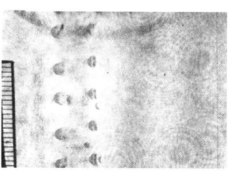

(a) #87100201:无气流　　　(b) #87100206:触发后280μs,Ma_S=1.389

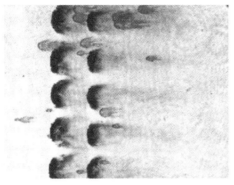

(c) #87100202: 400μs, Ma_S=1.389

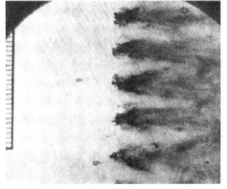

(d) #87100211: 600μs, Ma_S=1.406

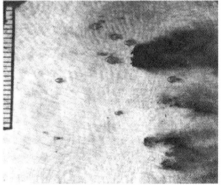

(e) #87100215: 700μs, Ma_S=1.401

(f) #87100212: 0.8ms, Ma_S=1.400

图 7.28 两排间距 10mm 液滴在激波作用下的破碎过程
（液滴直径 $d=1.0$mm, $Ma_S=1.40$, 环境大气压, 空气, 298.5K, 频率 $f=240$Hz）

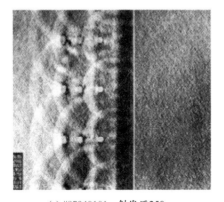

(a) #87040101: 触发后250μs

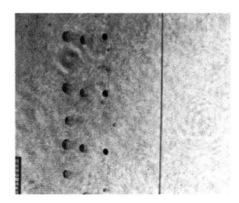

(b) #87033116: 260μs

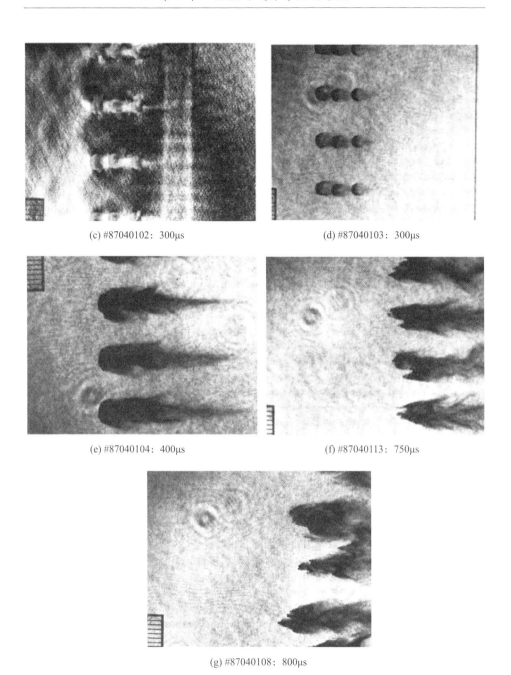

(c) #87040102：300μs

(d) #87040103：300μs

(e) #87040104：400μs

(f) #87040113：750μs

(g) #87040108：800μs

图 7.29 间隔 4mm 三排酒精液滴在激波作用下的破碎过程

（液滴直径 $d=0.7$mm，$Ma_s=1.25$，环境大气压，空气，298.5K，频率 $f=150$Hz）

7.6 激波与水柱的干扰

7.6.1 激波与一个水柱的干扰

在剥落型破碎的早期阶段,波在液滴中的传输、激波在液滴表面的衍射都促进了液滴的变形。特别是非稳态阻力促进了液滴的变形,加速了液滴的破碎。当液滴非常小、液体易挥发时,蒸发对液滴的破碎有很大贡献。为理解液滴变形的过程,做了一个模拟实验。图7.30(a)是一个4mm×150mm实验段,实验段由一个饼干切割器和观察窗组成,实验段与150mm×60mm传统激波管相连接(Hamamura,1995;Igra,2000)。

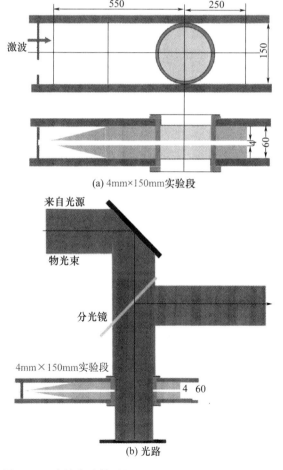

图7.30 水柱实验装置(Yamada,1992;Shitamori,1990)

用注射器针管将水供入实验段中心,形成一个高 4mm、直径 6mm 的水柱。侧向旋转实验段,就可以从顶部观察水柱,激波从侧面撞击水柱。

图 7.30(b)是光路布置图,观察窗是水平的,物光束 OB 垂直照射到实验段,并从实验段另一侧的平面镜反射,再次通过实验段,又从一个半透镜反射,使物光束 OB 转向全息胶片的方向。采用这个光路就形成双路干涉,实验水柱的高度被翻倍,变为 8mm(Shitamori,1990)。

图 7.31 是名义马赫数 1.17 的激波与直径 6mm、高 4mm 水柱的干扰过程系列流动显示图像,实验气体是环境大气压的空气。图 7.31(a)是干扰的早期阶段,在图 7.31(b)~(d)中展示的是激波绕过水柱并产生反射的过程,在水柱内部观察到条纹。在单曝光干涉图像中,观察到绕液滴赤道的边界层分离,例如图 7.31(f)和(g),回忆一下,在 4.1.4 节中,研究粉尘气体中的柱体时发现,观察到的分离区是无粉尘区域。在双曝光干涉图中,初始水柱的阴影与激波在水中的运动是叠加在一起的,但在图 7.31(i)中看到了透射激波从水-空气界面迎风侧的反射。

图 7.32 是水柱与马赫数 1.40 的激波干扰的单曝光系列照片。

(a) #89062807:触发后290μs,Ma_S=1.170

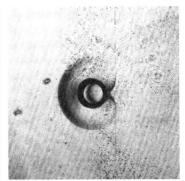
(b) #89062807:290μs,Ma_S=1.170

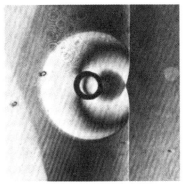
(c) #89062701:315μs,Ma_S=1.173

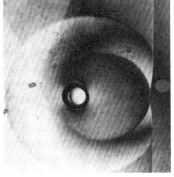
(d) #89062703:340μs,Ma_S=1.171

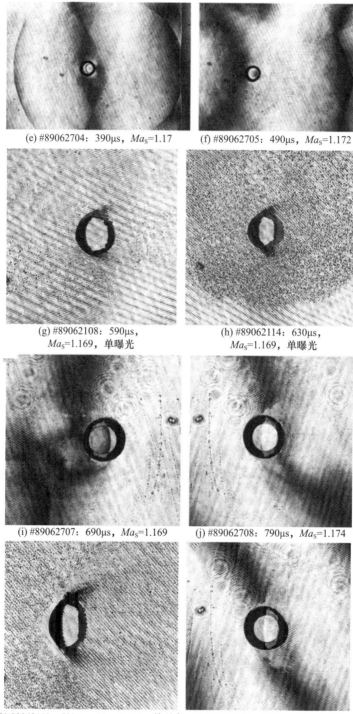

(e) #89062704：390μs，Ma_S=1.17　　(f) #89062705：490μs，Ma_S=1.172

(g) #89062108：590μs，Ma_S=1.169，单曝光　　(h) #89062114：630μs，Ma_S=1.169，单曝光

(i) #89062707：690μs，Ma_S=1.169　　(j) #89062708：790μs，Ma_S=1.174

(k) 89062118：790μs，Ma_S-1.169，单曝光　　(l) #89062709：890μs，Ma_S=1.172

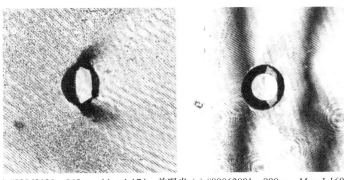

(m) #89062120: 865μs, Ma_S=1.174, 单曝光　(n) #89062801: 990μs, Ma_S=1.169

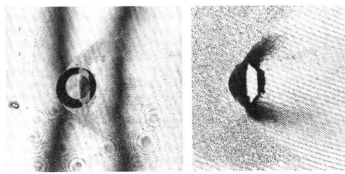

(o) #89062802: 990μs, Ma_S=1.173　(p) #89062124: 1040μs, Ma_S=1.171, 单曝光

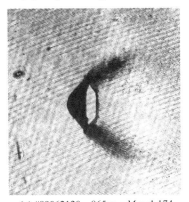

(q) #89062120: 865μs, Ma_S=1.174

图 7.31　激波与直径 6mm 水柱的干扰过程
(Ma_S=1.17, 环境大气压, 空气, 296K)

图 7.33 汇总了激波撞击引起的水柱变形随时间的变化情况(Hamamura, 1995), 激波马赫数 Ma_S=1.18~1.73。图 7.33(a)是水柱残留的无量纲纵向直径随时间的变化,图 7.33(b)是水柱残留的无量纲横向直径随时间的变化,图 7.33(c)是水柱残留的无量纲质量(或者残留面积)随时间的变化,横坐标是无量纲时

间,其定义与图 7.27 相同。在图 7.33(a)中,数据点的绘制方式与图 7.27 相似,残留纵向直径随时间是增大的,在 $t^* \sim 25$ 时达到最大,之后单调下降,最终在 $t^* \sim 35$ 时消失。横向残留直径与残留质量呈单调下降,在 $t^* \sim 35$ 时消失。

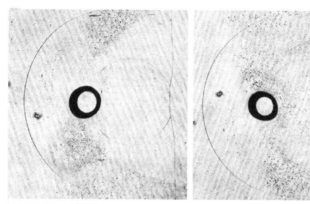

(a) #89062814: 触发后170μs, Ma_S=1.457 (b) #89062812: 190μs, Ma_S=1.428

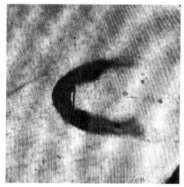 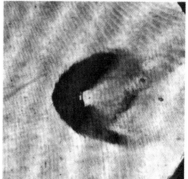

(c) #90071210: 780μs, Ma_S=1.440 (d) #90071206: 860μs, Ma_S=1.446

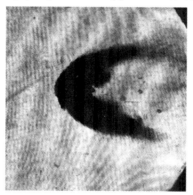

(e) #90071202: 920μs, Ma_S=1.420

图 7.32 激波与直径 6mm 水柱干扰的单曝光干涉图像
(Ma_S =1.40,环境大气压,空气)

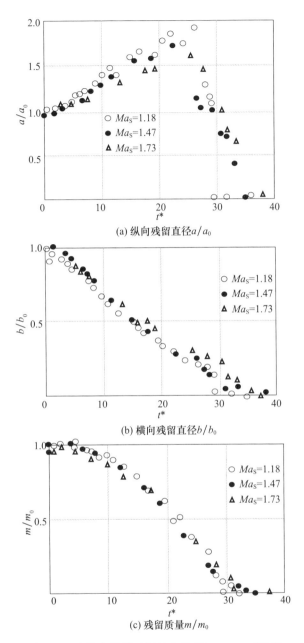

图 7.33 水柱变形随时间的变化（Hamamura,1995）

7.6.2 激波与两个水柱的干扰

为模拟图 7.28 的间距 10mm、直径 1.0mm 的两排水滴,用两个水柱替代两排水滴进行相似实验。图7.34(a)是无流动时的照片,反映了两个实验水柱的位置,水柱直径为6mm,两个水柱间隔20mm,实验气体是环境大气压的空气,名义激波马赫数为1.45。图7.34(b)是干扰的早期阶段,在激波作用下,第一个水柱发生变形并最先产生破碎,然后受扰动的激波与第二个水柱发生干扰,激波将与第一个水柱相干扰的信息传递给第二个水柱,最后,第二个水柱开始破碎。在水柱内部观察到条纹,也许是水柱内部波的运动引起边界层分离,导致早期阶段的破碎。空气由左向右流动,在后期,作用在第一个水柱上的阻力大于第二个水柱,在图7.28中两排水滴随着时间推移逐渐融合,而在本实验中两个水柱的位置是固定的、不可移动的,从图7.34(i)~(l)清楚地看到,两个水柱的破碎程度明显不同,体现了作用在两个水柱上阻力的差异。

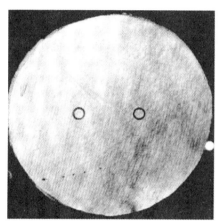

(a) #90071907: 触发后150μs, Ma_S=1.45

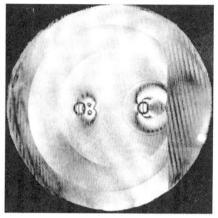

(b) #90071907: 210μs, Ma_S=1.417

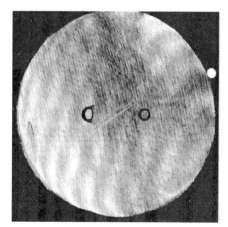

(c) #90071914: 240μs, Ma_S=1.450

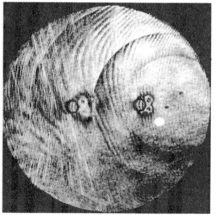

(d) #90072603: 270μs, Ma_S=1.443

第7章 激波与气体界面的干扰

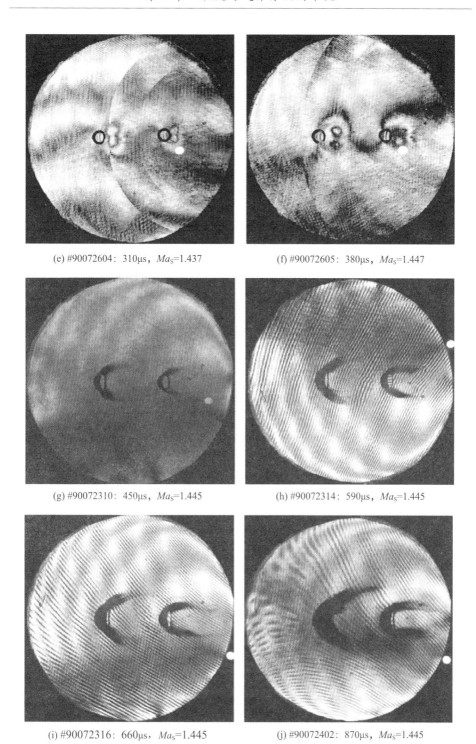

(e) #90072604：310μs，Ma_S=1.437
(f) #90072605：380μs，Ma_S=1.447
(g) #90072310：450μs，Ma_S=1.445
(h) #90072314：590μs，Ma_S=1.445
(i) #90072316：660μs，Ma_S=1.445
(j) #90072402：870μs，Ma_S=1.445

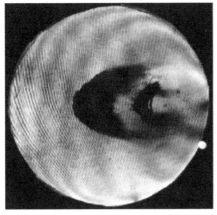 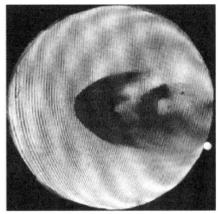

(k) #90072410: 1120μs, Ma_S=1.442　　　(l) #90072412: 1150μs, Ma_S=1.442

图 7.34　两个直径 6mm 水柱的破碎

(L = 20mm, Ma_S = 1.45, 环境大气压, 空气, 300K, 单曝光)

图 7.35 总结了图 7.34 的流动显示数据, 纵坐标是无量纲残余质量, 横坐标是无量纲时间 t^* (其定义与图 7.27 相同)。空心圆圈代表下游的第二个水柱, 实心圆圈代表上游的第一个水柱, 空心三角代表激波作用下的单个水柱破碎数据(激波名义马赫数也是 1.45)。第一个水柱的破碎与单个水柱非常类似, 但第二个水柱的破碎情况明显不同。实验的水柱间距 L 为 20mm, 间距应该是第二水柱破碎的一个主控参数, 当间距 L 很大时, 两个水柱的破碎是互不影响的。如果间距 L 非常小, 两个水柱几乎要贴上时, 两个水柱会合并, 破碎会同时发生。

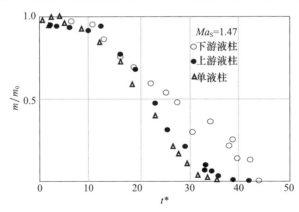

图 7.35　两个水柱残留质量随时间的变化 (Hamamura, 1995)

7.6.3　反射激波与位于焦点处水柱的干扰

图 7.36 是一个直径 130mm、宽度 4mm 的圆形反射器, 安装在 60mm × 150mm

传统激波管内。实验目的是观察激波汇聚时的水柱破碎情况,水柱位于直径 130mm 圆形反射器的焦点上,激波的名义马赫数为 1.45。实验条件与图 7.34 相似。

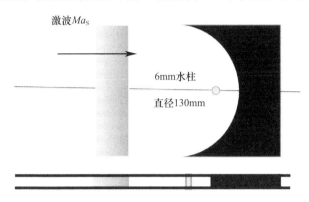

图 7.36　反射器焦点处水柱上的激波汇聚实验原理示意图(Hamamura,1995)

图 7.37 是焦点处水柱变形过程的系列流动显示图像。首先,从图 7.36 看到,入射激波与水柱发生干扰,干扰图像类似于激波与固体圆柱的干扰图像。之后不久,激波向焦点区域汇聚,使水柱变形,水柱暴露在焦点区域的高压下,之后,在没有任何流动分离的情况下,水柱发生变形,水柱由于受到由外向内的压迫而发生变形。

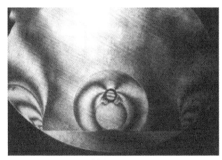
(a) #89101703: 触发后160μs, Ma_S=1.450

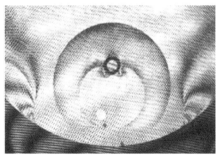
(b) #90070915: 200μs, Ma_S=1.447

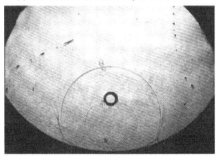
(c) #89102502: 200μs, Ma_S=1.458, 单曝光

(d) #89101704: 180μs, Ma_S=1.450

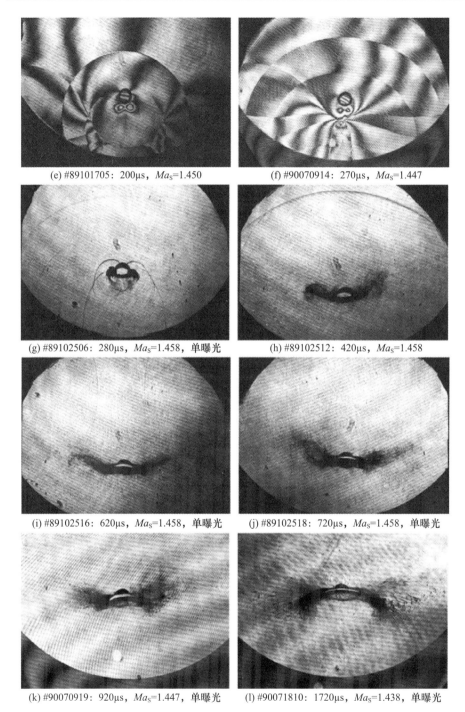

(e) #89101705: 200μs, Ma_S=1.450

(f) #90070914: 270μs, Ma_S=1.447

(g) #89102506: 280μs, Ma_S=1.458, 单曝光

(h) #89102512: 420μs, Ma_S=1.458

(i) #89102516: 620μs, Ma_S=1.458, 单曝光

(j) #89102518: 720μs, Ma_S=1.458, 单曝光

(k) #90070919: 920μs, Ma_S=1.447, 单曝光

(l) #90071810: 1720μs, Ma_S=1.438, 单曝光

图7.37 位于直径130mm凹形反射器焦点的水柱在激波作用下的破碎(Hamamura,1995)

(水柱直径6mm、高度4mm,激波马赫数 Ma_S = 1.45,空气,1013hPa,300K)

第 7 章 激波与气体界面的干扰

参考文献

Abd-el-Fattah, A. M., & Henderson, L. F. (1978). Shock wave at a fast-slow gas interface. Journal of Fluid Mechanics, 86, 15–32.

Gelfant, B. E., Silinikov, M. V., & Takayama, K. (2008). Liquid droplet shattering. Sanct Petersburg Technical University Press.

Hamamura, M. (1995). Study of shock wave interaction with liquid column (Master thesis). Graduate School of Engineering, Faculty of Engineering, Tohoku University.

Igra, D. (2000). Experimental and numerical studies of shock wave interaction with gas-liquid interfaces (Ph. D. thesis). Graduate School of Engineering, Faculty of Engineering, Tohoku University.

Matthujak, A. (2007). Experimental Study of impact-generated high-speed liquid jets (Ph. D. thesis). Graduate School of Engineering, Faculty of Engineering Tohoku University.

Nagoya, H. (1995). Experimental study of Richtmyer-Meshkov instability (Master thesis). Graduate School of Engineering, Faculty of Engineering, Tohoku University.

Pianthong, K. (2002). Supersonic liquid diesel fuel jets generation, shock wave characteristics, auto-ignition feasibility (Ph. D. thesis). School of Mechanical and Manufacturing Engineering, The University of New South Wales.

Reinecke, W. G., & Waldmann, G. D. (1975). Shock layer shattering of cloud drops in reentry flight (pp. 75–152). AIAA Paper.

Sachs, R. G. (1944). The dependence of blast on ambient pressure and temperature. BRL Report, No. 466.

Shi, H. H. (1995). Study of hypersonic liquid jets (Ph. D. thesis). Graduate School of Engineering, Faculty of Engineering, Tohoku University.

Shitamori, K. (1990). Study of propagation and focusing of underwater shock focusing (Master thesis). Graduate School of Tohoku University Faculty of Engineering, Tohoku University.

Tait, P. G. (1888). Report on physical properties of flesh and of sea water. Phys Chem Challenger Expedition, IV, 1–78.

Takayama, K., Onodera, O., & Esashi, H. (1982). Behavior of shock waves propagating along liquid surface. Memoirs Institute High Speed Mechanics, Tohoku University, 419, 61–78.

Yamada, K. (1992). Study of shock wave interaction with gas bubbles in various liquids (Doctoral Thesis). Graduate School of Tohoku University Faculty of Engineering, Tohoku University.

Yoshida, T., & Takayama, K. (1985). Interaction of liquid droplet and liquid bubbles with planar shock waves. In International Symposium on Physical and Numerical Flow Visualization, ASME.

Wierzba, A., & Takayama, K. (1987). Experimental investigation on liquid droplet breakup in a gas stream. Report Institute of High Speed Mechanics, Tohoku University, 53, 1–99.

第8章 气体中的爆炸

1980年,激波实验室获得了在科学实验中使用少量爆炸物的许可证,激波实验室的工作人员在位于Tsukuba的日本国家化学实验室接受了安全使用氮化铅(PbN_6)的训练。氮化铅药丸质量为4~10mg,药丸密度2mg/mm³,体积为1.3~1.7mm³,研究了多种点火方法,最终采用调Q激光光束直接照射的方法,在空气和水中实现了药丸的安全可靠点火,这种方法比电火花点火可靠得多。不久之后,为开展空气和水中的激波实验,开发了点燃微爆炸的日常点火技术,包括利用调Q激光光束直接照射的方法,或通过芯径0.6mm的光纤将调Q Nd:YAG激光光束传输到光纤端面,点燃粘接在光纤端面上的爆炸物药丸(Esashi,1983)的方法。在20世纪80年代中期,Chugoku Kayaku公司给激波实验室赞助了10mg规格的氮化银(AgN_3)药丸(Nagayasu,2002),从那时开始采用双曝光全息干涉方法观察气体或液体中的微爆炸诱导激波。

8.1 空气中的微爆炸

氮化铅的能量、密度和爆炸速度分别为1.5J/mg、2g/mm³、2.98km/s,氮化银药丸的能量、密度和爆炸速度分别为1.8J/mg、3.8g/mm³、5.05km/s,图8.1是Chugoku Kayaku公司赞助的规格10mg的氮化银药丸。点燃氮化银药丸的方法

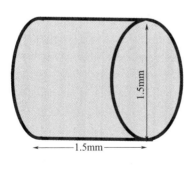

(a) 规格10mg药丸的尺寸　　(b) 前表面

图8.1　氮化银(AgN_3)药丸

是,通过芯径0.6mm的光纤将调Q Nd:YAG激光光束传输到光纤端面,点燃粘接在光纤端面上的氮化银药丸。Nd:YAG激光的波长是1064nm,脉冲宽度为9.1ns,脉冲能量为14mJ。用这种方法可以点燃各种规格的氮化银药丸,例如重$4\mu g$、体积$0.1mm^3$的氮化银药丸。

图8.2是规格10mg的氮化银药丸爆炸的高速系列照片,点燃前的氮化银药丸被粘接在直径1.5mm光纤的端面上(含一个塑料盖子)。用高速相机Ima Con D-200记录激光诱导的爆炸过程,照片间隔50ns,曝光时间10ns。一道发光的前锋向右侧传播,亮斑是维持爆炸的高温区,不规则形状的暗色区域是爆炸产物气体,爆炸前锋传播1.5mm的距离大约需要300ns,爆炸速度约为5km/s。在这么短的时间内没有观察到激波,因为激波与爆炸产物气体云是混合在一起的。

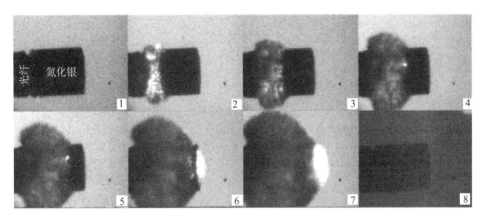

图8.2 氮化银药丸的点火(经Hamate博士许可)
(激波与爆炸产物气体混合在一起)

Mizukaki(2001)采用一束发散的调Q Nd:YAG激光光束照射氮化银药丸表面,探测了爆炸持续的距离,由爆炸持续的最长距离评估了最小能量,该能量为$3.6mJ/cm^2$,为持续点燃直径1.5mm的氮化银药丸,沉积在氮化银和氮化铅药丸上的最小能量是$63\mu J$。无论采用直接或间接的方法,只要将这个量级的能量沉积到药丸上,就可以精确控制氮化银和氮化铅药丸在空气或液体中的爆炸。通过爆炸获得的激波后压力取决于爆炸物的量,到目前为止,获得的激波后压力从爆炸压力到几个大气压不等。激光点燃爆炸系统的独特特征是产生激波的同时几乎不存在电噪声。图8.3是建立的氮化银微爆炸的无量纲压比与相似距离($m/kg^{1/3}$)的关系(Sachs,1944),采用某个TNT的当量比来描述测量到的5mg和10mg规格的氮化银药丸爆炸增压量,这种评估方法是将相似化处理的氮化银药丸爆炸结果与相似化处理的TNT当量爆炸效果做比较,从图中可以看到,10mg氮化银爆炸相当于TNT当量比0.4~0.5的爆炸效果。

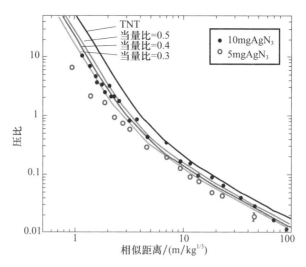

图 8.3　微爆炸的相似关系（Mizukaki,2001）

最开始,用购买的电容器产生电火花的方法点燃氮化铅药丸,电容器参数是 $3kV$、$0.3\mu F$。电噪声干扰了压力测量,但获得了图 8.4 的电火花点燃 4mg 氮化铅药丸爆炸的直接纹影图像。在图 8.4(a) 中,爆炸产生一团爆炸产物气体云,膨胀速度 2.9km/s,具有锯齿形边界的爆炸产物气体云使周围空气加速,驱动产生一道形状不规则的激波,在这个阶段,爆炸产物气体云与激波混在一起。图 8.2 也观察到相同的现象。

形状不规则的爆炸产物气体云加剧了界面的不稳定性,界面上的这种不稳定性即 Rayleigh–Taylor 不稳定性,是高密度介质通过界面加速低密度介质时产生的一种不稳定性。但膨胀的爆炸产物气体云的膨胀速度很快衰减,激波在离开爆炸中心几毫米后就变为球形,激波与接触面之间的间距增大。一开始,爆炸产物气体云中的温度和压力都很高,但很快下降,锯齿形膨胀波朝着爆炸中心传播,又从爆炸中心反射,形成一道二次激波,在图 8.4(d) 中就出现了这个二次激波。

(a) #82101906

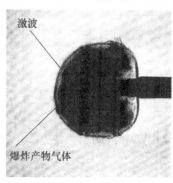
(b) #82101905：火花放电后34μs

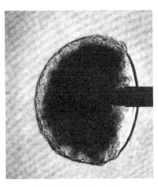 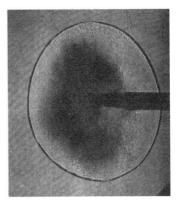

(c) #82101904: 44μs　　　　(d) #82101903: 64μs

图 8.4　规格 4mg 的氮化铅药丸在空气中的微爆炸
(电容器放电火花点火:3kV,0.3μF,290.0K)

8.2　两个球形激波的反射

当激光光束照射到氮化铅或氮化银表面时,瞬间发生微爆炸。Mizukaki(2001)用数学式描述了 10mg 氮化银药丸的爆炸激波轨迹。

在空气中,10mg 氮化银药丸微爆炸产生的激波轨迹为

$$T = aX^b \tag{8.1}$$

式中:$T = t/t_0$;$X = x/x_0$;$a = 0.173$;$b = 1.51$。

当 $x = x_0$ 时,有

$$dX/dT = a_0 \tag{8.2}$$

式中:a_0 为空气中 $x_0 = 118$mm、$t_0 = ax_0^b$ 时的声速。

激光照射是一个点燃微爆炸的简单且安全的方法。以前,我们曾详细研究了楔、锥以及其他二维物体表面激波反射结构的临界转换角 θ_{crit},而球形激波反射结构的转换也是一个基本研究课题。图 8.5 是两个相同的球形激波反射过程的流动显示,这些球形激波由不同间距(L)的 4mg 氮化铅药丸爆炸产生。

采用激光照射方法,使两个 4mg 氮化铅药丸同时点火,药丸间距 $L = 50$mm,产生两个球形激波的反射,记录激波反射的流场结构。

图 8.5(a)展示了两个球形激波的碰撞与干扰,产生的反射结构是规则反射,等效于激波以 45°与壁面相交的结果。但随着相交角度的减小(即随着间距 L 的增大),反射结构会转变为单马赫反射,出现清晰的三波点。两个强度近乎相等的球形激波的反射形成一个单马赫反射,但其早期阶段看起来像冯·诺依曼反射结构,在其后期阶段,如图 8.5(e)所示,才观察到滑移线的踪迹。各干涉

图下标注的时间是第二次曝光的时刻,在设置时序时,使第二次曝光时刻与激波到达目标位置的时刻同步。

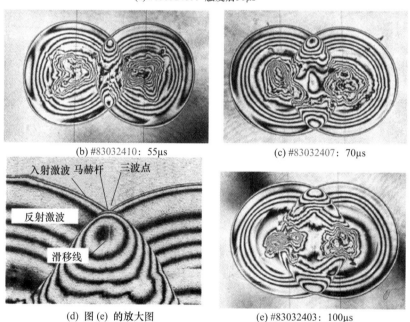

图 8.5　间距 $L=50\text{mm}$ 两个 4mg 氮化铅药丸同时爆炸产生的两个球形激波的反射

8.3　球形激波在球上的反射

观察了球形激波在固体球上的反射情况。用丙酮-纤维溶液,将一个 4mg 的氮化铅药丸粘接在一条薄棉线上,悬吊在一个直径 100mm 黄铜球的上方,两者相距 50mm。图 8.6 是球激波从黄铜球反射的演化情况,产生的反射结构一开始是规则反射(图8.6(a)),之后转变为单马赫反射(图8.6(b))。氮化铅药丸在爆炸时,其表面材料破碎,飞溅出一些小碎片,由这些碎片产生一系列锥形激波,在图8.6(c)和(d)所示的后期阶段中,观察到这些锥形激波穿透球形激波的现象。在大尺度爆炸中,爆炸产物气体被称为火球,在爆炸的早期阶段,火球呈不规则形状,产生的激波会略微偏离球形。

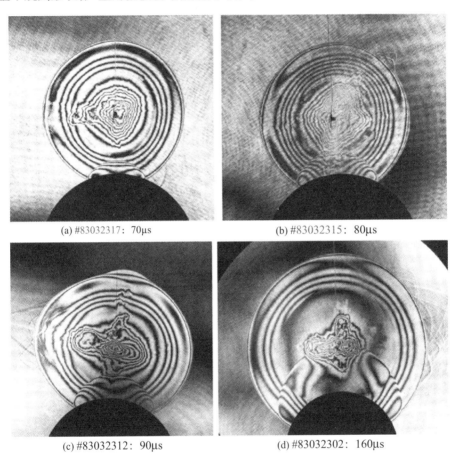

(a) #83032317: 70μs   (b) #83032315: 80μs

(c) #83032312: 90μs   (d) #83032302: 160μs

图8.6 球形激波从直径100mm黄铜球上的反射演化

(激波由4mg氮化铅爆炸产生,药丸位于黄铜球上方50mm处)

8.4 球形激波与肥皂泡的干扰

图8.7是观察球形激波与肥皂泡干扰的实验装置,肥皂泡内充入压力略高的氦气或SF_6,或者充入水蒸气和空气的混合气体。用氦气或SF_6制作肥皂泡时,这些气体中都混有空气,氦气或SF_6的气体纯度最多只有5%。

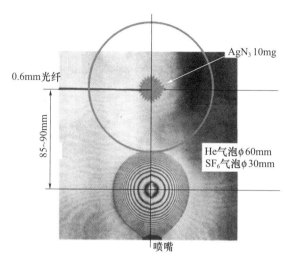

图8.7 球形激波与肥皂泡干扰实验装置

采用10mg的氮化银药丸爆炸产生球形激波。氮化银药丸粘接在芯径0.6mm的光纤端头上,将一束调Q Nd:YAG激光光束通过光纤传输到氮化银药丸上,使药丸产生爆炸,激光光束的脉冲能量为20mJ、脉冲宽度为7ns。肥皂泡中心到爆炸中心的距离为85~90mm,氦气泡有略向上升起的趋势,所以其最优直径为60mm;SF_6气泡略呈下沉趋势,SF_6会被肥皂膜缓慢吸收溶解,所以以略高的压力(1015.2hPa)供入,最大直径只有30mm。这样,才能在气泡到达所需的形状和尺寸时,获得流动显示图像。

首先,在环境空气中对空气气泡进行实验。图8.8是空气泡与球形激波干扰的系列流动显示图像。球形激波沿着空气气泡传播,透射激波在空气气泡内部传播,这个实验很容易,而且可以在气泡内部制造任何额外的干扰。

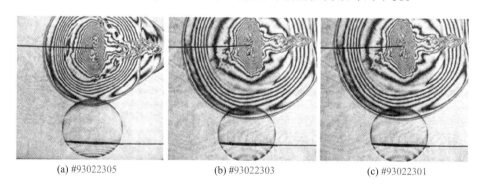

(a) #93022305 (b) #93022303 (c) #93022301

图8.8 空气中球形激波与空气气泡的干扰
(激波由10mg氮化银爆炸产生)

8.4.1 氦气气泡

图 8.9 是球形激波从水平方向撞击直径 60mm 氦气气泡的系列流动显示图像,图像间隔时间为 100μs。图 8.9(a)是早期阶段,一道爆炸波从气泡表面反射,迎风侧的气泡表面开始收缩,在气泡表面分布着一系列小的圆形扰动,这些扰动随时间增长而出现一些涡,这些涡是 Richtmyer – Meshkov 不稳定性发展的结果。在图 8.9(d)中,第一次曝光发生在球形激波刚刚到达气泡表面时,第二次曝光发生在第一次曝光后 500μs。

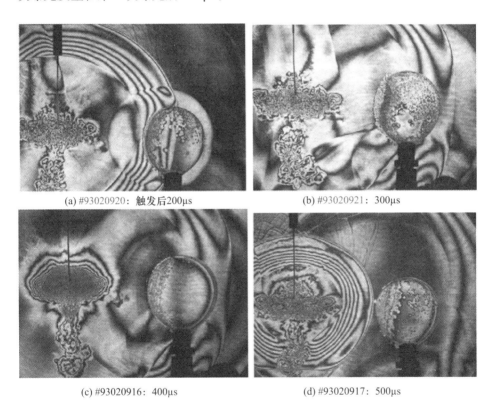

(a) #93020920:触发后200μs (b) #93020921:300μs

(c) #93020916:400μs (d) #93020917:500μs

图 8.9 球形激波与氦气气泡的水平方向干扰
(激波由 10mg 氮化银爆炸产生)

图 8.10 是气泡变形的系列图像,图像间隔时间比较短。图 8.10(a)是激波到达之前的气泡,气泡表面的同轴条纹分布表明气泡是一个完美的球形;图 8.10(b)展示了球形激波的产生,图 8.10(c)是激波刚刚撞击到气泡表面,在氦气气泡的内部观察到一个凸形激波。在激波从变形的气泡表面反射之前,沿着激波撞击到的气泡表面是一道弯曲的膨胀波。图 8.10(e)、(f)中,在气泡外

部、球形激波根部的交点前方观察到一系列变宽的弯曲的波,这些是压缩波。在图7.3的空气-氦气干扰中,曾经观察到过这些前位压缩波的存在。在图8.10(g)中看到(可参考其放大图8.10(h)),这些前位压缩波朝着喷嘴传播。之后,随着时间的推移,从氦气气泡反射的一道膨胀波与初始激波后面的区域发生干扰,甚至与爆炸产物气体产生干扰,并逐渐弱化。图8.10(q)和(p)分别是图8.10(l)和(o)的放大图,展示的是球形激波撞击到气泡表面后160μs和290μs时的形状,在气泡表面观察到的很多圆环是Richtmyer-Meshkov不稳定性诱导的涡,这两张放大图展示了氦气泡的变形以及涡在130μs时间内的增长情况。

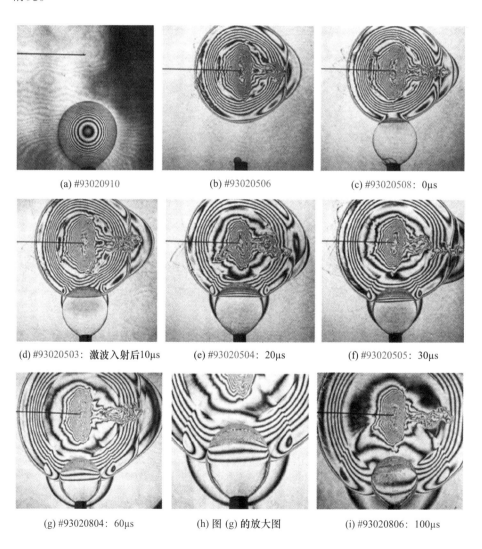

(a) #93020910　　　　(b) #93020506　　　　(c) #93020508: 0μs

(d) #93020503: 激波入射后10μs　　(e) #93020504: 20μs　　(f) #93020505: 30μs

(g) #93020804: 60μs　　(h) 图(g)的放大图　　(i) #93020806: 100μs

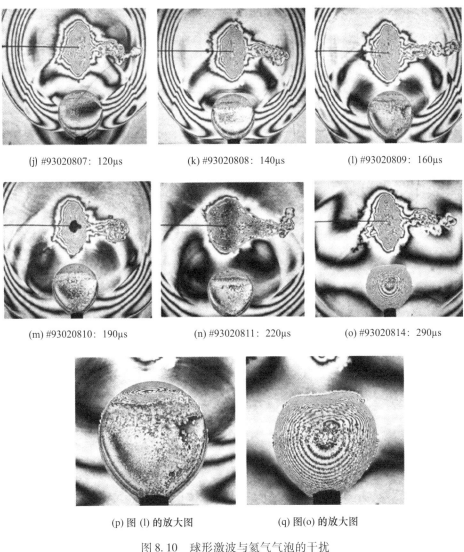

图 8.10 球形激波与氢气气泡的干扰

（激波由 10mg 氮化银爆炸产生）

8.4.2 SF_6 气泡

图 8.11 是 10mg 氮化银药丸爆炸产生的球形激波与充入 SF_6 气体的肥皂泡的干扰演化系列流动显示图像，这是第 7 章谈到的一种慢－快干扰。激波被反射，透射激波在 SF_6 气泡内受到阻滞。图 8.11(a)～(d) 是凹形的传输激波在气泡内部的传播，图 8.11(f) 表明凹形传输激波发生了汇聚。

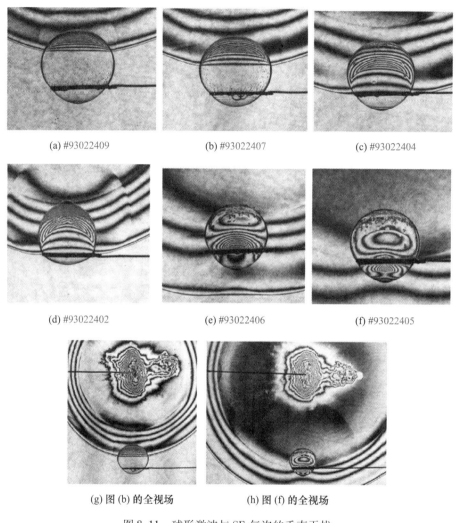

(a) #93022409　　(b) #93022407　　(c) #93022404

(d) #93022402　　(e) #93022406　　(f) #93022405

(g) 图(b)的全视场　　(h) 图(f)的全视场

图 8.11　球形激波与 SF_6 气泡的垂直干扰

（激波由 10mg 氮化银爆炸产生）

8.5 非球形球内部爆炸产生的球形激波

采用非球面透镜实验段,成功观察到激波在圆截面管道内的传播。非球面透镜实验段用亚克力材料制造,图 8.12(a)是实验段尺寸图,图 8.12(b)是实物照片(Hosseini 和 Takayama,2005)。物光束 OB 平行地进入非球面透镜实验段,也平行地从非球面透镜实验段出来。

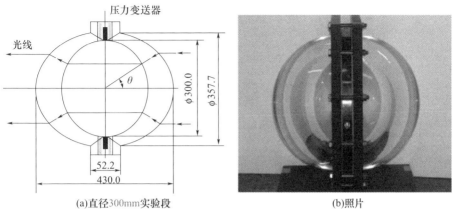

(a)直径300mm实验段　　　　(b)照片

图8.12　非球形实验舱及其内部的球形实验段

8.5.1　通过非球面透镜观察球形舱室中的爆炸

在非球面透镜壁面围成的球形舱室中心爆炸一个氮化银小药丸,产生一道球形激波,如果一道完美的球形激波从图8.12的球形实验段反射,就可以观察到内聚激波。在制造图8.12(b)所示的非球面透镜壁面球形舱室之前,先制造了一个直径150mm的小型舱室,这是研究小组训练用的先导设备,通过先导实验发现,小型舱室实验存在很多与尺度效应相关的缺点,之后制造了图8.12(b)所示的直径300mm的球形舱室。

将一个柱形氮化银药丸改型,成为一个顶角90°、底径1.5mm的锥形,后来又改造了双锥形状的药丸。使用锥形药丸时从底部点火,获得非常完美的球形激波,与柱形药丸爆炸相比,锥形药丸爆炸获得球形激波所需距离要小得多(Hosseini 和 Takayama,2005)。

采用直接阴影方法进行流动显示,用 Shimadzu SH100 高速数字相机记录流动显示图像,帧频为10^6帧/s,曝光时间为250ns。图8.13展示了球形激波形成的完整过程。爆炸产物气体最初以5.8km/s的速度膨胀,并发出强烈的光,火球与激波是融合在一起的。之后,在图8.13(g)中,火球衰减,激波从火球中脱离出来;在图8.13(l)中看到第二道激波,激波向球形转变。最后,获得了一道完美的球形激波。

8.5.2　球形反射激波的汇聚

图8.13展示了完美球形激波的形成过程以及第二道激波的产生,球形激波形状完美并与球形实验段同轴,从扩展的激波开始收缩后的某个合适时刻,启动流动显示拍摄。

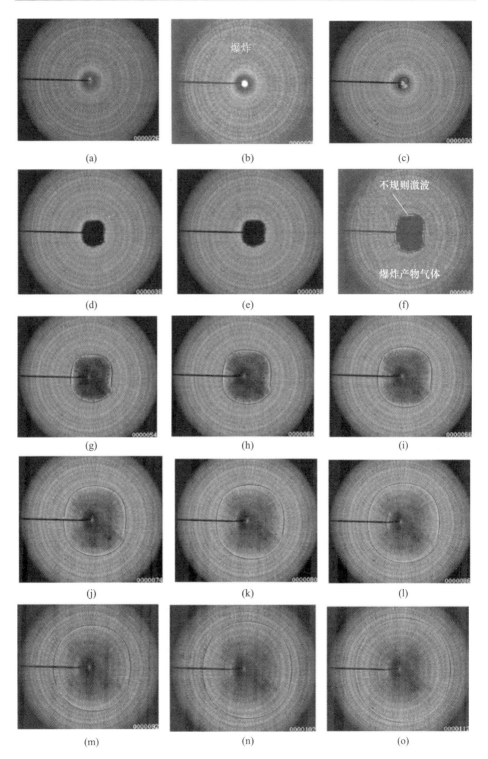

第8章 气体中的爆炸

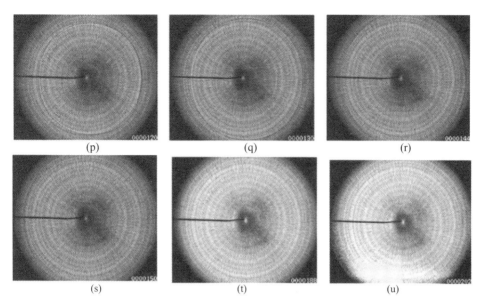

图 8.13　非球形舱室中的爆炸（Hosseini 和 Takayama，2005）
（激波由位于中心的双锥型氮化银药丸爆炸产生）

  图 8.14 是球形激波向球形舱室中心汇聚的演化过程，采用直接纹影照相，用 Shimadzu SH100 高速数字相机记录流动显示图像，帧频为 10^6 帧/s。将激光光束照射到双锥形状的氮化银药丸底部点燃爆炸（Hosseini 和 Takayama，2005），就可以获得图 8.13 中展示的完美球形激波，球形激波近乎完美地从球形壁面反射，一道形状精致的球形内聚激波向着汇聚中心汇聚。图 8.14 是用阴影方法获得的激波汇聚过程的系列图像，一开始，汇聚激波慢慢向中心传播，当非常靠近中心时，激波以指数方式提高速度传播，内聚激波与爆炸产物气体（火球）相互干扰，其形状快速改变为不规则形状。图 8.14(u) 是激波汇聚到最小的时刻，但球形激波并未收缩到舱室中心，汇聚之后又转变为扩散传播的激波。

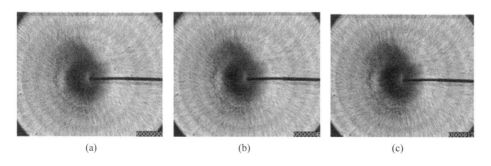

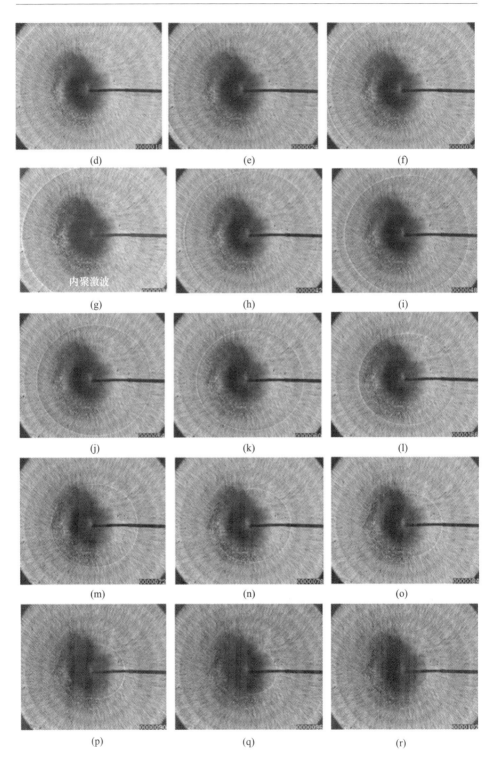

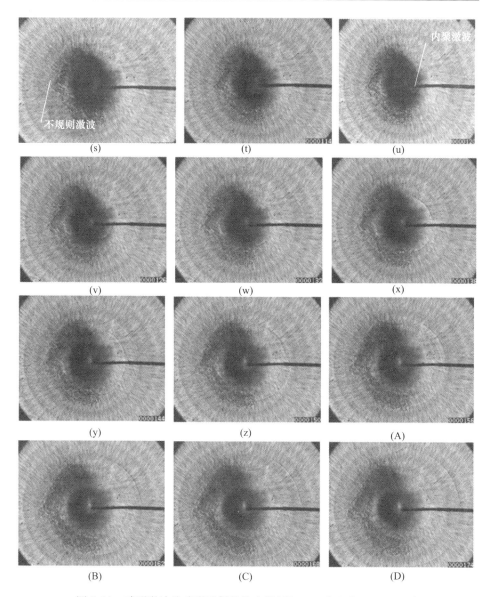

图 8.14 球形激波从球形反射器的内聚(Hosseini 和 Takayama,2005)

8.6 爆炸诱导的爆震波

当一个爆燃波在可燃气体混合物中加速时,就会产生一道激波,激波会转变为爆震波,爆燃驱动激波向爆震波的转变简称为 DDT,对 DDT 转变准则的研究是爆震研究的一个基础课题。爆震波往往具有胞格结构,二维爆震波的胞格结构意味着它们是简单马赫反射结构的阵列,胞格在某种条件下会消失,例如具有胞格结构的二维爆震波从一个二维管道进入扩张型管道时,其胞格结构逐渐消失,二维爆震波与爆燃波脱离(即二维爆震波猝灭)。

在一个二维爆震管中,二维爆震波的表面积不变,胞格数量是固定的,胞格尺寸也是固定的。相反,三维爆震波不是完美的球形,而是略有变形的球形波,随着三维爆震波的传播,其平均半径单调增加;如果胞格覆盖了整个三维爆震波表面,当保持每个胞格尺寸恒定时,随着其半径的增大,胞格数量就会增加。而这两个选项是假设的,因为球形爆震波既不会有无限大尺寸的胞格,也不会有无限大数量的胞格,所以,随着三维爆震波平均半径的增加,在其出现之后一定时间,三维爆震波就会猝灭。

为在化学恰当比的氢氧混合物中产生三维爆震波,用不锈钢制造一个直径290mm、宽300mm 的柱形爆震室,图 8.15 是实验段组成结构。用双曝光全息干涉方法观察爆震波,在实验舱室的中心点燃微爆炸,每次爆炸都会散落一些碎片,碎片会撞击到厚度 25mm 的亚克力窗口上,所以采用厚度 5mm 的亚克力板保护窗口,使之不遭受高速碎片的破坏(Komatsu,1999)。氮化银药丸粘接在直径 $25\mu m$ 的铜线上,置于爆震室的中心。为获得较高的初始实验压力,又将一个直径100mm、宽150mm 不锈钢舱室置于爆震室内部,将不同重量的氮化银药丸(几微克到 $20\mu g$ 不等)置于该不锈钢舱室的中心,用 25mJ、7ns 脉冲宽度的 Nd:YAG 激光光束照射点燃,为使 Nd:YAG 激光光束准确照射到目标,采用一束细 He-Ne 激光光束为目标照明,图 8.15(b)是直径 100mm 内舱室和直径 290mm 主实验舱的照片。

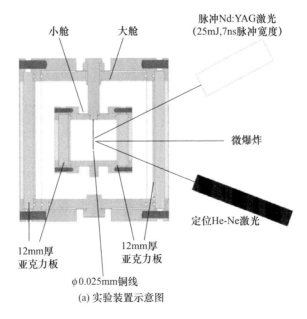

(a) 实验装置示意图

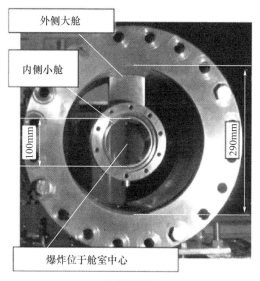

(b) 实验照片

图 8.15　爆震波诱导的激波

8.6.1　惰性气体 $2H_2/N_2$（分压 400hPa/200hPa）中的爆炸

在 $2H_2/N_2$（分压 400hPa/200hPa）构成的惰性气体混合物中点燃 10mg 的氮化银药丸产生激波,图 8.16 是激波的传播情况。该气体混合物与恰当当量比的氢氧混合物 $2H_2/O_2$（分压 400hPa/200hPa）的物理特性几乎是一样的。爆炸产物气体最初是畸变的,但很快就变成了球形。

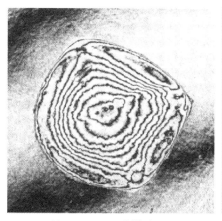
(a) #98020716：点燃后15μs

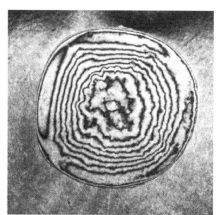
(b) #98020717：20μs

(c) #98020718: 25s

图 8.16 10mg 氮化银在惰性气体 $2H_2/N_2$ 中爆炸引发的激波

($2H_2/N_2$:分压 400hPa/200hPa)

在氮化银药丸表面包覆少量的玻璃颗粒,在 $2H_2/N_2$(分压 400hPa/200hPa)的惰性气体混合物中点燃这种氮化银药丸而产生爆炸,图 8.17(a)是爆炸产生的球形激波。在爆炸时,玻璃颗粒以超声速的速度散开,微小玻璃碎片高速飞散时产生许多压缩波和锥形激波,图 8.17(a)展示了被超声速碎片超过的球形激波,图 8.17(b)是玻璃碎片的显微状态。在超声速玻璃碎片后面诱导出的尾迹中,形成混合效果很好的可爆震气体,良好的混合将促进爆震的生成,即能够促进 DDT 的形成,实现从爆燃驱动激波向爆震波的转变,玻璃碎片的超声速飞行对启动三维爆震波起着决定性作用。

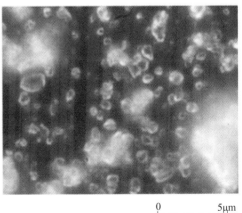

(a) $2H_2/N_2$ 中的激波 (分压400hPa/200hPa)　　(b) 微小玻璃颗粒的显微照片

图 8.17 惰性气体中氮化银药丸的微爆炸

8.6.2 恰当当量比 $2H_2/O_2$(分压 200hPa/100hPa)气体中的爆炸

图 8.18 是在 $2H_2/O_2$(分压 200hPa/100hPa)气体中爆炸 10mg 氮化银药丸产生的球形激波,未燃碎片颗粒以超声速散开,产生一些锥形激波,锥形激波横穿球形激波,由于锥形激波与球形激波的干扰而启动爆震波。

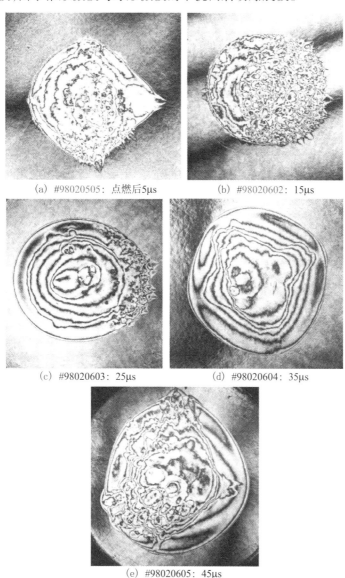

(a) #98020505:点燃后5μs　　(b) #98020602:15μs

(c) #98020603:25μs　　(d) #98020604:35μs

(e) #98020605:45μs

图 8.18　化学恰当当量比的氢氧气体($2H_2/O_2$分压 400hPa/200hPa)爆炸产生的爆震波
（由 10mg 氮化银点燃爆炸）

8.6.3　恰当当量比 $2H_2/O_2$（分压 400hPa/200hPa）气体中的爆炸

图 8.19 是球形激波在 $2H_2/O_2$（分压 400hPa/200hPa）气体中的传播情况，激波因点燃 10mg 氮化银药丸产生爆炸而形成，许多碎片携带其锥形激波超越了该爆炸激波。锥形激波的半锥角 α 与超声速碎片的速度 u、氢氧混合气体中的声速 a 有关，三者之间的关系为 $\sin\alpha = a/u$。测量到锥形激波半锥角 α 为 $10°\sim 20°$，碎片速度为 $1.7\sim 4.8\mathrm{km/s}$，在恰当当量比的氢氧混合气体中的声速为 $a = 850\mathrm{m/s}$。图 8.19（a）描述了超声速飞行的碎片、碎片锥形激波以及爆燃驱动激波的相互关系，碎片以超声速飞行而超越爆燃波，碎片飞行形成的锥形激波穿透爆燃驱动激波，在碎片后面产生一道尾迹，该尾迹促进氢氧混合气体的高效混合，加速了爆燃驱动激波向爆震波的转变，进而完成 DDT。所以，在锥形激波穿透球形激波的各个点上，爆震被同时启动。

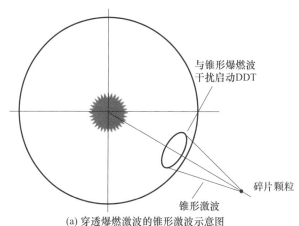

(a) 穿透爆燃激波的锥形激波示意图

(b) #98020606：点燃后5μs　　　(c) #98020607：10μs

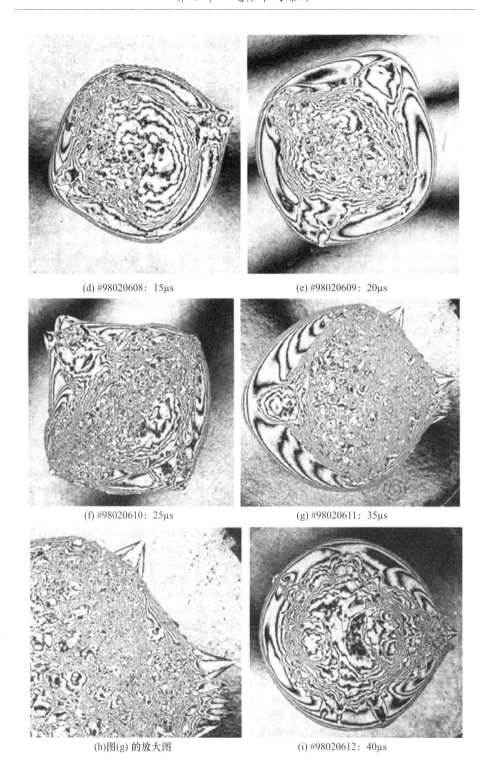

(d) #98020608：15μs

(e) #98020609：20μs

(f) #98020610：25μs

(g) #98020611：35μs

(h) 图(g)的放大图

(i) #98020612：40μs

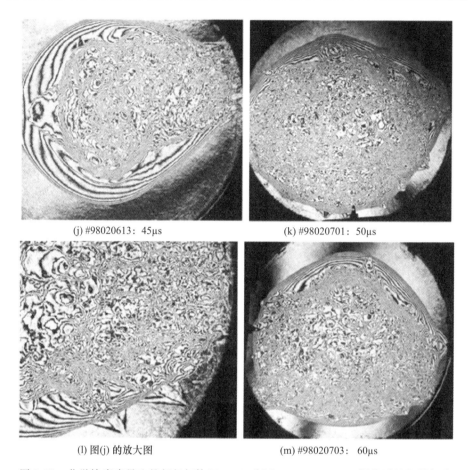

(j) #98020613: 45μs　　　　(k) #98020701: 50μs

(l) 图(j)的放大图　　　　(m) #98020703: 60μs

图 8.19　化学恰当当量比的氢氧气体($2H_2/O_2$ 分压 400hPa/200hPa)爆炸诱导的爆轰波
（由 10mg 氮化银点燃）

8.6.4　恰当当量比 $2H_2/O_2$（分压 667hPa/333hPa）气体中的爆炸

图 8.20 是球形激波在 $2H_2/O_2$（分压 667hPa/333hPa）气体中的传播情况，激波因点燃 10mg 氮化银药丸产生爆炸而形成。在恰当当量比的氢氧混合气体中，爆震波的传播速度为 Chapman – Jouget(C – J) 爆震速度 2818m/s。在早期阶段，激波以 5000m/s 左右的速度传播，但以指数形式衰减到 C – J 速度；碎片颗粒以非常高的速度飞射出去，它们的速度也逐渐衰减，锥形激波的半锥角定义为 $\sin\alpha = a/u$（其中，α 是锥形激波的半锥角，u 是超声速碎片的自由飞行速度，a 是氢氧混合气体中的声速），半锥角 α 随着离开爆心的距离而变化。Komatsu（1999）测量了半锥角 α，发现在后期阶段半锥角处于 10°~20°范围，意味着碎片颗粒的速度从最初的 4.8km/s 衰减到后期的 2.2km/s。而碎片后面的尾迹使氢

氧气体充分混合,通过尾迹的爆燃波转变为爆震波。爆震波的形状不一定是球形,定义爆震波的投影面积为 A,爆震波周长为 L,平均半径 R 定义为 $2R = A/L$。

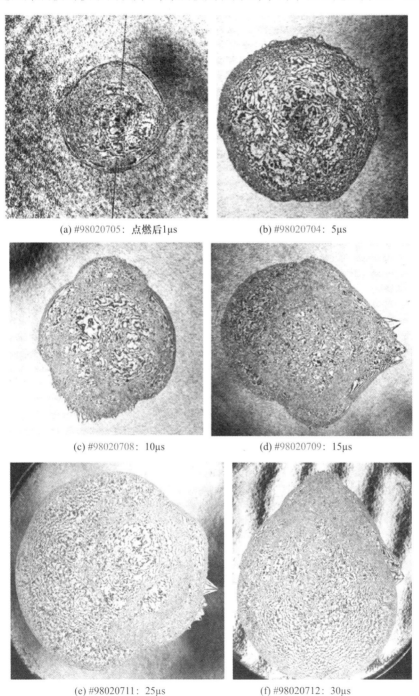

(a) #98020705：点燃后1μs　　　(b) #98020704：5μs

(c) #98020708：10μs　　　(d) #98020709：15μs

(e) #98020711：25μs　　　(f) #98020712：30μs

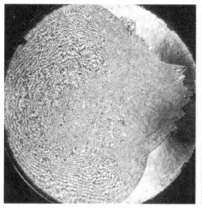 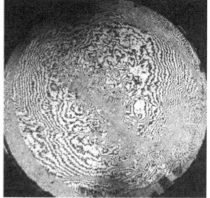

(g) #98020713：35μs   (h) #98020715：45μs

图 8.20　化学恰当当量比的氢氧气体($2H_2/O_2$ 分压 667hPa/333hPa)
的爆炸诱导的爆轰波
(激波由 10mg 氮化银点燃而产生)

图 8.21 是爆震波在 $2H_2/O_2$(1337hPa/663hPa)气体中的演化情况,初始压

图 8.21　#00081105 系列照片
(激波由 7mg 氮化银点燃产生,化学恰当当量比氢氧气体 1337hPa/663hPa,
帧频 10^5 帧/s,曝光时间 2.5μs)

力为 2000hPa,采用了直径 100mm 的小实验舱室。采用 Shimadzu SH100 高速数字相机记录流动显示图像,帧频为 10^6 帧/s,曝光时间为 $2.5\mu s$。实验舱室的视场只有直径 100mm,所以记录时长只有 $160\mu s$。光源是传统的闪光灯,在实验的观测时间范围内,光源照射到视场的亮度是有脉动的。图 8.21 中,在第 4 到第 14 幅照片中可以清楚地观察到爆炸及爆震波的传播,而其他照片没有曝光。在早期阶段,一道球形激波转变为爆震波,之后,随着时间的流逝,球形爆震波不断变形。

8.6.5　点火后 $30\mu s$ 在 $2H_2/O_2$ 气体中 SiO_2 颗粒的影响

在不同初始压力的 $2H_2/O_2$ 气体中点燃包覆了 SiO_2 颗粒的不同重量的氮化银药丸,观察点火后 $30\mu s$ 的流动现象。图 8.22 是不同重量氮化银药丸爆炸、在不同初始压力 $2H_2/O_2$ 气体中爆震波形成的情况。

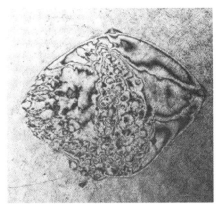
(a) $5mgAgN_3$;气体$2H_2/O_2$:200hPa/100hPa

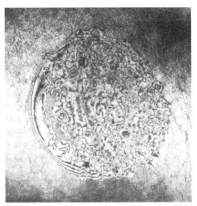
(b) $5mgAgN_3$;气体$2H_2/O_2$:334hPa/166hPa

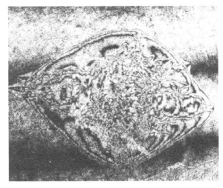
(c) $5mgAgN_3$;气体$2H_2/O_2$:467hPa/233hPa

(d) $5mgAgN_3$;气体$2H_2/O_2$:600hPa/300hPa

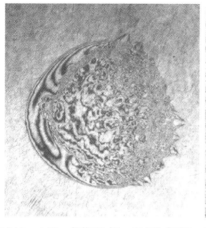 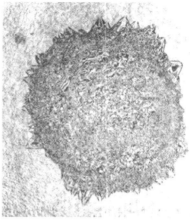

(e) 10mgAgN$_3$；气体2H$_2$/O$_2$： 134hPa/66hPa　　(f) 10mgAgN$_3$；气体2H$_2$/O$_2$： 267hPa/133hPa

(g) 10mgAgN$_3$；气体2H$_2$/O$_2$： 200hPa/100hPa

图 8.22　包覆 SiO$_2$ 粒子的氮化银爆炸产生的爆震波

8.6.6　点火后 50μs 在 2H$_2$/O$_2$ 气体中 SiO$_2$ 颗粒的影响

在不同初始压力的 2H$_2$/O$_2$ 气体中点燃包覆了 SiO$_2$ 颗粒的不同重量的氮化银药丸,观察点火后 50μs 的流动现象。图 8.23 是不同重量氮化银药丸爆炸点火后 50μs 时在不同初始压力 2H$_2$/O$_2$ 气体中的爆震波形成情况。球形激波大部分表面都被胞格结构所覆盖。

图 8.24 是气体 2H$_2$/O$_2$(934hPa/466hPa)中与 10mg 氮化银的爆炸激波相互作用的爆震波的出现与发展情况,记录帧频为 10^5 帧/s,曝光时间为 2.5μs。起初,球形爆震波以 C-J 速度传播,但随着时间的流逝,球形爆震波逐渐变形。

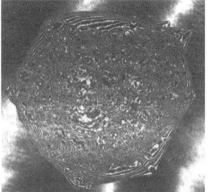
(a) 5mgAgN$_3$；气体2H$_2$/O$_2$：266hPa/134hPa

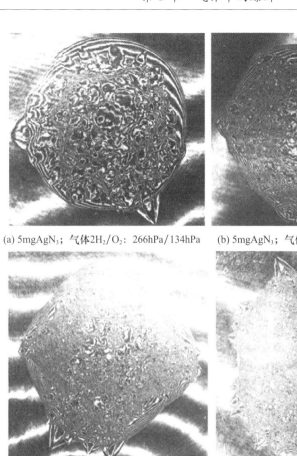
(b) 5mgAgN$_3$；气体2H$_2$/O$_2$：400hPa/200hPa

(c) 5mgAgN$_3$；气体2H$_2$/O$_2$：534hPa/266hPa

(d) 5mgAgN$_3$；气体2H$_2$/O$_2$：534hPa/266hPa

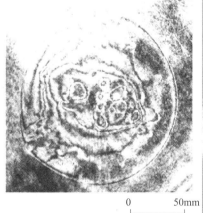
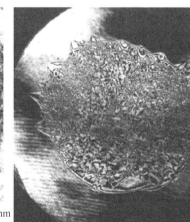
(e) 10mgAgN$_3$；气体2H$_2$/O$_2$：666hPa/334hPa

(f) 10mgAgN$_3$；气体2H$_2$/O$_2$：267hPa/133hPa

可视化激波现象

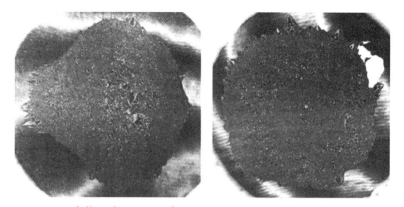

(g) 10mgAgN$_3$；气体2H$_2$/O$_2$：400hPa/200hPa (h) 10mgAgN$_3$；气体2H$_2$/O$_2$：534hPa/266hPa

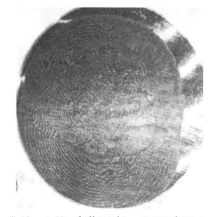

(i) 10mgAgN$_3$；气体2H$_2$/O$_2$：600hPa/300hPa

图 8.23　包覆 SiO$_2$ 粒子的氮化银爆炸产生的爆轰波

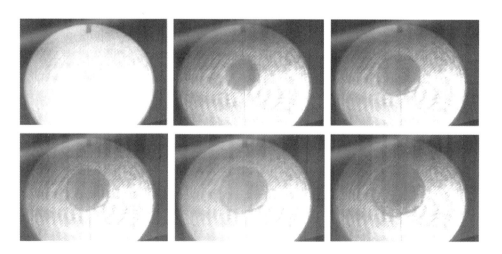

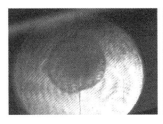 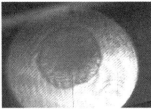 

图 8.24　#00081704 的系列照片

(6mg 氮化银；$2H_2/O_2$：934hPa/466hPa；帧频 10^5 帧/s，曝光时间 2.5μs)

8.6.7　实验总结

在已知时间的条件下，爆震波的平均半径 R 定义为 $2R = A/L$，其中 A 和 L 分别是每一张干涉照片中爆震波的投影面积和爆震波周长，用恰当当量比氢氧混合气($2H_2/O_2$)中的 C - J 速度(2818m/s)对爆震速度做无量纲处理。

在很宽范围的初始压力和爆炸物重量条件下获得了流动显示图像，根据这些流动图像，图 8.25 总结了无量纲速度随初始压力和氮化银药丸重量的变化关系，包括有无 SiO_2 颗粒包覆的情况，纵坐标是无量纲速度，x、y 坐标分别是初始压力和氮化银药丸重量。彩色的标尺代表无量纲速度的水平，红色代表超过 C - J 速度的范围，浅蓝色代表约一半 C - J 速度的范围。

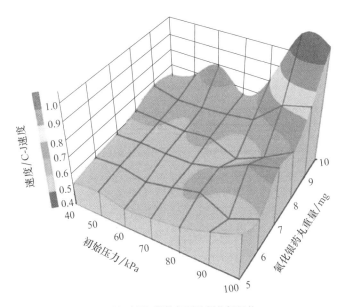

(a) 无SiO_2颗粒包覆的氮化银爆炸

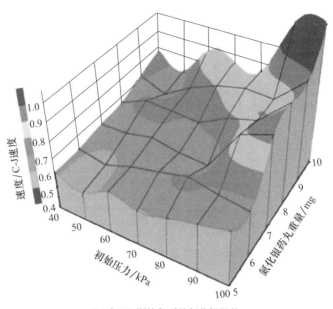

(b) 有SiO$_2$颗粒包覆的氮化银爆炸

图 8.25　爆炸诱导爆震波的实验数据汇总（见彩图）

初始压力增加或爆炸物重量增大，导致无量纲速度超过 C-J 速度。在没有 SiO$_2$ 颗粒包覆的情况下，如图 8.25(a) 所示，大范围的区域是绿色和浅蓝色的中等速度或低速的结果。在 SiO$_2$ 颗粒包覆的情况下，图 8.25(b) 峰值速度增加，黄色和浅绿色的中等速度范围大大增加，特别是较高速度的黄色和橘色范围增大；浅蓝色低速范围大大缩小。

在图 8.25(b) 中，即使在较低初始压力和较小的氮化银药丸重量条件下，因 SiO$_2$ 颗粒存在而产生的锥形激波促进了三维爆燃激波向三维爆震波的转变，中等和较高的速度区域扩大。得到的结论是，在氮化银药丸表面包覆 SiO$_2$ 颗粒，有效促进了向三维爆震的转变。

图 8.26 汇总了爆震波轨迹随时间的变化数据，数据来源于系列干涉图像和高速照相的图像，爆震波由 10mg 氮化银药丸引爆。纵坐标是爆震波的平均半径(mm)，横坐标是时间(μs)。粗实线是在 1000hPa 的 2H$_2$/O$_2$ 气体中爆震波以 C-J 速度传播时的轨迹，虚线是在 1000hPa 的 2H$_2$/N$_2$ 气体中的激波轨迹；"×" 号是在 1000hPa 的 2H$_2$/N$_2$ 气体中测量到的爆震波，黑色实心圆圈是在 1000hPa 的 2H$_2$/O$_2$ 气体中测量到的爆震波（一开始以 C-J 速度传播，随后随时间衰减），空心圆圈是在 600hPa 的 2H$_2$/N$_2$ 气体中测量到的激波速度，实心三角符号代表在 300hPa 的 2H$_2$/N$_2$ 气体中测量到的激波速度。在较低压力条件下，平均速度

保持在爆燃速度范围,没有获得 DDT。

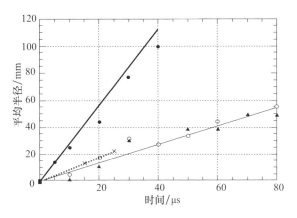

图 8.26 爆震波平均半径随时间的变化

图 8.27 汇总了较高初始压力条件下爆震波传播的数据,数据来源于爆震波传播的系列干涉图像,包括有、无 SiO_2 颗粒包覆两种实验情况。爆震波由 10mg 氮化银药丸引爆诱发,环境初始压力分别为 1400hPa 和 2000hPa。图中的纵坐标是爆震波的平均半径(mm),横坐标是时间(μs)。粗实线是 $2H_2/O_2$ 气体中的 C-J 爆震速度(2818m/s)轨迹;实心三角符号代表有 SiO_2 颗粒包覆、在 2000hPa 初始压力条件下测量到的数据,空心三角符号代表无 SiO_2 颗粒包覆、在 2000hPa 初始压力条件下测量到的数据,实心圆圈符号代表有 SiO_2 颗粒包覆、在 1400hPa 初始压力条件下测量到的数据,空心圆圈符号代表无 SiO_2 颗粒包覆、在 1400hPa 初始压力条件下测量到的数据。

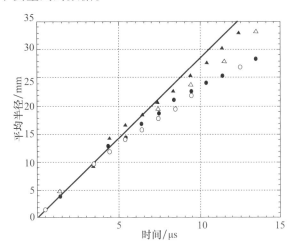

图 8.27 较高压力时爆震波平均半径随时间的变化

在较高初始压力或用 SiO_2 颗粒包覆爆炸物的条件下,爆震趋势增强。随着时间的增长,爆震波逐渐偏离 C-J 速度,在初始压力下降或无 SiO_2 颗粒包覆爆炸物的条件下,爆震波偏离 C-J 速度的程度更大,偏离发生的时间更早。当爆震波偏离 C-J 速度时,爆震波表面的胞格结构衰减或消失,但目前实验舱室的尺寸太小,还不能获得三维爆震波猝灭的结论。

8.7 激光束聚焦产生的激波

在空气中,准直激光光束可以聚焦在一个点上,高能量在一个很小的面积内的瞬间沉积可以使气体分子电离,爆炸性地产生一团等离子体云。脉冲激光光束聚焦的结果可以等效于一个微爆炸,能够在空气中驱动产生一个球形激波。

图 8.28 是使能量 4mJ、脉冲宽度 18ns(Model 511-D,BM Industry)的 Nd:Glass 准直激光光束在空气中聚焦而形成的激波演化过程。图 8.28(f)是单曝光干涉图像,可以看到位于中心的一道不规则阴影,这是等离子体云的残迹。等离子体云等效于一个火球,用双曝光干涉方法不能清晰地显示等离子体云痕迹。与微爆炸产生的火球相比,等离子体云消失得非常快,所以激光诱导激波的衰减也更快。每张照片下标注的时间以激光光束照射到该点时为计时起点。

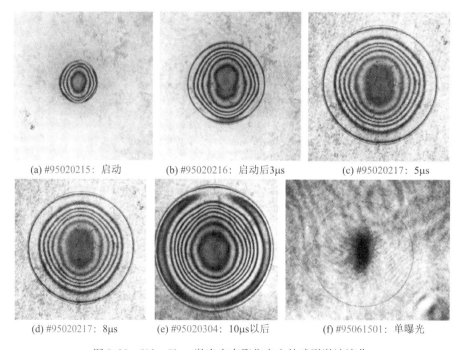

(a) #95020215:启动　　(b) #95020216:启动后3μs　　(c) #95020217:5μs

(d) #95020217:8μs　　(e) #95020304:10μs以后　　(f) #95061501:单曝光

图 8.28　Nd:Glass 激光光束聚焦产生的球形激波演化

将激光光束分为两束,使它们的传播光程完全相同,每一束激光光束各自聚焦在厚度 20mm 亚克力板两侧的一个点上。Moosad 等(1995)获得了亚克力板中每个激波的启动、传播的流动显示图像,图 8.29 展示了亚克力板中激波演化与传播的过程,可以看到,在亚克力板中同时生成多个半球形激波,强度几乎完全相同的多个半球形应力波在亚克力板内传播并相互作用。

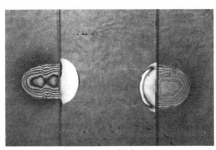

(a) #95051705：触发后 624μs
输入能量 1.96J,反射能量 1.006J

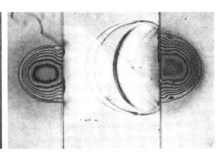

(b) #95051706：625μs
输入能量 2.26J,反射能量 1.005J

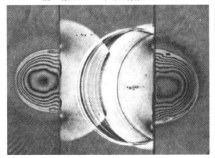

(c) #95051707：626μs
输入能量 2.21J,反射能量 0.996J

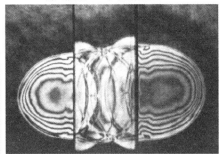

(d) #95053007：627μs

图 8.29　在厚 20mm 亚克力板上的 Nd:Glass 激光光束(4J)沉积(Moosad 等,1995)

图 8.30 是激光诱导的球形激波从钢板反射的情况。

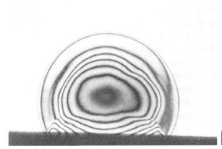

(a) #95022318：触发后 615μs

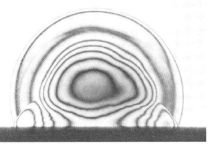

(b) #95022320：619μs

图 8.30　激光诱导球形激波在钢板上的反射
(聚焦中心位于钢板上方 5mm;空气,1013hPa,288K)

图 8.31 是激光诱导的球形激波与钢板壁面 2mm 锯齿的相互作用情况,激波由能量为 4J 的 Nd:Glass 激光光束聚焦在距离钢板 5mm 的位置上而产生。在图 8.31(b) 看到,形成了规则反射结构,而在图 8.31(c) 中则形成单马赫反射结构,图 8.31(c)~(f) 展示了三维波与二维锯齿的干扰。

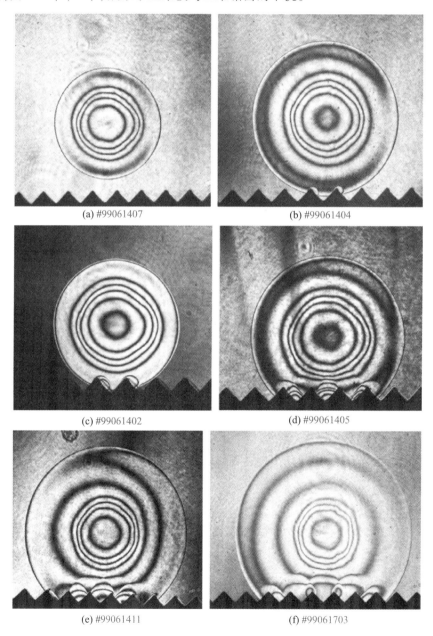

图 8.31　球形激波与钢板表面 2mm 锯齿的相互作用过程

参考文献

Esashi, H. (1983). Shock wave propagation in liquids (Master thesis). Graduate School of Engineering, Faculty of Engineering, Tohoku University.

Hosseini, S. H. R., & Takayama, K. (2005). Implosion of a spherical shock wave reflected from a spherical wall. Journal of Fluid Mechanics, 530, 223–239.

Komatsu, M. (1999). Experimental study of generation and propagation of spherical detonation waves (Ph. D. thesis). Graduate School of Engineering, Faculty of Engineering, Tohoku University.

Mizukaki, N. (2001). Study of quantitative visualization of shock wave phenomena (Ph. D. thesis). Graduate School of Engineering, Faculty of Engineering Tohoku University.

Moosad, K. P. B., Jiang, Z. L., Onodera, O., & Takayama, K. (1995). Micro shock waves generated by focusing pulsed laser beams. In Proceeding national symposium of shock waves (pp. 217–220), Yokohama.

Nagayasu, N. (2002). Study of shock waves generated by micro explosion and their applications (Ph. D. thesis). Graduate School of Engineering, Faculty of Engineering, Tohoku University.

Sachs, R. G. (1944). The dependence of blast on ambient pressure and temperature. BRL Report, No. 466.

第 9 章 水下激波

9.1 引言

与气体相比,液体的可压缩性小。可压缩性指物质在压力压迫下的体积变化,压力增量 Δp 正比于相对体积的变化 $\Delta V/V_0$:

$$\Delta p = -E \Delta V/V_0 \tag{9.1}$$

式中:V 为比体积($V=1/\rho$);V_0 为初始体积;E 为弹性模量(具有压力的量纲)。声速定义为

$$a^2 = (\partial p/\partial \rho)_S (\text{等熵条件下}) \tag{9.2}$$

声速与弹性模量 E 有关:

$$a = \sqrt{E/\rho} \tag{9.3}$$

在环境条件下,如果水中的压力增量是 100kPa,水的体积将在原有体积基础上减少 0.005。而在空气中,相同的压力增量使空气的体积在原有基础上减少一半。由于水的可压缩性远小于空气的可压缩性,有时可以认为水是不可压缩的。

在不可压缩介质中,密度不变,即 $\Delta \rho = 0$,所以声速无限大,水中的声速远远大于空气中的声速。在不可压缩流体中,信息瞬时传向流场各处,所以流动马赫数总是零。相反,在可压缩流体中,压力扰动 Δp 诱导产生一个速度扰动 Δu:

$$\Delta p = a\rho \Delta u \tag{9.4}$$

式中:$a\rho$ 定义为声学阻抗。方程(9.4)是由守恒方程与声速定义推导出来的。

声学阻抗是一个与压力扰动、速度扰动有关的系数,回忆一下电学中的欧姆定律,分别将压力扰动与速度扰动替换为电压与电流,声学阻抗就等效于流动中的"电阻"。

声学阻抗是可压缩性的一个度量参数,水中的声学阻抗约为空气中的 3500 倍,给定的增压量在水中诱导的速度是空气中的 1/3500。Glass 和 Heuckroth(1968)在水中打碎了一个封有几十个大气压气体的玻璃球,产生一道低能水下激波。而今,用小规模水下爆炸来产生水下激波,压力超过几吉帕(几千兆帕)。

在气体中,压力可以降低到真空,而在液体中的压力不能低于液体的蒸气

压,如果压力接近蒸气压,液体就开始蒸发。在 373K 时,水在一个大气压条件下开始蒸发。不可压流体的伯努利方程写为

$$p + \frac{1}{2}\rho u^2 = P \tag{9.5}$$

式中:ρ 为密度,为常数。随着速度 u 的增加,压力 p 下降,可接近水的蒸气压。在蒸气压条件下,即使是室温,水也会沸腾,这个现象叫作汽化。当水被突然暴露在大张力环境中时,局部压力下降,在相图上看,水从液相向气相方向移动,一旦压力条件进入到气相部分,水即开始蒸发,产生出水蒸气云雾,即发生汽化。

在水下激波和气泡动力学研究中,汽化现象是非常重要的物理现象。水下激波和气泡动力学在工程、生物医学中都发挥着重要作用。

备注:注意"汽化"与以下术语的区别,本章会在不同语境下使用这些术语。

"空化",指压力下降到某个临界条件时,液体内部发生局部汽化形成空穴,或溶解于液体中的气体发育形成"空穴",以及这些空穴发展为更大气泡的过程。空穴也称为气泡、空泡、气穴。

"汽蚀"(气蚀、空蚀)指上述气泡(空穴、空泡)暴露于超过临界压力的高压条件时发生溃灭,气泡溃灭会引起过流表面材料的损坏,这种破坏现象称为汽蚀。

9.2 水下微爆炸

9.2.1 微爆炸

1981 年,我们参加体外激波碎石(Extra corporealshock wave lithotripsy,ESWL)技术研发工作,我们的工作是在室内用微型爆炸制造激波。我们设计了激波碎石机样机(Takayama,1983),同时,Chugoku Kayaku 公司为我们提供了规格为 10mg 的氮化银(AgN_3)药丸,支持体外碎石研究(Nagayasu,2002)。

图 9.1(a)是质量规格为 4mg 的 PbN_6 药丸爆炸产生的水下球形激波无限条纹干涉图,拍摄于点火后 34μs。图 9.1(b)是根据条纹分析获得的数据,图中还将激波后面的压力数据与基于随机选择法的数值模拟结果进行了对比。图 9.1(c)是微爆炸产生的压升与相似距离的关系,纵坐标是用初始压力无量纲的压比,横坐标是相似距离($m/kg^{1/3}$),空心三角代表 4mg 的 PbN_6 药丸爆炸产生的激波压升,实心圆圈是在 10mm 距离上测量的 10~300μg AgN_3 爆炸产生的激波压升,空心圆圈是在 5mm 距离上测量的 10~300μg AgN_3 爆炸产生的激波压升。可以看到,即使是这种微型爆炸,数据的相似规律也非常好。

将一个 PbN_6 药丸粘在一条细棉线上,悬挂在水中,如图 9.1(a)所示。将调 Q 红宝石激光光束照射到药丸上使之点燃。PbN_6 的能量密度大约是 1.5J/mg,

所以 4mg 的 PbN_6 药丸能量约为 6J,但在水下激波的形成过程中只消耗 1/3 的能量。点火用的激光光束能量不大于 10mJ,但激光能量不能用于形成水下激波。后来对激光点火方法进行了改进,将爆炸物药丸粘在芯径 0.6mm 的石英光纤端面上,将能量为 10mJ、脉冲宽度为 7ns 的调 Q Nd:YAG 激光光束经光纤传输到爆炸物上,实现微爆炸点火。

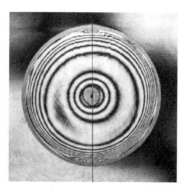

(a) #83011712:无限条纹干涉图,4mg PbN_6 爆炸,点火后 34μs

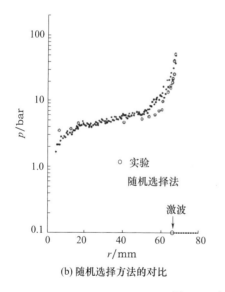

(b) 随机选择方法的对比

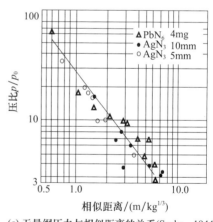

(c) 无量纲压力与相似距离的关系(Sachs,1944)

图 9.1　水下的球形激波

图 9.1(a)是用 0.5 倍放大率拍摄的同轴条纹分布,条纹是密度分布沿 OB 光路积分的结果,具有足够的清晰度,能够分辨出相邻条纹的间隔。假设流场是球形的,激波后的密度分布由条纹数量及其间隔决定,将测量的密度数据与数值模拟结果进行对比,一旦确定过激波的密度增量,就能够用 Tait 公式计算出压力分布(式(9.6))。Tait 公式是水的状态方程经验关系式,在低于 2.5GPa 范围有

效(Tait,1888)。

$$(p+B)/(p_0+B) = (\rho/\rho_0)^n \tag{9.6}$$

式中：p_0 与 ρ_0 分别为环境压力和密度，$B=300\text{MPa}$，$n=7.145$。一旦峰值密度给定，根据式(9.6)就能够确定整个流场的压力分布。

应该注意，在激波前锋处，OB 的光程是零，过激波前锋的密度比是无法(由条纹分布)求解的，所以过激波的压升由压力变送器测量。

9.2.2 水下激波

图9.1(c)给出了过激波压比的相似律，纵坐标是压比，横坐标是相似距离(量纲为 $\text{m/kg}^{1/3}$；Sachs,1944)，浅灰色与深灰色实心圆圈分别是在10mm和5mm距离上测量的 $10\sim300\mu\text{g}$ AgN_3 爆炸产生的激波压比，黑色实心圆圈是在 $10\sim80\text{mm}$ 距离上测量的 4mgPbN_6 爆炸产生的激波压比。在图9.1(c)中，将各次爆炸实验获得的无量纲压比都表达为与距离的关系，实验结果与适当的数值模拟结果(基于随机选择法 RCM, Esashi, 1983)进行了比较。在进行数值模拟时，假设 4mgPbN_6 爆炸等效于一个内含压力 1GPa、温度 2800K 空气的直径 2.0mm 的空气泡，空气泡位于半径 100mm 水舱的中心，水舱环境压力为 100kPa、温度为 293K。图9.2(a)是数值模拟获得的压力与密度的变化，其纵坐标是时间，横坐标是以气泡直径为基准的无量纲距离。一旦气泡被释放到水中，就形成向外扩张的水下激波和向中心收缩的膨胀波，高压空气变成一个膨胀的气泡，同时，收缩的膨胀波由气泡中心反射，形成一道二次激波。

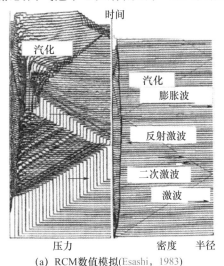

(a) RCM数值模拟(Esashi, 1983)

(b) #90070614，条纹记录速度10μs/mm
(激波由5mgAgN3爆炸产生)

图9.2 微爆炸现象

向外扩张的激波从距离中心100mm处的外壁面反射,当反射激波遇到向外扩张的气泡表面时,气泡开始收缩,同时气泡外部的压力下降。气泡的突然收缩将在其表面附近产生汽化现象,但RCM方法数值模拟(Esashi,1983)无法复现出该汽化现象。

图9.2(b)是$5mgAgN_3$药丸爆炸产生水下激波的条纹记录图像,纵坐标是时间(μs),横坐标为激波半径(mm),条纹记录速度为$10\mu s/mm$。将5mg的AgN_3药丸粘在芯径0.6mm的石英光纤端面上,调Q Nd:YAG激光光束经光纤传输到药丸上,点燃药丸使之爆炸。爆炸气体产物呈现为逐渐膨胀的垂直方向的一条黑色阴影,由中心出发的数条黑色斜线是球形激波的轨迹,AgN_3的爆炸速度约为2.89km/s,激波马赫数$Ma_s=1.93$,随着时间的推移,激波速度呈指数形式衰减,很快变为$Ma_s=1+\varepsilon$,而且需要比较长的时间才能完全恢复到声速。后来出现的数条斜线是从侧壁产生的反射激波的轨迹。

图9.3(a)是用Ima Con 790以帧频10^5帧/s获得的$10mgAgN_3$药丸爆炸的系列图像。爆炸产物气体一开始膨胀很快,但膨胀速度很快衰减,当爆炸产物气体不再膨胀时,碎片(也可能是未发生反应的颗粒)从爆炸物表面飞散并穿过爆炸产物气体,这时爆炸产物气体收缩并逐渐透明起来。图9.3(b)是单曝光干涉图,拍摄于点火后4.2ms,支撑AgN_3药丸的光纤已经严重变形。

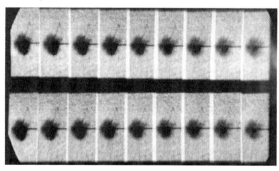 

(a) #90070908: 10^5帧/s (b) #92011611: 点火4.2 ms后, T_W= 290.1K

图9.3　$10mgAgN_3$药丸爆炸后期的图像

9.2.3　水下激波的反射

Glass 和 Heuckroth(1968)曾在水下同时打破两个高压玻璃球,试图观察在水下激波反射中是否存在马赫反射结构,但没有成功观察到清晰的三波点。Coleburn 和 Roslund(1970)使两个直径63.3mm、质量225g的50%TNT与50%PETN混合物同时发生爆炸,观察了两个水下激波迎头碰撞的情况,尽管流动显示图像不是很清楚,但测量到临界转换角为37°。

这种高当量的爆炸对于大学实验室是不合适的,我们还是采用4mg 和10mg 的 PbN_6 药丸,在与反射物体相距4mm 或5mm 处引爆,爆炸产生球形激波,爆炸压力可达几十兆帕。采用双曝光干涉方法观察了水下激波从金属壁面的反射,图9.4(a)和(b)是水下激波分别从黄铜制成的10°和150°锥上反射的情况。如果是在气体中,激波从这种角度的锥表面产生的反射结构表现为马赫反射或规则反射;但在水中,激波从这些黄铜锥表面反射时,在黄铜内产生的纵向与横向波的传播速度都比水下激波的传播速度快得多,例如在黄铜内的纵向波传播速度为4.7km/s,横向波的传播速度为2.1km/s,当横向波传输到水中时,在水下激波的根部产生密集的条纹,条纹非常密集,以至于无法分辨反射激波的结构,所以也无法通过观察水下激波从金属锥表面反射产生的反射结构来确定临界转换角。

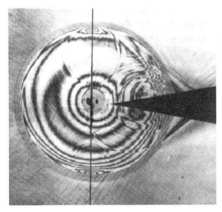 

(a) #82122101:4mg PbN_6,激波间距4mm　　(b) #82122105:10mg PbN_6,激波间距5mm

图9.4　从壁面温度285.8K 的黄铜锥表面反射的水下激波反射结构

最后决定观察两个强度相同的水下激波相撞产生的反射结构,激波由微爆炸产生。将质量5~6mg 的 PbN_6 药丸悬挂在水中,两者间距4~10mm。图9.5是两个强度相同的水下激波的反射图像,图9.5(a)是间距6mm 的两个6mg 氮化铅(PbN_6)药丸爆炸的单曝光干涉图像,观察到规则反射结构;图9.5(b)的条件与图(a)相同。在图9.5(d)~(f)的作用角度范围,应出现马赫反射结构,但只观察到冯·诺依曼反射结构。致密物质(包括水)的可压缩性都比气体小很多,流动速度总是比较低,几乎不产生滑移线,所以激波反射结构总是冯·诺依曼反射。间距10mm 的两个5mgAgN_3 药丸爆炸产生的反射结构也是冯·诺依曼结构,如图9.5(f)所示。在图9.5(f)及其放大图(图9.5(g))中,观察到沿光纤传播的一些纵向波。

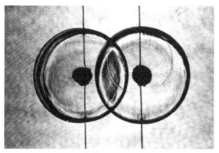
(a) #83060208：点燃后3.5μs，PbN$_6$：6-6mg，间距 L=6mm，单曝光，RR

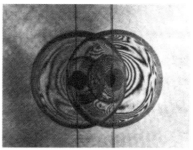
(b) #83060206：PbN$_6$：6-6mg，间距 L=6mm，RR

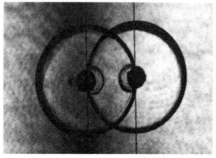
(c) #83060302：L=8mm，单曝光，RR

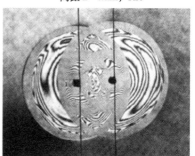
(d) #83060102：PbN$_6$：6-6mg，间距 L=10mm，vNMR

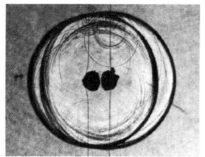
(e) #83120504，PbN6：5.7-5.9mg，间距 L=8mm，vNMR

(f) #93011205，AgN3：5-5mg，间距 L=10mm，vNMR

(g) 图(f)的放大图

图 9.5　两个球形激波的干扰

9.2.4 引信爆炸产生的锥形激波反射

温和引信(MDF,Ensigh – Bichford 公司)由铝制壳套、内部填充爆炸物 HNS(Hexa – Nitro – Stilbene)组成(Nagayasu,2002),壳套厚 2.0mm,HNS 的爆炸速度为 6.8km/s。为确定锥形激波反射结构的临界转换角 θ_{crit},将两个长度为 80mm 的引信以不同的干扰角度 α 埋在实验段内,将两个 10mg 的 AgN_3 药丸分别粘在两个引信的端面上,用激光光束同时点燃,图 9.6(a)是实验装置。图 9.6(b)是锥形激波沿引信传播的照片,激波的传播速度为 6.8km/s,在该实验中,观察到锥形激波沿引信传播的速度是等速的,半锥角为 $\theta = 14.5°$。

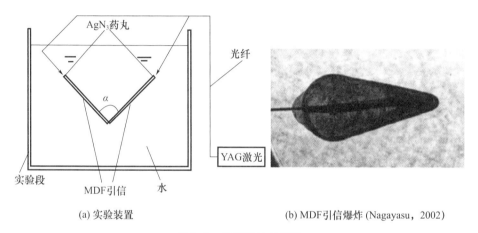

(a) 实验装置　　　　　　　　　(b) MDF引信爆炸 (Nagayasu,2002)

图 9.6　锥形激波的反射

确定了引信的爆炸速度 U_{MDF} 和锥形激波的速度 U_{cone},就可以计算出锥形激波的半锥角,$\sin\theta = U_{cone}/U_{MDF}$。由于 $U_{cone} = 1.7$m/s,水中的声速为 1.5km/s,所以锥形激波的马赫数 $Ma_s = 1.14$。在实验中,为抑制爆炸噪声,在实验段的壁面上铺覆了厚海绵。

在图 9.7(a)~(d)中观察到规则反射结构,在图 9.7(e)~(g)中,根据入射激波与马赫杆交点附近的图像判断,出现的是冯·诺依曼反射结构。由这些流动显示照片,可以绘制出三波点的位置。

图 9.8 汇总了上述实验三波点的位置。图 9.8(a)详细标注了流动结构中的三波点位置、距干扰中心的距离 L、三波点高度 h 和角度 α。图 9.8(b)是测量数据的汇总,纵坐标是无量纲的三波点高度 h/L(其中 h 是三波点高度,L 是距干扰中心的距离),横坐标是入射角 $\alpha/2$(单位为(°))。冯·诺依曼结构出现在临界转换角约 30°时(Nagayasu,2002)。

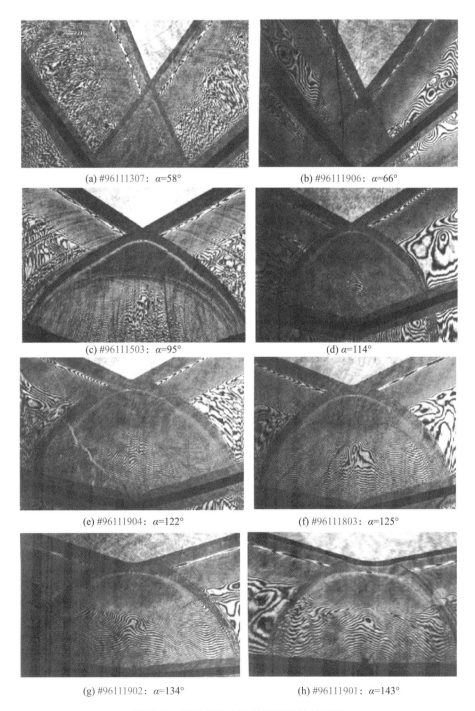

图 9.7 MDF 爆炸产生的锥形激波的反射

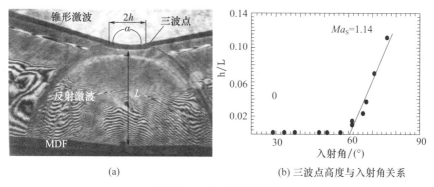

(a)

(b) 三波点高度与入射角关系

图9.8　三波点数据汇总

9.3　液面上的激波

9.3.1　硅油/水界面

首先用等温压缩实验确定硅油（PDMS）的状态方程,硅油具有聚二甲硅氧烷的化学结构$(CH_3)_3SiO-[(CH_3)_2SiO]_n-SiO(CH_3)_3$。图9.9(a)是实验装置,图9.9(b)是等温压缩系统。在一个已知容积的小玻璃测试仪中填入硅油,用液压泵给测试仪加压,从环境压力开始加压至250MPa,测量硅油试样的体积变化。

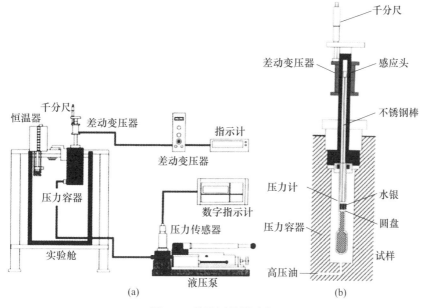

图9.9　等温压缩测试仪

假设硅油的状态方程可以写成泰特方程的形式,即 $(p/B)/(p_0+B)=(\rho/\rho_0)^n$,根据测量数据就可确定硅油的状态方程。以下是等温条件下硅油的相关数据:

在298K,硅油的黏度为1cSt,密度为0.818g/cm³,声速 $a_{silicon}=901.3$m/s;在298K,硅油的黏度为10cSt(Shin-Etsu Chemical Industry Co. 新越化学工业公司,KF96-10,10cSt),密度为0.932g/cm³,表面张力为 20.1×10^{-3}N/m,声速 $a_{silicon}=980$m/s,$n=9.36$,$B=95.4$MPa,折射率为1.399,运动黏度 $\nu=1.0\times10^{-5}$m²/s;当硅油的黏度为100cSt时,密度为0.962g/cm³,表面张力为 20.9×10^{-3}N/m,声速 $a_{silicon}=998.7$m/s,$n=10.24$,$B=93.6$MPa;当硅油的黏度为1000cSt,表面张力为 21.1×10^{-3}N/m,声速 $a_{silicon}=1000.4$m/s。而水在298K时的黏度为0.89cSt,密度为0.997g/cm³,表面张力为 20.1×10^{-3}N/m,声速 $a_{silicon}=1496$m/s,$n=7.145$,$B=2.963$MPa(Hayakawa,1987;Yamada,1992)。

在实验之前,当微型炸药在硅油中引爆时,硅油中的颜色可能由于热分解而变为淡黄色。在图9.10中,激波在水中以1500m/s的速度传播,而在硅油中激波以980m/s的速度传播。那么,水与黏度为10cSt的硅油的声阻抗比 m 为1.64。从硅油传递到水中的能量 $I_{transmission}$ 和反射的能量 $I_{reflection}$ 用 m 表达为

$$I_{transmission}/I_0=4m/(m+1)^2, \quad I_{reflection}/I_0=(m-1)^2/(m+1)^2 \quad (9.7)$$

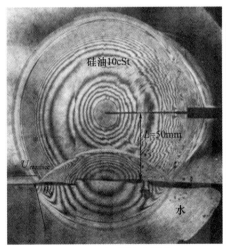
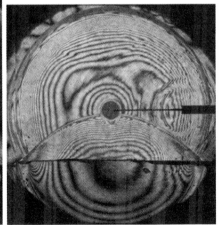

(a) #90101603:距点火76.5μs　　(b) #90101605:距点火92.0μs

图9.10　10mg 的 AgN₃ 药丸在交界面上方 $L=50$mm 处产生的微型爆炸

式中:I_0 为总能量。在平面波的相互作用中,大约有总能量的94%从硅油传递给水界面,约有6%的能量从水界面反射。因此,水/硅油的界面略向水的方向移

动,一道激波被释放到水中。尽管这种评估仅适用于一维声波的情况,但所评估的通过水/硅油界面传递的能量值是有价值的。

在硅油一侧,10mg 的 AgN_3 药丸在距离交界面 50mm 处引爆(图 9.10),球形激波在 $L/a_{silicon} = 51\mu s$ 时抵达界面。用 θ 表示硅油中激波与交界面的夹角,用 $U_{interface}$ 表示激波根部沿交界面的传播速度,则 $U_{interface}$ 可以写为

$$U_{interface} = a_{silicon}/\sin\theta \tag{9.8}$$

当激波在黏度为 10cSt 的硅油中刚刚接触交界面的那一刻 $\theta = 0$,而且 $U_{interface}$ 比 $a_{silicon}$ 更快。在 $L/a_{silicon} = 51\mu s$ 时,硅油中的球形激波透过界面进入水中,形成一道透射激波,在初始阶段,该透射激波沿界面以 $U_{interface}$ 速度传播。用 θ_W 表示激波在水中与界面的夹角,a_{water} 表示水中的声速,则有

$$U_{interface} = a_{water}/\sin\theta_W \tag{9.9}$$

从图 9.10(a)可以看到,在早期阶段,θ_W 总是大于 θ,因此,$a_{water}/\sin\theta_W = a_{silicon}/\sin\theta$ 这种关系是有效的。然而,一旦偏离这一条件,水中激波就会跑到硅油中激波的前面,这时硅油中的球形激波在界面附近通过一道斜激波与界面接触,由于该斜激波部分出现在球形激波前方,也称为前位斜激波(precursory oblique wave)。

9.3.2 在硅油/水界面上方硅油中的爆炸

图 9.11 展示了 10mg 的 AgN_3 药丸在硅油/水交界面上方 10mm 处爆炸产生的球形激波与水界面上方硅油的相互作用。

图 9.12 展示了 10mg 的 AgN_3 药丸在硅油/水交界面上方 30mm 处的硅油中爆炸产生的球形激波的演化。

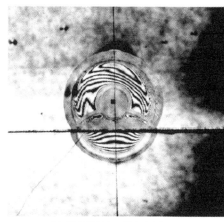
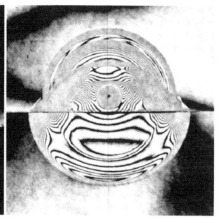

(a) #92123002:距点火16μs　　(b) #92123102:距点火42.5μs

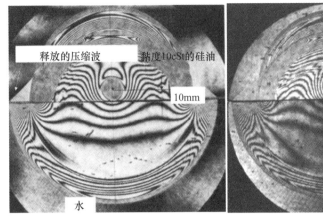
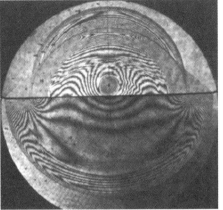

(c) #92122901：距点火63μs   (d) #92122902：距点火86μs

图 9.11　在硅油/水交界面上方 10mm 处点火爆炸产生的激波
（10mg 的 AgN₃ 药丸，环境条件 1013hPa，297K）

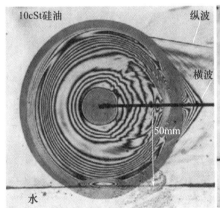
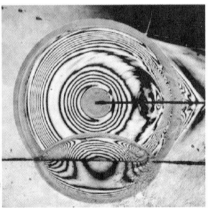

(a) #90101802：距点火38.2μs   (b) #90101804：距点火42.0μs

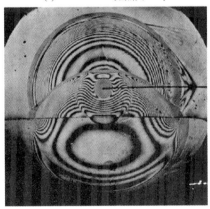
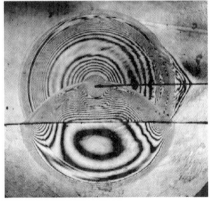

(c) #90101809：距点火47.0μs   (d) #90101807：距点火61.2μs

(e) #90101811：距点火90.5μs　　　　(f) #90101810：距点火96.7μs

图9.12　在硅油/水界面上方30mm处点火爆炸产生的激波

（10mg 的 AgN$_3$ 药丸）

9.3.3　在硅油/水界面下方水中的爆炸

图9.13展示了在硅油/水界面下方10mm处水中的爆炸。在界面的反射激波后，水压不会降低到水的蒸气压以下，因此不会产生气泡。在硅油中，激波后总是伴随着一道前位斜激波。在水中，爆炸激波的后面产生一道二次激波。

9.3.4　在硅油/水界面处的爆炸

使8.7~9.0mg 的 AgN$_3$ 药丸爆炸产生激波，爆炸中心位于硅油/水界面上方 L 处的硅油中(黏度1cSt)。图9.14(a)~(d)是 $L=3$mm 时的系列单曝光干涉图，图9.14(e)~(i)是 $L=10$mm 时的系列单曝光干涉图，其他条件与图9.14(a)~(d)相同。爆炸中心到界面距离 L 的差异对激波/界面作用不产生显著影响。

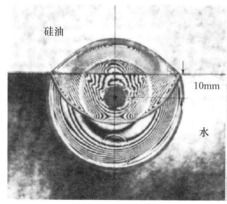 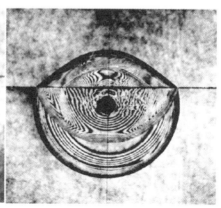

(a) #92121507：点火后20μs　　　　(b) #92120806：28μs

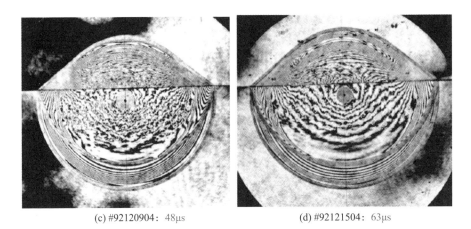

(c) #92120904: 48μs (d) #92121504: 63μs

图 9.13　10mg 的 AgN_3 药丸在硅油/水界面下 10mm 处产生的微型爆炸

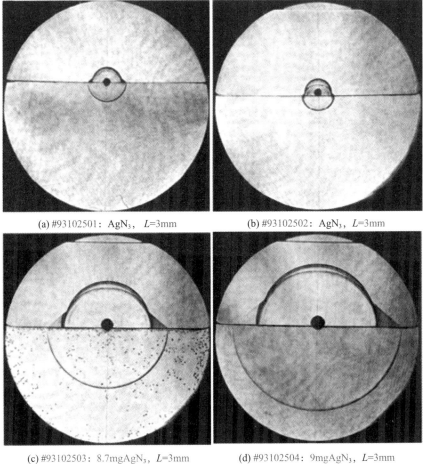

(a) #93102501: AgN_3, $L=3mm$ (b) #93102502: AgN_3, $L=3mm$

(c) #93102503: $8.7mgAgN_3$, $L=3mm$ (d) #93102504: $9mgAgN_3$, $L=3mm$

第9章 水下激波

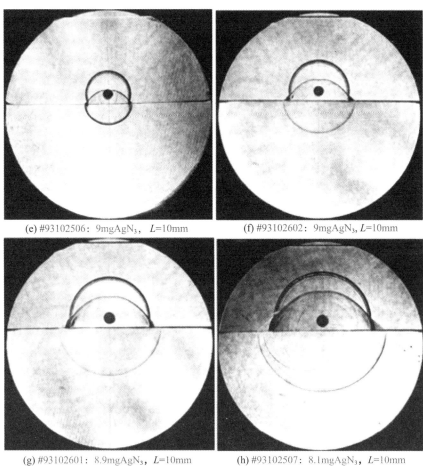

(e) #93102506：9mgAgN$_3$，L=10mm (f) #93102602：9mgAgN$_3$，L=10mm

(g) #93102601：8.9mgAgN$_3$，L=10mm (h) #93102507：8.1mgAgN$_3$，L=10mm

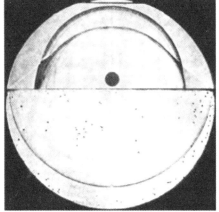

(i) #93102804：8.1mgAgN$_3$，L=10mm

图9.14 硅油/水界面与激波相互作用的单曝光干涉图

（硅油的黏度为1cSt，AgN$_3$重8.7~9.0mg）

9.4 水下激波的汇聚

椭球体有两个焦点,在其中一个焦点处发射线性波(如声波或一束光),波将从椭球体内壁面反射,之后在另一个焦点处汇聚。所以,在一个焦点处微爆炸产生的球形激波应在第二焦点处汇聚。但由于水下激波与爆炸产物气体的相互作用,以及气穴现象对激波传播的干扰,激波汇聚的位置将略偏离第二焦点,不过这种偏差很小,可以忽略不计。

9.4.1 二维椭圆柱反射器内部爆炸波的反射

本节讨论水下激波在椭圆柱腔体内的汇聚。图 9.15 是用于流动显示的椭圆柱反射器,其短半径为 45mm,长半径为 63.5mm,半径之比是 2 的平方根。反射器用 10mm 厚的黄铜板制成,装夹于两块 15mm 厚的亚克力板之间。

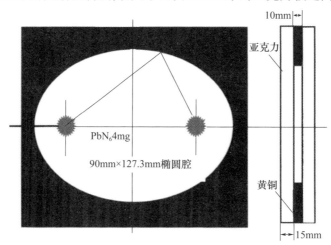

图 9.15 椭圆柱反射器
(短轴 90mm、长轴 127.3mm)

图 9.15 中的椭圆柱反射器是一个二维实验段,其中注满水。将一颗 4mg 的 PbN_6 药丸粘在芯径 0.6mm 的光纤末端,在椭圆柱反射器的一个焦点处引爆。产生的激波在两块亚克力板之间反复反射后,变成了一道圆柱形激波,该柱形激波向周围传播,最终汇聚于反射器的另一个焦点(Shitamori,1990)。

从引爆到完成汇聚大约用了 83μs。图 9.16 是汇聚过程后期阶段的系列图像。在距爆心 5mm 处测得的压力超过 50MPa,瞬间的高压载荷使亚克力板向外变形,变形量达数微米。这种突然的变形在水中产生了强大的张力,诱发了气穴。图 9.16(a)、(b)是双曝光干涉图,条纹显示了亚克力板中的应力波,图中的灰色区域是气泡云。图 9.16 中的其他图像是单曝光干涉图(相当于阴影图),其中的黑色区域是气泡云。图 9.16(c) 为图 9.16(b) 的放大图,从中可以看到气泡云的清晰结构。图 9.16(g) 是图(f) 的放大图,图中的几个小环是气泡破裂时产生的二次激波。从这些图像清晰观察到了反射激波汇聚的过程。

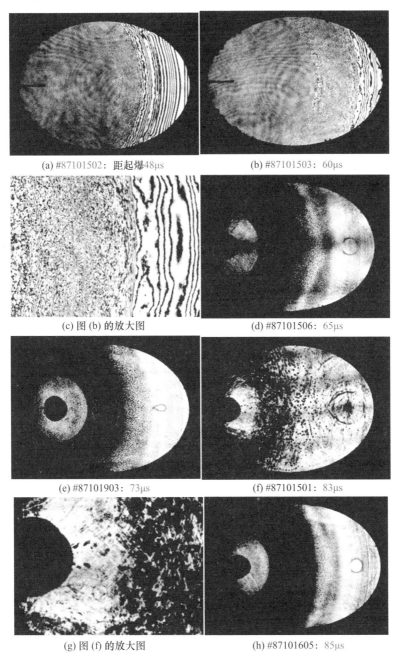

(a) #87101502:距起爆 48μs
(b) #87101503:60μs
(c) 图 (b) 的放大图
(d) #87101506:65μs
(e) #87101903:73μs
(f) #87101501:83μs
(g) 图 (f) 的放大图
(h) #87101605:85μs

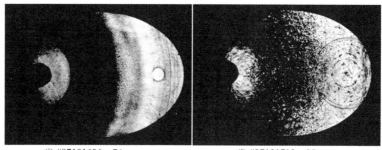

(i) #87101606: 76μs (j) #87101710: 98μs

图 9.16　椭圆柱腔体中激波汇聚的系列照片

9.4.2　球冠浅反射器的激波反射

1. 同轴球冠浅反射器球心爆炸

同轴球冠浅反射器装置见图 9.17(a),反射器主体是直径 50mm 的圆柱,在其中一个端面上做出一个直径为 70mm 的球冠反射面;一个直径 70mm 球的球面与该反射面重合,球内充满水,圆柱体中轴线与球的直径重合。使一颗 4mg 的 PbN_6 在球心爆炸,爆炸产生的球形激波从球冠反射面反射。图 9.17 给出了爆炸波演化的系列干涉图(Esashi,1983)及部分未重建图像(相当于直接阴影图)。

在焦点处测得的能量恢复效率(即反射器效率)定义为反射波与爆炸波能量之比,即从爆炸点看到的反射面的立体角除以 4π。图 9.17(a)的反射器效率约为 14%,也就是说,在焦点处约获得 14% 的能量。

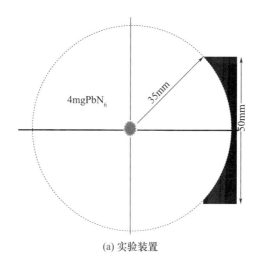

(a) 实验装置

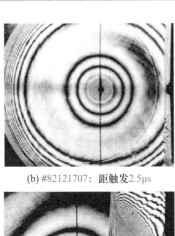

(b) #82121707：距触发2.5μs

(c) #82121706：距触发4.8μs

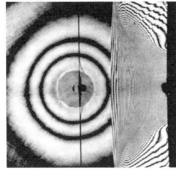

(d) #82121715：距触发11μs

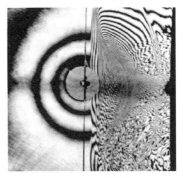

(e) #82121710：距触发15μs

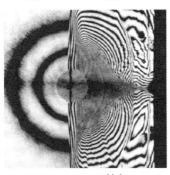

(f) #82121713：距触发21μs

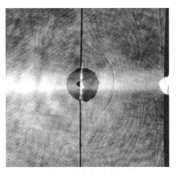

(g) 图(f) 的未重建图像

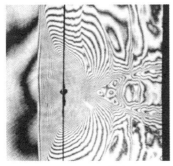

(h) #82122007：距触发27μs

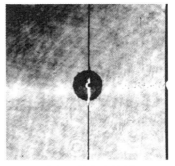

(i) 图 (g) 的未重建图像

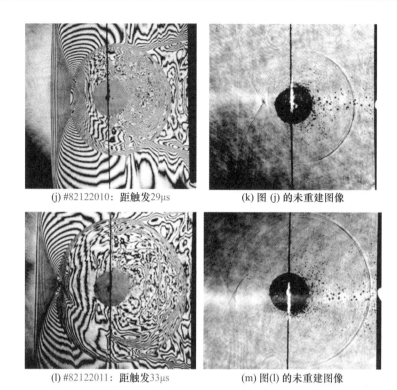

(j) #82122010：距触发29μs (k) 图(j)的未重建图像

(l) #82122011：距触发33μs (m) 图(l)的未重建图像

图 9.17　直径 50mm 反射器的激波汇聚

(4mg 的 PbN_6 药丸,287K)

图 9.17(g)、(i)和(k)是未重构干涉图,相当于直接阴影图。双曝光干涉图能定量描述密度的变化,但有时难以确定出现的气泡。爆炸激波自同轴反射器的球面反射,向爆心位置移动,当反射激波接近爆炸产物的球状气体时,球形激波就与水/气界面产生相互作用,沿中心轴产生气泡云,见图 9.17(g)、(i)和(k);从产物气泡再次反射的激波的形状与呈球形膨胀的爆炸产物气泡同心,见图 9.17(k)。爆炸产物气泡呈不规则球形且缓慢膨胀,反射激波先是撞击到产物气泡,然后向产物气泡中心汇聚,图 9.17(h)、(i)是汇聚时的图像。在图 9.17(j)、(k)和(m)中,爆炸产物气泡的迎风面鼓起并产生气泡云。

2. 球冠浅反射器球内偏心爆炸

图 9.18(a)的实验装置与图 9.17(a)相同,只是 4mg 的 PbN_6 药丸在距离反射面底部 50mm 处爆炸。如果在这个偏心点发射一道球形声波,声波将汇聚在该反射器的共轭焦点上。

图 9.18(b)~(g)展示了由半径 35mm 浅反射器反射的激波的演化过程,可以看到,反射激波在更靠近反射器的位置发生汇聚(Esashi,1983)。

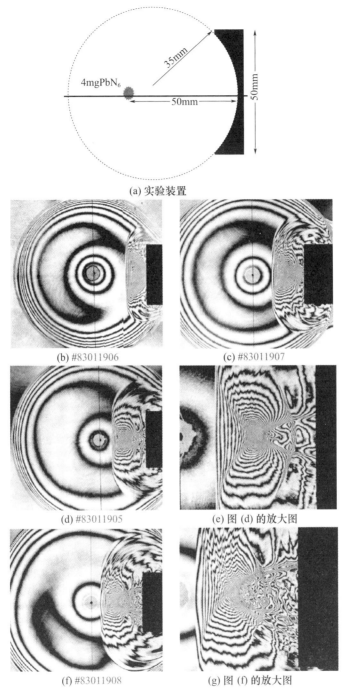

图 9.18 偏心爆炸引发的反射激波汇聚
(4mg 的 PbN_6 药丸,爆心在轴线上距反射面底部 50mm, $T = 287K$)

在图 9.19(a) 的实验装置中,10mg 的 PbN_6 药丸被置于偏离轴线 25mm、距反射面底部 30mm 的偏心位置处引爆。图 9.19(b)~(e)展示了这种偏心微爆炸激波经浅反射器反射后的演化情况,反射激波在偏心的位置汇聚(Esashi,1983)。

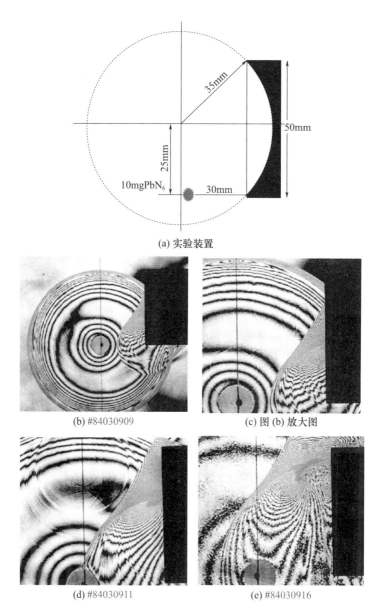

图 9.19 偏心爆炸引发的反射激波汇聚

(10mg 的 PbN_6 药丸,爆心偏离轴线 25mm、距反射面底部 30mm,$T=280.3K$)

图 9.20 展示了 10mg 的 PbN_6 药丸在距离半径 35mm 浅反射器反射面底部 40mm、偏离轴线 25mm 的偏心位置处爆炸产生的激波的反射。图 9.20(b)~(e) 展示了在爆炸中心共轭点处发生汇聚的系列图像(Esashi,1983)。

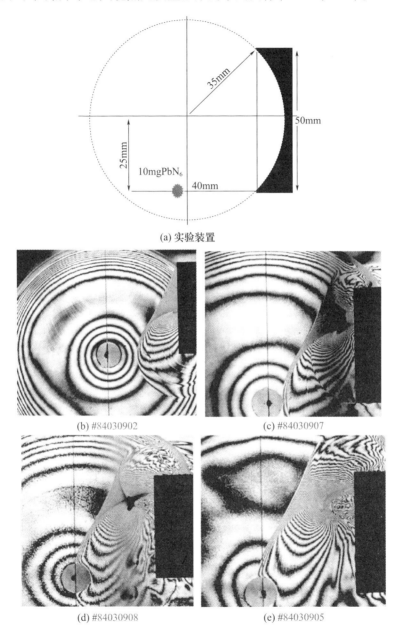

(a) 实验装置

(b) #84030902　　　　　　　　(c) #84030907

(d) #84030908　　　　　　　　(e) #84030905

图 9.20　偏心爆炸引发的反射激波汇聚
(10mg 的 PbN_6 药丸,爆心偏离轴线 25mm,距反射面底部 40mm)

图 9.21 展示了 9mg 的 PbN$_6$ 药丸在距离半径 35mm 浅反射器反射面底部 50mm、偏离轴线 25mm 的偏心位置处爆炸产生的激波的反射。图 9.21(b)~(e)展示了在爆炸中心共轭点处发生的汇聚(Esashi,1983)。

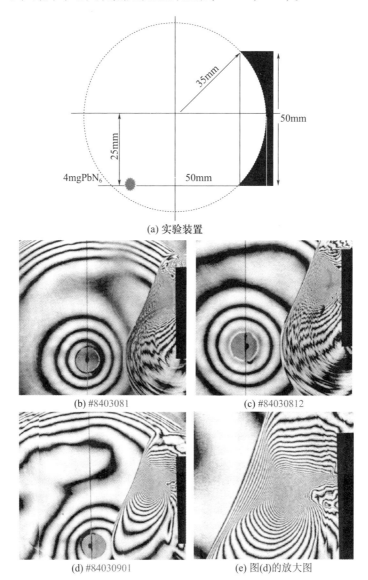

图 9.21　偏心爆炸引发的反射激波汇聚
(9mg 的 PbN$_6$ 药丸,偏离轴线 25mm,距反射面底部 50mm,$T=285K$)

图 9.22 展示了 9mg 的 PbN$_6$ 药丸在距离半径 35mm 浅反射器反射面底部 100mm、偏离轴线 25mm 的偏心位置处爆炸产生的激波的反射。图 9.21(b)~

(g)是系列干涉图像。反射激波在共轭焦点附近汇聚。但并非所有的条纹聚集现象都能如图9.22所示那样清晰(Esashi,1983)。

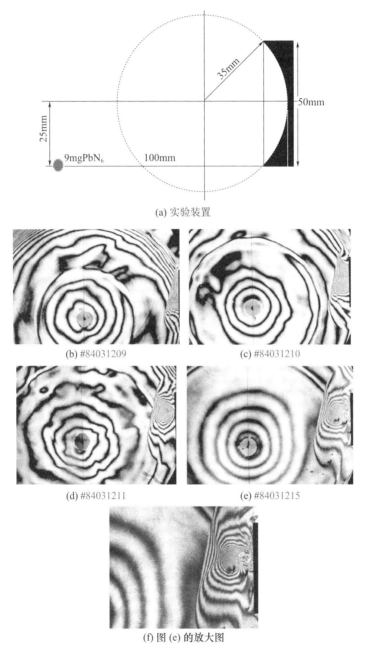

(a) 实验装置

(b) #84031209

(c) #84031210

(d) #84031211

(e) #84031215

(f) 图 (e) 的放大图

图 9.22　偏心爆炸引发的反射激波汇聚

(9mg 的 PbN_6 药丸，偏离轴线 25mm，距反射面底部 100mm，$T=285K$)

9.4.3 球冠浅反射器球外同轴偏心爆炸

将 4mg 的 PbN_6 药丸安装在中心线上距反射面底部 100mm 处,如图 9.23(a)所示,观察爆炸产生的激波反射情况,图 9.23(b)~(k)是反射激波的汇聚演化过程。

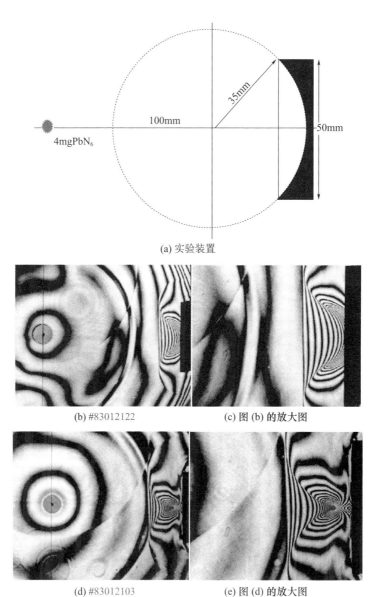

(a) 实验装置

(b) #83012122   (c) 图(b)的放大图

(d) #83012103   (e) 图(d)的放大图

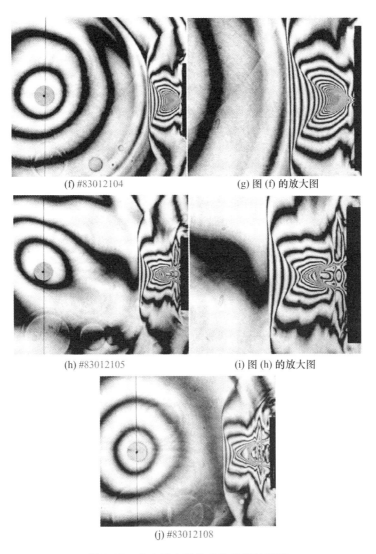

(f) #83012104　　　(g) 图 (f) 的放大图

(h) #83012105　　　(i) 图 (h) 的放大图

(j) #83012108

图 9.23　中心线上爆炸产生的激波汇聚
(4mg 的 PbN_6 药丸,距离反射面底部 100mm 处)

9.4.4　椭球冠浅反射器外侧焦点爆炸

图 9.24(a) 是 90mm × 128mm 椭球冠反射器尺寸与实验装置示意图。将 4mg 的 PbN_6 药丸置于椭球冠反射器远离反射面的焦点处(第一焦点),爆炸产生一道球形激波,该激波在靠近反射面的焦点(第二个焦点)处汇聚。图 9.24(b) ~ (m)给出了激波汇聚的演化过程,其中的条纹分布显示了球形激波的传播、反射

和汇聚的完整过程(Esashi,1983)。

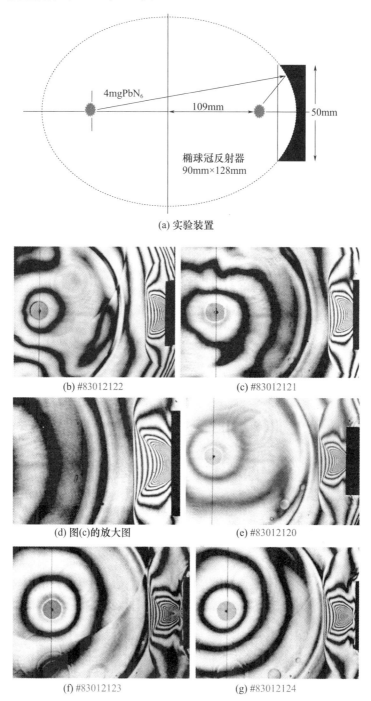

(a) 实验装置

(b) #83012122

(c) #83012121

(d) 图(c)的放大图

(e) #83012120

(f) #83012123

(g) #83012124

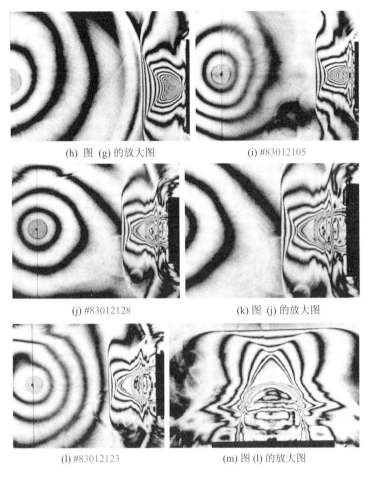

(h) 图 (g) 的放大图　　　　(i) #83012105

(j) #83012128　　　　(k) 图 (j) 的放大图

(l) #83012123　　　　(m) 图 (l) 的放大图

图 9.24　椭球冠浅反射器焦点爆炸波在另一个焦点汇聚的过程
(4mg 的 PbN_6 药丸,90mm×128mm 椭球形反射器)

从图 9.24 看到,由第一个焦点处产生的球形激波中的一部分由直径 50mm 的反射器反射、汇聚,激波能量的 1.2% 得以恢复。如果激波在该椭球腔中靠近反射面的焦点处产生,在远焦点处的能量恢复率将远高于此值(Esashi,1983)。

9.4.5　椭球冠深反射器

1. 亚克力椭球冠反射器的漫反射全息观测

当激波在 90mm×128mm 椭球形反射器内焦点(第一焦点)处产生时,反射激波将在反射器的外焦点(第二焦点)处汇聚。为了观测到波在反射器内部的运动,反射器用亚克力材料制成,采用漫反射全息干涉法(diffuse – holography interferometry)观察波的运动,漫反射物光束 OB 通过透明的反射器,将全息信息带到全息胶片上。将光路系统与阴影系统相结合,可以将两次曝光之间相位角的变化记录为全息图。爆炸物 PbN_6 粘附于光纤端面,光纤从反射器底部的一个小孔进入反射器腔内,见图 9.25(a)。

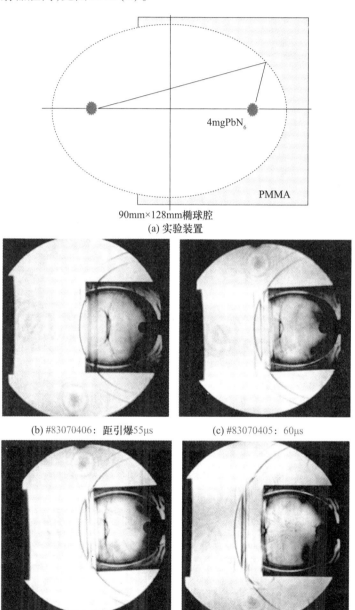

90mm×128mm 椭球腔
(a) 实验装置

(b) #83070406：距引爆 55μs　　(c) #83070405：60μs

(d) #83070404：65μs　　(e) #83070503：70μs

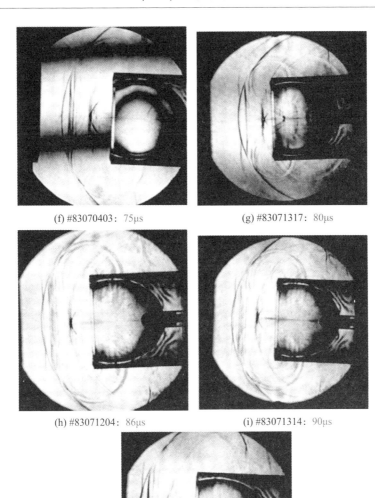

(f) #83070403: 75μs　　(g) #83071317: 80μs

(h) #83071204: 86μs　　(i) #83071314: 90μs

(j) #83071302: 96μs

图 9.25　亚克力椭球冠深反射器产生的激波汇聚
（PbN_6 药丸重 11.7~12.8mg）

由图 9.25 看到，一道直接激波(爆炸波)自反射器开口处释放出来，该激波的其余部分在亚克力反射器内传播，介质材料是亚克力和水。为了简单起见，将这些波简化为一维波分析，透射波能量 I_t 与入射波能量 I_i 的比值为 $I_t/I_i = 4m_1m_2/(m_1 +$

$m_2)^2$,反射激波能量 I_r 与入射激波能量 I_i 的比值为 $I_r/I_i = (m_1 - m_2)^2/(m_1 + m_2)^2$,其中 m_1 和 m_2 分别为亚克力和水的声阻抗(此关系式仅适用于一维线性波)。

以下数据可作为参考。在亚克力中,应力波以 2.9m/s 的速度传播,亚克力密度为 1.18,于是 $m_{acryle}/m_{water} = 2.28$,因此 $I_t/I_i = 0.848$、$I_r/I_i = 0.152$。

从图 9.25 中还可以看到,一部分能量被反射到亚克力材料中。在亚克力材料中传播的激波表现为一条条的灰度间断,从亚克力释放到水中的压力波也表现为灰度间断。在反射器内焦点处有一个不规则的黑色圆形,反映的是爆炸产物气体。一部分直接激波(爆炸波)通过反射器开口向外传播,其余部分从反射器的曲壁面反射,而后向第二焦点汇聚。在图 9.25(g)~(j)中,沿中心轴可见一些模糊的灰色阴影,反映的是气泡云。

2. 黄铜椭球冠反射器的激波汇聚

在椭球冠深反射器的内焦点处产生的球形激波汇聚在外焦点处,观测到外焦点处的条纹集中现象,图 9.26 是椭球形黄铜深反射器产生的激波汇聚系列双曝光干涉图。椭球形反射器的规格是 90mm×128mm,在内焦点处点燃 3.7~5.6mg 的 PbN_6 药丸,首先出现直接激波(爆炸波),之后反射激波逐渐汇聚于外焦点处。

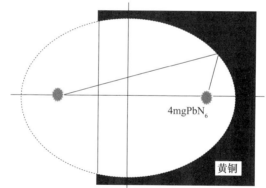

(a) 实验装置

(b) #83090710: 65μs

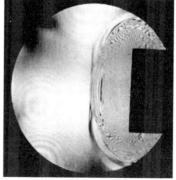

(c) #83090709: 70μs

第 9 章 水下激波

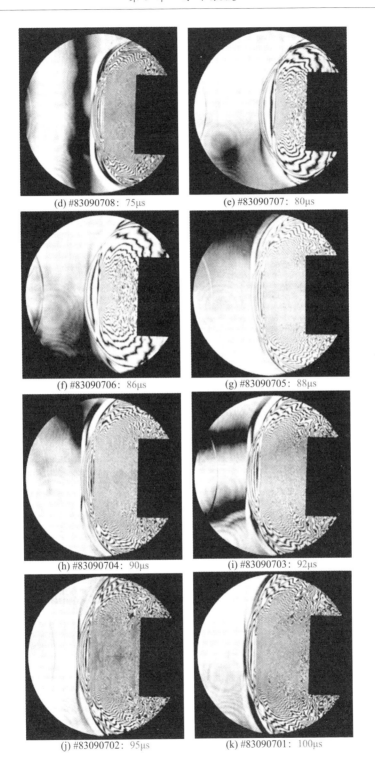

(d) #83090708: 75μs　　(e) #83090707: 80μs

(f) #83090706: 86μs　　(g) #83090705: 88μs

(h) #83090704: 90μs　　(i) #83090703: 92μs

(j) #83090702: 95μs　　(k) #83090701: 100μs

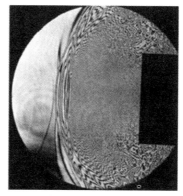

(l) #83090607: 105μs

图9.26 椭球形黄铜深反射器产生的激波汇聚

（激波由3.7~5.6mg的PbN_6药丸爆炸产生,椭球尺寸规格为90mm×128mm）

3. 封闭椭球反射器中的激波汇聚

用不锈钢制作一个壁厚100mm的500mm×700mm封闭椭球反射器(Takayma,1990),图9.27(a)是椭球反射器的示意图,图(b)是设备照片,图(c)是一颗PETN药丸,药丸粘附在一根细光纤末端,实验时放置于反射器焦点处。炸药（包括一颗PETN药丸和点火器）的总质量超过110mg,因此反射器的壁面非常厚,期望能够承受爆炸产生的高压,并尽量减少壁面变形。然而,实验后在反射器的上部发现许多密集的针尖大小的坑,这些小坑是高压在很短的时间内消失而产生气蚀作用的结果。

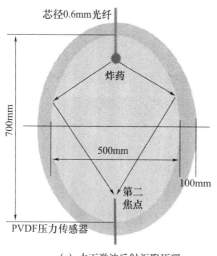

(a) 水下激波反射汇聚原理

(b) 实验设备

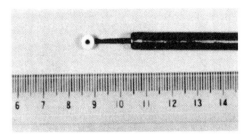

(c) 炸药（PETN，由 10mg 的 AgN_3 点火器引爆）

图 9.27　水下激波在封闭的椭球反射器内的汇聚

PETN 药丸为圆柱形，有一个直径 2mm 的孔，如图 9.27(c) 所示。一颗 10mg 的 AgN_3 药丸粘附在一根芯径 0.6mm 的光纤端面，用作点火器，光纤插入 PETN 药丸的 2mm 孔中。使一束调 Q Nd:YAG 激光光束通过光纤点燃 AgN_3 药丸，同时引爆 PETN 药丸，在封闭的椭球腔内产生一道球形激波，该球形激波将汇聚到另一个焦点上。用自制的聚偏氟乙烯(PVDF)压力传感器测量焦点处的压力，与 Kistler 601H 型压力传感器测量的结果相对比，对自制传感器进行校准。此外，还将自制传感器与 Kistler 传感器测量的沿中心轴线的压力曲线结果进行了对比。

测试了三种 PETN 药丸。图 9.28(a) 是第二焦点附近的峰值压力分布，纵坐标是峰值压力(MPa)，横坐标是与第二焦点的距离(mm)。实线是 TVD 数值模拟结果(Shitamori,1990)，可以看到，数值模拟获得的第二焦点处峰值压力及沿轴线的压力分布与实验结果吻合得很好。图 9.28(b) 汇总了峰值压力随 PETN 药丸重量的变化情况，纵坐标是第二焦点处的峰值压力(MPa)，横坐标是爆炸物(PETN + $10mgAgN_3$)的质量(mg)。到目前为止，测试的峰值压力约为 800MPa。

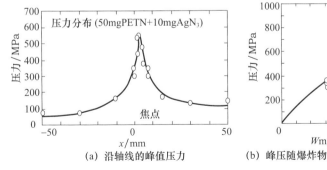
(a) 沿轴线的峰值压力

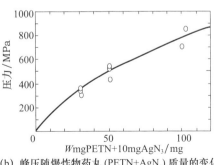
(b) 峰压随爆炸物药丸 (PETN+AgN_3) 质量的变化

图 9.28　封闭椭球腔内的激波汇聚

9.4.6 脉冲激光光束诱导水下激波的汇聚

将能量1J、脉冲宽度25ns的调Q激光束照射到椭球冠浅反射器的反射面上,反射器外径为60mm,椭球尺寸为90mm×128mm,如图9.29(a)所示。当激光束照射到反射面时,凹形反射面会产生半球形的弱激波,这些激波向焦点传播,如图9.29(b)所示。随着时间的推移,凹形反射面产生的激波形成半球形,并在反射器边缘发生衍射。图9.29(b)~(k)展示了球形激波的传播及向反射器焦点汇聚的过程。激光诱导的激波非常弱,因此在汇聚过程中没有产生空泡现象。

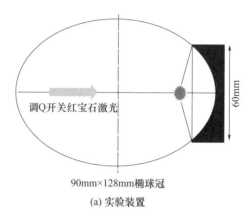

(a) 实验装置

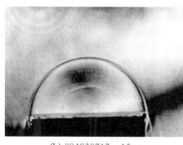

(b) #84030712: 15μs

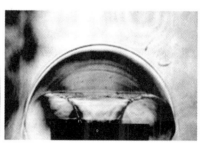

(c) #84030711: 25μs

(d) #84030710: 35μs

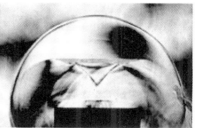

(e) #84030719: 36μs

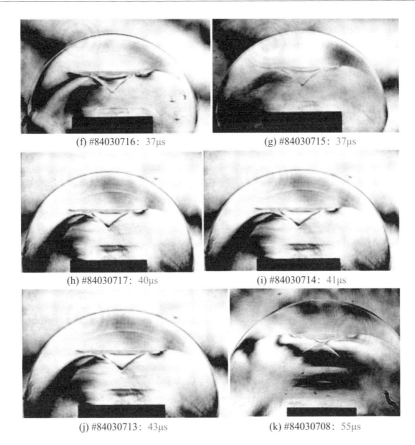

(f) #84030716: 37μs (g) #84030715: 37μs
(h) #84030717: 40μs (i) #84030714: 41μs
(j) #84030713: 43μs (k) #84030708: 55μs

图 9.29　调 Q 激光束照射在椭球冠浅反射器上产生的激波汇聚
（激光束能量 1J,脉冲宽度 25ns）

9.4.7　压电陶瓷振荡单脉冲强声波的汇聚

图 9.30(a)是实验装置示意图,反射器外径为 300mm,其反射面是一个直径 600mm 的球冠面,由 24 片钡钛陶瓷片组成,呈碟状结构,这些陶瓷片在水中被同步驱动,精确且同步地产生 30μm 的最大振幅。适当调整电源电路的电阻抗,使碟子只振荡一次,第二次和第三次振荡被快速抑制。因此,电能可以更高效地驱动碟片(Okazaki,1989)。

由 24 片陶瓷组成的碟子的脉冲运动产生出凹形的强声波,声波向碟面所在的球心汇聚。碟片脉动的加速度约为 $10^3 g$,产生一串压缩波,图 9.30(b)表明这一串压缩波在靠近球心时转变为激波,激波的强度足以使肾结石破碎,如图 9.30(e)所示。同时,环形碟的边缘产生膨胀波,使高压衰减。干涉图像清晰地显示了焦点处出现的高压峰值,这个高压能有效破碎肾结石。

可视化激波现象

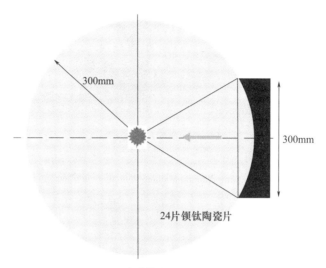

(a) 实验装置

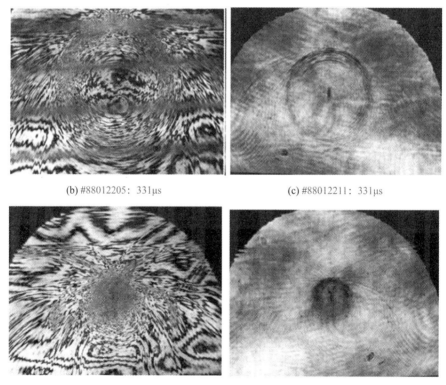

(b) #88012205: 331μs   (c) #88012211: 331μs

(d) #88012204: 351μs   (e) #88012210: 351μs

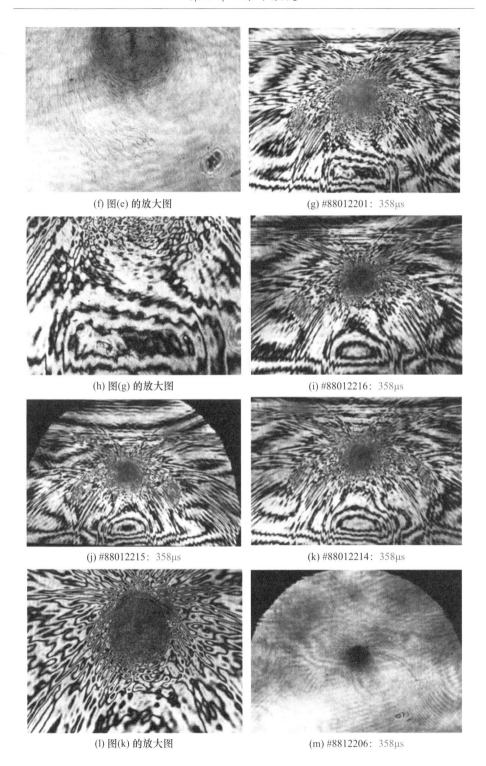

(f) 图(e) 的放大图

(g) #88012201：358μs

(h) 图(g) 的放大图

(i) #88012216：358μs

(j) #88012215：358μs

(k) #88012214：358μs

(l) 图(k) 的放大图

(m) #8812206：358μs

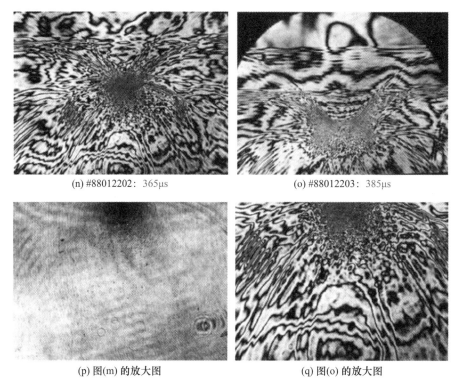

(n) #88012202: 365μs　　　　　　　(o) #88012203: 385μs

(p) 图(m) 的放大图　　　　　　　(q) 图(o) 的放大图

图 9.30　超声波的聚焦

由 24 片陶瓷片驱动形成的一系列压缩波最终在碟面所在的球心形成密集的干涉条纹堆积。图 9.30 展示了输入能量 2.7kV 的单次振荡产生的声波聚集的情况,给出的是触发后 330～385μs 的系列照片,其中图 9.30(c)、(e)为单曝光干涉图像。图中的条纹密度显示,汇聚区域的局部压力增强,到目前为止测得的峰值压力超过 100MPa。当膨胀波到达高压区时,高压突然消失,引发一个高张力,该张力自然超过了水中的剥落压力,于是产生气泡,气泡随即破裂,产生二次激波,如图 9.30(e)、(g)所示。图 9.30(f)给出了这些气泡的放大图,图 9.30(p)、(q)分别为图 9.30(m)和(o)的放大图。图 9.30(b)、(c)是在同一延迟时间(331μs)拍摄的双曝光和单曝光干涉图,图 9.30(d)、(e)为 351μs 拍摄的一对图像,图 9.30(k)、(l)、(m)为 358μs 拍摄的一对图像。利用单曝光图像可观察到气泡和二次激波,而通过双曝光干涉图很容易估计密度的变化。

9.5　水下激波与气泡的干扰

水下激波与气泡的相互作用不仅是激波动力学一个基础研究课题,也是气泡动力学的一个基础研究课题(Shima,1997)。激波与气泡的相互作用是体外激波碎石方法中与肌体组织损伤密切相关的机制之一。

9.5.1 单个球形空气泡

在水力学研究中,高速水流或压力突降可以引发气穴现象,由此引发的气蚀问题(cavitation erosion)就成为水力学机械研究的一个重要课题。同样,在体外激波碎石治疗过程中发生的肌体组织损伤也是由激波与气泡的相互作用产生的(Chaussey等,1982;Kuwahara等,1986),于是,对激波与单个气泡相互作用的观察研究就成为了一个基础研究课题。

在静止的水中放置一个气泡,给气泡施加一个压力脉动,气泡就会产生振荡运动,Shima(1997)总结了这种对称气泡的运动。如果使一道水下激波撞击这个气泡,情况则完全不同,激波使气泡产生复杂的变形,还会产生一个微射流。

若将微射流的速度记为 u,水中的声速记为 a,水的密度记为 ρ,则驻点压力 p_{st} 可以写为 $p_{st} = a\rho u$。在激波碎石治疗中,气泡直径在亚毫米量级,如果射流速度为100m/s,射流产生的驻点压力可以超过150MPa,所以射流可以轻松穿透任何肌体组织。

将硝酸铵颗粒溶解于煤油,制成浆质炸药,将装有空气的薄壳玻璃球(直径为数百微米)均匀混浮于浆质炸药中。当爆炸波在浆质炸药中传播时,薄壳玻璃球破裂,就产生激波与空气泡相互作用那样的现象,当玻璃球中的空气收缩到体积最小的状态时,在气泡内的某个点上气体温度会升得很高,这个高温将维持后续的炸药爆炸。热斑不是由空气泡收缩过程中的绝热压缩导致,而是由激波从凹形的空气-液体界面反射汇聚产生,激波与气泡的相互作用维持着浆质炸药内的爆炸传播。Shima(1997)认为热斑是由于绝热压缩产生的,但激波压缩产生的温升比绝热压缩要高效得多。

为观察激波与气泡的相互作用,组织了一个类似的实验。在芯径0.6mm的光纤端面粘附一颗4mg的 PbN_6 药丸,将调 Q Nd:YAG 激光通过光纤传输到光纤末端引爆药丸,产生一道激波。实验舱是一个 500mm×500mm×500mm 的不锈钢容器,从实验舱底部一个直径0.3mm的毛细管释放出空气泡,在释放空气泡前,测量毛细管中空气的长度,从而获得空气泡的体积,进而确定气泡的直径为1.7mm。当气泡上升到距离爆心20mm时,引爆 PbN_6 药丸,激波后压力约为25MPa。

在收缩的气泡内形成射流,其机制与诺依曼射流有关。在一个柱形爆炸物的端面点燃该爆炸物,产生一道平面爆炸波在爆炸物内传播,参考图8.2,如果在柱形爆炸物的另一个端面有一个锥形的凹腔,传输过程中的爆炸波在这个凹腔壁面产生衍射,然后汇聚到中心轴上,产生一个射流,射流运动的方向与爆炸波传播方向一致。同时,位于锥形凹腔顶部的爆炸产物气体被引射,也朝这个方向运动。图9.31是图8.2的10mgAgN$_3$药丸爆炸的放大图,一道爆炸波(黑线)在柱形爆炸物内传播,在凹腔壁面衍射,汇聚到中心轴上,图中的射流用粗箭头表示,这里的射流形成现象称为诺依曼效应,与收缩的空气泡内部产生的微射流形成具有相同的物理机制。诺依曼效应是一种典型的快-慢界面激波干扰现象,玻璃球破裂时的射流形成就是这种界面激波干扰效应。

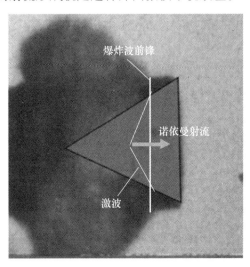

图9.31　诺依曼效应示意图

图9.32是激波与单个气泡相互作用的演化过程,采用双曝光和单曝光全息干涉法拍摄。在双曝光干涉图中,第一次曝光拍摄的是未受干扰的气泡,第二次曝光拍摄的是在激波撞击下变形的气泡,两次曝光间隔1ms,拍摄的两张图像叠加在一张胶片上。双曝光干涉法拍摄的气泡看起来有点模糊,单曝光干涉法拍摄的气泡形状就很清晰。

当激波撞击到气泡时,气泡开始收缩,膨胀波从其表面反射,如图9.32(b)所示。每张双曝光干涉图像下方标注的时间表示爆炸后经过的时间。气泡继续收缩,当其体积收缩到最小时,气泡前驻点的压力达到最大值。前驻点处密集的条纹表征压力的增强。随后,当高压释放到水中时,压缩波串传播并合并为一道二次激波,如图9.32(c)~(g)所示。

在类似于诺依曼效应的物理机制(见图9.31)作用下,在收缩的气泡内形成一道射流,一些参数决定着射流的形成(例如,变形气泡的半径与理想球形气泡半径的比值,以及气泡中气体的声速与液体声速的比值)。图9.32(j)、(k)是二次激波撞击爆炸产物气泡的后期阶段,当受到激波撞击时,界面的不稳定性使气泡表面呈现出不规则的形状。

第9章 水下激波

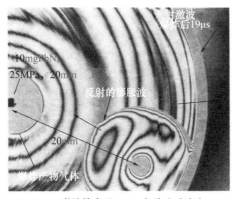

(a) #86082608：激波撞击后19μs，气泡上升速度v=0.187m/s

(b) #86082507：18.4μs，v=0.165m/s

(c) #86082610：23μs，单曝光

(d) #86082506：20.1μs，v=0.184m/s

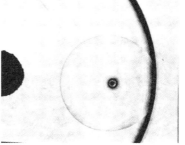

(e) #86082609：25μs，单曝光

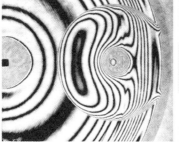

(f) #86082505：22.1μs，v=0.164m/s

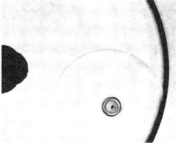

(g) #86082615：25μs，单曝光

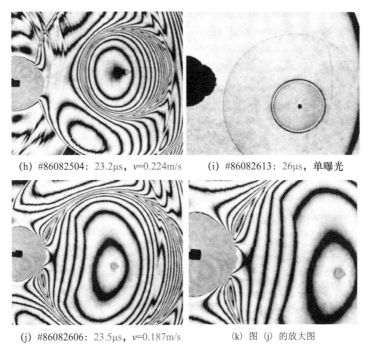

(h) #86082504：23.2μs，v=0.224m/s (i) #86082613：26μs，单曝光

(j) #86082606：23.5μs，v=0.187m/s (k) 图(j)的放大图

图9.32　激波与单个气泡的相互作用(Ikeda等,1999)
(10mg PbN$_6$药丸在距离气泡20mm处爆炸产生激波,气泡直径1.7mm,温度296K)

由于双曝光干涉图中横穿膨胀波的密度梯度与横穿激波的密度梯度相反,因此横穿膨胀波的条纹位移方向与横穿激波的条纹位移方向不同。假设图9.32中的条纹分布是轴对称的,通过评估条纹分布,很容易确定出激波和膨胀波后的密度分布。假设流动等熵,就可以从密度分布求得压力分布(Abe,1989)。根据图9.32(b)、(d)、(f)、(h),获得了爆心与气泡连线上沿程的压力分布,见图9.33,这些曲线分别对应点火后18.4μs、20.1μs、22.1μs和23.2μs的时刻,图中的纵坐标是压力(bar),横坐标是无量纲距离(用药丸与气泡之间的距离20mm进行归一化)。图9.33(a)证明了反射膨胀波的存在,空心圆是实验结果(由条纹分布估算)。图9.33(b)表明峰值压力的分布与点爆炸附近的压力分布相似。从图9.33(c)和(d)中可以看出,一系列压缩波合并形成了二次激波。从图9.33(b)~(d)能清晰地观察到二次激波的传播与衰减。

当一些波扫过液面时,引起液体中压力的波动,置于静止液体中的气泡会对这种压力波动做出响应,并发生对称振荡。当气泡收缩到最小体积时,由于绝热压缩,气泡内的温度升至最高,气泡就会发出亮光,这种现象称为声致发光。

另一个极端情况是,当激波撞击气泡时,气泡剧烈反应,产生非对称变形,变形的程度和运动方向与激波强度有关。然而,关于变形气泡内部的波运动如今还知之甚少,数值模拟有可能求解这种收缩气泡内部非对称波的运动。

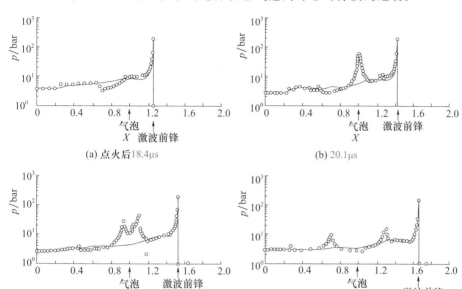

图 9.33　压力分布的预估(对应图 9.32,Abe,1989)

在绝热压缩过程中,无量纲温度 T/T_0 与无量纲压力 p/p_0 之间的关系为

$$T/T_0 = (p/p_0)^{2/7} \quad (\gamma = 1.4) \tag{9.10}$$

式中:T_0 和 p_0 分别为环境温度和环境压力。

而在激波压缩过程中,温度的升高与压力的增加成正比:

$$T/T_0 \propto (p/6p_0) \quad (p/p_0 \gg 1 \text{ 时}) \tag{9.11}$$

例如,为了通过绝热压缩获得 $T/T_0 = 17$,p/p_0 应为 19000,然而通过激波压缩,在理想双原子分子气体中,当 $Ma_s = 8.3$ 条件下,波后的 p/p_0 仅达到 100。

拍摄图 9.32 所采用的光路基本上是直接阴影法的光路,全息胶片正对实验段,虽然便于获得热斑发光图像,但由于全息胶片对该波长的光不敏感,所以没有拍摄到热斑发光。

9.5.2　水中的单个非球形空气泡

图 9.34 展示了激波与盘状气泡(特征比为 1.5mm × 2.5mm 的)相互作用的系列阴影图。图像采用 Ima Con D - 200 拍摄。拍摄这 14 幅图像的时间范围从 9.9μs 到 22.9μs,图像间隔 1μs,曝光时间 10ns。利用光纤压力传感器在距气泡中心 2mm 处测量端壁上的压力。激波由 10mg 的 AgN_3 在距离气泡中心 20mm 的位置处爆炸产生。在 20mm 距离处测得的压力约为 25MPa,气泡在激波的作

用下开始收缩。虽然反射的膨胀波不明显,但从气泡收缩到最小体积的那一刻起观察到了二次激波,如图 9.34(j)、(k)所示。在图 9.34(i)中观察到发光的迹象。在图 9.34(j)中,发光变得更亮,并持续了约 1μs。图 9.34(j)显示,最亮的点略微向上游移动,意味着发光是由于气泡内部的波运动引起的。图 9.34(o)是压力随时间的变化,是对上述系列图像现象的总结,其纵坐标是压力(MPa),横坐标是阴影图像所在的时间(μs)。在 13.5μs 时,如图 9.34(e)所示,入射激波到达壁面;在约 20.5μs 时,二次激波到达壁面,壁面上的峰值压力约为 80MPa。

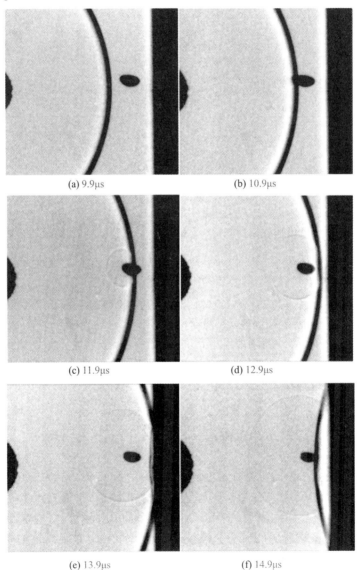

(a) 9.9μs (b) 10.9μs

(c) 11.9μs (d) 12.9μs

(e) 13.9μs (f) 14.9μs

第9章 水下激波

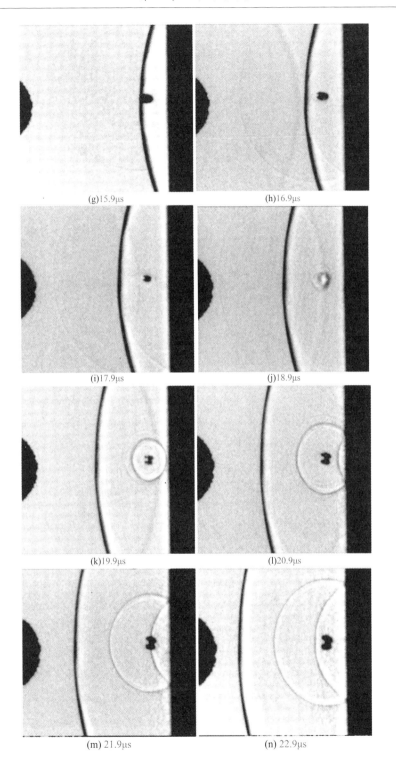

(g) 15.9μs (h) 16.9μs
(i) 17.9μs (j) 18.9μs
(k) 19.9μs (l) 20.9μs
(m) 21.9μs (n) 22.9μs

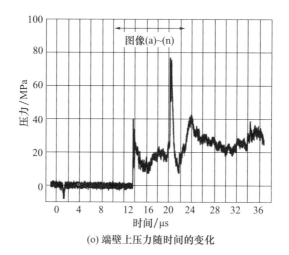

(o) 端壁上压力随时间的变化

图9.34 非球形空气泡与水下激波相互作用的系列照片

9.5.3 发光

图9.35是激波与直径2mm的球形空气泡相互作用的系列图像,采用岛津SH100高速摄像机以10^6帧/s的帧频拍摄,曝光时间125ns。激波由10mg的AgN_3药丸在距离气泡20mm处爆炸产生,各图中右侧较大的黑色阴影是爆炸产物气泡,这种爆炸产物在空气中称为火球。在图9.35(b)中,比较模糊的灰色圆圈是反射的膨胀波;在图9.35(d)中,于气泡前驻点处可见微弱的闪光点;随时间推移,气泡逐渐收缩,在图9.35(f)中其体积达到最小;之后气泡开始膨胀,在图9.35(g)、(h)中出现二次激波,在图9.35(g)中发光最强,刚产生的二次激波隐约可见。热斑位于膨胀气泡的迎风侧,说明热斑是气泡内部波干扰造成的,数值模拟也揭示,波干涉是热斑形成的最主要原因。

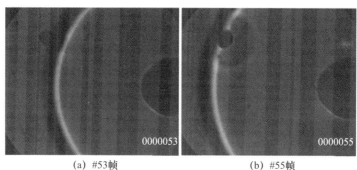

(a) #53帧　　　　　　　　　　(b) #55帧

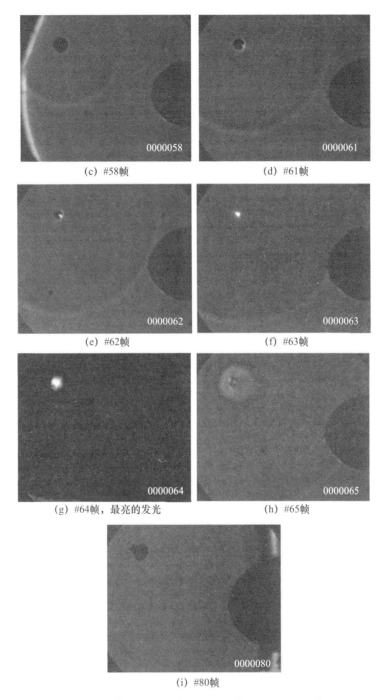

(c) #58帧　　　　　　　　　　　(d) #61帧

(e) #62帧　　　　　　　　　　　(f) #63帧

(g) #64帧，最亮的发光　　　　　(h) #65帧

(i) #80帧

图 9.35　激波与直径 2mm 空气泡的相互作用(Takayama 等,2015)
(激波由 10mg 的 AgN_3 在距空气泡 20mm 处爆炸产生)

图 9.36 是不同时刻光强沿中心线的变化,纵坐标是第 60 帧至第 67 帧(对应 60~67μs)的光强,横坐标是气泡中心与爆心之间的距离(mm)。在 65μs,当气泡的体积最小时,亮斑的强度最大,产生了二次激波。在 67μs,亮斑向气泡的后部移动。

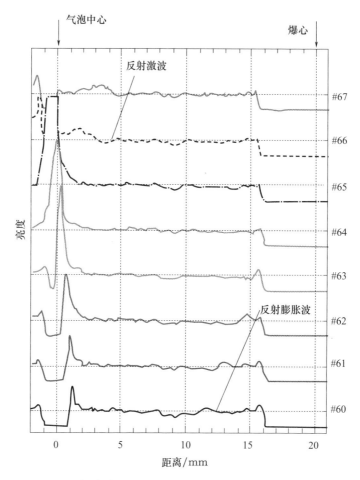

图 9.36 激波/气泡相互作用形成的亮斑在不同时刻的亮度
(激波由 10mg 的 AgN_3 药丸在距离气泡 20mm 处爆炸产生,Takayama 等,2015)

9.5.4 硅油中激波与空气泡的干扰

图 9.37 是硅油中激波/气泡相互作用的流动图像,硅油的黏度分别为 1cSt、10cSt、100cSt 及 1000cSt。实验舱直径为 300mm、宽 300mm,实验时分别充入 1cSt、10cSt、100cSt 及 1000cSt 的硅油,介质温度为 290K。

1. 黏度为 1cSt 的硅油

图 9.37 是在 1cSt 的硅油中直径 2.04mm 的空气泡与激波相互作用的系列照片,10mg 的 AgN_3 药丸在距离气泡 20mm 处爆炸产生激波,气泡运动的演化类似于直径 1.7mm 气泡与水下激波相互作用的情况(图 9.32)。图 9.37(b)是图 (a)的放大图,图中气泡略呈椭球形,而图 9.32 中的气泡为正球形。椭球形气泡的运动与球形气泡的运动略有不同。在图 9.37(d)中,坍塌的气泡最终呈凸形(Hayakawa,1987)。

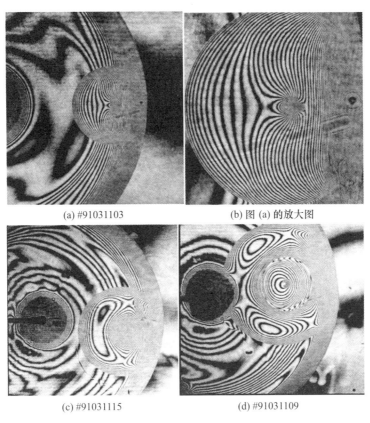

图 9.37 激波/空气泡在 1cSt 的硅油中的相互作用

2. 10cSt 的硅油

图 9.38 是直径 1.5mm 的空气泡在 10cSt 的硅油中与激波相互作用的系列照片。10mg 的 AgN_3 药丸在距离气泡 20mm 处爆炸产生激波(Hayakawa,1987)。在很长一段时间之后(图 9.38(f))气泡再次出现最小体积。二次激波与爆炸产物气泡相互作用,膨胀波发生反射,观察到因界面不稳定而形成的锯齿状气泡表面。

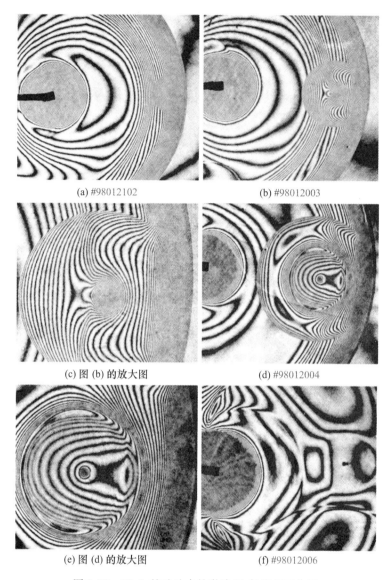

图 9.38　10cSt 的硅油中的激波/空气泡相互作用

3. 100cSt 的硅油

图 9.39 展示了激波在 100cSt 的硅油中与直径 1.5mm 的球形空气泡相互作用的过程。激波由 10mg 的 AgN_3 药丸在距离气泡 20mm 处爆炸产生。气泡与激波的相互作用和 10cSt 的硅油中的情况非常相似,如图 9.38 所示(Hayakawa,1987)。在图 9.39(a)中,气泡达到最小体积时,观察到了非常密集的条纹堆积。

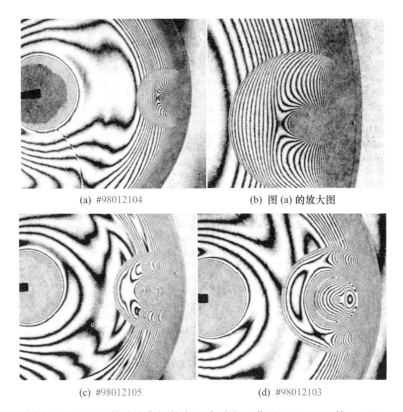

(a) #98012104　　　　　　　　　(b) 图(a)的放大图

(c) #98012105　　　　　　　　　(d) #98012103

图 9.39　100cSt 的硅油中的激波/空气泡相互作用(Takayama 等,2015)

4. 1000cSt 的硅油

图 9.40 展示了激波在高黏性(1000cSt)的硅油中与直径 1.5mm 的球形空气泡相互作用的情况。激波由 10mg 的 AgN_3 药丸在距离气泡 20mm 处爆炸产生。与黏度较小的硅油相比,气泡变形略有延缓(Hayakawa,1987)。

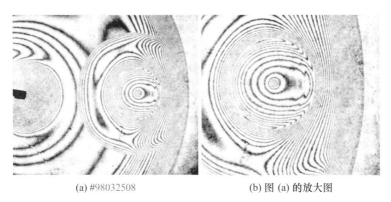

(a) #98032508　　　　　　　　　(b) 图(a)的放大图

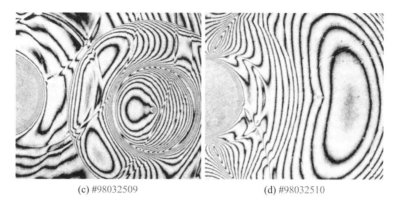

(c) #98032509   (d) #98032510

图 9.40 1000cSt 的硅油中的激波/空气泡相互作用(温度 298K)

9.5.5 糖浆

在质量百分比为 70% 的金黄色糖浆中,观察激波与直径为 2.0mm 的气泡相互作用的过程,见图 9.41。金黄色糖浆含有 30% 质量的水分和 70% 质量的金黄色糖浆。质量百分比为 70% 的金黄色糖浆,其黏度与 1000cSt 的硅油相近。利用 10mg 的 AgN_3 药丸在相距气泡 20mm 处爆炸产生激波,用岛津 SH100 高速摄像机记录直接阴影图像,帧频为 10^6 帧/s,曝光时间为 125ns。

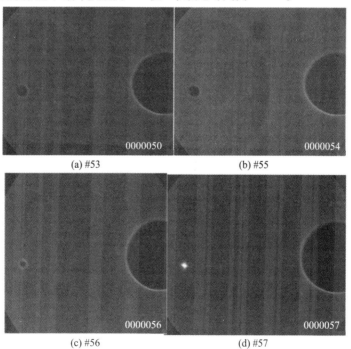

(a) #53   (b) #55

(c) #56   (d) #57

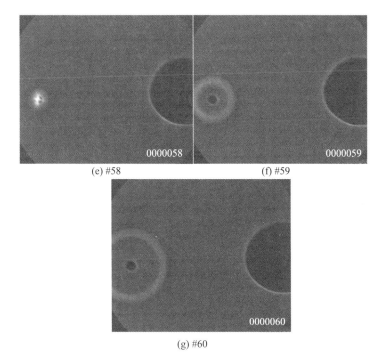

图9.41 质量含量70%的金黄色糖浆中激波/气泡的相互作用

在图9.41中,激波由右向左传播,右侧黑色的圆形阴影为10mg AgN_3药丸的爆炸火球(即爆炸产物气泡),空气泡位于左侧,其周围的淡灰色圆圈是反射的膨胀波。在图9.41(c)中,空气泡收缩,反射膨胀波扩展。在图9.41(d)中,空气泡的体积达到最小,并发光。在图9.41(e)中,亮光发自气泡的正面,表明热斑是由气泡内部的波汇聚而形成的(Takayama等,2015)。

图9.42汇总了从气泡到爆心(见图9.41)之间沿途的亮度随时间变化,纵坐标是从第52帧到第61帧照片上测量到的亮度,横坐标是距离。57μs对应图9.41(d),气泡的亮度最大,此时刚刚产生了二次激波。

9.5.6 硅油中的氦气泡

在激波的冲击下,波在气泡内部的运动取决于气泡中的声速与液体中的声速之比,因此,气泡的变形也受这个比值的影响。水下激波与气泡的相互作用是一种典型的快/慢界面干扰问题,空气中的声速与水中声速之比约为0.23。在慢/快界面条件下,激波在声速较慢的液体中冲击气泡时,快声速的气泡也发生变形,但其变形情况不同于快/慢界面中的气泡变形。

Yamada(1992)利用Ima Con790(JohnHadland有限公司)以10^5帧/s的帧

频,观测了氦气泡与激波在1cSt的硅油中的相互作用,氦气中的声速为970m/s,而1cSt的硅油中的声速为901.3m/s,如果在氦气中掺入体积分数50%的空气,则氦气-空气混合气体气泡中的声速与1cSt的硅油中的声速之比约为0.6。

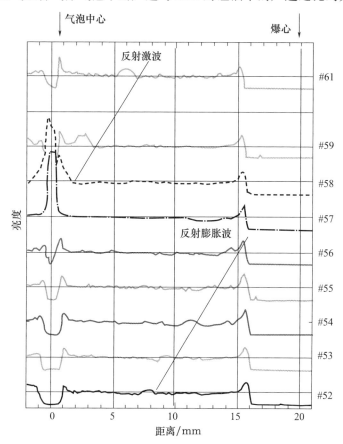

图9.42　糖浆中激波/气泡相互作用光斑亮度的变化
(对图9.41的总结,Hirano 2001)

空气泡中的声阻抗与水中的声阻抗之比约为0.007,而50%氦气-50%空气混合物中的声阻抗与1cSt的硅油中的声阻抗之比为0.012。图9.43展示了1cSt的硅油中混合气体(50%氦气-50%空气)气泡与激波相互作用的直接阴影系列图像,激波由10mg的AgN_3药丸在距离氦气-空气泡10mm处爆炸产生。拍摄这三张图像时分别延迟了596μs、600μs和602μs,这些图像的帧间间隔时间为2.5μs。在图9.43(a)中给出了爆炸激波与10mm外的混合气体气泡相干扰的过程,观测到反射膨胀波,在第七帧中还观察到气泡迎风面发生凹陷,以及反射激波的微弱阴影。在第八帧中看到气泡的迎风面变平(凹陷),第八帧的时刻与图9.43(b)中第二帧时刻几乎相同。

在图9.43(b)中,第二帧的气泡具有最小体积,第三帧的气泡出现爆炸性膨胀,说明在第二帧与第三帧之间的某一时刻,激波在气泡内传播并汇聚在某一点上,使气泡体积达到最小。第三帧的激波汇聚处因高温而发光,同时压力升高,生成二次激波。对比第三、第四帧发现,二次激波的起点与发光点几乎是同一点,说明从弯曲界面反射的激波汇聚到该点上,使气体获得高压和足以产生自发光的高温。从第四帧到第五帧看到,高压爆炸性地吹动气泡,似乎击碎了气泡主体结构。尽管气泡的主体结构发生变形并离开激波汇聚点,但气泡的一部分仍停留在气体速度几乎为零的汇聚点处。由于气泡的主体结构迅速远离汇聚点,留下的部分像是从气泡主体结构中喷射出来的反向射流,但这不是反向射流,而是一个指状结构。慢/快界面相互作用永远不符合诺依曼效应,诺依曼效应只对快/慢界面有效。总之,气/液声速比决定性地控制着气泡内波的运动(Yamada,1992)。

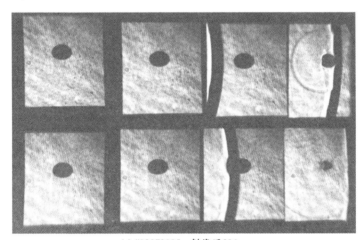

(a) #92073005:触发后596μs

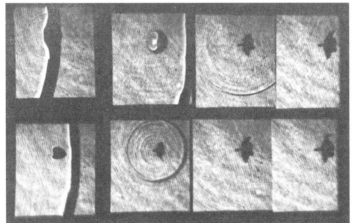

(b) #92073003:触发后600μs

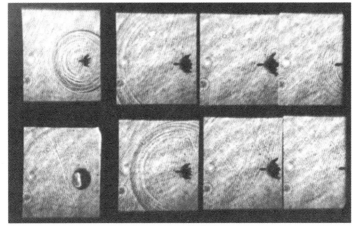

(c) #92073001：触发后602μs

图9.43　激波与氦气/空气混合气气泡在1cSt的硅油中的相互作用

后来以更高的分辨率显示了图9.43中的慢/快相互作用(Ohtani和Takayama,2010)。在图9.44的系列图像中,展示了一个0.87mm×1.22mm氦气泡与激波的相互作用,激波由10mg的AgN_3药丸爆炸产生,爆心位于1cSt的硅油中,距离气泡20mm。用阴影法记录流动结构,用Ima Con D200记录触发后19.6～22.0μs的图像,帧间间隔250ns,曝光时间20ns。图9.45是触发后22～32μs的系列图像,帧间间隔1μs,曝光时间20ns。在图9.44中,气泡在20.5μs时体积最小,发出亮光,同时产生了二次激波。与图9.43展示的情况一样,当汇聚点处产生的高压击碎气泡的主体结构时,气泡的一部分留在汇聚点处,形成一个伸开的"手指"状结构,看上去像一个反向喷流(但不是喷流)。诺依曼效应不能解释伸开的"手指"结构的形成机制。这里只能粗略推测氦气/空气泡内部的波的运动,期待用数值模拟再现"手指"结构的形成机制。

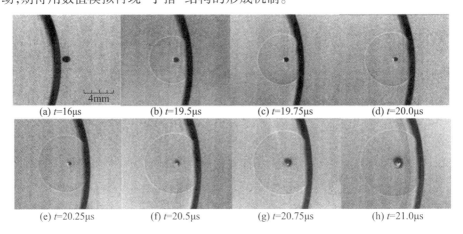

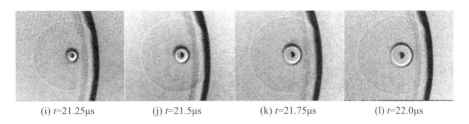

(i) $t=21.25\mu s$ (j) $t=21.5\mu s$ (k) $t=21.75\mu s$ (l) $t=22.0\mu s$

图 9.44 氦气/空气泡与激波的相互作用

(时间间隔 250ns,Ohtani 和 Takayama,2010)

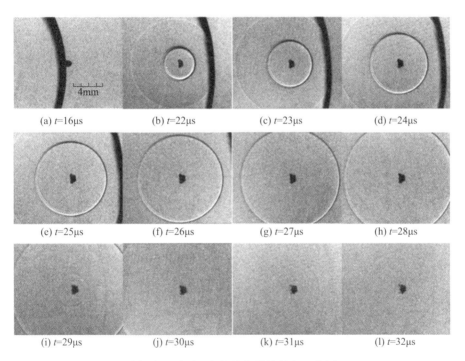

(a) $t=16\mu s$ (b) $t=22\mu s$ (c) $t=23\mu s$ (d) $t=24\mu s$

(e) $t=25\mu s$ (f) $t=26\mu s$ (g) $t=27\mu s$ (h) $t=28\mu s$

(i) $t=29\mu s$ (j) $t=30\mu s$ (k) $t=31\mu s$ (l) $t=32\mu s$

图 9.45 氦气/空气泡与激波的相互作用

(时间间隔 1μs,Ohtani 和 Takayama,2010)

在图 9.45 中,也观察到了气泡变形移位时形成的"手指"状结构。

9.5.7 激波与气泡云的干扰

图 9.46 是实验设置示意图,气泡由实验段底部的毛细管随机释放到水中,10mg 的 PbN_6 药丸在距离毛细管轴线 50mm 的位置处爆炸,爆炸产生的激波与气泡发生相互作用。

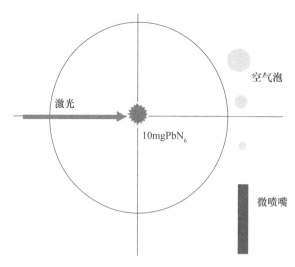

图 9.46 激波/气泡云相互作用的实验装置
(爆心距毛细管轴线 50mm)

图 9.47 展示了激波与气泡云相互作用的过程,反射的膨胀波仅在双曝光干涉图中能观察到,各气泡的变形和波干扰耗散了能量,使激波强度发生衰减。众所周知,在海洋工程和土木工程中,水下爆炸波在通过气泡幕时会有效衰减。为最高效地削弱水下爆炸波,应找出气泡尺寸及其空间分布的最佳组合,利用模拟实验可研究出相似参数,再通过相似参数将实验室的小尺寸结果应用于实地实验。图 9.47(b)、(d)、(f) 和 (h) 分别是图 9.47(a)、(c)、(e) 和 (g) 的放大图。观察到相邻气泡破裂产生的激波使其他气泡破裂,直径较小的气泡很快破裂,直径较大的气泡需要一段时间才能破裂。

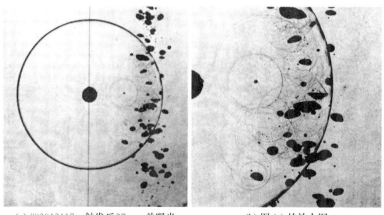

(a) #83013117: 触发后27μs,单曝光　　　　(b) 图(a)的放大图

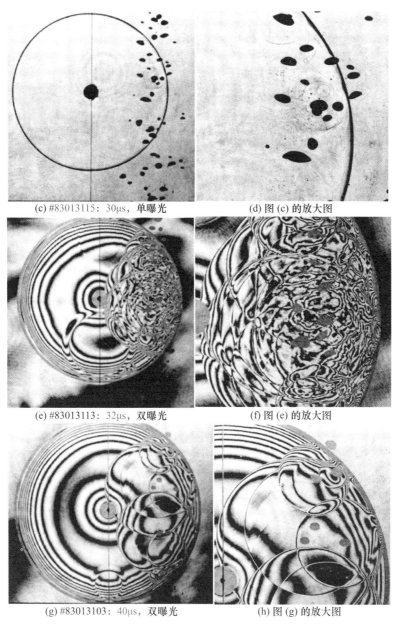

(c) #83013115：30μs，单曝光　　(d) 图 (c) 的放大图

(e) #83013113：32μs，双曝光　　(f) 图 (e) 的放大图

(g) #83013103：40μs，双曝光　　(h) 图 (g) 的放大图

图 9.47　水下激波与气泡云的相互作用

(10mg 的 PbN_6，爆心距气泡云 50mm)

9.5.8　泡沫水中的激波传播

日本从中东国家进口原油,在去往中东的路上,油轮装载着数十万吨的压舱

水,其中含有大量的海洋微生物,将它们排放到国外海域中会造成严重的环境污染。国际海事组织(检索自 http://www/imo/home.asp)同意探索一种技术,以在国外海域中排放压舱水时能有效地灭活这些海洋微生物。神户大学的 Abe 教授为灭活海洋微生物提出了一种处理压舱水的新方法,图 9.48(a)是他提出的模拟实验装置,使空气以一定速度高速搅拌水而产生大量微气泡,这些微气泡储存在盐水舱中,然后将含气泡的盐水泵入实验段。图 9.48(b)是微气泡尺寸的直方图,纵坐标产物含量指某种尺寸气泡的含量百分比,横坐标是气泡的直径(μm)。可以看到,气泡尺寸介于 5~25μm 之间,最大的气泡直径为 10μm,含量约为 35%。水下激波由 10mg 的 AgN_3 药丸在一个 10mm 宽的实验段中爆炸产生,如图 9.48(c)所示。采用一根光纤压力传感器(型号为 FOPH2000)测量压力。用 Ima Con D200 以 5×10^6 帧/s 的帧频记录阴影图像。实验段由两块 20mm 厚的亚克力板构成,亚克力板的尺寸为 50mm×145mm,相距 6mm 或 12mm,如图 9.48(c)所示。

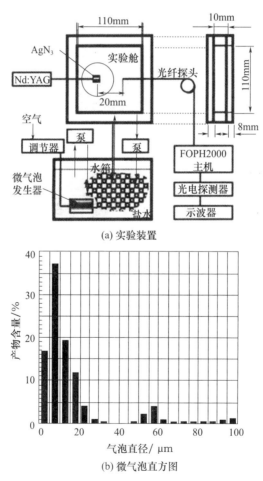

(a) 实验装置

(b) 微气泡直方图

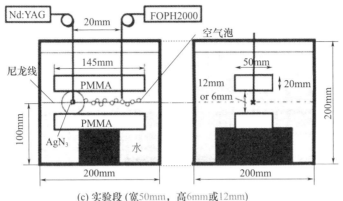

(c) 实验段(宽50mm，高6mm或12mm)

图 9.48 实验装置

图 9.49(a)展示了激波在气泡水中传播的系列图像。激波由 10mg 的 AgN_3 药丸在距离压力探头 20mm 处爆炸产生,如图 9.48(a)所示。在图 9.49 中,激波由右向左传播。当 AgN_3 爆炸时,在宽 10mm 的实验段通道内产生一道球形激波(激波在接触到侧壁之前是球形的),球形激波不断反射,最终形成圆柱形激波。在图 9.49(a)中,两个同心环是球形激波从侧壁不断反射的投影,随着时间的推移激波逐渐变平,因而这些圆环的间隔变得更窄,最终合并成一个清晰的环形,说明形成了一个二维圆柱形激波。然后,圆柱激波与微气泡相互作用,气泡很快破裂并产生二次激波(在阴影图像中无法观察到破裂现象),在第三幅图中,深色的双环是二次激波。在球形激波的冲击载荷作用下,很厚的侧壁鼓了出来(虽然侧壁的变形程度可以忽略不计),并产生了气泡,气泡对圆柱形激波做出响应,瞬间破裂。在图 9.49(b)中展示了压力传感器记录的图 9.49(a)早期阶段的压力随时间的变化,纵坐标表示压力(MPa),横坐标表示时间(μs)。激波压力阶跃的峰值约为 40MPa,反射膨胀波的包络线在激波过后 $4\mu s$ 到达压力传感器,被膨胀波抵消掉的压力值达到 15MPa 左右。

图 9.50 展示了激波/气泡在宽 6mm 实验段内(参考图 9.48)的相互作用过程,各帧之间的间隔时间为 $1.5\mu s$,第一帧拍摄于点火后 $6\mu s$。由 10mg 的 AgN_3 药丸爆炸产生一道球形激波,但很快变为二维柱状激波,标有 CS 的箭头表示从球形到二维圆柱激波的过渡激波,其波前略微变宽。标有 B1 箭头的圆环是一个球形二次激波,由破裂的气泡产生(气泡附着在中心线上的一条细尼龙线上)。在亚克力板内有一道纵向应力波,以 2.9km/s 的速度传播,该应力波释放到水中时,在球形激波前方产生"前位"斜激波(由箭头 OS 指示)。在第一帧和第二帧之间,二次激波的反射波到达压力传感器(光纤压力传感器显示在第四帧中),激波连续撞击尼龙线上的气泡,产生二次激波,同时,激波撞击气泡时也产生反

射膨胀波,但阴影图没有捕捉到。模糊的背景噪声就是微气泡破裂产生的二次激波及膨胀波的反射结果。在第六帧中,B1 箭头指示的圆环是气泡破裂导致的二次激波,但此激波不如第一帧中 B1 激波那样强。

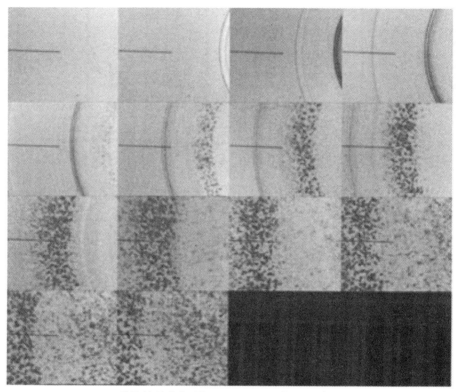

(a) 激波/气泡水的干扰 (#090227001: 帧频$5×10^6$)

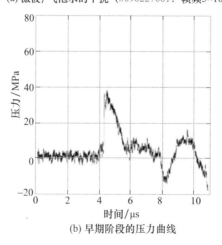

(b) 早期阶段的压力曲线

图 9.49 气泡水中的激波传播

图 9.50(b)是压力测量结果,传感器的位置见图 9.50(a)中的第四帧,纵坐标表示压力(MPa),横坐标表示时间(μs)。一次激波的撞击使压力增加到 60MPa,由壁面反射的二次激波的撞击使压力提高到 200MPa 以上。如果海洋微生物反复暴露在这样的高压中,它们就会被逐渐消灭。在这个模拟实验中,激波由微型爆炸产生,激波/气泡的相互作用产生了二次激波,二次激波在受限空间壁面上的反射产生了高达 220MPa 以上的峰值压力。如果对气泡的直径和数量密度进行优化,并采用更细的管子通过火花高频放电反复产生激波,则有可能产生超过 300MPa 的压力。当完成这种优化时,就能实现激波辅助消灭微生物的技术。

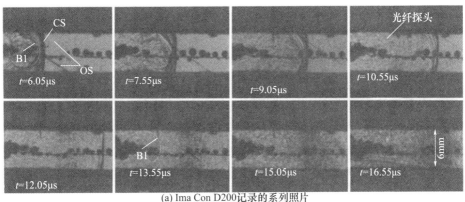

(a) Ima Con D200 记录的系列照片

B1—二次激波,CS—激波由球形到柱形转变过程中的过渡激波,OS—前位斜激波

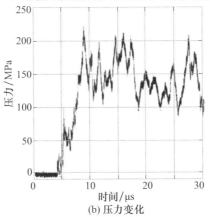

(b) 压力变化

图 9.50　宽 6mm 二维管道中的激波/气泡相互作用

9.5.9　激波与亚克力板上气泡的干扰

1. 亚克力平板上的气泡

气泡直径 5mm,附于厚度 7mm 的亚克力板上,10mg 的 AgN_3 药丸在距离亚

克力板50mm的位置处爆炸，图9.51是激波/气泡相互作用的系列双曝光干涉图像(Yamada,1992)。

当激波撞击气泡时，气泡收缩，其正面被压扁。气泡形状被记录两次，第一次是在刚刚启动实验时，第二次是在被观测事件发生时，将两幅图像进行叠加，获得双曝光干涉图像。在图9.51(c)~(l)中，观测到气泡收缩的过程，包括被压扁的气泡、水射流的形成过程及其对亚克力壁面的冲击。在图9.51(g)、(h)中，射流对亚克力壁面的冲击产生了压应力波。图9.51证实，在水和亚克力板中，全息干涉测量能定量给出密度分布。在光弹性材料中，因光弹性也能产生条纹，但在二维亚克力板上观察到的条纹是等密度轮廓线。

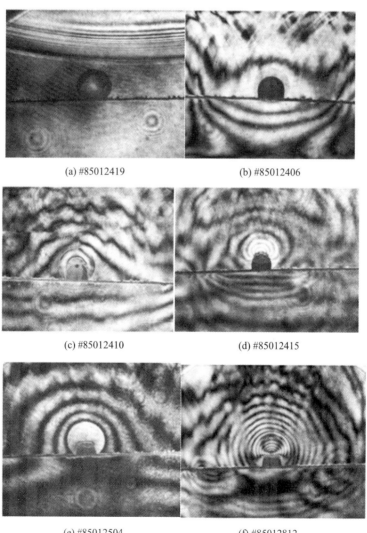

(a) #85012419　　　　　　　　(b) #85012406

(c) #85012410　　　　　　　　(d) #85012415

(e) #85012504　　　　　　　　(f) #85012812

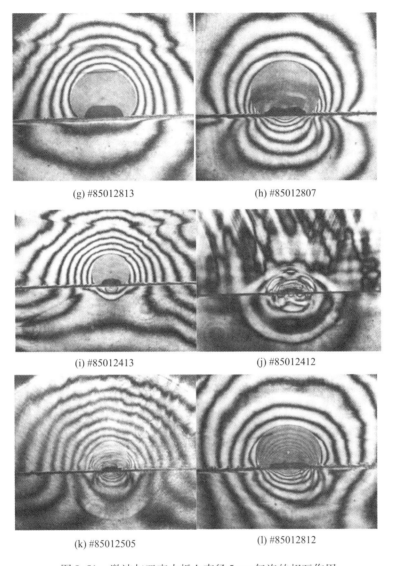

(g) #85012813   (h) #85012807

(i) #85012413   (j) #85012412

(k) #85012505   (l) #85012812

图 9.51　激波与亚克力板上直径 5mm 气泡的相互作用
（10mg 的 AgN$_3$ 药丸，爆心距气泡 50mm）

图 9.52 展示了激波与厚度 6mm 亚克力板上直径 1.7mm 气泡的相互作用。激波由 10mg 的 AgN$_3$ 药丸在距离气泡 15mm 的位置处爆炸产生。图 9.52(a) 是单曝光干涉图像。爆炸波被气泡反射，并在水中传播。激波撞击到亚克力板上，产生应力波，应力波在亚克力板中传播的速度比激波在水中传播的速度更快。水中的反射激波从一开始就伴随着诸多膨胀波，而膨胀波产自附着于观察窗上的小气泡。图 9.52(d) 是图(c)的放大图。图 9.52(f) 的双曝光干涉图表明，在

亚克力中可以清楚地观察到透射激波和其他波,但在单曝光干涉图中看不到这些波。图 9.52(g)~(h)是干扰后期的流动图像,位于中心的黑色扁平阴影是气泡表面因高压向内部变形的结果,这是射流形成的阶段。当射流撞击亚克力板时,应力波在亚克力板内传播,反射的膨胀波和二次激波在水中和亚克力板中传播,波在亚克力板中的运动速度比水中快,当亚克力板中的应力波释放到水中时,在界面附近水的一侧就形成前位斜激波。微爆炸激波与硅油/水的界面相互作用时,也观察到类似的激波/交界面相互作用。

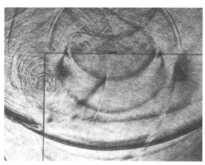

(a) #86081104:激波入射后12μs,单曝光

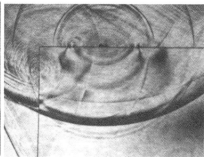

(b) #86081105:激波入射后11μs,单曝光

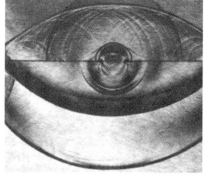

(c) #86081106:8μs,距离30mm,单曝光

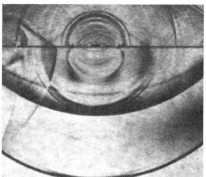

(d) #86081108:8μs,距离30mm,单曝光

(e) #86081107:7μs,单曝光

(f) #86081111:8μs

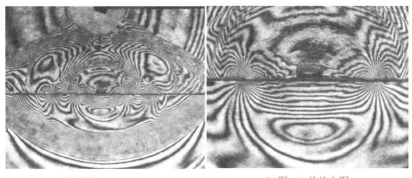

(g) #86081115：8μs   (h) 图(g)的放大图

图 9.52 激波与厚度 6mm 亚克力板上的直径 1.7mm 气泡的相互作用
(10mg 的 AgN$_3$ 药丸,爆心距气泡 15mm, T = 295K)

2. V 形槽内的气泡

图 9.53 展示了激波与 V 形槽底部的直径 1.7mm 气泡相互作用的系列图像,10mg 的 AgN$_3$ 药丸在距离气泡 15mm 处爆炸产生激波,V 形槽由厚度 6mm 亚克力板构成,V 形槽的角度分别为 45°、100° 和 135°。气泡所在的 V 形槽底部存在一个奇异点(顶点),因此,气泡的响应是非常独特的。

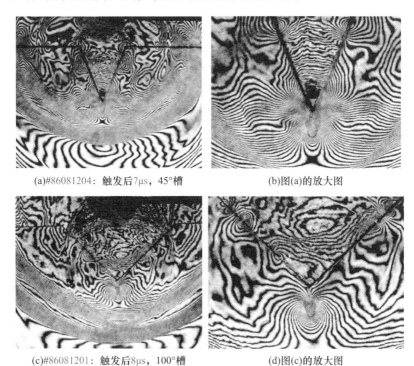

(a)#86081204：触发后7μs，45°槽   (b)图(a)的放大图

(c)#86081201：触发后8μs，100°槽   (d)图(c)的放大图

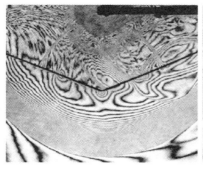

(e)#86081203：触发后8μs，135°槽　　　　(f)#86081202：8μs，135°槽

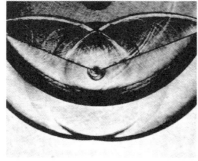

(g)#86081205：8μs，135°槽，单曝光　　　(h)#86081206：8μs，135°槽

(i)图(h)的放大图

图9.53　激波与V形槽内直径1.7mm气泡的相互作用
（V形槽由厚度6mm亚克力板构成，10mg的AgN_3药丸，爆心距离气泡15mm）

3. 球冠形凹槽内的气泡

在图9.54(a)中，激波与球冠形凹槽底部直径1.7mm的气泡相互作用，凹槽由厚5mm的亚克力板制成。图9.54(b)表明，由于激波的撞击，气泡正在破裂。激波由10mg的AgN_3药丸在距离气泡15mm的位置处爆炸产生。

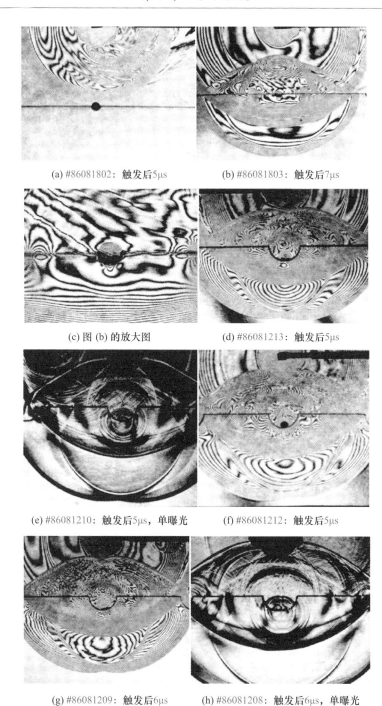

图 9.54 激波与球冠形凹槽底部直径 1.7mm 气泡的相互作用
（凹槽由厚 5mm 的亚克力板制成，10mg AgN$_3$ 药丸的爆心距离气泡 15mm）

9.5.10 二维气泡(空气柱)

用常规的可视化方法无法显示球形气泡内部的波运动,于是观测了圆柱激波撞击二维气泡时气泡变形的情况。图 9.55 展示了二维空气泡在圆柱激波作用下的运动(Yamada,1992)。图 9.55(a)是实验原理示意图,在两块间距 3mm 的亚克力板之间,夹着一个直径 2.2mm 的柱形空气泡,空气柱距亚克力板的边缘 10mm。激波由 10mm 的 AgN_3 药丸在距空气柱 30mm 处爆炸产生。

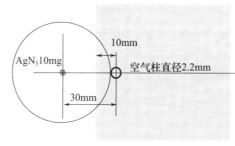

(a)实验装置原理图

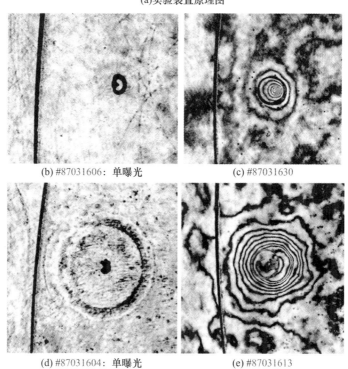

图 9.55 二维气泡与激波的相互作用

(激波由 10mm 的 AgN_3 药丸在距空气泡 30mm 处爆炸产生,环境条件 1013hPa,288.5K)

在图9.55(b)中,一道球形激波撞击到两块间距3mm的平行亚克力板上,球形激波的中心部分沿亚克力板之间的3mm空间传播,并在传播过程中发生衍射和反复反射。最终,在3mm宽的二维空间中形成圆柱形激波。在亚克力板中传播的纵波对二维气泡没有影响。

在图9.55(b)中有一个清晰的环,这是第一次曝光记录到的二维气泡(空气柱)的边缘。当激波撞击时,气泡收缩,迎风面驻点区变平,变形逐渐增大,最终形成穿透气泡的水射流。

在二维观测中,条纹数量 N 由式(9.12)给出:

$$N = L\Delta n/\lambda \tag{9.12}$$

式中:Δn 为实验段中折射率的变化;L 为 OB 路径的长度(即3mm);λ 为红宝石激光器的波长。折射率 n 与密度 ρ 的关系(Yamada,1992)为

$$(n^2 - 1)/(n^2 + 2) \propto \rho \tag{9.13}$$

因此,图9.55中的一个条纹位移由下式给出:

$$\rho/\rho_0 = 1.266 \times 10^{-3}/\text{条纹} \tag{9.14}$$

式中:ρ_0 为室温条件下的水的密度,根据泰特方程,每条条纹的密度增量可以改写为每条条纹压比的形式:

$$p/p_0 = 27.7/\text{条纹} \tag{9.15}$$

式中:p_0 为环境压力。因此,图9.55(b)中所示的条纹密度对应的总压力增量为 13.5 ± 1.4 MPa。与球形气泡不同,二维水射流不会穿透气泡,这是由于滞止压力太低,无法使二维气泡变形。与球形气泡相比,二维气泡的膨胀更不规则(Takayama,1987)。在实验中,尽管二维气泡足够大(直径2.2mm,高度3mm),但它们对激波撞击的响应与理想二维气柱是不同的,因为实验二维气柱的端面边缘被粘在亚克力板上,不能像球形气泡那样自由移动。

9.5.11 感应爆炸

在水中,如果两个爆炸物之一发生爆炸,产生的激波可能会点燃相邻的爆炸物,这种现象称为感应爆炸(Nagyasu,2002)。当两个爆炸物之间存在一定距离时,一般情况下,相邻爆炸物几乎不可能起爆。然而,如果有气泡附着在爆炸物表面,当相邻爆炸物爆炸产生的激波到达该爆炸物表面时,该爆炸物就会起爆,图9.56就是气泡破裂导致的感应爆炸过程。在图9.56(a)中,将重5.5mg和5.6mg的两颗 PbN_6 药丸粘在棉线上,两药丸相距4mm,使空气泡附着于较轻的一颗药丸上,上面的一颗先被点燃,大约2.6s后,下面的一颗被引爆,第二次曝光拍到的灰色阴影是爆炸产物气体的气泡。空气泡破裂时,在其内部形成的热斑引爆了下方的药丸,两个球形激波半径之差代表两次爆炸之间的延迟时间。

图 9.56(b) 是感应爆炸的单曝光干涉图像,两颗重约 6mg 的 PbN_6 药丸相距 8mm 竖直排列,上面一颗引爆了下面一颗,在爆炸激波的作用下,上面药丸的爆炸产物气体气泡形状变得很不规则。图 9.56(c) 也是单曝光干涉图像,两颗 6mg 的 PbN_6 药丸水平排列,相距 8mm,左侧的一颗爆炸后,右侧的一颗发生感应爆炸。

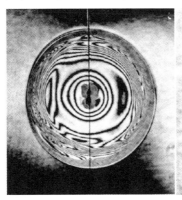
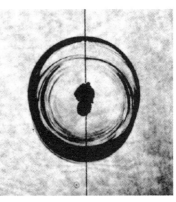

(a) #83112802:引爆后 16μs
5.5/5.6mg 的 PbN_6 药丸,相距 4mm

(b) #83112803:引爆后 9μs
5.8/5.9mg 的 PbN_6 药丸,相距 4mm

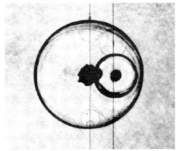
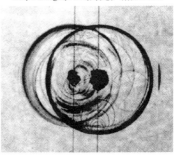

(c) #83113004:引爆后 9μs
6.0/6.0mg 的 PbN_6 药丸,水平相距 8mm

(d) #83120512:引爆后 7μs
5.4/5.4mg 的 PbN_6 药丸,水平相距 8mm

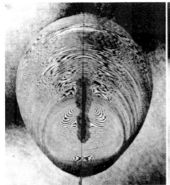
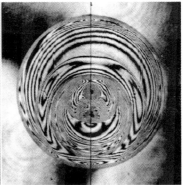

(e) #83113007:引爆后 16μs
8 个 5.0mg 的 PbN_6 药丸,排成一列

(f) #84031308:引爆后 25μs
5.0/5.0mg 的 PbN_6 药丸,竖直相距 8mm

图 9.56 气泡破裂导致的感应爆炸(环境条件 1013hPa,287.4K)

在图9.56(d)中,两颗5.4mg的PbN$_6$药丸水平排列,相距8mm,右侧的一颗爆炸后,左侧的一颗发生感应爆炸,图中有诸多小的球形波,它们是附着于棉线上的小气泡破裂产生的二次激波。图9.56(e)、(f)也是药丸排列在同一条棉线上发生感应爆炸的情况。

9.6 超声波振荡试验

1980年,日本开始了一项旨在发展地热发电的初步研究,采用超声波振荡实验(使金属块在液体中以超声波的频率振荡),研究筛选能抵抗地下热源中腐蚀性蒸汽(或气体)的材料。实验可在很宽的温度和压力范围模拟这种恶劣环境(Sanada等,1983),在高频振荡的金属试件上,气泡的产生和破裂即是腐蚀环境的再现。超声振荡实验是激波/气泡相互作用研究的延伸,单曝光干涉法和高速条纹摄像(Ima Con790,John-Hadland)被广泛应用于观察气泡运动和随之产生的激波。为了进行条纹记录,使用了500mW的氩离子激光器和一个开启时间间隔为1ms、开启时间为100μs、关闭时间为100μs的机械快门。

实验在一个直径200mm、长150mm的不锈钢容器中进行,实验液体为离子交换水。实验段的设计承压范围为0.1~0.5MPa,温度范围为273~373K。观察窗直径为150mm,材料为20mm厚的光学玻璃。超声振荡器有一个喇叭形的振荡段,由一个500W的电机驱动,垂直安装在实验段中。在振荡喇叭的尖端,安装一个直径16mm的金属试件,并将其浸入试验液体3mm深处。喇叭的驱动频率为17.7kHz、半振幅为17.5μm。喇叭振荡周期的相位角与调Q红宝石激光束的照射同步。高帧频和条纹观测是全息观测的补充手段。振荡器的位移x由式(9.16)确定:

$$x = a\sin(2\pi\omega t) \tag{9.16}$$

式中:a为半振幅(17.5μm);ω为频率(17.7kHz)。一个振荡周期约为56μs。尽管振幅非常小,其加速度却能够产生一个$10^4 g$量级的力,其中g为重力加速度,该作用力超过了试件表面水的剥落强度,因此,能瞬间产生气泡。图9.57是获得的系列全息图像,图9.58是获得的条纹图像。

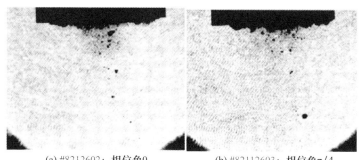

(a) #8212602:相位角0   (b) #82112603:相位角π/4

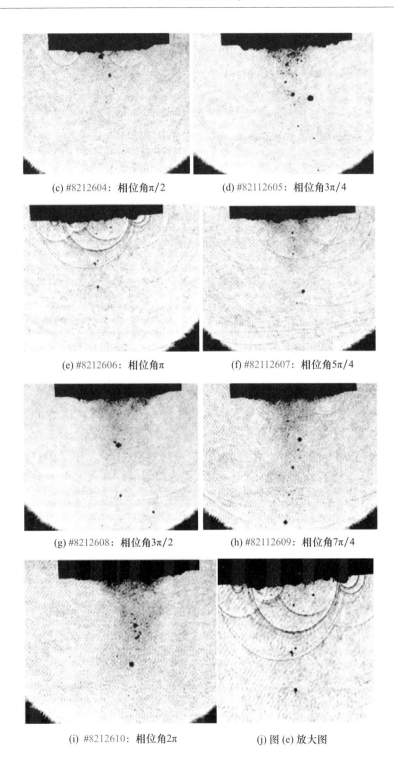

(c) #8212604：相位角π/2   (d) #82112605：相位角3π/4

(e) #8212606：相位角π   (f) #82112607：相位角5π/4

(g) #8212608：相位角3π/2   (h) #82112609：相位角7π/4

(i) #8212610：相位角2π   (j) 图 (e) 放大图

第9章 水下激波

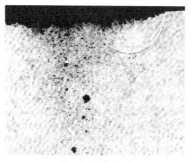

(k) 图(h)放大图

图 9.57 超声振荡实验全息图
(1013hPa、290K)

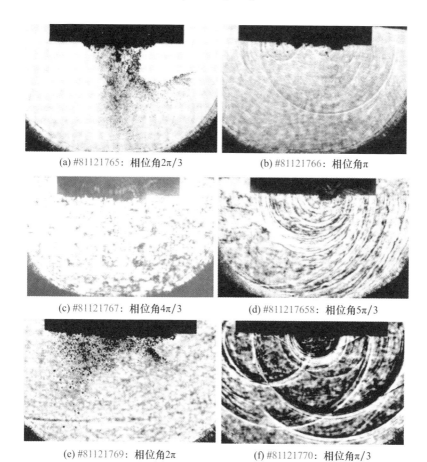

(a) #81121765：相位角 $2\pi/3$ (b) #81121766：相位角 π

(c) #81121767：相位角 $4\pi/3$ (d) #811217658：相位角 $5\pi/3$

(e) #81121769：相位角 2π (f) #81121770：相位角 $\pi/3$

图 9.58 超声振荡系列条纹图像
(0.2MPa、283K)

在图 9.57 的系列单曝光干涉图像中,每增加 π/4 相位角拍摄一张,图像中振荡器的上升运动即振荡器的后退运动。当振荡器后退时,在振荡器的表面引发非常高的张力,进而产生气泡云,图 9.57 中显示出的黑色小点反映了振荡器下方的瞬时气泡分布。振荡器向前运动时,水受到压缩,产生压缩波,压缩波使气泡破裂,在振荡器表面产生二次激波,这些二次激波与相邻的气泡相互作用,使它们破裂,这种连锁反应一直持续到振荡器向前运动结束。连续的振荡运动诱发出对流流动,对流流动在整个实验段中缓慢循环,循环对流先向下流动,然后向上朝着振荡器流动。图 9.57(j)、(k)分别是图 9.57(e)和(h)的放大图。在图 9.57(a)中,设定的初始相位角为 π/4,每次拍摄时相位角增加 π/4,直到在图 9.57(i)中相位角达到 2π。在图 9.57(e)中相位角为 π,观测到的激波数目最多。

图 9.58 是系列单曝光干涉图像。观察到气泡云的产生与振荡器的周期不同步,意味着振荡运动与视场中观察到的气泡数之间存在滞后现象。图 9.58(a)~(f)展示了在实验压力 0.2MPa 条件下的系列照片,相位角 0 对应振荡器螺母的启动时刻,每幅照片均在前一幅基础上增加 π/3。在图 9.58(a)中,相位角为 2π/3,气泡云向下喷射,然后由于浮力作用,气泡慢慢向上移动,这张照片的泡沫云碰巧像一棵盆景松树,证明了对流的存在。气泡随对流运动而迁移,并周期性地受到压力波动的影响,但在这种对流流动中,迁移的气泡看起来几乎没有破裂,因此也没有观察到二次激波。在图 9.58(b)中,气泡云消失,激波出现,大多数激波的中心都位于振荡器表面。不断产生的二次激波促进了相邻气泡的振荡,最终破裂并再次产生二次激波。振荡器表面的气泡破裂现象,类似于链式反应。

图 9.59 是 0.3MPa、323K 条件下的系列图像。由于水温高于室温,在此条件下产生的气泡数量远多于室温水中产生的气泡数量。因而,二次激波的数量增加。在图 9.59(d)中,有一个激波的中心远离振荡器表面,这个现象很奇特,据推测,这个气泡是附着在窗口玻璃上的。上述现象说明,实验条件对气泡的形成和二次激波的产生有很大的影响。

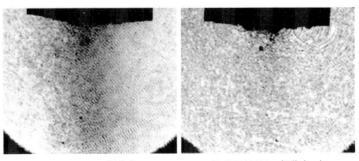

(a) #82112532:相位角0　　　　(b) #82112533:相位角π/4

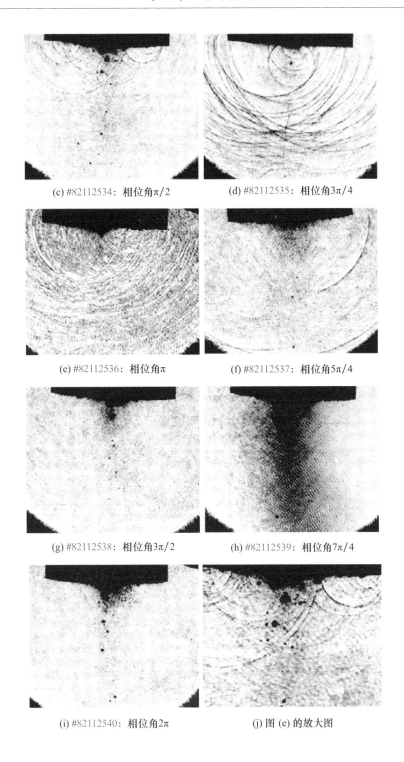

(c) #82112534：相位角$\pi/2$ (d) #82112535：相位角$3\pi/4$

(e) #82112536：相位角π (f) #82112537：相位角$5\pi/4$

(g) #82112538：相位角$3\pi/2$ (h) #82112539：相位角$7\pi/4$

(i) #82112540：相位角2π (j) 图 (e) 的放大图

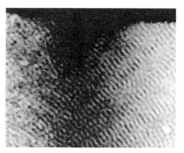

(k) 图 (h) 的放大图

图 9.59　超声波振荡(0.3MPa、323K)

图 9.60(a)是一张条纹照片,纵向是振荡器的直径(16mm),横向是经过的时间,展示了由超声波振荡产生的气泡以及其二次激波的轨迹。灰色斜线代表二次激波的运动轨迹,模糊的灰色阴影代表气穴泡的产生和消失过程,时间约为 40μs,二次激波和气泡每 56μs 重复出现一次。通过计算二次激波轨迹的数量,

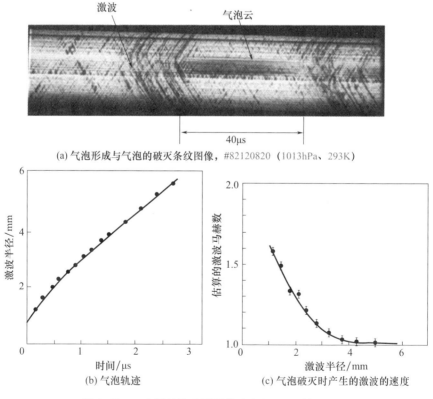

(a) 气泡形成与气泡的破灭条纹图像,#82120820(1013hPa、293K)

(b) 气泡轨迹

(c) 气泡破灭时产生的激波的速度

图 9.60　二次激波轨迹及预估速度(Sanada 等,1983)

估计约有 1/3~1/2 的气泡转变为二次激波。气泡云密集地分布在振荡器的中心,维持了大约 40μs。当气泡云消失后,在几微秒的停顿时间内,二次激波反复出现并很快终止。正如单曝光干涉图所示,二次激波的中心均位于振荡器的表面。在条纹图像中,有一条 0.15mm 宽的狭缝位于振荡器的表面,大多数气泡的中心位于该狭缝宽度范围内,因此,狭缝 1.5mm 宽度范围内的轨迹不可靠。

追踪图 9.60(a) 中的激波轨迹,可确定气泡半径随时间的变化,如图 9.60(b) 所示,其纵坐标表示激波半径(mm),横坐标表示时间(μs)。由轨迹 - 时间曲线可以得到激波的速度,即图 9.60(c),可以看到,激波衰减非常快,在距离中心 4mm 处已经变为声波,激波马赫数 Ma_s 约为 1.1,这时激波后的压力约为 800MPa,这种高压足以使水下机械的高强度碳钢表面发生侵蚀。在之前的系列观测中,振荡器在后退时,其表面附近产生气泡云,半球形的二次激波说明大部分破裂的气泡位于振荡器的表面。球形二次激波的出现是相当特殊的,迄今的观察证明,并非所有气泡都会破裂,部分气泡会随着形成的对流流动向下游迁移,最终溶解于水中。

为了研究气泡云的结构,在振荡器上加载了一道激波。图 9.61 展示了激波扫过振荡器时的系列单曝光干涉图,从中可研究振荡器附近迁移气泡的分布。在距振荡器表面约 13mm 处引爆一颗 10mg 的 PbN_6 药丸,在距离 20mm 处激波

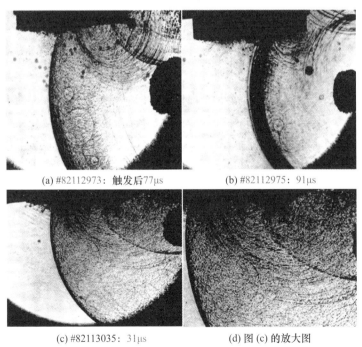

(a) #82112973:触发后77μs (b) #82112975:91μs

(c) #82113035:31μs (d) 图(c)的放大图

图 9.61 球形激波与气泡云的相互作用

后的压力约为 25MPa，所有水蒸气泡在激波的冲击下瞬间破裂，产生二次激波。图中的半圆环是振荡器表面附近气泡云破裂产生的球形激波，圆环则是远离振荡器表面的气泡破裂产生的球形激波。观察到，许多气泡随对流流动迁移而远离振荡器表面，这些迁移走的气泡不会给振荡器造成侵蚀。

9.7 水下激波与亚克力柱体阵列的干扰

将直径 10mm、长 10mm 的亚克力圆柱排列成 5×6 阵列，浸入 10mm 宽充满水的水箱内，一颗 9mg 的 AgN_3 药丸在圆柱阵列上方引爆，产生的水下激波以 1.5km/s 速度在水下传播，激波撞击圆柱时产生应力波，应力波在圆柱中以 2.9km/s 的速度传播，图 9.62 是应力波扫过该圆柱阵列的情况。由于应力波通过接触点在圆柱间传播，而圆柱在竖直方向的接触点处接触紧密，在侧面的接触点处接触松散，因此，应力波有选择地通过竖直接触点向下传播。条纹在圆柱内部的传播速度比水中快得多。与光弹性法显示的应力波不同，亚克力圆柱中的条纹反映的是两次曝光的相位角差，如果知道亚克力的折射率与密度之间的关系，就可以通过计算条纹分布来直接确定应力的值。

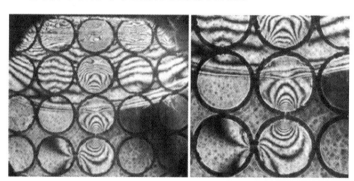

(a) #95100515及其放大图

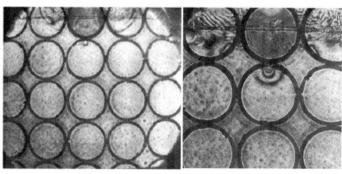

(b) #95100517及其放大图

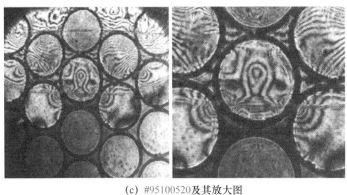

(c) #95100520及其放大图

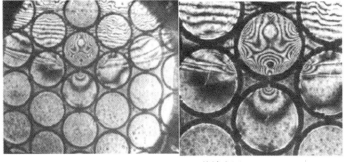

(d) #95100522及其放大图

图9.62 应力波在5×6亚克力圆柱阵列中的传播

(9mg的AgN_3药丸爆炸产生水下激波)

9.8 超空泡

9.8.1 细长体高速入水

细长体在水中能以超声速运动吗？为了回答这个问题，Saeki用弹道靶发射细长体，观察了细长体以超声速射入水中的过程，细长体发射入水的速度为1600m/s(Saeki,1993)。图9.63(a)是细长体模型和弹托，图9.63(b)是安装在弹道靶中的实验段。实验段是圆柱形，其直径为300mm、长300mm，观测窗上安装有20mm厚的玻璃。细长体的直径为10mm，长40mm，采用钛合金制成。细长体发射后，从一个直径为100mm的入口进入到实验段中，该入口用一块30μm厚的聚酯薄膜将弹道靶与充满水的实验段隔开。当入水速度为1600m/s时，细长体的前方出现了一道弓形激波，采用泛光灯对实验段窗口玻璃进行照明，并用岛津SH100高速摄像机以10^6帧/s的帧频拍摄。

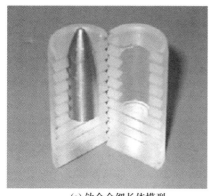 

(a) 钛合金细长体模型　　　　　　(b) 实验段

图 9.63　以超声速入水的细长体模型

图 9.64 是将细长体水平发射到实验段中获得的系列图像,相邻图像的时间间隔为 16μs。图 9.64(a) 是一张放大的图像,可以看到,细长体头部略微向上偏,产生的离心力改变了它的行进路线,并使其变形。从图 9.64(b) 的系列图像观察到,细长体入水后,其前方立即出现一道弓形激波,弓形激波迅速衰减为声速(以水中声速为基准)。细长体一进入水中,整个模型表面就布满了水蒸气泡(超空泡),而且模型入水即开始旋转,于是出现了如图 9.64(a) 所示的上翘姿态。

在超空泡内部,水蒸气以蒸汽压状态存在,这样能与超空泡外部的压力保持平衡。在超空泡表面可以观察到微弱的灰色图案,这些灰色图案不是随机分布的,而是连续分布于细长体表面附近。随着时间的推移,泡与泡之间的距离逐渐拉长。对这些灰色图案的系列观测表明,超空泡内部空间不是均匀静止的。通过观察灰色图案分布随时间的变化,可以推测在超空泡内部诱发了高速流动。细长体运动的快速衰减和旋转运动产生的扰动,必然在超空泡内诱导出高速流动和激波。

图 9.64(b) 是细长体高速入水过程的系列图像。细长体以超声速进入水中,但很快减速到亚声速。当细长体撞到入口处的聚酯薄膜时,撞击使其头部略微抬起,并且越抬越高,撞击后细长体即开始旋转,产生一个巨大的离心力,离心力使其发生弯曲变形。

图 9.65 给出了细长体速度随时间的变化,数据来自图 9.64(b) 的系列图像,纵坐标表示速度(km/s),横坐标表示时间(μs),实心圆表示激波的速度,空心圆表示细长体的速度。该图线明确表明,激波从低超声速迅速衰减为声速,而细长体则从 1.6km/s 大幅衰减到约 0.5km/s。该流动区域的典型雷诺数范围约为 $10^4 \sim 10^6$,根据细长体的速度衰减轨迹估算,这个实验获得的阻力系数 $C_D = 0.13$。

当无超空泡存在时,在该雷诺数范围内,1:4 圆柱的阻力系数值应为 $C_D = 0.87$ (Saeki,1993)。这个结果表明,在水中高速运动的细长体被超空泡包围,C_D 值显著降至 0.13。

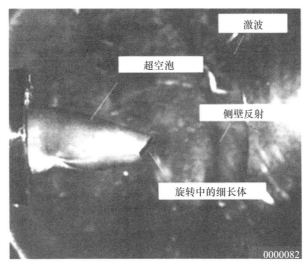

(a) 放大图

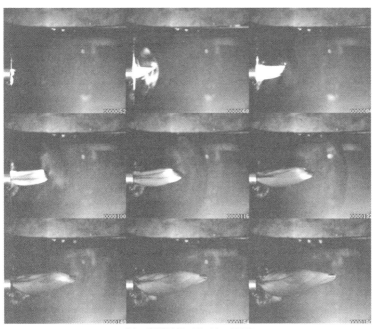

(b) 系列图像 (Saeki, 1993)

图 9.64 钛合金细长体的高速入水过程

(相邻图像时间间隔 16μs)

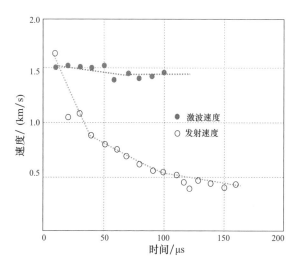

图9.65 细长体速度与激波速度随时间的变化

9.8.2 球体高速入水

图9.66(a)是直径10mm的可倾斜气炮发射器,该装置可以0°~90°任意角度发射模型—弹托组合体。本次实验的模型是直径7.9mm的不锈钢轴承弹珠,发射时将轴承弹珠包裹在聚碳酸酯四瓣弹托内,以300~1600m/s的速度将弹托和一颗轴承弹珠垂直发射,使轴承弹珠垂直入水(Kikuchi,2011)。图9.66(b)是该轴承弹珠以1143m/s的速度入水时的阴影图像。尽管以水中的声速来说,弹珠的入水速度为亚声速,但在弹珠入水的瞬间,在空气/水交界面上的滞止压力瞬时达到1.7GPa左右,几乎是AgN_3药丸爆炸压力的一半。而后,高压在水中以声速传播,弹珠在水中以亚声速减速前进。弹珠入水时在球体前方产生一系列以声速传播的压缩波,如果将该系列压缩波的波前与运动球体之间的距离定义为脱体距离,则当球体运动缓慢时,该脱体距离将变得无限大。

图9.67是直径7.9mm的球体以1143m/s的速度入水的系列图像,用岛津HS100相机以250000帧/s、曝光时间500ns拍摄,在球体的前方可以看到脱体波。以水中的声速计算,入水速度相当于$Ma_S=0.763$。如果将压缩波系定义为以声速传播的弓形激波,那么图9.67(a)中的无量纲脱体距离(定义见图9.66)δ/d约为2。在图9.67中,球体持续减速,而δ/d持续增大,在图9.67(e)中,δ/d约为3。用弹道靶还发射了直径40mm的球体,产生的激波脱体距离也呈现类似的变化趋势。球体后拖曳着超空泡,超空泡表面似乎是光滑的界面,这是传统阴影法的缺陷,如果实验时用泛光灯(图9.64)照明,应该能够观察到不规则的超空泡表面。

 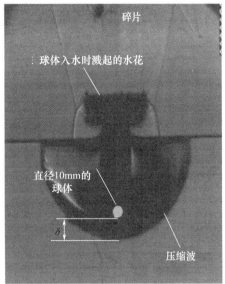

(a) 竖起的两级轻气炮　　　　(b) 直径7.9mm的球体以1143m/s的速度垂直入水

图 9.66　弹丸以1143m/s的速度垂直入水

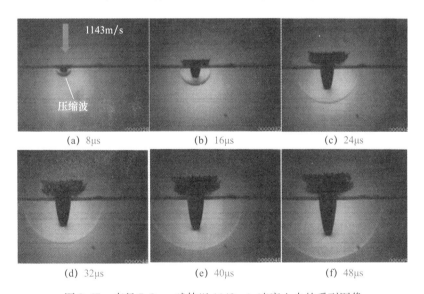

图 9.67　直径7.9mm球体以1143m/s速度入水的系列图像

图 9.68 是直径 7.9mm 的球体以 1539m/s 超声速入水时的系列图像,自水面溅起的水花与水面反射激波具有相同的运动速度。该入水速度相当于空气中的马赫数 $Ma_s = 4.46$,而在水中的马赫数 $Ma_s = 1.02$。球体在水中运动时,其速度从超声速很快减小到亚声速,无量纲激波脱体距离 δ/d 持续单调增加。

图 9.69 是由图 9.68 获得的轨迹数据,纵坐标表示球体入水的深度(mm),横坐标表示时间(μs),实心圆表示球体的位置,空心圆表示激波的位置。球体在前进过程中速度衰减很快,而无量纲激波脱体距离 δ/d 随时间单调增加。

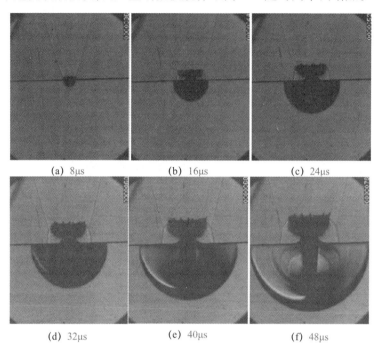

图 9.68 直径 7.9mm 球体以 1539m/s 的速度入水的系列图像

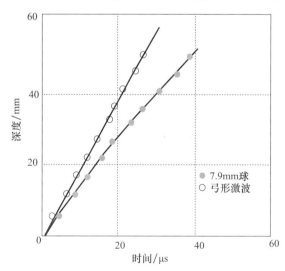

图 9.69 球体与激波的运动轨迹

(球体入水速度 1539m/s)

参考文献

Abe, A. (1989). Study of diffraction of shock wave released from the open end of a shock tube (Ph. D. thesis). Graduate School of Engineering, Faculty of Engineering Tohoku University.

Abe, A., Ohtani, K., Takayama, K., Nishio, S., Mimura, H., & Takeda, M. (2010). Pressure generation from micro – bubble collapse at shock wave loading. Journal of Fluid Science and Technology, 5, 235 – 246.

Chaussey, Ch., Schmiedt, E., Jocham, D., Walter, V., Brendel, W., Forsmann, B., & Hepp, W. (1982). Extracorporeal shock wave lithotripsy. New aspects in the treatment of kidney stone disease. Kerger.

Coleburn, N. L., & Roslund, L. A. (1970). Interaction of spherical shock waves in water. In Proceedings of 15th International Symposium on Detonation, Pasadena (pp. 581 – 588).

Esashi, H. (1983). Shock wave propagation in liquids (Master thesis). Graduate School of Engineering, Faculty of Engineering, Tohoku University.

Glass, I. I., & Heuckroth, L. E. (1968). Low – energy spherical underwater explosions. Physics of Fluids, 11, 2095 – 2107.

Hayakawa, S. (1987). Study of shock/bubble interaction in highly viscous liquids (Master thesis). Graduate School of Engineering, Faculty of Engineering Tohoku University.

Hirano, T. (2001) Development of revascularization of cerebral thrombosis using laser induced liquid jets (M. D. thesis). Graduate School of Medicine, Tohoku University.

Ikeda, K., Matsuda, M., Tomita, K., & Takayama, K. (1999). Application of extracorporeal shock wave on bone. Basic and clinical study. In G. J. Ball, R. Hillier, & G. T. Robertz (Eds.), Proceedings of 22nd ISSW, Shock Waves, London (Vol. 1, pp. 623 – 626).

International Maritime Organization. Science of ship and the sea. Retrieved from http://www. imo/org/home. asp.

Kikuchi, T. (2011). A shock dynamic study of high – speed impact onto condensed matter (Ph. D. thesis). Graduate School of Engineering, Faculty of Engineering Tohoku University.

Kuwahara, M., Kambe, K., Kurosu, S., Orikasa, S., & Takayama, K. (1986). Extracorporeal stone disintegration using chemical explosive pellets as an energy source of underwater shock waves. Journal of Urology., 135, 814 – 817.

Nagayasu, N. (2002). Study of shock waves generated by micro explosion and their applications (Ph. D. thesis). Graduate School of Engineering, Faculty of Engineering, Tohoku University.

Ohtani, K., & Takayama, K. (2010) Shock wave interaction phenomena with a single helium gas bubble in liquid. In 7th International Conference on Flow Dynamics, Sendai (pp. 120 – 121).

Okazaki, K. (1989). Fundamental study in extracorporeal shock wave lithotripsy using piezoceramics. Japanese Journal of Applied Physics, 28, 143 – 145.

Sachs, R. G. (1944). The dependence of blast on ambient pressure and temperature (BRL Report,

No. 466).

Saeki, T. (1993). Super – cavitation flows of ahigh speed projectile launched by two – stage light ga sgun(Master thesis). Graduate School of Engineering, Faculty of Engineering, Tohoku University.

Sanada, N. , Ikeuchi, J. , Takayama, K. , & Onodera, O. (1983). Generation and propagation of cavitation induced shock waves in an ultrasonic vibration testing. In: D. Archer & B. E. Milton (Eds.), Proceedings of 14th International Symposium on Shock Tubes and Waves, Sydney (pp. 404 – 412).

Shima, A. (1997). Studies on bubble dynamics. Shock Waves, 7, 33 – 42.

Shitamori, K. (1990). Study of propagation and focusing of underwater shock focusing(Masterthesis). Graduate School of Tohoku University Faculty of Engineering, Tohoku University.

Tait, P. G. (1888). Report on physical properties of flesh and of sea water. Physics and Chemistry Challenger Expedition, IV, 1 – 78.

Takayama, K. (1983). Application of holographic interferometry to shock wave research. InInternational Symposium of Industrial Application of Holographic Interferometry, Proceedings of SPIE(Vol. 298, pp. 174 – 181).

Takayama, K. (1987). Holographic interferometric study of shock wave propagation in two phase media, In H. Groenig(Ed.), Proceedings of 16th International Symposium on Shock Tubes and Waves, Aachen(pp. 51 – 62).

Takayama, K. (1990). High pressure generation by shock wave focusing in a confined ellipsoidal cavity. In K. Takayama(Ed.), Proceedings of International Workshop on Shock Wave Focusing (pp. 217 – 226). Institute of High Speed Mechanics, Sendai.

Takayama, K. , Yamamoto, H. , & Abe, A. (2015). Underwater – shock/bubble interaction and its application to biology and medicine. In R. Bonazza, D. Ranjan(Eds.), Proceedings of 29th ISSW, Shock Waves, Madison(Vol. 2, 861 – 868).

Yamada, K. (1992). Study of shock wave interaction with gas bubbles in various liquids(Doctoral thesis). Graduate School of Tohoku University Faculty of Engineering, Tohoku University.

Yutkin, L. A. (1950). Apparat YRAT – 1 Medeport USSR Moscow.

第10章　水下激波研究在医学上的应用

10.1　激波体外碎石

1981年,日本东北大学医学院泌尿系的 M. Kuwahara 教授邀请我们研制一种使用微爆技术的碎石机样机,从那时开始应用基础实验结果合作设计一种临床使用的碎石机。

最早将激波应用于医学的是 Yutkin(1950),他率先使用放电技术无创地清除尿路结石,通过尿道将一个细电极插入膀胱,电极触碰到尿路系统结石上,放电爆炸形成的高压使结石破碎,然后,用镊子取出结石碎块。

继此,全世界的泌尿科医生都采用他的新技术开发出各种装置,并成功应用于临床治疗,Loske(2007)总结了碎石机的发展历史。Chaussey 等(1986)的评述指出,激波碎石术的基本思想是由 Heustler 提出的(而他的激波研究由 Schardin 教授指导,Schardin 教授是 Ernst Mach 研究所所长,也是 Ernst Mach 的学生之一)(Krehl,2009),从那时开始,德国的激波研究就扩展到了医学"碎石"的应用。

微爆产生的水下激波具有很高的压力,但激波马赫数非常接近1,激波的特性类似于声波。第9章介绍过,在椭球冠反射器的内焦点处产生的水下激波将汇聚到反射器的外焦点处。虽然人体的结构是非均质的,但其声阻抗与水中的声阻抗基本相似,因此,在人体外的焦点处产生的水下激波可以汇聚到人体内的肾结石上,激波汇聚的压力足以击碎肾结石。Heustler 基于该原理开发出了自己的碎石机技术,而 Dornier 系统成功地继承了他的思想,并制造了碎石机样机。

Chaussey 等(1986)将这款碎石机样机命名为体外激波碎石机(激波体外碎石)。据估计,世界上4%~5%的人都患有泌尿系统结石疾病,用这种无创碎石技术治疗数百万人该是多么好的事情！Chaussey 等(1982)利用放电产生水下激波,Kambe 等(1986)采用可控方式引爆 PbN_6 药丸产生水下激波,并证明该方法适合医学应用。

10.2　椭球冠反射器的医学应用

图10.1是激波汇聚图像及其数值压力分布。在亚克力椭球冠反射器(短半

轴45mm、长半轴63.6mm)内焦点处产生一道激波,爆炸波从焦点处释放并扩散,而反射激波则向反射器的外焦点传播。在第二幅图中,反射激波在反射器的外焦点汇聚,在数值压力分布图上观察到该点压力急剧增大(Obara,2001)。

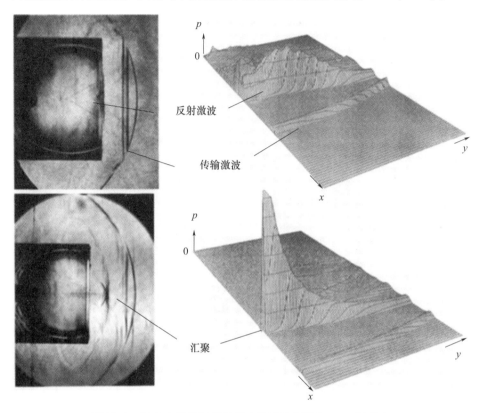

图10.1 亚克力椭球冠反射器内的激波汇聚与 $x-y$ 平面内
数值模拟压力分布(Obara,2001)

碎石样机的反射器比该实验模型大,但特性几乎相同。样机反射器产生的最大压力约为100MPa(实验模型约为50MPa),并在几微秒内降至环境压力,峰压剖面的半宽度约为2.0~4.0mm。另外,人体内焦点处的高压会损伤组织,因此,应优化峰值压力和压峰剖面分布,以尽量减少组织损伤。一次激波汇聚过程无法使肾结石破碎,结石在多次激波汇聚过程中逐渐碎裂。激波扫过结石时,先是压应力波在结石内传播,而后从结石的背面反射出张力波,在压应力波和张力波的共同作用下,结石破碎,而且结石的正面和背面都发生碎裂。为了使压应力波和张力波的强度都达到最大值,Chaussey等(1986)指出,激波汇聚点峰压剖面的半宽度应为结石直径的1/2~1/3,之后,根据他的实验观测,对样机反射器的形状进行了优化。

第10章 水下激波研究在医学上的应用

研究了八个半椭球反射器(图10.2),将短半轴固定为45mm,改变其长半轴尺寸,参数 e 是半焦距(出口至焦点的距离),取值范围是 30~78mm。反射器的 f 数是焦距与开口直径(90mm)的比值,取值范围是 0.33~0.87。在反射器内部的焦点上放置一颗 10mg 的 PbN_6 药丸并引爆,沿轴向测量压力分布。

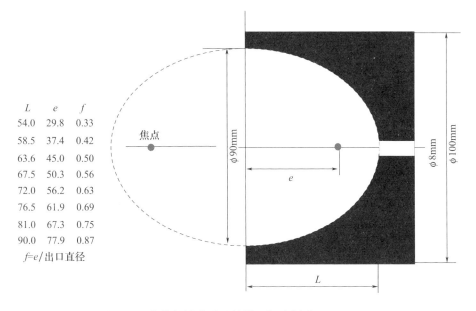

图10.2　半截断椭球形反射器几何示意图(Obara,2001)
(短半轴45mm,长半轴范围 54~90mm)

图 10.2 中各反射器沿长半轴的压力分布绘制于图 10.3 中,包括实验和数值模拟结果。图 10.3(a)的最大峰值压力约为 160MPa,该值太高,用于临床治疗不安全。体外激波碎石技术适用体内的最佳压力约为 20~30MPa(Chaussey,1983),由于肾结石的最大屈服应力不超过 $80kg/cm^2$,压力波在人体内的衰减因子约为 1/4~1/2,所以激波汇聚于人体内的焦点时应使峰值压力处于 60~100MPa。图 10.3(b)中的峰值压力约为 140MPa,相应的数值模拟结果与测量结果吻合良好。在 f 数较大的反射器中,激波汇聚产生的峰值压力较低,并且激波的汇聚位置略偏离第二焦点。在反射器开口处产生的膨胀波也会汇聚于第二焦点。在 f 数非常大的反射器中,激波汇聚与膨胀波汇聚相互作用,使最大峰值压力出现在第二焦点前方。在测量和数值模拟的结果中,峰值压力位置的细微偏差来自爆炸产物气体(火球),在实验中,存在反射激波与火球的相互作用,但数值模拟忽略了该相互作用。

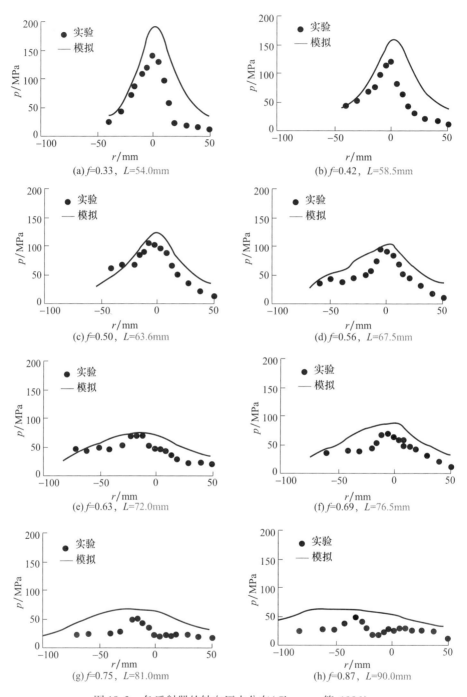

图 10.3 各反射器的轴向压力分布(Chaussey 等,1986)

10.2.1 椭球冠反射器样机

在临床上,具有较大 f 数和较长间距的反射器更有用,然而,如图 10.3(e)~(h)所示,它们产生的峰值压力约为 50MPa,激波汇聚点也向反射器的开口方向偏移,这些特点使其不适合临床应用。f 数较小的反射器,如图 10.3(a)、(b)所示,产生的峰值压力较大,容易造成组织损伤。因此,图 10.3(c)、(d)所示的反射器比较合适。

考虑到日本普通成年人的身体特征,肾脏距离体表大约 100mm,因此,从反射器开口到肾脏的距离应为 130~140mm,反射器的 f 数约为 0.5。

用黄铜制造了不同构型的反射器样机,并测量了其压力分布。最终,制作了短轴约为 180mm 的 2 号反射器样机,其 f 数为 0.5。将一颗 10mg 的 PbN_6 药丸贴在芯径 0.6mm 的光纤一端,并置于 2 号反射器的内焦点(第一焦点)处,通过光纤将调 Q Nd:YAG 激光光束传输到端面点燃药丸,用 Kistler601H 型压力传感器和自制的直径 5mm 的 PVDF 压力传感器(材料为聚偏二氟乙烯板)测量沿长轴的压力分布。

图 10.4 是测量获得的压力分布,纵坐标表示压力(MPa),横坐标表示轴向距离(mm)。坐标原点是第二焦点。激波由右向左传播,最大峰值压力约为 85MPa,该压力足以使结石破碎,同时也是安全压力,压力峰值位置出现在距焦点 5mm 处。在模型反射器中也观察到类似趋势(图 10.2),压力峰值偏离焦点的原因是反射激波与火球的干扰。

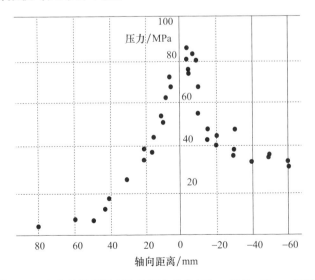

图 10.4　由 2 号反射器产生的压力分布(10mg PbN_6,Obara,2001)

图 10.5 中双曝光和单曝光干涉图显示,放置在 2 号反射器第二焦点处的直径 10mm 的烧结氧化铝球发生了解体。激波从右向左传播,当激波汇聚在氧化铝球上时,反射器一侧的压力急剧增强,在结石模型上出现密集条纹,见图 10.5(a)、(b)。在双曝光干涉图中,激波汇聚前后的两个铝球阴影叠加在一起,所以变形球体的形状看起来不太清晰。球体下游的灰色阴影是一团气泡云。图 10.5(c)为单曝光干涉图,拍摄于图 10.5(b)之后 20μs,球体正面出现了气泡云,氧化铝球体发生轻微变形。图 10.4 表明,球体正面的压力峰值很高,但背面的压力减小,这种压力梯度促进了气泡云的产生,这些气泡云随后在下游破碎。图 10.5(d)是图(c)的放大图。在气泡云尾迹中观察到的小环是气泡破灭时产生的二次激波,气泡在空间和时间上随着压力的波动而随机破灭。

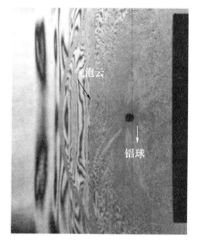

(a) #83122201:9.1mgPbN$_6$药丸爆炸产生激波后的 90μs

(b) #83122202:启爆后 80μs

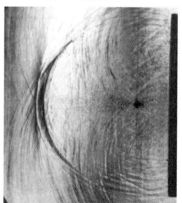

(c) #83122203:100μs,7.9mg PbN$_6$药丸,单曝光

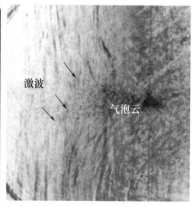

(d) 图(c)的放大图

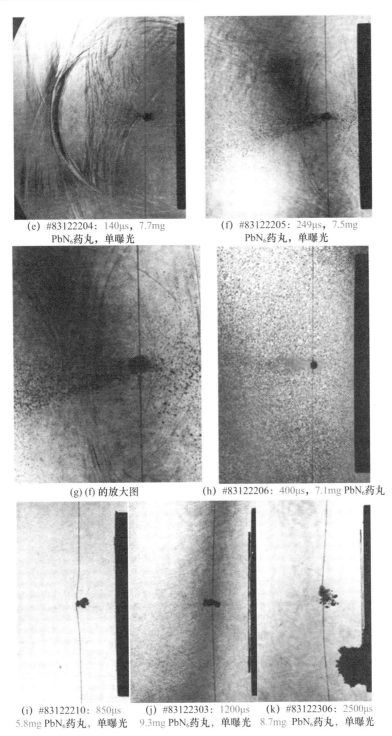

(e) #83122204：140μs，7.7mg PbN$_6$药丸，单曝光

(f) #83122205：249μs，7.5mg PbN$_6$药丸，单曝光

(g) (f) 的放大图

(h) #83122206：400μs，7.1mg PbN$_6$药丸

(i) #83122210：850μs 5.8mg PbN$_6$药丸，单曝光

(j) #83122303：1200μs 9.3mg PbN$_6$药丸，单曝光

(k) #83122306：2500μs 8.7mg PbN$_6$药丸，单曝光

图 10.5 椭球形反射器汇聚于外径 10mm 的烧结氧化铝球

通过单曝光干涉图可以很容易地识别气泡的分布,而双曝光干涉图记录了双曝光期间的所有相位角变化,反映出细微的和主要的密度变化(单曝光干涉图只能记录主要的密度变化)。图10.5(c)~(f)为单曝光图像及其放大图。在图10.5(d)中,环形图案是气泡破裂时产生的二次激波(注意,并非所有的气泡都发生破裂,只有部分气泡破裂)。

图10.5(i)~(j)是后期阶段的情况,氧化铝球发生破碎,火球中含有比水重的铅蒸汽,在爆炸很长时间之后,火球从反射器的下壁冒了出来,如图10.5(k)所示。

10.2.2 预备实验

在反射器样机应用于体外实验之前,研究了激波在肌体组织中的衰减。如图10.6所示,在反射器出口处悬挂一块15mm×100mm×10mm的猪肉,观察激波的衰减情况。

(a) #84030506:11.0mg PbN$_6$药丸,爆炸后31μs　　(b) #84030505,31μs:11.8mg PbN$_6$药丸,单曝光

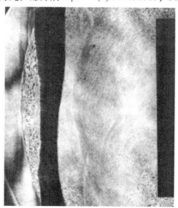

(c) #84030510:39μs,9.0mg PbN$_6$药丸

图10.6　猪肉块(15mm×100mm×10mm)对激波汇聚的影响

图10.7是激波与陶瓷球、肋软骨以及装有猪肝的橡胶球的相互作用情况。激波在陶瓷球中传播更快,在橡胶球上的传播速度次之。

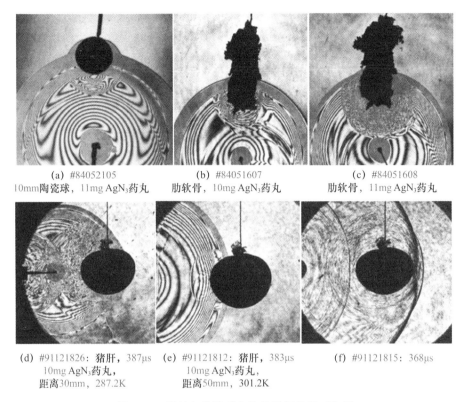

(a) #84052105
10mm陶瓷球,11mg AgN$_3$药丸

(b) #84051607
肋软骨,10mg AgN$_3$药丸

(c) #84051608
肋软骨,11mg AgN$_3$药丸

(d) #91121826:猪肝,387μs
10mg AgN$_3$药丸,
距离30mm,287.2K

(e) #91121812:猪肝,383μs
10mg AgN$_3$药丸,
距离50mm,301.2K

(f) #91121815:368μs

图10.7 激波与陶瓷球和软骨组织的相互作用

图10.8和图10.9是激波与从人体中提取出的肾结石的相互作用情况,作用效果与形态因结石类型而有差异。

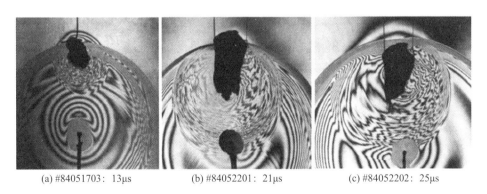

(a) #84051703:13μs

(b) #84052201:21μs

(c) #84052202:25μs

图10.8 激波与提取的肾结石的相互作用

可视化激波现象

  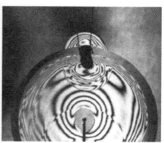

(a) #84051801：12μs　　　(b) #84052109：11μs　　　(c) #84052109：14μs

图 10.9　激波与肾结石的相互作用(体外实验)

图 10.10 是用 2 号反射器汇聚激波的情况,在反射器开口前放置一块海绵,研究了海绵对激波汇聚的影响。在图 10.10(a)~(c)中展示了第二焦点处的条纹密度。虽然海绵遮挡了开口的下半部分,但仍然实现了激波的汇聚。图 10.10(d)~(g)展示了汇聚过程。

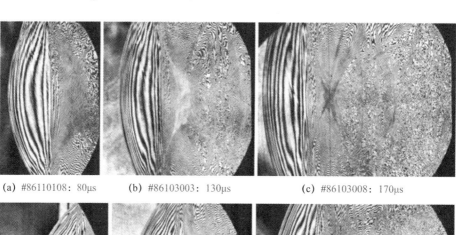

(a) #86110108：80μs　　　(b) #86103003：130μs　　　(c) #86103008：170μs

(d) #86110108：80μs　　　(e) #86110106：100μs　　　(f) #86110107：140μs

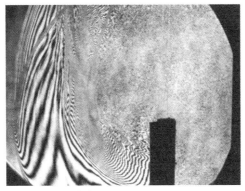

(g) #86110109: 170μs

图 10.10　用 2 号反射器产生的激波汇聚

10.2.3　体外实验

图 10.11 为用 6000 帧/s 的高速摄影拍摄的肾结石破碎过程的系列图像。用 10mg 的 PbN_6 药丸爆炸产生激波，肾结石直径 10mm、长 20mm，置于反射器第二焦点处（距离开口 130mm）。各帧间隔时间为 130μs，该间隔时间太长，无法分辨激波。虽然，在 6000 帧/s 的帧频下不可能同时观察到激波和肾结石的变形，却观察到气泡的出现。当激波扫过肾结石时，结石瞬间收缩（尽管没有清晰获得过程的细节）、鼓胀，然后破碎。当结石鼓胀时，其迎风面（正面）产生了裂纹。

图 10.11　肾结石破碎的高速摄影图片
(6000 帧/s, #83122001)

在临床实验中,患者没有报告任何严重疼痛。疼痛的感觉因性别、年龄及其他因素而异,尽管激波强度相同,不同患者对疼痛的感觉会不同,有些人能忍耐激波压力造成的疼痛,有些人则不能。目前,对于疼痛感与峰值压力之间的关系还知之甚少。

又采用 10000 帧/s 的高速摄影拍摄了肾结石破碎的过程,用 10mg 的 AgN_3 药丸爆炸产生激波,肾结石的尺寸为 10mm×20mm。采用泛光灯照明,图 10.12 是获得的系列图像(Obara,2001),激波由左向右传播,这一次清楚地捕捉到了肾结石的变形过程。

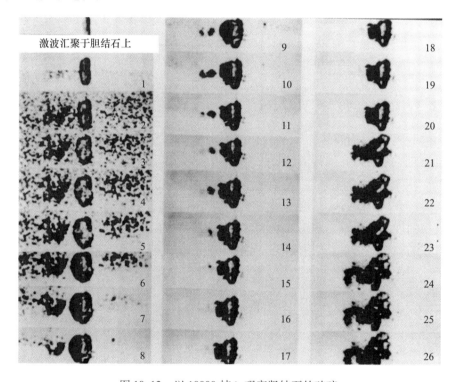

图 10.12 以 10000 帧/s 观察肾结石的破碎

在第 2~7 幅图像中,激波汇聚几微秒后,在肾结石前方产生了气泡云,暴露于气泡云的结石鼓了起来。在第 8~15 幅图像中,气泡云逐渐消失,但结石前方仍有气泡附着。暴露于高压后,结石正面产生了裂纹;当气泡从结石上脱落时,结石膨胀,然后又收缩,继续产生裂纹;当结石再次膨胀时,便破成碎片。监测到的碎片速度约为 3m/s,这么慢的速度,不会造成组织损伤。

图 10.13(a)、(b)是胆结石的破碎过程,拍摄速度为 8000 帧/s,曝光时间约 30μs。将从人体中取出的一颗 10mm×20mm 纯胆结石嵌入一块凝胶中(凝胶用于模拟人体软组织),并置于反射器的第二焦点,反射器的 f 数为 0.75,开口直径

为 180mm。10mg 的 AgN_3 药丸爆炸产生激波,反射器使激波完成 40 次汇聚。图 10.13(a)是第 1 次激波汇聚的系列图像。

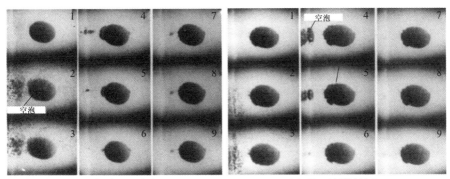

(a) 第1次激波冲击　　　　　(b) 第40次激波冲击

图 10.13　胆结石的破碎(8000 帧/s,Abe 等,1990)

激波汇聚产生的压力高于胆结石的屈服应力,高压先使结石的前表面开裂,然后使结石的后表面开裂。肾结石主要成分是草酸钙,而胆结石主要成分是胆固醇,大多数胆囊结石在张应力的作用下易碎,所以其后表面会因反射张应力的传播而破裂。实验表明,连续被激波冲击 40 次后,胆结石破成了碎片。图 10.13(b)是第 40 次激波冲击的过程,在第 5 幅图中,结石呈鼓起状态。在第 40 次激波冲击后,打开凝胶,发现结石碎裂成了小沙粒。激波体外碎石曾经作为一种常规技术被应用于胆囊结石的清除,但后来出现了一种新的内窥镜手术方法,从此激波体外碎石不再用于胆囊结石的清除。

10.2.4　临床实验

1983 年,Kuwahara 教授决定着手临床实验,并向东北大学医院伦理委员会申请许可,且获得了批准。图 10.14 是第一次临床实验的结果(Kuwahara 等,1986)。

在图 10.14(a)中,箭头所指是激波体外碎石治疗前的肾结石。激波反复汇聚 230 次后,肾结石碎裂成沙粒大小,然后,碎裂的肾结石就可以由输尿管排出。在图 10.14(b)中,碎裂的结石形成了一条沙道;在图 10.14(c)、(d)中,碎石进入到了膀胱;最后,图 10.14(e)表明,沙粒已经从体内排出。我们一直保持了与 Yachiyoda Kogyo 株式会社和 Chugoku Kayaku 株式会社的合作,微型炸药碎石机最终得到了政府的批准。1987 年,日本厚生省(卫生部)批准了这一申请,碎石机正式用于临床治疗。该系统成为水下爆炸技术为人类造福的独特应用之一。

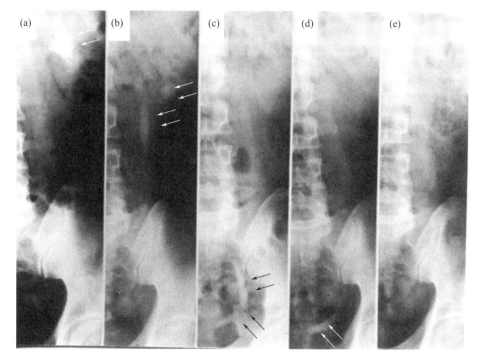

图 10.14 采用微爆的激波体外碎石首次临床应用(Kuwahara 等,1986)

10.2.5 体外激波诱导的骨形成

激波体外碎石治疗获得成功后,骨科医生又将其应用于骨科治疗,他们的临床课题是治疗骨折愈合缓慢与骨不连。Ikeda 等(1999)注意到了日本东北大学发展的激波体外碎石疗法,并与我们启动了一项合作项目。Ikeda 博士是金泽大学医院的骨科医生,他向我们介绍了骨不连的临床治疗现状(Ikeda 等,1999)。他认为,如果通过激波汇聚将高压加载到不愈合的骨折处,这种高压会刺激骨质形成。应他的要求,对现有体外激波碎石装置进行了改进,形成了体外激波诱导成骨装置(ESWLIB)。

激波体外碎石治疗的目标是有选择地碎裂泌尿系统结石,尽量减少组织损伤。相反,ESWLIB 则以可控的方式损伤组织,促进再生,从而使骨折愈合。在 ESWLIB 样机中,采用一颗 30mg 的 AgN_3 药丸,在椭球冠反射器的焦点处爆炸产生一道强激波。ESWLIB 样机已经成功应用于动物实验,并从成功的动物实验扩展到了临床实验,结果是成功的。如今,水下激波汇聚技术在骨科已成为一种常规治疗方法,不仅用于治疗骨折,还可治疗肘关节和膝关节的疼痛。

10.3　与激波体外碎石有关的组织损伤

在激波体外碎石治疗中,反射激波在向焦点传播过程中,其后压力逐渐增大,当激波汇聚于肾结石表面时,压力达到最大值。图 10.4 表明,越靠近焦点压力越大,在接近焦点时压力呈指数增加,并达到最大值;而激波进入身体时压力很低,所以皮肤表面和身体组织几乎不会受到损伤。

图 10.15(a)是狗肾脏动脉受损横截面的显微观察。在图 10.5(d)、(f)中,观察到气泡云和气泡云破裂产生的二次激波,在气泡云中,没有气泡能保持 1/10s(Kuwahara 等,1989),气泡云的持续时间与来源无关,属于概率问题。气泡与小激波或继发激波相互作用而破灭,气泡破灭时会产生微射流,刺穿肌体组织的正是这种微射流。在图 10.15 中,狗的部分肾脏动脉像是被针扎破的,图 10.15(b)记录了激波汇聚于狗肾脏的痕迹。

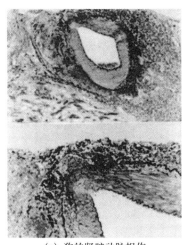
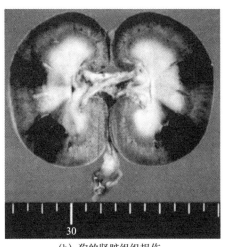

(a) 狗的肾脏动脉损伤　　　　(b) 狗的肾脏组织损伤

图 10.15　组织的损伤(见彩图)

10.3.1　激波与凝胶表面气泡的干扰

肌体组织损伤可以由组织表面附近的气泡破灭导致,也可由作用于组织上的高压引起。因此,为了减小组织损伤,在保持较高的结石破碎效率的同时,应尽量减少激波冲击的次数。为用实验模拟组织损伤,将直径 8mm 的空气泡安置于凝胶块上,在 $L=30$mm 距离处引爆 10mg AgN_3 药丸而产生激波。图 10.16 是获得的系列干涉图像。气泡收缩形成一股射流,射流穿透了凝胶。同时,在气泡中传播的激波从凝胶表面反射,并向相反方向汇聚,形成多股射流。应注意的是,气泡的破灭和射流的形成均受气泡尺寸和激波增压的影响。射流的穿透深度约为气泡直径的 2.5 倍(Shitamori,1990;Obara,2001)。

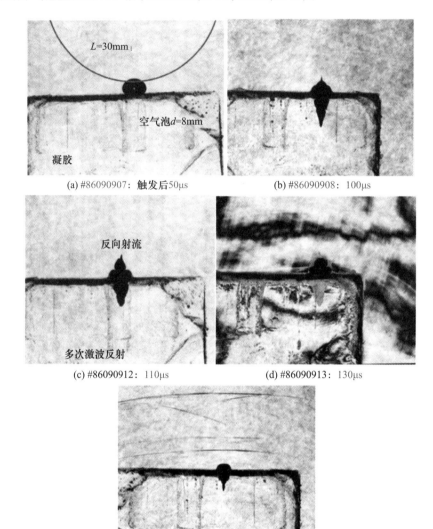

图 10.16　激波与凝胶表面空气泡的相互作用
($10mgAgN_3$ 药丸,$L=30mm$,空气泡直径 8mm,296.0K)

还研究了激波与直径 1.5mm 空气泡的相互作用,激波由 $10mgAgN_3$ 药丸在 $L=50mm$ 处爆炸产生,图 10.17 是获得的系列双曝光干涉图像。与图 10.16 不同,没有观察到激波在气泡中的多次反射,但清晰看到了射流穿透凝胶。图 10.15 中的组织损伤是由小的水蒸气泡破灭造成的,水蒸气泡的直径大约为亚毫米。本实验拍摄的射流形成只为演示射流穿透的动力学过程。

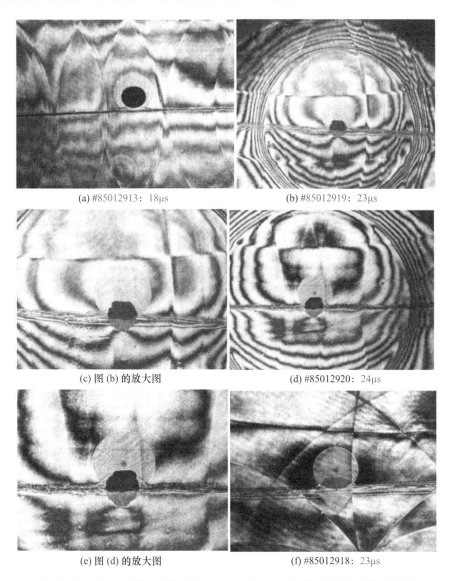

(a) #85012913: 18μs   (b) #85012919: 23μs

(c) 图 (b) 的放大图   (d) #85012920: 24μs

(e) 图 (d) 的放大图   (f) #85012918: 23μs

图 10.17 激波与凝胶表面直径 1.5mm 空泡之间相互作用的双曝光干涉图

图 10.18 是激波与凝胶表面直径 3mm 空气泡相互作用的双曝光干涉图像。灰色阴影是第一次曝光时观察到的位于凝胶表面上的气泡,变形气泡的阴影是第二次曝光时捕捉的。受到激波冲击后,气泡开始收缩,透射激波在收缩的气泡

内传播,气泡收缩形成的射流穿透了凝胶层。图 10.18(e) 显示了射流贯穿后的残迹。凝胶表面滞止压力的值影响侵彻深度。目前,即使假设气泡为球形,也没有一个分析模型可以用来预测滞止压力(Shitamori,1990;Obara,2001)。

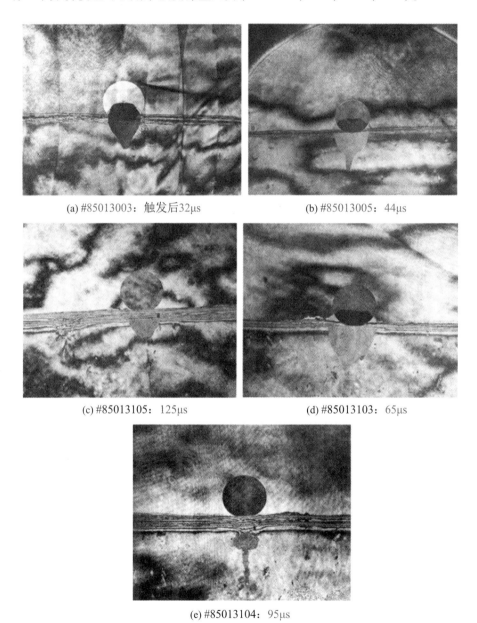

(a) #85013003:触发后32μs

(b) #85013005:44μs

(c) #85013105:125μs

(d) #85013103:65μs

(e) #85013104:95μs

图 10.18　激波与凝胶表面 3mm 空泡相互作用的双曝光干涉图
(激波由 10mg AgN$_3$ 药丸在 $L=50$mm 的距离处爆炸产生,286.4K)

图 10.19 是用 790 型 Ima Con 高速摄像机记录的激波/气泡相互作用的过程,气泡直径 5mm 或 3mm,位于凝胶表面。用 10mg 的 AgN_3 药丸在 $L=50$mm 的距离爆炸产生激波。在图 10.19(a)、(b)中,空气泡直径为 5mm,AgN_3 药丸规格为 10mg,凝胶质量百分比为 10%,可以观察到反向射流的形成(Shitamori,1990;Obara,2001)。在图 10.19(c)中,空气泡直径为 3mm,AgN_3 药丸规格为 3mg,凝胶质量百分比为 5%,对比发现,凝胶的结构对射流穿透的影响很小。

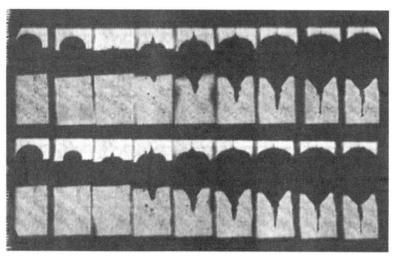

(a) #900072201: 100000帧/s,曝光时间1.25μs
(10mg的AgN_3药丸,L=50mm,凝胶质量百分比为10%,空气泡直径5mm)

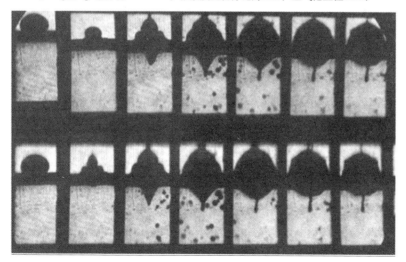

(b) #91051922: 25000帧/s,曝光时间5μs
(10mg的AgN_3药丸,L=50mm,凝胶质量百分比为10%,空气泡直径5mm)

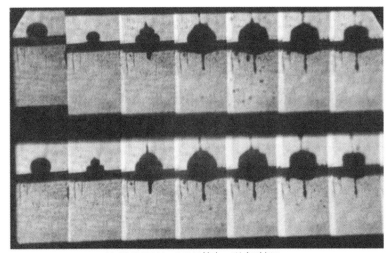

(c) #91052014: 25000帧/s，曝光时间5μs
(3mg的AgN₃药丸，L=50mm，凝胶质量百分比为5%，空气泡直径3mm)

图10.19　激波与凝胶表面空气泡相互作用的高速摄影系列图像

10.3.2　激波体外碎石过程中组织损坏的边界与范围

用9.4.5节的压电超声发生器产生强声波，研究强声波汇聚产生的高压数值与组织损伤的关系。图10.20总结了压力与声波冲击次数之间的关系，其中显示了组织损伤的区域和边界，纵坐标表示激波汇聚次数，横坐标表示压力

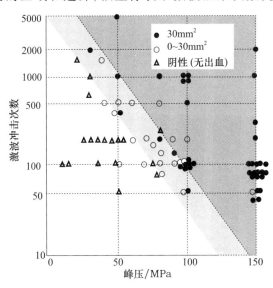

图10.20　用冲击次数与峰压关系表达的损伤程度分布图
(峰压由电磁超声波汇聚产生，Okazaki，1989)

(MPa)。损伤的评估参数是血肿程度,从不出血(阴性)到严重出血,实心圆表示出血面积大于 30mm², 空心圆表示出血面积为 0~30mm², 空心三角表示无出血。损伤程度之间有明显的区域和边界,提示应采用中等峰压和有限次数的激波冲击,可以最低程度的出血实现碎石。图 10.20 表明,采用较少冲击次数和高峰压碎石方案时,或采用低峰压大冲击次数方案时,血肿的水平都会升高。因此,存在最佳激波冲击次数,可使出血水平降至最低。然而,最佳激波冲击次数和最佳激波强度取决于结石的类型及尺寸,其取值也取决于医者的经验。

10.3.3 激波诱导的神经细胞伤害

脑神经外科医生关注激波作用引起的神经细胞损伤。然而,从文献中查到的人体器官物理特性的数据差异较大,从摘除下来的组织中收集的数据与从存在血液循环的活体组织中收集的数据是不同的(Kato,2004)。

因此,决定通过激波冲击实验来确定激波对神经细胞损伤的压力阈值。用竹钳将 10mg 的 AgN_3 药丸切成小块,用数字精密天平称量出 2.5~300μg 的 AgN_3 碎块,图 10.21 是一颗 25μg 重的 AgN_3 晶体。用丙酮纤维素溶液将 AgN_3 碎块粘在芯径为 0.6mm 光纤的末端,用总能量为 7mJ、脉冲宽度为 20ns 的调 Q Nd:YAG 激光束点燃该 AgN_3 碎块(Nagayasu,2002)。

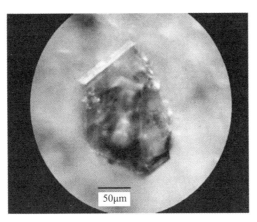

图 10.21 一颗重 25μg 的 AgN_3 晶体(见彩图)

为了确定神经细胞损伤的压力阈值,采用微型椭球冠反射器将激波精确汇聚于老鼠大脑的特定位置。微型椭球冠反射器的尺寸为 20mm×28.3mm,由黄铜造成。图 10.22(a)是反射器原理图,图 10.22(b)是反射器开口端的照片。

通过光纤将调 Q Nd:YAG 激光束传输到光纤端面,引爆 AgN_3 药丸产生激波,激波汇聚于椭球冠反射器的第一焦点,利用光纤压力传感器测量压力。图 10.23(a)、(b)分别是 2.5μg 和 15μg 重的 AgN_3 药丸的爆炸激波汇聚过程中压力随时间的变化,图10.23(c)、(d)分别是两种情况的系列阴影图像。注意,即使是这样的小爆炸物被引爆,产生的压力分布也遵循相似律。

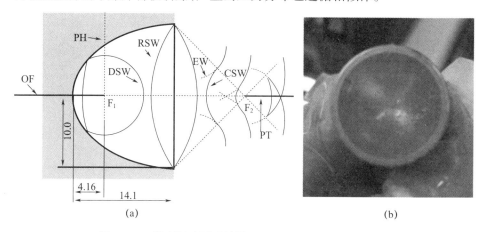

图10.22 微型椭球冠反射器(20mm×28.3mm)(见彩图)

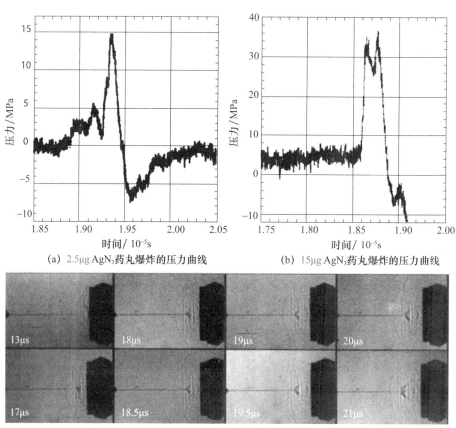

(a) 2.5μg AgN₃药丸爆炸的压力曲线   (b) 15μg AgN₃药丸爆炸的压力曲线

(c) 2.5μg AgN₃药丸爆炸的阴影图

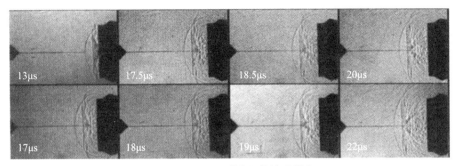

(d) 15μg AgN₃ 药丸爆炸的阴影图

图 10.23 微型 AgN_3 药丸的爆炸激波汇聚过程中的压力曲线与系列图像

图 10.24 是研究激波汇聚导致神经细胞受损的压力阈值实验装置。将八周大的雄性老鼠麻醉后固定于可移动手术台上，将老鼠的右侧头顶骨精确定位于反射器焦点上，在右侧凸出处制造一块 $\phi3\sim\phi5mm$ 的骨缺损，使骨缺损处与水杯相接触，激波通过水实现汇聚。100μg 的 AgN_3 药丸爆炸产生激波，激波准确地汇聚在老鼠的大脑上，位置误差小于 ±0.1mm。检测神经细胞受损时的压力水平。本研究结果对爆炸波损伤的研究有一定的贡献 (Kato, 2004)。

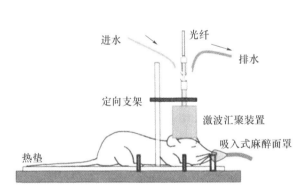

图 10.24 激波汇聚神经细胞损伤的鼠脑实验装置 (见彩图)

图 10.25 是激波汇聚导致老鼠脑细胞死亡 (Kato, 2004) 的实验结果。细胞的受损程度取决于压力，这是激波破坏神经细胞的早期结果，1MPa 的激波压力就已经造成细胞死亡。

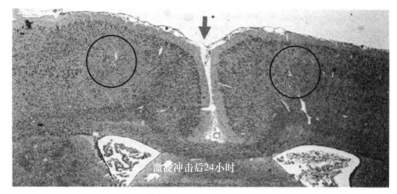

(a) 主视图 (激波冲击后24h)

(b) 局部放大图 (蛛网膜下的出血)　　　　(c) 局部放大图 (脑内出血)

图10.25　局部激波汇聚导致的细胞死亡(Kato,2004)(见彩图)

10.4　医学应用中的激光诱导激波

激波体外碎石治疗常伴有组织损伤,没有哪种参数组合可以有选择性地碎裂肾结石而不造成任何组织损伤。因此,我们决定采用激波汇聚研究受控的软组织破坏技术,例如利用 Ho:YAG 脉冲激光束汇聚产生的激波对脑血栓进行血运重建。该项目是与东北大学医学院神经脑外科系合作开展的。

照射到水中的激光束被水分子吸收,使水分子能量升高到电离水平,产生出水蒸气泡,气泡在激光诱导激波的作用下破裂,产生射流,可以刺穿软组织(参考10.3.1节)。

首先使用脉冲能量100mJ、脉宽130ns、波长1090nm 的脉冲 Nd:YAG 激光光束聚焦。图10.26(a)是激光能量的吸收系数与波长的关系,纵坐标表示吸收系数(cm^{-1}),横坐标表示波长λ(nm)。可见光波段的吸收系数较低,如彩色光谱所示,表明$\lambda=694.3$nm 的调 Q 红宝石激光在能量沉积产生激波方面的效率较低。粉红线是波长2100nm 的 Ho:YAG 激光的数据,与波长1064nm 的 Nd:YAG

激光相比,其吸收系数高 1000 多倍,所以,Ho:YAG 激光光束的聚焦能够非常高效地产生水下强激波。能量为 1J 的调 Q Ho:YAG 激光光束是通过芯径 0.6mm 的石英光纤传输的。

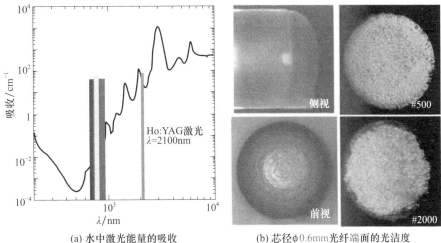

(a) 水中激光能量的吸收

(b) 芯径φ0.6mm光纤端面的光洁度
(透镜状、精磨平面#2000、粗磨平面#500)

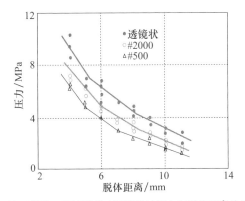

(c) 1J的Ho：YAG激光束汇聚激波压力与脱体距离的关系

图 10.26　激光诱导激波(见彩图)

激光束聚焦的效率取决于光纤端面的表面状态,于是将光纤端面抛光成凸透镜形状,以使激光束聚焦在光纤外的一点上。

图 10.26(b)是几种光纤端面的形状,包括透镜形状、粗糙度 2000 的平面形状(相当于 2000 目/英寸,精磨)和粗糙度 500 的平面形状(相当于 500 目/英寸,粗磨)的端面。在图 10.26(c)中,纵坐标表示压力(MPa),横坐标表示到光纤端面的距离(mm),红色、蓝色和黑色实心圆分别表示端面为透镜状、#2000 光滑平

面和#500 粗糙平面的数据。透镜状端面在距其约 4mm 处能产生约 10MPa 的压力。

存在理想且耐用的形状,但图 10.26(c)中的形状与理想相距甚远。透镜状端面的平均使用寿命是 100 次激光传输。将光纤插入一根细导管,激光束通过光纤传输到光纤的端面,在端面附近产生激波,进而诱发产生蒸汽泡、形成微细的水射流,水射流撞击光纤端头表面,导致端面逐渐损坏。

10.4.1 脑血栓形成的血管再生

为了显示导管内气泡的产生和激波的形成,使用一根直径 5mm、长 60mm 的非球面透镜形状的亚克力圆柱体进行实验。图 10.27(a)给出了非球面透镜状细管的尺寸与实物照片,图 10.27(b)是一束单脉冲能量 91mJ、脉冲宽度 20ns 的调 Q 激光照射到非球面透镜状实验段内的情况。沿轴线的粗黑实线是透镜状光纤。在图 10.27(b)中,前 6 幅的间隔为 1μs。箭头所指为激波。在后面的 6 幅图中,第一幅取自 2μs,其他从 300μs 开始,间隔 50μs 拍摄一幅,从中清楚地观察到气泡直径的增大,以及激波在直径 5mm 管中的传播和气流的流动(Ohki,1999)。

通过芯径 0.6mm 的光纤,将调 Q Ho:YAG 激光束多次反复传输到光纤端面,在光纤末端附近产生激波,使激波刚刚能穿透管内人工血栓的表面。图 10.28 展示了系列激波反复冲击下血栓的变化情况。这个方法确实有效,但效率不高。光纤的透镜状末端使激光聚焦,产生的激波波后压力足够高,很容易穿透血栓。受图 10.28 所示结果的鼓舞,又在导管末端连接了一根延长管,通过延长管将水射流输送到距离光纤末端更远的位置。

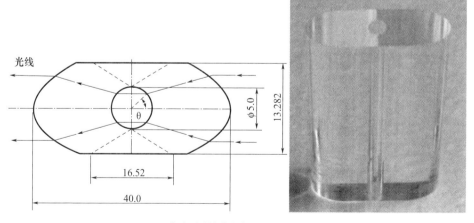

(a) 非球面透镜状直径5mm的管子

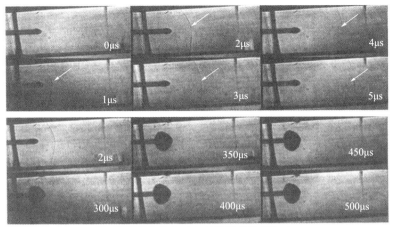

(b) 激波形成 (0~5μs) 与气泡形成 (2~500μs)

图 10.27　在激光直径 5mm 非球面透镜状管中诱导的激波（见彩图）
(调 Q Ho:YAG 激光光束, 脉冲能量 91mJ, 脉冲宽度 200ns, 光纤芯径 0.6mm)

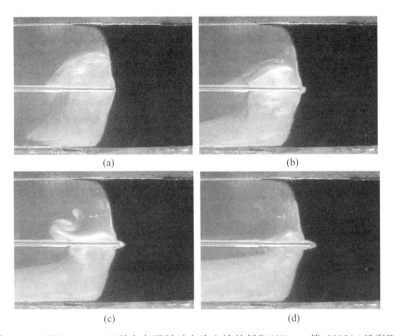

图 10.28　调 Q Ho:YAG 激光束照射对人造血栓的侵彻 (Hirano 等, 2002)（见彩图）

10.4.2　软组织解剖导管

1. 激光诱导解剖器

在进行体外实验后, 在导管的开口端连接一个更长的延长管, 使之可以到达大脑中间的动脉。图10.29是导管初样。

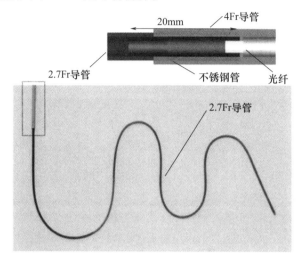

图10.29 Ho:YAG激光诱导解剖导管(见彩图)

脉冲Ho:YAG激光束的脉冲宽度为350ns,频率为3Hz,最大能量为1.3W,通过一根芯径0.6mm的光纤传输。将光纤插入一根4Fr软管中的长20mm的不锈钢导管中,在导管的末端连接一根长约300mm的2.7Fr软管。在每次激光照射时,形成体积速率约13mm^3/s的水射流,这个速率不容易吸收。于是,为了确保其有效性,进行了猪动脉血栓闭塞的体内实验,用初样导管侵彻血栓。

图10.30为X射线系列图像,圆圈标出的是被研究的动脉。最初,动脉被血栓阻塞,多普勒信号证实血液循环受阻;使用3Hz的激光照射6min后,血液循环恢复。实验证实,用该导管成功地实现了血栓的血运重建。导管消耗的水量极少,一次手术仅有几毫升的水。

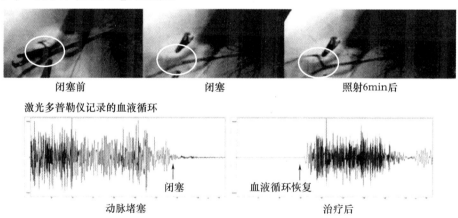

图10.30 猪动脉血栓的血运重建体内实验(见彩图)

通过活体实验发现,脑血栓血运重建的目标比较容易实现(Hirano 等,2002)。因此,该项目的目标转为开发一种解剖软组织的设备:切除脑肿瘤设备,图 10.31(a)是配有直径 0.1mm 喷嘴的导管结构示意图。脉冲 Ho:YAG 激光的波长为 2100mm,脉冲宽度为 350ns,频率为 3Hz,通过一根芯径为 0.6mm 的石英光纤传输,光纤被插入导管内。在每次激光照射时,水以 13mm³/s 的速率从直径 0.1mm 的喷嘴喷出。水是通过一个 Y 形接头持续供应的,因此,水的射流速度可以随激光能量的变化而变化。图 10.31(b)给出了射流速度与激光能量之间的关系,纵坐标表示射流速度(m/s),横坐标表示距喷嘴出口的距离,黑色实心圆和空心圆分别代表激波脉冲能量为 433mJ 和 347mJ 时的数据。结果表明,射流速度随着激光能量的增大而增大,射流速度在 18mm 的距离处最大。

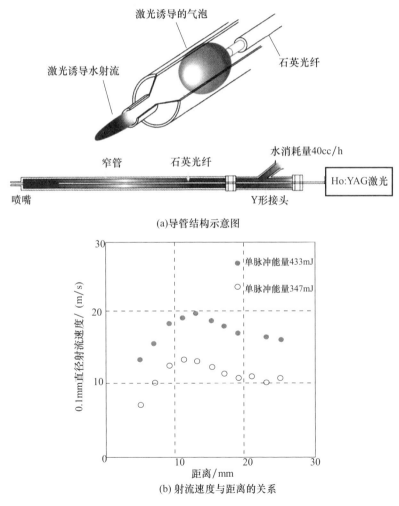

图 10.31 解剖导管及其性能(见彩图)

图 10.32(a)展示了直径为 0.1mm 的射流穿透凝胶块的过程,图像间隔 256μs。激光照射频率 3Hz,能量为 433mJ/脉冲,照射实现的侵彻速度约为 0.5mm/次。可以看到,射流缓慢地穿透了凝胶块。图 10.32(b)是活体实验结果,用解剖导管对一块猪的肝脏进行了解剖,样本被成功解剖开,而细小的血管被保留了下来。结果表明,0.1mm 直径的射流可以成功地解剖软组织,而不会伤及直径 0.2mm 以上的血管。在切除脑肿瘤的临床实验中,由于保留了直径超过 0.2mm 的血管,切除脑肿瘤时只伴有轻微的出血。导管上有一根抽吸管,导管的质量小于 100g,便于手持(Nakagawa,1998)。

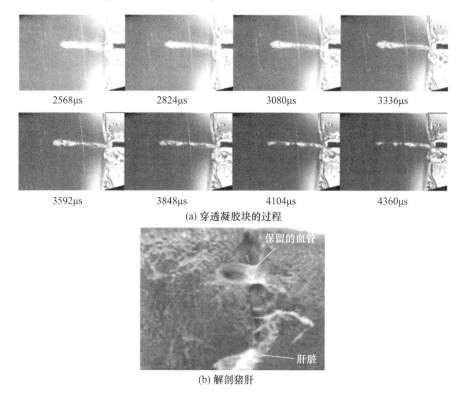

(a) 穿透凝胶块的过程

(b) 解剖猪肝

图 10.32　解剖导管的解剖实验(见彩图)

图 10.33(a)展示了解剖导管在颞叶岛状胶质母细胞瘤(脑肿瘤)切除术中的临床应用。由于导管有一根抽吸管,视野内未观察到喷射的水和残余的出血,水射流解剖法保留了直径小于 0.2mm 的血管,出血量少,用水量也少,这些液体还能够被抽走,因此视线不会受到出血和水的干扰。水的射流速度可达 10 ~ 15m/s,其滞止压力很高,容易使细小的血管破裂或将血管刺破。如果直径 0.1mm 的水射流垂直冲击到直径超过 0.2mm 的血管表面,就会发生这种情况,所以在手术过程中要求用手握住导管,使水射流倾斜冲击细小的血管。这样就

不会损伤到直径超过 0.2mm 的血管。

图 10.33(b)、(c)是术前与术后的 X 光片,图 10.33(d)、(e)是术前与术后的 CT 片,可以看到,肿瘤已经切除,旁边的血管未受到损伤。临床应用获得成功,预计能够获得日本卫生部的批准(Nakagawa,2008)。

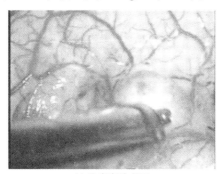

(a) 临床实验应用

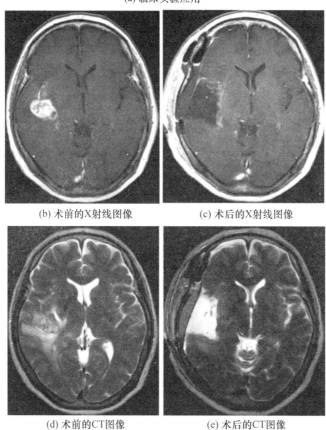

(b) 术前的X射线图像　　(c) 术后的X射线图像

(d) 术前的CT图像　　(e) 术后的CT图像

图 10.33　颞叶岛状胶质母细胞瘤喷射剥离导管的临床治疗效果
(Nakagawa,2008)(见彩图)

2. 压电式作动器

作动器机械臂每次动作能喷射的水量最多为 0.1mm³，该水量与采用激光诱导软组织解剖器解剖软组织所需的水量相同。于是，将机械臂技术应用于水射流软组织解剖。图 10.34(a)、(b) 是作动机构驱动的射流发生器照片及其结构组成。作动器价格低廉、尺寸小，可在市场上买到，组成的解剖导管设备很紧凑且重量轻。

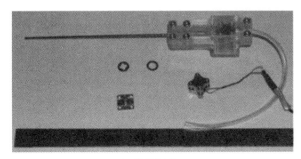

(a) 装置原型

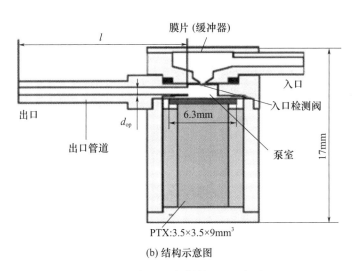

(b) 结构示意图

图 10.34　软组织解剖装置（见彩图）

图 10.35 是作动器喷射水射流的条纹图像，作动频率为 800Hz，分别采用直径 0.10mm、0.15mm 和 0.20mm 的喷嘴，纵坐标表示到喷嘴的出口距离（mm），横坐标表示时间（ms），条纹图像的倾斜角即代表喷射的速度。当喷嘴直径为 0.15mm 时，按照射流规则，喷射速度约为 45m/s。当喷嘴直径为 0.10mm 和 0.20mm 时，射流阴影随射流速度的波动而随机摆动。结果表明，0.15mm 的喷嘴直径可实现最佳组合参数。

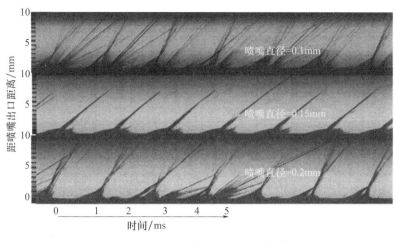

图 10.35　射流形成过程的条纹图像

10.4.3　激光辅助药物输送

1987 年,《自然》杂志首次报道了应用袖珍枪输送药物的方法,图 10.36(a)所示装置称为粒子枪,将药物颗粒粘附于一块金属板上,一颗高速弹丸从背面撞击金属板,附着在金属板上的细微药物颗粒就被高速射出,高速运动的药粒穿透进组织内部,实现药物输送的效果。图 10.36 给出了公开文献中报道的各种给药方法,这些方法或多或少都与高速流动或激波的应用有关。

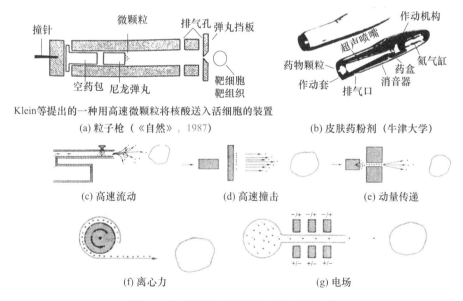

图 10.36　公开文献报道的药物输送方法

将 DNA 包覆于直径 $1\mu m$ 的黄金微粒上,由高速气流驱动冲入植物种子中。DuPont 提出的这一方法开创了植物细胞 DNA 重组的先河,如今已广泛应用于农业生产。高速气流由密封的高压氦气和作为工作气体的空气之间的隔膜破裂而产生,原理与激波管完全相同。

皮肤粉剂是由牛津大学 Bellhouse 教授等(1997)发明的,已经应用于临床治疗。各种给药方法如图 10.36(c) ~ (g)所示。此外,本章介绍高速撞击法和激光诱导给药方法。

图 10.37 的系列图像来自高速撞击药物输送模拟实验。使直径 4.8mm 的聚乙烯小珠在钢板上排列成竖直的一条线,用尼龙柱从背面撞击钢板,钢板的突然变形使小珠弹出。采用直接阴影法显示实验现象,由岛津数字摄像机 SH100 以 106 帧/s 的帧率拍摄。在图 10.37(a)中,直径 50mm、长 50mm 的尼龙圆柱体以 340m/s 的速度袭来;在图 10.37(b)中,尼龙柱撞击到金属板背面,垂直排列的珠子感受到冲击而蓄势待发;在图 10.37(c)中,尼龙圆柱已经挤压进靶板,薄钢板向右方鼓起,钢板背面撞击处发出撞击闪光,聚乙烯小珠被弹射到空气中,在小珠前部形成弓形激波(图 10.37(c) ~ (f))。

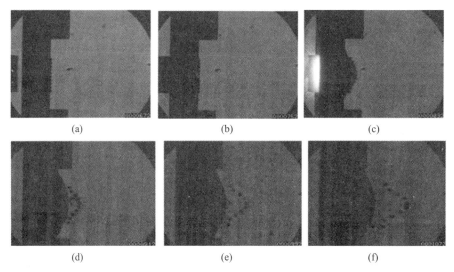

图 10.37 高速撞击药物输送模拟实验
(尼龙柱体以 340m/s 的速度撞击钢板将呈直线附着在其上 4.8mm 聚乙烯小珠弹出)

图 10.38 是脉冲激光诱导药物输送系统原理图。将 $1\mu m$ 的黄金微粒贴于铝箔上(铝箔厚度 100 ~ $150\mu m$),再将铝箔覆于 $10\mu m$ 厚的 BK7 玻璃板上。当调 Q 高能激光束(直径 2mm,平头形状)透过玻璃板照射到铝箔上时,铝箔吸收了激光的能量,瞬间在铝箔与 BK7 玻璃板之间产生等离子体云。激光能量的沉积类似于直径 2mm 炸药在铝板表面的爆炸,而爆炸的气体产物等效于玻璃板和

铝箔之间的铝等离子体云。等离子体云使铝箔爆炸性地鼓起,将粘附于其表面的直径1μm的黄金微粒弹射出去,最大速度达5km/s(Menezes 等,2008)。黄金微粒被喷向距离铝箔约1~1.5mm处的目标组织中,侵入深度为0.1~0.15mm。

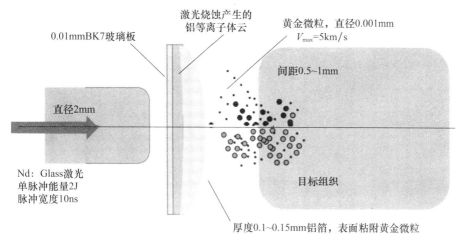

图 10.38　脉冲激光诱导药物输送原理示意图

将图10.38中的黄金微粒换成干燥的药物微粒,就形成一种激光消融辅助的颗粒给药系统。干燥的药物微粒从箔片上弹出时以高超声速飞行,但很快减速到低超声速,然后,这些微粒深深侵入目标组织。从气体动力学的角度,将 $Ma_s=10$、雷诺数 $Re=100$、克努森数 $Kn=0.1$ 的流动称为高超声速斯托克斯流动。然而,干燥微粒飞行的距离只有0.5~1.5mm。尽管,所产生的流动是高超声速斯托克斯流动,但因为传热速度太慢,气动加热效应不会影响干药粉的侵入性能。

图10.39(a)是1μm钨粉在空气中弹射的实验结果,纵坐标表示微粒速度(m/s),横坐标是飞行距离(mm),空心圆是来自高速图像的测量结果。采用类似于图10.38的系统弹射钨粉,采用直接阴影法显示钨粉颗粒的运动,用岛津SH100高速摄像机拍摄阴影图像。

图10.39(a)表明,微粒以高超声速运动几毫米的距离,但速度衰减很快。图10.39(b)是直径1μm的钨粉颗粒侵入肝脏组织中的情况,肝脏组织样本与附着钨粒的箔片之间的距离为1mm。钨粉从箔片上弹出时呈飞溅状,飞溅区的中心部分冲入肝脏样本深处,微粒侵入的深度约100μm。当该系统应用于DNA重组时,不应使用金属微粒。如果能够弹射直径10~20μm的液滴,使之以适当的高速弹射,并且能够侵入软组织50μm的深度,将是对药物输送方法的一个极大改进。

图10.40(a)为显微观测照片,可以清晰地观察到直径1μm的钨微粒冲入细胞的路径。如果用DNA包裹住钨微粒,就有可能发生DNA重组。利用激波诱导给药系统重组植物细胞DNA已成为一种常规方法,图10.40(b)和(c)显示了将包

裹有质粒 DNA(plasmid DNA)的 1μm 黄金微粒喷射到洋葱细胞中的情形,观察到洋葱细胞中的基因表达,彩色斑点表示洋葱细胞中的转化细胞。这些结果表明,目前的激光消融诱导给药方法用于 DNA 重组是可行的(Nakada 等,2008)。

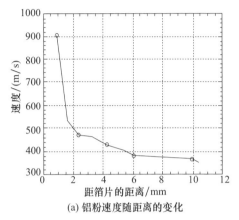
(a) 铝粉速度随距离的变化

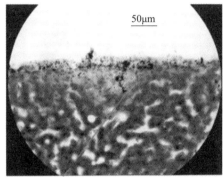
(b) 1μm 的钨微粒侵入小鼠肝脏组织的照片

图 10.39　直径为 1μm 的钨微粒注射(见彩图)

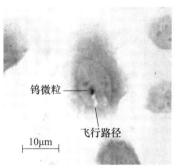
(a) 1μm 直径的钨微粒冲入细胞的路径

(b) 洋葱细胞中出现的基因表达

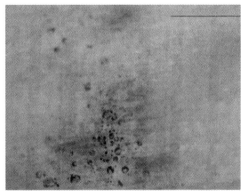
(c) 图(b)的放大图

图 10.40　采用激光消融诱导给药系统实施 DNA 重组(Nakada 等,2008)(见彩图)

10.4.4 激波消融导管

临床上使用高射频消融导管(简称消融导管)治疗心律失常。这种治疗通过高射频根除心脏中导致心律失常的病灶源,使得病灶源处的神经细胞被完全破坏,而后症状消失。然而,射频消融疗法会在进行消融的部位反复产生高温,而后诱发血栓,并很可能会造成栓塞。

为了克服这些副作用,提出消除心律失常的一种激波消融导管技术。采用激波汇聚技术,非常精确地将高压施加到心律失常病灶源。由于需通过患者动脉将导管插入心脏内部,所以椭球形反射器的开口直径必须小于4mm,调Q Ho:YAG激光束经由直径0.4mm光纤传输到给定位置,激光聚焦于反射器而产生激波(Yamamoto 等,2015)。图10.41 是一根消融导管,即将通过动脉插入心律失常病灶所在的心脏内部,椭球冠反射器的开口内径为 4.0mm、外径 5.6mm、f 数约为 0.5。根据经验,该 f 数的反射器能量传输效率最大。在一次治疗中,激光光束在这样一个有限空间中反复传输 100 次,会使空间内水温升高。由于含盐的冷却水不间断循环,所以温升很小,可以忽略不计。

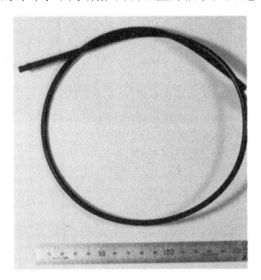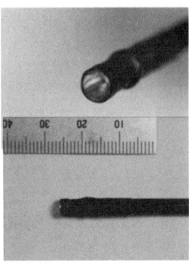

图 10.41　激波消融导管样机(Yamamoto 等,2015)(见彩图)

在导管上覆盖一层薄膜,不仅可以切断反射镜内循环的冷却盐水,还可以阻止冷却水泄漏到心脏内的血液中。治疗时,反射器空腔与心脏内膜接触,反射器空腔出口处的压力较低,不会损伤内膜。在激波汇聚过程中,焦点附近的峰值压力逐渐升高,靠近焦点时压力呈指数级增长,从而选择性地破坏心律失常病灶区域。

单脉冲能量为35mJ的脉冲调Q Ho:YAG激光束以3Hz的频率经由直径0.4mm的光纤传输,激光束通过透镜状端面聚焦,多次脉冲光束反复产生激波。图10.42(a)为激光汇聚的系列图像,椭球冠形状的反射器空腔位于底面,激波汇聚于距反射器空腔开口约2mm处。采用光纤压力传感器(传感器被安置在上部,图10.42(a))测量激波汇聚产生的压力,图10.42(b)是获得的压力,纵坐标表示压力(MPa),横坐标表示时间(μs),原点为压力最大的时刻,测得的峰值压力约为50MPa,峰压剖面的半宽度约为100ns,其强度足以破坏心律失常的病灶。由图10.42(a)可以看出,在病灶源周围半径约2mm范围内,压力呈指数增加,其他部位的压力很低,因此,表面的组织没有受到严重损伤。

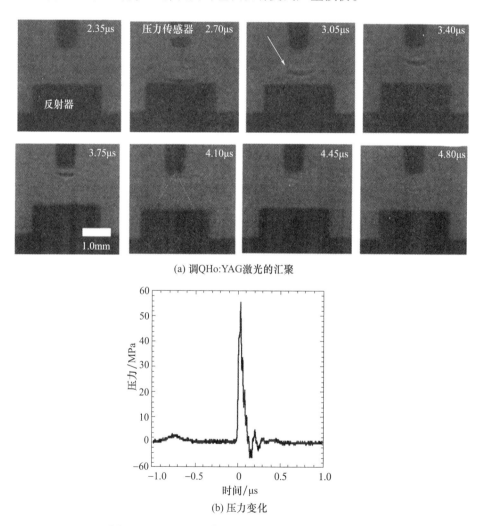

(a) 调QHo:YAG激光的汇聚

(b) 压力变化

图10.42 Ho:YAG激光的汇聚(Yamamoto等,2015)

图 10.43 展示了激波从三个不同的方向汇聚于老鼠心脏上的结果,每个方向的激波汇聚峰值压力范围为 25~35MPa,频率为 3Hz,持续时间为 5s。内膜未受损,但在焦点周围 2mm 的范围观察到了出血。

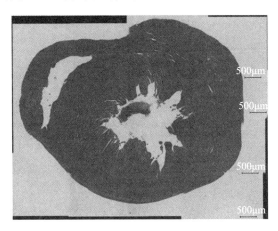

图 10.43　激波汇聚于老鼠心脏(Yamamoto,2015)(见彩图)

10.5　应用于临床的数值模拟

不稳定的动脉瘤随时可能破裂,患者需要立即治疗。相反,稳定的动脉瘤患者则不需要进行紧急治疗。然而,单纯通过观察动脉瘤的影像表现来确定是否进行紧急治疗并不容易,因此,脑神经外科医生要求用数值模拟获得病人动脉瘤三维模型中的血液循环情况。在 2000 年启动了一个项目,利用从不同方向获得的大脑血管 X 射线图像或 CT 扫描图像构建三维网格,首次开发了一个构建血管三维分布的软件。构建完三维网格后,假设边界层为层流,然后在各个血管的两端添加合适的输入和输出边界条件,完成一例数值模拟。

图 10.44(a)展示了一段血管的三维网格,在该网络的中心处长有动脉瘤。起初,血管壁边界被设置为固体边界,当时,尚未可靠掌握动脉瘤及活的脑血管的物理特性,因此模拟只为考察通过复杂的三维血管系统的血液循环情况,忽略了血管的弹性变形,在无滑移边界条件下求解 N-S 方程,根据经验数据给定血压条件。对各种临床条件进行了模拟,获得了血压和血流量数据。图 10.44(b)展示了其中的一个主要结果,图中给出的是血管和动脉瘤中的三维速度分布,红色区域的血液流速较块,蓝色区域的血液流速较慢,红色区域血管壁面的切应力也较蓝色区域大,所以,红色区域的血管具有更高的破裂风险。因此,数值模拟对决策具有一定的指导意义。图 10.44 只是初步的研究,许多工作尚待完善。

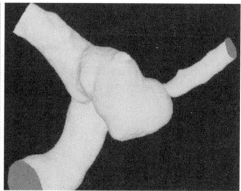

(a) 动脉瘤计算模型

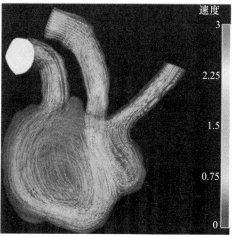

(b) 动脉瘤内的速度分布

图 10.44　模拟的血液流动(Hassan 等,2004)(见彩图)

参考文献

Abe,Y.,Ise,H.,Kitayama,O.,Usui,R.,Suzuki,N.,Matsuno,M.,et al. (1990). Disintegration of gallbladder stones by ESWL. Gallstone,4,451 – 459.

Bellhouse,H. J.,Quikan,N. J.,& Ainsworth,R. W. (1997). Needle – less delivery of drugs,in dry powder form,using shock waves and supersonic gas flow. In A. F. P. Houwing,& A. Paul,(Eds.) Proc. 21st ISSW,(Vol. 1,pp. 51 – 56). Australia:The Great Keppel Island.

Chaussey,C. H.,Schmiedt,E.,Jocham,D.,Walter,V.,Brendel,W.,Forsmann,B.,et al. (1982). Extracorporeal shock wave lithotripsy. New aspects in the treatment of kidney stone disease. Muenchen:Karger.

Chaussey, C. H., Schmidt, J. E., Joachim, D., Ferbes, G., Brundel, W., Forsmann, B., et al. (1986). Extracorporeal shock wave lithotripsy. Muenchen: Karger.

Hassan, M., Ezura, M., Timfeev, E. V., Tominaga, T., Saito, T., Takahashi, A., et al. (2004). Computational simulation of therapeutic parent artery occlusion to treat giant vertebrobasilor aneurysm. AINR American Journal of Neuroradiology, 25, 63 – 68.

Hirano, T. (2001). Development of revascularization of cerebral thrombosis using laser induced liquid jets (MD thesis). Graduate School of Medicine, Tohoku University.

Hirano, T., Uenohara, H., Nakagawa, A., Sato, S., Takahashi, A., Takayama, K., & Yoshimoto, T. (2002). A novel drug delivery system with Ho: YAG laser induced liquid jet. In Proceedings of the International Federation for Medical and Biological Engineering. 2nd European Conference (pp. 1006 – 1007).

Ikeda, K., Matsuda, M., Tomita, K., & Takayama, K. (1999). Application of extracorporeal shock wave on bone. Basic and clinical study. In G. J. Ball, R. Hillier & G. T. Robertz (Eds.), Shock Waves. Proceedings of 22nd ISSW, London (Vol. 1, pp. 623 – 626).

Kambe, K., Kuwahara, M., Kurosu, S., Orikasa, S., & Takayama, K. (1986). Underwater shock wave focusing, an application to extracorporeal lithotripsy. In D. Bershader & R. Hanson (Eds.), Shock Waves and Shock Tubes, Proceedings of the 15th International Symposium on Shock Waves and Shock Tubes, Berkeley (pp. 641 – 647).

Kato, K. (2004). Study of mechanism and damage threshold of brain nerve cells by shock wave loading (MD thesis). Graduate School of Medicine, Tohoku University.

Krehl, P. O. K. (2009). History of shock waves, explosions and impact. Berlin: Springer.

Kuwahara, M., Kambe, K., Kurosu, S., Orikasa, S., & Takayama, K. (1986). Extracorporeal stone disintegration using chemical explosive pellets as an energy source of underwater shock waves. The Journal of Urology, 133, 814 – 817.

Kuwahara, M., Ioritani, M., Kambe, K., Shirau, S., Taguchi, K., Sitoh, S., et al. (1989). Hyperechoic region induced by focused shock waves in vivo in vitro possibility of acoustic cavitation. Journal of Lithotripsy and Stone Disease, 1, 282 – 287.

Loske, A. M. (2007). Shock wave physics for urologists. Universidad National Autonoma de Mexico.

Menezes, V., Takayama, K., Gojani, A., & Hosseini, S. H. R. (2008). Shock wave driven micro – particles for pharmaceutical applications. Shock Waves, 18, 393 – 400.

Nakada. M., Menezes, V., Kanno, A., Hosseini, S. H. R., & Takayama, K. (2008). Shock wave based biolistic device for DNA and drug delivery. Japanese Journal of Applied Physics, 47, 1522 – 1526.

Nagayasu, N. (2002). Study of shock waves generated by micro explosion and their applications (Ph. D. thesis). Graduate School of Engineering, Faculty of Engineering, Tohoku University.

Nakagawa, A. (1998). Basic study of shock wave assisted therapeutic devises in the field of neuro brain surgery (MD thesis). Graduate School of Medicine, Tohoku University.

Nakagawa, A., Kumabe, T., Kanamori, M., Saito, R., Hirano, T., Takayama, K., et al. (2008). Clinical application of pulsed laser – induced liquid jet: Preliminary report in glioma surger-

y. Neurological Surgery,36,1005 – 1010.

Obara,T. (2001). A study of applications of underwater shock waves to medicine(Ph. D. thesis). Graduate School of Engineering,Faculty of Engineering Tohoku University.

Ohki,T. (1999). Study of medical applications of pulsedHo:YAG laser induced underwater(Master thesis). Graduate School of Engineering,Faculty of Engineering Tohoku University.

Okazaki,K. (1989). Fundamental study in extracorporeal shock wave lithotripsy using piezoceramics. Japanese Journal of Applied Physics,28,143 – 145.

Shitamori,K. (1990). Study of propagation and focusing of underwater shock focusing(Master thesis). Graduate School of Tohoku University Faculty of Engineering,Tohoku University.

Yamamoto,H. ,Hasebe,Y. ,Kondo,M. ,Fukuda,K. ,Takayama,K. ,& Shimokawa,H. (2015). Development of a novel shock wave catheter ablation system. In R. Bonazza & D. Ranjan(Eds.), Shock Waves,Proceedings of the 29th ISSW,Madison(Vol. 2,pp. 855 – 860).

Yutkin,L. A. (1950). Apparat YRAT – 1 Medeport USSR Moscow.

第 11 章 其他问题

11.1 高超声速流动

在太空开发时代到来之际,激波管为航天飞行器重返大气层提供了支持,航天技术的成功在很大程度上归功于对激波的研究。最初,激波研究的一个主要课题是再入飞行器热防护罩的设计,后来又是超燃冲压发动机这种高超声速推进技术。

在 20 世纪 90 年代,日本流体科学研究所激波研究中心建造了一座自由活塞激波风洞(图 11.1),与国家空天实验室宫城县分部(National Aerospace Laboratory,Kakuda Branch)合作开展了高超声速流动实验。该自由活塞激波风洞是不久即将建设的 NAL 宫城县分部高焓激波风洞(HEIEST)的先导性设备,其滞止焓为 4.8MJ/kg,喷管气流速度为 2750m/s,滞止温度为 387K,滞止压力为 2.26kPa,滞止密度为 $2 \times 10^{-2} kg/m^3$,流动马赫数为 6.99,相对均匀的高超声速喷管流动能够持续大约 300μs。Koremoto(2000)研究了喷管流动的启动过程,Hashimoto(2003)利用阴影仪和 Shimadzu SH100(日本岛津公司 SH100)高速摄像机研究了绕双楔和双锥的流动。

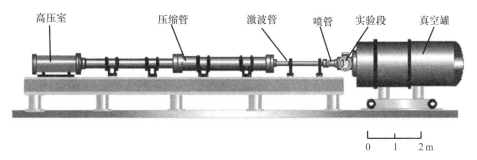

图 11.1　东北大学 SWRC 自由活塞激波管

11.1.1　绕双楔与双锥的流动

图 11.2(a)、(b)分别是安装在实验段内的双楔和双锥模型,模型材料均为

黄铜。双楔模型的第一级楔角为25°，第二级楔角可变，为40°、50°和68°；双楔模型长90mm、底部高度60mm。双锥模型的第一级半锥角为25°，第二级锥角可变，为40°和65°；双锥模型长50mm，底部直径φ60mm。

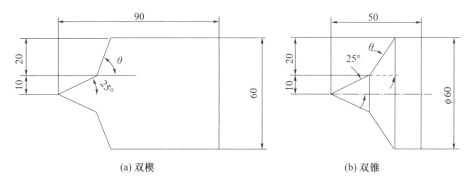

(a) 双楔 (b) 双锥

图11.2 实验模型

图11.3(a)、(b)分别为25°/50°和25°/68°双楔上的高超声速流动阴影图像，是用高速数字摄像机 Shimadzu SH100 采用 10^6 帧/s 的帧频获得的。第一级楔的激波附着于其前缘，在第一级与第二级之间的拐角处激波脱体。边界层沿第一级楔面发展，在第一级与第二级之间的拐角处发生分离，形成回流区。然而，通过观察这些图像，很难确定双楔和双锥上回流区的流动特征，为了精确展示其流动特征，决定用条纹显示技术重新获取流动图像。

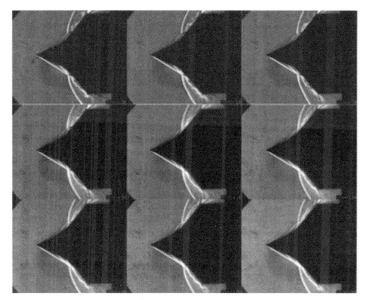

(a) 绕25°/50°双楔流动的阴影图像

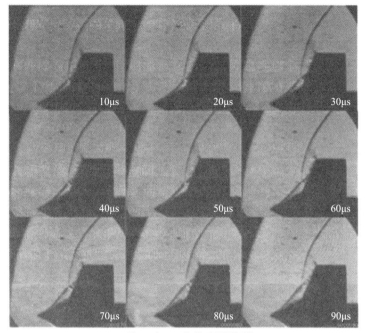

(b) 绕25°/68°双楔流动阴影图像

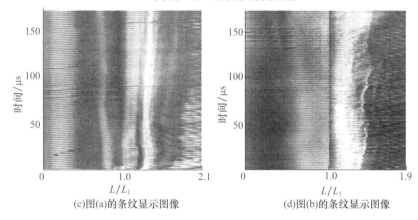

(c) 图(a)的条纹显示图像 (d) 图(b)的条纹显示图像

图 11.3 双楔上高超声速流动的显示图像(Hashimoto,2003)

沿着图 11.3(a)、(b)和图 11.4(a)、(b)中所示的双楔表面或双锥表面制作 0.5mm 宽的单张帧图切片。将这些图像的序列切片按顺序排列,最终形成条纹图。图 11.3(c)、(d)和图 11.4(c)、(d)分别是与图 11.3(a)、(b)和图 11.4(a)、(b)对应的条纹显示结果,纵坐标表示时间(μs),横坐标是用前缘到拐角的距离进行归一化的长度。

图 11.4 给出了绕双锥的高超声速流动阴影图像及其条纹显示。条纹显示

表明,与25°/50°双锥相比,在25°/65°双锥上回流区的波动频率更高。对双楔的流动观察获得了类似趋势,这就证明了高速图像条纹显示的实用性。

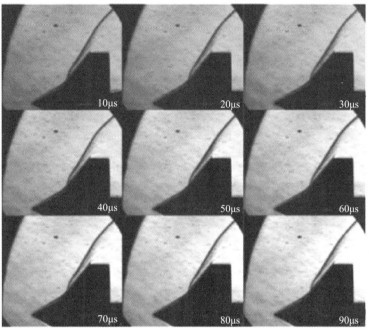

(a) 绕25°/50°双锥流动阴影图像

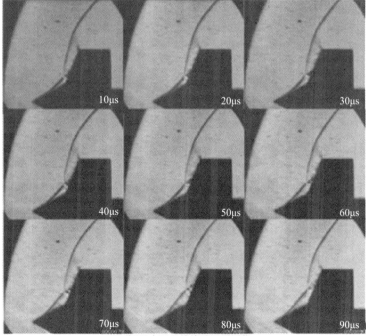

(b) 绕25°/65°双锥流动阴影图像

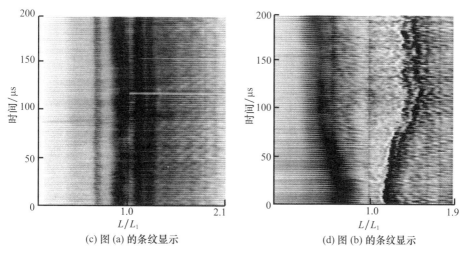

(c) 图(a)的条纹显示　　　　　　(d) 图(b)的条纹显示

图 11.4　双锥上的高超声速流动显示图像(Hashimoto,2003)

(2.3kPa、390K,流速 2759m/s)

11.2　弹道靶

在 20 世纪 80 年代后期,建造了一座单级火药炮,用流动显示技术观察了发射体的飞行情况。用反射器任意表面速度干涉法(VISAR)测量了发射体的运动,并与数值模拟进行了比较。模拟两级轻气炮的数值程序是由 UTIAS 的 Gottlieb 教授基于随机选择法开发的。图 11.5 是激波研究中心的两级轻气炮(Matsumura 等,1990)。

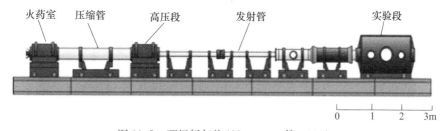

图 11.5　两级轻气炮(Matsumura 等,1990)

将重 150g 的无烟火药装填在火药室内,将直径 60mm、重 0.5~2.0kg 的聚碳酸酯活塞装进直径 60mm、长 3m 的压缩管内,将初始压力为 0.5MPa 的氦气充入压缩管。无烟火药受控燃烧产生的高压使重活塞加速,使高压段的氦气压缩到 0.5GPa,温度升高到几千开氏温度。高压段的惯性质量吸收了重活塞撞击产生的高强度应力波,使氦气在很短的时间内维持着高压和高温。然后,直径 14mm 的尼龙弹体沿发射管加速,最大速度可达 5km/s。

11.2.1 空气中自由飞钝体的弓形激波

图 11.6 展示了自由飞钝圆柱体前方的弓形激波。图 11.6(d)~(f)为重建后的三维全息图。图 11.6(d)拍摄于柱体进入实验段的瞬间,在钝圆柱前方刚刚形成激波。弓形激波的倾斜角 θ 表明了飞行的速度,即 $\sin\theta = a/u$,其中 a、u 分别是空气中的声速和自由飞行的速度。

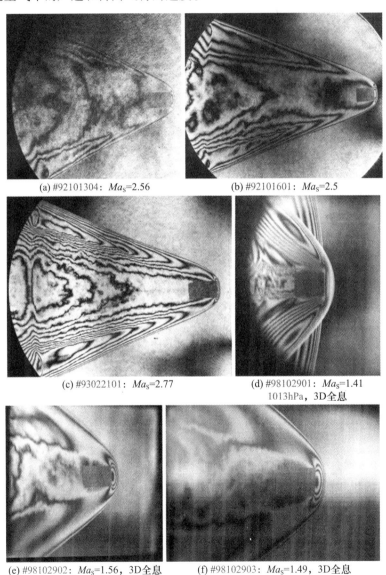

(a) #92101304: Ma_S=2.56   (b) #92101601: Ma_S=2.5

(c) #93022101: Ma_S=2.77   (d) #98102901: Ma_S=1.41
1013hPa,3D全息

(e) #98102902: Ma_S=1.56,3D全息   (f) #98102903: Ma_S=1.49,3D全息

图 11.6 两级轻气炮发射的直径 10mm 聚碳酸酯柱体的自由飞(Matsumura 等,1990)

获得可靠的数据是高温高超声速实验的重要任务之一。NASA 艾姆斯中心的 Park 教授建议,用球体上的激波脱体距离反映真实气体效应,因为高超声速的激波脱体距离受真实气体效应的影响严重。在两级轻气炮(Nonaka,2000)和自由活塞激波风洞(Hashimoto,2003)中,用流动显示获得了中等高超声速自由飞球体前的激波脱体距离。图 11.7 总结了早先在激波研究中心开展的实验,ρR 是一个高超声速相似参数,纵坐标是无量纲激波脱体距离,横坐标是模型的自由飞速度(km/s),红色、橄榄色、浅蓝色以及深蓝色实心圆圈分别代表 $\rho R = 1.7 \times 10^{-3} kg/m^2$、$\rho R = 1.0 \times 10^{-4} kg/m^2$、$\rho R = 2.0 \times 10^{-3} kg/m^2$、$\rho R = 4.0 \times 10^{-4} kg/m^2$ 条件下的弹道靶实验结果(Nonaka,2000);黑色、红色和浅蓝色空心圆、黑色实心圆和黄色实心圆分别代表 $\rho R = 2.5 \times 10^{-4} kg/m^2$(4.8MJ/kg)、$\rho R = 5.0 \times 10^{-4} kg/m^2$(4.8MJ/kg)、$\rho R = 1.0 \times 10^{-3} kg/m^2$(4.8MJ/kg)、$\rho R = 1.3 \times 10^{-4} kg/m^2$(10.4MJ/kg)以及 $\rho R = 2.6 \times 10^{-4} kg/m^2$(10.4MJ/kg)条件下自由活塞激波风洞的实验结果(Hashimoto,2003)。从图中看到,与每个相似参数相对应的实验结果始终保持在一条直线上,随着 ρR 的改变,这些线偏离 $\gamma = 1.4$ 的理想气体线,向 20mmHg 的平衡空气线靠近。

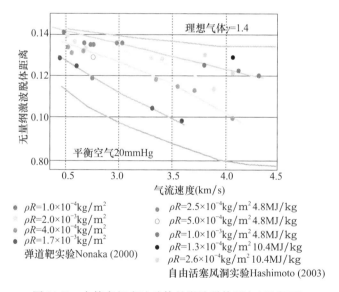

图 11.7 中等高超声速球体的激波脱体距离(见彩图)

1998 年,弹道靶完成安装,图 11.8 是激波研究中心的弹道靶示意图,设备由两级轻气炮和直径 1.8m、长 12m 的观测舱组成。两级轻气炮由火药室、高压段、压缩管(直径 50mm、长 3m)、发射管以及实验段组成(Numata,2009)。发射管长 3.4m,有 15mm 或 51mm 口径的两种管子可更换。无烟火药装填到火药室内,并按照美军标准点燃。高压段采用预应力结构,与以往的两级轻气炮相比,结构更紧凑。观测舱空间很大,可以容纳不同尺寸的实验段。一些实验段不但可以充入各种气体,还可充入水。观测舱有两对直径600mm的光学窗口,四套闪光X光源及探测器。流动的光学显示主要采用双曝光全息干涉法和阴影法。利用 Ima Con D-200 高速相机和岛津 SH100 高速数码相机进行系列图像采集。可发射直径15mm和50mm的弹体,发射速度从声速到8.0km/s不等。

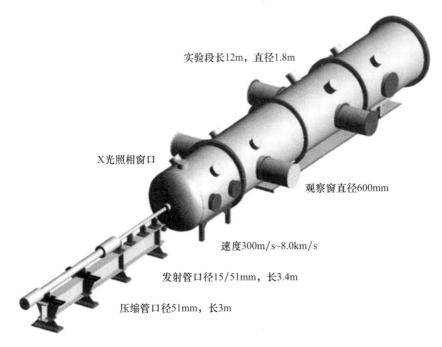

图11.8 激波研究中心的弹道靶

11.2.2 可燃混合物中的自由飞

为了显示高速弹体诱导的爆轰波,在观测舱内安装了一个充满氢氧混合气体的小实验段。直径40mm的尼龙球以2.2km/s的速度发射,飞入化学恰当比的氧和氢混合气体($2H_2/O_2$,333hPa/167hP)中。图4.24是将直径40mm的球体发射进实验段的试验装置。

图11.9(a)显示了富氢可燃混合气体($P_{H_2}=360hPa$,$P_{O_2}=140hPa$)中40mm球体上产生的爆震波。图11.9(b)是化学恰当比混合气体($P_{H_2}=333hPa$,$P_{O_2}=167hPa$)中球体飞行产生的爆震波。图11.9(a)、(b)中的干涉图由三个时刻的干涉图组合而成。图11.9(c)、(d)分别对图11.9(a)、(b)中的激波层图像进行了放大。注意到,由于可燃混合气体中的组分存在差异,观察到的激波脱体距离也略有偏差。尾迹中有一个相干结构,其周期因可燃混合气体的成分差异而略有不同。

(a) 发射速度2.2km/s,富氢混合气体 (P_{H_2}/P_{O_2}=360hPa/140hPa)

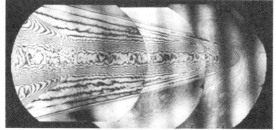

(b) 发射速度2.2km/s,化学恰当比 (P_{H_2}/P_{O_2}=333hPa/167hPa)

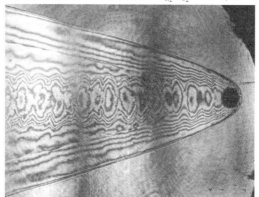

(c) 2.2km/s,P_{H_2}/P_{O_2}=360hPa/140hPa

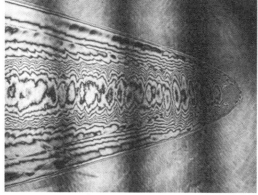

(d) 2.2km/s,P_{H_2}/P_{O_2}=333hPa/167hPa

图 11.9 可燃混合气体中的自由飞

11.2.3 空间碎片防护罩

在观测舱内安装实验段,进行了空间碎片防护罩的基础实验。采用直径 15mm 的发射管发射直径 10mm 的不锈钢轴承球,靶板为铝合金。图 11.10 展示了用岛津 SH100 高速摄像机以 10^6 帧/s、曝光时间 125ns 拍摄的高速系列阴影图像,这些图像之间的时间间隔为 24μs。在图 11.10(c)中,撞击产生的闪光持续了约 75μs。超高速的撞击在铝合金靶板中产生应力波,靶板中的应力远远超过了铝合金的屈服应力,因此铝合金的变形过程很像液体的运动,在靶板表面上观察到的喷溅图案与高速撞击水面时观察到的飞溅图案非常相似。

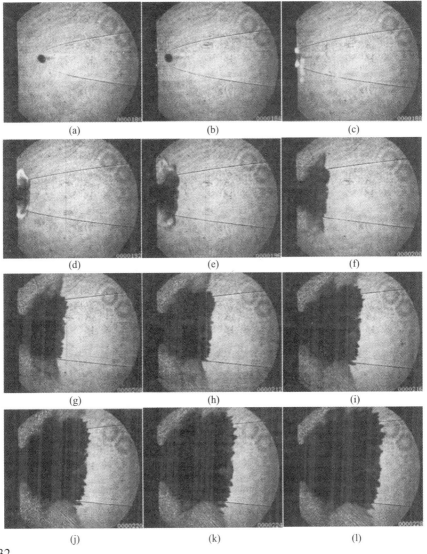

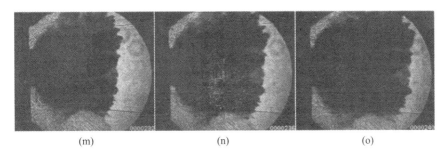

图 11.10 球以超高速撞击铝防护罩时的系列观测图像(Numata,2009)
(球直径 10mm,撞击速度 3km/s,注意撞击碎片的飞溅)

图 11.11 是直径 10mm 的轴承球以 2km/s 的速度穿透厚 10mm 的铝/纤维(Kevler)复合板的观测结果,拍摄方法与图 11.10 相同。靶板是填充式防护罩,用来保护空间设施免受碎片撞击破坏。本实验复合板的设计就是为了阻止碎片颗粒穿透主防护罩。

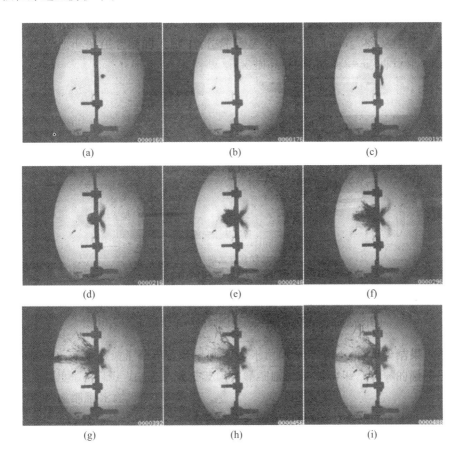

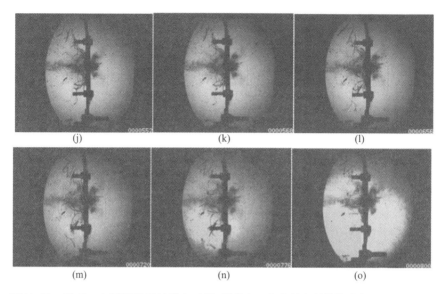

图11.11 以2km/s速度飞行的弹丸对铝/纤维(Kevler)复合板的撞击(Numata,2009)

11.2.4 低温下的空间碎片防护罩

卫星运行所处的环境温度变化很大,在地球阴影区时温度约为100K,处于阳光区时温度达350K以上,而防护罩实验通常是在室温下进行的,那么,在低温下,高速撞击会受到怎样的影响呢(Numata,2009)？为回答这个问题,研究了环境温度对高速撞击的影响。

图11.12(a)是低温实验段及安装于其中的铝合金前防护罩照片。防护罩距离主靶板100mm,采用循环液氮降温,使实验段整个舱体及内部空间维持120K的低温。图11.12(a)中的前靶板(防护罩)和主靶板通过紧密接触金属支撑件而获得冷却(原理见图11.12(b))。

(a) 实验段照片

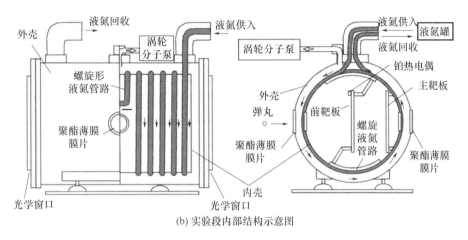

(b) 实验段内部结构示意图

图 11.12 低温实验段(Numata,2009)(见彩图)

图 11.13(a)~(c)是在环境温度约 293K 条件下,弹丸分别以 2.72km/s、3.31km/s 和 3.71km/s 的速度高速撞击靶板的实验照片,图 11.13(d)~(f)分别是在温度约 118K 条件下,弹丸以 2.78km/s、3.39km/s 和 3.7km/s 的速度高速撞击靶板的实验照片。壁面温度的变化并未显著影响碎片云的分布,倒是撞击速度有显著影响,从图中可以看到,与撞击速度 3.7km/s 相比,撞击速度为 2.8km/s 时,碎片云分布的长度更长。

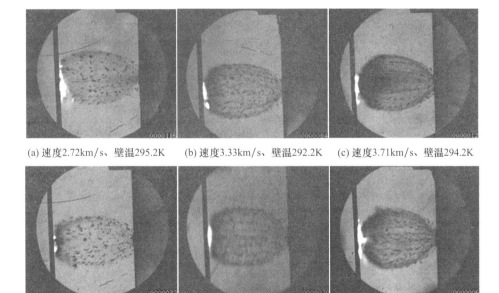

图 11.13 壁温影响的撞击实验(Numata,2009)

到目前为止,模拟实验的结果表明,壁面温度对碎片云的结构影响不大,但弹丸撞击速度影响较大。

图 11.14 是由模拟实验获得的碎片云演化过程,壁面温度为 120K,弹丸以 3.7km/s 撞击防护罩,用岛津 SH100 高速摄像机以 10^6 帧/s 的帧频拍摄。起初,一些小碎片高速撞击低温壁面产生了撞击闪光点,紧接着碎片云的主体部分撞击产生强烈的撞击闪光,碎片云的主体被复合材料主靶板反弹,在这个撞击速度条件下,无碎片穿透主靶板。

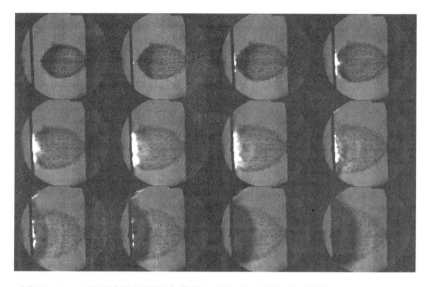

图 11.14　空间碎片防护罩撞击模拟实验的高速照相系列图像(Numata,2009)
(120K、速度 3.7km/s 条件下撞击铝/纤维复合板)

11.3　玻璃板内的激波

通过引爆 AgN_3 小球,将激波加载到玻璃板上,用单曝光和双曝光干涉法观测应力波在玻璃板内的传播(Aratani,1998)。

11.3.1　钢化玻璃板中的激波传播

用厚 8mm 的钢化玻璃制成 106mm×150mm 的空心椭球,在椭球的一个焦点上放置一颗 10mg 重的 AgN_3 药丸,AgN_3 药丸爆炸产生的高压应力波在钢化玻璃内传播。图 11.15 展示了应力波的传播过程,条纹代表玻璃板内密度的变化。起初,在爆心产生了一道半球形压应力波,而后该应力波从玻璃/空气界面反射形成了球形张应力波;球形张应力波从椭球另一侧的玻璃板/空气界面反射,形成圆柱形压应力波,如此反复。如图 11.15(b)所示,形成一串以纵向速度传播的圆柱形张应力波和压应力波。这些应力波从椭球的壁面反射,最终在第二焦点处汇聚,见图 11.15(i)。从图 11.15(b)~(e)看出,横向应力波在纵向应力

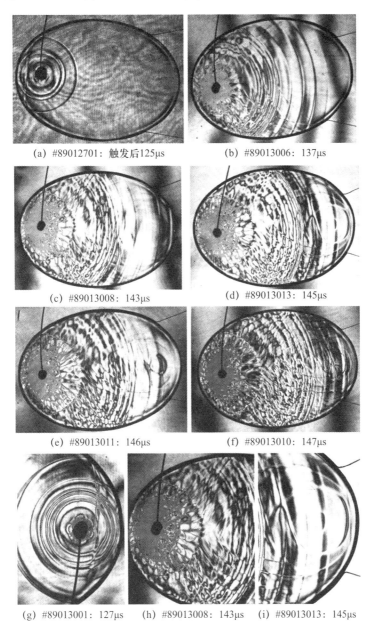

(a) #89012701:触发后125μs　　(b) #89013006:137μs

(c) #89013008:143μs　　(d) #89013013:145μs

(e) #89013011:146μs　　(f) #89013010:147μs

(g) #89013001:127μs　(h) #89013008:143μs　(i) #89013013:145μs

图 11.15　应力波在空心椭球的钢化玻璃板内的传播(Aratani,1998)

(10mg AgN$_3$ 爆炸产生激波,椭球尺寸 106mm×150mm,钢化玻璃厚 8mm)

波后面传播,横波导致焦点区域产生裂纹。注意到,在第一焦点处形成的裂纹具有细密的层状结构(Aratani,1998)。

图 11.16 展示了压应力波在空心球的玻璃板内传播的过程,玻璃厚 8mm、球直径 250mm,在钢化玻璃边缘点燃一颗 20mg 重的 AgN_3 药丸。11.16(a) 展示了爆炸产生的球形压应力波,图 11.16(b) 捕捉到的是反射的张应力波即将汇聚的状态。

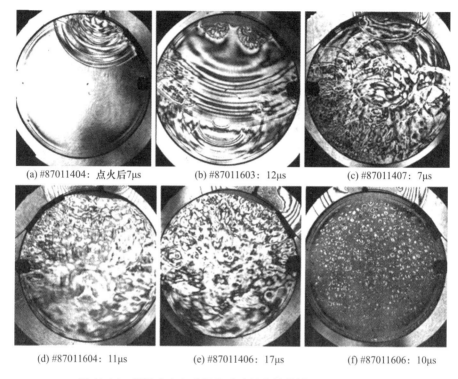

图 11.16　激波在空心球钢化玻璃板内的传播(Aratani,1998)
(玻璃厚 8mm,激波由 20mg AgN_3 药丸爆炸产生,环境温度 291K)

图 11.17 是应力波在边长 150mm 的空心立方体的钢化玻璃板内传播的情况,玻璃板厚 10mm,在方形钢化玻璃板的一侧放置一颗 10mg 重 AgN_3 药丸,引爆 AgN_3 药丸后形成圆柱形的张应力和压应力波串。图 11.17 的系列图像展示了这些圆柱形应力波串在方形玻璃板内的传播、演化,及其从侧面垂直玻璃板的反射,如图 11.17(f)~(h) 所示。注意到,图像阴影强度的对比度在逐渐降低,表明应力波随着传播而不断衰减,如图 11.17(i)、(j) 所示。小应力波间的相互干扰变得非常复杂。根据初始激波在试件上部传播的距离,很容易估计出所经过的时间。

第 11 章 其他问题

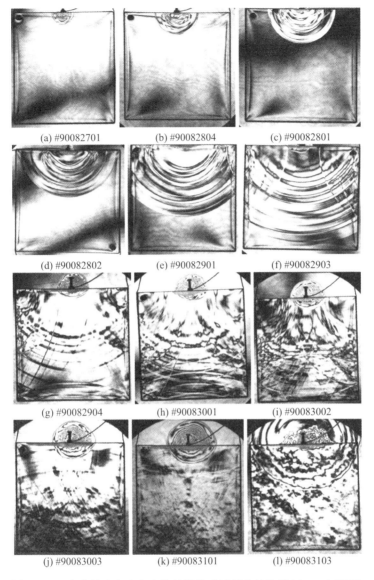

(a) #90082701 (b) #90082804 (c) #90082801
(d) #90082802 (e) #90082901 (f) #90082903
(g) #90082904 (h) #90083001 (i) #90083002
(j) #90083003 (k) #90083101 (l) #90083103

图 11.17 应力波在空心立方体的钢化玻璃板中的传播(Aratani,1998)
(空心立方体边长 150mm,玻璃板 10mm 厚)

11.3.2 激光诱导的激波在亚克力板中的传播

使一束准直调 Q 红宝石激光光束聚焦在距一块 50mm×90mm×150mm 亚克力板边缘 10mm 处,见图 11.18(a)。激光的脉冲能量为 1J、脉冲宽度为 25ns,激光聚焦在直径约为 0.1mm 的点上,在这样一个有限的空间内,如此强烈的能量沉积会瞬间产生高温高压,足以使亚克力蒸发并产生微裂纹,并在亚克力材料内部驱动出激波或压缩波。然而,激光束不一定会准确聚焦在一个点上,聚焦区域是沿其照射方向有一定长度的区域。因此,亚克力板上被烧出的空腔不是一个点,而是长条形;空腔区域伴有裂纹,从这些空腔处还发展出压应力波串,如图 11.18(a)所示。图 11.18(c)是圆柱形压应力波的双曝光干涉图像,图 11.18(d)是圆柱形激波的单曝光干涉图,激光束来自垂直方向,因此观察到一个垂直方向呈长条形的空腔。

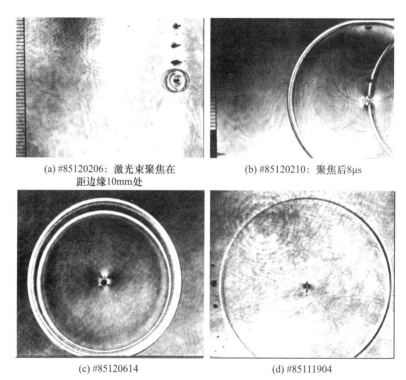

(a) #85120206:激光束聚焦在距边缘10mm处

(b) #85120210:聚焦后8μs

(c) #85120614

(d) #85111904

图 11.18　激光聚焦诱导的应力波
(调 Q 红宝石激光能量为1J,亚克力板尺寸为 50mm×90mm×150mm)

11.3.3　泡沫材料中的激波传播

实验采用图 11.19 所示的无膜片激波管,激波管由直径 ϕ230mm 的高压段、同轴布置的 60mm×150mm 低压段和约 1700mm 长的实验段组成,设备详情可参考杨基明的文章(1995)。对实验段进行了改造,使之能够容纳 60mm×150mm×1200mm 的聚氨酯泡沫,泡沫块被塞在长 1700mm 的实验段中,如图 11.19 所示(Kitagawa 等,2006)。

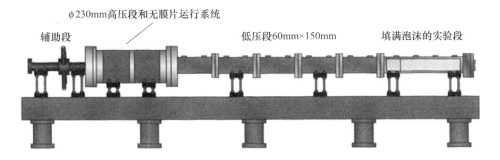

图 11.19 改进的 60mm×150mm 无膜片激波管用于激波在聚氨酯泡沫中的传播实验

图 11.20(a)是塞入横截面为 60mm×150mm 激波管实验段中的聚氨酯泡沫,其尺寸也是 60mm×150mm,采用漫反射全息干涉法显示激波管末端壁面附近 $Ma_s=1.5$ 反射激波与泡沫的相互作用,单曝光准直物光束 OB 均匀照射在涂有黄色荧光漆的泡沫表面,OB 由变形的泡沫反射,反射的 OB 携带着变形泡沫的全息信息,被记录到全息胶片上。为了确认泡沫的变形,在泡沫表面上印有间距 5mm×5mm 的 ϕ2mm 的黑色点阵,如图 11.20(a)所示。图 11.20(b)展示了反射激波作用下的泡沫变形。假设泡沫的变形及泡沫中波的运动是一维的,采用一维分析模型,预测了泡沫及其中空气的温度和压力,结果表明,与无泡沫、只有空气的情况相比,泡沫中空气的压力和温度要高得多。实验也证实,泡沫温度非常高,泡沫真的熔化了。

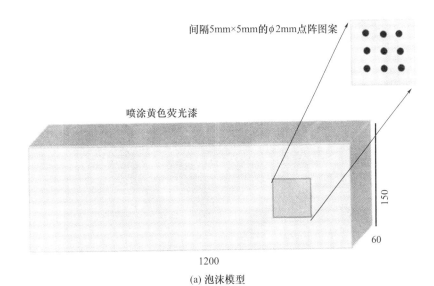

(a) 泡沫模型

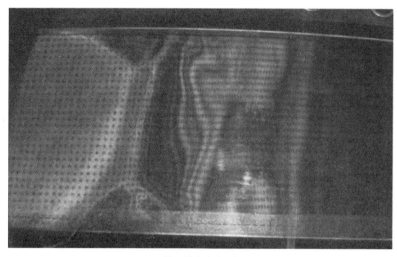

(b) 漫反射全息观测

图 11.20　激波作用下的聚氨酯泡沫变形(Kitagawa 等,2006)(见彩图)

在图 11.20(b)中,泡沫发生了二维变形,变形的图案非常类似于气体实验获得的激波管末端壁面附近反射激波的分叉现象。在激波管的泡沫实验中,反射激波后面的压力非常高,满足 Mark(1956 年)提出的准则,因此出现了类似于激波分叉的图案。希望将来有人能发展出泡沫激波管实验的二维分析模型,再现图 11.20(b)所示的图案。

11.3.4　砂层中的激波

气体中激波可视化的方法也适用于研究砂层中的激波传播。研究所用的砂粒是标准的埃格林(Eglin)砂,图 11.21 是埃格林砂粒的显微图像,砂粒的直径范围是 330～500μm(Yamamoto 等,2015)。

1. 砂层中的点爆

将埃格林砂填入圆柱形筒体(直径 100mm、高 155mm),在圆柱形砂体的中心引爆一颗 10mg 重的 AgN_3 药丸。埃格林砂柱的体积密度约为 $1.55g/cm^3$。为了定量识别激波作用下的砂层变形,将蓝色、黑色、棕色、黄色、红色和最底层棕色的彩色砂粒薄层等厚平铺,蓝色位于最上层,棕色位于最下层。柱体中心的爆炸使砂层移动,各彩色砂层发生变形。爆炸一结束,砂粒便停止运动。将实验后的试验件整体淹没在一种叫作 Permeate™(日本 D&D 公司)的液体中,这是一种挥发性液体,表面张力很低,该液体渗透到砂粒之间,填满其中的空隙。当液体蒸发后,砂粒就紧紧凝固在一起。

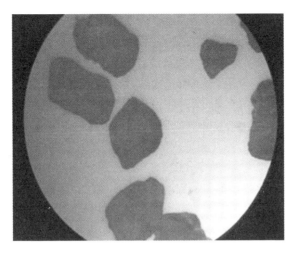

图 11.21　埃格林砂粒的显微图像(Yamamoto 等,2015)(见彩图)

将凝固的实验件分成两块,图 11.22 是切开后的实验件横截面。在爆炸中心附近,由于暴露在约几百兆帕的高压下,砂粒产生了移动。彩色砂层的变形记录了砂粒的运动,这些砂粒先是被球形激波抛洒,而后被亚克力壁面反射的激波抛洒。最初位于上面的第一层蓝色砂层和第二层黑色砂层被向上抛洒并挤压到两侧,最初位于第三层的棕色砂层向上变形,但保持了形状的连续性。位于爆炸中心附近的砂粒支离破碎并且发白。位于爆炸中心下方的彩色砂层没有因为筒底激波反射而发生特别显著的变形。

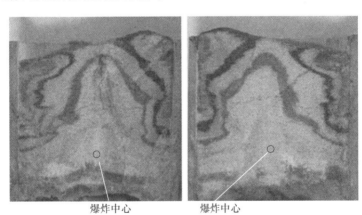

图 11.22　砂柱中点爆炸形成的横截面图案(Yamamoto 等,2015)(见彩图)

2. 高速球体对砂层的侵彻

受砂层点爆炸实验的鼓舞,研究了高速球体垂直撞击砂层的过程。首先制造了一个小型垂直火炮,如图 11.23 所示,其基本部件曾用于高速燃料喷射实验。由于这是一种便携式的发射器,为了控制无烟火药的点火延迟时间,进行了预备性实验。开始的时候,采用激光点燃 10mg 的 AgN_3 药丸的方法点燃黑火药,然后启动无烟火药的同步燃烧,然而,最终发现无烟火药同步燃烧的不确定性是不可控的。最后,还是采用了传统的方法,用机械法撞击雷管,雷管中有 3g 无烟火药(HS-7),推进剂由 1.2g 黑火药与 5.0g 无烟火药(H50-BMG)组成,黑火药用于点燃无烟火药。火药室中产生的高压将包在 $\phi 14mm$ 弹托中的 $\phi 9.5mm$ 不锈钢轴承球发射出去,弹托由聚碳酸酯制成,分为四瓣。弹托和轴承球的组合体通过垂直发射管加速,经过多孔的管口段,压缩波及其堆积成的激波通过多孔管口段时衰减。在发射管的末端安装有弹托拦截器,当模型组件撞击到拦截器时,只有轴承球能通过,弹托则被挤压到拦截器的侧面。通过测量轴承球经过两束氦氖激光的时间间隔,就可以获得轴承钢球的飞行速度。

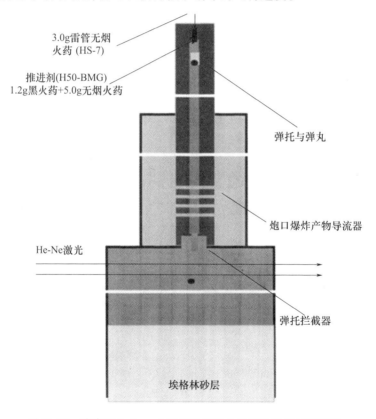

图 11.23 将直径 9.5mm 小球发射到沙中的实验装置(见彩图)

图 11.24 是矩形实验段,在实验段中水平铺设几个薄层的彩色砂粒,用于监测轴承球冲击造成的砂层变形。实验段横截面为 33mm×100mm,深 250mm,前面是一块观测用亚克力板(厚 25mm),后面是一块厚 25mm 的不锈钢壁面,两侧

是宽50mm、厚50mm的黄铜侧壁。实验时,以1.01km/s的速度垂直发射一颗直径9.54mm的不锈钢轴承球,使用飞行时间法在实验段前方测量轴承球的飞行速度,用泛光灯斜着照射实验段,用岛津SH100高速数码相机记录亚克力上的图像变化,帧频为10^6帧/s,曝光时间为125ns。当弹丸冲入砂层时,在弹丸附近观察到发光现象,发光现象是石英颗粒暴露在激波中时发生破碎导致的。

氦氖激光束通过直径0.2mm的光纤传输,光纤以固定的间隔水平悬挂在规定的位置上,钢球飞过激光时挡住激光的传输,生成触发信号,启动照相系统拍摄钢球在砂层中的减速情况。将弹丸运动的测量结果与可视化结果进行了比较。

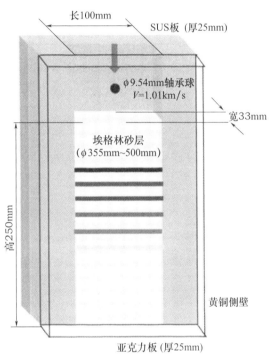

图11.24 垂直火炮与实验段示意图(见彩图)

图11.25展示了弹丸撞击砂层后56μs时间范围内的弹丸运动情况,每间隔8μs拍摄一张照片。图11.26展示了从弹丸撞击砂层至168μs范围内的系列照片。图11.25(a)为撞击后第8μs时的状态,当石英晶体暴露于高压中或变形时,就会产生电荷,在外力作用下碎裂时,石英晶体会发出波长为654nm的光,这是石英晶体的固有特性,称为压电效应。当弹丸刚进入砂层时,受到撞击的砂层表面发出微弱的光,如图11.25(a)所示,球体冲进33mm宽的砂层,发

光出现在距内壁约 10mm 处。当球体全部进入砂层时,整个球体的表面暴露在很高的剪切应力下,使砂粒发出强烈的光,于是在图 11.25(b)中观测到圆形的亮斑。

亮斑的亮度与砂粒的破碎程度有关。在球体表面观察到,破碎砂粒的最细颗粒像玉米淀粉一样。在距球体表面几毫米范围的激波层内,破碎的砂粒有白糖粒大小。在图 11.25(c)中,亮斑前锋的形状类似于弓形激波,弓形激波位于距侧壁 10mm 处。随着时间的推移,脱体弓形激波的半径逐渐增大,范围逐渐变宽,同时,亮斑前锋亮度变弱。在图 11.25(c)中观察到的球体上方出现的微弱亮光是由变形弹托的残骸引起的,泛光灯照亮的视场不一定均匀,当被泛光灯的边缘照亮时,弹托碎片看起来很模糊。而在图 11.25(d)中,泛光灯的中心部分照亮该区域,弹托残骸变亮。砂面以上 10mm 以外的视场被遮挡。砂层的体积密度为 $1.55g/cm^3$,明显低于砂压紧实验中的值。通过评估亮斑前锋位置随时间的变化,发现砂层中的声速约为 180m/s,该值远低于空气中的声速值。

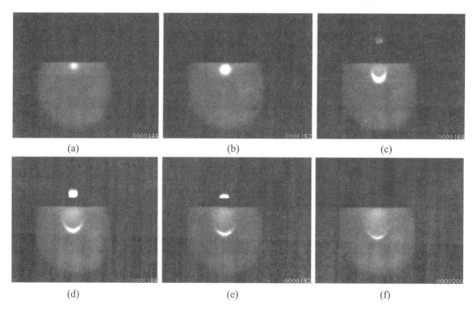

图 11.25 钢球冲入砂层时的发光(Yamamoto 等,2015)

在图 11.26 中,钢球速度为 1.01km/s,以砂层中的声速为 180m/s 估计,相当于 $Ma_s = 5.5$,因此,当撞击砂层时,弓形激波脱体距离 δ 很小,与球体直径 D 的比值 $\delta/D = 0.1$(Liepmann 和 Roshko,1960)。因此,$16\mu s$ 时,闪亮的弓形激波非常靠近球体,如图 11.25(b)所示。然后,球体减速,激波速度迅速减小到声速,激波脱体距离迅速增加,就像超声速球体入水时的那样(图 9.69)。

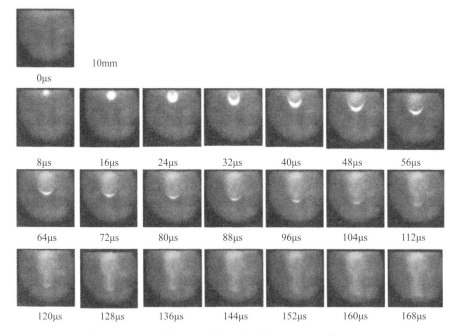

图11.26 钢球冲入砂层的系列照片(Yamamoto等,2015)
(#13031102)

图11.25(c)、(d)拍摄自弹丸撞击砂层后的第24μs和32μs。球体进一步减速,脱体激波的曲率半径增大。在第48μs时(图11.25(f)),脱体激波经侧壁的反复反射,变为柱状激波,亮斑前锋的中心部分仍然发出微弱的光。脱体激波的速度逐渐接近声速,亮度也持续减弱。在168μs,球体完全停止。通过测量亮度沿中心线的分布,可以计算出球体的运动轨迹,分析亮斑前锋轨迹随时间的变化,就可以确定球速的衰减和弓形激波向声波的过渡。

根据图11.26中各时刻图片的亮斑亮度,图11.27总结了沿中心线的亮度变化,其纵坐标表示各帧的亮度,横坐标表示像素,原点对应于砂层表面。右侧的数字表示帧号,每增加1个号,时间增加8μs。018强度曲线的时刻对应于图11.26(a)的0μs,037强度曲线的时刻对应于168μs。从020到022,亮斑的亮度急剧增加,最大亮度出现在020(或16μs),然后,亮度峰值逐渐减弱。从026到037,亮斑前锋开始变宽、半径增大,表明弓形激波的激波脱体距离增大。通过跟踪亮斑前锋的运动轨迹,可以估计出弓形激波的运动轨迹,据测算,亮斑前锋的速度为150~200m/s。在砂层内这个值算是跨声速。注意,在160~168μs(从036到037)弹丸移动得非常慢,但亮斑的前锋仍然可以分辨。

通过上述工作,将激波研究中的一种常规方法成功地应用于砂土动力学诊断,实践证明,对于激波层发光现象的观测,这是一种有效的方法。继续改进现有的实验装置,有望观察到弓形激波在固体边界上的反射,通过这些小型的实验,也有可能测量到砂层中反射激波的临界转换条件。

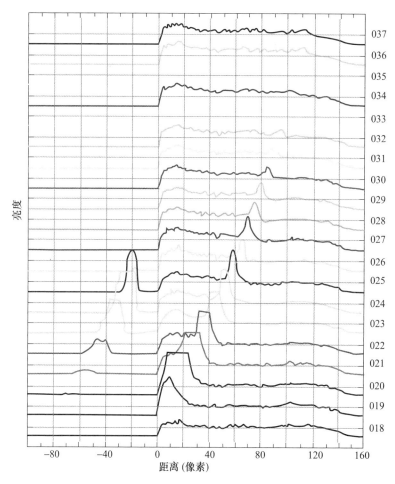

图11.27　亮斑前锋亮度随时间的变化(图11.26的总结)(见彩图)

撞击实验结束后,立即将试件小心地浸入充满Permeate™(日本D&D公司)液体的腔室中,待液体蒸发后,将试件分为两半,发现试件的砂层结构很好地保留了弹丸运动的轨迹。图11.28(a)、(b)展示了圆柱形砂层试件左右两半的剖面图案,这是钢球以1.6km/s的速度撞击的试件,砂柱直径100mm、长120mm。可以看到,砂层的表面倾斜了30°,因为在撞击时,钢球与撞击面有一个夹角,进入砂层后球体向较低的一侧运动,最初水平铺设的彩色层发生变形,彩色层拖动的图像记录了球体的倾斜运动。

沿着球体的轨迹观察到一些白色的砂粒,在球表面观察到粘附于其上的白色砂粉,这是由于球体在砂柱中运动时,表面剪切力大、温度高,与球表面接触的砂粒粘附在球体表面并破碎,砂粒破碎时产生一些白色粉末,部分粉末仍粘附于球表面。砂粒破碎时,石英颗粒会发光,形成一个闪亮的圆形区域。在球体高速运动的作用下,蓝色砂层被拉伸、球体表面粘附的砂粒破碎,一些白色粉末混杂于变形的蓝色砂层与破碎砂粒之间的空间中,这些白色粉末肯定会发出强光。球体在侵彻过程中可能在旋转,球的旋转运动将砂粒研磨成粉末。由于存在快速的旋转运动,球体在接触到砂层底部时会从砂层底部弹起,最后停住。在图11.28的这次早期实验中,弹托拦截器将弹托全部挡住,只有钢球撞击了砂层,未观察到聚酯材料弹托的热分解迹象,所以破碎的砂粒粉末呈现出新鲜的白色,参考图11.28(a)、(b)。

(a) 倾斜撞击:1.93km/s

(b) 倾斜撞击:1.93km/s

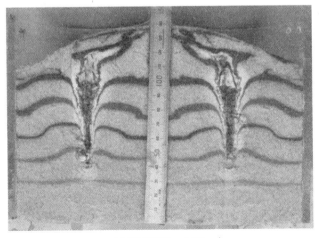
(c) #11030201:1.02km/s

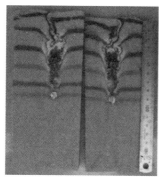
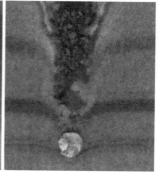

(d)#13032901：1.01km/s　　　(e) 图(d)的放大图

图 11.28　钢球冲入砂层后的试件断面图案(Yamamoto 等,2015)(见彩图)

图 11.28(c)是钢球以 1.01km/s 的速度冲入直径 100mm、长 120mm、倾斜 30°的圆柱砂层的结果。与图 11.28(a)、(b)中的观测结果不同,这里只有第一层的黑色砂层畸变明显,而其他颜色的砂层呈对称变形。球体停止在深度 80mm 处,观察到球体从底部倾斜反弹一小段距离的痕迹。球体在向底部高速移动时,对称地穿透有色砂层,在砂柱中制造了一个空腔,空腔的形状类似尾迹流。观察到空腔壁面的表层被碳黑覆盖(图 11.27(c)~(d)),碳黑是聚碳酸酯弹托热分解的产物,说明弹托跟随球体进入了砂柱;空腔壁面的表层下覆盖了一层白色砂粒粉末,这些白色粉末是砂粒与高速球体接触或受到弓形激波后的高压作用而破碎的产物,砂粒破碎时产生发光现象。球体的运动轨迹是直线,彩色砂层的变形与边界层的速度剖面相似。

2013 年 3 月 11 日,一场强烈的地震袭击了实验室,摧毁了砂粒撞击实验的设备。地震过后,恢复工作立即展开。图 11.28(d)就是在震后获得的实验结果,也是作者在 2013 年 3 月 31 日退休前,于 2013 年 3 月 29 日做的最后一次实验。

在钢球撞击砂层的瞬间,砂粒在开放的空间到处飞溅,飞溅砂粒的撞击坑又被后来掉落的新鲜砂粒覆盖。虽然实验的布置是对称的,但彩色砂层的变形图案却是不对称的。不对称的沉降可能归因于 33mm×100mm 的实验段形状。图 11.28(d)是直径 9.5mm 球体以 1.01km/s 的速度撞击砂柱的结果,一块弹托跟随球体撞击了砂柱,并在球体撞击形成的空腔内产生热分解,所以空腔表面完全被碳烟熏黑。彩色变形砂层偏离原水平位置的量可以表征和解释球体的减速历程。

11.4　火山喷发中的激波

火山喷发是因为沉积在岩浆中的能量突然释放、岩浆碎裂,所以火山喷发现象与激波现象或多或少存在关系(Glass,1975)。Takayama 和 Saito(2004)从激波研究的角度对火山喷发现象进行了研究,利用激波管模拟实验很容易研究爆炸喷发产生的激波以及激波在空气中的传播,但激波管实验仅限于实验室能实现的尺度,适当的数值模拟可能是复现火山喷发过程的唯一方法。

11.4.1 火山喷发的现场观测

当预计阿苏山中岳(Mount Aso,位于日本西南部熊本县的活火山)的火山要喷发时,启动了一个现场测量激波压力的项目。自制了一种PVDF(聚偏二氟乙烯)压电薄膜压力传感器,以Kistler 603B型压力传感器的输出信号为准,对其输出信号进行了校准。将压力传感器安装在不锈钢棒的一个端面上,安置在悬崖顶部的一个掩体中,俯瞰着阿苏山中岳的火山口。传感器输出的压力信号被转换成光信号,通过光缆传输到距火山口4km的阿苏火山博物馆,存储在博物馆内的数字存储器中。图11.29描述了数据采集及其从火山到博物馆的传输过程。在一段时间内,通过这种方案,在仙台监测了火山井释放的压力随时间的变化。

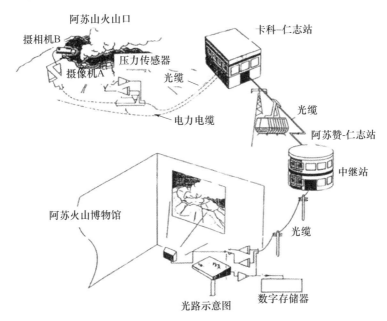

图11.29 阿苏山火山口压力测量与信号传输系统(Takayama和Saito,2004)
(信号被传输到距离阿苏火山4km的阿苏火山博物馆)

图11.30(a)是1995年安装在掩体内的压力传感器,该掩体建在悬崖顶部,传感器"俯瞰"着阿苏山中岳火山口。当时预计火山很快就会喷发,但阿苏山一直很平静,直到2013年该项目被取消时,火山也没有喷发。当在一次会议上报告这个项目的进展时,一位火山学家评论说,在阿苏山上安装这样的设备来研究

火山喷发是一项很好的工作。讽刺的是,当这个项目被取消后,阿苏山火山就剧烈地喷发了。

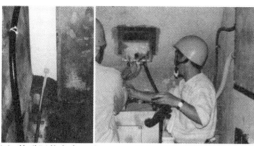

(a) 俯瞰阿苏火山口的压力传感器   (b) 在掩体内安装压力传感器   (c) 在掩体内安装压力传感器的工作人员

图 11.30 阿苏山 1995 年火山现场的压力测量(见彩图)

11.4.2 数值模拟

在安排现场测量的同时,对随时可能喷发的阿苏山中岳火山进行了超级数值模拟,准备将模拟结果与实测结果进行对比。图 11.31 是三维计算网格,网格是参考前地理勘测所(现为日本地理空间信息管理局)发布的数字地图构建的。在图 11.31(a)中,红色箭头指示的是火山口位置,蓝色箭头指示的是压力传感器安装位置。图 11.31(b)~(d)是俄罗斯科学院约菲研究所已故教授 Voinovich 模拟的瞬时压力分布(Voinovich 等,1999)。在进行数值模拟研究时,对火山井设置了不同的初始条件,这是一个充满高温高压空气和其他气体混合物的竖井。采用三维欧拉求解器和非结构网格求解,非结构网格具有足够的灵活性,可以精确表达复杂的地面几何形态。调整初始条件,可以获得与图 11.31(a)中蓝色箭头所示位置的实测压力历程相匹配的结果。在图 11.31(b)~(d)中看到,激波沿着复杂的地理几何形状传播,并从三维边界发生当地反射,这些复杂的几何地理形状使激波强度衰减。在图 11.31(d)中,激波已经越过了压力传感器的安装点。

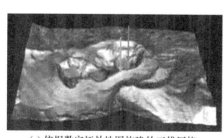
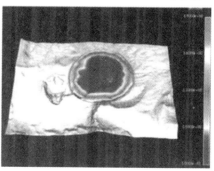

(a) 依据数字拓扑地图构建的三维网格   (b) 0.62s

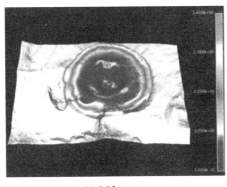
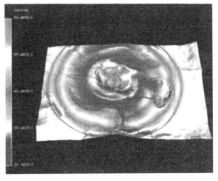

(c) 0.95s　　　　　　　　　　　　　(d) 1.73s

图 11.31　数值模拟预测的阿苏火山喷发爆炸波后压力分布
（Voinovich 等,1999）(见彩图)

11.4.3　水蒸气爆炸

水蒸气爆炸是引发火山爆发的机制之一。为掌握熔融状态的金属液滴与气泡之间相互作用的过程,进行了模拟实验,用流动显示方法来确认熔融的锡滴落入水中是否会破碎。在钢铁工业中,如果大块的熔融金属落入水中,在接触的瞬间会使水发生爆炸性汽化,这就是所谓的水蒸气爆炸,岩浆水蒸气爆炸与之类似,而岩浆水蒸气爆炸是引发火山喷发的原因。

图 11.32(a)～(c)是熔融的锡滴落入水中时的单曝光干涉图像。由一颗 10mg 重的 AgN_3 药丸爆炸产生的激波扫过在水中下落的锡滴,图 11.32(c)表明,自气泡表面产生了反射激波和许多小波,但没有观察到连续的爆炸(Kitamura, 1995)。熔融锡滴存在一个所谓的临界质量,低于该临界质量时就不会持续发生破碎,所以,首先需要确定临界质量。通常认为临界质量取决于以下参数:熔融

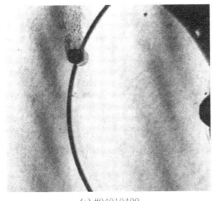
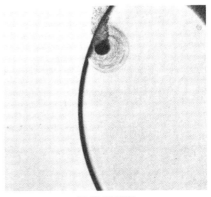

(a) #94010409　　　　　　　　　　　　(b) #94010501

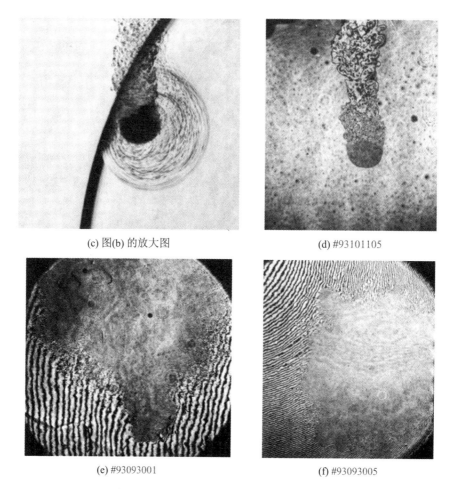

(c) 图(b) 的放大图　　　　　　(d) #93101105

(e) #93093001　　　　　　　　(f) #93093005

图 11.32　熔融锡滴落入水中引起的水蒸气爆炸模拟实验(Kitamura,1995)
(激波由一颗 10mg 重的 AgN_3 小球爆炸产生)

锡滴的质量、激波强度(波后压力)以及气泡尺寸,通过这些参数的研究,可以评估出熔融锡滴的临界质量。然而,仅假设这些参数是不可能估计出临界质量的,可视化技术是确定临界质量的参数化研究的主要手段。

11.4.4　岩浆的破碎

在 60mm×150mm 无膜片垂直激波管内开展了破片飞溅的模拟实验与流动显示观察工作,图 11.33(a)是该垂直激波管,实验获得了岩浆破碎动态过程的系列照片。该激波管原为粉尘气体激波管实验而设计,其横截面较大。水平安装的高压室在一楼,高压室中有一个无膜结构,一个快速运动的活塞使膜片开启。

垂直安装的低压室横截面为 60mm×150mm、长 6000mm，与实验段相连，实验段设计了视场尺寸 150mm×1700mm 的亚克力观察窗。在实验段内填满壳牌 M551X 聚苯乙烯珠(壳牌国际石油公司)，密度为 20kg/m^3，直径为 4.0mm±0.2mm，为了追踪珠子的运动，将一些珠子染成不同颜色。在室温和大气压力条件下，开展了 $Ma_S=1.36$ 的实验。图 11.33(b)是激波扫过各聚苯乙烯珠层的系列照片，实验段采用泛光灯照明，利用日本岛津公司的 SH100 高速摄像机以 10^5 帧/s 的帧频进行观测。在激波扫过时，各聚苯乙烯珠层被压缩，很快从底部壁面反射的激波将表面的珠子抛到了空中，这些珠子的运动类似于火山井中岩浆碎块的运动(Kitagawa 等，2006)。

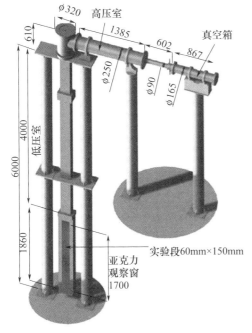

(a) 垂直激波管

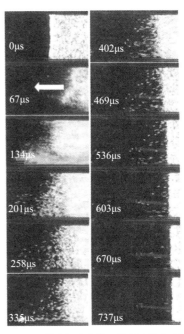

(b) (c) 激波扫过聚苯乙烯珠层的系列照片

图 11.33 垂直无膜片激波管(见彩图)

(60mm×150mm，$Ma_S=1.36$)

在图 11.34(a)中，沿垂直的实验段安装了三只 Kistler-603B 型压力传感器，在底部壁面也安装了一只传感器，图 11.34(b)是这些传感器在 $Ma_S=1.36$ 条件下获得的激波扫过时的压力曲线。1 号传感器的压力曲线表明，入射和反射激波扫过时，压力急剧上升，由于高压室较短，在入射激波的压力之后跟随着一道膨胀波，而膨胀波的出现加剧了珠子的飞溅。来自 2 号传感器的压力信号表明，仅在早期阶段，该位置出现压力增强，而后因聚苯乙烯小珠向上抛起，压力持续降低。这些压力历程与图 11.33(b)的观测结果吻合。

研究表明,实验段内波的运动与火山井内波的运动相似,塑料珠子的运动和岩块的运动相似。在火山爆发期间,自火山口反射的膨胀波不仅促进了岩浆的放气过程,而且加速了火山井底部熔岩层的破碎。Yamamoto 等(2008)报道了在垂直激波管中进行的熔岩层破碎模拟实验。

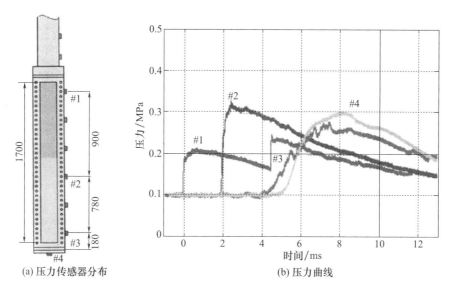

(a) 压力传感器分布　　　　　　(b) 压力曲线

图 11.34　在垂直激波管实验段内测量的压力(见彩图)

11.5　激波与字母 SWRC 的干扰

用双曝光全息干涉法在 294K 的大气中,观测了 $Ma_S = 1.2$ 的激波与字母 SWRC(激波研究中心)的相互干扰。大写字母 SWRC 厚 60mm,由碳钢制成,排列在 60mm × 150mm 的无膜激波管实验段内。图 11.35 是编辑成动画的系列干涉图像。激波与弯曲壁面的相互作用、在凹壁上反射与汇聚、在拐角处衍射,生成了非常有趣的波系图案。如果这些图像能够数值再现就好了。

(a) #97112103:触发后240μs; Ma_S=1.195　　　(b) #97112112:触发后270μs; Ma_S=1.208

(c) #97112115：触发后300μs：Ma_S=1.197

(d) #97112118，触发后320μs：Ma_S=1.200

(e) #97112130：触发后360μs：Ma_S=1.205

(f) #97112505：触发后390μs：Ma_S=1.201

(g) #97112510：触发后420μs：Ma_S=1.2

(h) #97112513：触发后460μs：Ma_S=1.202

(i) #97112518：触发后490μs：Ma_S=1.201

(j) #97112522：触发后530μs：Ma_S=1.209

(k) #97112527：触发后580μs：Ma_S=1.204

(l) #97112533：触发后600μs：Ma_S=1.201

(m) #97112615：触发后700μs：Ma_S=1.198

(n) #97112618：触发后730μs：Ma_S=1.200

(o) #97112705：触发后770μs：Ma_S=1.205

(p) #97112710：触发后820μs：Ma_S=1.204

(q) #97112713：触发后850μs：Ma_S=1.202

(r) #97112719：触发后900μs：Ma_S=1.204

(s) #97112722：触发后930μs：Ma_S=1.204

(t) #97112726：触发后970μs：Ma_S=1.198

(u) #97112734：触发后1030μs：Ma_S=1.198

(v) #97112736：触发后1050μs：Ma_S=1.206

图 11.35　激波沿字母 SWRC 的传播
（Ma_S = 1.2，大气环境压力，294K）

11.6 日常生活中的激波

在我们的日常生活中有许多现象会产生冲击波,其性质与激波现象类似。尽管这些现象中的大部分没有用数学公式表达出来,但它们确实具有类似于激波的特征,因此被称为类激波现象。谣言传播、信息传递、人群中恐慌的蔓延以及车流等都是典型的类激波现象。

11.6.1 抽动鞭子

Glass(1975)中写到,抽动鞭子会产生类似于激波的爆裂声。利用一对1000mm直径的纹影镜观测了该爆裂声的来源,并用高津 SH100 高速数字相机记录影像。光源为传统的闪光灯。在鞭子抽动的过程中,鞭梢会以超声速运动,从而产生激波。图 11.36 逐幅展示了抽动鞭子过程中激波的形成过程。鞭梢的速度约为 450m/s,在空气中相当于激波马赫数 $Ma_s \approx 1.3$。如果假设这是一道平面激波,在 $Ma_s=1.36$ 条件下,激波后的压力将达到 180kPa,其破坏力足以摧毁目标。

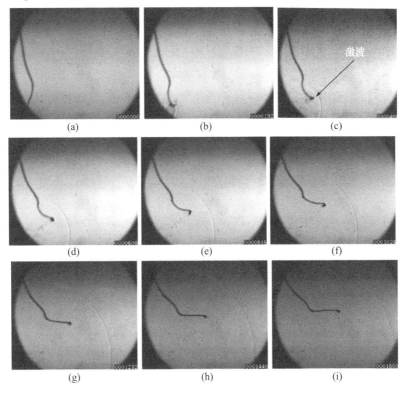

图 11.36 鞭梢产生的激波(岛津 SH100,10^6帧/s)

11.6.2 吹奏长号

有些交响乐作曲家,如马勒(Mahler),喜欢用超强音(fff)吹奏长号。因为长号的特殊结构,吹奏时可以产生强度惊人的声音,其声波的波形与弱激波非常接近。在《乐器物理学》(Fletcher 等,1998)中提到,演奏者用长号试图吹奏强烈声音时,可能会有身体上的风险,实际上是吹奏长号时产生的弱激波的作用。将Kistler 603B 压力传感器分别置于号嘴、长管的中部和出口位置,测量了长号吹奏时产生的声压。图 11.37 是在这些位置测得的压力随时间的变化,纵坐标表示压力(kPa),横坐标表示经过的时间(ms)。在号嘴测得的峰值压力达到了约10kPa,这意味着有强烈的气流被吹进了号嘴。吹入管中的气流压力衰减很快,当气流到达管子中间位置时,峰值压力降到约 5kPa。在出口处,峰压处曲线极陡,形成峰值压力为 1.5kPa 的弱激波,这一压力对应激波马赫数 1.009。本次实验中的长号吹奏者是大学学生管弦乐团的成员。

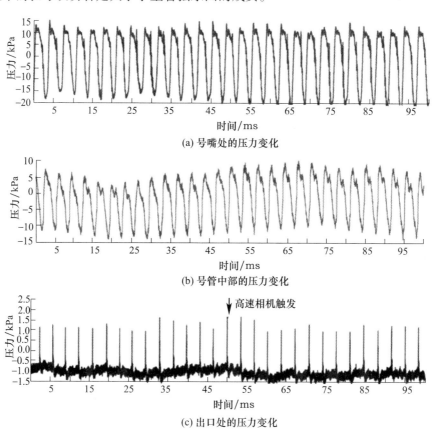

(a) 号嘴处的压力变化

(b) 号管中部的压力变化

(c) 出口处的压力变化

图 11.37　长号号嘴、中部、出口三个位置压力分布的比较

用岛津 SH100 高速摄像机以 10^6 帧/s 的帧频拍摄的干涉图和直接阴影图显示了产生的弱激波。图 11.38 是双曝光干涉图。在图 11.38(a)中看到的偏黑的阴影是马赫数 1.009 的弱激波。在图 11.38(a)中还有一个支架,支架上安装的压力传感器正对长号出口和激波。图 11.38(b)是在图(a)后 300μs 拍摄的,弱激波在灰度对比中表现为间断性的变化。在列车隧道模拟器出口拍摄的灰度阴影中也观察到了这种弱激波。

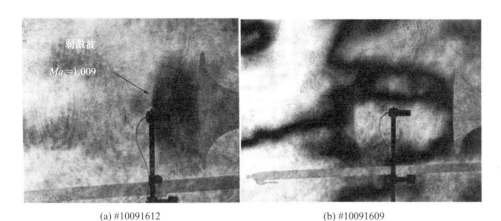

(a) #10091612　　　　　　　　(b) #10091609

图 11.38　长号压缩波的双曝光全息观测(见彩图)

图 11.39 系列阴影图像展示了长号发出的弱激波的传播情况。

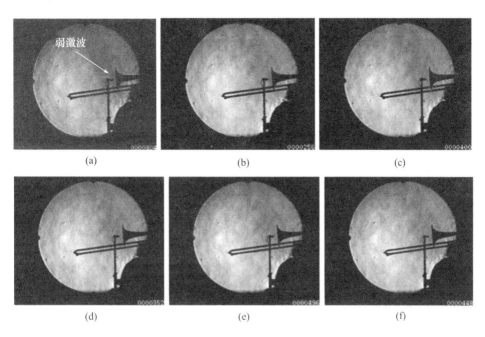

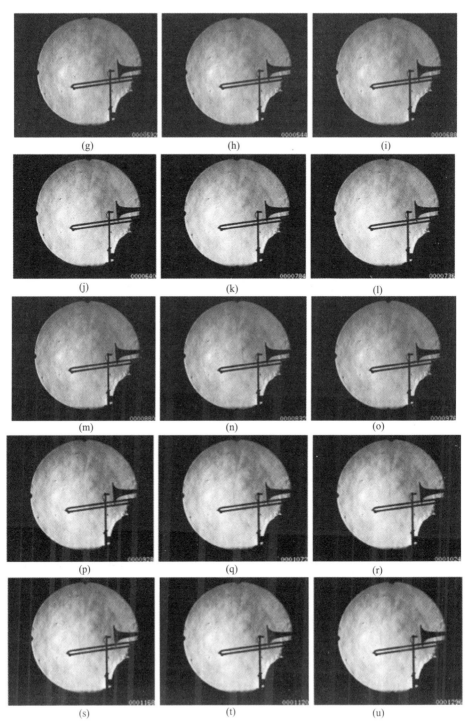

图 11.39 长号发出的弱激波的传播

11.6.3 绕箭的流动(日本箭术)

日本箭术是自古代继承下来的传统典礼艺术之一。今天已是一项大众化的运动。箭的长度接近900mm,因此要显示自由飞行过程中的整个箭身需要直径1000mm的纹影镜组。箭的飞行速度约为50m/s,但对展示压缩效应来说这个速度太慢了。为了产生可压缩性效应,决定将其表面温度降低到液氮的温度。

东京大学佐藤(Sato)教授是一位日本箭术大师,受邀射箭,他射出的箭能够正好飞过直径1000mm的纹影镜组。图11.40(a)是他在纹影镜前拉弓的照片,图11.40(b)展示了用飞行时间法测量箭速的实验设计。

(a) 佐藤教授在直径1000mm纹影镜前射箭

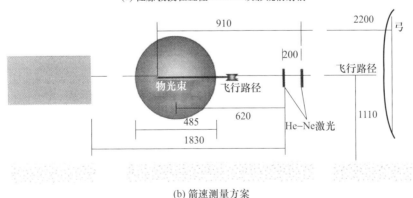

(b) 箭速测量方案

图11.40 绕箭流动的可视化方案(Sato 和 Takayama,1999)

为了在箭上形成密度梯度,将其浸入杜瓦瓶里,在液氮中泡5min。当箭的表面温度接近液氮温度时,就将它从杜瓦瓶里取出,佐藤教授在20s内将其射出。在位置 A(箭头)、位置 B(距箭头 200mm)处用热电偶监测箭表面温度的变化(图 11.41)。

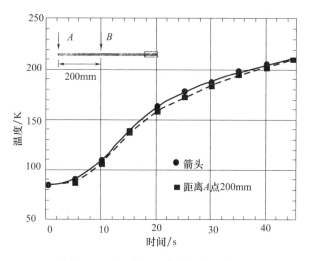

图 11.41　箭表面温度随时间的变化

当箭刚从杜瓦瓶里取出来时,位置 A 和 B 的温升几乎相同。20s 后温度恢复到了 160K。自由飞行时沿箭身方向发展的热边界层的法向温度梯度可以很好地反映无限条纹干涉法中边界层法向密度梯度的变化。图 11.42(a)是一支以 50m/s 的速度飞行的箭,照片捕捉到箭的整个长度。利用傅里叶条纹分析法分析了图 11.42 的条纹分布,确定了箭上的密度和温度分布(Houwing 等,2005)。假设边界层为层流、普朗特数 $Pr=1$,从温度剖面能够获得速度剖面。图 11.42(b)是密度分布剖面。本研究是一个初步的工作,证明了全息干涉法对于不可压缩流动研究的能力。

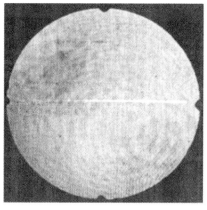

(a) #02070507

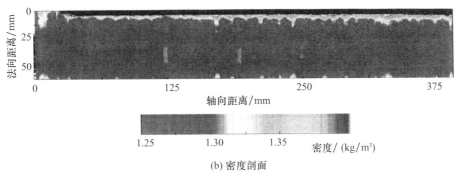

图 11.42 沿箭身的密度梯度

11.7 大规模生物灭绝

在地球的历史进程中,平均每 2560 万年,巨大的小行星就会撞击地球。在地质时间尺度上,频繁的撞击足以间断性地改变着地球的纪元周期,并决定性地影响地球上生物的进化过程(Hosseini 等,2016)。在大约 6500 万年前,发生了一场可怕的物种大灭绝。地质调查显示,一颗直径超过 10km 的小行星斜着进入大气层,撞击了尤卡坦半岛(Yucatan Peninsula),形成一个直径 170km 的陨石坑(Rampino,1999)。

撞击导致的水下激波和地震波导致了大规模的生物灭绝。有肺和鳔的海洋生物在水下激波扫过时被杀死,但有孔虫类等海底生物存活了下来。然后有人假设,水下激波只在局部导致了大规模生物灭绝。

从仙台附近松岛湾的淤泥层中采集了重约 50μg 的介形虫类海底生物样本,这些生物的尺寸为 0.4mm×0.4mm。这些样本连同原海水保存于冰箱中。这些微生物是海底生物的代表。

图 11.43(a)是一个 500mm×500mm×500mm 不锈钢实验段,安装有一个针式水听器和一个用于引爆 100mg PETN 药丸的支架。介形虫装在聚酰胺(尼龙)容器内,放置在实验段底部。图 11.43(b)是聚酰胺(尼龙)容器,其直径为 30mm、厚 10mm,有 5 个直径 3mm、深 1.5mm 的凹坑,每个凹坑放了 5 只介形虫。用乳胶薄膜覆盖容器,使凹坑与实验环境隔开。Hosseini 等(2016)对实验过程进行了描述。

图 11.44(a)为 100mg 的 PETN 药丸爆炸产生的压力随时间变化历程,用直径 0.5mm 的 PVDF 针式水听器在 60mm 和 120mm 距离处测量获得。改变爆炸中心与介形虫容器之间的距离来控制作用压力。图 11.44(b)是实验结果,纵坐

标表示存活或死亡的介形虫数量,横坐标表示压力(MPa)。红色表示爆炸冲击后一周内的幸存者,蓝色表示在被观察的第一周内先存活而后死亡的幸存者,黑色表示当即死亡。在0MPa下的13个样本没有经过激波冲击,一直是活的。经过激波冲击后的幸存者数量随着压力的增加而减少。在12~15MPa的压力范围内,存活的介形虫数量减少;超过17MPa,几乎所有的介形虫都死亡了。结果表明,直接暴露于压力超过17MPa的水下激波下,介形虫都被杀死了。

(a) 实验段

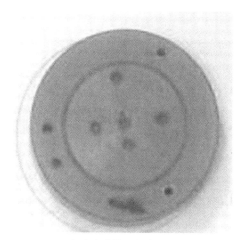
(b) 每个实验样本中放置的介形虫

图11.43 实验设置(见彩图)

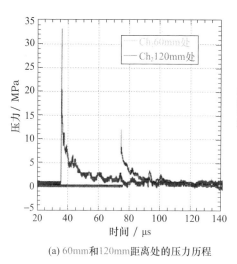
(a) 60mm和120mm距离处的压力历程

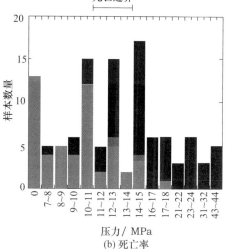
(b) 死亡率

图11.44 实验结果(见彩图)

海底由海雪沉积物和淤泥层组成,淤泥层则是介形虫类和有孔虫类生活的地方。淤泥层可以有效地衰减激波的强度,因此,生活在浅淤泥层内的海底生物可以在很强的水下激波冲击后存活下来。目前的模拟实验证实,海底生物在小行星的撞击下能够幸存。

11.8 水波:类似激波的现象

向海岸逼近的海浪有其固有的传播波浪运动的速度,该速度与水深的平方根成正比,这个速度等效于介质中的声速,其定义见 Courant 和 Friedrichs 的著作(1948)。当海浪匀速向海岸传播时,水的深度由深变浅,等效声速逐渐变慢,因此,在浅水域,水波的传播速度与等效声速之比超过 1。如果用气体动力学的概念类比水波的运动,当水波速度变为超声速时,水波的特性将由亚声速特性转变为超声速特性。在超声速水波中,其形状逐渐变陡,水波的运动和形状等效于气体动力学中的激波现象。在浅滩上向海岸移动时,不连续的离散的水波波前的形成现象类似于气体动力学中的激波形成过程,所以称为类激波现象(Courant 和 Friedrichs,1948;Glass,1975;Takayama 等,1994)。在日常生活中存在许多类激波现象,大多数类激波现象没有数学模型,但水波的运动是有数学描述的。跨水波的质量连续性和水波的运动用数学守恒方程表示如下:

$$\partial E/\partial t + \partial F/\partial x + \partial G/\partial y = 0 \tag{11.1}$$

其中,$E = (\phi, \phi u, \phi v)$;$F = (\phi u, \phi u^2 + \phi^2/2, \phi uv)$;$G = (\phi v, \phi uv, \phi v^2 + \phi^2/2)$;$t$ 为时间;u、v 是速度在 x、y 方向上的分量;$\phi = gH$,g 和 H 分别为重力常数和水波深度。这些偏微分方程在浅水波动中是有效的,相当于比热比 $\gamma = 2$ 的气体动力学守恒方程的特例。由于可以这样类比,曾经用浅水槽来代替超声速风洞,研究比热比 $\gamma = 2$ 的工作介质。但是,要注意,该公式没有考虑能量守恒。

图 11.45 是斜水波从右向左传播的示意图,其入射角为 θ_0,偏转角为 θ_1。通过斜水波后,水深由 H_0 变为 H_1。

通过斜水波的连续方程和动量方程类似于气体动力学中的 Rankin-Hugoniot 公式。连续方程为

$$\phi_0 u_0 \sin\theta_0 = \phi_1 u_1 \sin(\theta_0 - \theta_1) \tag{11.2}$$

以及

$$u_0 \cos\theta_0 = u_1 \cos(\theta_0 - \theta_1) \tag{11.3}$$

动量方程为

$$\phi_0 u_0^2 \sin^2\theta_0 + \phi_0^2/2 = \phi_1 u_1^2 \sin^2(\theta_0 - \theta_1) + \phi_1^2/2 \tag{11.4}$$

通过求解上述方程,就可以确定水波的跃升为

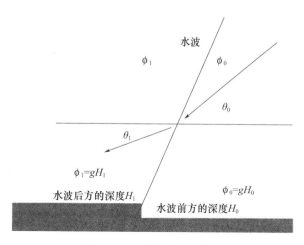

图 11.45　跨斜水波的条件

$$\frac{H_1}{H_0} = \frac{\sqrt{1+8Fr\sin^2\theta_0}-1}{2} = \frac{\tan\theta_0}{\tan(\theta_0-\theta_1)} \quad (11.5)$$

其中,Fr 为弗劳德数,$Fr = u_0^2/\phi_0$。Fr 控制着水波动力学,相当于气体动力学中的马赫数。水波速度越大,或水深越浅,Fr 就越大。

图 11.46(a)为 $Fr=9$ 时 60°斜水波上反射的波高等值线,每条线代表一个高度值,通过求解上述守恒方程获得。这个图等效于气体动力学中激波从 30°楔体上的反射,得到的反射图像与马赫反射相似,在三波点及马赫杆上,波的高度最大。

针对不同 Fr 和 θ_0 组合,数值求解守恒方程,求得的反射结构对应气体动力学中激波的马赫反射与规则反射结构的域与边界。图 11.46(b)汇总了数值计算结果,纵坐标为楔角(单位为"°", $=90°-\theta_0$),横坐标为 Fr 数(相当于 Ma_s),这些计算结果与气体动力学中斜楔上的激波反射结构相吻合。图中的深灰色实心圆为马赫反射,浅灰色实心圆为规则反射。通过观察这些反射结构就可以获得脱体准则(Detachment Criterion)。在图 11.46(a)中,可以清晰地识别出马赫反射结构,但规则反射结构很模糊,不能清楚地识别。反射的水波在某个很小的区域合并,导致水波发生汇聚,使该区域的水波高度很大。在自然界中,当海啸袭击海岸时,可以观察到水波汇聚现象。

通过观察这些反射结构的数据,根据经验估计了分离准则。1993 年 7 月 12 日早上 7 点 30 分,日本北海道奥尻岛(Okushiri Island)西部附近海域发生了里氏 7.5 级地震。地震后不久,毁灭性的海啸袭击了奥尻岛西岸。图 11.47 是奥尻岛及其对岸的北海道西海岸,图中的小圆圈是沿海岸分布的监测波高的地点。沿奥尻岛东海岸,波高的第二个峰值更高,表明是来自北海道西海岸的反射波。

值得注意的是，在奥尻岛海岸用深灰色实心圆表示的莫奈（Monai）处的波高罕见地超过了30m。考虑到莫奈海岸附近海底的形状，产生这样的波高可能是由于水波的汇聚，如果能够掌握莫奈海岸海底的地形，就可以对海啸的汇聚情况进行数值模拟研究。

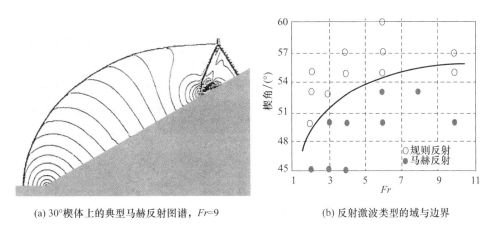

(a) 30°楔体上的典型马赫反射图谱，$Fr=9$　　　(b) 反射激波类型的域与边界

图 11.46　水波反射的数值模拟

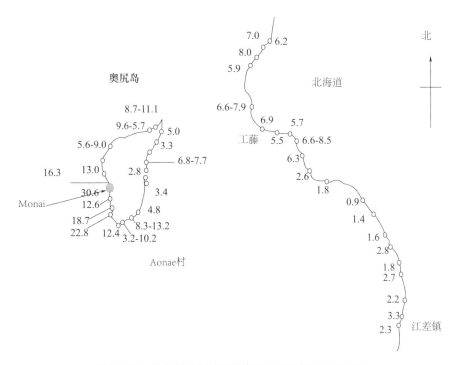

图 11.47　袭击奥尻岛的海啸高度（1993 年 7 月 12 日）

参考文献

Abe, A. (1989). Study of diffraction of shock wave released from the open end of a shock tube (Ph. D. thesis). Graduate School of Engineering, Faculty of Engineering Tohoku University.

Aratani, S. (1998). Study of effects of shock waves on thin tempered glass manufacturing (Ph. D. thesis). Graduate School of Engineering, Faculty of Engineering Tohoku University.

Courant, R., & Friedrichs, K. O. (1948). Supersonic flows and shock waves. New York: Wiley Inter-Science.

Fletcher, N. H., & Rossing, T. D. (1998). The physics of musical instruments. New York: Springer. Glass, I. I. (1975). Shock wave and man. Canada: Toronto University Press.

Hashimoto, T. (2003). Analytical and experimental study of hypersonic nozzle flows in free piston shock tunnel (Doctoral thesis). Graduate School of engineering, Faculty of Engineering, Tohoku University.

Hosseini, S. H. R., Kaiho, K., & Takayama, K. (2016). Response of ocean bottom dwellers exposed to underwater shock waves. Shock Waves, 26, 69-73.

Houwing, A. F. P., Takayama, K., Jiang, Z., Sun, M., Yada, K., & Mitobe, H. (2005). Interferometric measurement of density in nonstationary shock wave reflection flow and comparison with CFD. Shock Waves, 14, 11-19.

Kitagawa, K., Takayama, K., & Yasuhara, M. (2006). Attenuation of shock waves propagating in polyurethane foams. Shock Waves, 15, 437-445.

Kitamura, T. (1995). A study of water vapor explosion (Master thesis). Graduate School of Engineering, Faculty of Engineering, Tohoku University.

Koremoto, K. (2000). Experimental and analytical study of optimization of performances of a high enthalpy free piston shock tunnel (Doctoral thesis). Graduate School of Engineering, Faculty of Engineering, Tohoku University.

Liepmann, H. W., & Roshko, A. (1960). Element of gas-dynamics. New York: Wiley.

Mark, H. (1956). The interaction of a reflected shock wave with the boundary layer in ashock tube. NACA TM 1418.

Matsumura, T., Inoue, O, Gottlieb, J. J., & Takayama, K. (1990). A numerical study of the performance of a two-stage light gas gun. Report Institute of Fluid Science, Tohoku University, 1, 121-133.

Nonaka, S. (2000). Experimental and numerical study of hypersonic flows in ballistic range (Ph. D. thesis). Graduate School of Engineering, Faculty of Engineering Tohoku University.

Numata, D. (2009). Experimental study of hypervelocity impact phenomena at low temperature in a ballistic range (Ph. D. thesis) Graduate School of Engineering, Faculty of Engineering Tohoku University.

Rampino, M. R. (1999). Evidence of periodic cosmic showers and mass extinction on earth. In

Y. Miura(Ed.), International Symposium on PIEC, Yamaguchi.

Sato, A., & Takayama, K. (1999). Measurement of flight of an arrow, measurement and control. Japan SoC, Automatic Control, 4(4), 255-263.

Takayama, K., & Saito, T. (2004). Shock wave/geophysical and medical applications. Annual Review Fluid Machine, 36, 345-370.

Takayama, K., Miura, Y., Olim, M., Saito, T., & Toro, E. F. (1994). Mach reflection of water waves and the Okushiri Tsunami. In Proceedings of the 1993 National Shock Wave Symposium(pp. 487-490).

Voinovich, P., Timofeev, E. V., Saito, T., Takayama, K., Hyodo, Y., & Galyukv, A. O. (1999). An adoptive shock capturing method in real 3-D applications. In Proceedings of the 2nd International Symposium on Shock Waves(Vol. 1, pp. 641-646).

Yamamoto, H., Takayama, K., & Cooper, W. (2015). Evolution of luminous front at impact of a 1km/s projectile into sand layers. In R. Bonazza & D. Ranjan(Eds.), Shock Waves, Proceedings of the 29th ISSW, Madison(Vol. 1, pp. 763-767).

Yamamoto, H., Takayama, K., &Kedrinskii, V. (2008). An analogue experiment of magma fragmentation behavior of rapidly decompressed starch syrup. Shock Waves, 17, 371-385.

Yang, J.-M. (1995). Experimental and analytical study of behavior of weak shock waves(Doctoral thesis). Graduate School of Tohoku University, Faculty of Engineering.

结束语

本书总结了自1973年以来作者参与的激波研究的结果。最初,作者采用传统的直接阴影图像法观察激波现象,后来作者对双曝光全息干涉技术产生了兴趣,发现双曝光全息干涉技术特别适合水下激波现象的定量显示。特别是发展了微爆炸产生激波的方法,即采用质量 3μg ~ 20mg 的小型爆炸物,用调 Q 激光束照射的方法点燃爆炸物而产生激波。还将水下激波汇聚技术应用于肾结石的无创碎石。激波动力学基础实验大多是以可视化的方式进行的,作者很高兴这些研究工作开启了激波研究与医学及生物学之间的跨学科合作。

Glass(1975)说"激波管是现代航空学的实验室"。作者相信了他的话,建造了从微型到大型口径不等的水平和垂直激波管,开发了各种几何形状的无膜片激波管,改进了现有激波管的特性。激波管已不再是一种气体动力学实验的简单工具,而是为高速气体动力学和高温化学动力学提供可靠数据的有用工具。

激波现象是气体动力学非线性特性的典型表现,往往与流动的不稳定性相关。研究楔体上的激波反射时,马赫反射与规则反射结构之间相互转换的分析模型以往都是以定常流中的激波动力学为基础建立的。在理想的激波管流动中,假设激波在楔体上传播时产生的波系结构总是自相似的,但在激波管的实际流动中存在非稳定性和壁面边界层,所以理论分析或预测的结果总是与实验结果不一致。即使实验过程完全相同,小型激波管和大型激波管得到的实验结果也不一定相同。

在自然界中,激波现象的尺度范围非常大。在水中,激波/气泡干扰或超短脉冲激光束汇聚时产生亚毫米级的激波。Takayama(1995)在超新星爆炸中观测到天文尺度的巨大弓形激波。1953年,Lighthill(1953)在剑桥举办的"宇宙云气体动力学研讨会"上指出,"宇宙湍流不仅包括通常的涡旋运动,还包括 N - 波的三维统计组合"。通常,气体动力非线性在这些激波运动现象中起着重要作用。

Glass(1975)指出,在我们的日常生活中,存在着许多类似于激波的现象,但其中的大多数都还没有用数学公式表达出来。作者试图描述激波动力学中出现的气体动力学非线性特性,并展示激波在跨学科领域中丰富多彩的应用。本书旨在强调将各种气体动力学课题中的激波现象显示出来,是多么令人兴奋。从这个意义上,本书可看作 Glass 教授所著《激波与人》一书的延续。

参考文献

Glass, I. I. (1975). Shock Wave and Man. Toronto University Press.
Lighthill, M. J. (1953). On the energy scattered from the interaction of turbulence with sound or shock wave. Proceedings of the Cambridge Philosophical Society, 49, 531–551.
Takayama, K. (1995). Shock Wave Hand Book(in Japanese) Springer Verlag, Tokyo.

参考书目

Abe, A., Ohtani, K., Takayama, K., Nishio, S., Mimura, H., & Takeda, M. (2010). Pressure generation from micro-bubble collapse at shock wave loading. Journal of Fluid Science and Technology, 5, 235-246.

Bellhouse, H. J., Quikan, N. J., & Ainsworth, R. W. (1997). Needle-less delivery of drugs, in dry powder form, using shock waves and supersonic gas flow. In A. P. F. Houwing & A. Paul (Eds.), Proceeding of 21st ISSW (Vol. 1, pp. 51-56). The Greate Keppel Island.

Ben-Dor, G., Takayama, K., & Needham, C. E. (1987). The thermal nature of the triple point of a Mach reflection. Physics of Fluids, 30, 1287-1293.

Bryson, A. E., & Gross, R. W. F. (1961). Diffraction of strong shocks by cone, cylinder, and spheres. Journal of Fluid Mechanics 10, 1-16.

Chaussey, Ch., Schmiedt, E., Jocham, D., Walter, V., Brendel, W., Forsmann, B., & Hepp, W. (1982). Extracorporeal shock wave lithotripsy. Kerger: New aspects in the treatment of kidney stone disease.

Hornung, H. G., & Kychakoff, G. (1978). Transition from regular to Mach reflection of shock waves in relaxing gases. In B. Ahlborn, A. Hertzberg, & D. Russell (Eds.), Proceedings of the 11th International Symposium on Shock Tubes and Waves, Shock Tube and Shock Wave Research (pp. 296-302). Seattle.

Krehl, P., & van der Geest, M. (1991). The discovery of the Mach reflection effect and its demonstration in an auditorium. Shock Waves, 1, 3-15.

Matsuoka, K. (1997). Study of mitigation of high speed train tunnel sonic boom (Master thesis). Graduate School of Engineering, Faculty of Engineering, Tohoku University.

Meguro, T., Takayama, K., & Onodera, O. (1997). Three-dimensional shock wave reflection over a corner of two intersecting wedges. Shock Waves, 7, 107-121.

Suguyama, H., Takayama, K., Shirota, R., & Doi, H. (1986). An experimental study on shock waves propagating through a dusty gas in a horizontal channel. In D. Bershader & R. Hanson (Eds.), Proceedings of the 15th International Symposium on Shock Waves and Shock Tubes, Shock Waves and Shock Tubes (pp. 667-673), Berkeley.

Sun, M. (2005). Numerical and experimental study of shock wave interaction with bodies (Ph. D. thesis). Graduate School of Engineering, Faculty of Engineering Tohoku University.

Takayama, K., & Sekiguchi, H. (1977). An experiment on shock diffraction by cones. Reports of the Institute of High Speed Mechanics, Tohoku University, 36, 53-74.

Wu, J. H. T., Neemeh, R. A., Ostrowski, P. P., & Elabdin, M. N. (1978). Production of converging cylindrical shock waves by finite element conical contractions. In B. Ahlborn, A. Hertzberg, & D. Russell(Eds.), Proceedings of 11th International Symposium on Shock Tubes and Waves, Shock Tube and Shock Wave Research(pp. 107 – 114). Seattle.

Yamamoto,H.,Takayama,K.,&Kedrinskii,V. (2008). An analogue experiment of magma fragmentation behavior of rapidly decompressed starch syrup. Shock Waves,17,371 – 385.

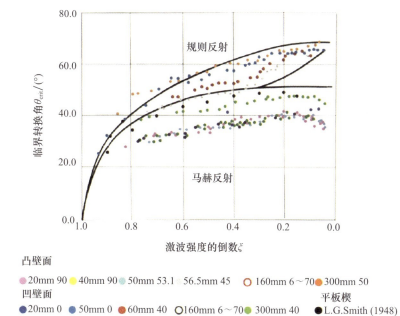

凸壁面
- 20mm 90　● 40mm 90　● 50mm 53.1　● 56.5mm 45　○ 160mm 6～70　● 300mm 50

凹壁面
- 20mm 0　● 50mm 0　● 60mm 40　○ 160mm 6～70　● 300mm 40

平板楔
- ● L.G.Smith (1948)

图 2.4　临界转换楔角 θ_{crit} 与激波强度倒数 ξ 的关系（Kawamura 和 Saito，1956）

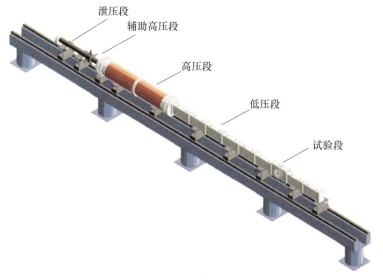

(a) 60mm×150mm 无膜片激波管

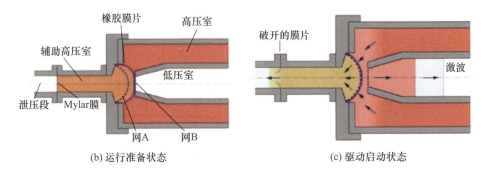

(b) 运行准备状态   (c) 驱动启动状态

图 2.8   60mm×150mm 激波管

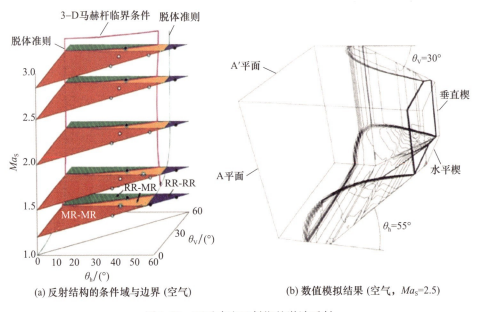

(a) 反射结构的条件域与边界 (空气)   (b) 数值模拟结果 (空气，Ma_S=2.5)

图 2.33   两垂直交叉斜楔的激波反射

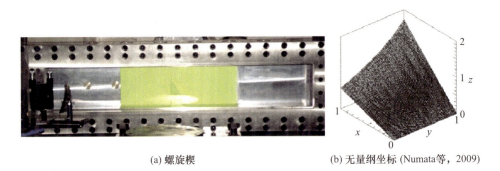

(a) 螺旋楔   (b) 无量纲坐标 (Numata等, 2009)

图 2.34   楔角 30°~60° 的螺旋楔

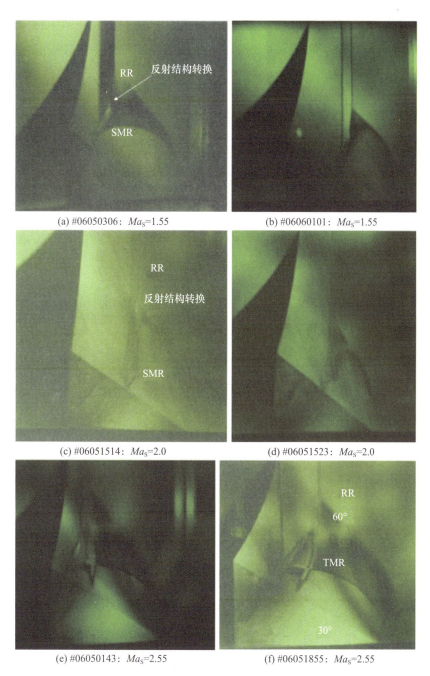

图 2.35 漫反射全息干涉的重建图谱(Numata 等,2009)

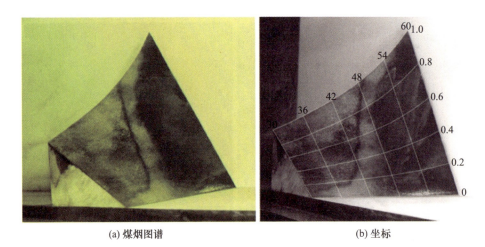

(a) 煤烟图谱   (b) 坐标

图 2.36 斜楔表面的炭黑图谱

(名义 $Ma_S = 2.5$)

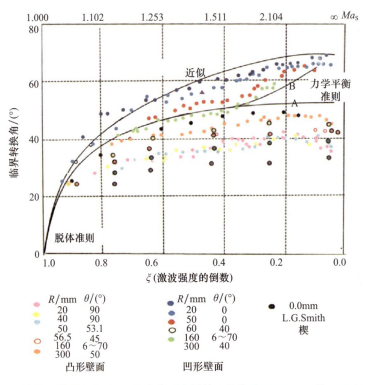

图 2.97 临界转换角 θ_{crit} 与激波强度倒数 ξ 的关系(Takayama 等,2016)

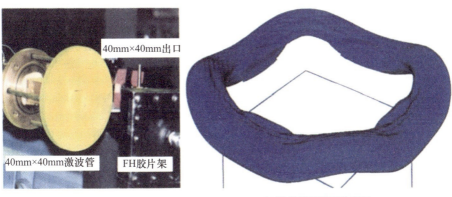

(a) 实验装置

(b) 数值模拟获得的涡环
(Ma_S=1.29，空气；Onodera 等，1997)

图 3.19　用漫反射全息法观察方形管口的激波衍射

(a) 10mm气体炮

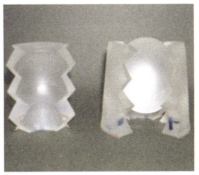

(b) 40mm尼龙球体与50mm聚乙烯弹托

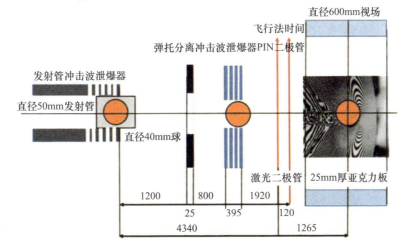

(c) 实验系统布局

图 4.24　观察 40mm 球激波脱体距离的实验装置

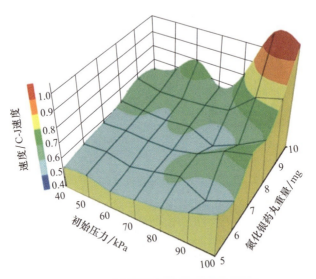

(a) 无SiO₂颗粒包覆的氮化银爆炸

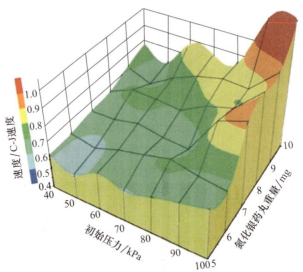

(b) 有SiO₂颗粒包覆的氮化银爆炸

图8.25 爆炸诱导爆震波的实验数据汇总

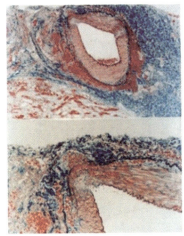 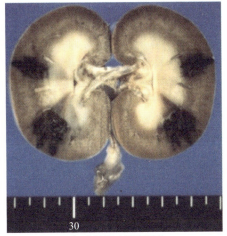

(a) 狗的肾脏动脉损伤　　　　(b) 狗的肾脏组织损伤

图 10.15　组织的损伤

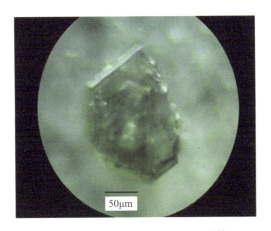

图 10.21　一颗重 25μg 的 AgN_3 晶体

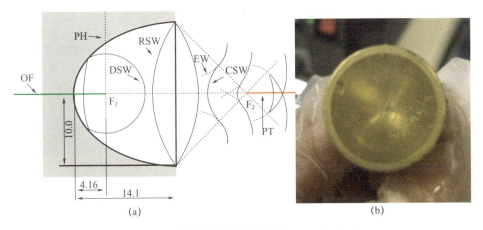

图 10.22　微型椭球冠反射器（20mm×28.3mm）

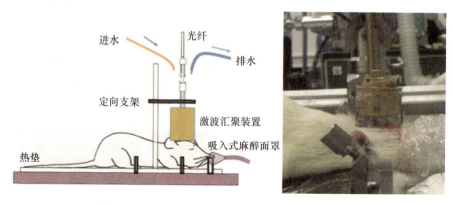

图 10.24　激波汇聚神经细胞损伤的鼠脑实验装置

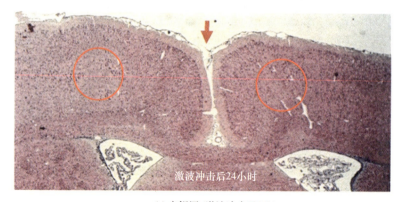

(a) 主视图 (激波冲击后24h)

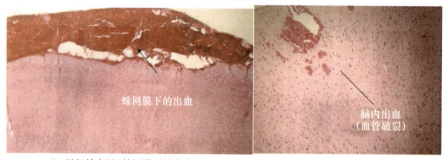

(b) 局部放大图 (蛛网膜下的出血)　　　　(c) 局部放大图 (脑内出血)

图 10.25　局部激波汇聚导致的细胞死亡 (Kato, 2004)

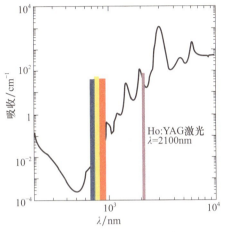

(a) 水中激光能量的吸收

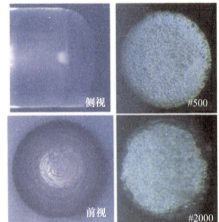

(b) 芯径φ0.6mm光纤端面的光洁度
（透镜状、精磨平面#2000、粗磨平面#500）

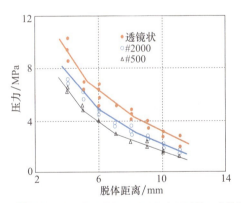

(c) 1J的Ho：YAG激光束汇聚激波压力与脱体距离的关系

图10.26 激光诱导激波

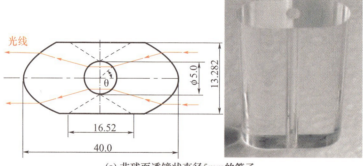

(a) 非球面透镜状直径5mm的管子

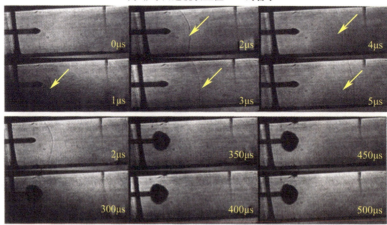

(b) 激波形成(0~5μs)与气泡形成(2~500μs)

图10.27 在激光直径5mm非球面透镜状管中诱导的激波
(调Q Ho:YAG激光光束,脉冲能量91mJ,脉冲宽度200ns,光纤芯径0.6mm)

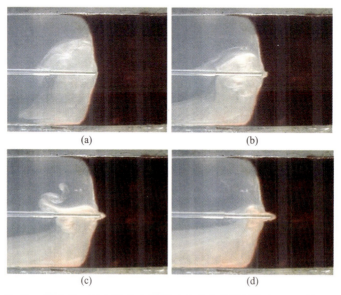

图10.28 调Q Ho:YAG激光束照射对人造血栓的侵彻(Hirano等,2002)

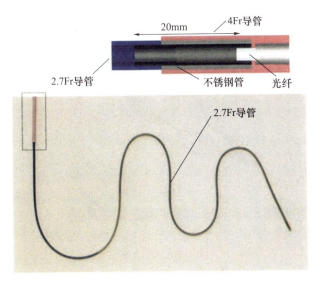

图 10.29 Ho:YAG 激光诱导解剖导管

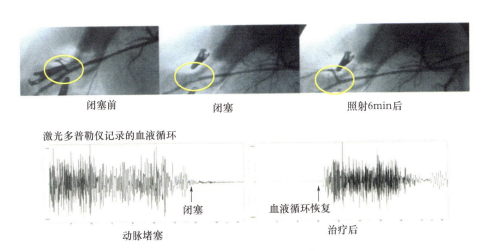

图 10.30 猪动脉血栓的血运重建体内实验

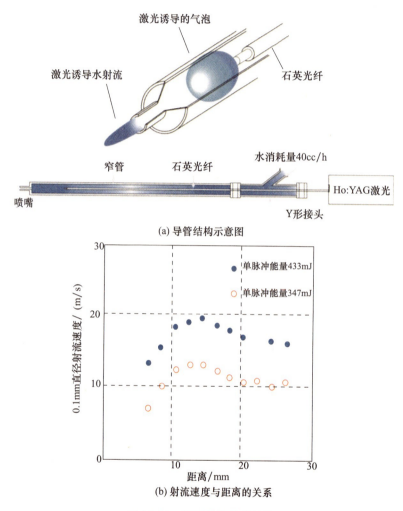

(a) 导管结构示意图

(b) 射流速度与距离的关系

图 10.31 解剖导管及其性能

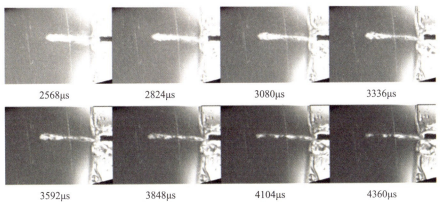

(a) 穿透凝胶块的过程

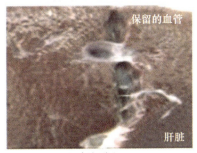

(b) 解剖猪肝

图 10.32　解剖导管的解剖实验

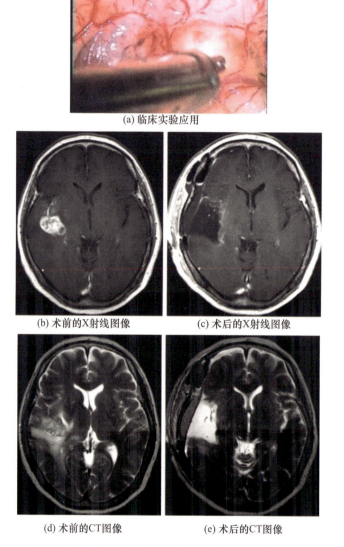

(a) 临床实验应用

(b) 术前的X射线图像　　　(c) 术后的X射线图像

(d) 术前的CT图像　　　(e) 术后的CT图像

图 10.33　颞叶岛状胶质母细胞瘤喷射剥离导管的临床治疗效果（Nakagawa,2008）

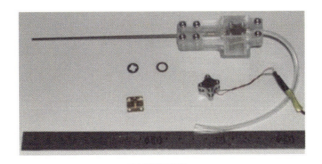

(a) 装置原型

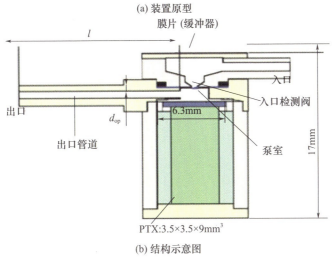

(b) 结构示意图

图 10.34 软组织解剖装置

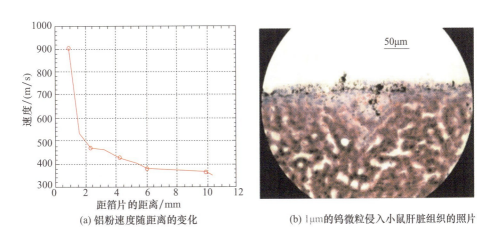

(a) 铝粉速度随距离的变化

(b) 1μm的钨微粒侵入小鼠肝脏组织的照片

图 10.39 直径为 1μm 的钨微粒注射

彩 15

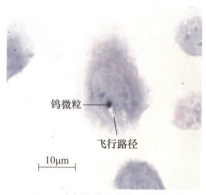

(a) 1μm直径的钨微粒冲入细胞的路径

(b) 洋葱细胞中出现的基因表达

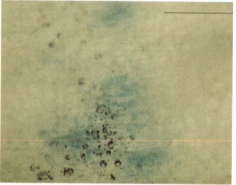

(c) 图(b)的放大图

图 10.40　采用激光消融诱导给药系统实施 DNA 重组（Nakada 等，2008）

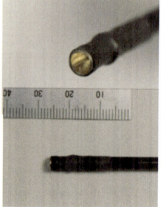

图 10.41　激波消融导管样机（Yamamoto 等，2015）

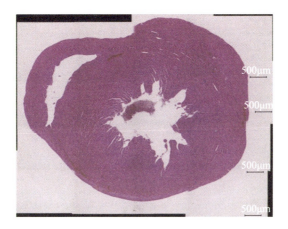

图 10.43 激波汇聚于老鼠心脏(Yamamoto,2015)

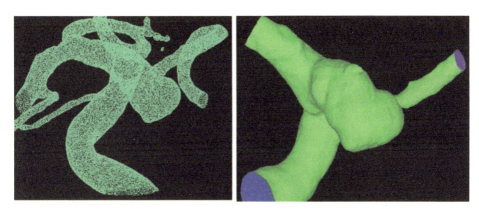

(a) 动脉瘤计算模型

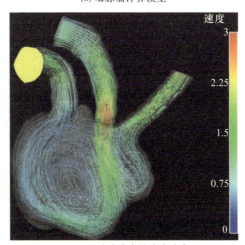

(b) 动脉瘤内的速度分布

图 10.44 模拟的血液流动(Hassan 等,2004)

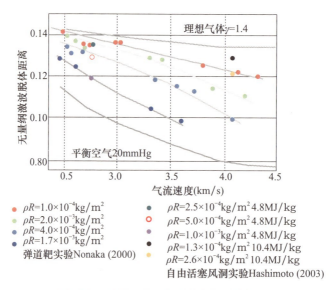

图 11.7 中等高超声速球体的激波脱体距离

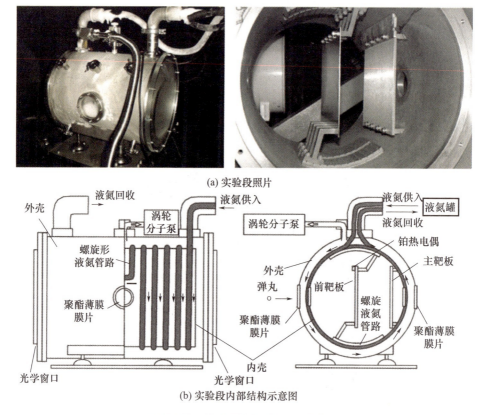

图 11.12 低温实验段（Numata，2009）

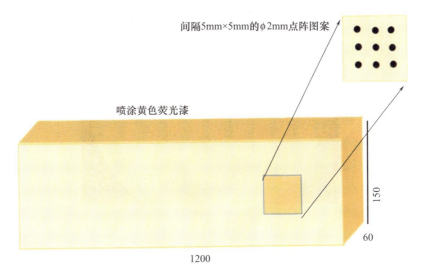

(a) 泡沫模型

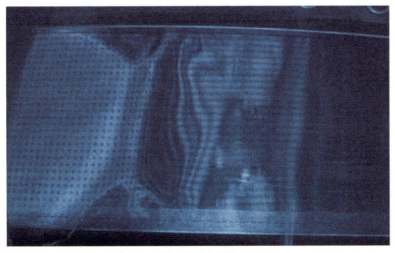

(b) 漫反射全息观测

图 11.20　激波作用下的聚氨酯泡沫变形（Kitagawa 等,2006）

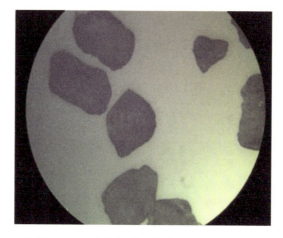

图 11.21　埃格林砂粒的显微图像(Yamamoto 等,2015)

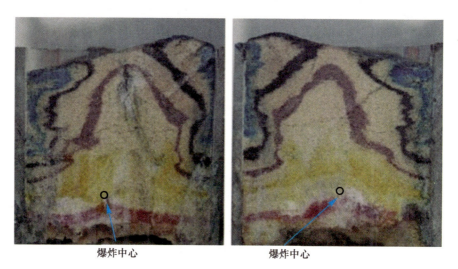

图 11.22　砂柱中点爆炸形成的横截面图案(Yamamoto 等,2015)

彩20

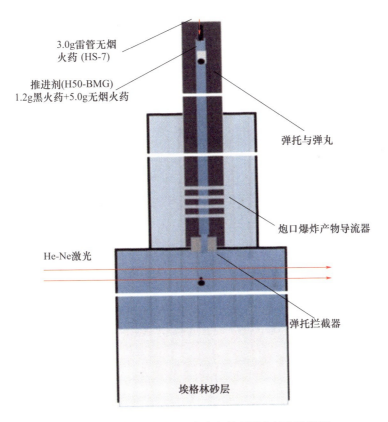

图 11.23 将直径 9.5mm 小球发射到沙中的实验装置

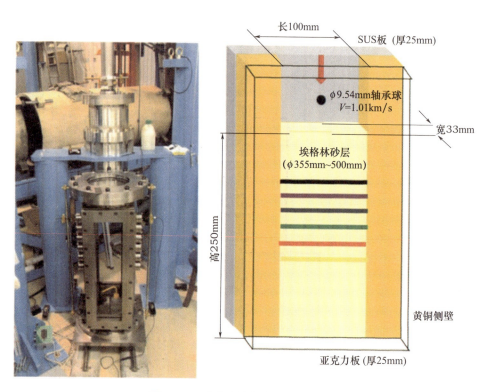

图 11.24 垂直火炮与实验段示意图

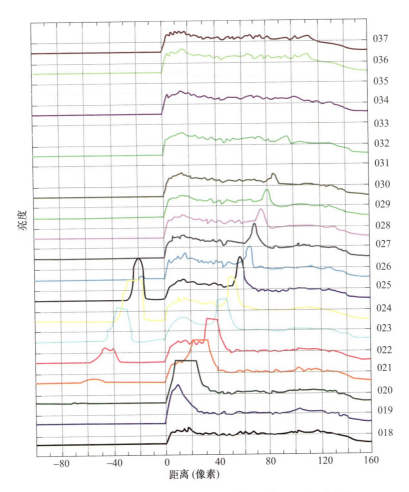

图 11.27 亮斑前锋亮度随时间的变化(图 11.26 的总结)

彩23

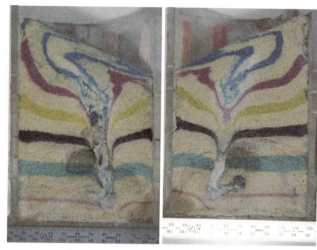

(a) 倾斜撞击：1.93km/s　　(b) 倾斜撞击：1.93km/s

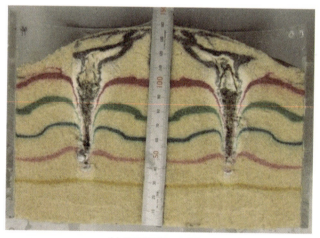

(c) #11030201：1.02km/s

(d) #13032901：1.01km/s　　(e) 图(d)的放大图

图 11.28　钢球冲入砂层后的试件断面图案（Yamamoto 等，2015）

(a) 俯瞰阿苏火山口的压力传感器
(b) 在掩体内安装压力传感器
(c) 在掩体内安装压力传感器的工作人员

图 11.30　阿苏山 1995 年火山现场的压力测量

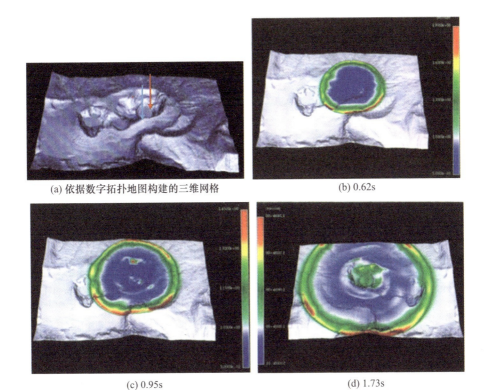

(a) 依据数字拓扑地图构建的三维网格
(b) 0.62s
(c) 0.95s
(d) 1.73s

图 11.31　数值模拟预测的阿苏火山喷发爆炸波后压力分布（Voinovich 等, 1999）

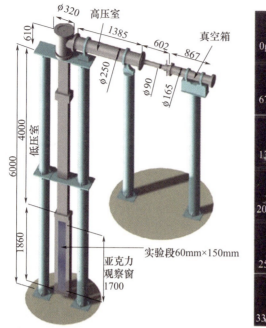
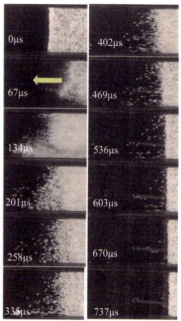

(a) 垂直激波管　　　　　　　　(b)(c) 激波扫过聚苯乙烯珠层的系列照片

图 11.33　垂直无膜片激波管

($60mm \times 150mm$, $Ma_S = 1.36$)

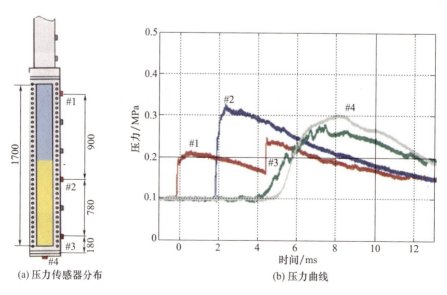

(a) 压力传感器分布　　　(b) 压力曲线

图 11.34　在垂直激波管实验段内测量的压力

彩 26

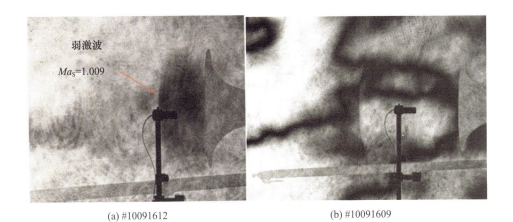

(a) #10091612　　　　　　　　　　　(b) #10091609

图 11.38　长号压缩波的双曝光全息观测

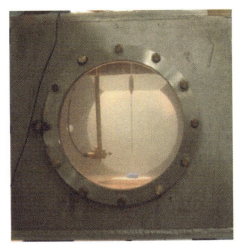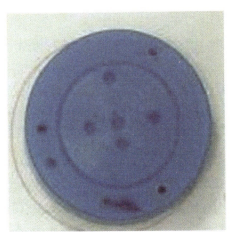

(a) 实验段　　　　　　　　　　　(b) 每个实验样本中放置的介形虫

图 11.43　实验设置

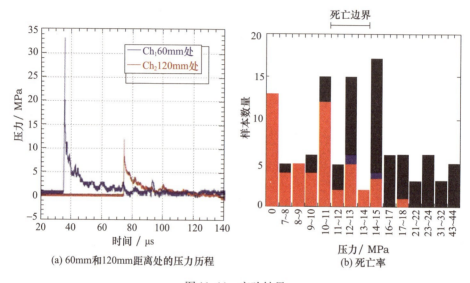

(a) 60mm和120mm距离处的压力历程

(b) 死亡率

图 11.44 实验结果